Nguyen Viet Tue, Michael Reichel, Michael Fischer

Berechnung und Bemessung von Betonbrücken

Ernst & Sohn
A Wiley Brand

Berechnung und Bemessung von Betonbrücken

Nguyen Viet Tue
Michael Reichel
Michael Fischer

Professor Dr.-Ing. habil. Nguyen Viet Tue
Dr. techn. Dipl.-Ing. Michael Reichel
Dipl.-Ing. Michael Fischer

König und Heunisch Planungsgesellschaft mbH
Sebastian-Bach-Straße 4-6
04109 Leipzig

Titelbild: Straßenbrücke über die Pleiße und die Gleise der DB AG im Zuge der Nord-Ost-Anbindung Böhlen-Lippendorf
Foto: König und Heunisch Planungsgesellschaft mbH Leipzig

Bibliografische Information der Deutschen Nationalbibliothek
Die Deutsche Nationalbibliothek verzeichnet diese Publikation in der Deutschen Nationalbibliografie; detaillierte bibliografische Daten sind im Internet über http://dnb.d-nb.de abrufbar.

Umschlaggestaltung: Sonja Frank, Berlin
Herstellung: pp030 – Produktionsbüro Heike Praetor, Berlin
Satz: Beltz Bad Langensalza GmbH, Bad Langensalza
Druck und Bindung: CPI Group (UK) Ltd, Croydon, CR0 4YY

Gedruckt auf säurefreiem Papier.

Print ISBN: 978-3-433-01866-8
ePDF ISBN: 978-3-433-60311-6
ePub ISBN: 978-3-433-60310-9
eMobi ISBN: 978-3-433-60309-3
oBook ISBN: 978-3-433-60308-6

C9783433018668_260624

The manufacturer's authorized representative according to the EU General Product Safety Regulation is Wiley-VCH GmbH, Boschstr. 12, 69469 Weinheim, Germany, e-mail: Product_Safety@wiley.com.

Inhaltsverzeichnis

Vorwort

Das vorliegende Buch entstand im Zuge unserer Tätigkeit als Tragwerksplaner bei der Planung von Brückenbauwerken im Ingenieurbüro König und Heunisch. In dieser Funktion müssen wir u. a. Regeln und Bemessungsmodelle in geltenden Normen und Richtlinien beachten und uns mit diesen kritisch auseinandersetzen, um prüffähige statische Berechnungen zu erstellen. Der zunehmende Umfang an Normen und Richtlinien stellt den Ingenieur immer wieder vor die Fragen „Wo finde ich was?“ und „Wie wende ich die einzelnen Regeln richtig an?“, was unter Berücksichtigung der zeitlichen Vorgabe im Zuge einer wirtschaftlichen Ausführungsplanung oftmals eine große Herausforderung darstellt. Einerseits ist die Einhaltung normativer Prinzipien die Garantie für den angestrebten einheitlichen Zuverlässigkeits- und Qualitätslevel unserer Bauwerke. Andererseits ist aber auch das kritische Hinterfragen der Fülle von Regeln und Begrenzungen für die Weiterentwicklung der Normen unerlässlich.

Aus diesem Grund wurde von uns eine gewöhnliche mehrfeldrige Spannbetonbrücke als Musterbeispiel entsprechend einer Ausführungsplanung von A bis Z durchgängig betrachtet. Angefangen von der Modellierung der einzelnen Bauphasen, über die Ermittlung der Schnittgrößen bis hin zu den Nachweisen der beiden Grenzzustände SLS und ULS für alle tragenden Bauteile einschließlich der Unterbauten sowohl für den Bau- als auch für den Endzustand. Hiermit wurden alle Arbeitsschritte im kausalen Zusammenhang für ein Brückenbauwerk dargestellt. Die Geometrie des Über- und Unterbaus wurde so gewählt, dass unterschiedliche Nachweismöglichkeiten gemäß den derzeit gültigen Normen für Betonbrücken aufgezeigt und somit Unterschiede verdeutlicht und Anregungen für Übertragungen auf andere Bauwerke gegeben werden können. Wo es aus unserer Sicht notwendig bzw. sinnvoll war, wurden Hintergründe zu einzelnen normativen Regeln und Bemessungsmodellen zusammenfassend beschrieben bzw. Erläuterungen gegeben. Hierbei wurde vor allem den Regeln und Empfehlungen der Nationalen Anhänge des Eurocode 2 für Deutschland Aufmerksamkeit geschenkt. Sinngemäß können die Hintergründe und Erläuterungen auf die Regelungen anderer Länder übertragen werden. Somit beinhaltet die vorliegende Publikation mehr als nur eine prüffähige statische Berechnung einer Spannbetonbrücke.

Dementsprechend richtet sich dieses Buch vor allem an die in der Praxis tätigen mit der Bemessung von Betonbrücken befassten Bauingenieure. Auch den erfahrenen Tragwerksplanern möge es ein gutes Hilfsmittel sein. Darüber hinaus soll es Studierenden des konstruktiven Ingenieurbaus als wertvoller Leitfaden für das Abfassen von Studienarbeiten dienen sowie eine Anregung sein, nicht nur blind dem Formelwerk der Norm zu folgen, sondern sich auch mit den Hintergründen und mechanischen Grundlagen auseinanderzusetzen, damit sie später der verantwortungsvollen Aufgabe eines Tragwerksplaners gewachsen sind.

Bei der Zusammenstellung des vorliegenden Buches erhielten wir tatkräftige Unterstützung von zahlreichen Mitarbeitern. Stellvertretend seien an dieser Stelle Herr Karl Kretschmar und Frau Cindy Dönnecke vom Ingenieurbüro König und Heunisch Planungsgesellschaft Leipzig, Frau Regina della Pietra und Herr Nguyen Duc Tung vom Institut für Betonbau der Technischen Universität Graz genannt. Ohne ihre Hilfe wäre das Buch in dieser Form nicht möglich geworden. Zuletzt gilt unser Dank dem Verlag Ernst & Sohn, Berlin, für die ausgezeichnete und vor allem verständnisvolle Zusammenarbeit.

Leipzig, Februar 2015 *Nguyen Viet Tue, Michael Reichel und Michael Fischer*

1 Beschreibung des Gesamtbauwerks

1.1 Allgemeines

Bei dem vorliegenden Bauwerk handelt es sich um eine 5-feldrige Spannbetonbrücke mit Stützweiten 32 m, 38 m, 38 m, 38 m, 32 m. Im Grundriss ist die Brücke in einer Geraden ($R = \infty$) trassiert. Der Kreuzungswinkel zu den Unterbauten beträgt 100 gon. Das Bauwerk wird mit einem Längsgefälle von 2 % errichtet.

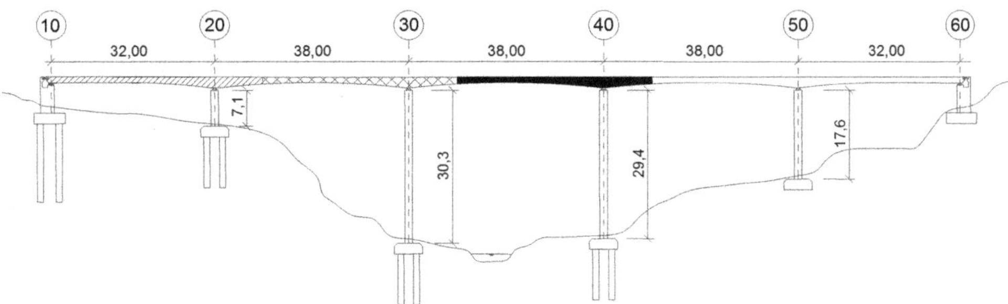

Bild 1-1 Längsschnitt Bauwerk

Die Fahrbahnbreite beträgt 8,0 m zwischen den Schrammborden. Beidseitig werden Kappen mit einer Breite von jeweils 2,05 m nach RiZ-ING „Kap 1 – Blatt 1" [BMVBW 2013 RIZ] angeordnet. Die Breite zwischen den Geländern beträgt 11,60 m. Der 8 cm starke bituminöse Fahrbahnbelag weist ein Quergefälle von 2,5 % auf.

Tabelle 1-1 Bauwerksdaten

Gesamtlänge	$L_{ges} = 178$ m
Stützweiten	32 m; 3 × 38 m; 32 m
Gesamtbreite	12,10 m
Querschnittsbreite oben	11,40 m
Bauhöhe	Feldbereich: 2,79 m; Stützbereich: 3,77 m
Konstruktionshöhe	Feldbereich: 1,20 m; Stützbereich: 2,20 m
maximale Höhe über Gelände	34 m
Entwurfsradius	$R = \infty$
Kreuzungswinkel	100 gon
Verkehrskategorie / N_{obs}	$2/0{,}5 \cdot 10^6$

Berechnung und Bemessung von Betonbrücken. 1. Auflage.
Nguyen Viet Tue, Michael Reichel, Michael Fischer.

Tabelle 1-1 (Fortsetzung)

Bemessungslebensdauer	100 Jahre
Verkehrsart / Beiwert $\overline{Q}$;	große Entfernung / 1,0
Militärlastklasse	MLC 50-50/100
Anforderungsklasse Überbau längs / quer Unterbauten	 C / D D

1.2 Überbau

Der Überbau wird als einstegiger Plattenbalken ausgeführt. Die Steghöhe beträgt in den Feldbereichen 1,20 m. Zu den Innenstützen hin wird der Steg auf eine Höhe von 2,20 m mit einem kreisbogenförmigen Verlauf angevoutet. Die Breite der Stegunterkante variiert von 4,63 m im Feld bis 3,30 m an den Innenstützen. Die Kragarmbreite beträgt an beiden Seiten 2,95 m. Die Dicke des Kragarms beträgt außen 25 cm und am Anschnitt 55 cm (siehe Bilder 1-2 und 1-3).

Der Überbau wird in Längsrichtung vorgespannt und in Querrichtung mit Betonstahl bewehrt ausgeführt.

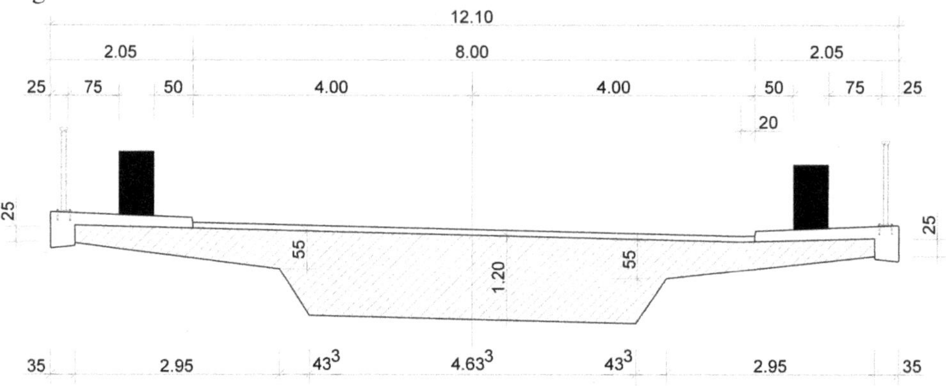

Bild 1-2 Regelquerschnitt Feldbereich

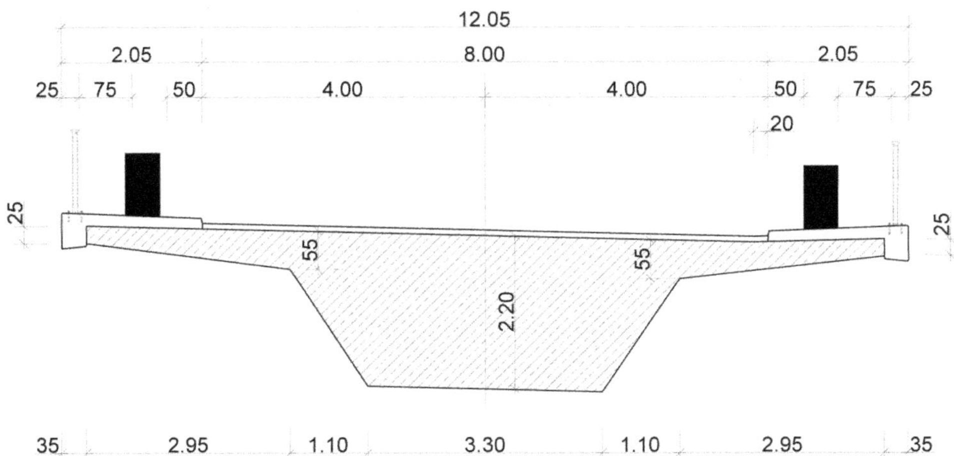

Bild 1-3 Regelquerschnitt Stützbereich

1.3 Lagerung

Die Lagerung des Überbaus erfolgt auf Elastomerlagern, wobei das Lager in Achse 20 / Lagerreihe 1 allseits fest ausgeführt wird. Alle weiteren Lager der Lagerreihe 1 werden zur Aufnahme der Windlasten querfest ausgebildet. Der Abstand der Lagerreihen beträgt an den Widerlagern 4,50 m und an den Pfeilerachsen 2,50 m (Bild 1-4).

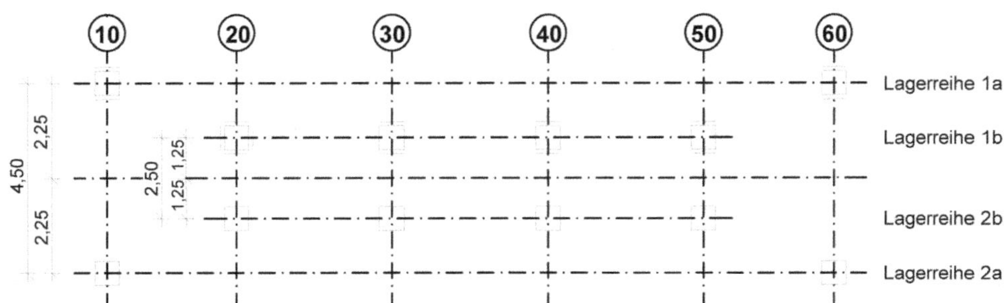

Bild 1-4 Lagerungsschema

1.4 Widerlager

Die Widerlager sind als Kastenwiderlager mit gegründeten Flügelwänden ausgebildet. Aufgrund einer Höhe von mehr als 4 m weisen die Flügel eine auskragende Verlängerung auf. In Achse 60 besitzt das Widerlager einen Wartungsgang (Bild 1-5b).

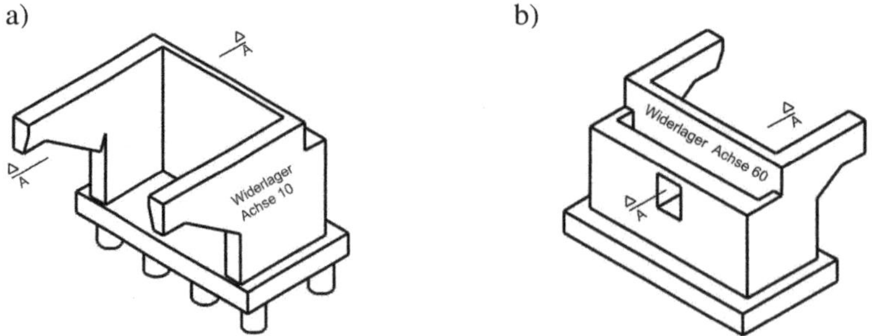

Bild 1-5 a) Widerlager Achse 10, b) Widerlager Achse 60

1.5 Gründung

Die Pfeiler der Achsen 20 bis 40 und das Widerlager in Achse 10 sind mit Großbohrpfählen d = 1,20 m tief gegründet. Sowohl der Pfeiler in Achse 50 als auch das Widerlager in Achse 60 weisen eine Flachgründung auf.

1.6 Herstellung und Bauverfahren

Die Herstellung des Überbaus erfolgt auf einem Traggerüst in 4 Abschnitten (Bild 1-6). Das Traggerüst ist teilweise bodengestützt. In den Bauabschnitten 2 bis 4 wird das Traggerüst zum Teil an den vorhergehenden Bauabschnitt angehängt.

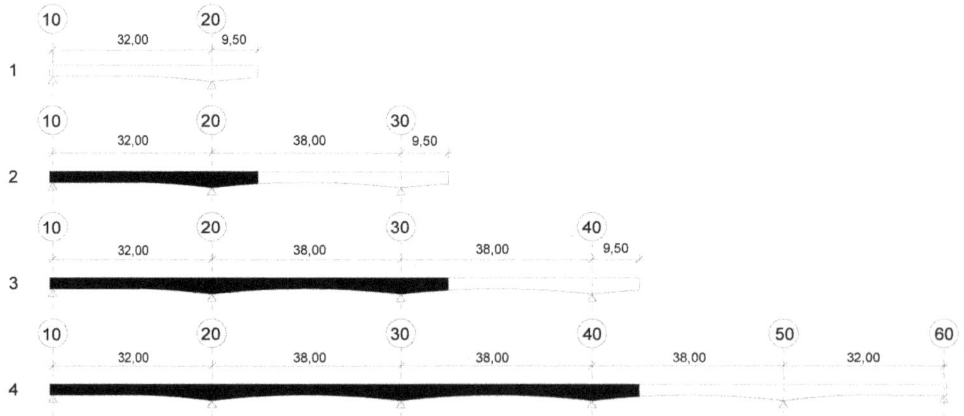

Bild 1-6 Bauabschnitte

2 Überbau

2.1 Baustoffe

Folgend werden die zur Berechnung und Nachweisführung benötigten Festigkeitskennwerte und Teilsicherheitsbeiwerte der verwendeten Materialien zusammengestellt. Die Darstellung der jeweiligen Stoffgesetze zur Berechnung und Bemessung erfolgt später in den entsprechenden Kapiteln.

2.1.1 Beton

Für den Überbau wird Beton C35/45 verwendet.

Expositionsklasse

XC4, XD1, XF2, XA1 (► DIN-HB Bb, NDP zu 4.2 (106) sowie NCI zu 4.2, Tabelle 4.1)

Materialkennwerte

Druckfestigkeit:	f_{ck}	=	35	N/mm^2	(► DIN-HB Bb Tab. 3.1)
Zugfestigkeit:	f_{ctm}	=	3,2	N/mm^2	
	$f_{ctk;0,05}$	=	2,2	N/mm^2	
	$f_{ctk;0,95}$	=	4,2	N/mm^2	
E-Modul:	E_{cm}	=	34 000	N/mm^2	(► DIN-HB Bb Tab. 3.1)
Wärmedehnzahl:	α_t	=	$1 \cdot 10^{-5}$	1/K	(► DIN-HB Bb 3.1.3 (5) (► DIN EN 1991-1-5 Tabelle C.1)

Im DIN-Handbuch Betonbrücken wird der Sekantenmodul mit $E_{cm} = 34\,000\ N/mm^2$ für Betonsorten mit quarzhaltigen Gesteinskörnungen angegeben. Er ist als Anstieg der Sekante zwischen $\sigma_c = 0$ und $\sigma_c = 0{,}4\ f_{cm}$ definiert. Die Schwankung des E-Moduls in Abhängigkeit von der verwendeten Gesteinskörnung ist relativ stark, so dass bei Kalkstein und Sandsteingesteinskörnungen die Werte um 10 % bzw. 30 % reduziert werden sollten. Bei Verwendung von Basaltgesteinskörnungen ist der Wert um 20 % zu erhöhen (► DIN-HB Bb 3.1.3 (2)). Die zeitabhängigen Änderungen des E-Moduls, z. B. bei Verformungsberechnungen für Bauzustände (Freivorbau), können nach DIN-HB Bb 3.1.3 (3) bestimmt werden. Im Vergleich dazu waren die Werte des DIN-FB 102 mit $E_{cm} = 29\,900\ N/mm^2$ und $E_{c0m} = 33\,300\ N/mm^2$ deutlich niedriger.

Berechnung und Bemessung von Betonbrücken. 1. Auflage.
Nguyen Viet Tue, Michael Reichel, Michael Fischer.

Teilsicherheitsbeiwerte (▶ DIN-HB Bb NDP 2.4.2.4 (1) Tab. 2.1DE)

Im Grenzzustand der Tragfähigkeit gelten folgende Teilsicherheitsbeiwerte:

ständige und vorübergehende Bemessungssituation: $\gamma_c = 1{,}50$

außergewöhnliche Bemessungssituation: $\gamma_c = 1{,}30$

Ermüdung: $\gamma_c = 1{,}50$

2.1.2 Betonstahl

Für Brückenüberbauten ist ausschließlich hochduktiler Betonstahl (B) mit der Streckgrenze $f_{yk} = 500$ N/mm^2 nach DIN 488 oder nach Zulassung zu verwenden: BSt 500 S (B), hochduktil (▶ DIN-HB Bb, NDP 3.2.2 (3)P).

Materialkennwerte

Streckgrenze: $f_{yk} = 500$ N/mm^2 (▶ DIN 488-1, Tab. 1)

Zugfestigkeit: $f_{tk} = 550$ N/mm^2 (▶ DIN 488-1, Tab. 1)

E-Modul: $E_s = 200\,000$ N/mm^2 (▶ DIN-HB Bb, 3.2.7 (4))

Teilsicherheitsbeiwerte (▶ DIN-HB Bb NDP 2.4.2.4 (1) Tab. 2.1DE)

Im Grenzzustand der Tragfähigkeit gelten folgende Teilsicherheitsbeiwerte:

ständige und vorübergehende Bemessungssituation: $\gamma_s = 1{,}15$

außergewöhnliche Bemessungssituation: $\gamma_s = 1{,}00$

Ermüdung: $\gamma_s = 1{,}15$

2.1.3 Spannstahl

Es werden Litzen aus St 1660/1860 mit einer Querschnittsfläche von 150 mm^2 gemäß der allgemeinen bauaufsichtlichen Zulassung verwendet.

Materialkennwerte (▶ Allgemeine bauaufsichtliche Zulassung Z-13.1-129)

Zugfestigkeit: $f_{pk} = 1\,860$ N/mm^2

0,1%-Dehngrenze: $f_{p0,1k} = 1\,600$ N/mm^2

E-Modul: $E_p = 195\,000$ N/mm^2

Spannstahl mit niedriger Relaxation, Klasse 1 gemäß EC2

Teilsicherheitsbeiwerte (▶ DIN-HB Bb NDP 2.4.2.4 (1) Tab. 2.1DE)
Im Grenzzustand der Tragfähigkeit gelten folgende Teilsicherheitsbeiwerte:

ständige und vorübergehende Bemessungssituation: $\gamma_s = 1{,}15$

außergewöhnliche Bemessungssituation: $\gamma_s = 1{,}00$

Ermüdung: $\gamma_s = 1{,}15$

2.2 Lastannahmen

Die bei der Bemessung zu berücksichtigenden Einwirkungen sind den entsprechenden Teilen der DIN EN 1991 zu entnehmen (▶ DIN-HB Bb, 2.3.1.1 (1)).

2.2.1 Ständige Einwirkungen

2.2.1.1 Eigengewicht

Das Eigengewicht des Überbaus wird entsprechend den Querschnittsabmessungen mit einem spezifischen Gewicht von $\gamma = 24 + 1{,}0 = 25$ kN/m³ angesetzt (▶ DIN EN 1991-1-1 Tabelle A.1).

Querschnittsfläche des Überbaus: (Feldbereich): $A_c = 8{,}678$ m²

(Stützbereich): $A_c = 12{,}645$ m²

Die Ergebnisse der mit Hilfe des EDV-Programms generierten Eigengewichtsverteilung sind in Bild 2-1 dargestellt.

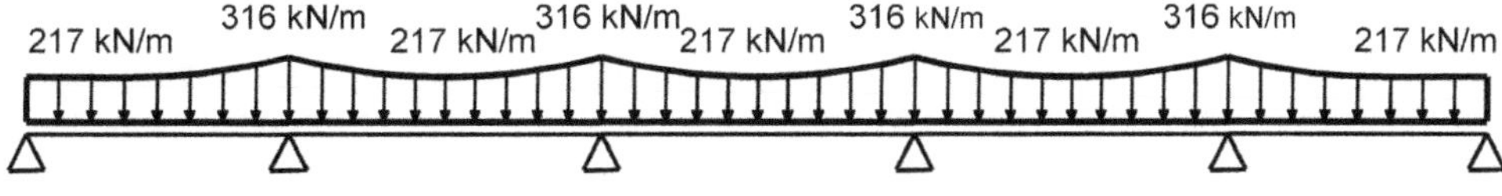

Bild 2-1 Eigengewicht

2.2.1.2 Ausbaulasten

Das Eigengewicht des Fahrbahnbelags wird bei einer Gesamtstärke von 8 cm mit einem oberen Wert von $\gamma = 25$ kN/m³ berücksichtigt (▶ DIN EN 1991-1-1, Tab. A.6 und ARS 22/2012, Anlage 3, B) (2)). Für einen eventuell erforderlichen Mehreinbau zur Herstellung einer Ausgleichsgradiente ist eine zusätzliche Belastung von 0,5 kN/m² für die Fahrbahnfläche anzunehmen (▶ ARS 22/2012, Anlage 3, B) (3)). Ein unterer Wert für das Eigengewicht des Fahrbahnbelags gemäß (▶ DIN EN 1991-1-1, Tab. A.6) ist gegebenenfalls bei dynamischen Untersuchungen zu berücksichtigen. Die Kappen werden gemäß der vorliegenden Abmessung nach RiZ-ING Kap 1 mit einem spezifischen Gewicht von $\gamma = 25$ kN/m³ erfasst.

Belag	$(25 \cdot 0{,}08 + 0{,}5) \cdot 8{,}0 =$	20,00 kN/m
Kappen	$25 \cdot 0{,}46 \cdot 2 =$	23,00 kN/m
Geländer	$1 \cdot 2 =$	2,00 kN/m
Schutzplanke	$1 \cdot 2 =$	2,00 kN/m
	$G_{2,k} =$	47,00 kN/m

2.2.1.3 Stützensenkung

Ungleiche Setzungen bzw. Verschiebungsdifferenzen sind im Regelfall als ständige Einwirkungen zu erfassen, da diese im Allgemeinen durch ständige Einwirkungen verursacht werden (▶ DIN-HB Bb, 2.3.1.3 (1)). Dabei sind zwei Fälle zu unterscheiden (▶ DIN-HB Bb, NCI zu 2.3.1.3 (1)):

Im GZG wahrscheinliche Baugrundsetzungen: Verschiebungen und/oder Verdrehungen, die eine Stützung unter dem Einfluss dauernder Lasten bei den vorliegenden Baugrundverhältnissen voraussichtlich erleiden wird.

Im GZT mögliche Baugrundsetzungen: Grenzwerte der Verschiebungen und/oder Verdrehungen, die eine Stützung im Rahmen der Unsicherheiten, die mit der Vorhersage von Baugrundbewegungen verbunden sind, erleiden kann.

Entsprechend dem geotechnischen Bericht zum vorliegenden Bauvorhaben sind folgende Werte für die zu erwartenden Baugrundbewegungen anzusetzen:

$\Delta s_w = 10$ mm wahrscheinliche Baugrundbewegung
$\Delta s_m = 15$ mm mögliche Baugrundbewegung

Die Setzungen werden getrennt für jede Stützenachse angesetzt und anschließend ungünstig überlagert. Sie sind dabei mit einem Teilsicherheitsbeiwert entsprechend DIN EN 1990 A2 zu belegen (▶ DIN-HB Bb, NCI zu 2.3.1.3 (4)).

Der zeitliche Verlauf der Setzung, der Zeitraum und Zeitpunkt, zu welchem die Setzungen Beanspruchungen erzeugen (z. B. die Änderung des statischen Systems während der Bauphase) und der zeitliche Abbau dieser Zwangsbeanspruchungen durch Kriechen dürfen berücksichtigt werden (▶ DIN EN 1990, A.2.2.1 (15)).

Reagiert das Tragwerk sehr empfindlich auf Setzungsdifferenzen, sollte bei der Bestimmung der Setzungen die Vorhersageungenauigkeit berücksichtigt werden (▶ DIN EN 1990, A.2.2.1 (14)).

2.2.1.4 Anhängen des Traggerüstes

Vom Traggerüstbauer wurden die charakteristischen Werte für die Anhängelasten am Ende des Bauabschnitts mit insgesamt 400 kN vorgegeben. Die Anhängelasten aus dem Frischbetongewicht betragen unter Berücksichtigung des tatsächlichen Verlaufs der Querschnittsfläche in Brückenlängsrichtung 2870 kN (siehe Abschnitt 2.3.1.1, Bild 2-18).

2.2.2 Veränderliche Einwirkungen

2.2.2.1 Einwirkungen aus Straßenverkehr

Unterteilung der Fahrbahn in rechnerische Fahrstreifen (▶ DIN EN 1991-2, 4.2.3)

Die Fahrbahnbreite w wird in der Regel zwischen den Schrammborden, wenn deren Höhe ≥ 75 mm (▶ DIN EN 1991-2/NA, 4.2.3 (1)), oder zwischen den Schutzeinrichtungen gemessen (▶ DIN EN 1991-2, 4.2.3 (1)). Im vorliegenden Fall beträgt die Höhe des Schrammbords 75 mm (▶ RIZ-ING Kap 1) und die Fahrbahnbreite 8 m.

Tabelle 2-1 Anzahl und Breite von Fahrstreifen (▶ DIN EN 1991-2, Tab. 4.1)

Fahrbahnbreite w	Anzahl rechnerischer Fahrstreifen	Breite eines rechnerischen Fahrstreifens	Breite der Restfläche
w < 5,4 m	$n_i = 1$	3 m	w – 3 m
5,4 m ≤ w < 6 m	$n_i = 2$	w/2	0
6 m ≤ w	n_i = Int (w/3)	3 m	w – 3 m · n_i

Fahrbahnbreite: w = 8 m

Breite eines rechnerischen Fahrstreifens: $w_l = 3{,}0$ m

Anzahl rechnerischer Fahrstreifen: n_i = Int (8,0/3,0) = 2

Breite der Restfläche: $w_R = 8{,}0 - 3{,}0 \cdot 2 = 2{,}0$ m

Nummerierung der rechnerischen Fahrstreifen (▶ DIN EN 1991-2, 4.2.4)

Die Anzahl der zu berücksichtigenden belasteten Fahrstreifen, ihre Lage auf der Fahrbahn und ihre Nummerierung sind für jeden Einzelnachweis so anzuordnen, dass sich die ungünstigsten Beanspruchungen aus den Lastmodellen ergeben. Der am ungünstigsten wirkende Fahrstreifen mit den höchsten Lastwerten trägt die Nummer 1, der am zweitungünstigsten wirkende Fahrstreifen trägt die Nummer 2 usw.

Anordnung der Lastmodelle in den einzelnen rechnerischen Fahrstreifen
(▶ DIN EN 1991-2, 4.2.5)

Für jeden Nachweis ist das entsprechende Lastmodell in den rechnerischen Fahrstreifen in ungünstigster Stellung, gemäß den genauer spezifizierten Anwendungsregeln des jeweiligen Lastmodells, anzuordnen.

Lastmodell 1 – Doppelachsfahrzeug (▶ DIN EN 1991-2, 4.3.2)

Das Lastmodell 1 (LM 1) besteht aus Achslasten und gleichmäßig verteilten Lasten, die die Einwirkungen aus LKW- und PKW-Verkehr abdecken. Das Lastmodell besteht aus zwei Teilen:

a) Doppelachse $\alpha_Q \cdot Q_k$ (Tandem-System TS),
b) Gleichmäßig verteilte Belastung $\alpha_Q \cdot q_k$ (UDL).

Das Lastmodell LM 1 sollte auf jedem rechnerischen Fahrstreifen und auf der Restfläche angeordnet werden. Auf dem rechnerischen Fahrstreifen i beträgt die Belastung $\alpha_{Qi} \cdot Q_{ik}$ bzw. $\alpha_{qi} \cdot q_{ik}$ (siehe Tabelle 2-2).
Auf der Restfläche beträgt die Belastung $\alpha_{qr} \cdot q_{rk}$. Die charakteristischen Werte für die hier relevanten Fahrstreifen 1 und 2 sowie die Restfläche können Tabelle 2-2 entnommen werden.

Tabelle 2-2 Lastmodell 1: charakteristische Werte (▶ DIN EN 1991-2, Tab. 4.2)

Stellung	Doppelachse (Tandem-System) TS	Gleichmäßig verteilte Belastung UDL
	Achslast Q_{ik} [kN]	q_{ik} oder q_{rk} [kN/m²]
Fahrstreifen 1	300	9
Fahrstreifen 2	200	2,5
Fahrstreifen 3	100	2,5
weitere Fahrstreifen	0	2,5
Restfläche	0	2,5

Die Anpassungsfaktoren in DIN EN 1991-2/NA wurden gegenüber DIN-FB 101 deutlich erhöht. In der Tabelle 2-3 sind diese und die daraus resultierenden angepassten Grundwerte des LM 1 vergleichend gegenübergestellt.

Tabelle 2-3 Anpassungsfaktoren und angepasste Grundwerte für LM 1
(▶ DIN EN 1991-2, Tab. 4.2; FB 101, IV, Tab. 4.2)

Stellung	DIN-FB 101			DIN EN 1991-2/NA			
	α_{Qi}	$\alpha_{Qi} \cdot Q_{ik}$ [kN]	q_{ik} [kN/m²]	α_{Qi}	α_{qi}	$\alpha_{Qi} \cdot Q_{ik}$ [kN]	$\alpha_{qi} \cdot q_{ik}$ [kN/m²]
Fahrstreifen 1	0,8	240	9,0	1,0	1,33	300	12
Fahrstreifen 2	0,8	160	2,5	1,0	2,40	200	6
Fahrstreifen 3	–	–	2,5	1,0	1,20	100	3
Weitere Fahrstreifen	–	–	2,5	–	1,20	–	3
Restfläche	–	–	2,5	–	1,20	–	3

Bei dem obigen Vergleich ist zu beachten, dass der Teilsicherheitsbeiwert für Verkehr gegenüber der alten Regelung in DIN-FB 101 jetzt mit $\gamma_Q = 1{,}35$ anzusetzen ist (▶ DIN EN 1990 A2) und die nicht häufige Kombination in Zukunft entfällt (▶ DIN EN 1991-2/NA, 2.2 (2)). Die Auswirkungen der neuen Verkehrslastmodelle auf eine Auswahl repräsentativer Typen von Betonbrückenüberbauten sind in [Maurer 2011] untersucht und zusammengestellt worden.

Kriterien für die Anordnung der Gleichlast (UDL) und der Doppelachse (TS)

- Die gleichmäßig verteilte Last (UDL) ist jeweils nur auf den zu ungünstigen Beanspruchungen führenden Einflussflächen anzuordnen. Dies gilt für Untersuchungen sowohl in Brückenlängs- als auch in Brückenquerrichtung (▶ DIN EN 1991-2, 4.3.2 (1)).
- Die Fahrstreifen 1 und 2 sind unmittelbar nebeneinander ohne Restfläche zwischen diesen Fahrstreifen anzuordnen, wobei die Doppelachsen in diesen Fahrstreifen in Querrichtung im Regelfall gekoppelt anzuordnen sind (▶ DIN EN 1991-2, 4.3.2 (4)).
- In jedem Fahrstreifen sollte nur eine Doppelachse angesetzt werden und jede Achse hat zwei identische Räder, so dass jede Radlast $0{,}5 \cdot \alpha_{Qi} \cdot Q_{ik}$ beträgt (▶ DIN EN 1991-2, 4.3.2 (1)).
- Für globale Nachweise in Brückenlängsrichtung kann die Doppelachse zentrisch in den einzelnen Fahrstreifen angenommen werden (▶ DIN EN 1991-2, 4.3.2 (1)). Für lokale Nachweise, z. B. in der Querrichtung, ist die Tandemachse in den jeweiligen Fahrstreifen in ungünstiger Stellung – am Rand oder enger zusammengerückt, wobei der Abstand der Radachsen nicht weniger als 50 cm betragen soll – anzunehmen (▶ DIN EN 1991-2, 4.3.2 (5)).
- Außerhalb der Fahrbahnfläche ist auf Fuß und Radwegen ebenfalls eine Flächenlast $q_{rk} = 3{,}0$ kN/m² anzunehmen (▶ DIN EN 1991-2, Tab. 4.4a[b)]).
- Die Fläche eines eventuell vorhandenen separaten Gehwegs ist mit 5 kN/m² zu belasten (▶ DIN EN 1991-2, 5.3.2.1 (1)).
- Die vereinfachten alternativen Regelungen nach DIN EN 1991-2, 4.3.2 (6) dürfen nicht angewendet werden (▶ DIN EN 1991-2/NA, 4.3.2).

Im vorliegenden Fall ergeben sich 2 Fahrstreifen für den Fahrbahnbereich, der restliche Bereich wird mit einer Flächenlast von 3,0 kN/m² belastet.

Die zentrische Anordnung der Doppelachse im jeweiligen Fahrstreifen kann für die Berechnung der Biegemomente M_y, Torsionsmomente M_t und Querkräfte V_z des Längsträgers angewendet werden. Da die Auflagerkräfte aus den Einwirkungen in Längsrichtung resultieren und eine globale Betrachtung darstellen, dürfen diese ebenfalls aus der zentrischen Anordnung der Doppelachse bestimmt werden.

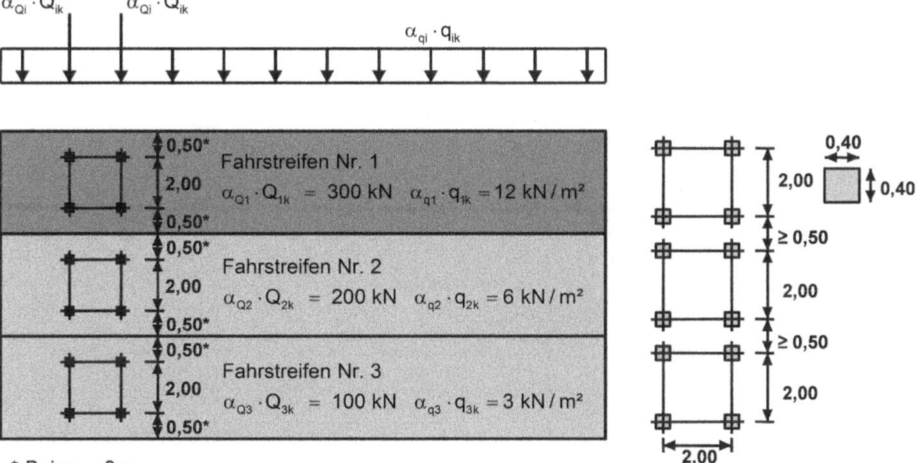

Bild 2-2 Regelanordnung des Lastmodells 1 (angepasster Grundwert) (▶ DIN EN 1991-2 Bild 4.2)

Die sich am vorliegenden Bauwerk für die globale Schnittgrößenermittlung in der Brückenlängsrichtung ergebenden relevanten Anordnungen der einzelnen Belastungen aus dem LM 1 sind in den Bildern 2-3 bis 2-7 dargestellt.

Laststellung 1 – Anordnung des Fahrstreifens 1 und 2 am linken Fahrbahnrand

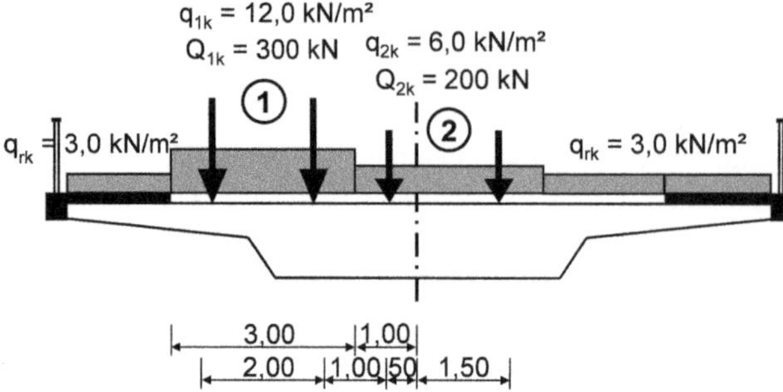

Bild 2-3 LM 1 – Laststellung 1

Laststellung 2 – Anordnung des Fahrstreifens 1 am linken Fahrbahnrand

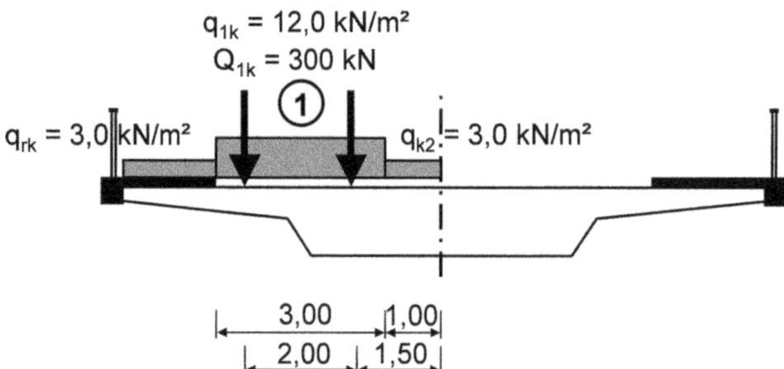

Bild 2-4 Tandem-System – Laststellung 2

Laststellung 3 – Anordnung der Fahrstreifen 1 und 2 am rechten Fahrbahnrand

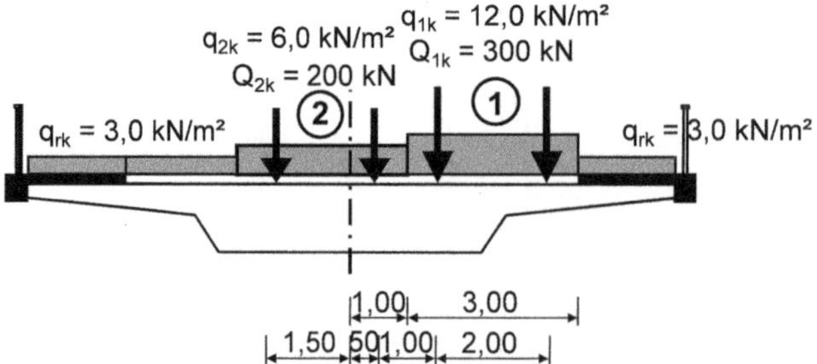

Bild 2-5 Tandem-System – Laststellung 3

Laststellung 4 – Anordnung des Fahrstreifens 1 am rechten Fahrbahnrand

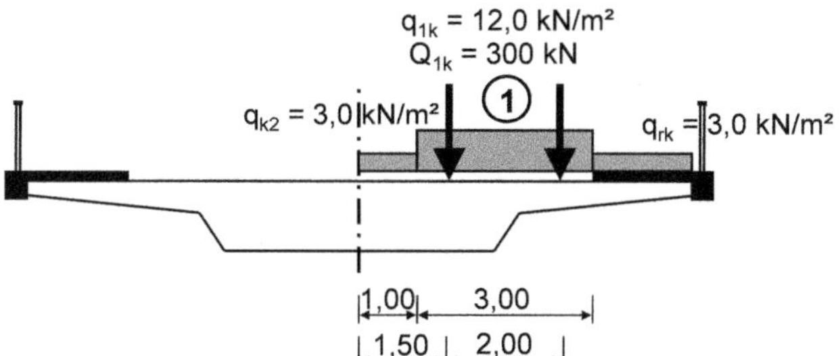

Bild 2-6 Tandem-System – Laststellung 4

Im vorliegenden Fall ist sowohl der Brückenquerschnitt als auch die Fahrbahnkonfiguration symmetrisch und über die gesamte Brückenlänge konstant. Weiterhin liegt der Grundriss nicht in einer Krümmung. Für die Untersuchung des Längssystems genügen damit die beiden erstgenannten Laststellungen.

Die Laststellung 5 ist für Untersuchungen in Brückenquerrichtung maßgebend (Bild 2-7).

Laststellung 5 – ungünstigste Laststellung für Nachweise in Querrichtung

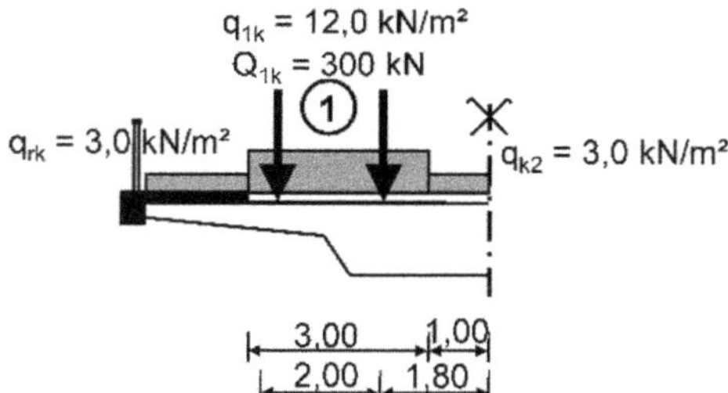

Bild 2-7 LM 1 – Laststellung 5

Lastmodell 2 – Einzelachse (▶ DIN EN 1991-2, 4.3.3)

Gemäß DIN EN 1991-2/NA 4.3.3 ist das Lastmodell 2 nicht anzuwenden.

Lastmodell 3 – Sonderfahrzeuge (▶ DIN EN 1991-2, 4.3.4)

Gemäß DIN EN 1991-2/NA, 4.3.4 sind keine Sonderfahrzeuge anzuwenden. Diese sind bereits durch den Ansatz des LM 1 abgedeckt.

Lastmodell 4 – Menschengedränge (▶ DIN EN 1991-2, 4.3.5)

Dieses Lastmodell sollte nur angewendet werden, wenn der Bauherr es verlangt. Es ist nur für globale Nachweise gedacht und gilt nur für gewisse vorübergehende Bemessungssituationen, wenn z. B. bei Veranstaltungen große Menschenansammlungen nicht auszuschließen sind. Falls dieses Lastmodell zu berücksichtigen ist, sind die Lasten mit 5 kN/m^2 gemäß DIN EN 1991-2, 4.3.5 (2) anzusetzen. Nach Vorgabe des Bauherrn ist dieses Lastmodell für das hier betrachtete Bauwerk nicht relevant.

Lastausbreitung

Für lokale Nachweise können die Radlasten unter einem Ausbreitungswinkel von 45° bis zur Mittellinie der Betonplatte als gleichmäßig über die Aufstandsfläche verteilt angenommen werden (► DIN EN 1991-2, 4.3.6).

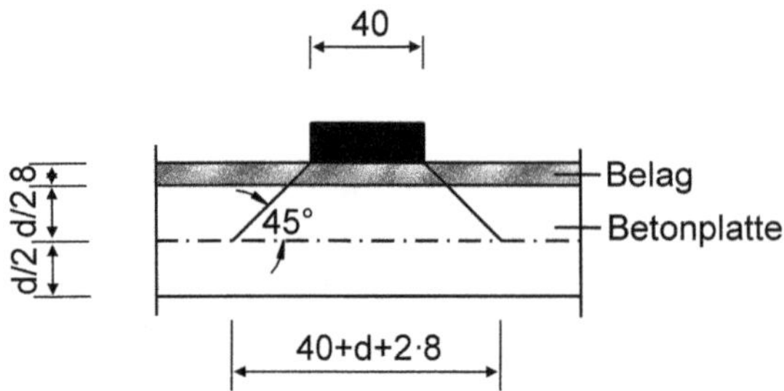

Bild 2-8 Lastausbreitung TS-Einzellast

Lasten aus Bremsen und Anfahren (► DIN EN 1991-2, 4.4.1)

Die Last aus Bremsen und Anfahren in Brückenlängsrichtung Q_{lk} wirkt in Höhe der Oberkante des fertigen Belags (► DIN EN 1991-2, 4.4.1 (1)) und wird im Regelfall entlang der Mittellinie des betrachteten Fahrstreifens angesetzt (► DIN EN 1991-2, 4.4.1 (4)). Im Normalfall kann die Exzentrizität der Wirkungslinie der Bremslast zum Überbauschwerpunkt unberücksichtigt bleiben. Auch im vorliegenden Beispiel hat die Exzentrizität keine relevante Auswirkung und wird vernachlässigt. Die Lasten aus Bremsen und Anfahren werden als Linienlast über die gesamte Brückenlänge angesetzt. Das Maximum dieser Last ist für die gesamte Brücke auf 900 kN begrenzt.

$$Q_{lk} = 0{,}6 \cdot \alpha_{Q1} \cdot (2 \cdot Q_{1k}) + 0{,}10 \cdot \alpha_{q1} \cdot q_{1k} \cdot w_1 \cdot L \quad (2\text{-}1)$$

$$\alpha_{Q1} \cdot 180 \text{ kN} \leq Q_{lk} \leq 900 \text{ kN}$$

(► DIN EN 1991-2, 4.4.1 (2) sowie DIN EN 1991-2/NA, 4.4.1 (2))

mit

$\alpha_{Q1} = 1{,}0$	nationaler Anpassungsfaktor
$Q_{1k} = 300$ kN	Grundwert Doppelachse des Fahrstreifens 1
$\alpha_{q1} = 1{,}0$	nationaler Anpassungsfaktor
$q_{1k} = 12$ kN/m^2	Grundwert der Gleichlast des Fahrstreifens 1
$w_1 = 3$ m	Fahrstreifenbreite
$L = 178$ m	Länge des Überbaus

$$Q_{lk} = 0{,}6 \cdot 1{,}0 \cdot (2 \cdot 300) + 0{,}1 \cdot 1{,}0 \cdot 12{,}0 \cdot 3{,}0 \cdot 178 = 1000{,}8 \text{ kN} > 900 \text{ kN}$$

$$q_{lk} = Q_{lk}/L = 900/178 = 5{,}06 \text{ kN/m}$$

Q_{lk} ist positiv und negativ (Bremsen und Anfahren) anzusetzen (► DIN EN 1991-2, 4.4.1 (5)).

Horizontalkräfte, die an Fahrbahnübergängen oder an Bauteilen wirken, welche nur durch eine Achse beansprucht werden können, sollten in folgender Größe berücksichtigt werden (▶ DIN EN 1991-2/NA, 4.4.1 (6)):

$$Q_{lk} = 0{,}6 \cdot \alpha_{Q1} \cdot Q_{1k} \tag{2-2}$$

Fliehkräfte (▶ DIN EN 1991-2, 4.4.2)

Die Fliehkraft ist auf der Oberkante des Fahrbahnbelags und radial wirkend zur Fahrbahnachse anzunehmen. Die Einzellasten, welche bereits die dynamischen Überhöhungen beinhalten, können Tabelle 2-4 entnommen werden. Diese Einzellast ist an jeder Stelle des Überbaus aufzubringen.

Tabelle 2-4 Charakteristischer Wert der Fliehkräfte (▶ DIN EN 1991-2, Tab. 4.3)

$Q_{tk} = 0{,}2 \cdot Q_v$ (kN)	wenn $r < 200$ m
$Q_{tk} = 40 \cdot Q_v/r$ (kN)	wenn $200 \leq r \leq 1500$ m
$Q_{tk} = 0$	wenn $r > 1500$ m

r horizontaler Radius der Fahrbahnmittellinie in Meter

Q_v Gesamtlast aus den vertikalen Einzellasten der Doppelachsen des Lastmodells 1, z. B. $\sum_i \alpha_{Q1} \cdot (2Q_{ik})$

Eine Seitenkraft aus schrägem Bremsen oder Anfahren muss nicht berücksichtigt werden (▶ DIN EN 1991-2/NA, 4.4.2 (4)).

Da das hier behandelte Bauwerk in einer Geraden trassiert ist, sind keine Zentrifugallasten zu berücksichtigen.

Fahrzeuge auf dem Gehweg – außergewöhnliche Einwirkung (▶ DIN EN 1991-2, 4.7.3.1 (3))

Die Schutzplanke gilt als verformbare Schutzeinrichtung (nur Betonschutzwände gelten als starre Schutzeinrichtungen), so dass als außergewöhnliche Belastung eine abirrende Achslast $\alpha_{Q2} \cdot Q_{2k}$ gemäß DIN EN 1991-2, 4.3.2 bis zum Rand des Überbaus hinter der Schutzeinrichtung in ungünstigster Stellung aufzubringen ist.
$\alpha_{Q2} \cdot Q_{2k} = 1{,}0 \cdot 200$ kN

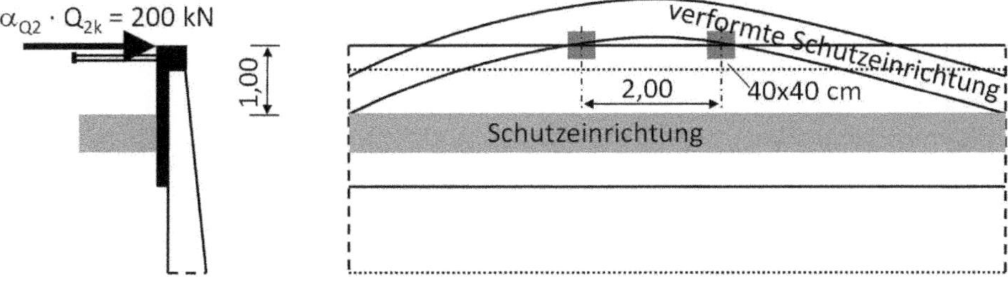

Bild 2-9 Anordnung der Achslast auf der Kappe bei deformierbarer Schutzeinrichtung

Es ist eine komplette Achse in Längs- oder Querrichtung anzuordnen. Für das vorliegende Beispiel ergibt sich die maßgebende Anordnung der Achse gemäß Bild 2-9. Wenn aus geometrischen Gründen die Anordnung einer ganzen Achse nicht möglich ist, sollte ein einzelnes Rad berücksichtigt werden (▶ DIN EN 1991-2, 4.7.3.1 (2)).

Schrammbordstoß – außergewöhnliche Einwirkung (▶ DIN EN 1991, 4.7.3.2)

Für einen Fahrzeuganprall an den Schrammbord ist eine horizontale Ersatzlast von 100 kN in Brückenquerrichtung 5 cm unter Oberkante Schrammbord auf 0,5 m Länge anzusetzen. Für die Lastausbreitung kann bei starren Bauteilen ein Winkel von 45° angenommen werden. Wenn ungünstig, ist gleichzeitig die folgende vertikale Einzellast anzunehmen:

$$0{,}75 \cdot \alpha_{Q1} \cdot Q_{1k} = 0{,}75 \cdot 1{,}00 \cdot 300 = 225 \text{ kN}$$

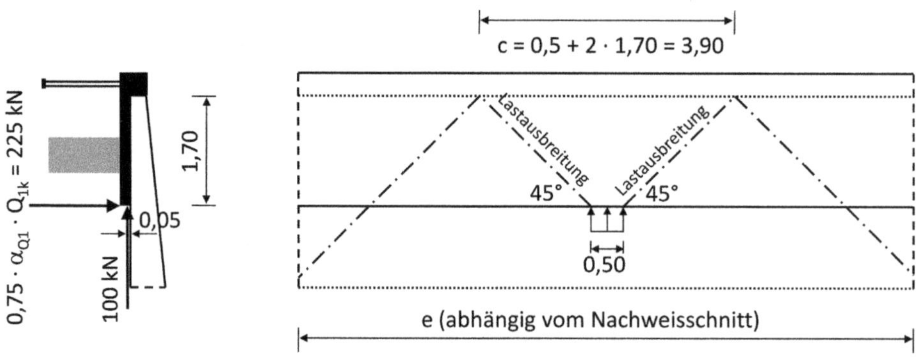

Bild 2-10 Anpralllast an Schrammbord und Lastausbreitung

Anprall an Schutzeinrichtungen – außergewöhnliche Einwirkung (▶ DIN EN 1991-2, 4.7.3.3)

Aus dem Anprall von Fahrzeugen an Schutzeinrichtungen ist für die Bauwerksbemessung eine durch die Schutzeinrichtung übertragene Last entsprechend Tab. 4.9 aus DIN EN 1991-2 anzusetzen. Die Horizontallastklasse bzw. Anprallheftigkeitsstufe der verwendeten Schutzeinrichtung ist gemäß ARS 6/2009 der Einsatzfreigabeliste für Fahrzeugrückhaltesysteme in Deutschland, welche auf den Internetseiten der BAST veröffentlicht ist, zu entnehmen. Die in diesem Beispiel verwendete Schutzeinrichtung mit der Aufhaltestufe N2 ist laut Einsatzfreigabeliste in die Anprallheftigkeitsstufe Klasse A eingestuft. Die Last wirkt in Brücken-

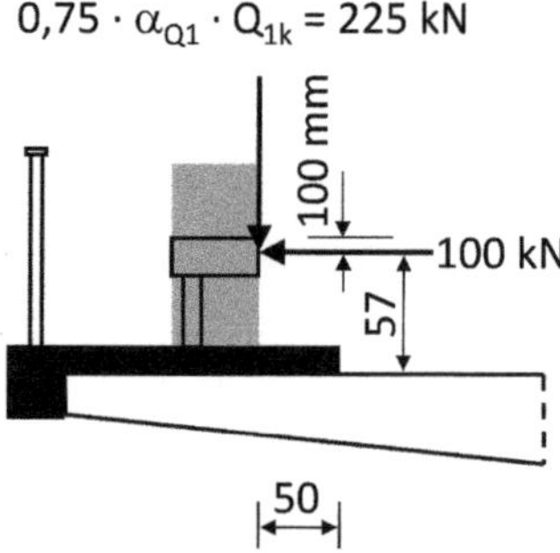

Bild 2-11 Anpralllast an die Schutzeinrichtung

querrichtung mindestens 100 mm unter OK Schutzeinrichtung bzw. mindestens 1 m über OK Fahrbahn oder Gehweg auf 0,5 m Länge. Der kleinere Wert ist maßgebend. Es ist eine gleichzeitig wirkende Vertikallast analog zum Schrammbordstoß anzuordnen. Für das vorliegende Beispiel ist die Lastkonfiguration in Bild 2-11 dargestellt.

Das die Schutzeinrichtung tragende Bauteil ist lokal für eine dem 1,25-fachen charakteristischen Widerstand der Schutzeinrichtung entsprechende außergewöhnliche Einwirkung zu bemessen. Andere veränderliche Einwirkungen sollen dabei nicht berücksichtigt werden (► DIN EN 1991-2, 4.7.3.3 (2)).

Anprall an tragende Bauteile – außergewöhnliche Einwirkung (► DIN EN 1991-2, 4.7.3.4)

Anpralllasten an ungeschützte tragende Bauteile, welche über oder neben der Fahrbahnebene liegen, sollten berücksichtigt werden. Die außergewöhnliche Einwirkungskombination ist nach DIN EN 1990, Tabelle A2.5 zu bilden (► ARS 22/2012, Anlage 3, B) (6)).

Im hier behandelten Beispiel sind keine entsprechenden Einwirkungen zu berücksichtigen.

Anprall an Pfeiler – außergewöhnliche Einwirkung (► DIN EN 1991-2, 4.7.2.1)

Unter dem letzten Brückenfeld zwischen Achse 50 und 60 verläuft eine Landesstraße, so dass Anpralllasten aus Fahrzeugen auf den Pfeiler in Achse 50 unter der Brücke zu beachten sind (► DIN EN 1991-1, 4.7.2.1 (1)). Der Straßenabschnitt befindet sich außer Orts, weswegen die Anpralllasten als außergewöhnliche Einwirkungen mit 1,5 MN in Fahrtrichtung und 0,75 MN quer zur Fahrtrichtung gemäß DIN EN 1991-2/NA, Tabelle NA4.8.1 zu berücksichtigen sind. Sie wirken nicht gleichzeitig mit anderen Einwirkungen. Der Lastangriffspunkt ist 1,25 m über Geländeoberkante anzunehmen (► DIN EN 1991-2/NA, 4.7.2.1 (1)).

Nach DIN-HB Bb darf unter folgenden Bedingungen auf die Anordnung einer Zerschellschicht und eine Bemessung auf Anprall bei rechteckigem Querschnitt verzichtet werden (► DIN-HB Bb, NA 6.110.2 und DIN-HB Bb, Anhang NA.VV.109):

$$\begin{aligned} &\text{Länge der Pfeilerscheibe } l \geq 1{,}60 \text{ m} \\ &\text{Dicke der Pfeilerscheibe } b \geq 1{,}60 - 0{,}2 \cdot l \geq 0{,}9 \text{ m} \end{aligned} \qquad (2\text{-}3)$$

$$l_{vorh.} = 4{,}0 \text{ m} \geq 1{,}6 \text{ m}$$

$$b_{erf.} = 1{,}60 - 0{,}2 \cdot 4{,}0 = 0{,}8 \text{ m} \rightarrow 0{,}9 \text{ m} \leq b_{vorh.} = 1{,}40 \text{ m}$$

Damit entfällt im vorliegenden Beispiel der Nachweis auf Fahrzeuganprall sowie die Anordnung einer Zerschellschicht.

Anprall an Überbauten – außergewöhnliche Einwirkung (► DIN EN 1991-2, 4.7.2.2)

Anstatt des Ansatzes von Anpralllasten sind leichte Überbauten mit Auflagerkräften aus ständigen Lasten je Auflagerachse von weniger als 250 kN an den Auflagern gegen horizontale Verschiebungen zu sichern (► DIN EN 1991-2/NA, 4.7.2.2 (1)).

2.2.2.2 Einwirkungen aus Fußgänger- und Radverkehr

Verkehrslast auf Kappen (▶ DIN EN 1991-2, 5.3.2.1)

Für Geh- und Radwege auf Straßenbrücken ist eine Flächenlast von 5,0 kN/m^2 anzusetzen (▶ DIN EN 1991-2, 5.3.2.1 (1)). In Kombination mit anderen Verkehrslasten darf ein abgeminderter Wert von 3,0 kN/m^2, wie in Tabelle 2-9 angegeben, berücksichtigt werden (▶ DIN EN 1991-2, Tab. 4.4a und DIN EN 1991-2/NA, NDP zu 4.5.1). Diese Verkehrslast kann auf beiden Kappen gleichzeitig oder einzeln auftreten.

Einwirkungen auf Geländer (▶ DIN EN 1991-2, 4.8)

Auf der Oberkante des Geländers ist eine veränderliche nach außen und innen wirkende horizontale und vertikale Einwirkung von 0,8 kN/m für Dienstwege zu berücksichtigen (▶ DIN EN 1991-2, 4.8 (1)). Bei Vorhandensein von Fußwegen erhöht sich die Einwirkung auf 1 kN/m. Im vorliegenden Fall handelt es sich um einen Dienstweg, womit die Einwirkung mit 0,8 kN/m angesetzt wird.

Zur Bemessung der das Geländer tragenden Bauteile sollten im Fall eines ausreichenden Schutzes des Geländers gegen Fahrzeuganprall die Horizontalkräfte gleichzeitig mit der zuvor nach DIN EN 1991-2, 5.3.2.1 definierten Flächenlast von 3,0 kN/m^2 berücksichtigt werden. Da das Geländer im vorliegenden Beispiel durch eine Schutzeinrichtung geschützt ist, sind keine weiteren außergewöhnlichen Einwirkungen auf das Geländer zu betrachten (▶ DIN EN 1991-2, 4.8 (2)).

Sind die Geländer nicht ausreichend gegen Fahrzeuganprall gesichert, so sollten die das Geländer tragenden Bauteile für eine außergewöhnliche Einwirkung, welche dem 1,25-fachen Tragwiderstand des Geländers entspricht, bemessen werden. Dabei sind keine weiteren veränderlichen Einwirkungen als gleichzeitig wirkend anzunehmen (▶ DIN EN 1991-2, 4.8 (3)).

2.2.2.3 Anheben zum Auswechseln von Lagern

Das Auswechseln von Lagern ist als vorübergehende Einwirkungssituation in der Lastgruppe gr 6 zu berücksichtigen (▶ DIN EN 1991-2/NA, NCI zu 4.5.1 (1)). Wenn keine genaueren Angaben vorliegen, sind die Lager so auszubilden, dass ein Lagerwechsel oder ein Austausch einzelner Lagerteile bei einer Anhebung von maximal 10 mm möglich ist (▶ DIN EN 1337-1, 7.6 und E DIN EN 1990/NA/A1, NA.E.2 (4)). Für den Fall, dass die Lager sehr eng beieinander liegen – wie im vorliegenden Beispiel – werden die Lager je Achse gemeinsam angehoben. Somit wird das Anheben mit 10 mm je Achse angesetzt.

Des Weiteren dürfen bei vorübergehenden Lastsituationen die charakteristischen Werte der Doppelachse auf $0{,}8 \cdot \alpha_{Qi} \cdot Q_{ik} = 0{,}8 \cdot 1{,}00 \cdot 300 = 240$ kN reduziert werden (▶ DIN EN 1991-2/NA, 4.5.3 (2)).

2.2.2.4 Verkehrslasten im Bauzustand (▶ DIN 1991-1-6, 4.11)

Die veränderlichen Einwirkungen während der Bauphase sind grundsätzlich DIN EN 1991-1-6 zu entnehmen. Diese können entweder als einzelne veränderliche Einwirkungen erfasst werden oder, wenn angemessen, aus unterschiedlichen Arten von Bauausführungslasten zusammengesetzt und als eine zusammengefasste veränderliche Einwirkung behandelt werden (▶ DIN-EN 1991-1-6, 4.11.1 (1)). Diese Lasten können gleichzeitig mit anderen veränderlichen Lasten während der Bauausführung auftreten.

Gemäß DIN-HB Bb, 113.2 sind in Abhängigkeit der zum Einsatz kommenden Ausrüstung und Montageverfahren als veränderliche Einwirkung mindestens 1,5 kN/m^2 und eine zusätzliche veränderliche und bewegliche Einwirkung von 1,0 kN/m^2 anzusetzen. Treten in Abhängigkeit vom gewählten Bauverfahren größere Einwirkungen auf, sind die Werte entsprechend anzupassen (▶ DIN-HB Bb NCI zu 113.2). Wie sich in der Vergangenheit bei diesem Bauverfahren bestätigt hat, reicht es im vorliegenden Beispiel aus, für die Bauzustände eine gleichmäßig verteilte Verkehrslast von 2,5 kN/m^2 anzusetzen.

Mit einer Querschnittsbreite von 11,4 m ergibt sich die Linienlast zu:

$$2{,}5\ \text{kN/m}^2 \cdot 11{,}4\ \text{m} = 28{,}5\ \text{kN/m}$$

Diese Linienlast wird feldweise ungünstig unter Berücksichtigung des Baufortschritts angesetzt.

2.2.2.5 Windeinwirkungen (▶ DIN EN 1991-1-4)

Die in den Tabellen des Anhangs NA.N der DIN EN 1991-1-4/NA angegebenen charakteristischen Werte der Windeinwirkungen sind im Wesentlichen auf der Basis von Kapitel 8 aus DIN EN 1991-1-4 ermittelt. Sie gelten für nicht schwingungsanfällige Deckbrücken und Bauteile mit einer Höhe von nicht mehr als 100 m über der Geländeoberfläche (▶ DIN EN 1991-1-4/NA, NA.N.1). Kriterien zur Beurteilung der Schwingungsanfälligkeit sind in DIN EN 1991-1-4/NA, NA.C.2 angegeben. Weiter gelten die Tabellenwerte nicht für Sonderbrückenkonstruktionen, wie z. B. bewegliche oder überdachte Brücken. Für Bauwerke mit einer Höhe von mehr als 100 m sollten genauere Untersuchungen erfolgen (▶ DIN EN 1991-1-4/NA, NA.N.1 (2)). Außerhalb der Fahrbahnkonstruktion liegende Bauteile, wie z. B. Fachwerkstäbe, Bögen und Hänger bei Fachwerk- und Stabbogenbrücken, sind entsprechend den Regeln der DIN EN 1991-1-4 gesondert zu erfassen (▶ DIN 1991-1-4/NA, NA.N.2 (2)).

Die den Tabellenwerten zugrunde liegenden Annahmen sind in DIN EN 1991-14/NA, NA.N.1 (4) dargelegt. Die Zuordnung des Bauwerks zur Windzone erfolgt nach DIN EN 1991-1-4/NA, Bild NA.A.1.

Im hier vorliegenden Fall befindet sich das Bauwerk im Binnenland in der Windzone 2 und liegt nicht über einer Meereshöhe von 800 m über NN (▶ DIN EN 1991-1-4/NA, NA.A A.2). Die größte Referenzhöhe der Windresultierenden z_e über der Geländeoberfläche beträgt nicht mehr als ca. 34 m.

- Gesamtbreite der Brücke: b = 12,00 m
- Höhe des Verkehrsbandes: 2,00 m (▶ DIN EN 1991-1-4, 8.3.1 (5))
- anzusetzende Höhe ohne Verkehr: min d = 1,58; max d = 2,58 m
- anzusetzende Höhe mit Verkehr: min d = 3,42; max d = 4,42 m

Die maximale Höhe des Überbaus im Bereich über den Pfeilern wird für die gesamte Brückenlänge angesetzt, womit die kleineren b/d-Verhältnisse höhere Windeinwirkungen gemäß Tabelle 2-6 auf der sicheren Seite liegend ergeben. Der Vergleich der nachfolgend gegenübergestellten Ergebnisse in Tabelle 2-5 zeigt, dass im vorliegenden Fall der Fehler infolge der Vereinfachung gering ausfällt. Die Umrechnung der Flächenlast in eine Linienlast erfolgt ebenfalls auf der sicheren Seite liegend mit der maximalen Überbauhöhe d. Bei hohen Talbrücken mit stark veränderlichen Querschnittshöhen – z. B. im Freivorbau hergestellte gevoutete Balkenbrücken – kann jedoch eine genauere Bestimmung der Windlasten unter Berücksichtigung des Verlaufs der Überbauhöhen d über die Brückenlänge wirtschaftliche Vorteile bringen. Aus den Ergebnissen in Tabelle 2-5 ergibt sich die maßgebende Windbeanspruchung mit Verkehrsband sowohl für die reine horizontale Einwirkung als auch für die Exzentrizität der Windlastresultierenden.

Die Windeinwirkungen auf den Überbau werden in 2 Fälle, einmal ohne Verkehrsband und einmal mit Verkehrsband, unterschieden. Für Wind mit Verkehrsband sind die entsprechenden Kombinationsbeiwerte nach DIN EN 1991-1-4/NA, Tabelle NA.N.5 Fußnote a (siehe Tabelle 2-6) zu berücksichtigen. Die Ergebnisse der Windeinwirkungen und die Angabe der Exzentrizität der Windlastresultierenden zum Querschnittsschwerpunkt sind für das hier behandelte Beispiel in Tabelle 2-5 zusammengefasst. Zur einfacheren Erfassung der Windlasten im hier verwendeten EDV-Programm sind Exzentrizitäten zusätzlich auf die Oberkante des Querschnitts bezogen dargestellt.

Bei Kombination der Windeinwirkung mit Verkehr sollte die Windeinwirkung in jeweils ungünstigen Bereichen unabhängig von den aufgebrachten vertikalen Verkehrslasten angeordnet werden (▶ DIN EN 1991-1-4, 8.3.1 (5)).

Sind Bauzustände zeitlich begrenzt, dürfen gemäß DIN EN 1991-1-4/NA, Anhang NA.N die Windeinwirkungen in Abhängigkeit ihrer Einwirkungsdauer abgemindert werden. Dabei dürfen die Windgeschwindigkeiten vorgegebene Grenzwerte nicht überschreiten. Da die Bauzustände im vorliegenden Fall länger als 1 Woche dauern, kann von dieser Abminderungsmöglichkeit kein Gebrauch gemacht werden (▶ DIN EN 1991-1-4/NA, NA.N.2 (3)).

Tabelle 2-5 Ermittlung der Windeinwirkungen nach (▶ DIN EN 1991-1-4/NA, Tab. NA.N.5)

	d [m]	b [m]	b/d	w [kN/m²] ohne Verkehr	w [kN/m²] mit Verkehr	w [kN/m]	Vertikale Exzentrizität e_{SP} [m] [1]	Vertikale Exzentrizität e_{OK} [m] [2]
Stützbereich	2,58	12,00	4,65	**1,35**	–	**3,48**	–0,14	0,96
	4,42		2,71	–	**1,45**	**6,41**	–1,07	–0,03
Feldbereich	1,58		7,59	1,35	–	2,13	–0,02	0,46
	3,42		3,51	–	1,23	4,21	–0,94	–0,46
Pfeiler $z_e \leq 20$ m (Querrichtung)	1,40	4,00 [3]	2,86	1,20		1,68	–	–
Pfeiler $z_e > 20$ m (Querrichtung)	1,40	4,00 [3]	2,86	1,67		2,34	–	–
Pfeiler $z_e \leq 20$ m (Längsrichtung)	4,00	1,40	0,35	1,70		–	–	–
Pfeiler $z_e > 20$ m (Längsrichtung)	4,00	1,40	0,35	2,35		–	–	–

[1] Exzentrizität bezogen auf den Querschnittsschwerpunkt, z ist positiv nach unten gerichtet.
[2] Exzentrizität bezogen auf die Querschnittsoberkante, z ist positiv nach unten gerichtet.
[3] Auf der sicheren Seite liegend, wird die kleinste Breite am Pfeilerkopf angesetzt.

Tabelle 2-6 Windeinwirkungen w in kN/m² auf Brücken für Windzone 1 und 2 (Binnenland) (► DIN EN 1991-1-4/NA, Tabelle NA.N.5)

1	2	3	4	5	6	7
	Ohne Verkehr und ohne Lärmschutzwand			**Mit Verkehr[a] oder mit Lärmschutzwand**		
	auf Überbauten					
b/d^b	$z_e \leq 20$ m	20 m < $z_e \leq 50$ m	50 m < $z_e \leq 100$ m	$z_e \leq 20$ m	20 m < $z_e \leq 50$ m	50 m < $z_e \leq 100$ m
≤ 0,5	1,75	2,45	2,90	1,45	2,05	2,40
= 4	0,95	1,35	1,60	0,80	1,10	1,30
≥ 5	0,95	1,35	1,60	0,60	0,85	1,00
	auf Stützen und Pfeilern[c]					
d/b^b	$z_e \leq 20$ m		20 m < $z_e \leq 50$ m		50 m < $z_e \leq 100$ m	
≤ 0,5	1,70		2,35		2,80	
≥ 5	0,75		1,05		1,25	

a Es gilt der Kombinationsbeiwert $\psi_0 = 0{,}4$ (Windzone 3+4) und $\psi_0 = 0{,}55$ (Windzone 1+2). Für Eisenbahnbrücken gilt der Kombinationsbeiwert $\psi_0 = 0{,}6$.

b Bei Zwischenwerten kann linear interpoliert werden.

c Bei quadratischen Stützen- oder Pfeilerquerschnitten mit abgerundeten Ecken, bei denen das Verhältnis $r/d \geq 0{,}20$ beträgt, können die Windeinwirkungen auf Pfeiler und Stützen um 50 % reduziert werden. Für $0 < r/d < 0{,}2$ darf linear interpoliert werden. Hierbei ist r = Radius der Ausrundung.

Angesetzte Windeinwirkungen:

$w_{y,EZ} = 6{,}41$ kN/m; zugehörige Exzentrizität: $e_{z,SP} = -1{,}07$ m

$w_{y,EZ} = 3{,}48$ kN/m; zugehörige Exzentrizität: $e_{z,SP} = -0{,}14$ m

2.2.2.6 Schneeeinwirkungen (► DIN EN 1991-1-3)

Einwirkungen aus Schnee brauchen im Regelfall gemäß DIN EN 1990 nicht mit folgenden veränderlichen Einwirkungen kombiniert zu werden:

- Lastmodell 1 bzw. der zugehörigen Lastgruppe gr 1a nach DIN EN 1991-2 (► DIN EN 1990, A 2.2.2 (4)).
- Brems- und Anfahrlasten oder Zentrifugalkräften bzw. der zugehörigen Lastgruppe 2 gr 2 nach DIN EN 1991-2 (► DIN EN 1990, A 2.2.2 (3)).
- Lasten auf Geh- und Radwegen bzw. der zugehörigen Lastgruppe 3 gr 3 (► DIN EN 1991-2, DIN EN 1990, A 2.2.2 (3)).
- Menschenansammlungen bzw. der zugehörigen Lastgruppe 4 gr 4 (► DIN EN 1991-2. DIN EN 1990, A 2.2.2 (3)).
- Aus Bauaktivitäten resultierende Verkehrslasten (z. B. Baustellenpersonal) (► DIN EN 1990, A 2.2.1 (10)).

Aufgrund der zuvor angeführten Regelungen sind Einwirkungen aus Schnee bei dem vorliegenden Brückentyp nur in den Bauzuständen zu berücksichtigen (► ARS 22/2012, Anlage 3, B) (1)). Die Herstellung der Brücke erfolgt während der warmen Jahreszeit und es wird zusätzlich davon ausgegangen, dass die Brücke geräumt wird. Einwirkungen aus Schnee bleiben damit im Weiteren unberücksichtigt.

2.2.2.7 Temperatureinwirkungen

Das Temperaturprofil eines Bauteils lässt sich in 4 Anteile zerlegen (siehe Bild 2-12).

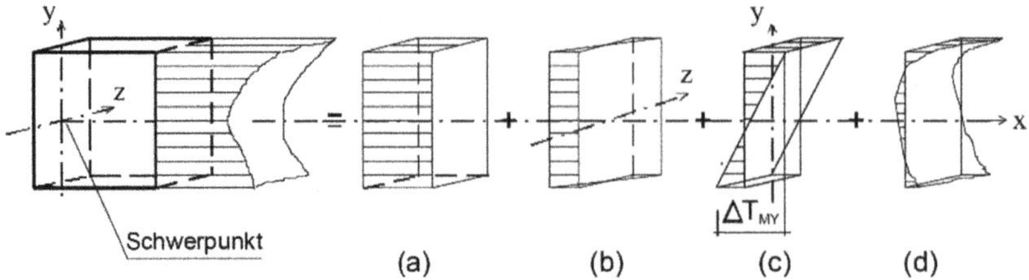

a) Konstanter Temperaturanteil ΔT_N

b) Linear veränderlicher Temperaturanteil in der x-z-Ebene ΔT_{Mz}

c) Linear veränderlicher Temperaturanteil in der x-y-Ebene ΔT_{My}

d) Nicht-lineare Temperaturverteilung ΔT_E

Bild 2-12 Zerlegung des Temperaturprofils in Einzelanteile

Bei der Bemessung von Brücken sollten in der Regel nur der konstante und der linear veränderliche Temperaturanteil berücksichtigt werden (▶ DIN EN 1991-1-5, 6.1.2 (1)). Dabei ist das Verfahren 1 aus DIN EN 1991-1-5, 6.1.4.1 anzuwenden (▶ DIN EN 1991-1-5/NA, NDP zu 6.1.2 (2) und ARS 22/2012, Anlage 3, B) (1)). Der Einfluss des nichtlinearen Anteils wird durch die Mindestoberflächenbewehrung berücksichtigt.

Konstanter Temperaturanteil (▶ DIN EN 1991-1-5, 6.1.3)

Die obere und untere Grenze der charakteristischen Außenlufttemperaturen ergeben sich zu $T_{min} = -24$ °C und $T_{max} = 37$ °C (▶ DIN EN 1991-1-5/NA, NDP zu 6.1.3.2 (1)). Damit betragen der charakteristische minimale und maximale konstante Temperaturanteil für Betonüberbauten (Typ 3) nach DIN EN 1991-1-5, Bild 6.1:

$$T_{e,min} = T_{min} + 8 = -24 + 8 = -16\ °C$$

$$T_{e,max} = T_{max} + 2 = 37 + 2 = 39\ °C$$

Als Bezugspunkt für die Schwankung des konstanten Temperaturanteils wird die Aufstelltemperatur T_0 verwendet. Wenn keine genaueren Informationen verfügbar sind, darf in der Regel $T_0 = 10$ °C angenommen werden (▶ DIN EN 1991-1-5, A.1 (3)).

Damit ergeben sich die charakteristischen Werte der maximalen Schwankung bezogen auf $T_0 = 10$ °C zu:

$$\Delta T_{N,con} = T_0 - T_{e,min} = 10\ K - (-16)\ K = 26\ K$$

$$\Delta T_{N,exp} = T_{e,max} - T_0 = +39\ K - 10\ K = 29\ K$$

Die Bemessungswerte für die Dimensionierung der Lager und Fahrbahnübergänge ergeben sich wie folgt:

$$T_{ed,min} = T_0 - \gamma_F \cdot T_{N,con} - \Delta T_0$$

$$T_{ed,max} = T_0 + \gamma_F \cdot T_{N,exp} + \Delta T_0 \qquad (2\text{-}4)$$

Die Werte der Schwankungen der negativen und positiven Temperaturanteile sind in Abhängigkeit von der Unsicherheit der Lagerposition oder Einstellung der Fahrbahnübergänge in Bezug auf die tatsächliche Bauwerkstemperatur um ein zusätzliches Sicherheitselement ΔT_0 zu vergrößern (▶ DIN EN 1990/NA/A1, NA.E.5.2.2 (2)). Empfohlene Zahlenwerte für ΔT_0 sind in Tabelle NA.E.4 der DIN EN 1990/NA/A1 angegeben (▶ DIN EN 1990/NA/A1, Tabelle NA.E.4).

Bei Einbau der Fahrbahnübergänge erfolgen eine Messung der Bauwerkstemperatur und die entsprechende Einstellung des Spaltmaßes. Damit ist keine Vergrößerung der konstanten Temperaturanteile zur Ermittlung der Dehnwege für die Übergangskonstruktionen nach Tabelle NA.E.4 notwendig (▶ DIN EN 1990/NA/A1, Tabelle NA.E.4).

Bei dem hier behandelten Bauwerk kommen Elastomerlager zum Einsatz. Da bei diesen Lagern keine Voreinstellung der Lagerwege in Abhängigkeit abweichender Aufstelltemperatur möglich ist, muss für die Bemessung der Lagerwege die zusätzliche Schwankung der konstanten Temperaturanteile mit $\Delta T_0 = 10$ K berücksichtigt werden (▶ DIN EN 1990/NA/A1, Tabelle NA.E.4).

Des Weiteren sind die Temperaturschwankungen bei Betonüberbauten um $\Delta T_0 = 20$ K nach unten und nach oben zu vergrößern, wenn während des Bauvorgangs die Position des Festpunkts einmal oder mehrmals geändert wird (▶ DIN EN 1990/NA/A1, Tabelle NA.E.4). Das Festlager in Brückenlängsrichtung wird in der Pfeilerachse 20 und somit im ersten Bauabschnitt angeordnet. Ein Festpunktwechsel findet somit während der weiteren Herstellung des Überbaus nicht mehr statt.

Zusammenfassend ergeben sich dementsprechend folgende Werte für das zusätzliche Sicherheitselement ΔT_0 (▶ DIN EN 1990/NA/A1, Tabelle NA.E.4):

- für die Dehnfugen:

  $\Delta T_{N,con} = 26$ K

  $\Delta T_{N,exp} = 29$ K

- für die Lager:

  $\Delta T_{N,con} = 10 + 26 = 36$ K

  $\Delta T_{N,exp} = 10 + 29 = 39$ K

Linearer Temperaturunterschied (▶ DIN EN 1991-1-5, 6.1.4)

Bei den linearen Temperaturunterschieden wird zwischen der Vertikal- und Horizontalkomponente differenziert. Die Horizontalkomponente braucht im Allgemeinen nicht berücksichtigt zu werden. Sollte in besonderen Fällen ein Nachweis erforderlich sein, darf ein Temperaturunterschied von 5 K angesetzt werden, sofern keine höheren Werte vorliegen (▶ DIN EN 1991-1-5, 6.1.4.3 (1)).

Die Vertikalkomponente resultiert aus einer Erwärmung oder Abkühlung der Oberseite des Brückenüberbaus. Ist die Oberseite wärmer, spricht man vom positiven Temperaturunterschied $\Delta T_{M,heat}$, umgekehrt wird vom negativen Temperaturunterschied $\Delta T_{M,cool}$ gesprochen. Bei Anwendung des Verfahrens 1 gelten die Werte aus Tabelle 2-7 (▶ DIN EN 1991-1-5/NA, NDP zu 6.1.2 (2)).

Tabelle 2-7 Temperaturunterschiede für Betonstraßenbrücken (► DIN DIN EN 1991-1-5, Tabelle 6.1)

Querschnitt des Überbaus	Oberseite wärmer als Unterseite $\Delta T_{M,heat}$ [K]	Unterseite wärmer als Oberseite $\Delta T_{M,cool}$ [K]
Betonhohlkasten	10	5
Betonplattenbalken	15	8
Betonplatte	15	8

Die in Tabelle 2-7 angegebenen Temperaturunterschiede gelten für eine Belagsdicke von 50 mm. Bei anderen Belagsdicken sind diese Werte mit den in Tabelle 2-8 angegebenen Werten k_{sur} zu multiplizieren (► DIN EN 1991-1-5, Tabelle 6.1, Anmerkung 2).

Tabelle 2-8 Faktoren k_{sur} zur Berücksichtigung verschiedener Belagsdicken für Betonstraßenbrücken in Anlehnung an DIN EN 1991-1-5, Tabelle 6.2 und (► ARS 22/2012, Anlage 3, B) (2))

Belagsdicken in mm	Oberseite wärmer k_{sur}	Unterseite wärmer k_{sur}
ohne Belag	0,8	1,1
(wassergeschützt) [1]	1,5	1,0
50	1,0	1,0
80	0,82	1,0
100	0,7	1,0
150	0,5	1,0
Schotter (750 mm)	0,3	1,0

[1] Diese Grenzwerte stellen obere Grenzen für dunkle Farben dar.

Folgende Bemessungswerte für die vertikale Komponente der linearen Temperaturunterschiede ergeben sich dementsprechend bei einer Belagsdicke von 80 mm:

$\Delta T_{M,heat} = 15\ K \cdot 0{,}82 = 12{,}3\ K$ (oben wärmer)

$\Delta T_{M,cool} = 8\ K \cdot 1{,}0 = 8\ K$ (unten wärmer)

Ohne Belag im Bauzustand:

$\Delta T_{M,heat} = 15\ K \cdot 0{,}8^{*)} = 12\ K$ (oben wärmer)

$\Delta T_{M,cool} = 8\ K \cdot 1{,}1 = 8{,}8\ K$ (unten wärmer)

*) Es wird davon ausgegangen, dass während der abschnittsweisen Herstellung weder Abdichtung noch Deckschicht aufgebracht werden.

Wirken der konstante Temperaturanteil und der lineare Temperaturunterschied gleichzeitig, darf der ungünstigste Fall nach der folgenden Kombination bestimmt werden (▶ DIN EN 1991-1-5, 6.1.5 (1)):

$$\Delta T_M + \omega_N \cdot \Delta T_N \tag{2-5}$$

$$\omega_M \cdot \Delta T_M + \Delta T_N \tag{2-6}$$

mit $\omega_M = 0{,}75$

$\omega_N = 0{,}35$

Die maßgebende Kombination ergibt sich aus der Auswertung:

$$\max/\min \text{Ed} (\Delta T_M; \Delta T_N; \Delta_M \cdot \Delta T_M + \Delta T_N; \Delta_N \cdot \Delta T_N + \Delta T_M)$$

Da im vorliegenden Fall der konstante Temperaturanteil aufgrund der zwängungsfreien Lagerung des Überbaus keine Schnittkräfte für dessen Bemessung hervorruft, ist eine Kombination der beiden Anteile bei der Bemessung des Überbaus nicht anzuwenden. Die tatsächlich vorhandene exzentrische Lagerung zur Systemachse und die Rückstellkräfte der Elastomerlager üben einen vernachlässigbaren Einfluss auf die Schnittgrößen im Überbau aus. Für die Bemessung der Lager und Unterbauten werden die Rückstellkräfte aus der Temperaturausdehnung an einem separaten Modell in Kapitel 3 bestimmt.

Für den Ansatz von Temperatureinwirkungen auf Brückenpfeiler gilt DIN EN 1991-1-5, 6.2. Genauere Angaben erfolgen in Kapitel 4.

2.2.2.8 Lastmodelle für Ermüdungsnachweis

Die für Ermüdungsnachweise relevante Verkehrskategorie wird im Regelfall durch den Bauherrn auf der Grundlage von Verkehrszählungen oder Verkehrsschätzungen vorgegeben. Im konkreten Fall (siehe Tabelle 1-1) werden die Werte vom Bauherrn wie folgt festgelegt (siehe auch (▶ ARS 6/2009) [BMVBW 2009 102]:

Verkehrskategorie 2 (▶ ARS 6/2009, DIN-FB 101)

Damit ergibt sich die Anzahl der zu erwartenden LKW pro Jahr für einen LKW-Fahrstreifen zu (▶ DIN EN 1992-2, Tabelle 4.5):

$N_{obs} = 0{,}5 \cdot 10^6$

$N_{years} = 100$ Jahre (▶ ARS 6/2009, DIN-FB 102)

Eine Erhöhung für jeden weiteren schnellen Fahrstreifen von 10 % N_{obs} entfällt, da je Fahrtrichtung nur 1 Fahrstreifen vorhanden ist.

Gemäß dem Nationalen Anhang zu DIN EN 1991-2 ist nur das Ermüdungslastmodell 3 (ELM 3) anzuwenden (▶ DIN EN 1991-2/NA, NDP zu 4.6.1).

Für die Ermittlung der globalen Einwirkungen sollte das ELM 3 in der Achse der rechnerischen Fahrstreifen angeordnet werden, wobei die Lage der rechnerischen Fahrstreifen mit den Regeln nach DIN EN 1991-2, 4.2.4 (2) und (3) (analog Lastmodell 1) übereinstimmen soll (▶ DIN EN 1991-2, 4.6.1 (4)).

Für die Ermittlung lokaler Einwirkungen sollte das Lastmodell ebenfalls in der Achse der rechnerischen Fahrstreifen angeordnet werden. Die Fahrstreifen können dabei an beliebiger Stelle der Fahrbahn liegen. Hat die Laststellung in Brückenquerrichtung des ELM 3 einen signifikanten Einfluss auf die Beanspruchungen, sollte die statistische Häufigkeitsverteilung der Laststellung in Brückenquerrichtung gemäß Bild 2-13 in die Ermittlung der Beanspruchungen einfließen (▶ DIN EN 1991-2, 4.6.1 (5)).

Die dynamischen Erhöhungsfaktoren sind für eine gute Belagsqualität, welche im Allgemeinen bei Brückenneubauten angenommen werden kann, im ELM 3 bereits enthalten. In der Nähe von Fahrbahnübergängen im Abstand D von 0 bis 6 m ist jedoch ein zusätzlicher Erhöhungsfaktor $\Delta\varphi_{fat}$ gemäß Bild 2-14 zu berücksichtigen (▶ DIN EN 1991-2, 4.6.1 (6)).

$$\Delta\varphi_{fat} = 1 + 0{,}3 \cdot \left(1 - \frac{D}{6}\right); \quad \Delta\varphi_{fat} \geq 1 \tag{2-7}$$

Das Ermüdungslastmodell besteht aus 4 Achsen mit je 2 identischen Rädern und Achslasten von jeweils 120 kN. Die Radaufstandsfläche des Einzelrades ist ein Quadrat mit 0,4 m Seitenlänge. Die Konfiguration ist in Bild 2-15 dargestellt (▶ DIN EN 1991-2, 4.6.4 (1)). Das ELM 3 gilt für den gesamten Überbau. Zwei Fahrzeuge für zwei Fahrrichtungen sind nicht anzusetzen, wenn die Ermüdungsnachweise mit λ-Werten erfolgen (▶ DIN EN 1991-2 NA, NDP zu 4.6.4 (3)).

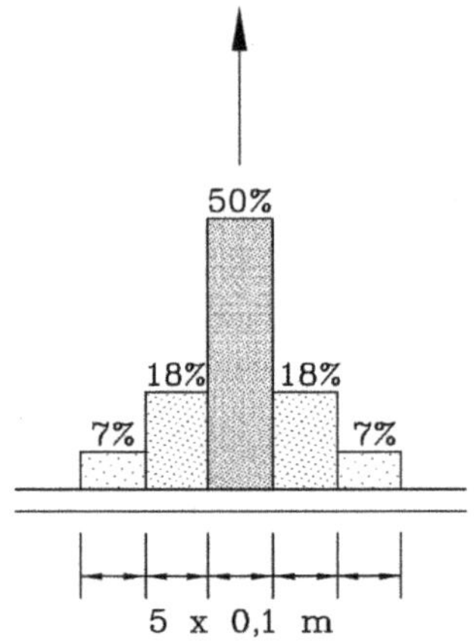

Bild 2-13 Häufigkeitsverteilung der Fahrzeugachsen in Brückenquerrichtung

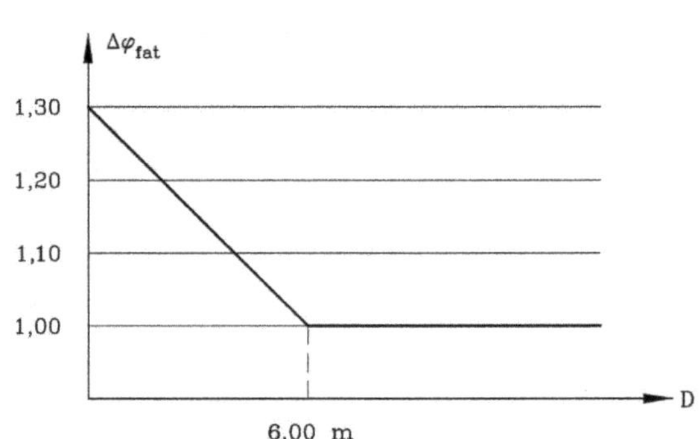

Bild 2-14 Zusätzlicher Erhöhungsfaktor $\Delta\varphi_{fat}$

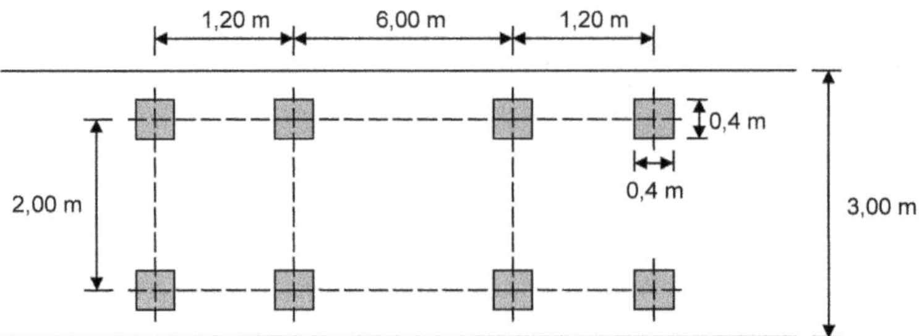

Bild 2-15 Ermüdungslastmodell 3

Für die globale Schnittgrößenermittlung an diesem Bauwerk wird das ELM 3 analog den Laststellungen der Tandemachse des LM 1 berücksichtigt.

Laststellung 1 – Anordnung des Fahrstreifen 1 am linken Fahrbahnrand.

2.2.3 Verkehrslastgruppen

Da nicht alle Verkehrslastkomponenten (vertikale und horizontale Einwirkungen) gleichzeitig mit ihrem Maximalwert auftreten, werden sich gegenseitig ausschließende Verkehrslastgruppen gebildet, die als jeweils eigenständige Einwirkung zu betrachten sind.

2.2.3.1 Charakteristische Werte mehrkomponentiger Einwirkungen

Verkehrslastgruppe 1 (gr 1) steht für die maximale vertikale Beanspruchung infolge des Verkehrs.

Verkehrslastgruppe 2 (gr 2) steht für die maximale horizontale Beanspruchung infolge des Verkehrs und ist daher vorrangig für die Bemessung der Lager, der Übergangskonstruktion und der Unterbauten maßgebend.

Verkehrslastgruppe 3 (gr 3) steht für die maximale vertikale Beanspruchung aus Fußgänger- und Radverkehr. Diese Verkehrslastgruppe wird im vorliegenden Fall gegenüber der Verkehrslastgruppe 1 (gr 1) nicht maßgebend und daher nicht weiter verfolgt.

Die Verkehrslastgruppe 4 (gr 4) erfasst Menschengedränge. Nach Vorgabe des Bauherrn ist Menschengedränge für dieses Bauwerk nicht relevant.

Die Verkehrslastgruppe 6 (gr 6) spiegelt die Beanspruchung infolge des Verkehrs beim Auswechseln von Lagern wider (▶ DIN EN 1991-2/NA, NCI zu 4.5.1 (1)).

Die zu betrachtenden Verkehrslastgruppen sind nochmals in allgemeiner Form in Tabelle 2-9 zusammengefasst.

2.2.3.2 Häufige Werte mehrkomponentiger Einwirkungen

Die Ermittlung der häufigen Werte der mehrkomponentigen Einwirkungen erfolgt nicht analog der Tabelle 2-9. Der häufige Wert der mehrkomponentigen Einwirkungen setzt sich entweder nur aus dem häufigen Wert des Lastmodells 1 oder aus nur aus dem häufigen Wert der Lasten auf Geh- und Radwegen, jeweils ohne zugehörige Begleiteinwirkung (Horizontal- bzw. Vertikallasten), zusammen (▶ DIN EN 1991-2, 4.5.2).

2.2.3.3 Lastgruppen bei vorübergehenden Bemessungssituationen

Die in Tabelle 2-9 definierten Lastgruppen lassen sich auch sinngemäß auf vorübergehende Bemessungssituationen übertragen (▶ DIN EN 1991-2, 4.5.3). Dabei sollen die in Verbindung mit der Doppelachse stehenden charakteristischen Werte zu $0{,}8 \cdot \alpha_{Qi} \cdot Q_{ik}$ angenommen werden. Alle anderen charakteristischen, häufigen und quasi-ständigen Werte sowie die Horizontalbelastungen entsprechen den für die ständige Bemessungssituation festgelegten Werten.

Tabelle 2-9 Verkehrslastgruppen (▶ DIN EN 1991-2, Tab. 4.4a inkl. DIN EN 1991-2/NA)

		Fahrbahn				Geh- und Radweg
Lastart		Vertikallasten		Horizontallasten		nur Vertikallasten
Lastmodell		Lastmodell 1	Menschengedränge	Anfahren und Bremsen[a)]	Zentrifugalkräfte[a)]	gleichmäßig verteilte Last
Lastgruppe	gr 1a	charakteristischer Wert				Kombinationsbeiwert[b)]
	gr 2	häufiger Wert		charakteristischer Wert	charakteristischer Wert	
	gr 3					charakteristischer Wert[c)]
	gr 4		charakteristischer Wert			
	gr 6[d)]	0,5-facher charakteristischer Wert		0,5-facher charakteristischer Wert	0,5-facher charakteristischer Wert	charakteristischer Wert[c)]
(schattiert)	vorherrschender Einwirkungsanteil (gekennzeichnet als zur Gruppe gehöriger Bestandteil					

[a)] Bei gr 1a müssen Horizontallasten aus Verkehr nicht berücksichtigt werden (▶ DIN EN 1991-2/NA, NDP zu 4.5.1.)
[b)] 3 kN/m² gemäß (▶ DIN EN 1991-2/NA, NDP zu 4.5.1.)
[c)] Es sollte nur ein Gehweg belastet werden, falls dies ungünstiger ist als der Ansatz von zwei belasteten Gehwegen.
[d)] Vorübergehende Bemessungssituation Lagerwechsel (▶ DIN EN 1991-2/NA, NCI zu 4.5.1 (1).)

2.2.4 Einwirkungskombinationen

2.2.4.1 Allgemeine Kombinationsregeln

- Die anzuwendenden Teilsicherheits- und Kombinationsbeiwerte für Straßenbrücken sind in den Tabellen A.2.4 bis A.2.5 und A.2.1 der DIN EN 1990, A.2 geregelt.
- Erfolgt kein genauerer Nachweis, so können Schnittgrößen aus Zwang (Temperatureinwirkungen, Setzungen usw.) im Grenzzustand der Tragfähigkeit unter der Voraussetzung einer Rissbildung mit den 0,6-fachen Steifigkeiten des ungerissenen Zustandes errechnet werden. Bei einer genaueren nichtlinearen Berechnung sind mindestens 40 % der Steifigkeit des ungerissenen Zustandes anzusetzen. Die Setzungsdifferenzen sind als ständige Einwirkung mit einer Teilsicherheit von $\gamma_{G,set} = 1{,}0$, Temperatureinwirkungen als veränderliche Einwirkung mit einem Teilsicherheitsbeiwert von $\gamma_Q = 1{,}35$ und dem entsprechenden Kombinationsbeiwert ψ zu berücksichtigen (▶ DIN-HB Bb, NCI zu 2.3.1.2 (3) und 2.3.1.3 (3)).
- Der statisch unbestimmte Anteil der Schnittgrößen infolge der Vorspannung darf für den gerissenen Zustand nicht abgemindert werden, da die Verformung infolge der Vorspannung proportional zu der Steifigkeit ist (▶ DIN-HB Bb, NCI zu 2.3.1.4).

Einwirkungen, die aus physikalischen oder funktionalen Gründen nicht möglich sind, brauchen nicht miteinander kombiniert zu werden. Dabei sind folgende allgemeine Festlegungen im konkreten Fall für dieses Bauwerk im Grenzzustand der Tragfähigkeit zu berücksichtigen:

Wind wirkt nicht gleichzeitig mit Brems- und Anfahrlasten (Lastgruppe gr 2), mit Lasten auf Geh- und Radwegen (Lastgruppe gr 3) oder Lasten aus Menschenansammlungen (Lastgruppe gr 4) (► DIN EN 1990, A.2.2.2 (3)).

- Windlasten > $\psi_0 \cdot F_{Wk}$ sind nicht mit dem Lastmodell 1 bzw. der Lastgruppe gr 1 zu kombinieren (► DIN EN 1990, A.2.2.2 (5)). Das bedeutet, dass Wind als Leiteinwirkung nicht mit Lastmodell 1 bzw. der Lastgruppe gr 1 auftritt.
- Wind- und Temperatureinwirkungen treten nicht gleichzeitig auf (► DIN EN 1990, A.2.2.2 (6)).

2.2.4.2 Kombination im Grenzzustand der Tragfähigkeit

Ständig und vorübergehende Bemessungssituation

Die Kombination der Einwirkungen ist nach dem folgenden Ansatz durchzuführen (► DIN EN 1990/NA, NCI zu 6.4.3.2 (3)):

$$\sum_{j \geq 1} \gamma_{Gj} \cdot G_{kj} + \gamma_P \cdot P_k + \gamma_{Q1} \cdot Q_{k1} + \sum_{i > 1} \gamma_{Qi} \cdot \psi_{0i} \cdot Q_{ki} \qquad (2\text{-}8)$$

Für die Teilsicherheitsbeiwerte sind die in Tabelle 2-10 angegebenen Werte zu verwenden.

Tabelle 2-10 Bemessungswerte der Einwirkungen (► DIN EN 1990/NA/A1, NDP zu A2.3.1 (1) Anmerkung Tabelle NA.A2.4)

Einwirkung	Bezeichnung	γ-Werte für die Einwirkungen in den entsprechenden Bemessungssituationen nach Tabelle A.2.4 (A) EQU		Tabelle A.2.4 (B) STR/GEO	Tabelle A.2.5 Außergewöhnlich
		S/V	B	S/V	A
Ständige Einwirkungen					
Ungünstig	$\gamma_{G,sup}$	1,05	1,05	1,35[b]	1,0
Günstig	$\gamma_{G,inf}$	0,95[a]	0,95[a]	1,0	1,0
Vorspannung[h]					
Ungünstig	γ_{Psup}	1,0[i]/1,2[j]	1,0[i]/1,2[j]	1,0[i]/1,2[j]	1,0
Günstig	γ_{Pinf}	1,0[i]/0,8[j]	1,0[i]/0,8[j]	1,0[i]/0,8[j]	1,0
Setzungen[e]	γ_{Gset}	--	--	1,2[g]/1,35[h]	--
Einwirkungen aus Straßen- und Fußgängerverkehr					
Ungünstig	$\gamma_{Q,sup}$	1,35	--	1,35	1,0
Günstig	$\gamma_{Q,inf}$	0	--	0	0
Einwirkungen aus Schienenverkehr					
Ungünstig	$\gamma_{Q,sup}$	1,45	--	1,45[c]/1,2[d]	1,0
Günstig	$\gamma_{Q,inf}$	0	--	0	0
Lasten aus der Bauausführung					
Ungünstig	$\gamma_{Q,sup}$	--	1,35	--	1,0
Günstig	$\gamma_{Q,inf}$	--	0	--	0
Temperatur					
Ungünstig	$\gamma_{Q,sup}$	1,35	1,35	1,35	1,0
Günstig	$\gamma_{Q,inf}$	0	0	0	0

Tabelle 2.10 (Fortsetzung)

Einwirkung	Bezeichnung	Bemessungssituation: Tabelle A.2.4 (A) EQU		Tabelle A.2.4 (B) STR/GEO	Tabelle A.2.5 Außergewöhnlich
		S/V	B	S/V	A
Alle anderen veränderlichen Einwirkungen					
Ungünstig	$\gamma_{Q,sup}$	1,5	1,5	1,5	1,0
Günstig	$\gamma_{Q,inf}$	0	0	0	0
Außergewöhnliche Einwirkungen	γ_A	--	--	--	1,0

EQU Verlust der Lagesicherheit des Tragwerks oder eines seiner Teile betrachtet als starrer Körper

STR Versagen oder übermäßige Verformungen des Tragwerks oder seiner Teile einschließlich der Fundamente, Fundamentkörper, Pfähle, wobei die Tragfähigkeit von Baustoffen und Bauteilen entscheidend ist

GEO Versagen oder übermäßige Verformungen des Baugrundes, bei der die Festigkeit von Boden oder Fels wesentlich an der Tragsicherheit beteiligt sind

S/V Ständige und vorübergehende Bemessungssituation

B Bauausführung, wenn die Ausführung ausreichend im Hinblick auf die Verteilung der ständigen Laste kontrolliert wird

A Außergewöhnliche Bemessungssituation

[a] Beim Verwenden von Gegengewichten zur Sicherstellung der Lagesicherheit können eine oder beide der folgende Empfehlungen verwendet werden:

- Anwendung eines Faktors $\gamma_{G,inf}$ = 0,8, wenn das Gegengewicht nicht besonders genau definiert ist (z. B. be Containern);
- Berücksichtigung der Streuung der für das Projekt festgelegten Position durch einen geometrischen Wert, de proportional zur Abmessung der Brücke festgelegt wird, wenn die Größe des Gegengewichtes genau definiert is Bei der Bauausführung von Stahlbrücken wird häufig der Streubereich der Position des Gegengewichtes m ± 1 m angenommen.

[b] Dieser Wert gilt für Eigengewicht von tragenden und nicht tragenden Bauteilen, Schotterbett, Boden, Grundwasse und frei fließendes Wasser, bewegliche Lasten usw.

[c] Infolge Schienenverkehr in Form der Lastgruppen 11 bis 31 (außer 16, 17, 26[k]) und 27[k])), Lastmodellen LM71, SW/ und HSLM und wirklichen Zügen, wenn diese als einzelne Leiteinwirkung aus Verkehr berücksichtigt werden.

[d] Infolge Schienenverkehr in Form der Lastgruppen 16 und 17 und SW/2.

[e] In Bemessungssituationen mit ungünstiger Wirkung der Einwirkungen aus ungleichmäßigen Setzungen. I Bemessungssituationen, in denen Einwirkungen aus ungleichmäßigen Setzungen günstige Wirkung erzeugen, sin diese Einwirkungen nicht zu berücksichtigen. Siehe auch DIN EN 1991 bis DIN EN 1999 zu γ-Faktoren, die fü eingeprägte Verformungen zu berücksichtigen sind.

[f] im Falle von linearen elastischen Berechnungen.

[g] im Falle von nicht linearen elastischen Berechnungen.

[h] Faktor, der in den Eurocodes für die Bemessung empfohlen wird, hier aus DIN EN 1992-1-1 mit DIN EN 1992-1-1/NA

[i] lineares Verfahren mit ungerissenen Querschnitten

[j] nichtlineares Verfahren

[k] Bei Schienenverkehrseinwirkungen in Form der Lastgruppen 26 und 27 darf γ_Q = 1,20 auf einzelne Komponenten de Einwirkungen aus SW/2 und γ_Q = 1,45 auf einzelne Komponenten der Einwirkungen aus den Lastmodellen LM 71, SW/ und HSLM usw. angewendet werden.

Die zu verwendenden Kombinationsbeiwerte sind in (▶ DIN EN 1990, Tabelle A2.1) geregelt. Tabelle 2-11 enthält die Zusammenstellung der maßgebenden Kombinationen für das vorliegende Beispiel.

Tabelle 2-11 Kombinationsbeiwerte und zu untersuchende Kombinationen für die Bemessung im ULS in Brückenlängsrichtung im Rahmen des behandelten Beispiels

	Leit-EW bzw. Komb.	Verkehr			Wind	Temp.	Anmerkungen
		Q_{TS}	Q_{UDL}	Q_{lk}	F_{Wk}	T_k	
gr 1	LM 1 (T_k)	1,0	1,0	–	0	0,8 [1)]	LM 1 führend mit Temp.
	LM 1 (F_{Wk})	1,0	1,0	–	0,6	0	LM 1 führend mit Wind
	T_k	0,75	0,4	–	0	1,0	Temp. führend
gr 2	Q_{lk}	0,75	0,4	1,0	0	0,8 [1)]	Anfahren/Bremsen
gr 6	T_k	0,5	0,5	0,5	0	0,8 [1)]	für Pressenwahl
	F_{Wk}	0,5	0,5	0,5	0,6	0	für Pressenwahl
–	F_{Wk}	–	–	–	1,0	–	Lagerkräfte quer

[1)] (▶ ARS 22/2012, Anlage 2, B) (2))

Die Darstellung der Kombinationen für die Bemessung in Brückenquerrichtung erfolgt im Abschnitt 2.4.6 mit den entsprechenden Nachweisen.

Außergewöhnliche Bemessungssituation

Die Kombination für außergewöhnliche Einwirkungen ist nach dem folgenden Ansatz durchzuführen. Dabei ist im Allgemeinen der häufige Wert als Leiteinwirkung zu verwenden (▶ DIN EN 1990/NA, NCI zu 6.4.3.3 (3)):

$$\sum_{j\geq 1} \gamma_{GAj} \cdot G_{kj} + \gamma_{PA} \cdot P_k + A_d + \psi_{11} \cdot Q_{k1} + \sum_{i>1} \psi_{2i} \cdot Q_{ki} \tag{2-9}$$

Eine außergewöhnliche Einwirkung ist nicht mit anderen außergewöhnlichen Einwirkungen sowie Wind oder Schnee zu kombinieren (▶ DIN EN 1990, A2.2.5 (1)).

Bei Fahrzeuganprall unter einer Brücke sollte die Verkehrsbelastung auf der Brücke als Begleiteinwirkung mit ihrem häufigen Wert berücksichtigt werden (▶ DIN EN 1990, A2.2.5 (2)).

Ermüdung

Die Zusammenstellung der bemessungsrelevanten Einwirkungskombinationen erfolgt entsprechend in Abschnitt 2.4.5 – Ermüdung.

Bemessungssituation infolge Erdbeben

Am Standort der Brücke sind keine bemessungsrelevanten seismischen Aktivitäten zu erwarten.

2.2.4.3 Kombination im Grenzzustand der Gebrauchstauglichkeit

Die zum Nachweis der Gebrauchstauglichkeit vorgesehenen Kombinationen sind durch die folgenden Beziehungen definiert (▶ DIN EN 1990, 6.5.3 (2) und NA DIN EN 1990, NCI zu 6.5.3 (2)):

Charakteristische (seltene) Kombination

$$\sum_{j\geq 1} G_{kj} + P_k + Q_{k1} + \sum_{i>1} \psi_{0i} \cdot Q_{ki} \tag{2-10}$$

Häufige Kombination

$$\sum_{j\geq 1} G_{kj} + P_k + \psi_{11} \cdot Q_{k1} + \sum_{i>1} \psi_{2i} \cdot Q_{ki} \tag{2-11}$$

Quasi-ständige Kombination

$$\sum_{j\geq 1} G_{kj} + P_k + \sum_{i\geq 1} \psi_{2i} \cdot Q_{ki} \tag{2-12}$$

Die nicht häufige Kombination entfällt in Zukunft (▶ DIN EN 1991-2/NA, NDP zu 2.2 (2) Anmerkung 2).

Tabelle 2-12 Kombinationsbeiwerte und zu untersuchende Kombinationen für die Bemessung im SLS in Brückenlängsrichtung nach (▶ DIN EN 1990, Tabelle A2.1)

EW-Komb.	Leit-EW	Verkehr			Wind	Temp.	Anmerkungen
		Q_{TS}	Q_{UDL}	Q_{lk}	F_{Wk}	T_k	
charakteristisch	LM 1	**1,0**	**1,0**	–	–	0,8 [3)]	LM 1 führend mit Temperatur oder Wind
	LM 1	**1,0**	**1,0**	–	0,6 [1)]	–	
	F_{Wk}	0,75	0,4	–	**1,0**	–	Wind führend
	T_k	0,75	0,4	–	–	**1,0**	Temperatur führend
	gr 2	0,75	0,4	**1,0**	–	0,8 [3)]	Lager – Temperatur
	gr 2	0,75	0,4	**1,0**	0,6 [1)]	–	Lager – Wind
häufig	LM 1	**0,75**	**0,4**	–	–	0,5	LM 1 führend
	F_{Wk}	0	0	–	**0,2**	–	Wind führend
	T_k	0,2	0,2	–	0	**0,6**	Temperatur führend
quasi-ständig	–	0,2 [2)]	0,2 [2)]	–	0	0,5	

[1)] Während der Bauausführung gilt $\psi_0 = 0{,}8$ infolge F_{wk}

[2)] (▶ DIN EN 1990/NA/A1, NDP zu A2.2.6 (1) Anmerkung 1)

[3)] (▶ ARS 22/2012 Anlage 2 B) (2))

2.2.5 Kriech- und Schwindbeiwerte

Da das Bauwerk in mehreren Abschnitten nacheinander erstellt wird und der Einbau der endgültigen Lager und der Fahrbahnübergangskonstruktion zu späteren Zeitpunkten erfolgt, sind die Kriech- und Schwindbeiwerte explizit für diese bestimmten Zeitpunkte zu ermitteln. Folgend soll exemplarisch für den 1. Bauabschnitt zum Zeitpunkt t = 14 Tage die Ermittlung des Kriech- und Schwindbeiwertes vorgeführt werden, wobei die Vorspannung 5 Tage nach der Herstellung aufgebracht wird. Für alle weiteren Beiwerte sind die Ergebnisse tabellarisch zusammenfassend dargestellt. Ein Beispiel zur vereinfachten Ermittlung der Kriechzahl nach den Diagrammen des DIN-HB Bb, 3.1.4 wird in Kapitel 4 Pfeiler demonstriert.

Der Überbau weist in Brückenlängsrichtung einen veränderlichen Querschnittsverlauf auf. In den statischen Berechnungen werden die für den Feldquerschnitt errechneten Beiwerte jedoch für den gesamten Überbau angesetzt. Diese Vereinfachung liegt auf der sicheren Seite, da der Feldquerschnitt eine kleinere wirksame Bauteildicke aufweist.

2.2.5.1 Kriechen

DIN EN 1992-1-1 bzw. das DIN-HB Betonbrücken stellt zur Ermittlung der Endkriechbeiwerte Diagramme und Tabellen für einfache Fälle als praktikable Hilfsmittel zur Verfügung (▶ DIN-HB Bb, 3.1.4). Eine Ermittlung der Beiwerte im allgemeinen Fall und zu beliebigen Zeitpunkten kann mit den analytischen Beziehungen in Anhang B des DIN-HB Betonbrücken vorgenommen werden (▶ DIN-HB Bb, 3.1.4). In beiden Fällen wurden zur Berechnung der Kriechbeiwerte die Ansätze sowohl aus DIN-Fachbericht 102 als auch aus Heft 525 des DAfStb [DAfStb 2003] übernommen. Neu hinzugekommen ist lediglich eine Erweiterung, mit welcher die Auswirkung von erhöhten oder verminderten Temperaturen zwischen 0 bis 80 °C (z. B. Wärmebehandlung) auf den Aushärtungsgrad des Betons durch Modifikation des Betonalters erfasst werden kann (▶ DIN-HB Bb, Anhang B, B.1 (3)):

$$t_T = \sum_{i=1}^{n} e^{-(4000/[273 + T(\Delta_{ti})]-13,65)} \cdot \Delta t_i \qquad (2\text{-}13)$$

mit

t_T temperaturangepasstes Betonalter, welches t_0 in den entsprechenden Beziehungen in DIN-HB Bb Anhang B ersetzt

$T(\Delta t_i)$ Temperatur in °C im Zeit-Intervall Δt_i

Δt_i Anzahl der Tage, an denen die Temperatur T vorherrscht

Für eine Temperatur von 20 °C ergibt sich damit:

$$e^{-(4000/[273 + 20]-13,65)} \cdot \Delta t_i = e^0 \cdot \Delta t_i = 1 \cdot \Delta t_i$$

Deshalb ist bei üblichen Erhärtungsbedingungen von ca. 20 °C, wie im hier behandelten Beispiel, keine zusätzliche Modifikation erforderlich.

Wird die kriecherzeugende Spannung (quasi-ständige Lastkombination) mit 0,45 f_{ck} (f_{ck} zum Zeitpunkt der Lastaufbringung) begrenzt, so kann von linearem Kriechen ausgegangen werden. Andernfalls muss mit nichtlinearem Kriechen gerechnet werden (▶ DIN HB Bb, 3.1.4 (4)).

Ermittlung der Kriechzahl 1. BA, t = 14 Tage

Bestimmung der Grundkriechzahl:

$$\varphi_0 = \varphi_{RH} \cdot \beta(f_{cm}) \cdot \beta(t_0) = 1,13 \cdot 2,56 \cdot 0,68 = 1,94 \qquad (2\text{-}14)$$

mit Gl. (2-15) für $f_{cm} > 35$ MN/m^2:

$$\varphi_{RH} = \left[1 + \frac{1 - RH/100}{0,1 \cdot \sqrt[3]{h_0}} \cdot \alpha_1\right] \cdot \alpha_2 = \left[1 + \frac{1 - 80/100}{0,1 \cdot \sqrt[3]{947}} \cdot 0,87\right] \cdot 0,96 = 1,13 \qquad (2\text{-}15)$$

$$\beta(f_{cm}) = \frac{16,8}{\sqrt{f_{cm}}} = \frac{16,8}{\sqrt{43}} = 2,56 \qquad (2\text{-}16)$$

$$\beta(t_0) = \frac{1}{0,1 + t_0^{0,2}} = \frac{1}{0,1 + 5^{0,2}} = 0,67 \qquad (2\text{-}17)$$

wobei

α_i Beiwerte zur Berücksichtigung des Einflusses der Betondruckfestigkeit

$$\alpha_1 = \left[\frac{35}{f_{cm}}\right]^{0,7} = 0{,}87;\ \alpha_2 = \left[\frac{35}{f_{cm}}\right]^{0,2} = 0{,}96;\ \alpha_3 = \left[\frac{35}{f_{cm}}\right]^{0,5} = 0{,}90 \qquad (2\text{-}18)$$

h_0 wirksame Bauteildicke [mm] $2\ A_c/u$

$h_0 = 2 \cdot 8{,}68/18{,}33 = 947$ mm Querschnittswerte siehe Abschnitt 2.3

A_c Querschnittsfläche $A_c = 8{,}68\ m^2$

u Umfang des Querschnitts, welcher Trocknung ausgesetzt ist (bei Kastenträgern einschließlich 50 % des inneren Umfangs (▶ DIN-HB Bb, NCI zu 3.1.4 (5))) $u = 18{,}33$ m

RH relative Luftfeuchte der Umgebung [%], RH = 80 % für Außenbauteile

t Betonalter zum betrachteten Zeitpunkt, 14 Tage

$$\varphi(t,t_0) = \varphi_0 \cdot \beta_c(t,t_0) = 1{,}94 \cdot 0{,}22 = 0{,}43 \qquad (2\text{-}19)$$

mit

$$\beta_c(t,t_0) = \left[\frac{(t - t_0)}{\beta_H + (t - t_0)}\right]^{0,3} = \left[\frac{(14 - 5)}{1350 + (14 - 5)}\right]^{0,3} = 0{,}22 \qquad (2\text{-}20)$$

wobei für $f_{cm} > 35\ MN/m^2$ gilt:

$$\beta_H = 1{,}5 \cdot \left[1 + (0{,}012 \cdot RH)^{18}\right] \cdot h_0 + 250 \cdot \alpha_3 \leq 1500 \cdot \alpha_3 \qquad (2\text{-}21)$$

$$\beta_H = 1{,}5 \cdot \left[1 + (0{,}012 \cdot 80)^{18}\right] \cdot 947 + 250 \cdot 0{,}90$$
$$= 2326 \leq 1500 \cdot 0{,}90 = 1350 \Rightarrow 1350$$

$$t_0 = t_{0,T}\left[\frac{9}{2 + t_{0,T}^{1,2}} + 1\right]^{\alpha} = 5 \text{ Tage} \geq 0{,}5 \text{ Tage, da } \alpha = 0 \qquad (2\text{-}22)$$

mit

α Beiwert zur Berücksichtigung der Festigkeitsentwicklung des Betons, in Abhängigkeit vom Zementtyp (▶ DIN-HB Bb Anhang B, B.1 (2)), Zement der Klasse N: $\alpha = 0$

Alle weiteren Ergebnisse der Kriechbeiwerte sind in Tabelle 2-13 zusammenfassend angeführt.

2.2.5.2 Schwinden

Die Gesamtschwinddehnung ergibt sich aus dem Trocknungsschwinden ε_{cd}, welches sehr langsam in Abhängigkeit der Betonaustrocknung verläuft, und dem autogenen Schwinden ε_{ca}, dessen Hauptanteil in den ersten Tagen nach dem Betonieren stattfindet und dessen Anteil an der Gesamtschwinddehnung mit steigender Betonfestigkeit linear zunimmt.

Ermittlung Schwinddehnung 1. BA, t = 14 Tage

$$\varepsilon_{cs} = \varepsilon_{cd} + \varepsilon_{ca} = 1{,}93 \cdot 10^{-6} + 3{,}31 \cdot 10^{-5} = 3{,}50 \cdot 10^{-5} \qquad (2\text{-}23)$$

Der Grundwert des Trocknungsschwindens bei Verwendung eines Zements CEM Klasse N und einer relativen Luftfeuchte von RH = 80 % ergibt sich nach Tabelle NA.B.2 zu:

$$\varepsilon_{cd,0} = 0{,}25\ ‰$$

Alternativ kann der Grundwert des Trocknungsschwindens auch nach der analytischen Beziehung bestimmt werden (▶ DIN-HB Bb, Anhang B, B.2 (1)):

$$\begin{aligned}\varepsilon_{cd,0} &= 0{,}85\left[(220 + 110 \cdot \alpha_{ds1}) \cdot \exp\left(-\alpha_{ds2} \cdot \frac{f_{cm}}{f_{cm0}}\right)\right] \cdot 10^{-6} \cdot \beta_{RH} \\ &= 0{,}85\left[(220 + 110 \cdot 4) \cdot \exp\left(-0{,}12 \cdot \frac{43}{10}\right)\right] \cdot 10^{-6} \cdot 0{,}76 = 2{,}5 \cdot 10^{-4}\end{aligned} \qquad (2\text{-}24)$$

mit

$$\beta_{RH} = 1{,}55 \cdot \left[1 - \left(\frac{RH}{RH_0}\right)^3\right] = 1{,}55 \cdot \left[1 - \left(\frac{80}{100}\right)^3\right] = 0{,}756 \qquad (2\text{-}25)$$

und

f_{cm} mittlere Druckfestigkeit des Betons in MN/m²

f_{cm0} 10 MN/m²

α_{ds1} Beiwert zur Berücksichtigung der Zementart

$\alpha_{ds1} = 4$ für Zement CEM Klasse N

α_{ds2} Beiwert zur Berücksichtigung der Zementart $\alpha_{ds2} = 0{,}12$ für Zement CEM Klasse N

RH relative Luftfeuchte der Umgebung

RH_0 100 %

Die zeitabhängige Entwicklung des Trocknungsschwindens ergibt sich wie folgt:

$$\begin{aligned}\varepsilon_{cd}(t) &= \gamma_{lt} \cdot \beta_{ds}(t,t_s) \cdot k_h \cdot \varepsilon_{cd,0} \\ &= 1{,}18 \cdot 9{,}35 \cdot 10^{-3} \cdot 0{,}70 \cdot 0{,}25 \cdot 10^{-3} = 1{,}93 \cdot 10^{-6}\end{aligned} \qquad (2\text{-}26)$$

wobei

$k_h = 0{,}70$ (▶ DIN-HB Bb, Tabelle 3.3)

γ_{lt} Sicherheitsfaktor, um die Unsicherheit im Zusammenhang mit den tatsächlich verzögert eintretenden Verformungen des Betons zu berücksichtigen

$\gamma_{lt} = 1 + 0{,}1 \cdot \log(t/t_{ref}) = 1 + 0{,}1 \cdot \log(70) = 1{,}18$, mit $t_{ref} = 1$ Jahr
(▶ DIN-HB Bb, Anhang B, B.105)

und

$$\beta_{ds}(t,t_s) = \frac{(t - t_s)}{(t - t_s) + 0{,}04 \cdot \sqrt{h_0^3}} = \frac{(14 - 3)}{(14 - 3) + 0{,}04 \cdot \sqrt{947^3}} = 9{,}35 \cdot 10^{-3} \qquad (2\text{-}27)$$

mit

t_s Betonalter zum Beginn der Austrocknung, 3 Tage

Die autogene Schwinddehnung ergibt sich wie folgt:

$$\varepsilon_{ca}(t) = \beta_{as}(t) \cdot \varepsilon_{ca}(\infty) = 6{,}25 \cdot 10^{-5} \cdot 0{,}53 = 3{,}31 \cdot 10^{-5} \qquad (2\text{-}28)$$

mit

$$\varepsilon_{ca}(\infty) = 2{,}5 \cdot (f_{ck} - 10) \cdot 10^{-6} = 2{,}5 \cdot (35 - 10) \cdot 10^{-6} = 6{,}25 \cdot 10^{-5} \quad (2\text{-}29)$$

und

$$\beta_{as}(t) = 1 - e^{-0{,}2\cdot\sqrt{t}} = 1 - e^{-0{,}2\cdot\sqrt{14}} = 0{,}53 \quad (2\text{-}30)$$

Alle weiteren Ergebnisse sind in Tabelle 2-13 zusammengefasst.

Tabelle 2-13 Ergebnisse der errechneten Kriech- und Schwindbeiwerte

BA 1			BA 2			BA 3			BA 4			
$t_{BA1} = t_{Ges}$	φ	ε_{cs} $[10^{-5}]$	t_{BA2}	φ	ε_{cs} $[10^{-5}]$	t_{BA3}	φ	ε	t_{BA4}	φ	ε	
14	0,43	-3,50	–	–	–	–	–	–	–	–	–	Ausrüsten BA 2
28	0,14	-1,28	14	0,43	-3,50	–	–	–	–	–	–	Ausrüsten BA 3
42	0,09	-0,788	28	0,14	-1,28	14	0,43	-3,50	–	–	–	Ausrüsten BA 4
72	0,12	-1,06	58	0,16	-1,42	44	0,24	-2,16	30	0,59	-6,12	Ausbau, ÜKO
∞	1,14	-21,30	∞	1,19	-21,70	∞	1,26	-22,20	∞	1,34	-21,80	t = ∞ ≈ 70 Jahre
Summe	1,93	-27,90		1,93	-27,90		1,93	-27,90		1,93	-27,90	

Anmerkung: t = ∞ ist zu 70 Jahren angenommen worden. Aus diesem Grund ergibt sich die geringe Abweichung zwischen der Endkriechzahl von 1,93 gegenüber der ermittelten Grundkriechzahl von 1,94.

Die ermittelten Kriech- und Schwindbeiwerte stellen die zu erwartenden Mittelwerte dar. Ist das Verhalten des Tragwerks gegenüber Kriechen und Schwinden empfindlich, so sollte die mögliche Streuung entsprechend berücksichtigt werden, wobei davon ausgegangen werden darf, dass der mittlere Variationskoeffizient für Kriechen und Schwinden 30 % beträgt (▶ DIN-HB Bb, NCI zu 3.1.4 (2)).

2.3 Schnitt-, Stütz- und Weggrößen

2.3.1 Rechenmodell, Querschnittswerte, Mindestbewehrungen

2.3.1.1 Statisches System

Der Überbau wird als räumliches Stabwerksmodell abgebildet, da hiermit die Spreizung der Lager und deren Abstand von der Schwerachse in vertikaler Richtung berücksichtigt werden kann. Somit lassen sich die Lagerkräfte und Lagerbewegungen infolge Auflagerverdrehung direkt aus der EDV-Berechnung heraus bestimmen. Die Steifigkeiten der Unterbauten und Gründungen sowie der Lager bleiben wegen ihrer ohnehin geringen Einflüsse aus Gründen der Vereinfachung und besseren Anschaulichkeit in diesem räumlichen Stabwerksmodell unberücksichtigt. Die Setzungsdifferenzen zwischen den einzelnen Unterbauten werden durch Lagerverschiebungen berücksichtigt. Die Bestimmung des Verformungsruhepunktes und der davon abhängigen horizontalen Verschiebungen der Lager und Übergangskonstruktion erfolgt aus Gründen der Anschaulichkeit an einem separaten Rechenmodell, wobei in diesem Modell die Steifigkeiten der Gründung und Unterbauten durch Horizontalfedern berücksichtigt werden. Die Längsträger werden in jedem Feld in 20 Einzelstäbe unterteilt. Die rechnerische Systemachse der Längsträger liegt in der Querschnittsoberkante, um programmintern Knicke der Spannstränge im Bereich der Vouten zu vermeiden. Die Lagerspreizung wird in allen Achsen durch starre Querstäbe erfasst. Weitere Betrachtungen zur Modellierung können z. B. [Rombach 2000] entnommen werden. Die gewählte Diskretisierung ist in den Bildern 2-16 und 2-17 dargestellt.

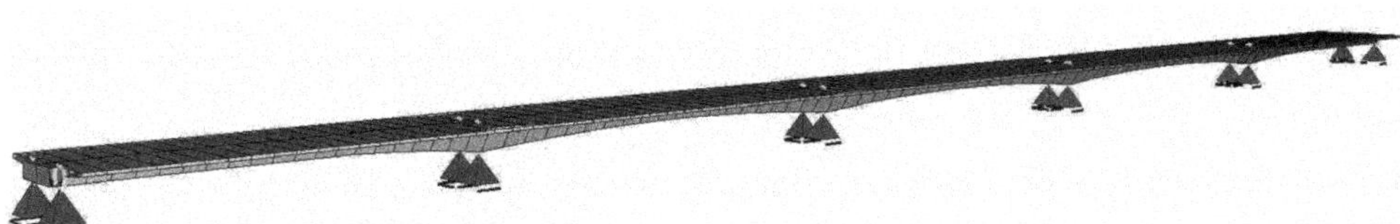

Bild 2-16 Visualisierung statisches System

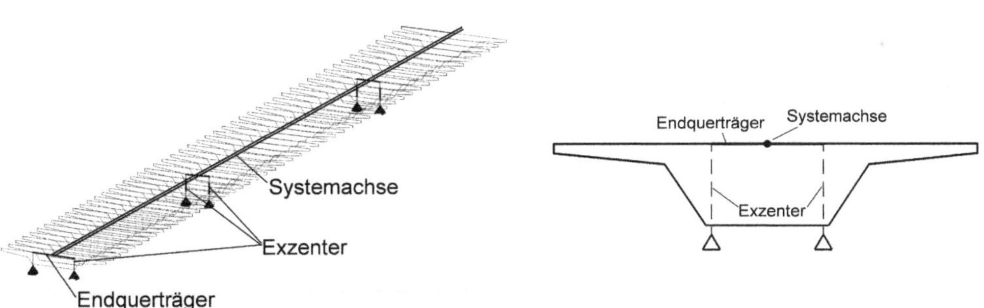

Bild 2-17 Rechenmodell

Das Bauwerk wird in 4 Bauabschnitten hergestellt. Die Dauer eines Bauabschnitts beträgt 14 Tage. Die Vorspannung der jeweiligen Abschnitte wird 5 Tage nach der Herstellung aufgebracht. Das Lehrgerüst ist jeweils an den vorangegangenen Abschnitt angehängt, womit die Anhängelasten bei der Schnittgrößenermittlung einzubeziehen sind. Die Berücksichtigung der Systemwechsel und der einzelnen Lastzustände ist in Bild 2-18 dargestellt.

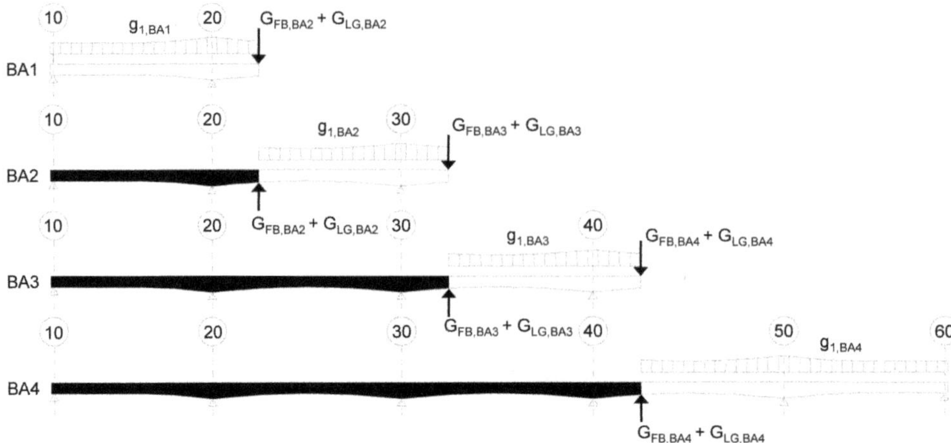

Bild 2-18 Bauabschnitte, Systemwechsel und Lastzustände (hier ohne Vorspannung)

Die Ermittlung der Schnittgrößen erfolgt vereinfachend mit den Bruttoquerschnittswerten. In Bild 2-19 ist der dem Rechenmodell vorgegebene Verlauf der Querschnittshöhen dargestellt. Der im Auflagerbereich tatsächlich waagerechte Verlauf der Querschnittsunterkante wurde vernachlässigt. Aufgrund der gewählten Modellierung und Gabellagerung in allen Lagerachsen haben Torsionssteifigkeiten keinen Einfluss auf die Schnittkraftverteilung, so dass mit der vollen Torsionssteifigkeit gerechnet wird.

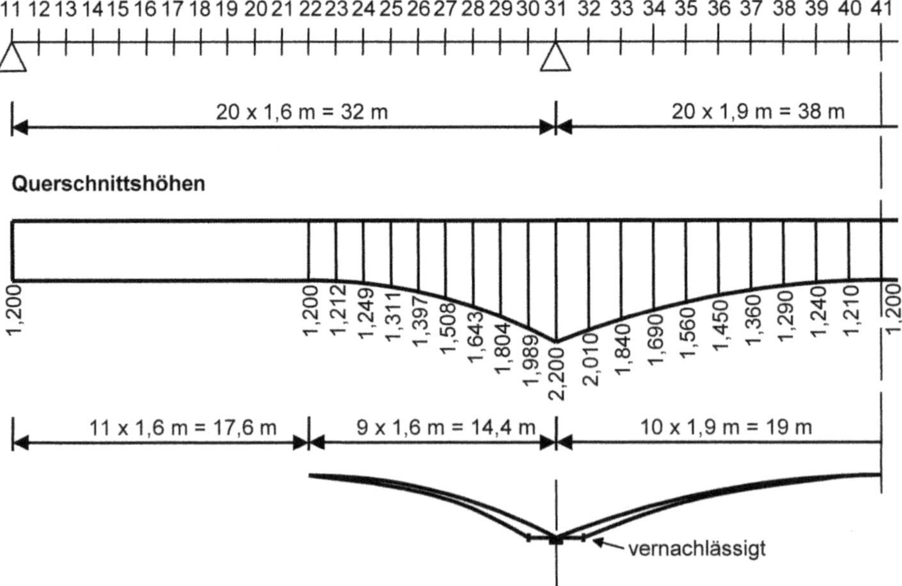

Bild 2-19 Verlauf der Querschnittshöhen über die Brückenlängsrichtung

2.3.1.2 Querschnittswerte

Für den Querschnitt in Feldmitte des ersten Feldes wird die Ermittlung der ideellen Querschnittswerte ausführlich vorgeführt. Der Anteil des Betonstahls bleibt bei der Bestimmung der ideellen Querschnittswerte unberücksichtigt. Der Anteil des Spannstahls wird über das Verhältnis der E-Moduln $\alpha_e = E_p/E_{cm} = 195/34 = 5{,}74$ gewichtet, wobei der Sekantenmodul des Betons angesetzt wird. Im Weiteren wurden nur die *Steiner*anteile der Spannstahlbewehrung in der Vertikalrichtung in Ansatz gebracht. Die Ergebnisse sind auf den E-Modul des Betons bezogen. Aufgrund der Symmetrie erfolgt die Berechnung am halben Querschnitt.

Die weiteren Querschnittswerte sind in Tabelle 2-14 wiedergegeben. Die Querschnittsflächen wurden abweichend zu den übrigen Querschnittswerten mit der vollen mitwirkenden Gurtbreite bestimmt, da die Normalkräfte außerhalb der Spannkrafteinleitungsbereiche auf die gesamte Querschnittsfläche wirken. Das Biegemoment erzeugt jedoch nur Längsspannungen innerhalb des Querschnitts mit der mitwirkenden Gurtbreite (siehe auch Abschnitt 2.3.1.3). Die Biegesteifigkeiten in der Brückenquerrichtung I_z wurden vereinfacht durchgehend als Bruttoquerschnittswerte belassen.

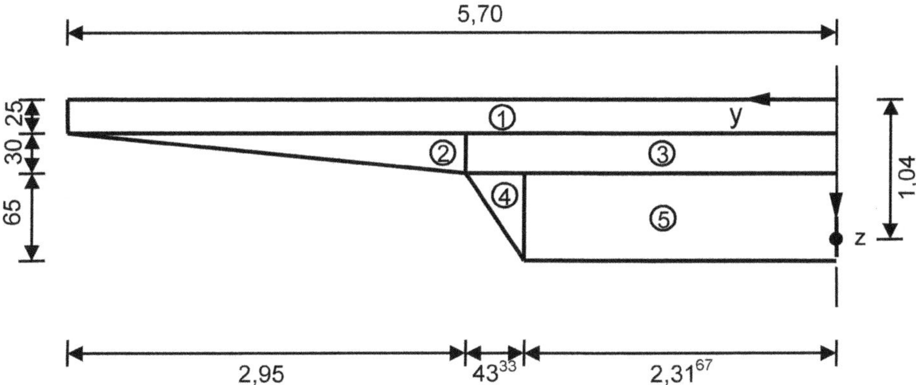

Bild 2-20 Querschnitt mit Teilquerschnitten und Lage Querschnittskoordinatensystem

Tabelle 2-14 Bestimmung der Querschnittswerte

Teil-QS-Nr.		A_i [m²]	e_i [m]	$A_i \cdot e_i$ [m³]	$A_i \cdot e_i^2$ [m⁴]	I_{yi} [m⁴]
1	$A_{c1} = 5{,}7 \cdot 0{,}25 =$	1,4250	0,1250	0,1781	0,0223	0,0074
2	$A_{c2} = 0{,}5 \cdot 0{,}3 \cdot 2{,}95 =$	0,4425	0,3500	0,1549	0,0542	0,0022
3	$A_{c3} = (2{,}3167 + 0{,}4333) \cdot 0{,}3 =$	0,8250	0,4000	0,3300	0,1320	0,0062
4	$A_{c4} = 0{,}5 \cdot 0{,}4333 \cdot 0{,}65 =$	0,1408	0,7667	0,1080	0,0828	0,0033
5	$A_{c5} = 2{,}3167 \cdot 0{,}65 =$	1,5059	0,8750	1,3176	1,1529	0,0530
Spannstahl	$A_{pi} = 0{,}03705/2 \cdot (5{,}7353 - 1) =$	0,0877	1,0000	0,0877	0,0877	0,0000
	Summe	4,4269		2,1763	1,5319	0,0721

Tabelle 2-15 Brutto-, Netto- und ideelle Querschnittswerte

	Feld 1	**Feld 2**	**Feld 3**	**Feld 4**	**Feld 5**	**Stütze 20**	**Stütze 30**	**Stütze 40**	**Stütze 50**	**KF 1**	**KF 2**	**KF 3**
						Brutto						
A_c [m²]	8,6783	8,6783	8,6783	8,6783	8,6783	12,645	12,645	12,645	12,645	9,795	9,795	9,795
z_c [m]	0,4813	0,4813	0,4813	0,4813	0,4813	0,8548	0,8548	0,8548	0,8548	0,5773	0,5773	0,5773
y_c [m]	0	0	0	0	0	0	0	0	0	0	0	0
I_{cy} [m⁴]	1,022	1,022	1,022	1,022	1,022	5,2088	5,2088	5,2088	5,2088	1,7294	1,7294	1,7294
I_{cz} [m⁴]	54,8846	54,8846	54,8846	54,8846	54,8846	60,2325	60,2325	60,2325	60,2325	56,7437	56,7437	56,7437
						Netto						
z_p [m]	1,04	1,04	1,04	1,04	1,04	0,16	0,16	0,16	0,2	0,785	0,735	0,785
A_{duct} [m²]	0,09606755	0,08867774	0,08867774	0,09606755	0,09606755	0,11823698	0,11084717	0,11823698	0,09606755	0,08867774	0,08867774	0,09606755
n	13	12	12	13	13	16	15	16	13	12	12	13
$A_{c,n}$ [m²]	8,5823	8,5897	8,5897	8,5823	8,5823	12,5268	12,5342	12,5268	12,5489	9,7063	9,7063	9,6989
$z_{c,n}$ [m]	0,4751	0,4756	0,4756	0,4751	0,4751	0,8614	0,861	0,8614	0,8602	0,5754	0,5759	0,5753
$y_{c,n}$ [m]	0	0	0	0	0	0	0	0	0	0	0	0
$I_{cy,n}$ [m⁴]	0,9917	0,994	0,994	0,9917	0,9917	5,1512	5,1548	5,1512	5,1621	1,7256	1,7272	1,7253
$I_{cz,n}$ [m⁴]	54,8846	54,8846	54,8846	54,8846	54,8846	60,2325	60,2325	60,2325	60,2325	56,7437	56,7437	56,7437
						ideell						
A_p [cm²]	0,03705	0,0342	0,0342	0,03705	0,03705	0,0456	0,04275	0,0456	0,03705	0,0342	0,0342	0,03705
$A_{c,i}$ [m²]	8,8829	8,8672	8,8672	8,8829	8,8829	12,8968	12,8811	12,8968	12,8496	9,9838	9,9838	9,9996
$z_{c,i}$ [m]	0,4942	0,4932	0,4932	0,4942	0,4942	0,8413	0,8421	0,8413	0,8438	0,5813	0,5803	0,5816
$y_{c,i}$ [m]	0	0	0	0	0	0	0	0	0	0	0	0
$I_{cy,i}$ [m⁴]	1,0844	1,0797	1,0797	1,0844	1,0844	5,328	5,3207	5,328	5,306	1,7374	1,734	1,7381
$I_{cz,i}$ [m⁴]	54,8846	54,8846	54,8846	54,8846	54,8846	60,2325	60,2325	60,2325	60,2325	56,7437	56,7437	56,7437

$$A_{pi} = A_p \cdot (\alpha_e - 1) = A_p \cdot \left(\frac{195}{34} - 1\right) \tag{2-31}$$

$$A_{ci} = 2 \cdot \sum A_i = 8{,}8538 \text{ m}^2 \tag{2-32}$$

$$y_{ci} = \frac{\sum A_i \cdot e_i}{\sum A_i} = 0{,}4916 \text{ m} \tag{2-33}$$

$$I_{yi} = 2 \cdot \left[\sum I_i + \sum \left(A_i \cdot e_i^2\right) - y_{ci}^2 \cdot \sum A_i\right] = 1{,}0683 \text{ m}^4 \tag{2-34}$$

2.3.1.3 Mitwirkende Breiten (▶ DIN-HB Bb, 5.3.2.1)

Über den Auflagern und im Bereich von Einzellasten müssen sich die Längsspannungen in den abliegenden Zug- und Druckgurten erst ausbreiten. Zusätzlich entziehen sich mit zunehmender Entfernung vom Steg die Gurte der Beanspruchung. Bei der Bestimmung der Schnittkräfte darf dieser Effekt vernachlässigt und die volle Gurtbreite angesetzt werden (▶ DIN-HB Bb, 5.3.2.1 (4)). Jedoch ist für die Nachweise im Grenzzustand der Gebrauchstauglichkeit und Tragfähigkeit die mittragende Breite der Gurte mit ersatzweise konstanter Spannungsverteilung zu verwenden, um eine zutreffende und sichere Bemessung unter Gültigkeit der Hypothese des Ebenbleibens des Querschnitts zu ermöglichen. Zu beachten ist, dass die Normalkräfte außerhalb der Spannkrafteinleitungsbereiche auf den vollen Querschnitt wirken (▶ DIN-HB Bb, 5.3.2.1 (1P)).

Der Abstand l_0 zwischen den Momentennullpunkten darf bei annähernd gleichen Steifigkeiten und gleicher Belastung sowie einem Stützweitenverhältnis benachbarter Felder im Bereich zwischen $0{,}8 < l_1/l_2 < 1{,}25$ nach Bild 2-21 bestimmt werden (▶ DIN-HB Bb, 5.3.2.1).

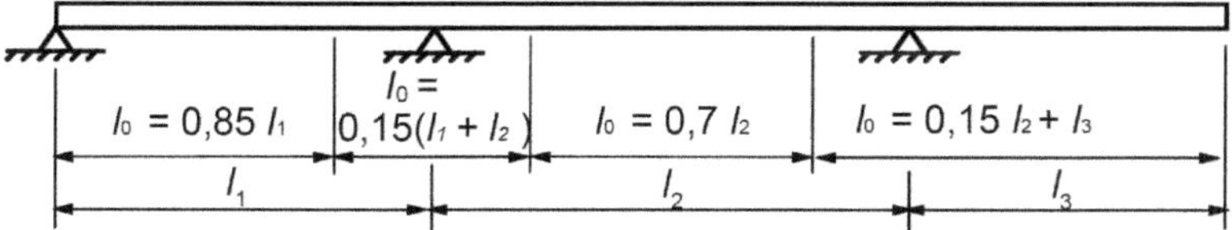

Bild 2-21 Definition von l_0 zur Bestimmung der mitwirkenden Gurtbreite nach DIN-HB Bb

$$b_{eff} = \sum b_{eff,i} + b_w \tag{2-35}$$

$$b_{eff,i} = 0{,}2 \cdot b_i + 0{,}1 \cdot l_0 \begin{cases} \leq 0{,}2 \cdot l_0 \\ \leq b_i \end{cases} \tag{2-36}$$

Tabelle 2-16 Bestimmung der mitwirkenden Breiten

	Feld 10–20 und 50–60	Felder 20–40	Stütze 20/50	Stütze 30/40
b_1, b_2 [m]	2,95			
L_0 [m]	0,85 · 32 = 27,2	0,7 · 38 = 26,6	0,15 · (32 + 38) = 10,5	0,15 · (38 + 38) = 11,4
0,2 · L_0 [m]	5,44	5,32	2,1	2,28
0,2 · b_i + 0,1 · L_0 [m]	3,31	3,25	1,64	1,73
b_{eff1}, b_{eff2} [m]	2,95	2,95	1,64	1,73
b_w [m]	5,5			
b_{eff} [m]	11,4	11,4	8,78	8,96

Der Verlauf der mitwirkenden Breite in Brückenlängsrichtung für das halbe System ist in Bild 2-22 dargestellt. Die Punkte im Rechenmodell, an welchen sich die mitwirkende Breite verändert, müssen mit der Stabteilung übereinstimmen. Die mitwirkenden Breiten werden im EDV-Programm bei der Querschnittsdefinition angegeben und dann entsprechend programmintern bei der Ermittlung der Spannungen berücksichtigt.

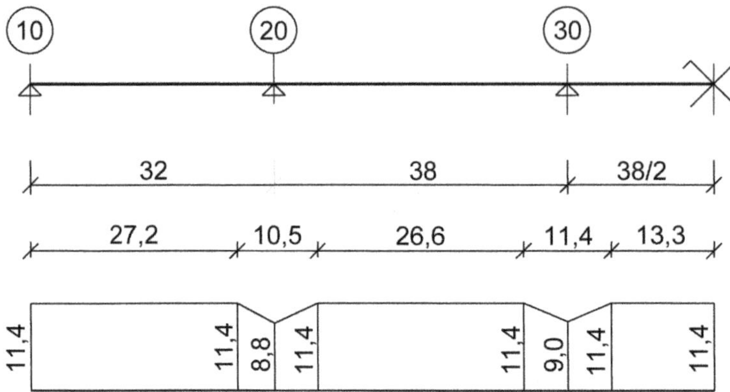

Bild 2-22 Verlauf der mitwirkenden Breite in Brückenlängsrichtung

2.3.2 Betondeckung und Stababstände

Betondeckung und Stababstände Betonstahl (▶ DIN-HB Bb, 4.4.1 sowie 8.2)

Tabelle 2-17 Mindestmaß und Nennmaß der Betondeckung (▶ DIN-HB Bb, Tab. 4.3.1DE)

Bauteil	$c_{min,dur}$ [mm]	c_{nom} [mm]
Überbau	40	45
Kappen – nicht betonberührte Flächen	40	50
Kappen – betonberührte Flächen	20	25

Lichter Abstand zwischen parallelen Stäben (▶ DIN-HB Bb, 8.2):

$$\geq \varnothing_S \geq d_g \text{ für } d_g \leq 16 \text{ mm}; \;\geq d_g + 5 \text{ mm für } d_g > 16 \text{ mm}; \;\geq 20 \text{ mm}$$

mit

$\varnothing_s$ Stabdurchmesser

d_g Größtkorndurchmesser

- Bei der Anordnung von mehreren Lagen sind die Stäbe in der Regel vertikal übereinander anzuordnen (▶ DIN-HB Bb, 8.2 (3)).
- Innerhalb von Übergreifungsstößen dürfen sich die Stäbe berühren (▶ DIN-HB Bb, 8.2 (4)).

Betondeckung und Achsabstände Spannstahl (▶ DIN-HB Bb, NDP zu 4.4.1.2 (3))

SUSPA-Litzenspannverfahren 150 mm^2, Spanngliedtyp 6-19
Außendurchmesser Hüllrohr $d_a = 97$ mm (Typ I) (▶ Zulassung Z 13.1-118)
Mindestmaß der Betondeckung für runde Spanngliedhüllrohre (▶ DIN-HB Bb, NDP zu 4.4.1.2 (3)):

$$c_{min,b} = \varnothing_{duct} \leq 80 \text{ mm}$$

mit $\Delta c_{dev} = 5$ mm ergibt sich:

$$c_{nom} = 80 + 5 = 85 \text{ mm}$$ (▶ DIN-HB Bb, NDP zu 4.4.1.3 (1) P)

Gegenüber DIN-FB 102 reduziert sich für Hüllrohre $\varnothing > 80$ mm die Betondeckung. Eine erhöhte Mindestbetondeckung für Spannglieder unter der Fahrbahnoberfläche entfällt gänzlich.

Lichter Abstand zwischen den Hüllrohren (▶ DIN-HB Bb; NCI zu 8.10.1.3 (3) sowie Bild 8.15DE):

vertikal: $\geq 0{,}8 \cdot d_{duct}$; 40 mm; d_g

horizontal: $\geq 0{,}8 \cdot d_{duct}$; 50 mm; $d_g + 5$ mm

Damit ergibt sich der lichte Hüllrohrabstand zu:

$$0{,}8 \cdot 97 = 78 \text{ mm}$$

Achsabstand der Hüllrohre = 78 + 97 = 175 mm

Zusätzlich sind folgende Bedingungen bei der Anordnung der Spannglieder zu beachten (▶ DIN-HB Bb; NCI zu 8.10.1.3 (1)):

- Je Steg ist mindestens eine Rüttellücke vorzusehen.
- Mehr als drei Spannglieder dürfen nicht ohne Rüttellücke nebeneinander verlegt werden.
- Die Breite der Rüttellücke muss mindesten 10 cm betragen. Bei Trägern mit mehr als 2 m Höhe oder bei mehrlagiger Anordnung der Spannglieder muss die Breite der Rüttellücke auf den Durchmesser des Fallrohrs abgestimmt sein.
- Zwischen Spanngliedern und Einbauteilen ist ein lichter Abstand von 10 cm einzuhalten.

2.3.2.1 Mindestoberflächenbewehrung
(▶ DIN-HB Bb, NCI zu 9.2.4 sowie NCI NAJ.4)

Die Mindestoberflächenbewehrung soll die Rissbildung aus Eigenspannungen (z. B. unterschiedliches Schwinden innerhalb des Querschnitts, Temperaturgradienten usw.) steuern, so dass Oberflächenrisse die Dauerhaftigkeit von Spannbetonbauteilen nicht beeinträchtigen. Die Regelungen zur Mindestoberflächenbewehrung wurden aus der DIN 4227-1/A1 übernommen. Grundlagen zur Bestimmung des Mindestbewehrungsgrades können [König 1996a] entnommen werden. Der Grundwert der Mindestbewehrung für einen C35/45 ergibt sich mit (▶ DIN-HB Bb, NCI NAJ.4 (1) P):

$$\rho = 0{,}16 \cdot \frac{f_{ctm}}{f_{yk}} = 0{,}16 \cdot \frac{3{,}2}{500} = 1{,}02 \cdot 10^{-3} \qquad (2\text{-}37)$$

Die erforderliche Mindestbewehrungsfläche ergibt sich gemäß Tabelle NA.J.4.1 für die verschiedenen Bereiche des vorgespannten Bauteils. Anzumerken ist, dass die obige Gleichung unter der Annahme entwickelt wurde, dass die unter Zug stehende Querschnittsfläche gleich groß wie die unter Druck stehende Fläche ist. Mit der Spannungsverteilung auf der linken Seite des Bildes 2-23 lässt sich unter Annahme einer Völligkeit von 0,8 für die Zugspannungsverteilung und einer Betonzugspannung von 80 % der 28-Tagefestigkeit der zuvor in Gl. (2-37) angegebene Bewehrungsgrad erklären.

$$a_s = 0{,}8 \cdot \frac{0{,}25 \cdot b \cdot h \cdot 0{,}8 \cdot f_{ctm}}{f_{yk}} \tag{2-38}$$

$$a_s = 0{,}16 \cdot \frac{f_{ctm}}{f_{yk}} \cdot b \cdot h \tag{2-39}$$

Durch Ersetzen von $a_s/(b \cdot h) = \rho$ ergibt sich somit Gl. (2-37).

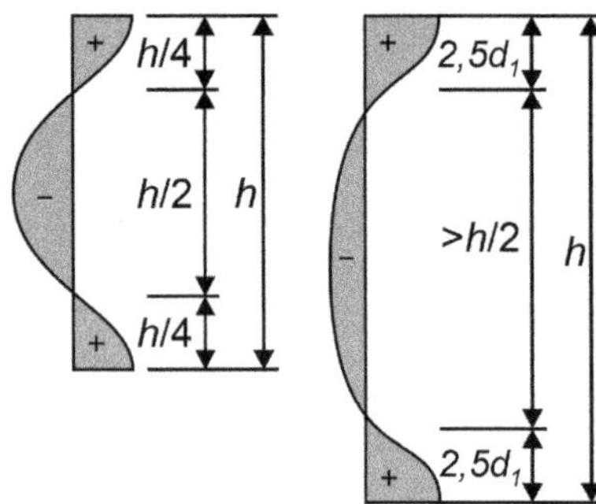

Bild 2-23 Qualitativer Verlauf der Eigenspannungen bei unterschiedlichen Bauteildicken

Gemäß Untersuchungen in [Tue 1999] trifft diese Annahme nur bei kleinen Bauteildicken zu. Bei großen Bauteildicken liegt sie sehr weit auf der sicheren Seite und liefert somit sehr hohe Bewehrungsmengen, da sich die Höhe des Zugkeils infolge der Eigenspannung mit zunehmender Bauteildicke kaum ändert. Bei großen Bauteildicken soll die Höhe des abzudeckenden Zugkeils infolge Eigenspannungen auf 2,5 · (h – d), wie in der rechten Seite von Bild 2-23 dargestellt, begrenzt werden.

Die erforderliche Mindestbewehrung für Bauteildicken größer als 10 (h – d) kann unter Berücksichtigung der Begrenzung der Fläche des Zugkeils mit Gl. (2-38) ermittelt werden.

Durch Einsetzen von Gl. (2-37) in Gl. (2-38) und Ersetzen von 0,25 · h durch 2,5 · (h – d) ergibt sich:

$$a_s = 0{,}8 \cdot \frac{2{,}5 \cdot (h - d) \cdot 0{,}8 \cdot \rho}{0{,}16} = 10 \cdot (h - d) \cdot \rho \tag{2-40}$$

Diese mechanisch begründete maximale Obergrenze der Mindestoberflächenbewehrung ist in DIN-HB Bb allerdings nicht enthalten. Lediglich für Druckgurte mit h > 120 mm wird eine Obergrenze von 3,35 cm^2/m je Seite vorgegeben. Weiterhin wird unabhängig von der Bauteildicke eine Oberflächenbewehrung von mindestens Durchmesser 10 mm im Abstand von 200 mm gefordert. Im Folgenden sind die Ergebnisse mit und ohne Obergrenze gegenübergestellt:

Stützquerschnitt h = 2,20 m

Seitenfläche Steg, Druckzone bzw. vorgedrückte Zugzone:

ohne Obergrenze (▶ DIN-HB Bb, Tabelle NAJ.4.1):

$$1{,}0 \cdot 1{,}02 \cdot 10^{-03} \cdot 220 \cdot 100 = 22{,}44\ \text{cm}^2/\text{m}$$

mit Obergrenze Gl. (2-40):

$$10 \cdot (220 - 214) \cdot 100 \cdot 1{,}02 \cdot 10^{-03} = 6{,}12\ \text{cm}^2/\text{m}$$

Feldquerschnitt h = 1,20 m

Seitenfläche Steg, Druckzone bzw. vorgedrückte Zugzone:

ohne Obergrenze (▶ DIN-HB Bb, Tabelle NAJ.4.1):

$$1{,}0 \cdot 1{,}02 \cdot 10^{-03} \cdot 120 \cdot 100 = 12{,}24\ \text{cm}^2/\text{m}$$

mit Obergrenze Gl. (2-40):

$$10 \cdot (120 - 114) \cdot 100 \cdot 1{,}02 \cdot 10^{-03} = 6{,}12\ \text{cm}^2/\text{m}$$

Auskragung

$$1{,}0 \cdot 1{,}02 \cdot 10^{-03} \cdot 55 \cdot 100 = 5{,}61\ \text{cm}^2/\text{m},\ \text{jedoch nur } 3{,}35\ \text{cm}^2/\text{m im Druckgurt}$$

Zusätzlich ist am äußeren Rand der Auskragung auf 1 m Breite eine Mindestbewehrung von insgesamt 0,8 % des Betonquerschnitts anzuordnen, da hier zentrischer Zwang aus Schwinden und Temperatureinwirkung durch die gegenseitige Behinderung zwischen Steg und Flansch zu erwarten ist. Die Achsabstände der Bewehrung in diesem Bereich müssen kleiner als 100 mm sein (▶ DIN-HB Bb, NCI zu 9.3.1.4 (1)).

$$0{,}8 \cdot 10^{-2} \cdot 100 \cdot 30 = 24\ \text{cm}^2\ (12\ \text{cm}^2\ \text{jeweils oben und unten})$$

Des Weiteren müssen alle Begrenzungsflächen eine konstruktive Mindestbewehrung von 0,06 % des Betonquerschnitts, jedoch mindestens $\varnothing \geq 10$ mm und $s \leq 200$ mm erhalten (▶ DIN-HB Bb, NCI zu 9.1 (NA.104)). Diese konstruktive Mindestbewehrung ist gegenüber der zuvor errechneten Mindestoberflächenbewehrung für dicke Bauteile im Allgemeinen nicht maßgebend.

Damit würde eine Bewehrung mit Durchmesser 14 mm und Stababstand von 20 cm unter Berücksichtigung der eingeführten maximalen Obergrenze als Oberflächenbewehrung ausreichend sein. Dies entspricht einer Bewehrungsfläche von 7,7 cm²/m. Im 1-m-Randbereich der Auskragung wird der Stababstand auf 10 cm reduziert.

2.3.2.2 Robustheitsbewehrung (▶ DIN-HB Bb, 5.10.1 (5)P)

Aufgabe der Robustheitsbewehrung ist es, ein Versagen ohne Vorankündigung durch Rissbildung im Beton zu verhindern (z. B. Ausfall von Spannstahl infolge Spannungsrisskorrosion). Die Ermittlung der erforderlichen Robustheitsbewehrung kann nach zwei Methoden geführt werden (▶ DIN-HB Bb, 6.1 (109)). Folgend wird die vereinfachte Methode b dargestellt:

Variante b (▶ DIN-HB Bb, 6.1 (109))

$$A_S = \frac{M_{r,ep}}{f_{yk} \cdot z_S} \tag{2-41}$$

mit

$M_{r,ep} = f_{ctk;x} \cdot W_c$
Rissmoment unter Annahme einer zutreffenden Betonzugfestigkeit ohne Wirkung der Vorspannung. Für $f_{ctk;x}$ ist $f_{ctk;x} = f_{ctk;0,05}$ anzunehmen (▶ DIN-HB Bb, NDP zu 6.1 (109 b))

$z_S = 0{,}9 \cdot d$
auf die Betonstahlbewehrung bezogener innerer Hebelarm für Rechteckquerschnitte

Da die Nulllinie im Druckgurt liegt und bei der Auslegung der Robustheitsbewehrung die Vorspannung nicht berücksichtigt werden soll, darf die oben angeführte auf der sicheren Seite liegende Abschätzung für den inneren Hebelarm angewendet werden.

Tabelle 2-18 Bestimmung der Robustheitsbewehrung nach Variante b

	Stütze oben	**Feld unten**	KF oben	KF unten
W_{cy} [m^3]	6,0935	1,4220	2,9957	1,9817
$f_{ctk,0,05}$ [MN/m^2]	2,2			
$M_{r,ep}$ [MNm]	13,41	3,13	6,59	4,36
z_S [m]	1,908	1,008	1,233	1,233
A_s [cm^2]	140,5	62,1	106,9	70,7

Variante a (▶ DIN-HB Bb, 6.1 (109))

In den Nachweisschnitten wird die Anzahl der einzelnen Spannglieder solange reduziert, bis unter der häufigen Einwirkungskombination die Betonrandzugspannung den Wert f_{ctm} erreicht. Anschließend ist der Biegetragwiderstand durch Betonstahlbewehrung so auszulegen, dass der Querschnittswiderstand im Zustand II mit der reduzierten Spanngliedanzahl größer als die Biegebeanspruchung unter der seltenen Lastkombination ist. Der Biegetragwiderstand sollte für die außergewöhnliche Bemessungssituation bestimmt werden. Bei statisch unbestimmten Systemen ist zu beachten, dass der statisch unbestimmte Anteil der Schnittgrößen infolge der Vorspannung in voller Größe anzusetzen ist, da das Zwangsmoment durch einen lokalen Spanngliedausfall nicht verändert wird. Die Berechnung nach der vereinfachten Variante b ergibt im Allgemeinen deutlich höhere Betonstahlmengen als nach der genaueren Variante a, vor allem wenn die erforderliche Bewehrung konsequent gestaffelt wird. Im Interesse einer robusten Konstruktion wird jedoch empfohlen, die Variante b als Regelfall vorzuziehen.

2.3.2.3 Mindestbewehrung zur Begrenzung der Rissbreite
(▶ DIN-HB Bb, 7.3.2)

Diese Mindestbewehrung ist für Bauteilbereiche erforderlich, in denen die Randdruckspannung unter der seltenen Lastkombination dem Betrag nach kleiner als 1 N/mm^2 ist (▶ DIN-HB Bb, NDP zu 7.3.2 (4)). Sie dient der Aufnahme des Rissmoments des vorgespannten Querschnitts unter Berücksichtigung der Änderung des inneren Hebelarms beim Übergang in den gerissenen Zustand und muss die Rissbreite des Einzelrisses auf 0,2 mm beschränken (▶ DIN-HB Bb, NDP zu 7.3.2 (1)P sowie DIN-HB Bb, Tabelle 7.101DE).

Eine Modellvorstellung der Mindestbewehrung zur Begrenzung der Rissbreiten in Spannbetonbauteilen kann [König 1996b] entnommen werden. Bei gegliederten bzw. profilierten Querschnitten ist die Mindestbewehrung für jeden Teilquerschnitt (Gurte, Stege) getrennt nachzuweisen, da für die Herleitung der Zusammenhänge der Rechteckquerschnitt zugrunde gelegt wird.

Die erforderliche Mindestbewehrung zur Begrenzung der Rissbreite kann wie folgt bestimmt werden (► DIN-HB Bb, 7.3.2 (102)):

$$A_{s,\,min} = k_c \cdot k \cdot f_{ct,eff} \frac{A_{ct}}{\sigma_s} \tag{2-42}$$

mit

A_s Fläche der Betonstahlbewehrung in der Zugzone des betrachteten Querschnitts

k_c Beiwert zur Berücksichtigung der Spannungsverteilung innerhalb der Zugzone A_{ct} vor der Erstrissbildung sowie der Änderung des inneren Hebelarms beim Übergang in den Zustand II

k Beiwert zur Berücksichtigung der nichtlinearen Spannungsverteilung und weiteren risskraftreduzierenden Einflüssen
Anmerkung: Der Fall b) $k = 1{,}0$ für Zugspannungen infolge außerhalb des Bauteils hervorgerufenen Zwangs (z. B. Stützensenkung) ist nicht maßgebend, da zu erwarten ist, dass sich diese langsam entstehenden Beanspruchungen durch Kriechen und Rissbildung wieder abbauen.

$k = 0{,}8$ für Stege mit $h \leq 300$ mm oder Gurte mit Höhen unter 300 mm

$k = 0{,}5$ für Stege mit $h \geq 800$ mm oder Gurte mit Höhen über 800 mm

Zwischenwerte dürfen linear interpoliert werden. Für h ist der kleinere Wert von Höhe oder Breite des Querschnitts oder Teilquerschnitts einzusetzen.

A_{ct} Fläche der Betonzugzone des Querschnitts oder Teilquerschnitts, die unmittelbar vor der Erstrissbildung unter Zug steht

$f_{ct,eff}$ zum betrachteten Zeitpunkt wirksame Zugfestigkeit

σ_s maximal zulässige Spannung im Betonstahl unmittelbar nach der Rissbildung zur Begrenzung der Rissbreite in Abhängigkeit des Grenzdurchmessers oder den Höchstwerten der Stababstände

Unter Berücksichtigung der zuvor bereits erläuterten Bedingung gemäß DIN-HB Bb, NDP zu 7.3.2 (4) ist in folgenden Bereichen die Ermittlung und Anordnung einer Mindestbewehrung zur Begrenzung der Rissbreite erforderlich (siehe Spannungsplots der Bilder 2-24 und 2-25):

Stütze: unten: Stegbereich, oben: Stegbereich/Gurtbereich

Feld: unten: Stegbereich, oben: Stegbereich/Gurtbereich

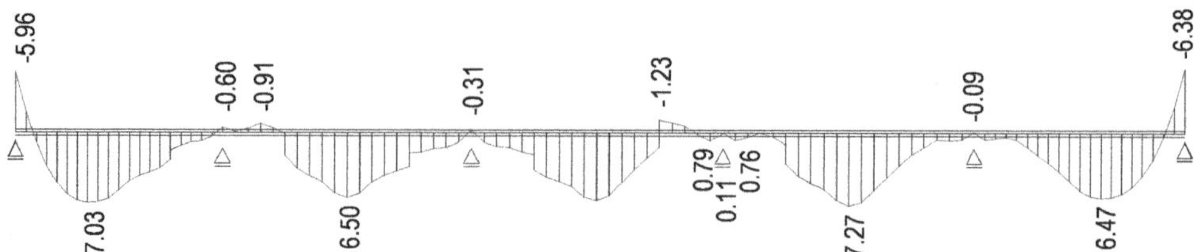

Bild 2-24 Betonspannungen im Endzustand unten, selten, max M_y, $t = \infty$, $\gamma_{inf} = 0{,}9$

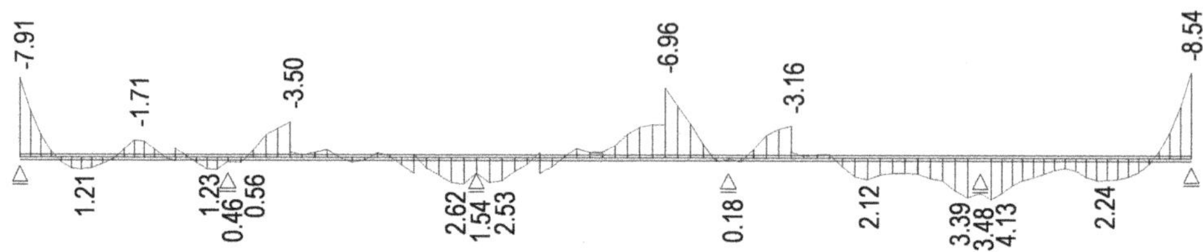

Bild 2-25 Betonspannungen im Endzustand unten, selten, max M_y, $t = 0$, $\gamma_{inf} = 1{,}1$

Anmerkung: Aus den Randspannungen gemäß Bild 2-24 könnte geschlussfolgert werden, dass ein Rissbreitennachweis für diese maßgebende Lastkombination erforderlich ist. Da aber beim vorliegenden Bauwerk die häufige Lastkombination für den Rissbreitenachweis maßgebend ist (▶ DIN-HB Bb, Tabelle 7.101DE) und für diese Lastkombination, wie später in Abschnitt 2.5 gezeigt, die Zugspannungen unter f_{ctm} bleiben, muss kein Rissbreitennachweis geführt werden. Die im Folgenden für das Rissmoment unter f_{ctm} ermittelte Mindestbewehrung zur Beschränkung der Rissbreite ist in diesem Fall ausreichend (siehe auch Abschnitt 2.5).

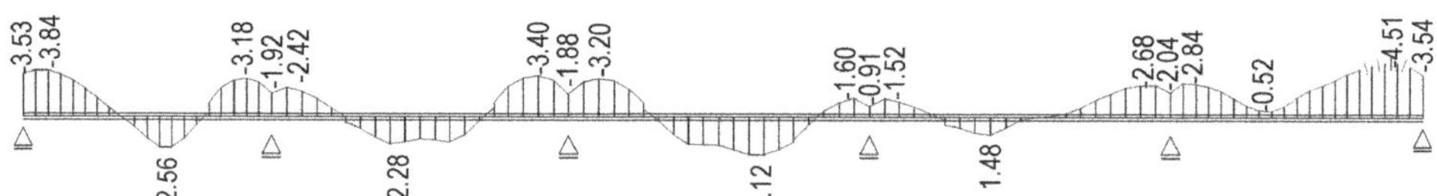

Bild 2-26 Betonspannungen im Endzustand oben, selten, min M_y, $t = 0$, $\gamma_{sup} = 1{,}1$

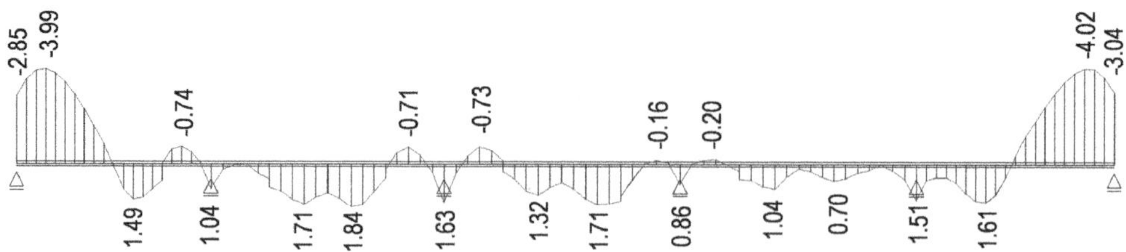

Bild 2-27 Betonspannungen im Endzustand oben, selten, min M_y, $t = \infty$, $\gamma_{sup} = 0{,}9$

Die Berechnung wird exemplarisch im Schnitt in Achse 20 oben vorgeführt, wobei für den Flansch eine mittlere Dicke von 40 cm angenommen wird. Für alle weiteren Nachweisschnitte sind die Berechnungen anschließend tabellarisch dargestellt.

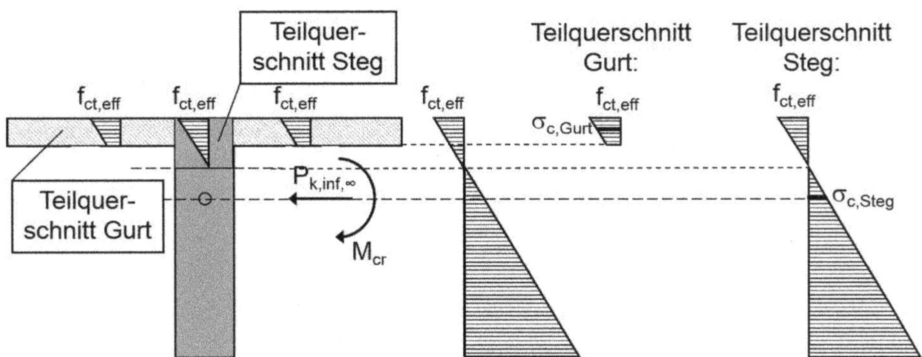

Bild 2-28 Spannungsverteilung im Gesamtquerschnitt und in den Teilquerschnitten infolge der Rissschnittgrößen für die Anwendung der Gl. (2-43)

Teilquerschnitt Steg

Ermittlung von k_c für Biegung oder Biegung mit Längskraft für Rechteckquerschnitte (▶ DIN-HB Bb, NCI zu 7.3.2 (102))

$$k_c = 0{,}4 \cdot \left(1 - \frac{\sigma_c}{k_1(h/h^*) \cdot f_{ct,eff}}\right) \leq 1 \qquad (2\text{-}43)$$

mit

σ_c Betonspannung in Höhe der Schwerelinie des Querschnitts oder des Teilquerschnitts kurz vor Erstrissbildung (Druck positiv!)

$k_1 = 1{,}5$ für Drucknormalkraft
$\quad = 2/3 \cdot h/h^*$ für Zugnormalkraft

h Höhe des Quer- oder Teilquerschnitts

$h^* = h$ für $h < 1$ m
$\quad = 1$ m für $h > 1$ m

Der charakteristische Wert der Vorspannkraft zum Zeitpunkt $t = \infty$ ergibt sich zu:

$$P_{k\infty} = 0{,}9 \cdot (P_{m0} + \Delta P_{c+s+r}) = 0{,}9 \cdot (-56{,}74 + 6{,}30) = -45{,}4 \text{ MN}$$

Das Rissmoment beträgt damit:

$$M_{cr} = W_{co} \cdot (f_{ctm} - P_{k\infty}/A_c) = 5{,}21/0{,}855 \cdot (3{,}20 + 45{,}4/12{,}645) = 41{,}38 \text{ MNm}$$

$$\sigma_{cu} = P_{k\infty}/A_c + M_{cr}/W_{cu} = -45{,}4/12{,}645 - 41{,}38/5{,}21 \cdot (2{,}2 - 0{,}855) = -14{,}27 \text{ MN/m}^2$$

Betonspannung im Schwerpunkt des Teilquerschnitt Steg:

$$\sigma_{cw} = P_{k\infty}/A_c + M_{cr}/I_c \cdot z_{cw} = -45{,}4/12{,}645 - 41{,}38/5{,}21 \cdot (1{,}003 - 0{,}855)$$
$$= -4{,}77 \text{ MN/m}^2$$

Anmerkung: Die Ermittlung von z_{cw} erfolgte am exakten Teilquerschnitt mit den geneigten Stegseitenflächen.

$k_1 = 1{,}5$

$k_c = 0{,}4 \cdot (1 - 4{,}77/(1{,}5 \cdot (2{,}2/1) \cdot 3{,}2)) = 0{,}22 < 1$

$h > 800$ mm $\rightarrow k = 0{,}5$ (▶ DIN-HB Bb, NCI zu 7.3.2 (102))

In Anlehnung an Bild 2-28 beträgt die Höhe des gerissenen Querschnitts:

$h_{ct} = 3{,}20/(3{,}20 + 14{,}27) \cdot 2{,}2 = 0{,}40$ m

$A_{ct} = 0{,}40 \cdot 1{,}00 = 0{,}40$ m²/m

Die Werte der zulässigen Stahlspannung in der Tab. 7.2DE DIN-HB Bb sind abhängig vom Stabdurchmesser der Bewehrung und lassen sich wie folgt bestimmen:

$$\sigma_s = \sqrt{\frac{3{,}48 \cdot 10^6 \cdot w_k}{\varnothing_s^*}} \qquad (2\text{-}44)$$

Die hiermit erhaltene zulässige Spannung ist auf eine Betonzugfestigkeit von $f_{ct,eff} = 2{,}9$ N/mm², einen E-Modul des Betonstahls von $E_s = 200\,000$ N/mm² und eine Betonzugzone entsprechend der effektiven Zugzone bezogen. Bei abweichenden Randbedingungen ist der Grenzdurchmesser $\varnothing_s^*$ in Gl. (2-44) entsprechend zu modifizieren:

$$\varnothing_s = \varnothing_s^* \cdot \frac{k_c \cdot k \cdot h_t}{4 \cdot (h - d)} \cdot \frac{f_{ct,eff}}{f_{ct,0}} \geq \varnothing_s^* \frac{f_{ct,eff}}{f_{ct,0}} \qquad (2\text{-}45)$$

mit

$\varnothing_s^*$ Grenzdurchmesser der Bewehrung nach Tab. 7.2DE DIN-HB Bb bzw. Gl. (2-44)

h Bauteilhöhe

d statische Nutzhöhe

h_t Höhe der Zugzone im Quer- oder Teilquerschnitt kurz vor Erstrissbildung

$f_{ct,0}$ Zugfestigkeit des Betons, auf die die Werte der Tab. 7.2DE DIN-HB Bb bzw. Gl. (2-44) bezogen sind ($f_{ct,0} = 2{,}9$ MN/m²)

$$\varnothing_s = \varnothing_s^* \cdot \frac{0{,}19 \cdot 0{,}5 \cdot 0{,}40}{4 \cdot (2{,}2 - 2{,}1)} \cdot \frac{f_{ct,eff}}{f_{ct,0}} \geq \varnothing_s^* \frac{f_{ct,eff}}{f_{ct,0}}$$

$$\varnothing_s = \varnothing_s^* \cdot 0{,}12 \cdot \frac{f_{ct,eff}}{f_{ct,0}} \geq \varnothing_s^* \frac{f_{ct,eff}}{f_{ct,0}}$$

Damit ergibt sich der Grenzdurchmesser $\varnothing_s^*$ bei einem verwendeten Bewehrungsdurchmesser von 16 mm zu:

$\varnothing_s^* = f_{ct,0}/f_{ct,eff} \cdot \varnothing_s = 2{,}9/3{,}2 \cdot 16 = 14{,}5$ mm

Die zulässige Stahlspannung nach Gl. (2-44) beträgt:

$\sigma_s = (3{,}48 \cdot 10^6 \cdot 0{,}2/14{,}5)^{1/2} = 219$ MN/m²

Damit ergibt sich die Mindestbewehrung zur Rissbreitenbegrenzung zu:

$$A_s = k_c \cdot k \cdot f_{ct} \cdot A_{ct}/\sigma_s = 1 \cdot 10^4 \cdot 0{,}22 \cdot 0{,}5 \cdot 3{,}2 \cdot 0{,}40/219 = 6{,}43\ \mathrm{cm^2/m}$$

mit $k = 0{,}5$ für $h > 800$ mm

Im Quadrat von 300 mm Seitenlänge um ein Spannglied mit Verbund darf die erforderliche Mindestbewehrung um den Betrag $\xi_1 \cdot A_p$ vermindert werden (▶ DIN-HB Bb, 7.3.2 (3)):

$$\xi_1 = \sqrt{\xi \cdot \frac{\varnothing_s}{\varnothing_p}} \tag{2-46}$$

mit

ξ Verhältnis der mittleren Verbundfestigkeit von Spannstahl zu Betonstahl unter Berücksichtigung der unterschiedlichen Durchmesser

$\varnothing_s$ der größte vorhandene Durchmesser der Betonstahlbewehrung

$\varnothing_p$ der größte äquivalente Durchmesser der Spannstahlbewehrung

$\varnothing_p = 1{,}6 \cdot \sqrt{A_p}$ für Spannglieder aus mehreren Litzen

Gemäß Tab. 6.2 DIN-HB Bb beträgt das Verhältnis der mittleren Verbundfestigkeit von Litzen im nachträglichen Verbund zu Betonstahl $\xi = 0{,}5$.

$$\varnothing_p = 1{,}6 \cdot \sqrt{28{,}5} = 8{,}54\ \mathrm{cm}$$

$$\xi_1 = \sqrt{0{,}5 \cdot \frac{2}{8{,}54}} = 0{,}34$$

Der anrechenbare Spannstahlquerschnitt beträgt somit im Stegbereich auf einer Breite von ca. 5 m:

$$A_p = 0{,}34 \cdot 28{,}5/0{,}3 = 32{,}3\ \mathrm{cm^2/m} > 6{,}43\ \mathrm{cm^2/m}$$

Damit könnte auf eine zusätzliche Bewehrung oberhalb der Spannglieder im Stegbereich verzichtet werden. Aufgrund des girlandenförmigen Verlaufs der Spannglieder ist der Bereich, in welchem eine Anrechnung möglich ist sehr kurz, so dass die Mindestbewehrung über den Stützbereich durchgezogen werden soll. Aus diesem Grund wird im vorliegenden Fall auf eine Anrechnung der Spannglieder bei der Ermittlung der Mindestbewehrung zur Beschränkung der Rissbreite verzichtet.

Teilquerschnitt Gurt

In diesem Fall beträgt die mittlere Gurtdicke:

$$(0{,}25 + 0{,}55)/2 = 0{,}40\ \mathrm{m}$$

Die Nulllinie des Gesamtquerschnitts liegt bei 0,40 m. Das bedeutet, dass im Teilquerschnitt Gurt annähernd eine dreieckige Spannungsverteilung vorherrscht. Die Spannung in der Schwerelinie des Teilquerschnitts ist eine Zugspannung und beträgt $0{,}5\ f_{ct}$. Entsprechend lässt sich der Faktor k_c wie folgt ermitteln:

$$k_c = 0{,}4 \cdot \left(1 - \frac{-0{,}5 \cdot f_{ct,eff}}{2/3 \cdot 0{,}4/0{,}4 \cdot (0{,}4/0{,}4) \cdot f_{ct,eff}}\right) = 0{,}4 \cdot (1 + 3/2 \cdot 0{,}5) = 0{,}7 \le 1$$

Bei einer mittleren Gurtdicke ergibt sich der k-Faktor zu:

$$k = 0{,}5 + 400/(800 - 300) \cdot (0{,}8 - 0{,}5) = 0{,}74$$

Die Kraft für die obere Bewehrungslage des Teilquerschnitts beträgt somit:

$$F_{cr,as1} = 0{,}7 \cdot 0{,}74 \cdot 0{,}40/2 \cdot 3{,}2 = 0{,}33 \text{ MN/m}$$

Bei Verwendung eines Stabdurchmessers von 16 mm ergibt sich folgende Bewehrung:

$$a_{s1} = 0{,}33/219 \cdot 10^4 = 15{,}1 \text{ cm}^2\text{/m}$$

Die Fläche der Bewehrung am unteren Rand wird entsprechend der dreieckförmigen Zugkraftverteilung abgestuft. Damit ist in diesem Fall am unteren Gurtrand 1/3 der Bewehrung des oberen Randes erforderlich.

$$a_{s2} = 15{,}1/3 = 5{,}0 \text{ cm}^2\text{/m}$$

Eine Zusammenstellung der Bestimmung der Mindestbewehrung zur Beschränkung der Rissbreite enthalten die Tabellen 2-19 und 2-20.

Tabelle 2-19 Bestimmung der Mindestbewehrung zur Beschränkung der Rissbreite – unten

	Teilquerschnitt Steg – Feld unten					Teilquerschnitt Steg – Stütze unten			
	10–20	20–30	30–40	40–50	50–60	20	30	40	50
f_{ck} [MPa]	35					35			
$f_{ct,eff}$ [MPa]	3,21					3,21			
d_s [mm]	16					16			
$P_{k\infty}$ [MN]	–35,93	–32,95	–32,38	–35,98	–39,07	–45,4	–42,54	–46,67	–38,24
h [m]	1,2					2,2			
I_c [m³]	1,022					5,2088			
z_c [m³]	0,4813					0,8548			
z_w [m³]	0,583					1,003			
A_c [m²]	8,6783					12,645			
M_{cr} [MNm]	10,45	9,96	9,87	10,46	10,97	12,00	11,54	12,21	10,83
σ_{co} [MPa]	–11,49	–10,80	–10,67	–11,50	–12,21	–10,88	–10,33	–11,13	–9,51
σ_{cw} [MPa]	–5,18	–4,79	–4,71	–5,19	–5,59	–6,43	–6,05	–6,59	–5,48
h_{ct} [m]	0,26	0,27	0,28	0,26	0,25	0,27	0,28	0,27	0,30
A_{ct} [m²/m]	0,26	0,27	0,28	0,26	0,25	0,27	0,28	0,27	0,30
k_1	1,5					1,5			
k	0,5					0,5			
k_c	0,04	0,07	0,07	0,04	0,01	–0,04	–0,02	–0,06	0,02
d_s^* [mm]	14,45	14,45	14,45	14,45	14,45	14,45	14,45	14,45	14,45
σ_s [MPa]	219,43	219,43	219,43	219,43	219,43	219,43	219,43	219,43	219,43
A_s [cm²/m]	0,79	1,38	1,50	0,78	0,23	–0,90	–0,39	–1,11	0,45

Tabelle 2-20 Bestimmung der Mindestbewehrung zur Beschränkung der Rissbreite – oben

	Teilquerschnitt Steg – Stütze oben				Teilquerschnitt Steg – Feld oben				
	20	30	40	50	10–20	20–30	30–40	40–50	50–60
f_{ck} [MPa]	35				35				
$f_{ct,eff}$ [MPa]	3,21				3,21				
d_s [mm]	16				16				
$P_{k\infty}$ [MN]	–45,4	–42,54	–46,67	–38,24	–35,93	–32,95	–32,38	–35,98	–39,07
h [m]	2,2				1,2				
I_c [m³]	5,2088				1,022				
z_c [m³]	0,8548				0,4813				
z_w [m³]	1,003				0,583				
A_c [m²]	12,645				8,6783				
M_{cr} [MNm]	41,44	40,06	42,05	37,99	36,87	35,44	35,16	36,90	38,39
σ_{cu} [MPa]	–14,29	–13,71	–14,55	–12,83	–12,36	–11,76	–11,64	–12,37	–13,00
σ_{cw} [MPa]	–4,77	–4,50	–4,89	–4,10	–3,89	–3,61	–3,56	–3,90	–4,18
h_{ct} [m]	0,40	0,42	0,40	0,44	0,45	0,47	0,48	0,45	0,44
A_{ct} [m²/m]	0,40	0,42	0,40	0,44	0,45	0,47	0,48	0,45	0,44
k_1	1,5				1,5				
k	0,5				0,5				
k_c	0,22	0,23	0,22	0,24	0,25	0,26	0,27	0,25	0,24
d_s^* [mm]	14,45	14,45	14,45	14,45	14,45	14,45	14,45	14,45	14,45
σ_s [MPa]	219,43	219,43	219,43	219,43	219,43	219,43	219,43	219,43	219,43
A_s [cm²/m]	6,49	7,02	6,27	7,89	8,39	9,09	9,23	8,38	7,71
	Teilquerschnitt Gurt				Teilquerschnitt Gurt				
$h_{G,max}$ [m]	0,55				0,55				
$h_{G,min}$ [m]	0,25				0,25				
$h_{G,mittel}$ [m]	0,4				0,4				
$\sigma_{cu,Gurt}$ [MPa]	0,03	0,13	–0,02	0,29	0,38	0,49	0,51	0,38	0,26
σ_{Gurt} [MPa]	1,62	1,67	1,60	1,75	1,79	1,85	1,86	1,79	1,74
k_c	0,70	0,71	0,70	0,73	0,74	0,75	0,75	0,74	0,72
k	0,74				0,74				
d_s [mm]	16				16				
d_s^* [mm]	14,45	14,45	14,45	14,45	14,45	14,45	14,45	14,45	14,45
σ_s [MPa]	219,43	219,43	219,43	219,43	219,43	219,43	219,43	219,43	219,43
$A_{s,o}$ [cm²/m]	15,21	15,43	15,12	15,75	15,92	16,14	16,19	15,92	15,69
$A_{s,u}$ [cm²/m]	5,07	5,14	5,04	5,25	5,31	5,38	5,40	5,31	5,23

In den Bereichen der Koppelfugen ist eine Mindestbewehrung zur Beschränkung der Rissbreite erforderlich, wenn die Randdruckspannungen unter der seltenen Einwirkungskombination und dem charakteristischem Wert der Vorspannkraft eine Druckspannung von 2 MN/m^2 unterschreiten. Diese sollte dann beidseits der Arbeitsfuge eine Länge gleich der Überbauhöhe h zuzüglich Grundmaß der Verankerungslänge, höchstens jedoch eine Länge von 4 m aufweisen (▶ DIN-HB Bb, NCI zu 7.3.2 (NA. 110)). Somit ergeben sich die relevanten Bereiche:

Koppelfuge 1 bis 3: unten: Stegbereich, oben: Stegbereich/Gurtbereich

Wegen der Besonderheiten von Arbeitsfugen ist der Mittelwert des statisch bestimmten Anteils der Vorspannkraft um den Faktor 0,75 abzumindern. In dieser pauschalen Abminderung ist bereits der erhöhte Spannkraftverlust im Bereich der Spanngliedkopplungen, welcher in den bauaufsichtlichen Zulassungen angegeben ist, enthalten (▶ DIN-HB Bb, NCI zu 7.3.2 (NA. 111)).

In Tabelle 2-21 erfolgt die tabellarische Ermittlung der Mindestbewehrung zur Beschränkung der Rissbreite für die Koppelfugen KF 1 bis KF 3.

Tabelle 2-21 Bestimmung der Mindestbewehrung zur Beschränkung der Rissbreite – Koppelfugen

	KF Teilquerschnitt Steg – oben			KF Teilquerschnitt Steg – unten		
	1	2	3	1	2	3
f_{ck} [MPa] =	35			35		
$f_{ct,eff}$ [MPa]	3,21			3,21		
d_s [mm]	16			16		
P_{koo} [MN]	–27,72	–27,26	–27,59	–27,72	–27,26	–27,59
h [m]	1,45			1,45		
I_c [m^3]	1,7294			1,7294		
z_c [m^3]	0,5773			0,5773		
z_w [m^3]	0,6941			0,6941		
A_c [m^2]	9,795			9,795		
M_{cr} [MNm]	18,09	17,95	18,05	11,97	11,88	11,94
σ_{cu}/σ_{co} [MPa]	–11,96	–11,84	–11,93	–6,83	–6,75	–6,80
σ_{cw} [MPa]	–4,05	–4,00	–4,04	–3,64	–3,59	–3,62
h_{ct} [m]	0,31	0,31	0,31	0,46	0,47	0,46
A_{ct} [m^2/m]	0,31	0,31	0,31	0,46	0,47	0,46
k_1	1,5			1,5		
k	0,5			0,5		
k_c	0,17	0,17	0,17	0,19	0,19	0,19

Tabelle 2-21 (Fortsetzung)

	KF Teilquerschnitt Steg – oben			KF Teilquerschnitt Steg – unten		
	1	2	3	1	2	3
d_s^* [mm]	14,45	14,45	14,45	14,45	14,45	14,45
σ_s [MPa]	219,43	219,43	219,43	219,43	219,43	219,43
A_s [cm²/m]	3,77	3,87	3,80	6,50	6,65	6,54
	Teilquerschnitt Gurt					
$h_{G,max}$ [m]	0,55					
$h_{G,min}$ [m]	0,25					
$h_{G,mittel}$ [m]	0,4					
$\sigma_{cu,Gurt}$ [MPa]	–0,98	–0,94	–0,97			
σ_{Gurt} [MPa]	1,12	1,13	1,12			
k_c	0,61	0,61	0,61			
k	0,74					
d_s [mm]	16					
d_s^* [mm]	14,45	14,45	14,45			
σ_s [MPa]	219,43	219,43	219,43			
$A_{s,o}$ [cm²/m]	13,18	13,25	13,20			
$A_{s,u}$ [cm²/m]	4,39	4,42	4,40			

2.3.2.4 Bewehrung im Bereich der Koppelfugen

(► DIN HB Bb, NCI zu 7.3.2 (NA.110))

In der Richtung parallel zur Arbeitsfuge wird die Verkürzung aus abfließender Hydratationswärme und Schwinden im neu betonierten Abschnitt durch den bereits erhärteten Bauabschnitt teilweise behindert, was zu Zugspannungen und bei unzureichender Bewehrung zu breiten Rissen im neu betonierten Abschnitt führen kann. Aus diesem Grund ist eine Mindestbewehrung parallel zur Arbeitsfuge einzulegen, sofern sich nicht nach DIN-HB Bb, NCI zu 9.1 und DIN-HB Bb, NCI zu 9.6.3 höhere konstruktive Bewehrungsgrade ergeben. Diese Bewehrung darf auf die statisch erforderliche Bewehrung angerechnet werden und ist möglichst außenliegend anzuordnen. Die Rissgefahr anbetonierter Bauteile lässt sich zusätzlich durch geeignete betontechnologische Maßnahmen und Nachbehandlung minimieren.

Diese Mindestbewehrung ist für zentrischen Zwang mit dem Faktor $k_c = 1{,}0$ zu ermitteln und im anzubetonierenden Abschnitt auf einer Länge anzuordnen, die der Überbauhöhe h, höchstens jedoch 2 m, entspricht (▶ DIN-HB Bb, NCI zu 7.3.2 (NA.110)).

Der Grenzdurchmesser $\varnothing_s^*$ bei einem vorhandenen Bewehrungsdurchmesser von 16 mm ergibt sich zu:

$$\varnothing_s^* = f_{ct,0}/f_{ct,eff} \cdot \varnothing_s = 16 \cdot 2{,}9/(0{,}5 \cdot 3{,}2) = 29 \text{ mm}$$

Die zulässige Stahlspannung nach Gl. (2-44) beträgt:

$$\sigma_s = (3{,}48 \cdot 10^6 \cdot 0{,}2/29)^{1/2} = 155 \text{ MN/m}^2$$

Die Bauteilhöhe im Bereich der Koppelfuge beträgt 1,45 m; es liegt ein dickes Bauteil vor. Damit darf die Mindestbewehrung unter Berücksichtigung einer effektiven Randzone bestimmt werden (▶ DIN-HB Bb, NCI zu 7.3.2 (NA.106)):

$$A_{s,\min} = f_{ct,eff} \cdot A_{c,eff}/\sigma_s \geq k \cdot f_{ct,eff} \cdot A_{ct}/f_{yk} \quad (2\text{-}47)$$

mit

$A_{c,eff}$ Wirkungsbereich der Bewehrung $A_{c,eff} = h_{c,ef} \cdot b$ nach Bild 2-29 (▶ DIN-HB Bb, NCI zu 7.3.2 (NA.106))

$A_{c,t}$ Fläche der Betonzugzone je Bauteilseite $A_{c,t} = 0{,}5 \cdot h \cdot b$

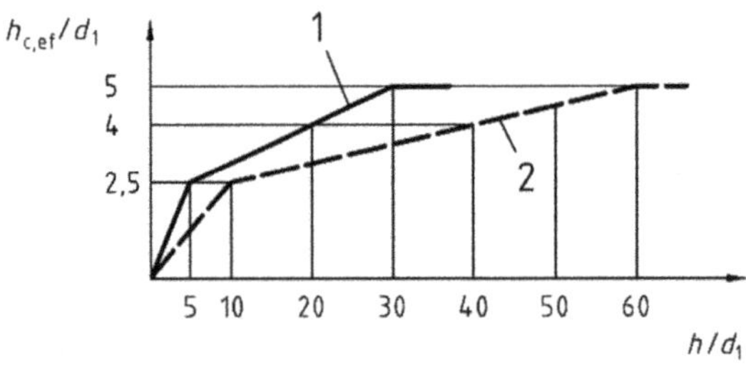

Bild 2-29 Wirkungsbereich der Bewehrung $h_{c,ef}$ mit zunehmender Bauteilhöhe

Mit $d_1 = 7$ cm und $h/d_1 = 145/7 = 21$ ergibt sich aus Bild 2-29 $h_{c,ef}/d_1 = 4{,}1$

$$A_{c,eff} = 4{,}1 \cdot d_1 \cdot b = 4{,}1 \cdot 7 \cdot 1 = 28{,}7 \text{ cm/m}$$

$$A_s = 1 \cdot 10^4 \cdot 0{,}5 \cdot 3{,}2 \cdot 0{,}287/155 \geq 1 \cdot 10^4 \cdot 0{,}5 \cdot 0{,}5 \cdot 3{,}2 \cdot 1{,}45/2/500$$

$$A_s = 29{,}63 \text{ cm}^2/\text{m} > 11{,}68 \text{ cm}^2/\text{m}$$

Die Bewehrung von 29,63 cm² wird oben und unten über einen Bereich auf 1,5 m Breite hinter der Koppelfuge angeordnet (die Querschnittshöhe an der Koppelfuge beträgt 1,45 m). Auf der Querschnittsoberseite wird diese Bewehrung über die gesamte Brückenbreite durchgezogen. Im Gurtbereich ist an der unteren Seite noch zusätzlich folgende Bewehrung als konstruktive Bewehrung anzuordnen:

$$A_s = 0{,}2 \cdot 0{,}5 \cdot 3{,}2 \cdot 0{,}8/500 = 5{,}12 \text{ cm}^2/\text{m}$$

2.3.2.5 Mindestschubbewehrung (▶ DIN-HB Bb, 9.2.2)

Der Bewehrungsgrad der Mindestschubbewehrung ergibt sich entsprechend (▶ DIN-HB Bb, 9.2.2 (5)):

$$\rho_w = \frac{A_{sw}}{s_w \cdot b_w \cdot \sin\alpha} = \frac{a_{sw}}{b_w \cdot \sin\alpha} \tag{2-48}$$

mit

- A_{sw} Querschnittsfläche eines Elementes der Schubbewehrung
- s_w der Abstand der Elemente der Schubbewehrung in Bauteilachse
- b_w Stegbreite
- α Winkel zwischen Bewehrung und Bauteilachse, siehe auch (▶ DIN-HB Bb, 9.2.2 (1))

Der Mindestbewehrungsgrad bestimmt sich für den allgemeinen Fall zu (▶ DIN-HB Bb, NDP zu 9.2.2 (5)):

$$\min \rho_{w,min} = 0{,}16 \cdot f_{ctm}/f_{yk} = 0{,}16 \cdot 3{,}2/500 = 1{,}02 \cdot 10^{-3}$$

Somit ergibt sich die Mindestschubbewehrung für vertikale Bügel zu:

$$\min a_{sw} = \rho_w \cdot b_w = 1{,}02 \cdot 10^{-3} \cdot 4{,}63 = 47{,}3 \text{ cm}^2/\text{m} \qquad \text{(FeldQS)}$$

$$\min a_{sw} = \rho_w \cdot b_w = 1{,}02 \cdot 10^{-3} \cdot 3{,}3 = 33{,}7 \text{ cm}^2/\text{m} \qquad \text{(StützQS)}$$

Über die gesamte Länge wird die erforderliche Bewehrung für den Feldquerschnitt als Mindestbewehrung angeordnet.

Der Längs- und Querabstand ergibt sich gemäß (▶ DIN-HB Bb, 9.2.2 (6) und (7)):

Laut Abschnitt 2.4 ist V_{Ed} > als 0,3 $V_{Rd,max}$ und < 0,6 $V_{Rd,max}$

Damit ergibt sich gemäß (▶ DIN-HB Bb, Tabelle NA.9.1 und Tabelle NA.9.2):

Längsabstand: $s_{max} = 0{,}5$ h bzw. 300 mm → 300 mm

Querabstand: $s_{max} = h$ bzw. 600 mm → 600 mm

Ist eine Umschnürung der Betondruckzone gemäß (▶ DIN-HB Bb, 7.2 (102) und NDP zu 7.2 (102)) erforderlich, so ist der Abstand der Bügel entsprechend den Empfehlungen in [DAfStb 2012] zu vermindern. Aus dem Nachweis der Betondruckspannungen in Abschnitt 2.5 ist eine Umschnürung mit verminderten Längs- und Querabständen der Schubbewehrung erforderlich.

Längsabstand: $s_{max} = 0{,}25$ h bzw. 200 mm → 200 mm

Querabstand: $s_{max} = h$ bzw. 400 mm → 400 mm

2.3.2.6 Torsionsbewehrung (▶ DIN-HB Bb, 9.2.3)

Die Torsionsbügel sind geschlossen nach DIN-HB Bb, Bild 8.5DE g) oder h) auszubilden und durch Übergreifung mit oder ohne Haken zu verankern. Sie sollten einen Winkel von 90° mit der Bauteilachse bilden (▶ DIN-HB Bb, 9.2.3 (2) und NCI zu 9.2.3 (1)). Für den Mindestbewehrungsgrad der Torsionsbügel gelten die Regelungen nach DIN-HB Bb, 9.2.2 (▶ DIN-HB Bb, 9.2.3 (2)).

Der Längsabstand der Torsionsbügel darf den Wert u/8 (u = Umfang des gedachten Ersatzhohlkastens), die Abstände nach DIN-HB Bb, 9.2.2 (6) und die kleinere Abmessung des Balkenquerschnitts nicht überschreiten (▶ DIN-HB Bb, 9.2.3 (3)):

$$\min a_{sw,T} \leq \min (u/8;\ 300\ \text{mm};\ h_{min};\ b_{min}) = 300\ \text{mm}$$

In jeder Querschnittsecke ist mindestens ein Längsstab anzuordnen. Der Abstand der Längsstäbe darf jedoch nur maximal 350 mm betragen, so dass erforderlichenfalls weitere Längsstäbe über den Umfang innerhalb der Torsionsbügel gleichmäßig zu verteilen sind (▶ DIN-HB Bb, 9.2.3 (4)).

Wegen des gedrungenen Querschnitts sind die konstruktiven Regeln für die Querkraft in diesem Fall maßgebend.

2.3.2.7 Gewählte Bewehrung

Die aus der konstruktiven Durchbildung resultierende Mindestbewehrung ist in den Bildern 2-30 bis 2-32 zusammenfassend dargestellt. Sie dient in den weiteren Abschnitten als Eingangswert für die Nachweise im ULS und SLS.

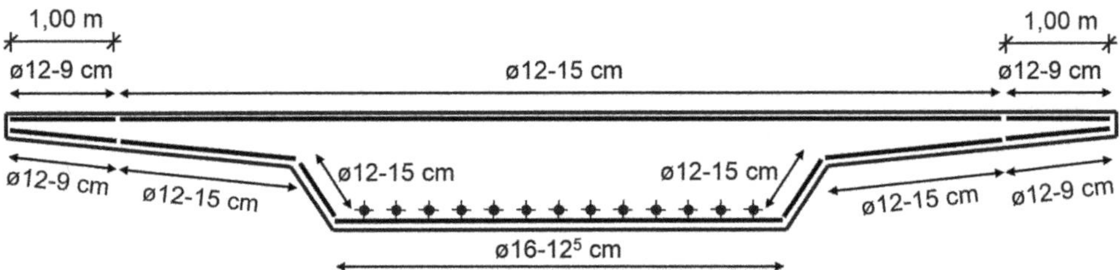

Bild 2-30 Erforderliche konstruktive Mindestbewehrung im Feldbereich

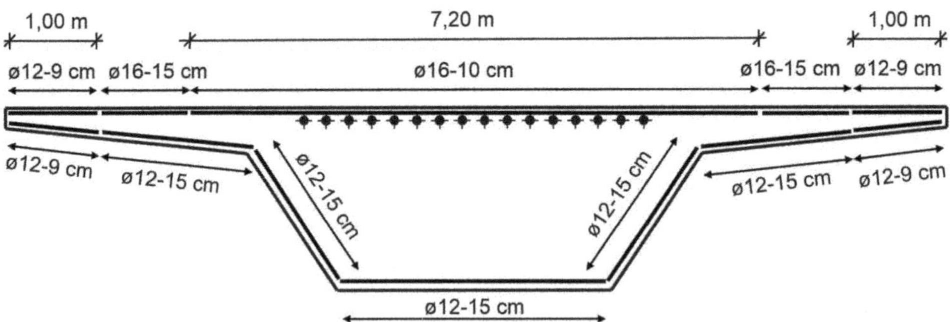

Bild 2-31 Erforderliche konstruktive Mindestbewehrung im Stützbereich

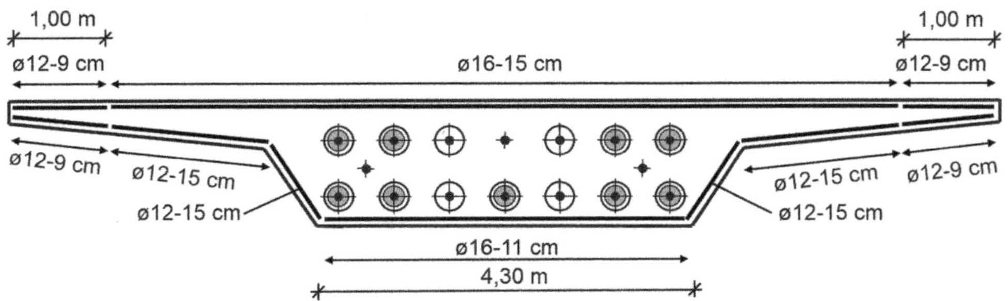

Bild 2-32 Erforderliche konstruktive Mindestbewehrung im Koppelfugenbereich

2.3.3 Spanngliedführung und Vorspannung

2.3.3.1 Spannverfahren

SUSPA-Litzenspannverfahren 150 mm^2, Spanngliedtyp 6-19 (▶ Zulassung Z 13.1-129)

St 1660/1860

Spannstahlfläche:	A_p = 28,5 cm^2 (19 Litzen a 150 mm^2)
Hüllrohr:	d_i/d_a = 90/97 mm
Elastizitätsmodul:	E_p = 195.000 N/mm^2
ungewollter Umlenkwinkel:	k = 0,3°/m
min. Krümmungsradius:	R = 8,5 m
Exzentrizität:	9,9 mm
Reibungsbeiwert:	μ = 0,21
Schlupf am Festanker:	ΔL_{Sl} = 0 mm (Vorverkeilung oder Presshülsen)
Schlupf am Spannanker:	ΔL_{Sl} = 6 mm

Anker: (Anker mit Zusatzbewehrung)

Mindestbetondruckfestigkeit bei 100 % Vorspannkraft: $f_{cm0,cube(150)}$ = 34 N/mm^2

Durchmesser Ankerplatte:	280 mm
Wendeldurchmesser:	350 mm
min. Achsabstand:	a_x/a_y = 450 mm
min. Randabstand (achsbezogen):	r_x/r_y = 215 mm$^{**)}$ ohne erforderliche Betondeckung!
Zusatzbewehrung:	9 ∅ 16, Achsabstand 55 mm, Randabstand 50 mm, Achsabstand zum Spannglied x/y = 415/2 mm (bestehend aus sich senkrecht kreuzenden Bewehrungsstäben BSt 500 S)

2.3.3.2 Vorspannkonzept und Spanngliedverlauf

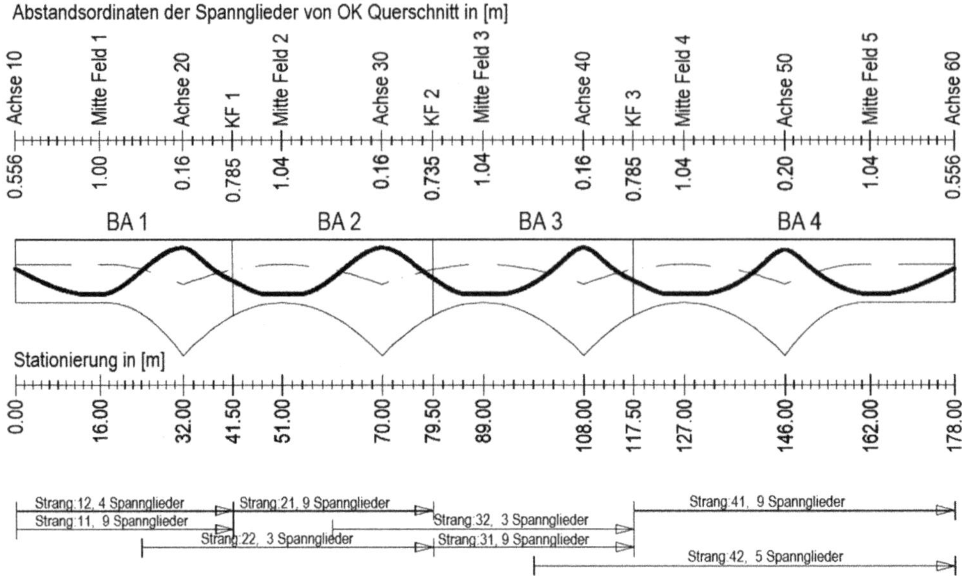

Bild 2-33 Spanngliedschema

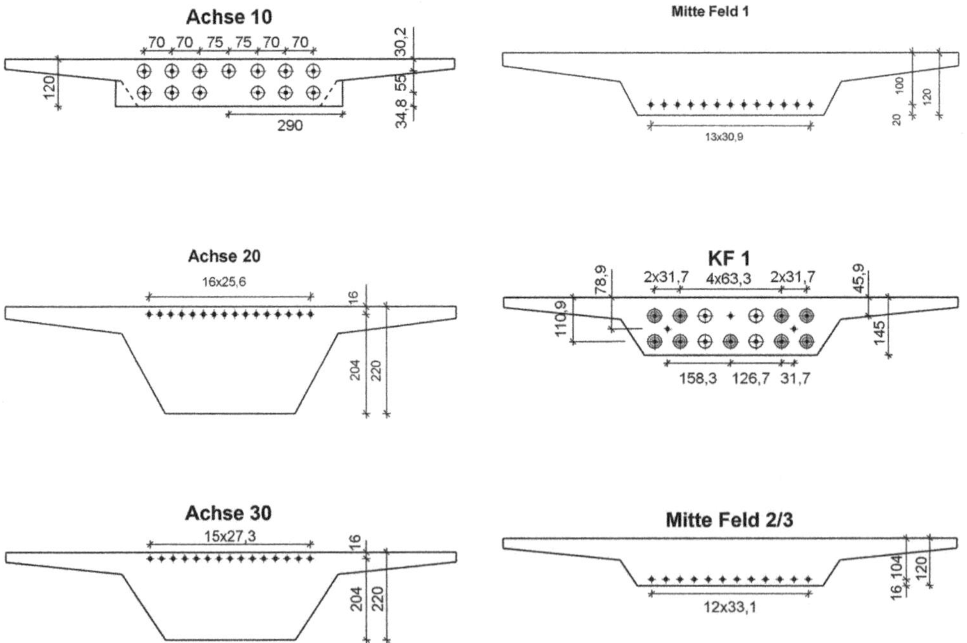

Bild 2-34 Anker- und Spanngliedlage jeweils in Feldmitte, im Stützbereich und der Koppelfuge

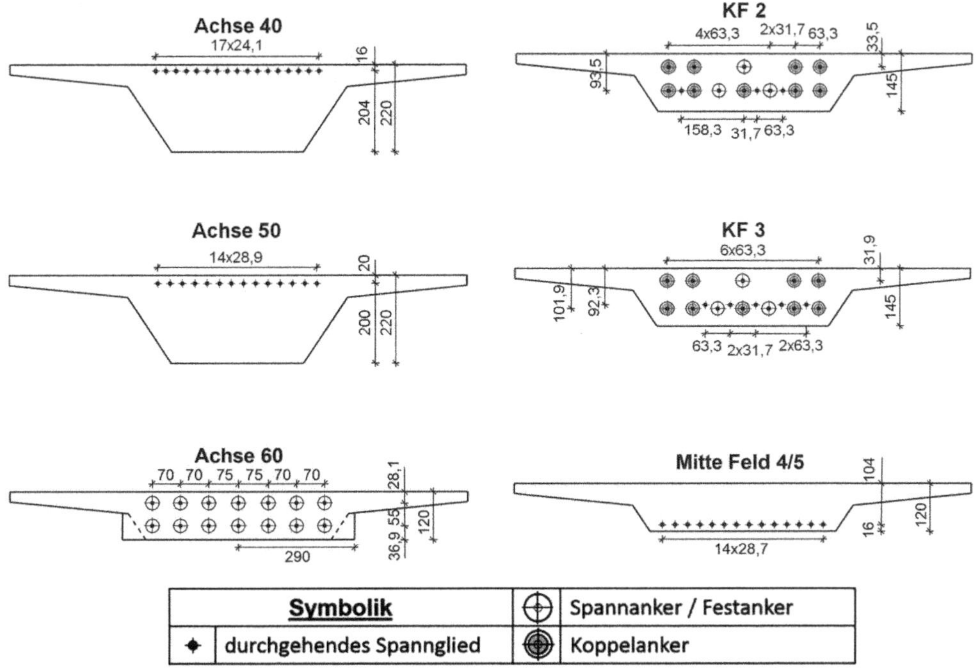

Bild 2-34 (Fortsetzung)

2.3.3.3 Vorspannkräfte

Der Mittelwert der Spannstahlspannung zum Zeitpunkt t = 0 nach Absetzen der Vorspannkraft auf den Beton und Abzug der sofortigen Spannkraftverluste (elastische Betonverkürzung, Kurzzeitrelaxation, Reibung, Schlupf) darf den kleineren Wert der folgenden Gleichung nicht überschreiten(► DIN-HB Bb, NDP zu 5.10.3 (2)):

$$\sigma_{pm0,\,max} = \begin{cases} 0{,}75\,f_{pk} = 0{,}75 \cdot 1860 = 1395\ \text{N/mm}^2 \\ 0{,}85\,f_{p0,1k} = 0{,}85 \cdot 1600 = 1360\ \text{N/mm}^2 \end{cases} \tag{2-49}$$

Zum teilweisen Ausgleich der Spannkraftverluste aus Reibung und Schlupf am Spannanker ist eine erhöhte Spannkraft während des Spannens zulässig. Die Spannstahlspannung am Spannanker darf dabei den kleineren der folgenden Werte nicht überschreiten (► DIN-HB Bb, NDP zu 5.10.2.1 (1)P):

$$\sigma_{p0,\,max} = \begin{cases} 0{,}80\,f_{pk} = 0{,}80 \cdot 1860 = 1488\ \text{N/mm}^2 \\ 0{,}90\,f_{p0,1k} = 0{,}90 \cdot 1600 = 1440\ \text{N/mm}^2 \end{cases} \tag{2-50}$$

Um zu verhindern, dass sich durch erhöhte Reibungsbeiwerte infolge Flugrostbildung, vergrößerte ungewollte Umlenkwinkel, Blockierungen usw. der Spannstahl während des Spannens zum Fließen kommt oder bis zu 90 % seiner Nennfestigkeit erreicht, ist eine Überspannreserve durch Abminderung der Höchstspannung so vorzusehen, dass die Werte der folgenden Gleichung nicht überschritten werden (▶ DIN-HB Bb, NCI zu 5.10.2.1 (NA. 103)):

$$\sigma_{p0,\max} = \begin{cases} 0{,}80\ f_{pk} \cdot e^{-\mu\gamma(\kappa-1)} \\ 0{,}90\ f_{p0,1k} \cdot e^{-\mu\gamma(\kappa-1)} \end{cases} \tag{2-51}$$

mit

μ Reibungsbeiwert zwischen Spannglied und Hüllrohr gemäß Zulassung

γ $\gamma = \theta + k \cdot x$ Summe der planmäßigen (θ) und ungewollten (k) Umlenkwinkel (gemäß Zulassung) zwischen Spann- und Festanker bzw. fester Kopplung

κ Vorhaltemaß zur Sicherung einer Überspannreserve entfällt für externe oder verbundlose Spannglieder ($\kappa = 1$)

1,5 (1,5-fach erhöhter Reibbeiwert) bei ungeschützter Lage des Spannstahls im Hüllrohr bis zu 3 Wochen oder mit Maßnahmen zum Korrosionsschutz

2,0 (2,0-fach erhöhte Reibbeiwerte) bei ungeschützter Lage von mehr als 3 Wochen

In Tabelle 2-22 sind die Höchstspannungen unter Berücksichtigung der Überspannreserve unter Ansatz von $\kappa = 1{,}5$ tabellarisch bestimmt (in der Regel ist der Bauablauf so vorzusehen, dass der Ansatz von $\kappa = 1{,}5$ ausreicht).

Tabelle 2-22 Ermittlung der Spannstahlspannungen während des Vorspannens mit $\kappa = 1{,}5$

Spannstrang	Stranglänge [m]	θ [rad]	$k \cdot x$ [rad]	γ [rad]	$e^{-\mu\gamma(\kappa\kappa-1)}$ [–]	σ_{p0} [N/mm²]	$\sigma_{p0}/\sigma_{pm0,max}$ [–]
11 (BA1)	41,5	0,30	0,22	0,52	0,95	1364	1,003
12 (BA1)	41,5	0,30	0,22	0,52	0,95	1364	1,003
21 (BA2)	38,0	0,28	0,20	0,48	0,95	1369	1,007
22 (BA2)	55,5	0,46	0,29	0,75	0,92	1331	0,979
31 (BA3)	38,0	0,35	0,20	0,55	0,94	1359	1,000
32 (BA3)	57,0	0,50	0,30	0,80	0,92	1324	0,974
41 (BA4)	60,5	0,43	0,32	0,75	0,92	1331	0,979
42 (BA4)	79,5	0,65	0,42	1,07	0,89	1287	0,947

Die Spanngliedverläufe wurden anhand von vorgegebenen Punkten und Neigungen mit Hilfe des verwendeten EDV-Programms bestimmt. Zwischen den vorgegebenen Punkten entwickelt das EDV-Programm ein stetiges Exponentialspline. Anhand der bekannten Spanngliedverläufe werden die Spannkräfte unter Berücksichtigung der Reibungsverluste, der vorgegebenen Anspannvorgänge und des Schlupfes an der Verankerung numerisch ermittelt. Für Sonderfälle wie kreisförmiger oder parabolischer Spanngliedverlauf ist eine händische Bestimmung der Spannkraftverläufe mit vertretbarem Aufwand möglich. Für komplexere Verläufe ist in der Regel eine händische, numerische Berechnung heute nicht mehr zeitgemäß. Aus diesem Grund werden in diesem Beispiel die Ergebnisse der Spannkraftverläufe aus der EDV-Lösung lediglich auf Plausibilität überprüft (Bilder 2-35 bis 2-41).

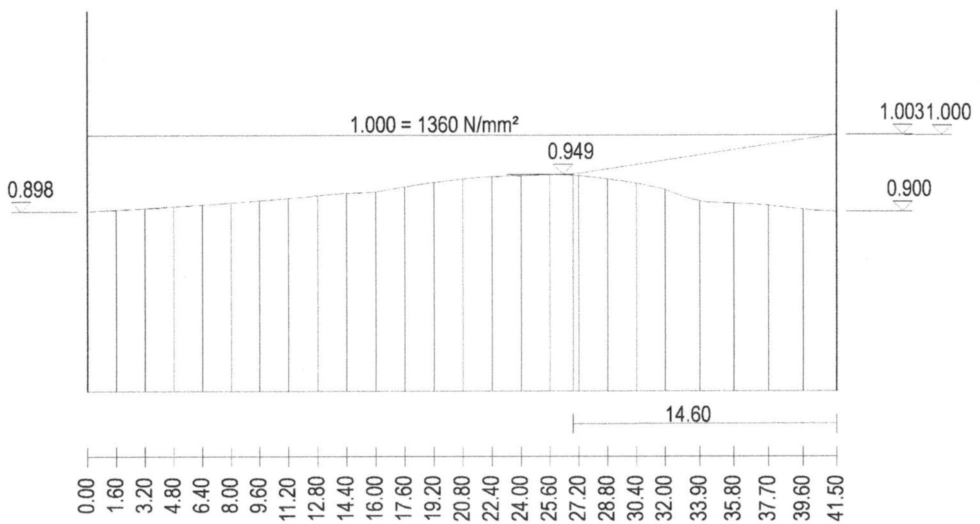

Bild 2-35 Spannkraftverlauf Strang 11/12

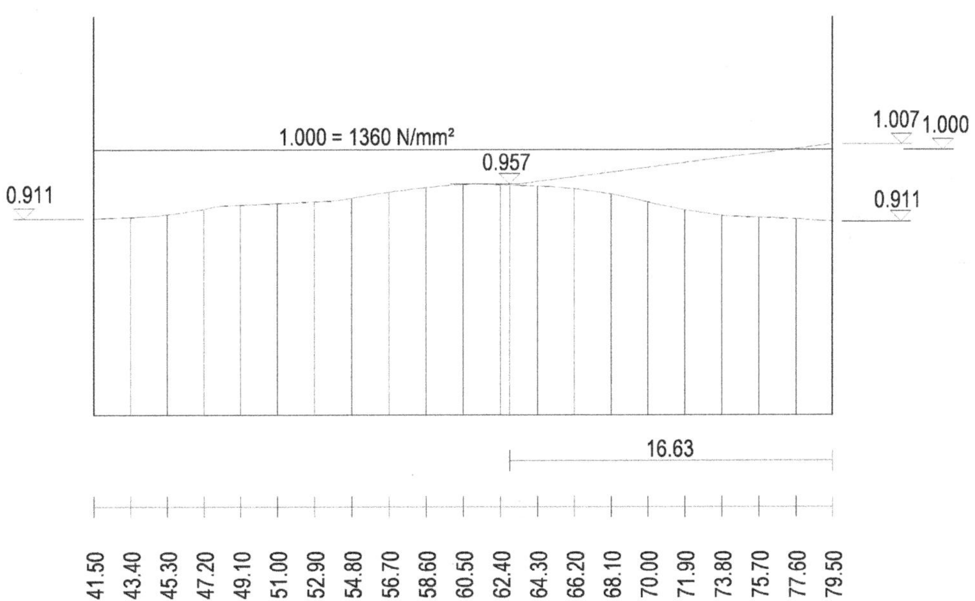

Bild 2-36 Spannkraftverlauf Strang 21

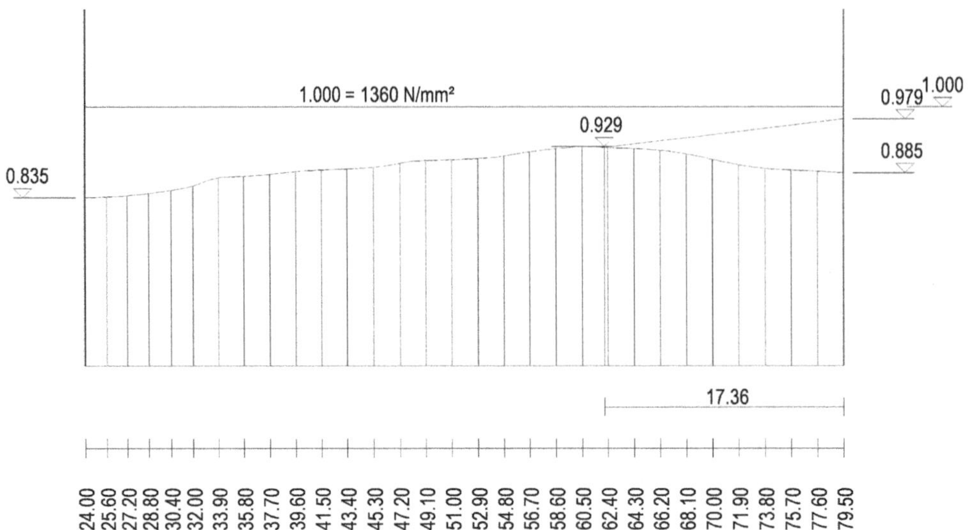

Bild 2-37 Spannkraftverlauf Strang 22

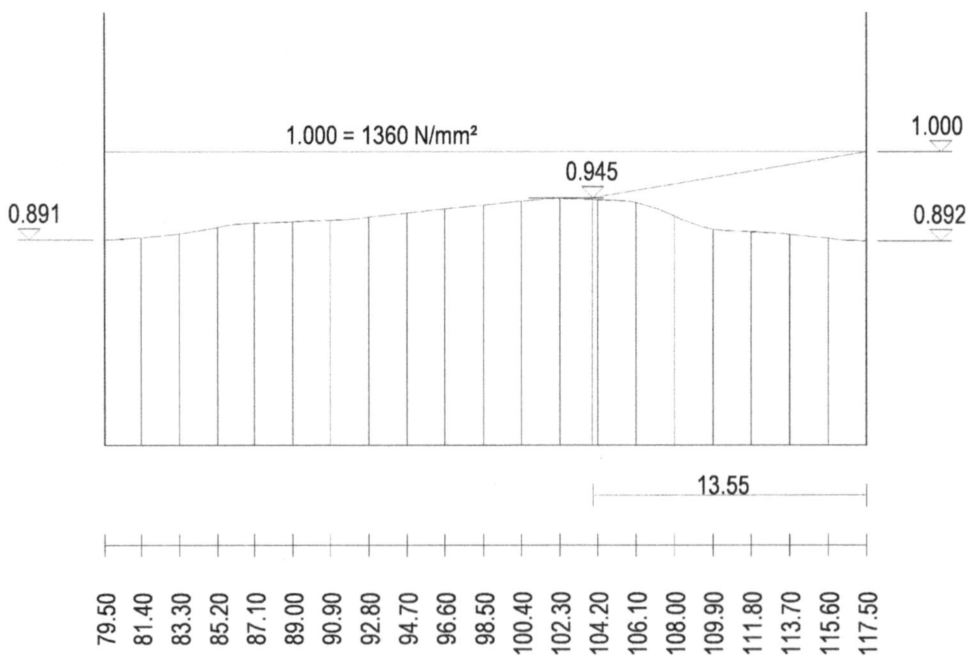

Bild 2-38 Spannkraftverlauf Strang 31

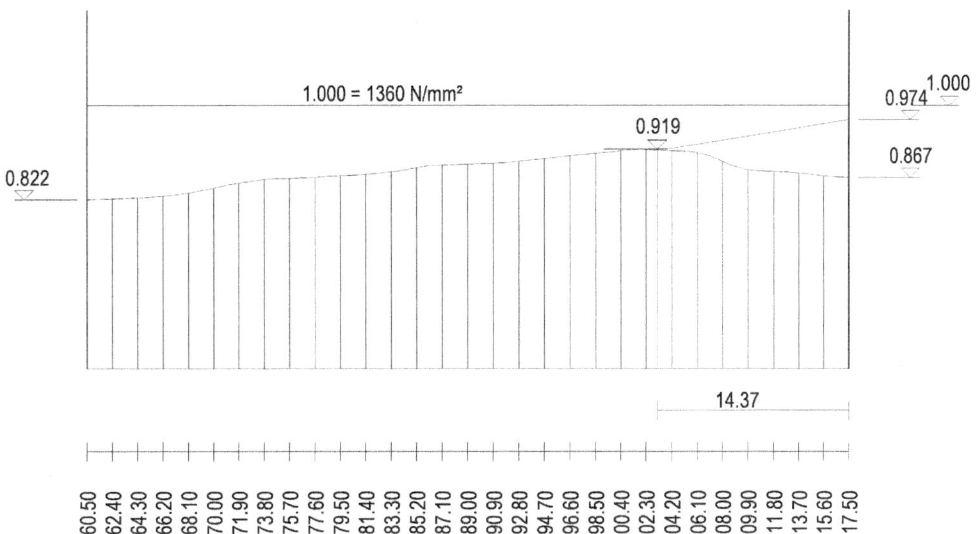

Bild 2-39 Spannkraftverlauf Strang 32

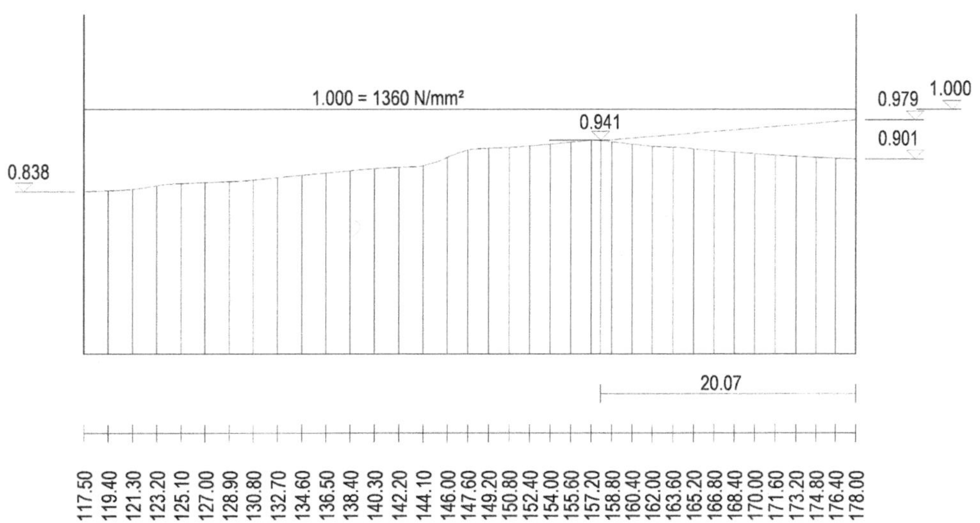

Bild 2-40 Spannkraftverlauf Strang 41

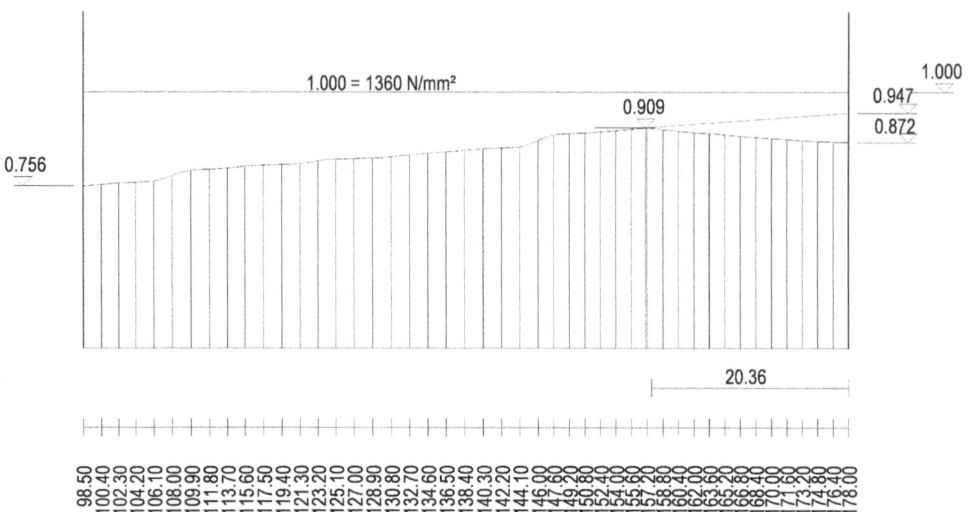

Bild 2-41 Spannkraftverlauf Strang 42

Eine Überprüfung des Spannkraftfaktors am Festanker bzw. der festen Kopplung erfolgt in Tabelle 2-23.

Tabelle 2-23 Kontrolle der Spannkraftverluste am Festanker

Spannstrang	Stranglänge bis Blockierung [m]	Umlenkwinkel bis Blockierung θ [rad]	$k \cdot x$ [rad]	γ [rad]	$e^{-\mu\gamma}$ [–]	$\sigma_{p0,max}/\sigma_{pm0,max}$ [–]	$(\sigma_{p0,max}/\sigma_{pm0,max}) \cdot (e^{-\mu\gamma})^2$ [–]
11 (BA1)	14,6	0,18	0,08	0,26	0,948	1,003	0,900
12 (BA1)	14,6	0,18	0,08	0,26	0,948	1,003	0,900
21 (BA2)	16,7	0,15	0,09	0,24	0,951	1,007	0,911
22 (BA2)	17,3	0,15	0,09	0,24	0,951	0,979	0,885
31 (BA3)	13,5	0,20	0,07	0,27	0,945	1,000	0,892
32 (BA3)	14,4	0,20	0,08	0,28	0,944	0,974	0,867
41 (BA4)	20,4	0,09	0,11	0,20	0,960	0,979	0,901
42 (BA4)	20,4	0,09	0,11	0,20	0,960	0,974	0,872

2.3.3.4 Spannkräfte, Dehnwege und Spannanweisung

Nachstehend erfolgt beispielhaft in Tabelle 2-24 die Bestimmung der Dehnwege und Vorspannkräfte unter Berücksichtigung der Spannfolge für den 1. Bauabschnitt. Die rechnerischen Dehnwege Δl_{rechn} gemäß dem Spannkraftverlauf in Bild 2-35 vor Keilschlupf Δl_{SL} sind der EDV-Berechnung entnommen. Diese Dehnwege beziehen sich auf die im Rechenmodell erfassten Spanngliedlängen l_{rechn} und müssen deshalb wie folgt auf die wahren Spanngliedlängen l_{tats} zwischen den Außenkanten der Ankerplatten umgerechnet werden.

$$\Delta l_{tats} = \frac{l_{tats}}{l_{rechn}} \cdot (\Delta l_{rechn} - \Delta l_{SL}) + \Delta l_{SL} \tag{2-52}$$

mit $\Delta l_{SL} = 6$ mm Keilschlupf am Spannanker laut Zulassung

Da sich der Beton mit zunehmender Anzahl an vorgespannten Spanngliedern immer weiter verkürzt, muss der Dehnweg der Spannglieder um die jeweilige Verkürzung überhöht werden, damit die angestrebte Vorspannkraft nach Abschluss des gesamten Spannvorgangs in jedem Spannglied erreicht wird. Die zentrische Betonverkürzung aus Anspannen eines Spanngliedes errechnet sich in praktikabler Näherung wie folgt:

$$\Delta l_c = \frac{P \cdot l}{E_c \cdot A_c} = \frac{3{,}66 \cdot 41{,}5}{34\,000 \cdot 9{,}63} = 0{,}46 \cdot 10^{-3}\ \text{m} \tag{2-53}$$

mit

P über Länge des Spannabschnitts gemittelte Vorspannkraft

$P = E_p \cdot A_p \cdot (\Delta l_{s,rechn} - \Delta l_{SL})/l$

$P = 195\,000 \cdot 28{,}5 \cdot 10^{-4} \cdot (279{,}9 - 6)/41\,557$

$P = 3{,}66$ MN

l = 41,557 m, rechnerische Länge des Spannabschnitts aus EDV

Δl_{rechn} = 279,9 mm, Stahldehnung vor Schlupf aus EDV

A_c über die Länge des Spannabschnitts gemittelte Betonquerschnittsfläche; $A_c = 9{,}63\ \text{m}^2$

E_c E-Modul zum Zeitpunkt der Vorspannung (im vorliegenden Beispiel mit $E_c = E_{cm} = 34.000\ \text{MN/m}^2$)

Folgend soll die erste Zeile (Spannfolge 1) der Tabelle 2-24 erläutert werden.

$$\Delta l_{tats} = \frac{42\,210}{41\,560} \cdot (279{,}9 - 6) + 6 = 284{,}2\ \text{mm}$$

Nach dem Vorspannen aller Spannglieder beträgt die Betonstauchung:

$$\Delta l_{c,ges} = \Delta l_c \cdot n_{SG} = 0{,}46 \cdot 13 = 6\ \text{mm}$$

Der erforderliche Spannweg ergibt sich damit für das Spannglied 11.3 zu:

$$\Delta l_{SG11.3} = 284{,}2 + 6 = 290{,}2\ \text{mm}$$

Der Überspannfaktor setzt sich aus dem Spannfaktor für Anspannen von 1,003 und der zusätzlichen Betonverkürzung infolge der nachfolgend gespannten Spannglieder zusammen. Damit errechnet sich die notwendige Überspannkraft für das erste anzuspannende Spannglied:

$$\frac{\Delta l_{SG12.3}}{\Delta l_{tats}} \cdot 1{,}003 = \frac{289{,}7}{284{,}2} \cdot 1{,}003 = 1{,}0224$$

$$1{,}0224 \cdot 3{,}876 = 3{,}963\ \text{MN} < 0{,}9 \cdot 1600 \cdot 28{,}5 \cdot 10^{-4} = 4{,}104\ \text{MN}$$

Damit ist die zulässige Vorspannkraft während des Spannens eingehalten.

Tabelle 2-24 Ermittlung der Spannkräfte und Spannwege

Spann-folge	Spann-glied Nr.	An-zahl Litzen	Stahl-fläche	Rechn. Spann-gliedlänge lt. EDV l_{rechn}	Rechn. Dehnweg Spann-stahl lt. EDV vor Schlupf Δl_{rechn}	Wahre Spann-gliedlänge lt. Plan l_{tats}	zul. P nach Absetzen Presse	Tatsächl. Dehnweg Spann-stahl vor Schlupf Δl_{tats}	Beton-stauchung	Spann-stahl + Beton-stauchung	Über-spann-faktor	Über-spann-kraft
			[cm²]	[m]	[mm]	[m]	[kN]	[mm]	[mm]	[mm]	[–]	[kN]
1	11.3	19	28,5	41,56	279,9	42,21	3876	284,2	6,0	290,2	1,022	3963
2	12.3	19	28,5	41,56	279,9	42,21	3876	284,2	5,5	289,7	1,021	3957
3	12.4	19	28,5	41,56	279,9	42,21	3876	284,2	5,1	289,2	1,019	3951
4	12.2	19	28,5	41,56	279,9	42,21	3876	284,2	4,6	288,8	1,018	3944
5	12.1	19	28,5	41,56	279,9	42,21	3876	284,2	4,1	288,3	1,016	3938
6	11.7	19	28,5	41,56	279,9	42,21	3876	284,2	3,7	287,9	1,014	3932
7	11.4	19	28,5	41,56	279,9	42,21	3876	284,2	3,2	287,4	1,013	3925
8	11.8	19	28,5	41,56	279,9	42,21	3876	284,2	2,8	286,9	1,011	3919
9	11.2	19	28,5	41,56	279,9	42,21	3876	284,2	2,3	286,5	1,009	3913
10	11.6	19	28,5	41,56	279,9	42,21	3876	284,2	1,8	286,0	1,008	3907
11	11.5	19	28,5	41,56	279,9	42,21	3876	284,2	1,4	285,6	1,006	3900
12	11.9	19	28,5	41,56	279,9	42,21	3876	284,2	0,9	285,1	1,005	3894
13	11.1	19	28,5	41,56	279,9	42,21	3876	284,2	0,5	284,6	1,003	3888

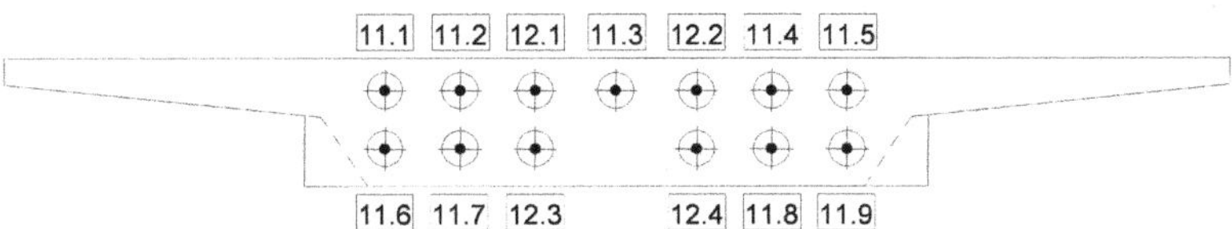

Bild 2-42 Spanngliednummerierung WL Achse 10

Anmerkung: Die zusätzliche Spanngliedlänge innerhalb der Spannpresse sowie die Verluste durch die Spannpresse bleiben vorerst unberücksichtigt, und werden erst im Rahmen der durch die Vorspannfirma zu erstellenden Spannanweisung eingearbeitet.

2.3.3.5 Festlegung des Zeitpunktes zum Absenken des Traggerüstes

Da sich das Traggerüst während des Betonierens unter dem Frischbetoneigengewicht elastisch verformt, wirkt das Traggerüst als federelastische Bettung, die mit dem Gewicht des Spannbetonüberbaus im Gleichgewicht steht. Durch das Vorspannen wirken auf den Spannbetonträger nach oben gerichtete Umlenkkräfte u_P. Dies führt zur Rückverformung w_P des Traggerüstes, die gleichbedeutend mit einer Rückstellkraft und somit als zusätzliche Umlenkkraft u_{TG} erfasst werden kann. Für den Fall, dass die Umlenkraft aus Vorspannung abzüglich der Umlenkkraft aus Traggerüstverformung gleich oder größer als das Eigengewicht ist, würde der Träger am Ende des Vorspannvorgangs keinen Durchhang aufweisen. Man spricht in diesem Zusammenhang von voller Aktivierung des Eigengewichts ($\alpha_G = 1$). Andernfalls ist zu erwarten, dass der Träger auch am Ende der Vorspannung noch einen Durchhang aufweist (Linie 3 in Bild 2-43). Zusätzlich zur Umlenkkraft aus der Vorspannung wird damit der Träger durch die Rückstellkraft des Traggerüstes beansprucht. Dies könnte zur ungewollten Rissbildung in der vorgezogenen Druckzone führen. Man spricht in diesem Zusammenhang von der Teilaktivierung des Eigengewichts, die sich mit dem Aktivierungsfaktor $\alpha_G \leq 1$ beschreiben lässt.

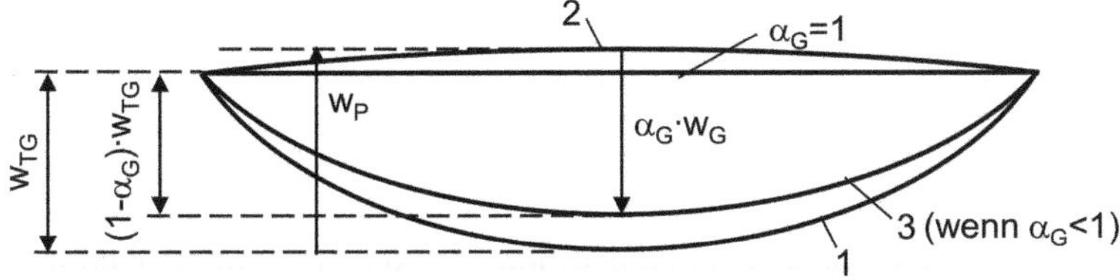

Bild 2-43 Erläuterung des Aktivierungsfaktors α_G

Mit den Bezeichnungen aus Bild 2-43 lässt sich der folgende Zusammenhang zur Ermittlung von α_G angeben:

$$(1 - \alpha_G) \cdot w_{TG} = w_{TG} - w_P + \alpha_G \cdot w_G \qquad (2\text{-}54)$$

mit

w_G Verformung zufolge des Eigengewichts

w_{TG} Verformung des Traggerüstes

w_P nach oben gerichtete Verformung aus Vorspannung

Damit ergibt sich für α_G:

$$\alpha_G = \frac{w_P}{w_{TG} + w_G} \tag{2-55}$$

Anhand der Gl. (2-55) soll im Folgenden für den 1. Bauabschnitt der Zeitpunkt für das Absenken des Traggerüstes festgelegt werden. Gemäß Abschnitt 2.5 treten folgende Verformungen auf:

$$w_P = -59 \text{ mm} \qquad w_G = 18 \text{ mm}$$

Der Traggerüstbauer gibt eine Verformung von $w_{TG} = 46$ mm an.

Der Anteil des aktivierten Eigengewichtes beträgt damit:

$$\alpha_G = 59/(18 + 46) = 0{,}92$$

Damit sind bei voller Vorspannung 91 % des Eigengewichtes aktiviert und es kann davon ausgegangen werden, dass in diesem Fall die Rückfederung des Traggerüstes keinen wesentlichen Einfluss auf die Spannungen im Überbau hat. Soll das Eigengewicht zu 100 % vor Absenken des Traggerüstes aktiviert werden, so ist das Traggerüst nach dem Spannen von Spannkabel 11.9 abzusenken.

$$\alpha_G = (13/12) \cdot 59/(18 + 46) = 1{,}00$$

2.3.4 Spannkraftverluste aus Kriechen, Schwinden und Relaxation

Die Bestimmung der Verluste aus Kriechen, Schwinden und Relaxation erfolgt durch das eingesetzte EDV-Programm. Die Verformungen aus Kriechen, Schwinden und Spannstahlrelaxation ergeben Dehnungs- und Krümmungslasten, die im Fall einer statisch unbestimmten Konstruktion Zwangsspannungen erzeugen und sich wiederum erneut auf die Dehnungs- und Krümmungslasten auswirken. Bei großen Kriechbeiwerten ist bei EDV-Programmen die Berechnung deshalb meist in mehreren Schritten durchzuführen, so dass mit zunehmend feinerer Unterteilung die Lösung immer mehr gegen den theoretisch exakten Wert konvergiert. Durch Angabe eines Relaxationsbeiwertes nach *Trost* [Trost 1967] (Abnahme der kriecherzeugenden Spannung) kann die Genauigkeit der Ergebnisse in einem einzelnen Kriechschritt erhöht werden. Nach DIN-HB darf hinreichend genau ein Relaxationsbeiwert von 0,8 angenommen werden (▶ DIN-HB Bb, 5.10.6 (1)).

Sofern keine genauere Berechnung erfolgt, dürfen die zeitabhängigen Spannkraftverluste aus Kriechen und Schwinden des Betons sowie Relaxation des Spannstahls zum Zeitpunkt t für den Fall der einsträngigen Vorspannung im Verbund im Zustand I – im Falle des hier behandelten Beispiels z. B. zu Kontrollzwecken – nach Gl. (2-56) bestimmt werden. Da Gl. (2-56) nur für einsträngige Vorspannung gilt, ist z. B. bei einer mehrsträngigen Vorspannung sowie bei Fertigteilen mit Ortbetonergänzung das unterschiedliche Kriech- und Schwindverhalten der einzelnen Querschnittsteile mit genaueren Verfahren zu erfassen. Weiter vernachlässigt die Gleichung den Einfluss der Betonstahlbewehrung. Bei hohen Längsbewehrungsgraden sollte diese jedoch berücksichtigt werden, da sie die Längsverformungen des Betons behindert.

$$\Delta\sigma_{p,c+s+r} = \frac{\varepsilon_{cs}(t,t_0) \cdot E_p + 0{,}8 \cdot \Delta\sigma_{pr} + \alpha_p \cdot \phi(t,t_0) \cdot (\sigma_{cg} + \sigma_{cp0})}{1 + \alpha_p \cdot \frac{A_p}{A_c}\left(1 + \frac{A_c}{I_c} \cdot z_{cp}^2\right)[1 + 0{,}8 \cdot \phi(t,t_0)]} \quad (2\text{-}56)$$

mit

$\varepsilon_{cs}(t,t_0)$ Schwindmaß zum Zeitpunkt t

α_p Verhältnis der E-Moduln E_p/E_{cm} von Spannstahl und Beton

$\Delta\sigma_{pr}$ Spannungsänderung im Spannstahl an der Stelle x infolge Spannstahlrelaxation ($\Delta\sigma_{pr} < 0$). Sie kann für das Verhältnis Anfangsspannung/charakteristische Zugfestigkeit (σ_{p0}/f_{pk}) der allgemeinen bauaufsichtlichen Zulassung für den verwendeten Spannstahl entnommen werden (▶ DIN-HB Bb, NCI zu 3.3.2 (4)P, (5), (6), (7)). σ_{p0} ist vereinfacht die anfängliche Spannung im Spannstahl unter quasi-ständigen Beanspruchungen aus Vorspannung und ständigen Einwirkungen.

$\phi(t,t_0)$ Kriechzahl zum Zeitpunkt t

σ_{cg} Betonspannung in Höhe der Spannglieder unter Eigenlast und Ausbaulasten (ohne Vorspannung, Druck negativ!)

σ_{cp0} Anfangswert der Betonspannung in Höhe der Spannglieder infolge Vorspannung (Druck negativ!)

A_p Querschnittsfläche des Spannstahls im betrachteten Bereich

A_c Fläche des Betonquerschnitts im betrachteten Bereich

I_c Flächenmoment 2. Grades des Betonquerschnitts

z_{cp} Abstand zwischen dem Schwerpunkt des Betonquerschnitts und den Spanngliedern

Folgend soll zunächst exemplarisch der Spannkraftverlust im Feldbereich infolge der Relaxation des Spannstahls zwischen Achse 50 und 60 bei x = 165,2 m ermittelt werden:

Die anfängliche Spannstahlspannung σ_{pg0} aus ständigen Einwirkungen und Vorspannung zum Zeitpunkt t = 0 beträgt (Schnittkräfte siehe Tabelle 2-39):

$$\sigma_{pg0} = \frac{N_{pg0}}{A_p} + \frac{M_{pg}}{I_{c,i}} \cdot z_{cp,i} \cdot \alpha_p = \frac{49{,}559}{0{,}0399} + \frac{2{,}794}{1{,}0797} \cdot 0{,}541 \cdot \frac{195\,000}{34\,000} = 1250{,}1 \text{ MPa}$$

mit

$$z_{cp,i} = e_{p,OK} - z_{c,i} - \text{Exzentrizität} = 1{,}035 - 0{,}493 - 0{,}001 = 0{,}541 \text{ m}$$

$$N_{pg0} = -49{,}559 \text{ MN}$$

$$M_{pg} = 2{,}794 \text{ MNm}$$

(Biegemomentenanteil aus ständigen Einwirkungen und Vorspannung, der einen Spannkraftzuwachs durch Querschnittsverkrümmung nach dem Verpressen erzeugt – hier nur g_2 wirksam!)

Die EDV-Berechnung liefert:

Strang 41: $\sigma_{pg0} = 1265{,}8\ \text{MN/m}^2$ (9 Spannglieder)

Strang 42: $\sigma_{pg0} = 1221{,}7\ \text{MN/m}^2$ (5 Spannglieder)

Damit ergibt sich vereinfacht zum Vergleich die gemittelte Spannstahlspannung für t = 0 zu:
$\sigma_{pg0} = (1265{,}8 \cdot 9 + 1221{,}7 \cdot 5)/14 = 1250{,}1\ \text{MN/m}^2$

Die Spannstahlspannung für den Zeitpunkt $t = \infty$:

mit

$$\Delta M_{c+s+r} = -1345{,}7 - 934{,}6 - 555{,}1 = -2835{,}4\ \text{kNm}$$

(Biegemomentenanteil aus Schnittkraftumlagerung, der einen Spannkraftzuwachs durch Querschnittsverkrümmung erzeugt. Achtung! Nur die statisch unbestimmten Biegemomentenanteile aus der EDV-Berechnung erzeugen eine Spannungsänderung im Spannstahl. Die Spannungsänderung infolge der statisch bestimmten Biegemomente sind bereits in den Normalkräften enthalten!)

Spannkraftverluste Normalkraftanteil:

$$\Delta N_{c+s+r} = 3233{,}4^{1)} + 1466{,}1 + 1449{,}3 = 6148{,}8\ \text{kN}$$

1) Aus programminternen Gründen sind im ersten Kriechschritt die gesamten Spannkraftverluste aus Relaxation enthalten.

Damit ergibt sich die Spannstahlspannung zum Zeitpunkt $t = \infty$ zu:

$$\Delta\sigma_{p\infty} = \frac{\Delta N_{c+s+r}}{A_p} + \frac{\Delta M_{c+s+r}}{I_{c,i}} \cdot z_{cp,i} \cdot \alpha_p$$

$$\Delta\sigma_{p\infty} = \frac{-6{,}1488}{0{,}0399} + \frac{-2{,}8354}{1{,}0797} \cdot 0{,}541 \cdot \frac{195}{34} = -162{,}25\ \text{MPa}$$

$$\sigma_{p\infty} = 1250{,}1 - 162{,}25 = 1087{,}9\ \text{MN/m}^2$$

Der Gesamtverlust $\Delta\sigma_{p,c+s+r}$ beträgt $1 - 1087{,}9/1250{,}1 = 0{,}13 = 13\ \%$

Die EDV-Berechnung liefert:

Strang 41: $\sigma_{p\infty} = 1099{,}6\ \text{MN/m}^2$ (9 Spannglieder)

Strang 42: $\sigma_{p\infty} = 1066{,}9\ \text{MN/m}^2$ (5 Spannglieder)

Damit ergibt sich vereinfacht zum Vergleich die gemittelte Spannstahlspannung zu:

$$\sigma_{p\infty} = (1099{,}6 \cdot 9 + 1066{,}9 \cdot 5)/14 = 1087{,}9\ \text{MN/m}^2$$

Die Ausgangsspannung zur Ermittlung der Spannungsänderung im Spannstahl infolge Relaxation darf unter der quasi-ständigen Einwirkungskombination bestimmt werden, wobei jedoch die Auswirkungen des Temperaturgradienten unberücksichtigt bleiben:

$$\sigma_{p0} = \sigma_{p0}\,(G + P_{m0} + \psi_2 Q)$$

$$M_{\text{quasi-ständig}} = M_{g2,k} + M_{set} + 0{,}2 \cdot (M_{TS} + M_{UDL}) = 2{,}794 + 1{,}039 + 2{,}552 = 6{,}385\ \text{MNm}$$

$$\sigma_{p0} = \frac{N_{pg0}}{A_p} + \frac{M_{\text{quasi-ständig}}}{I_{c,i}} \cdot z_{cp,i} \cdot \alpha_p = \frac{49{,}559}{0{,}0399} + \frac{6{,}385}{1{,}0797} \cdot 0{,}541 \cdot \frac{195\,000}{34\,000}$$
$$= 1260{,}4 \text{ MPa}$$

mit

$$0{,}2 \cdot (M_{TS} + M_{UDL}) = 0{,}2 \cdot (5{,}689 + 7{,}073) = 2{,}552 \text{ MNm}$$

$$\psi_{p0}/f_{pk} = 1260{,}4/1860 = 0{,}68$$

Damit lassen sich die Relaxationsverluste für den Spannstahl aus der allgemeinen bauaufsichtlichen Zulassung für eine geplante Nutzungsdauer von 70 Jahren (▶ DIN-HB Bb, NCI zu Bild 3.1) zu 5,8 % interpolieren (siehe Tabelle 2-25) (▶ Zulassung Spannstahl). In der Regel ist es für die Praxis ausreichend die Spannstahlrelaxation für 500 000 h zu ermitteln (▶ DIN-HB Bb, 3.3.2 (8)), womit sich 5,7 % ergeben würden. Im Folgenden wird für Vergleichszwecke gegenüber den EDV-Ergebnissen mit dem genauen Verlust von 5,8 % gerechnet.

Tabelle 2-25 Relaxationswerte für 7-drähtige Spannstahllitzen St 1660/1860

	sehr niedrige Relaxation Zeitspanne nach dem Vorspannen in Stunden						
R/R_n	1	10	200	1000	5000	$5 \cdot 10^6$	10^6
0,45	**unter 1 %**						
0,50	–						
0,55	–					1,0	1,2
0,60	–				1,2	2,5	2,8
0,65	–			1,3	2,0	4,5	5,0
0,70	–		1,0	2,0	3,0	6,5	7,0
0,75	–	1,2	2,5	3,0	4,5	9,0	10,0
0,80	1,0	2,0	4,0	5,0	6,5	13.0	14,0

Die Spannungsänderung im Spannstahl zufolge Relaxation ergibt sich damit zu:

$$\Delta\sigma_{pr} = 1260{,}4 \cdot 0{,}058 = 73{,}1 \text{ MN/m}^2$$

Weiter werden die Gesamtverluste aus Kriechen, Schwinden und Relaxation im Feldbereich zwischen Achse 50 und 60 bestimmt:

Die Betonspannung in Höhe der Spannglieder:

$$\sigma_{cg} = \frac{M_{g1,BA4}}{I_{c,n}} \cdot z_{cp,n} + \frac{M_{g2}}{I_{c,i}} \cdot z_{cp,i} = \frac{13{,}776}{0{,}989} \cdot 0{,}559 + \frac{2{,}794}{1{,}0797} \cdot 0{,}541 = 9{,}2 \text{ MPa}$$

mit

$$z_{cp,n} = 1{,}035 - 0{,}475 - 0{,}001 = 0{,}559 \text{ m}$$

$$z_{cp,i} = 1{,}035 - 0{,}493 - 0{,}001 = 0{,}541 \text{ m}$$

Das Biegemoment aus Vorspannung in Tabelle 2-39 ist auf den Schwerpunkt des Bruttoquerschnitts bezogen. Das verwendete EDV-Programm rechnet bei der Spannungsermittlung die Schnittgrößen auf den tatsächlich zum entsprechenden Zeitpunkt wirksamen Querschnitt um. Um gleiche Ergebnisse zu erhalten, werden auch hier die Schnittkräfte aus der Vorspannung auf den Schwerpunkt des Nettoquerschnitts umgerechnet:

$$M_{p,n,BA4} = M_{p,BA4} + N_{p,BA4} \cdot (z_c - z_{c,n})$$

$$M_{p,n,BA4} = -17{,}69 + -49{,}559 \cdot (0{,}481 - 0{,}475) = -17{,}987 \text{ MNm}$$

$$\sigma_{cp0} = \frac{N_{p,BA4}}{A_{c,n}} + \frac{M_{p,BA4}}{I_{c,n}} \cdot z_{cp,n} = \frac{-49{,}559}{8{,}5749} + \frac{-17{,}987}{0{,}989} \cdot 0{,}559 = -15{,}95 \text{ MPa}$$

Die EDV-Lösung liefert für $(\sigma_{cg} + \sigma_{cp0})$ den Wert $-6{,}8$ MN/m^2 und stimmt somit mit der analytischen Lösung $(-15{,}95 + 9{,}2) = -6{,}8$ MN/m^2 überein.

Näherungsweise Ermittlung der Spannkraftverluste mit Gl. (2-56):

$$\Delta\sigma_{p,c+s+r} = \frac{-2{,}79 \cdot 10^{-04} \cdot 195000 + 0{,}8 \cdot -73{,}1 + \frac{195}{34} \cdot 1{,}93 \cdot (9{,}2 + -15{,}95)}{1 + \frac{195}{34} \cdot \frac{0{,}0399}{8{,}6783}\left(1 + \frac{8{,}6783}{1{,}022} \cdot 0{,}5527^2\right)(1 + 0{,}8 \cdot 1{,}93)}$$

$$= -151{,}2 \text{ MPa}$$

Die mit Gl. (2-56) näherungsweise berechneten Spannkraftverluste betragen somit 151,2/1250,1 = 0,121 (12,1 %) gegenüber denen der mit Hilfe der EDV exakt berechneten mit 162,2/1250,1 = 0,13 (13 %).

2.3.5 Schnittgrößen

Die lineare Schnittgrößenermittlung erfolgt mit dem Programm SOFiSTiK. Hierbei werden die Belastungsgeschichte und der Einfluss von Kriechen und Schwinden berücksichtigt. Die Ergebnisse sind tabellarisch für die im Rahmen des Beispiels ausgesuchten Nachweisschnitte als auch grafisch für die Plausibilitätskontrollen dargestellt. Die grafische und tabellarische Ausgabe erfolgt für Einzellastfälle. Für die Lastfälle Temperatur, Stützensenkung und Verkehr werden die Grenzlinien bzw. Maxima und Minima der sich aus der Überlagerung ergebenden Einhüllenden abgebildet.

Die Lage der maximalen Beanspruchung im Feld differiert je nach Kombinationsvorschrift und betrachteten Zeitpunkt der Beanspruchung. Für die tabellarische Zusammenstellung werden die Schnittgrößen für die Stelle des maximalen Feldmomentes unter der seltenen Lastkombination für $t = \infty$ wiedergegeben. Über den Stützen ergeben sich in der Regel die extremalen Einwirkungen für den Fall der minimalen Biegemomente. Aber auch hier ist im Einzelfall zu prüfen, ob nicht andere Stellen mit zum Beispiel außerhalb des Stützbereiches endenden Spanngliedern bemessungsrelevant werden.

Die hier wiedergegebenen Schnittgrößen beziehen sich aus programmtechnischen Gründen nicht auf die Systemlinie im Querschnittsschwerpunkt (hiermit werden Knicke im Spannstrang wegen der Vouten vermieden), sondern auf eine Referenzachse im Nullpunkt des Querschnittskoordinatensystems in Höhe der Querschnittsoberkante. Dadurch entstehen bei Vorhandensein einer Längskraft zusätzliche Biegemomente, die zu berücksichtigen wären. Bei den zu führenden Nachweisen werden die Schnittkräfte dann programmintern korrekt weiterverarbeitet. Da im hier behandelten Beispiel keine äußeren Normalkräfte wirken, können die in den Tabellen 2-26 bis 2-40 wiedergegebenen Schnittgrößen direkt verwendet werden und eine Transformation entfällt.

Tabelle 2-26 Schnittgrößen für den Bereich des 1. Bauabschnitts in Achse 10

		Leit-einwirkung	Stütze 10 (Knoten 101, Stab 11001 Stabanfang)					
LF-Nr.	Bezeichnung		N_x [1)] [kN]	$V_{z,re,best}$ [kN]	$V_{z,re,unbe}$ [kN]	$M_{y,best}$ [kNm]	$M_{y,unbe}$ [kNm]	M_x [kNm/m]
1051	Eigengewicht BA1 $G_{k,1}$		0	2184,61		0		0
1052	Vorspannung BA1 P_k		−45 180,00	−1982,27	0	−3373,58	0	0
1055	Eigengewicht BA2 $G_{k,1}$		0	127,74		0		0
1057	Vorspannung BA2 P_k		0	0	334,07	0	0	0
1060	Eigengewicht BA3 $G_{k,1}$		0	−47,05		0		0
1062	Vorspannung BA3 P_k		0	0	−123,31	0	0	0
1064	Eigengewicht BA4 $G_{k,1}$		0	4,43		0		0
1065	Vorspannung BA4 P_k		0	0	16,84	0	0	0
1053	K + S + R BA1		2550,61	111,91	0	190,45	0	0
1058	K + S + R BA2		225,02	9,87	94,78	16,80	0	0
1063	K + S + R BA3		142,05	6,23	−6,29	10,61	0	0
1066	K + S + R BA4		189,36	8,31	28,45	14,14	0	0
1067	K + S + R ab Ausbau in 2 Stufen		1236,81	54,26	79,46	92,35	0	0
1068			1221,11	53,58	33,35	91,18	0	0
10	Ausbaulast $G_{k,2}$		0	519,15		0		0

Tabelle 2-26 (Fortsetzung)

		Leit-ein-wirkung	Stütze 10 (Knoten 101, Stab 11001 Stabanfang)					
LF-Nr.	Bezeichnung		N_x[1)] [kN]	$V_{z,re,best}$ [kN]	$V_{z,re,unbe}$ [kN]	$M_{y,best}$ [kNm]	$M_{y,unbe}$ [kNm]	M_x [kNm/m]
201	Verkehr $Q_{k,UDL}$	max M_y	0	−145,45		0		−246,60
202		min M_y	0	927,49		0		2836,13
203		max V_z	0	1005,68		0		2589,51
204		min V_z	0	−223,65		0		−0,01
205		max M_x	0	445,10		0		3321,99
206		min M_x	0	508,38		0		−1883,37
251	Verkehr $Q_{k,TS}$	max M_y	0	557,93		0		1410,04
252		min M_y	0	929,88		0		−1222,04
253		max V_z	0	929,88		0		1222,04
254		min V_z	0	−121,18		0		0,03
255		max M_x	0	557,93		0		1410,04
256		min M_x	0	557,93		0		−1410,04
351	Stützen-senkung $G_{k,set}$	max M_y	0	−52,06		0		0
352		min M_y	0	52,06		0		0
353		max V_z	0	81,21		0		0
354		min V_z	0	−81,21		0		0
401	Temperatur $\Delta T_{M,k}$	max M_y	0	0		0		0
402		min M_y	0	195,00		0		0
403		max V_z	0	195,00		0		0
404		min V_z	0	−126,83		0		0
301	Ermüdungs-lastmodell LM 3	max M_y	0	288,49		0		744,94
302		min M_y	0	380,94		0		984,26
303		max V_z	0	380,94		0		984,26
304		min V_z	0	−54,81		0		0,02

[1)] Für Kriechen und Schwinden statisch bestimmter Anteil aus Eigenspannungen
best = statisch bestimmter Anteil
unbe = statisch unbestimmter Anteil aus Zwang

Tabelle 2-27 Schnittgrößen für den Bereich des 1. Bauabschnitts in Feld 1

LF-Nr.	Bezeichnung	Leit-ein-wirkung	Feld 10–20 (Knoten 108, Stab 11008 Stabanfang, x = 11,2 m)		
			N_x 1) [kN]	$M_{y,best}$ [kNm]	$M_{y,unbe}$ [kNm]
1051	Eigengewicht BA1 $G_{k,1}$		0	10 860,00	
1052	Vorspannung BA1 P_k		−46 100,60	−22 323,00	0
1055	Eigengewicht BA2 $G_{k,1}$		0	1430,66	
1057	Vorspannung BA2 P_k		0	0	3741,58
1060	Eigengewicht BA3 $G_{k,1}$		0	–526,94	
1062	Vorspannung BA3 P_k		0	0	−1381,04
1064	Eigengewicht BA4 $G_{k,1}$		0	49,62	
1065	Vorspannung BA4 P_k		0	0	188,63
1053	K + S + R BA1		3011,25	1458,18	0
1058	K + S + R BA2		276,59	133,94	1061,53
1063	K + S + R BA3		180,63	87,47	–70,44
1066	K + S + R BA4		237,93	115,21	318,65
1067	K + S + R ab Ausbau in 2 Stufen		1278,21	618,97	889,93
1068			1195,71	579,01	373,50
10	Ausbaulast $G_{k,2}$		0	2866,60	
201	Verkehr $Q_{k,UDL}$	max M_y	0	6823,03	
202		min M_y	0	–2504,84	
203		max V_z	0	6823,03	
204		min V_z	0	–2504,84	
205		max M_x	0	2221,54	
206		min M_x	0	2729,35	
251	Verkehr $Q_{k,TS}$	max M_y	0	5618,05	
252		min M_y	0	–1357,17	
253		max V_z	0	5240,46	
254		min V_z	0	5022,58	
255		max M_x	0	3144,28	
256		min M_x	0	3144,28	

Tabelle 2-27 (Fortsetzung)

		Leit-ein-wirkung	Feld 10–20 (Knoten 108, Stab 11008 Stabanfang, x = 11,2 m)		
LF-Nr.	Bezeichnung		N_x [1]) [kN]	$M_{y,best}$ [kNm]	$M_{y,unbe}$ [kNm]
351	Stützensenkung $G_{k,set}$	max M_y	0	909,55	
352		min M_y	0	–909,55	
353		max V_z	0	909,55	
354		min V_z	0	–909,55	

401	Temperatur $\Delta T_{M,k}$	max M_y	0	2184,04	
402		min M_y	0	–1420,52	
403		max V_z	0	2184,04	
404		min V_z	0	–1420,52	

301	Ermüdungslastmodell LM 3	max M_y	0	2127,04	
302		min M_y	0	–613,92	
303		max V_z	0	1957,75	
304		min V_z	0	1601,30	

[1]) Für Kriechen und Schwinden statisch bestimmter Anteil aus Eigenspannungen
best = statisch bestimmter Anteil
unbe = statisch unbestimmter Anteil aus Zwang

Tabelle 2-28 Schnittgrößen für den Bereich des 1. Bauabschnitts in Achse 20

		Leit-ein-wirkung	Stütze 20 (Knoten 121, Stab 11020: x = 1,6 m, Stab 11021 Stabanfang)								
LF-Nr.	Bezeichnung		N_x [1] [kN]	$V_{z,li,best}$ [kN]	$V_{z,li,unbe}$ [kN]	$V_{z,re,best}$ [kN]	$V_{z,re,unbe}$ [kN]	$M_{y,best}$ [kNm]	$M_{y,unbe}$ [kNm]	$M_{x,li}$ [kNm/m]	$M_{x,re}$ [kNm/m]
1051	Eigengewicht BA1 $G_{k,1}$		0	−5267,61		5912,57		−43077,60		0	0
1052	Vorspannung BA1 P_k		−46832,14	2091,07	−2205,47	−1784,26	1669,86	32053,00	24,18	0	0
1055	Eigengewicht BA2 $G_{k,1}$		0	127,74		−1225,04		4087,58		0	0
1057	Vorspannung BA2 P_k		−9944,79	444,04	−134,27	−378,89	73,27	6806,5	10695,15	0	0
1060	Eigengewicht BA3 $G_{k,1}$		0	−47,05		156,00		−1505,54		0	0
1062	Vorspannung BA3 P_k		0	0	−123,31	0	406,00	0	−3945,83	0	0
1064	Eigengewicht BA4 $G_{k,1}$		0	4,43		−14,69		141,77		0	0
1065	Vorspannung BA4 P_k		0	0	16,84	0	−55,84	0	538,95	0	0
1053	K + S + R BA1		2733,86	−121,74	0	103,85	0	−1865,64	0	0	0
1058	K + S + R BA2		295,86	−13,22	94,78	11,27	−79,81	−202,64	3032,95	0	0
1063	K + S + R BA3		179,58	−8,03	−6,29	6,84	83,53	−123	−201,26	0	0
1066	K + S + R BA4		240,80	−10,76	28,45	9,18	−27,6	−164,93	910,42	0	0
1067	K + S + R ab		1416,90	−63,33	79,46	54,00	−52,65	−970,47	2542,64	0	0
1068	Ausbau in 2 Stufen		1433,51	−64,07	33,35	54,63	−24,39	−981,84	1067,16	0	0
10	Ausbaulast $G_{k,2}$		0	−984,85		917,23		−7451,33		0	0

[1] Für Kriechen und Schwinden statisch bestimmter Anteil aus Eigenspannungen
best = statisch bestimmter Anteil
unbe = statisch unbestimmter Anteil aus Zwang

Tabelle 2-28 (Fortsetzung)

LF-Nr.	Bezeichnung	Leit-ein-wirkung	Stütze 20 (Knoten 121, Stab 11020: x = 1,6 m, Stab 11021 Stabanfang)								
			N_x [1] [kN]	$V_{z,li,best}$ [kN]	$V_{z,li,unbe}$ [kN]	$V_{z,re,best}$ [kN]	$V_{z,re,unbe}$ [kN]	$M_{y,best}$ [kNm]	$M_{y,unbe}$ [kNm]	$M_{x,li}$ [kNm/m]	$M_{x,re}$ [kNm/m]
201	Verkehr $Q_{k,UDL}$	max M_y	0	83,00		−275,21		2656,04		−0,03	0,11
202		min M_y	0	−1566,57		1656,90		−13880,60		−3456,70	3589,60
203		max V_z	0	83,00		1656,90				−0,03	3589,60
204		min V_z	0	−1566,57		−275,21				−3456,70	−0,04
205		max M_x	0	−908,26		730,75				2514,10	4607,33
206		min M_x	0	−780,28		741,87				−4434,47	−2612,05
251	Verkehr $Q_{k,TS}$	max M_y	0	45,33		−150,30		1450,53		−0,08	0,28
252		min M_y	0	695,73		168,39		−4663,30		855,95	0,48
253		max V_z	0	45,33		960,97				−0,08	1271,30
254		min V_z	0	−976,56		−150,30				1277,80	−0,28
255		max M_x	0	−585,93		576,58				1474,36	1466,88
256		min M_x	0	−585,93		576,58				−1474,36	−1466,88
351	Stützensenkung $G_{k,set}$	max M_y	0	81,21		−153,25		2598,70	2598,70	0	0
352		min M_y	0	−81,21		153,25		−2598,70	−2598,70	0	0
353		max V_z	0	81,21		153,25		2598,70	−2598,70	0	0
354		min V_z	0	−81,21		−153,25		−2598,70	2598,70	0	0
401	Temperatur $\Delta T_{M,k}$	max M_y	0	195,00		−48,08		6240,12	6240,13	0	0
402		min M_y	0	−126,83		31,27		−4058,62	−4058,62	0	0
403		max V_z	0	195,00		31,27		6240,12	−4058,62	0	0
404		min V_z	0	−126,83		−48,08		−4058,62	6240,13	0	0
301	Ermüdungs-lastmodell LM 3	max M_y	0	20,51		−67,99		656,22	656,22	−0,06	0,20
302		min M_y	0	−329,44		75,61		−2094,01	−2094,01	786,20	0,43
303		max V_z	0	20,51		417,47		656,22	−985,63	−0,06	1090,39
304		min V_z	0	−440,65		−67,99		−1044,94	656,22	1107,38	−0,20

[1] Für Kriechen und Schwinden statisch bestimmter Anteil aus Eigenspannungen
best = statisch bestimmter Anteil
unbe = statisch unbestimmter Anteil aus Zwang

Tabelle 2-29 Schnittgrößen für den Bereich des 1. Bauabschnitts in KF 1

LF-Nr.	Bezeichnung	Leiteinwirkung	KF 1 (Knoten 126, Stab 11025: x = 1,9 m, Stab 12026 Stabanfang, x = 41,5 m)					
			$N_{x,li}$ [1] [kN]	$N_{x,re}$ [1] [kN]	$M_{y,li,best}$ [kNm]	$M_{y,li,unbe}$ [kNm]	$M_{y,re,best}$ [kNm]	$M_{y,re,unbe}$ [kNm]
1051	Eigengewicht BA1 $G_{k,1}$		0		0			
1052	Vorspannung BA1 P_k		–45219,00	0	-8973,31	–12,07	0	0
1055	Eigengewicht BA2 $G_{k,1}$		0		–7550,31			
1057	Vorspannung BA2 P_k		–10273,00	–42002,00	–2038,78	8014,91	0	–328,63
1060	Eigengewicht BA3 $G_{k,1}$		0		–23,57			
1062	Vorspannung BA3 P_k		0	0	0	–88,82	0	–88,82
1064	Eigengewicht BA4 $G_{k,1}$		0		2,22			
1065	Vorspannung BA4 P_k		0	0	0	8,44	0	0
1053	K + S + R BA1		2575,45	0	511,76	0	0	
1058	K + S + R BA2		319,40	2419,93	63,47	2274,71	480,86	2274,71
1063	K + S + R BA3		197,07	195,92	39,16	592,31	38,93	592,31
1066	K + S + R BA4		260,60	218,50	51,78	648,20	43,42	648,2
1067	K + S + R ab Ausbau in 2 Stufen		1645,96	1124,09	327,07	2042,43	223,37	2042,43
1068			1590,45	1086,62	316,04	835,41	215,92	835,41
10	Ausbaulast $G_{k,2}$		0		–858,54			
201	Verkehr $Q_{k,UDL}$	max M_y	0		3138,17			
202		min M_y	0		–4431,46			
203		max V_z	0		–1334,86			
204		min V_z	0		41,57			
205		max M_x	0		0,33		1832,16	
206		min M_x	0		1760,54		2094,59	

Tabelle 2-29 (Fortsetzung)

<table>
<tr><th colspan="2"></th><th rowspan="2">Leit-ein-wirkung</th><th colspan="6">KF 1 (Knoten 126, Stab 11025: x = 1,9 m, Stab 12026 Stabanfang, x = 41,5 m)</th></tr>
<tr><th>LF-Nr.</th><th>Bezeichnung</th><th>$N_{x,li}$ [1) [kN]</th><th>$N_{x,re}$ [1) [kN]</th><th>$M_{y,li,best}$ [kNm]</th><th>$M_{y,li,unbe}$ [kNm]</th><th>$M_{y,re,best}$ [kNm]</th><th>$M_{y,re,unbe}$ [kNm]</th></tr>
<tr><td>251</td><td rowspan="6">Verkehr $Q_{k,TS}$</td><td>max M_y</td><td colspan="2">0</td><td colspan="4">3835,28</td></tr>
<tr><td>252</td><td>min M_y</td><td colspan="2">0</td><td colspan="4">–3063,62</td></tr>
<tr><td>253</td><td>max V_z</td><td colspan="2">0</td><td colspan="4">3287,87</td></tr>
<tr><td>254</td><td>min V_z</td><td colspan="2">0</td><td colspan="4">3172,08</td></tr>
<tr><td>255</td><td>max M_x</td><td colspan="2">0</td><td colspan="4">1972,72</td></tr>
<tr><td>256</td><td>min M_x</td><td colspan="2">0</td><td colspan="4">1972,72</td></tr>
<tr><td>351</td><td rowspan="4">Stützensenkung $G_{k,set}$</td><td>max M_y</td><td colspan="2">0</td><td colspan="4">1142,79</td></tr>
<tr><td>352</td><td>min M_y</td><td colspan="2">0</td><td colspan="4">–1142,79</td></tr>
<tr><td>353</td><td>max V_z</td><td colspan="2">0</td><td colspan="4">–1142,79</td></tr>
<tr><td>354</td><td>min V_z</td><td colspan="2">0</td><td colspan="4">1142,79</td></tr>
<tr><td>401</td><td rowspan="4">Temperatur $\Delta T_{M,k}$</td><td>max M_y</td><td colspan="2">0</td><td colspan="4">5783,41</td></tr>
<tr><td>402</td><td>min M_y</td><td colspan="2">0</td><td colspan="4">–3761,57</td></tr>
<tr><td>403</td><td>max V_z</td><td colspan="2">0</td><td colspan="4">–3761,57</td></tr>
<tr><td>404</td><td>min V_z</td><td colspan="2">0</td><td colspan="4">5783,41</td></tr>
<tr><td>301</td><td rowspan="4">Ermüdungs-lastmodell LM 3</td><td>max M_y</td><td colspan="2">0</td><td colspan="4">1262,14</td></tr>
<tr><td>302</td><td>min M_y</td><td colspan="2">0</td><td colspan="4">–1375,69</td></tr>
<tr><td>303</td><td>max V_z</td><td colspan="2">0</td><td colspan="4">1004,67</td></tr>
<tr><td>304</td><td>min V_z</td><td colspan="2">0</td><td colspan="4">10,27</td></tr>
</table>

[1) Für Kriechen und Schwinden statisch bestimmter Anteil aus Eigenspannungen
best = statisch bestimmter Anteil
unbe = statisch unbestimmter Anteil aus Zwang

Tabelle 2-30 Schnittgrößen für den Bereich des 2. Bauabschnitts in Feld 2

LF-Nr.	Bezeichnung	Leiteinwirkung	Feld 20–30 (Knoten 131, Stab 12031 Stabanfang, x = 51 m)		
			N_x [1)] [kN]	$M_{y,best}$ [kNm]	$M_{y,unbe}$ [kNm]
1055	Eigengewicht BA2 $G_{k,1}$		0	1441,06	
1057	Vorspannung BA2 P_k		–42 957,00	–23 603,40	5345,06
1060	Eigengewicht BA3 $G_{k,1}$		0	1458,41	
1062	Vorspannung BA3 P_k		0	0	3768,18
1064	Eigengewicht BA4 $G_{k,1}$		0	–137,33	
1065	Vorspannung BA4 P_k		0	0	–522,08
1058	K + S + R BA2		3 087,42	1696,43	1516,48
1063	K + S + R BA3		300,50	165,11	1385,87
1066	K + S + R BA4		327,69	180,05	385,98
1067	K + S + R ab Ausbau in 2 Stufen		1 377,68	756,99	1542,21
1068			1 251,87	687,86	603,67
10	Ausbaulast $G_{k,2}$		0	1492,49	
201	Verkehr $Q_{k,UDL}$	max M_y	0	6931,98	
202		min M_y	0	–4683,72	
203		max V_z	0	–1238,69	
204		min V_z	0	3486,95	
205		max M_x	0	996,61	
206		min M_x	0	1241,97	
251	Verkehr $Q_{k,TS}$	max M_y	0	5256,10	
252		min M_y	0	–1463,94	
253		max V_z	0	4650,76	
254		min V_z	0	4664,87	
255		max M_x	0	2790,46	
256		min M_x	0	2790,46	

Tabelle 2-30 (Fortsetzung)

LF-Nr.	Bezeichnung	Leiteinwirkung	Feld 20–30 (Knoten 131, Stab 12031 Stabanfang, x = 51 m)		
			N_x [1] [kN]	$M_{y,best}$ [kNm]	$M_{y,unbe}$ [kNm]
351	Stützensenkung $G_{k,set}$	max M_y	0	862,28	
352		min M_y	0	–862,28	
353		max V_z	0	313,12	
354		min V_z	0	–313,12	
401	Temperatur $\Delta T_{M,k}$	max M_y	0	5326,69	
402		min M_y	0	–3464,52	
403		max V_z	0	–3464,52	
404		min V_z	0	5326,69	
301	Ermüdungslastmodell LM 3	max M_y	0	1916,94	
302		min M_y	0	–657,37	
303		max V_z	0	1581,29	
304		min V_z	0	1596,12	

[1] Für Kriechen und Schwinden statisch bestimmter Anteil aus Eigenspannungen
best = statisch bestimmter Anteil
unbe = statisch unbestimmter Anteil aus Zwang

Tabelle 2-31 Schnittgrößen für den Bereich des 2. Bauabschnitts in Achse 30

LF-Nr.	Bezeichnung	Leiteinwirkung	Stütze 30 (Knoten 141, Stab 12040: x = 1,9 m, Stab 12041 Stabanfang)								
			N_x [1] [kN]	$V_{z,li,best}$ [kN]	$V_{z,li,unb}$ [kN]	$V_{z,re,best}$ [kN]	$V_{z,re,unbe}$ [kN]	$M_{y,best}$ [kNm]	$M_{y,unbe}$ [kNm]	$M_{x,li}$ [kNm/m]	$M_{x,re}$ [kNm/m]
1055	Eigengewicht BA2 $G_{k,1}$		0	–4902,67		5912,57		–43 077,00		0	0
1057	Vorspannung BA2 P_k		–43 171,90	1543,49	–1820,90	–1535,65	1539,56	29 550,00	19,00	0	0
1060	Eigengewicht BA3 $G_{k,1}$		0	156		–1233,85		4422,36		0	0
1062	Vorspannung BA3 P_k		–9 812,70	350,82	56,07	–349,04	47,77	6716,70	11 486,30	0	0

Tabelle 2-31 (Fortsetzung)

LF-Nr.	Bezeichnung	Leiteinwirkung	Stütze 30 (Knoten 141, Stab 12040: x = 1,9 m, Stab 12041 Stabanfang)								
			N_x [1)] [kN]	$V_{z,li,best}$ [kN]	$V_{z,li,unb}$ [kN]	$V_{z,re,best}$ [kN]	$V_{z,re,unbe}$ [kN]	$M_{y,best}$ [kNm]	$M_{y,unbe}$ [kNm]	$M_{x,li}$ [kNm/m]	$M_{x,re}$ [kNm/m]
1064	Eigengewicht BA4 $G_{k,1}$		0	−14,69		40,71		−416,43		0	0
1065	Vorspannung BA4 P_k		0	0	−55,84	0	154,95	0	−1583,10	0	0
1058	K + S + R BA2		2466,34	−88,23	−79,82	87,79	0	−1689,26	0	0	0
1063	K + S + R BA3		261,19	−9,34	83,53	9,30	−78,24	−178,90	2973	0	0
1066	K + S + R BA4		298,15	−10,67	−27,60	10,61	110,61	−204,21	−138,46	0	0
1067	K + S + R ab Ausbau in 2 Stufen		1355,65	−48,50	−52,65	48,25	114,96	−928,52	541,78	0	0
1068			1336,95	−47,83	−24,39	47,59	49,17	−915,71	140,19	0	0
10	Ausbaulast $G_{k,2}$		0	−868,77		893,09		−6530,70		0	0

[1)] Für Kriechen und Schwinden statisch bestimmter Anteil aus Eigenspannungen
best = statisch bestimmter Anteil
unbe = statisch unbestimmter Anteil aus Zwang

Tabelle 2-32 Schnittgrößen für den Bereich des 2. Bauabschnitts in Achse 30

LF-Nr.	Bezeichnung	Leiteinwirkung	Stütze 30 (Knoten 141, Stab 12040: x = 1,9 m, Stab 12041 Stabanfang)								
			N_x [1)] [kN]	$V_{z,li,best}$ [kN]	$V_{z,li,unbe}$ [kN]	$V_{z,re,best}$ [kN]	$V_{z,re,unbe}$ [kN]	$M_{y,best}$ [kNm]	$M_{y,unbe}$ [kNm]	$M_{x,li}$ [kNm/m]	$M_{x,re}$ [kNm/m]
201	Verkehr $Q_{k,UDL}$	max M_y	0	336,08		−348,63		5146,83		−1,42	0,37
202		min M_y	0	−1644,79		1693,96		−14 984,00		1196,95	−1196,86
203		max V_z	0	336,08		1693,96				−1,42	3590,59
204		min V_z	0	−1644,79		−348,63				1196,95	0,37
205		max M_x	0	−775,36		639,90				2612,75	4607,26
206		min M_x	0	−672,38		715,75				−4608,52	−2612,02
251	Verkehr $Q_{k,TS}$	max M_y	0	168,39		−62,48		1735,40		0,48	−0,12
252		min M_y	0	−635,13		159,15		−4420,20		847,73	0,28
253		max V_z	0	168,39		963,92				−0,48	1271,29
254		min V_z	0	−965,44		−159,10				1271,29	−0,28
255		max M_x	0	−579,26		578,35				1466,87	1466,87
256		min M_x	0	−579,26		578,35				−1466,87	−1466,87

Tabelle 2-32 (Fortsetzung)

LF-Nr.	Bezeichnung	Leiteinwirkung	Stütze 30 (Knoten 141, Stab 12040: x = 1,9 m, Stab 12041 Stabanfang)								
			N_x [1] [kN]	$V_{z,li,best}$ [kN]	$V_{z,li,unbe}$ [kN]	$V_{z,re,best}$ [kN]	$V_{z,re,unbe}$ [kN]	$M_{y,best}$ [kNm]	$M_{y,unbe}$ [kNm]	$M_{x,li}$ [kNm/m]	$M_{x,re}$ [kNm/m]
351	Stützensenkung $G_{k,set}$	max M_y	0	153,25		–169,71		3224,93		0	0
352		min M_y	0	–153,25		169,71		–3224,93		0	0
353		max V_z	0	153,25		169,71		3224,93	–3224,93	0	0
354		min V_z	0	–153,25		–169,71		–3224,93	3224,93	0	0
401	Temperatur $\Delta T_{M,k}$	max M_y	0	–48,08		–0,08		4413,26		0	0
402		min M_y	0	31,27		0,05		–2870,42		0	0
403		max V_z	0	31,27		0,05		–2870,42		0	0
404		min V_z	0	–48,08		–0,08		4413,26		0	0
301	Ermüdungslastmodell LM 3	max M_y	0	75,61		–28,06		779,27		0,42	–0,11
302		min M_y	0	–302,83		72,05		–2001,16		771,04	0,20
303		max V_z	0	75,61		421,10		779,27	–1081,58	–0,42	1090,38
304		min V_z	0	–423,37		–72,03		–1113,11	736,80	1090,38	–0,20

[1] Für Kriechen und Schwinden statisch bestimmter Anteil aus Eigenspannungen
best = statisch bestimmter Anteil
unbe = statisch unbestimmter Anteil aus Zwang

Tabelle 2-33 Schnittgrößen für den Bereich des 2. Bauabschnitts in KF 2

LF-Nr.	Bezeichnung	Leiteinwirkung	KF 2 (Knoten 146, Stab 12045: x = 1,9 m, Stab 13046 Stabanfang, x = 79,5 m)					
			$N_{x,li}$ [1] [kN]	$N_{x,re}$ [1] [kN]	$M_{y,li,best}$ [kNm]	$M_{y,li,unbe}$ [kNm]	$M_{y,re,best}$ [kNm]	$M_{y,re,unbe}$ [kNm]
1055	Eigengewicht BA2 $G_{k,1}$		0		0			
1057	Vorspannung BA2 P_k		–41 919,00	0	–6182,27	–10,62	0	0
1060	Eigengewicht BA3 $G_{k,1}$		0		–7299,23			
1062	Vorspannung BA3 P_k		–10 060,00	–41 055,00	–1483,73	8609,08	–6056,93	8603,29
1064	Eigengewicht BA4 $G_{k,1}$		0		–29,68			
1065	Vorspannung BA4 Pk		0		0		0	–111,05

Tabelle 2-33 (Fortsetzung)

LF-Nr.	Bezeichnung	Leiteinwirkung	KF 2 (Knoten 146, Stab 12045: x = 1,9 m, Stab 13046 Stabanfang, x = 79,5 m)					
			$N_{x,li}$ 1) [kN]	$N_{x,re}$ 1) [kN]	$M_{y,li,best}$ [kNm]	$M_{y,li,unbe}$ [kNm]	$M_{y,re,best}$ [kNm]	$M_{y,re,unbe}$ [kNm]
1058	K + S + R BA2		2390,33	0	353,13	0	0	0
1063	K + S + R BA3		271,13	2187,98	0	2229,75	323,24	2229,75
1066	K + S + R BA4		299,24	313,60	44,21	912,30	46,33	912,30
1067	K + S + R ab Ausbau in 2 Stufen		1486,10	1120,80	219,55	1633,95	165,58	1633,95
1068			1447,51	1092,31	213,84	607,32	161,37	607,32
10	Ausbaulast $G_{k,2}$		0		−167,26			
201	Verkehr $Q_{k,UDL}$	max M_y	0		4539,62			
202		min M_y	0		−4791,58			
203		max V_z	0		−2086,80			
204		min V_z	0		1834,84			
205		max M_x	0		2266,80		1297,98	
206		min M_x	0		2518,28		1527,2	
251	Verkehr $Q_{k,TS}$	max M_y	0		3632,37			
252		min M_y	0		−2908,29			
253		max V_z	0		3063,70			
254		min V_z	0		2997,89			
255		max M_x	0		1838,22			
256		min M_x	0		1838,22			

Tabelle 2-33 (Fortsetzung)

<table>
<tr><th colspan="2"></th><th rowspan="2">Leit-ein-wir-kung</th><th colspan="6">KF 2 (Knoten 146, Stab 12045: x = 1,9 m, Stab 13046 Stabanfang, x = 79,5 m)</th></tr>
<tr><th>LF-Nr.</th><th>Bezeichnung</th><th>$N_{x,li}$ [1)] [kN]</th><th>$N_{x,re}$ [1)] [kN]</th><th>$M_{y,li,best}$ [kNm]</th><th>$M_{y,li,unbe}$ [kNm]</th><th>$M_{y,re,best}$ [kNm]</th><th>$M_{y,re,unbe}$ [kNm]</th></tr>
<tr><td>351</td><td rowspan="4">Stützen-senkung $G_{k,set}$</td><td>max M_y</td><td colspan="2">0</td><td colspan="4">1612,70</td></tr>
<tr><td>352</td><td>min M_y</td><td colspan="2">0</td><td colspan="4">−1612,70</td></tr>
<tr><td>353</td><td>max V_z</td><td colspan="2">0</td><td colspan="4">−1612,70</td></tr>
<tr><td>354</td><td>min V_z</td><td colspan="2">0</td><td colspan="4">1612,70</td></tr>
<tr><td>401</td><td rowspan="4">Temperatur $DT_{M,k}$</td><td>max M_y</td><td colspan="2">0</td><td colspan="4">4412,55</td></tr>
<tr><td>402</td><td>min M_y</td><td colspan="2">0</td><td colspan="4">−2869,95</td></tr>
<tr><td>403</td><td>max V_z</td><td colspan="2">0</td><td colspan="4">−2869,95</td></tr>
<tr><td>404</td><td>min V_z</td><td colspan="2">0</td><td colspan="4">4412,55</td></tr>
<tr><td>301</td><td rowspan="4">Ermüdungs-lastmodell LM 3</td><td>max M_y</td><td colspan="2">0</td><td colspan="4">1155,07</td></tr>
<tr><td>302</td><td>min M_y</td><td colspan="2">0</td><td colspan="4">−1316,67</td></tr>
<tr><td>303</td><td>max V_z</td><td colspan="2">0</td><td colspan="4">894,89</td></tr>
<tr><td>304</td><td>min V_z</td><td colspan="2">0</td><td colspan="4">52,51</td></tr>
</table>

[1)] Für Kriechen und Schwinden statisch bestimmter Anteil aus Eigenspannungen
best = statisch bestimmter Anteil
unbe = statisch unbestimmter Anteil aus Zwang

Tabelle 2-34 Schnittgrößen für den Bereich des 3. Bauabschnitts in Feld 3

LF-Nr.	Bezeichnung	Leiteinwirkung	Feld 30–40 (Knoten 151, Stab 13051 Stabanfang, x = 89 m)		
			N_x [1)] [kN]	$M_{y,best}$ [kNm]	$M_{y,unbe}$ [kNm]
1060	Eigengewicht BA3 $G_{k,1}$		0	1608,45	
1062	Vorspannung BA3 P_k		−42 178,00	−23 178,00	5741,00
1064	Eigengewicht BA4 $G_{k,1}$		0	357,06	
1065	Vorspannung BA4 P_k		0	0	1361,00
1063	K + S + R BA3		2849,80	1566,08	1486,49
1066	K + S + R BA4		557,23	306,22	1963,06
1067	K + S + R ab Ausbau in 2 Stufen		1497,09	822,71	2726,11
1068			1300,57	714,71	1074,44
10	Ausbaulast $G_{k,2}$		0	1954,42	
201	Verkehr $Q_{k,UDL}$	max M_y	0	7480,79	
202		min M_y	0	−4536,69	
203		max V_z	0	4421,25	
204		min V_z	0	−1477,14	
205		max M_x	0	972,10	
206		min M_x	0	1972,00	
251	Verkehr $Q_{k,TS}$	max M_y	0	5162,43	
252		min M_y	0	−1396,37	
253		max V_z	0	4565,44	
254		min V_z	0	4565,42	
255		max M_x	0	2739,25	
256		min M_x	0	2739,25	
351	Stützensenkung $G_{k,set}$	max M_y	0	946,35	
352		min M_y	0	−946,35	
353		max V_z	0	−0,48	
354		min V_z	0	0,48	
401	Temperatur $\Delta T_{M,k}$	max M_y	0	4411,84	
402		min M_y	0	−2869,49	
403		max V_z	0	−2869,49	
404		min V_z	0	4411,84	
301	Ermüdungslastmodell LM 3	max M_y	0	1871,85	
302		min M_y	0	−632,18	
303		max V_z	0	1550,66	
304		min V_z	0	1550,64	

1) Für Kriechen und Schwinden statisch bestimmter Anteil aus Eigenspannungen
best = statisch bestimmter Anteil
unbe = statisch unbestimmter Anteil aus Zwang

Tabelle 2-35 Schnittgrößen für den Bereich des 3. Bauabschnitts in Achse 40

LF-Nr.	Bezeichnung	Leit-einwir-kung	Stütze 40 (Knoten 161, Stab 13060: x = 1,9 m, Stab 13061 Stabanfang)								
			N_x [1) [kN]	$V_{z,li,best}$ [kN]	$V_{z,li,unbe}$ [kN]	$V_{z,re,best}$ [kN]	$V_{z,re,unbe}$ [kN]	$M_{y,best}$ [kNm]	$M_{y,unbe}$ [kNm]	$M_{x,li}$ [kNm/m]	$M_{x,re}$ [kNm/m]
1060	Eigengewicht BA3 $G_{k,1}$		0	–4911,48		5912,57		–43077,00		0	0
1062	Vorspannung BA3 P_k		–42668,00	1516,11	–1823,81	–1527,14	1521,60	29206,00	18,00	0	0
1064	Eigengewicht BA4 $G_{k,1}$		0	40,71		–911,25		1130,55		0	0
1065	Vorspannung BA4 P_k		–15160,00	538,67	–385,69	–524,59	1035,51	10376	4312,00	0	0
1063	K + S + R BA3		2307,35	–82,03	–78,24	82,63	0	–1580,36	0	0	0
1066	K + S + R BA4		467,02	–16,60	110,61	16,64	–195,50	–319,87	4064,56	0	0
1067	K + S + R ab Ausbau in 2 Stufen		1571,97	–55,89	114,96	56,11	–190,71	–1076,68	4910,45	0	0
1068			1638,18	–58,24	49,17	58,43	–89,38	–1122,03	2008,68	0	0
10	Ausbaulast $G_{k,2}$		0	–892,91		868,66		–6527,46		0	0

1) Für Kriechen und Schwinden statisch bestimmter Anteil aus Eigenspannungen
best = statisch bestimmter Anteil
unbe = statisch unbestimmter Anteil aus Zwang

Tabelle 2-35 (Fortsetzung)

LF-Nr.	Bezeichnung	Leiteinwirkung	Stütze 40 (Knoten 161, Stab 13060: x = 1,9 m, Stab 13061 Stabanfang)								
			N_x [1] [kN]	$V_{z,li,best}$ [kN]	$V_{z,li,unbe}$ [kN]	$V_{z,re,best}$ [kN]	$V_{z,re,unbe}$ [kN]	$M_{y,best}$ [kNm]	$M_{y,unbe}$ [kNm]	$M_{x,li}$ [kNm/m]	$M_{x,re}$ [kNm/m]
201	Verkehr $Q_{k,UDL}$	max M_y	0	348,68		–336,10		5145,84		–0,37	1,42
202		min M_y	0	–1693,75		1644,58		–14 978,00		-3590,67	3590,80
203		max V_z	0	348,68		1644,58				–0,37	3590,80
204		min V_z	0	–1693,75		–336,10				-3590,67	–0,47
205		max M_x	0	–715,62		672,34				2612,09	4608,50
206		min M_x	0	–639,80		775,31				–4607,40	-2612,80
251	Verkehr $Q_{k,TS}$	max M_y	0	62,46		–168,36		1734,70		–0,12	0,48
252		min M_y	0	–159,10		635,07		–4418,40		–0,28	–847,70
253		max V_z	0	159,15		965,42				–0,28	1271,29
254		min V_z	0	–963,92		–168,36				1271,30	–0,48
255		max M_x	0	–578,35		579,25				1466,88	1466,87
256		min M_x	0	–578,35		579,25				–1466,88	–1466,87
351	Stützensenkung $G_{k,set}$	max M_y	0	169,71		–153,22		3223,96		0	0
352		min M_y	0	–169,71		153,22		–3223,96		0	0
353		max V_z	0	169,71		153,22		3223,96	–3223,96	0	0
354		min V_z	0	–169,71		–153,22		–3223,96	3223,96	0	0
401	Temperatur $\Delta T_{M,k}$	max M_y	0	–0,08		48,18		4410,41		0	0
402		min M_y	0	0,05		–31,33		–2868,56		0	0
403		max V_z	0	0,05		48,18		–2868,56	4410,41	0	0
404		min V_z	0	–0,08		–31,33		4410,41	–2868,56	0	0
301	Ermüdungslastmodell LM 3	max M_y	0	28,05		–75,60		778,95		0,11	–0,42
302		min M_y	0	–72,03		302,80		–2000,34		–0,20	–771,04
303		max V_z	0	72,05		423,35		736,80	–1112,67	–0,20	1090,38
304		min V_z	0	–421,08		–75,60		–1081,29	778,95	1090,39	–0,42

[1] Für Kriechen und Schwinden statisch bestimmter Anteil aus Eigenspannungen
best = statisch bestimmter Anteil
unbe = statisch unbestimmter Anteil aus Zwang

Tabelle 2-36 Schnittgrößen für den Bereich des 3. Bauabschnitts in KF 3

LF-Nr.	Bezeichnung	Leiteinwirkung	KF 3 (Knoten 166, Stab 13065: x = 1,9m, Stab 14066 Stabanfang, x = 117,5m)					
			$N_{x,li}$ 1) [kN]	$N_{x,re}$ 1) [kN]	$M_{y,li,best}$ [kNm]	$M_{y,li,unbe}$ [kNm]	$M_{y,re,best}$ [kNm]	$M_{y,re,unbe}$ [kNm]
1060	Eigengewicht BA3 $G_{k,1}$		0		0			
1062	Vorspannung BA3 P_k		–41 178,00	0	-8170,90	–10,99	0	0
1064	Eigengewicht BA4 $G_{k,1}$		0		–7526,30			
1065	Vorspannung BA4 P_k		–15 669,00	-44853,00	-3109,30	9002,40	-8902,57	8997,06
1063	K + S + R BA3		2 239,60	0	444,99	0	0	0
1066	K + S + R BA4		580,76	2576,76	115,30	2207,34	511,99	2207,34
1067	K + S + R ab Ausbau in 2 Stufen		1 903,04	1465,98	378,12	3098,68	291,28	3098,68
1068			1 815,76	1395,95	360,78	1159,57	277,37	1159,57
10	Ausbaulast $G_{k,2}$		0		–396,08			
201	Verkehr $Q_{k,UDL}$	max M_y	0		4588,74			
202		min M_y	0		–5185,40			
203		max V_z	0		–2250,04			
204		min V_z	0		1953,39			
205		max M_x	0		1306,27		1192,24	
206		min M_x	0		1499,42		1415,60	
251	Verkehr $Q_{k,TS}$	max M_y	0		3600,11			
252		min M_y	0		–2831,67			
253		max V_z	0		3027,47			
254		min V_z	0		135,26			
255		max M_x	0		1816,48			
256		min M_x	0		1816,48			

Tabelle 2-36 (Fortsetzung)

LF-Nr.	Bezeichnung	Leiteinwirkung	KF 3 (Knoten 166, Stab 13065: x = 1,9m, Stab 14066 Stabanfang, x = 117,5m)					
			$N_{x,li}$ [1] [kN]	$N_{x,re}$ [1] [kN]	$M_{y,li,best}$ [kNm]	$M_{y,li,unbe}$ [kNm]	$M_{y,re,best}$ [kNm]	$M_{y,re,unbe}$ [kNm]
351	Stützensenkung $G_{k,set}$	max M_y	0		1768,38			
352		min M_y	0		−1768,38			
353		max V_z	0		−1768,38			
354		min V_z	0		1768,38			
401	Temperatur $\Delta T_{M,k}$	max M_y	0		4868,08			
402		min M_y	0		−3166,23			
403		max V_z	0		4868,08			
404		min V_z	0		−3166,23			
301	Ermüdungslastmodell LM 3	max M_y	0		1137,99			
302		min M_y	0		−1281,05			
303		max V_z	0		876,30			
304		min V_z	0		60,74			

[1] Für Kriechen und Schwinden statisch bestimmter Anteil aus Eigenspannungen
best = statisch bestimmter Anteil
unbe = statisch unbestimmter Anteil aus Zwang

Tabelle 2-37 Schnittgrößen für den Bereich des 4. Bauabschnitts für Feld 4

LF-Nr.	Bezeichnung	Leiteinwirkung	Feld 40–50 (Knoten 171, Stab 14071 Stabanfang: x = 127 m)		
			N_x [1] [kN]	$M_{y,best}$ [kNm]	$M_{y,unbe}$ [kNm]
1064	Eigengewicht BA4 $G_{k,1}$		0	4446,15	
1065	Vorspannung BA4 P_k		−45 871,60	−25 209,52	13 708,00
1066	K + S + R BA4		2818,50	1548,96	350,12
1067	K + S + R ab Ausbau in 2 Stufen		1618,13	889,27	1286,92
1068			1460,80	802,81	310,46
10	Ausbaulast $G_{k,2}$		0	1493,54	

Tabelle 2-37 (Fortsetzung)

LF-Nr.	Bezeichnung	Leiteinwirkung	Feld 40–50 (Knoten 171, Stab 14071 Stabanfang: x = 127 m)		
			N_x[1] [kN]	$M_{y,best}$ [kNm]	$M_{y,unbe}$ [kNm]
201		max M_y	0	6932,65	
202		min M_y	0	−4683,11	
203	Verkehr $Q_{k,UDL}$	max V_z	0	3488,90	
204		min V_z	0	−1239,06	
205		max M_x	0	1243,03	
206		min M_x	0	997,53	
251		max M_y	0	5256,59	
252		min M_y	0	−1464,19	
253	Verkehr $Q_{k,TS}$	max V_z	0	4665,38	
254		min V_z	0	4651,38	
255		max M_x	0	2790,83	
256		min M_x	0	2790,83	
351		max M_y	0	862,21	
352	Stützensenkung $G_{k,set}$	min M_y	0	−862,21	
353		max V_z	0	−312,80	
354		min V_z	0	312,80	
401		max M_y	0	5325,76	
402	Temperatur $\Delta T_{M,k}$	min M_y	0	−3463,91	
403		max V_z	0	5325,76	
404		min V_z	0	−3463,91	
301		max M_y	0	1917,19	
302	Ermüdungslastmodell LM 3	min M_y	0	−657,48	
303		max V_z	0	1596,31	
304		min V_z	0	1581,57	

[1] Für Kriechen und Schwinden statisch bestimmter Anteil aus Eigenspannungen
best = statisch bestimmter Anteil
unbe = statisch unbestimmter Anteil aus Zwang

Tabelle 2-38 Schnittgrößen für den Bereich des 4. Bauabschnitts für Achse 50

LF-Nr.	Bezeichnung	Leitein-wirkung	Stütze 50 (Knoten 181, Stab 14080: x = 1,9 m, Stab 14081 Stabanfang)								
			N_x [1)] [kN]	$V_{z,li,best}$ [kN]	$V_{z,li,unbe}$ [kN]	$V_{z,re,best}$ [kN]	$V_{z,re,unbe}$ [kN]	$M_{y,best}$ [kNm]	$M_{y,unbe}$ [kNm]	$M_{x,li}$ [kNm/m]	$M_{x,re}$ [kNm/m]
1064	Eigengewicht BA4 $G_{k,1}$		0	−4588,87		4987,40		−34 110,00		0	0
1065	Vorspannung BA4 P_k		−48 503,00	1710,18	−1234,79	−2303,22	1561,50	31 245,00	23 147,00	0	0
1066	K + S + R BA4		3127,79	−110,34	−195,50	148,69	105,14	−2017,19	−3364,34	0	0
1067	K + S + R ab Ausbau in 2 Stufen		1481,73	−52,26	−190,71	70,44	73,02	−955,61	−2336,61	0	0
1068			1408,37	−49,67	−89,38	66,95	43,37	−908,29	−1387,77	0	0
10	Ausbaulast $G_{k,2}$		0	−917,34		984,89		−7452,46		0	0
201	Verkehr $Q_{k,UDL}$	max M_y	0	275,10		−82,97		2655,03		−0,11	0,03
202		min M_y	0	−1656,97		1566,60		−13 881,00		1196,54	−1152,22
203		max V_z	0	275,10		1566,60				−0,11	3456,66
204		min V_z	0	−1656,97		−82,97				1196,54	0,03
205		max M_x	0	−742,00		780,28				2612,05	4434,46
206		min M_x	0	−730,85		908,25				−4607,34	−2514,07
251	Verkehr $Q_{k,TS}$	max M_y	0	150,23		−45,31		1 449,87		0,28	−0,08
252		min M_y	0	−168,36		695,72		−4 663,08		−0,48	−855,94
253		max V_z	0	150,23		976,56				−0,28	1277,77
254		min V_z	0	−960,97		−45,31				1271,30	−0,08
255		max M_x	0	−576,58		585,93				1466,88	1474,36
256		min M_x	0	−576,58		585,93				−1466,88	−1474,35

Tabelle 2-38 (Fortsetzung)

LF-Nr.	Bezeichnung	Leit-einwir-kung	Stütze 50 (Knoten 181, Stab 14080: x = 1,9 m, Stab 14081 Stabanfang)								
			N_x [1] [kN]	$V_{z,li,best}$ [kN]	$V_{z,li,unbe}$ [kN]	$V_{z,re,best}$ [kN]	$V_{z,re,unbe}$ [kN]	$M_{y,best}$ [kNm]	$M_{y,unbe}$ [kNm]	$M_{x,li}$ [kNm/m]	$M_{x,re}$ [kNm/m]
351	Stützensenkung $G_{k,set}$	max M_y	0	153,22		–81,20		2598,37		0	0
352		min M_y	0	–153,22		81,20		–2598,37		0	0
353		max V_z	0	153,22		81,20		–2598,37		0	0
354		min V_z	0	–153,22		–81,20		2598,37		0	0
401	Temperatur $\Delta T_{M,k}$	max M_y	0	48,18		–195,03		6241,10		0	0
402		min M_y	0	–31,33		126,85		–4059,25		0	0
403		max V_z	0	48,18		126,85		6241,1	–4059,25	0	0
404		min V_z	0	–31,33		–195,03		–4059,25	6241,10	0	0
301	Ermüdungs-lastmodell LM 3	max M_y	0	67,96		–20,50		655,92		–0,20	0,06
302		min M_y	0	–75,60		329,43		–2093,92		–0,42	–786,19
303		max V_z	0	67,96		440,65		655,92	–1044,89	–0,20	1107,38
304		min V_z	0	–417,48		–20,50		–985,72	655,92	1090,39	–0,06

[1] Für Kriechen und Schwinden statisch bestimmter Anteil aus Eigenspannungen
best = statisch bestimmter Anteil
unbe = statisch unbestimmter Anteil aus Zwang

Tabelle 2-39 Schnittgrößen für den Bereich des 4. Bauabschnitts für Feld 5

LF-Nr.	Bezeichnung	Leiteinwirkung	Feld 50–60 (Knoten 193, Stab 14093 Stabanfang, x = 165,2 m)		
			N_x [1)] [kN]	$M_{y,best}$ [kNm]	$M_{y,unbe}$ [kNm]
1064	Eigengewicht BA4 $G_{k,1}$		0	13777,00	
1065	Vorspannung BA4 P_k		–49559,00	–26934,50	9244,42
1066	K + S + R BA4		3233,44	1757,32	–1345,74
1067	K + S + R ab Ausbau in 2 Stufen		1466,10	796,80	–934,65
1068			1449,28	787,66	–555,10
10	Ausbaulast $G_{k,2}$		0	2794,42	
201	Verkehr $Q_{k,UDL}$	max M_y	0	7072,53	
202		min M_y	0	–2863,10	
203		max V_z	0	–2863,10	
204		min V_z	0	7072,53	
205		max M_x	0	2421,66	
206		min M_x	0	2124,41	
251	Verkehr $Q_{k,TS}$	max M_y	0	5689,20	
252		min M_y	0	–1551,25	
253		max V_z	0	5163,57	
254		min V_z	0	5250,01	
255		max M_x	0	3150,01	
256		min M_x	0	3150,01	
351	Stützensenkung $G_{k,set}$	max M_y	0	1039,35	
352		min M_y	0	–1039,35	
353		max V_z	0	–1039,35	
354		min V_z	0	1039,35	
401	Temperatur $\Delta T_{M,k}$	max M_y	0	2496,44	
402		min M_y	0	–1623,70	
403		max V_z	0	–1623,70	
404		min V_z	0	2496,44	
301	Ermüdungslastmodell LM 3	max M_y	0	2117,49	
302		min M_y	0	–701,72	
303		max V_z	0	1754,86	
304		min V_z	0	1927,25	

1) Für Kriechen und Schwinden statisch bestimmter Anteil aus Eigenspannungen
best = statisch bestimmter Anteil
unbe = statisch unbestimmter Anteil aus Zwang

Tabelle 2-40 Schnittgrößen für den Bereich des 4. Bauabschnitts für Achse 60

LF-Nr.	Bezeichnung	Leiteinwirkung	Stütze 60 (Knoten 201, Stab 14100 Stabende)					
			N_x [1] [kN]	$V_{z,li,best}$ [kN]	$V_{z,li,unbe}$ [kN]	$M_{y,best}$ [kNm]	$M_{y,unbe}$ [kNm]	M_x [kNm/m]
1064	Eigengewicht BA4 $G_{k,1}$		0	−2464,85		0		0
1065	Vorspannung BA4 P_k		−48407,00	2324,15	−722,22	−3614,51	0	0
1066	K + S + R BA4		3009,71	−144,50	105,14	224,73	0	0
1067	K + S + R ab Ausbau in 2 Stufen		1543,51	−74,11	73,02	115,25	0	0
1068			1518,84	−72,92	43,37	113,41	0	0
10	Ausbaulast $G_{k,2}$		0	−512,05		0		0
201	Verkehr $Q_{k,UDL}$	max M_y	0	−82,97		0		0
202		min M_y	0	−699,02		0		−2589,56
203		max V_z	0	223,68		0		−0,02
204		min V_z	0	−1005,66		0		−2589,56
205		max M_x	0	−508,38		0		1883,40
206		min M_x	0	−445,10		0		−3322,05
251	Verkehr $Q_{k,TS}$	max M_y	0	−528,40		0		754,78
252		min M_y	0	−929,88		0		1222,05
253		max V_z	0	121,19		0		0,03
254		min V_z	0	−929,88		0		1222,05
255		max M_x	0	−557,93		0		1410,06
256		min M_x	0	−557,93		0		−1410,06
351	Stützensenkung $G_{k,set}$	max M_y	0	−79,84		0		0
352		min M_y	0	79,84		0		0
353		max V_z	0	81,20		0		0
354		min V_z	0	−81,20		0		0

Tabelle 2-40 (Fortsetzung)

LF-Nr.	Bezeichnung	Leiteinwirkung	Stütze 60 (Knoten 201, Stab 14100 Stabende)					
			N_x [1] [kN]	$V_{z,li,best}$ [kN]	$V_{z,li,unbe}$ [kN]	$M_{y,best}$ [kNm]	$M_{y,unbe}$ [kNm]	M_x [kNm/m]
401	Temperatur $\Delta T_{M,k}$	max M_y	0	0		0		0
402		min M_y	0	−195,03		0		0
403		max V_z	0	126,85		0		0
404		min V_z	0	−195,03		0		0
301	Ermüdungslastmodell LM 3	max M_y	0	−227,93		0		−624,84
302		min M_y	0	−219,69		0		555,04
303		max V_z	0	54,82		0		0,02
304		min V_z	0	−380,94		0		984,27

[1] Für Kriechen und Schwinden statisch bestimmter Anteil aus Eigenspannungen
best = statisch bestimmter Anteil
unbe = statisch unbestimmter Anteil aus Zwang

Bild 2-44 Schnittkraftverlauf M [kNm] für g_1 aus BA1

Bild 2-45 Schnittkraftverlauf Q [kN] für g_1 aus BA1

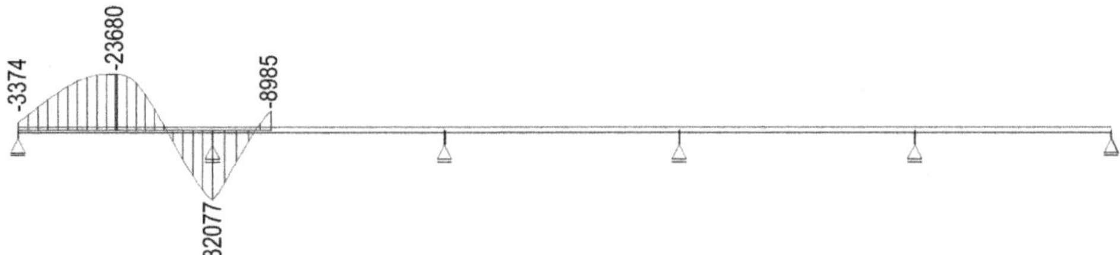

Bild 2-46 Schnittkraftverlauf M [kNm] für P aus BA1

Bild 2-47 Schnittkraftverlauf Q [kN] für P aus BA1

Bild 2-48 Schnittkraftverlauf N [kN] für P aus BA1

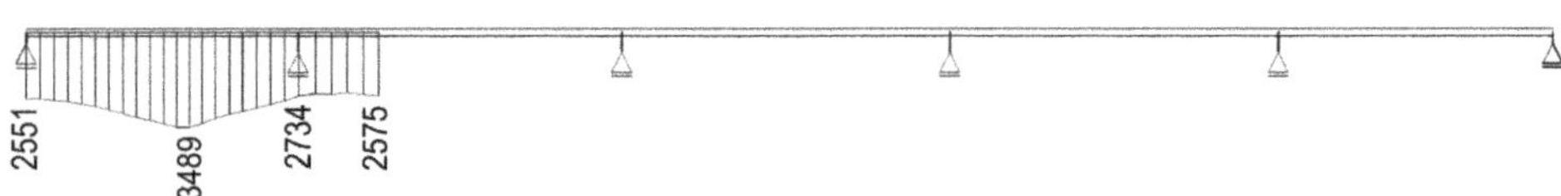

Bild 2-49 Schnittkraftverlauf N [kN] für K + S aus BA1

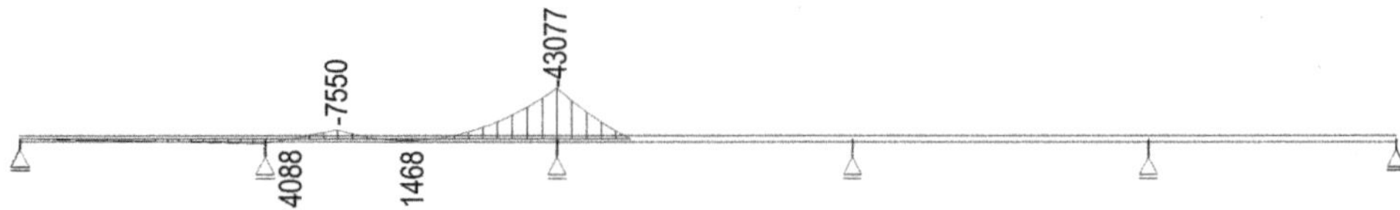

Bild 2-50 Schnittkraftverlauf M [kNm] für g_1 aus BA2

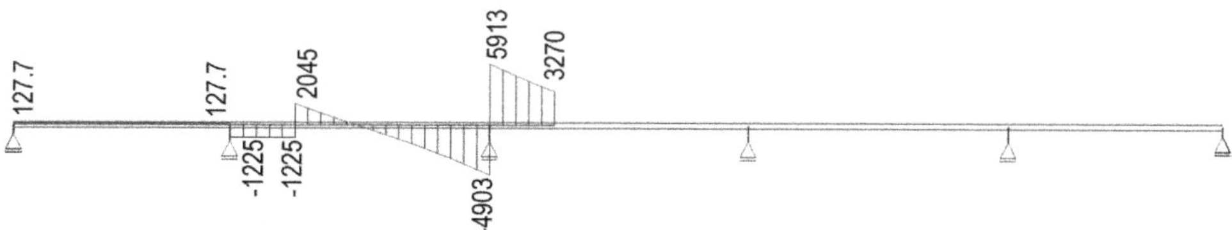

Bild 2-51 Schnittkraftverlauf Q [kN] für g_1 aus BA2

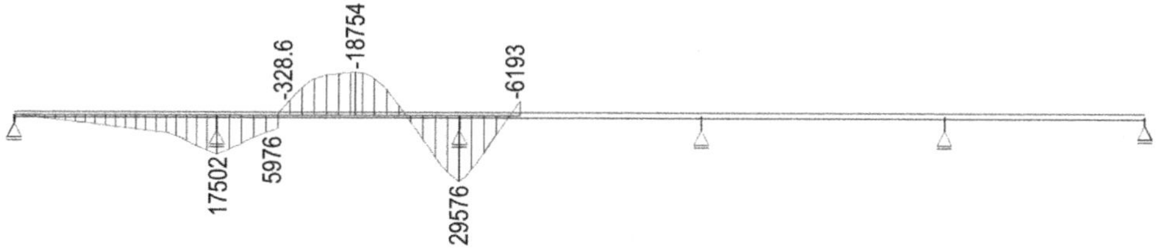

Bild 2-52 Schnittkraftverlauf M [kNm] für P aus BA2

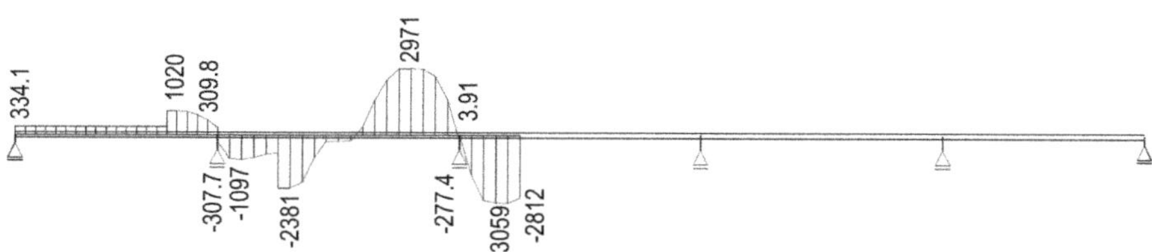

Bild 2-53 Schnittkraftverlauf Q [kN] für P aus BA2

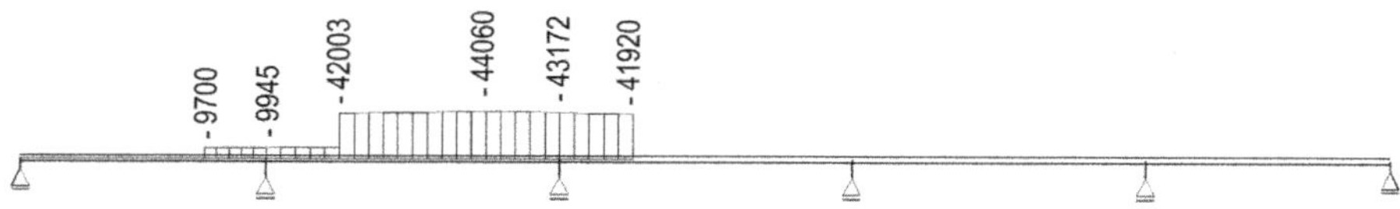

Bild 2-54 Schnittkraftverlauf N [kN] für P aus BA2

Bild 2-55 Schnittkraftverlauf M [kNm] für K + S aus BA2

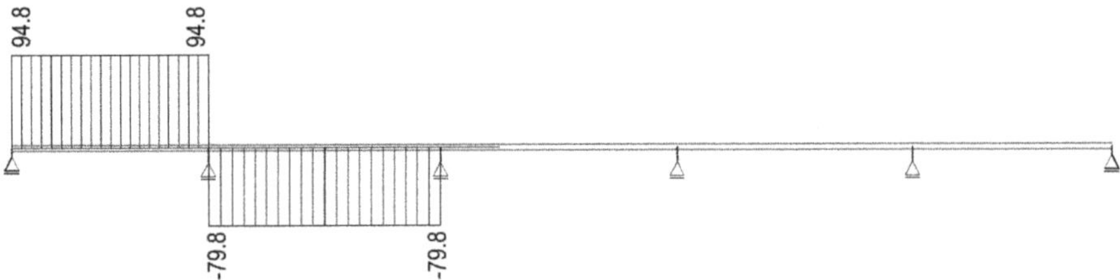

Bild 2-56 Schnittkraftverlauf Q [kN] für K + S aus BA2

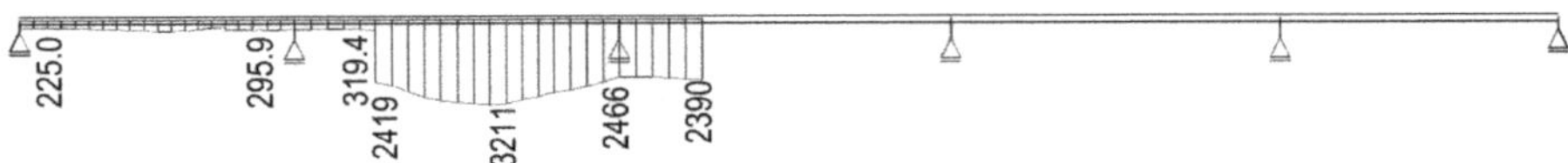

Bild 2-57 Schnittkraftverlauf N [kN] für K + S aus BA2

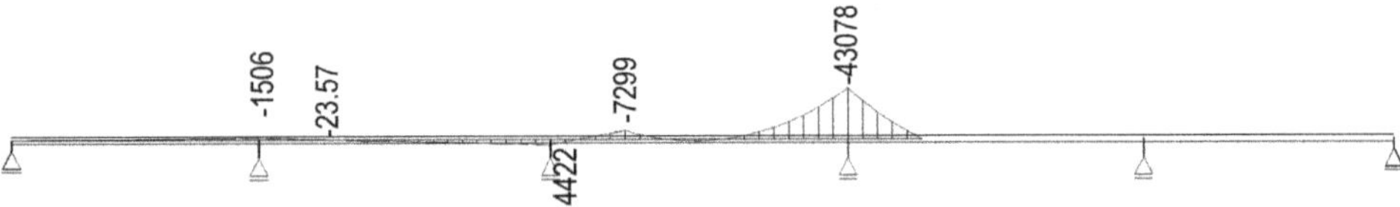

Bild 2-58 Schnittkraftverlauf M [kNm] für g_1 aus BA3

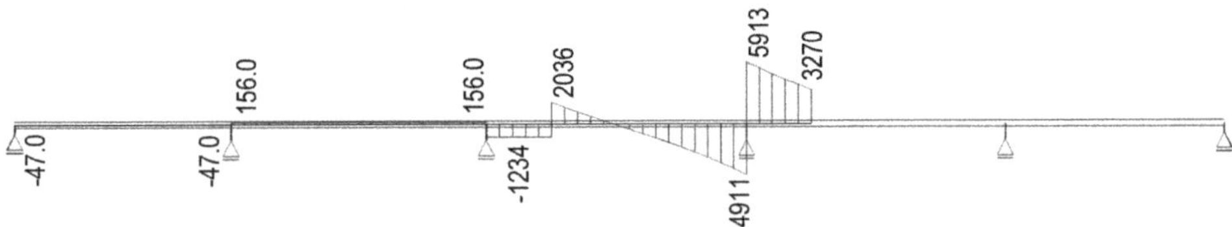

Bild 2-59 Schnittkraftverlauf Q [kN] für g_1 aus BA3

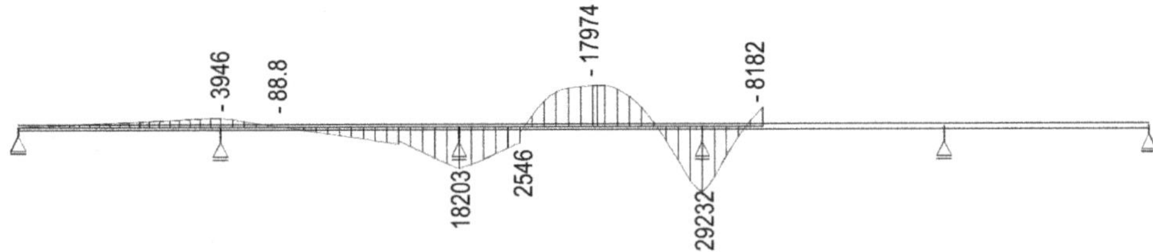

Bild 2-60 Schnittkraftverlauf M [kNm] für P aus BA3

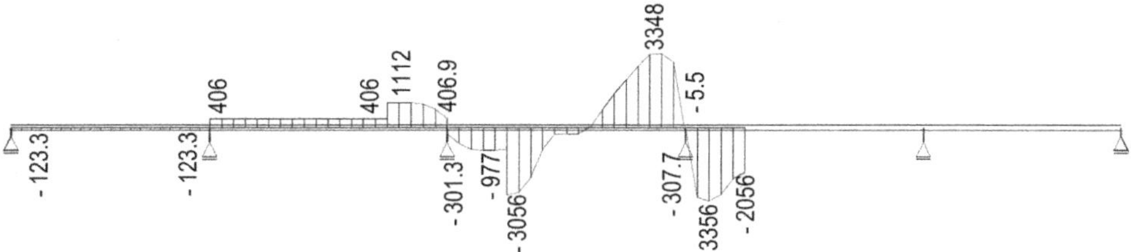

Bild 2-61 Schnittkraftverlauf Q [kN] für P aus BA3

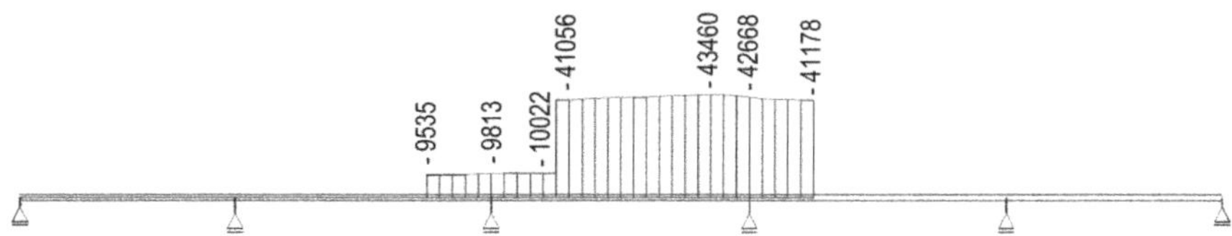

Bild 2-62 Schnittkraftverlauf N [kN] für P aus BA3

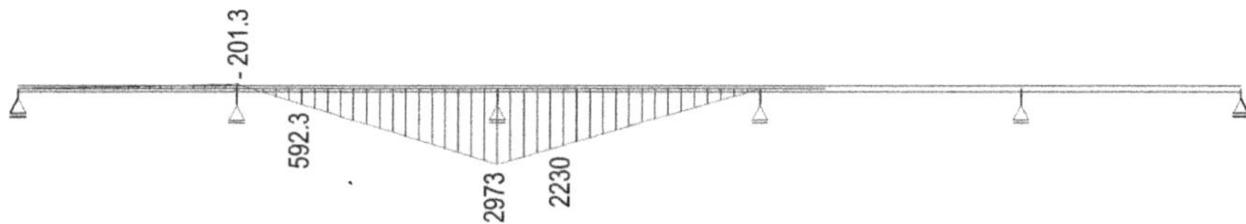

Bild 2-63 Schnittkraftverlauf M [kNm] für K + S aus BA3

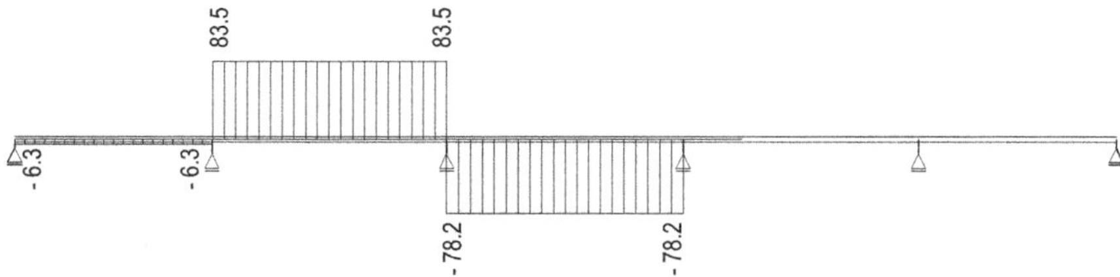

Bild 2-64 Schnittkraftverlauf Q [kN] für K + S aus BA3

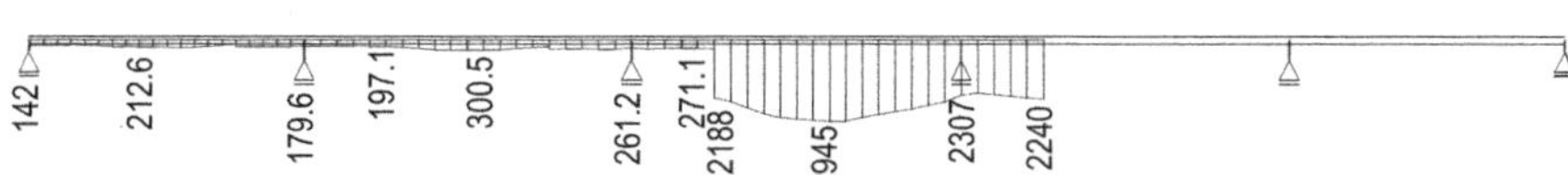

Bild 2-65 Schnittkraftverlauf N [kN] für K + S aus BA3

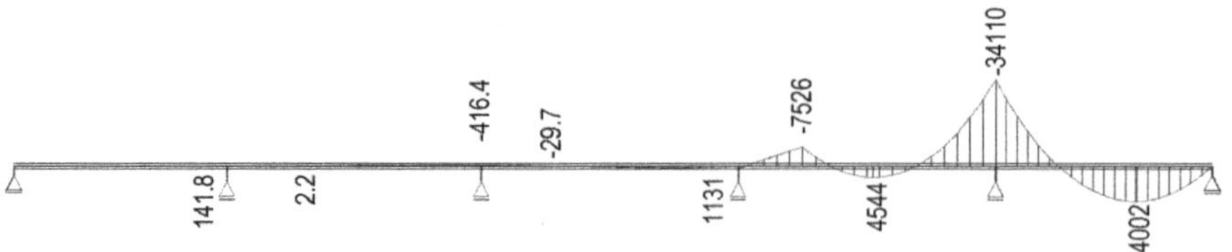

Bild 2-66 Schnittkraftverlauf M [kNm] für g_1 aus BA4

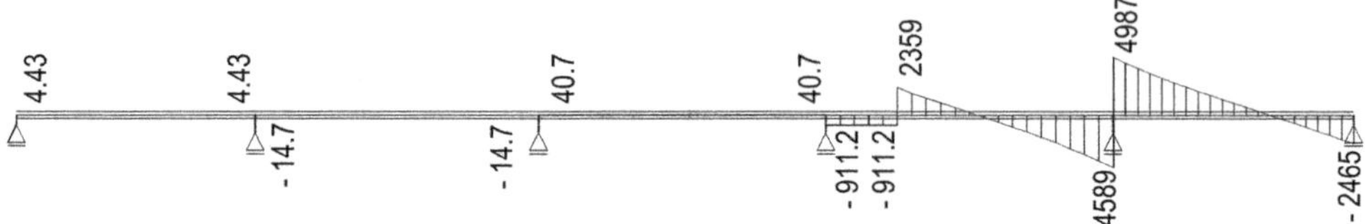

Bild 2-67 Schnittkraftverlauf Q [kN] für g_1 aus BA4

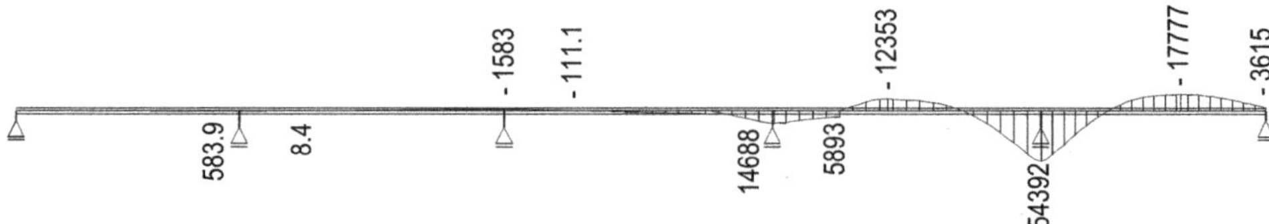

Bild 2-68 Schnittkraftverlauf M [kNm] für P aus BA4

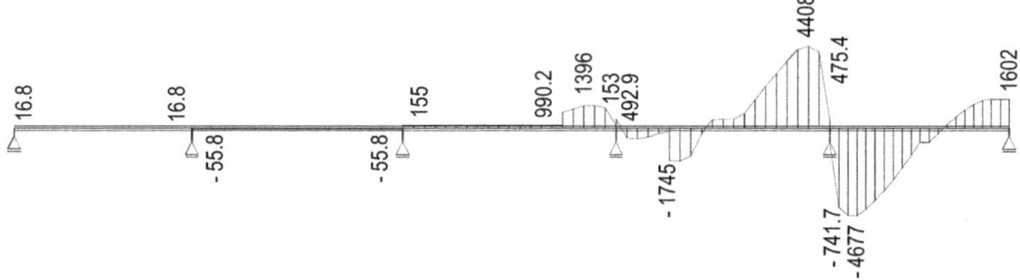

Bild 2-69 Schnittkraftverlauf Q [kN] für P aus BA4

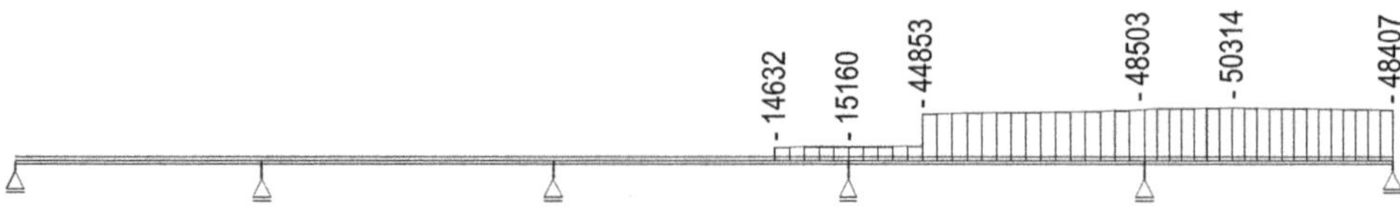

Bild 2-70 Schnittkraftverlauf N [kN] für P aus BA4

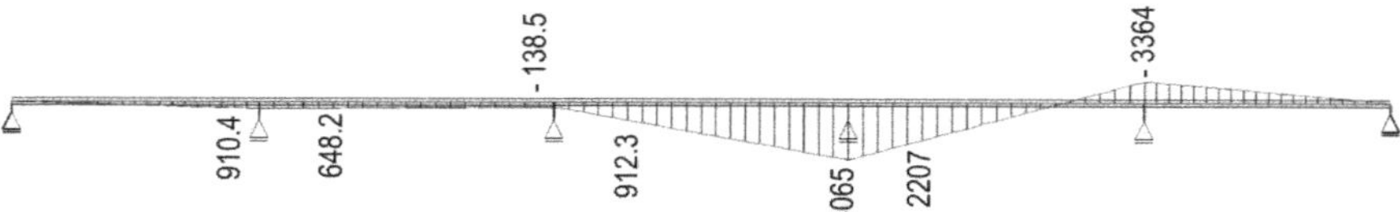

Bild 2-71 Schnittkraftverlauf M [kNm] für K + S aus BA4

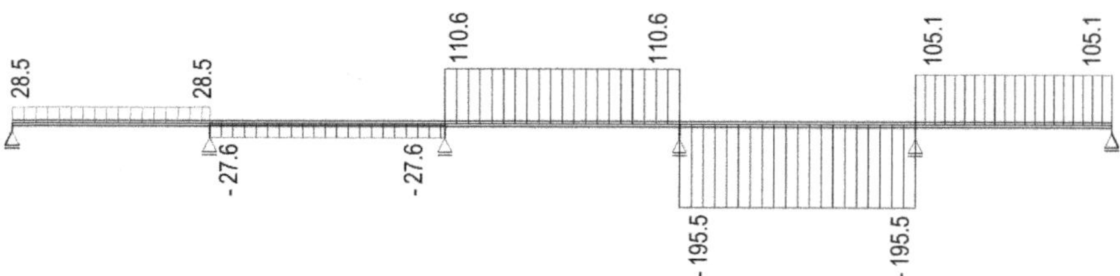

Bild 2-72 Schnittkraftverlauf Q [kN] für K + S aus BA4

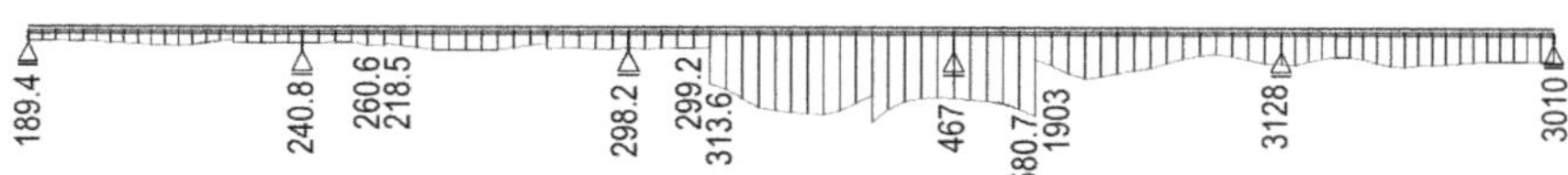

Bild 2-73 Schnittkraftverlauf N [kN] für K + S aus BA4

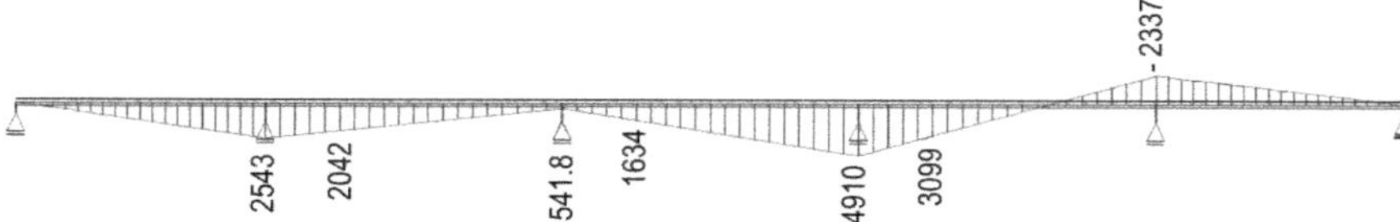

Bild 2-74 Schnittkraftverlauf M [kNm] für K + S bis Ausbau

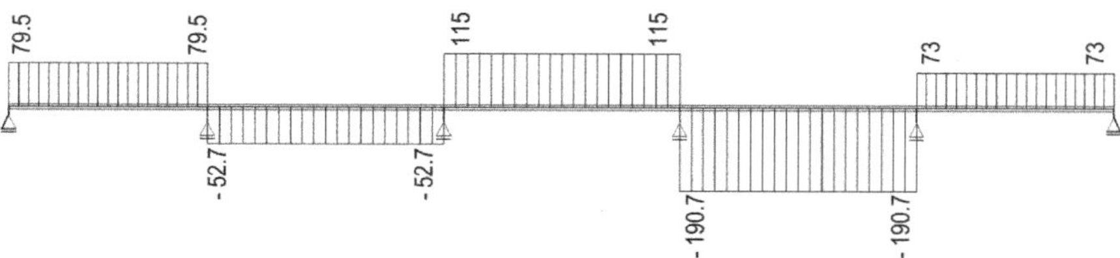

Bild 2-75 Schnittkraftverlauf Q [kN] für K + S bis Ausbau

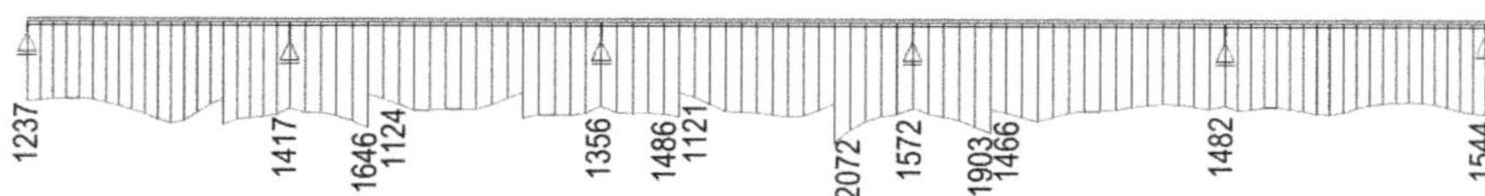

Bild 2-76 Schnittkraftverlauf N [kN] für K + S bis Ausbau

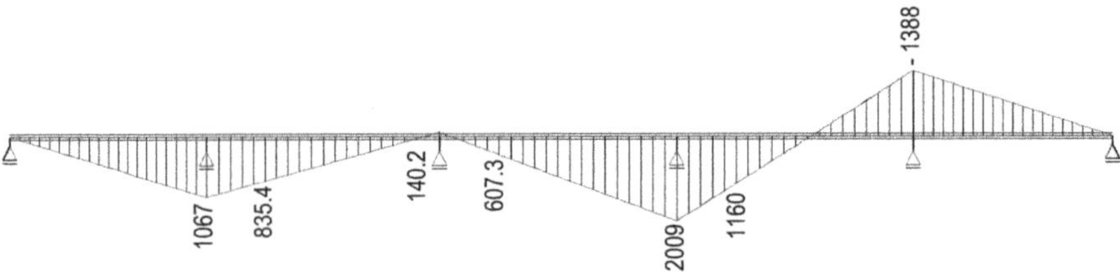

Bild 2-77 Schnittkraftverlauf M [kNm] für K + S bis ∞

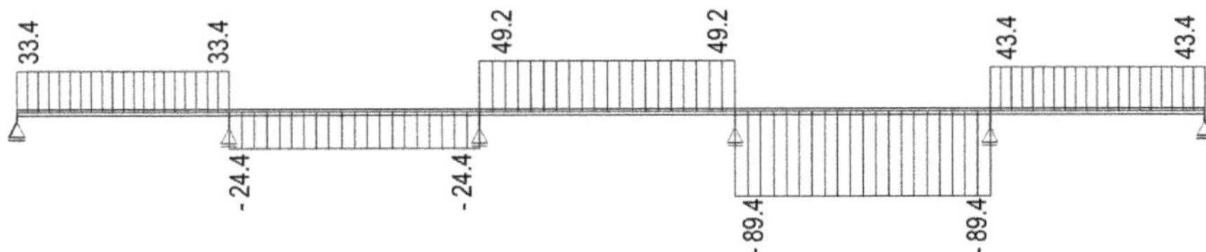

Bild 2-78 Schnittkraftverlauf Q [kN] für K + S bis ∞

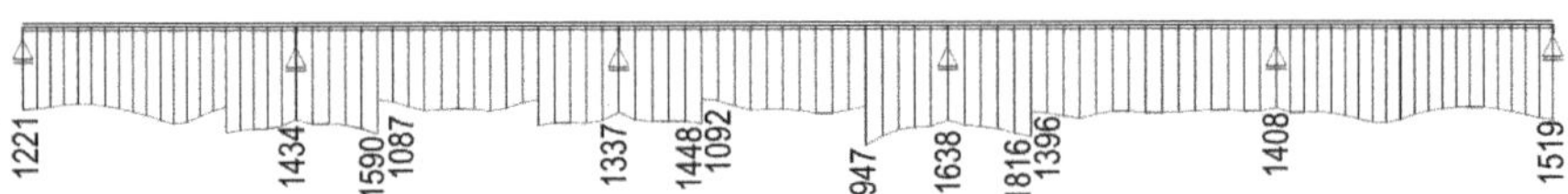

Bild 2-79 Schnittkraftverlauf N [kN] für K + S bis ∞

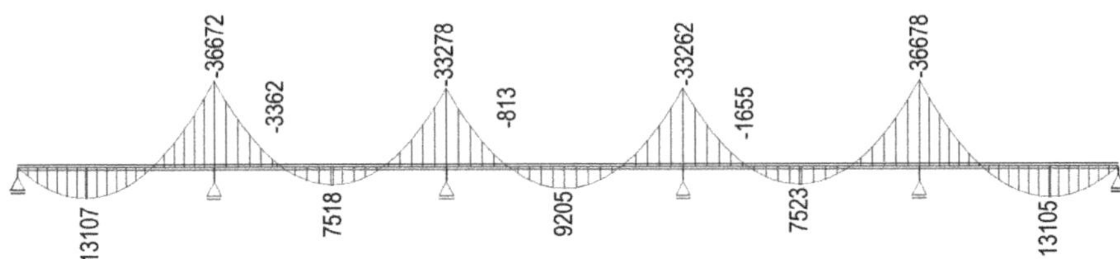

Bild 2-80 Schnittkraftverlauf M [kNm] für g_1 Einguss

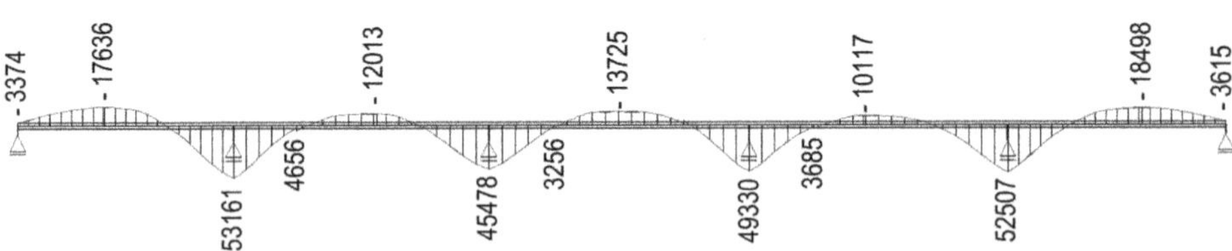

Bild 2-81 Schnittkraftverlauf M [kNm] für P Einguss

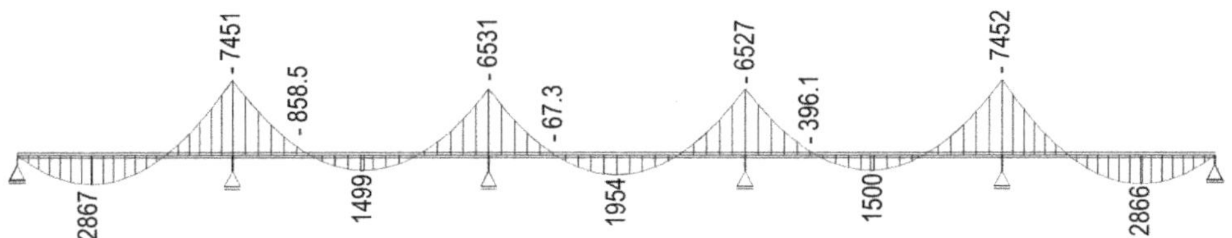

Bild 2-82 Schnittkraftverlauf M [kNm] für g_2

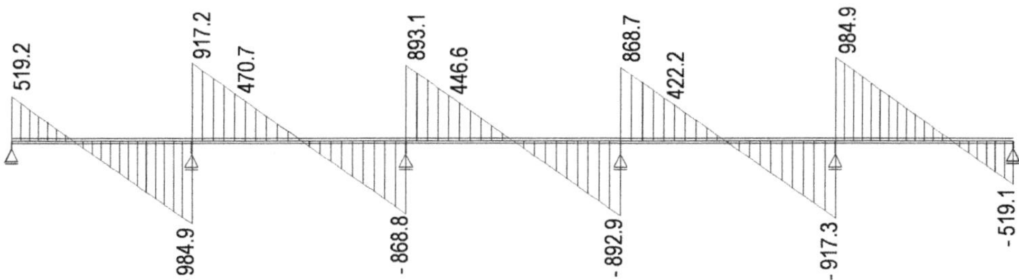

Bild 2-83 Schnittkraftverlauf Q [kN] für g_2

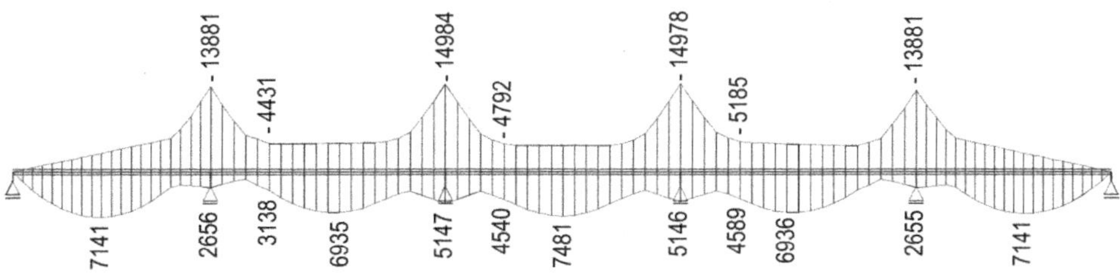

Bild 2-84 Schnittkraftverlauf M [kNm] für UDL

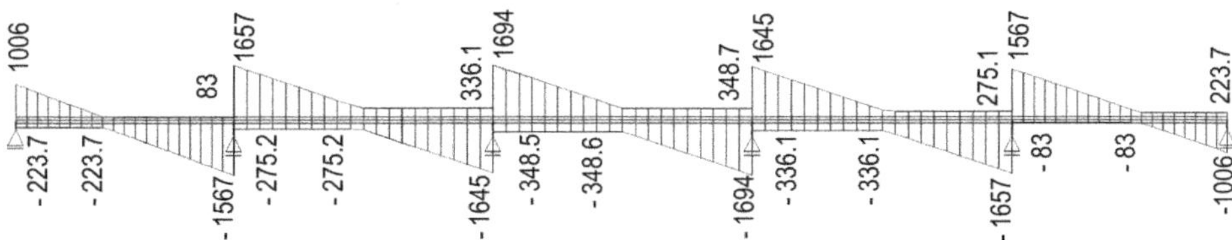

Bild 2-85 Schnittkraftverlauf Q [kN] für UDL

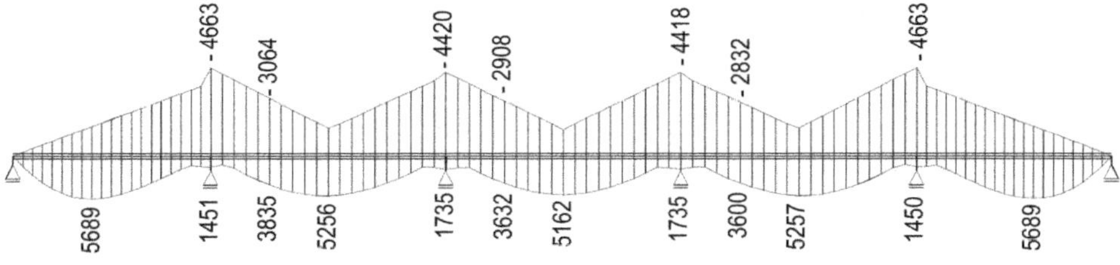

Bild 2-86 Schnittkraftverlauf M [kNm] für TS

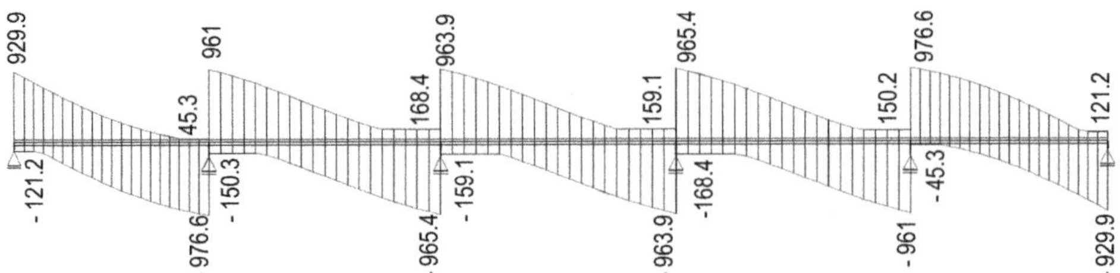

Bild 2-87 Schnittkraftverlauf Q [kN] für TS

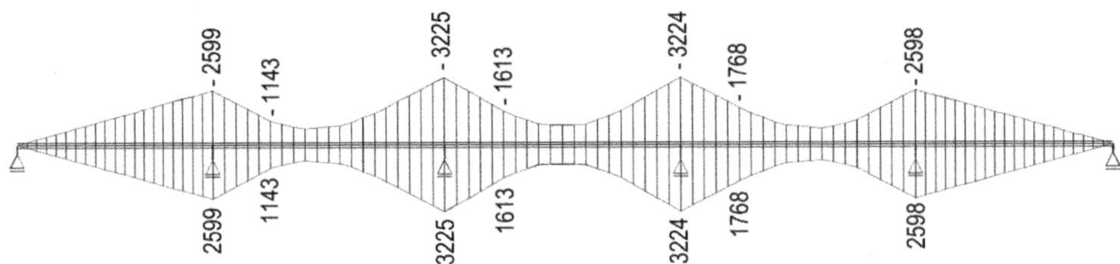

Bild 2-88 Schnittkraftverlauf M [kNm] für Δs

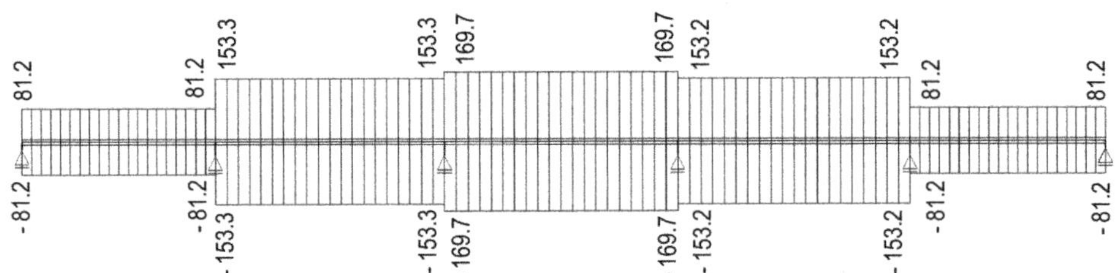

Bild 2-89 Schnittkraftverlauf Q [kN] für Δs

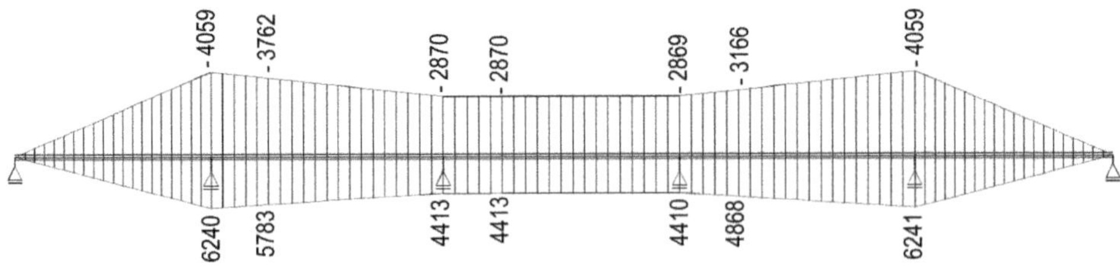

Bild 2-90 Schnittkraftverlauf M [kNm] für ΔT_M

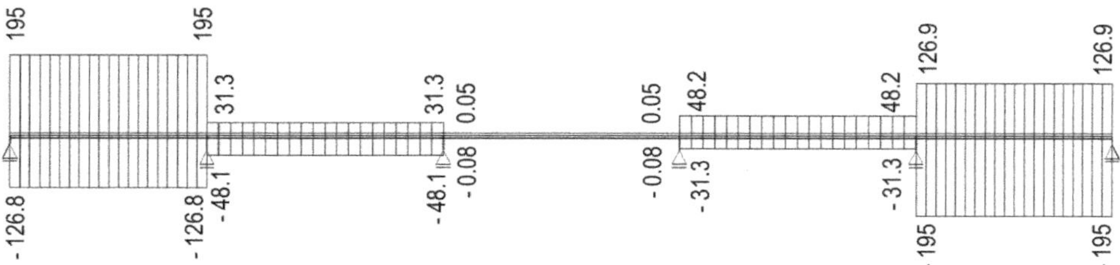

Bild 2-91 Schnittkraftverlauf Q [kN] für ΔT_M

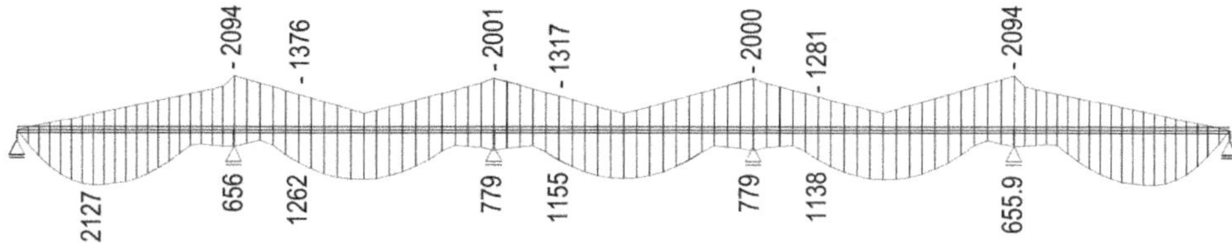

Bild 2-92 Schnittkraftverlauf M [kNm] für ELM

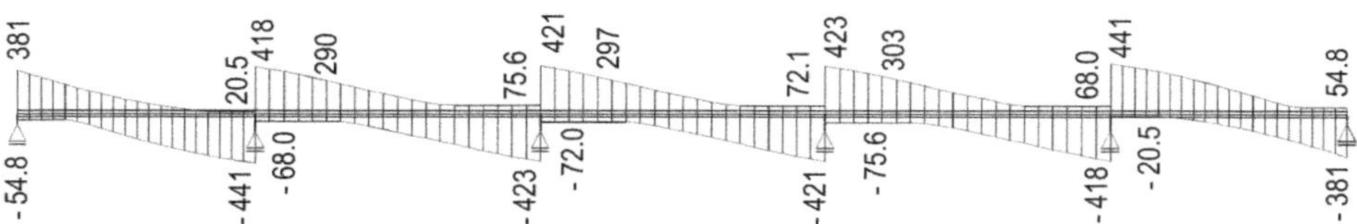

Bild 2-93 Schnittkraftverlauf Q [kN] für ELM

2.3.6 Stützgrößen

Tabelle 2-41 Stützgrößen Widerlager Achse 10

Achse 10								
LF-Nr.	Bezeichnung	Leit-einwirkung	Knoten 701			Knoten 901		
			$P_{k,x}$ [kN]	$P_{k,y}$ [kN]	$P_{k,z}$ [kN]	$P_{k,x}$ [kN]	$P_{k,y}$ [kN]	$P_{k,z}$ [kN]
1051	Eigengewicht BA1 $G_{k,1}$		0	0	−1092,3	0	0	−1092,3
1052	Vorspannung BA1 P_k		0	0	0	0	0	0
1055	Eigengewicht BA2 $G_{k,1}$		0	0	−63,9	0	0	−63,9
1057	Vorspannung BA2 P_k		0	0	−167,0	0	0	−167,0
1060	Eigengewicht BA3 $G_{k,1}$		0	0	23,5	0	0	23,5
1062	Vorspannung BA3 P_k		0	0	61,7	0	0	61,7
1064	Eigengewicht BA4 $G_{k,1}$		0	0	−2,2	0	0	−2,2
1065	Vorspannung BA4 P_k		0	0	−8,4	0	0	−8,4

Tabelle 2-41 (Fortsetzung)

Achse 10								
LF-Nr.	Bezeichnung	Leiteinwirkung	Knoten 701			Knoten 901		
			$P_{k,x}$ [kN]	$P_{k,y}$ [kN]	$P_{k,z}$ [kN]	$P_{k,x}$ [kN]	$P_{k,y}$ [kN]	$P_{k,z}$ [kN]
1053	K + S + R BA1		0	0	0	0	0	0
1058	K + S + R BA2		0	0	–47,4	0	0	–47,4
1063	K + S + R BA3		0	0	3,1	0	0	3,1
1066	K + S + R BA4		0	0	–14,2	0	0	–14,2
1067	K + S + R ab Ausbau in 2 Stufen		0	0	–39,7	0	0	–39,7
1068			0	0	–16,7	0	0	–16,7
10	Ausbaulast $G_{k,2}$		0	0	–259,6	0	0	–259,6
257	Verkehr $Q_{k,TS}$	max P_x	0	–1,3	–338,4	0	0	–250,9
258		min P_x	0	–1,4	–293,8	0	0	57,4
259		max P_y	0	2,0	11,8	0	0	–210,2
260		min P_y	0	–2,0	–139,8	0	0	–530,6
261		max P_z	0	0,9	60,7	0	0	60,7
		zug. P_z	–	–	60,5	–	–	60,5
262		min P_z	0	–0,2	–736,5	0	0	–736,5
		zug. P_z	–	–	–193,4	–	–	–193,4
207	Verkehr $Q_{k,UDL}$	max P_x	0	2,0	–155,0	0	0	–127,0
208		min P_x	0	0,2	–2,8	0	0	–471,9
209		max P_y	0	3,4	163,3	0	0	57,8
210		min P_y	0	–6,0	–983,5	0	0	–534,6
211		max P_z	0	3,3	581,3	0	0	581,3
		zug. P_z	–	–	–357,7	–	–	–357,7
212		min P_z	0	–5,7	–1140,3	0	0	–1140,0
		zug. P_z	–	–	134,3	–	–	134,3
361	Stützensenkung $G_{k,set}$	max P_z	0	0	40,6	0	0	40,6
362		min P_z	0	0	–40,6	0	0	–40,6
411	Temperatur $\Delta T_{M,k}$	max P_z	0	0	63,4	0	0	63,4
412		min P_z	0	0	–97,5	0	0	–97,5
3951	Wind mit Verkehrsband $F_{w,k}$	min P_y	0	–78,9	–27,2	0	0	27,2
3952		max P_y	0	78,9	27,2	0	0	–27,2

Tabelle 2-42 Stützgrößen Pfeiler Achse 20

LF-Nr.	Bezeichnung	Leiteinwirkung	Achse 20 Knoten 721 $P_{k,x}$ [kN]	$P_{k,y}$ [kN]	$P_{k,z}$ [kN]	Achse 20 Knoten 921 $P_{k,x}$ [kN]	$P_{k,y}$ [kN]	$P_{k,z}$ [kN]
1051	Eigengewicht BA1 $G_{k,1}$		0	0	–5590,1	0	0	–5590,1
1052	Vorspannung BA1 P_k		0	0	0	0	0	0
1055	Eigengewicht BA2 $G_{k,1}$		0	0	676,4	0	0	676,4
1057	Vorspannung BA2 P_k		0	0	307,7	0	0	307,7
1060	Eigengewicht BA3 $G_{k,1}$		0	0	–101,5	0	0	–101,5
1062	Vorspannung BA3 P_k		0	0	–264,7	0	0	–264,7
1064	Eigengewicht BA4 $G_{k,1}$		0	0	9,6	0	0	9,6
1065	Vorspannung BA4 P_k		0	0	36,3	0	0	36,3
1053	K + S + R BA1		0	0	0	0	0	0
1058	K + S + R BA2		0	0	87,3	0	0	87,3
1063	K + S + R BA3		0	0	–44,9	0	0	–44,9
1066	K + S + R BA4		0	0	28,0	0	0	28,0
1067	K + S + R ab Ausbau in 2 Stufen		0	0	66,1	0	0	66,1
1068			0	0	28,9	0	0	28,9
10	Ausbaulast $G_{k,2}$		0	0	–951,0	0	0	–951,0
257	Verkehr $Q_{k,TS}$	max P_x	0	–3,2	–91,6	0	0	–912,4
258		min P_x	0	–3,3	–343,0	0	0	–486,1
259		max P_y	0	4,4	–763,0	0	0	–6,6
260		min P_y	0	–4,4	235,7	0	0	–32,6
261		max P_z	0	–0,4	296,0	0	0	296,0
262		min P_z	0	0,3	–1016,3	0	0	–1016,3
207	Verkehr $Q_{k,UDL}$	max P_x	0	–3,2	302,8	0	0	380,8
208		min P_x	0	12,5	–4549,0	0	0	–2383,7
209		max P_y	0	12,5	–4384,4	0	0	–51,3
210		min P_y	0	–7,1	1091,9	0	0	931,7
211		max P_z	0	–6,6	1228,2	0	0	2881,5
212		min P_z	0	11,9	–4837,1	0	0	–3129,8
361	Stützensenkung $G_{k,set}$	max P_z	0	0	117,2	0	0	117,2
362		min P_z	0	0	–117,2	0	0	–117,2
411	Temperatur $\Delta T_{M,k}$	max P_z	0	0	121,5	0	0	121,5
412		min P_z	0	0	–79,1	0	0	–79,0
3951	Wind mit Verkehrsband $F_{w,k}$	min P_y	0	–248,3	–237,4	0	0	237,4
3952		max P_y	0	248,3	237,4	0	0	–237,4

Tabelle 2-43 Stützgrößen Pfeiler Achse 30

Achse 30								
LF-Nr.	Bezeichnung	Leit-einwirkung	Knoten 741			Knoten 941		
			$P_{k,x}$ [kN]	$P_{k,y}$ [kN]	$P_{k,z}$ [kN]	$P_{k,x}$ [kN]	$P_{k,y}$ [kN]	$P_{k,z}$ [kN]
1055	Eigengewicht BA2 $G_{k,1}$		0	0	–5407,6	0	0	–5407,6
1057	Vorspannung BA2 P_k		0	0	–140,7	0	0	–140,7
1060	Eigengewicht BA3 $G_{k,1}$		0	0	694,9	0	0	694,9
1062	Vorspannung BA3 P_k		0	0	354,1	0	0	354,1
1064	Eigengewicht BA4 $G_{k,1}$		0	0	–27,7	0	0	–27,7
1065	Vorspannung BA4 P_k		0	0	–105,4	0	0	–105,4
1058	K + S + R BA2		0	0	–39,9	0	0	–39,9
1063	K + S + R BA3		0	0	80,9	0	0	80,9
1066	K + S + R BA4		0	0	–69,1	0	0	–69,1
1067	K + S + R ab Ausbau in 2 Stufen		0	0	–83,8	0	0	–83,8
1068			0	0	–36,8	0	0	–36,8
10	Ausbaulast $G_{k,2}$		0	0	–880,9	0	0	–880,9
257	Verkehr $Q_{k,TS}$	max P_x	0	–1,4	–67,1	0	0	109,7
258		min P_x	0	–2,5	–48,9	0	0	112,0
259		max P_y	0	4,5	9,9	0	0	243,1
260		min P_y	0	–4,5	–191,3	0	0	–41,6
261		max P_z	0	–0,4	295,8	0	0	295,8
262		min P_z	0	0,3	–1016,2	0	0	–1016,2
207	Verkehr $Q_{k,UDL}$	max P_x	0	–7,9	–1915,0	0	0	–1047,6
208		min P_x	0	3,0	–362,0	0	0	332,3
209		max P_y	0	4,8	1150,9	0	0	–1214,9
210		min P_y	0	–8,5	–4531,0	0	0	–941,4
211		max P_z	0	3,7	1361,2	0	0	3091,5
212		min P_z	0	1,5	–4958,0	0	0	–3211,1
361	Stützensenkung $G_{k,set}$	max P_z	0	0	161,5	0	0	161,5
362		min P_z	0	0	–161,5	0	0	–161,5
411	Temperatur $\Delta T_{M,k}$	max P_z	0	0	15,6	0	0	15,6
412		min P_z	0	0	–24,0	0	0	–24
3951	Wind mit Verkehrsband $F_{w,k}$	min P_y	0	–243,4	–236,7	0	0	236,7
3952		max P_y	0	243,4	236,7	0	0	–236,7

Tabelle 2-44 Stützgrößen Pfeiler Achse 40

			Achse 40					
LF-Nr.	Bezeichnung	Leit-einwirkung	Knoten 761			Knoten 961		
			$P_{k,x}$ [kN]	$P_{k,y}$ [kN]	$P_{k,z}$ [kN]	$P_{k,x}$ [kN]	$P_{k,y}$ [kN]	$P_{k,z}$ [kN]
1060	Eigengewicht BA3 $G_{k,1}$		0	0	–5412,0	0	0	–5412,0
1062	Vorspannung BA3 P_k		0	0	–151,1	0	0	–151,1
1064	Eigengewicht BA4 $G_{k,1}$		0	0	476,0	0	0	476,0
1065	Vorspannung BA4 P_k		0	0	–170,0	0	0	–170,0
1063	K + S + R BA3		0	0	–39,1	0	0	–39,1
1066	K + S + R BA4		0	0	153,1	0	0	153,0
1067	K + S + R ab Ausbau in 2 Stufen		0	0	152,8	0	0	152,8
1068			0	0	69,3	0	0	69,3
10	Ausbaulast $G_{k,2}$		0	0	–880,8	0	0	–880,8
257	Verkehr $Q_{k,TS}$	max P_x	0	0,3	–31,5	0	0	64,7
258		min P_x	0	–1,8	98,4	0	0	45,1
259		max P_y	0	4,5	9,9	0	0	–12,2
260		min P_y	0	–4,5	–191,3	0	0	–929,7
261		max P_z	0	–0,4	295,8	0	0	295,8
262		min P_z	0	0,3	–1016,2	0	0	–1016,2
207	Verkehr $Q_{k,UDL}$	max P_x	0	–4,3	–1850,9	0	0	784,1
208		min P_x	0	2,0	–355,8	0	0	644,7
209		max P_y	0	4,7	376,2	0	0	–1187,7
210		min P_y	0	–8,4	–2147,3	0	0	885,1
211		max P_z	0	3,6	1361,3	0	0	3091,6
212		min P_z	0	1,6	–4957,8	0	0	–3210,9
361	Stützensenkung $G_{k,set}$	max P_z	0	0	161,5	0	0	161,5
362		min P_z	0	0	–161,5	0	0	–161,5
411	Temperatur $\Delta T_{M,k}$	max P_z	0	0	15,7	0	0	15,7
412		min P_z	0	0	–24,1	0	0	–24,1
3951	Wind mit Verkehrsband $F_{w,k}$	min P_y	0	–243,1	–236,5	0	0	236,5
3952		max P_y	0	243,1	236,5	0	0	–236,5

Tabelle 2-45 Stützgrößen Pfeiler Achse 50

			Achse 50					
LF-Nr.	Bezeichnung	Leitein-wirkung	Knoten 781			Knoten 981		
			$P_{k,x}$ [kN]	$P_{k,y}$ [kN]	$P_{k,z}$ [kN]	$P_{k,x}$ [kN]	$P_{k,y}$ [kN]	$P_{k,z}$ [kN]
1064	Eigengewicht BA4 $G_{k,1}$		0	0	–4788,1	0	0	–4788,1
1065	Vorspannung BA4 P_k		0	0	608,6	0	0	608,5
1066	K + S + R BA4		0	0	–150,3	0	0	–150,3
1067	K + S + R ab Ausbau in 2 Stufen		0	0	–131,9	0	0	–131,9
1068			0	0	–66,4	0	0	–66,4
10	Ausbaulast $G_{k,2}$		0	0	–951,1	0	0	–951,1
257	Verkehr $Q_{k,TS}$	max P_x	0	0,1	14,8	0	0	–26,3
258		min P_x	0	–3,6	–72,5	0	0	14,1
259		max P_y	0	4,4	–763	0	0	16,6
260		min P_y	0	–4,4	235,7	0	0	4,5
261		max P_z	0	–0,4	296,0	0	0	296,0
262		min P_z	0	0,3	–1016,3	0	0	–1016,3
207	Verkehr $Q_{k,UDL}$	max P_x	0	–0,2	–1332,4	0	0	–1132,2
208		min P_x	0	9,6	–3932,7	0	0	–1474,7
209		max P_y	0	12,5	–4451,4	0	0	–2627,4
210		min P_y	0	–7,1	1011,5	0	0	–1087,4
211		max P_z	0	–6,6	1228,2	0	0	2881,4
212		min P_z	0	11,9	–4837,1	0	0	–3129,8
361	Stützensenkung $G_{k,set}$	max P_z	0	0	117,2	0	0	117,2
362		min P_z	0	0	–117,2	0	0	–117,2
411	Temperatur $\Delta T_{M,k}$	max P_z	0	0	121,6	0	0	121,6
412		min P_z	0	0	–79,1	0	0	–79,1
3951	Wind mit Verkehrsband $F_{w,k}$	min P_y	0	–248,4	–237,5	0	0	237,5
3952		max P_y	0	248,4	237,5	0	0	–237,5

Tabelle 2-46 Stützgrößen Widerlager Achse 60

			Achse 60					
LF-Nr.	Bezeichnung	Leiteinwirkung	Knoten 801			Knoten 1001		
			$P_{k,x}$ [kN]	$P_{k,y}$ [kN]	$P_{k,z}$ [kN]	$P_{k,x}$ [kN]	$P_{k,y}$ [kN]	$P_{k,z}$ [kN]
1064	Eigengewicht BA4 $G_{k,1}$		0	0	−1232,4	0	0	−1232,4
1065	Vorspannung BA4 P_k		0	0	−361,1	0	0	−361,1
1066	K + S + R BA4		0	0	52,6	0	0	52,6
1067	K + S + R ab Ausbau in 2 Stufen		0	0	36,5	0	0	36,5
1068			0	0	21,7	0	0	21,7
10	Ausbaulast $G_{k,2}$		0	0	−259,6	0	0	−259,6
257	Verkehr $Q_{k,TS}$	max P_x	0	0,1	7,0	0	0	7,7
258		min P_x	0	0	−3,2	0	0	−3,4
259		max P_y	0	2,0	11,8	0	0	−551,5
260		min P_y	0	−2,0	−139,8	0	0	−141,7
261		max P_z	0	0,9	60,7	0	0	60,7
		zug. P_z	–	–	60,5	–	–	60,5
262		min P_z	0	−0,2	−736,5	0	0	−736,5
		zug. P_z	–	–	−193,4	–	–	−193,4
207	Verkehr $Q_{k,UDL}$	max P_x	0	−0,6	−55,8	0	0	100,1
208		min P_x	0	−4,4	−937,4	0	0	85,1
209		max P_y	0	3,4	181,9	0	0	−101,3
210		min P_y	0	−6,0	−968,0	0	0	116,4
211		max P_z	0	3,3	581,3	0	0	581,3
		zug. P_z	–	–	−357,6	–	–	−357,6
212		min P_z	0	−5,7	−1140,3	0	0	−1140,3
		zug. P_z	–	–	134,6	–	–	134,6
361	Stützensenkung $G_{k,set}$	max P_z	0	0	40,6	0	0	40,6
362		min P_z	0	0	−40,6	0	0	−40,6
411	Temperatur $\Delta T_{M,k}$	max P_z	0	0	63,4	0	0	63,4
412		min P_z	0	0	−97,5	0	0	−97,5
3951	Wind mit Verkehrsband $F_{w,k}$	min P_y	0	−78,9	−27,2	0	0	27,2
3952		max P_y	0	78,9	27,2	0	0	−27,2

2.3.7 Weggrößen

Tabelle 2-47 Weggrößen Widerlager Achse 10

Achse 10						
LF-Nr.	Bezeichnung	Leitein-wirkung	Knoten 701		Knoten 901	
			u_x [mm]	ϕ_y [mrad]	u_x [mm]	ϕ_y [mrad]
1051	Eigengewicht BA1 $G_{k,1}$		−1,42	−2,56	−1,42	−2,56
1052	Vorspannung BA1 P_k		17,43	6,67	17,43	6,67
1055	Eigengewicht BA2 $G_{k,1}$		−1,88	−0,55	−1,88	−0,55
1057	Vorspannung BA2 P_k		−5,11	−1,47	−5,11	−1,47
1060	Eigengewicht BA3 $G_{k,1}$		0,69	0,20	0,69	0,20
1062	Vorspannung BA3 P_k		1,82	0,53	1,82	0,53
1064	Eigengewicht BA4 $G_{k,1}$		−0,07	−0,02	−0,07	−0,02
1065	Vorspannung BA4 P_k		−0,25	−0,07	−0,25	−0,07
1053	K + S + R BA1		6,28	1,07	6,28	1,07
1058	K + S + R BA2		−0,05	−0,22	−0,05	−0,22
1063	K + S + R BA3		1,03	0,17	1,03	0,17
1066	K + S + R BA4		0,80	0,06	0,80	0,06
1067	K + S + R ab Ausbau in 2 Stufen		5,19	−0,04	5,19	−0,04
1068			5,08	−0,09	5,08	−0,09
10	Ausbaulast $G_{k,2}$		−1,00	−0,75	−1,00	−0,75
263	Verkehr $Q_{k,TS}$	max u_x	1,79	0,53	1,78	0,53
264		min u_x	−2,44	−1,21	−2,44	−1,21
271		max ϕ_y	1,78	0,53	1,78	0,53
272		min ϕ_y	−2,32	−1,26	−2,32	−1,26
213	Verkehr $Q_{k,UDL}$	max u_x	3,29	0,97	3,29	0,97
214		min u_x	−4,81	−2,10	−4,80	−2,10
221		max ϕ_y	3,29	0,97	3,29	0,97
222		min ϕ_y	−4,81	−2,10	−4,80	−2,10

Tabelle 2-47 (Fortsetzung)

Achse 10						
LF-Nr.	Bezeichnung	Leiteinwirkung	Knoten 701		Knoten 901	
			u_x [mm]	ϕ_y [mrad]	u_x [mm]	ϕ_y [mrad]
363	Stützensenkung $G_{k,set}$	max u_x	0,88	0,66	0,88	0,66
364		min u_x	−0,88	−0,66	−0,88	−0,66
371		max ϕ_y	0,88	0,66	0,88	0,66
372		min ϕ_y	−0,88	−0,66	−0,88	−0,66
413	Temperatur $\Delta T_{M,k}$	max u_x	1,15	0,76	1,15	0,76
414		min u_x	−0,75	−0,49	−0,75	−0,49
421		max ϕ_y	1,15	0,76	1,15	0,76
422		min ϕ_y	−0,75	−0,49	−0,75	−0,49

Tabelle 2-48 Weggrößen Pfeiler Achse 20

Achse 20						
LF-Nr.	Bezeichnung	Leiteinwirkung	Knoten 721		Knoten 921	
			u_x [mm]	ϕ_y [mrad]	u_x [mm]	ϕ_y [mrad]
1051	Eigengewicht BA1 $G_{k,1}$		0	−0,718	0	−0,718
1052	Vorspannung BA1 P_k		0	−3,280	0	−3,280
1055	Eigengewicht BA2 $G_{k,1}$		0	0,752	0	0,752
1057	Vorspannung BA2 P_k		0	2,193	0	2,193
1060	Eigengewicht BA3 $G_{k,1}$		0	−0,277	0	−0,277
1062	Vorspannung BA3 P_k		0	−0,726	0	−0,726
1064	Eigengewicht BA4 $G_{k,1}$		0	0,026	0	0,026
1065	Vorspannung BA4 P_k		0	0,099	0	0,099
1053	K + S + R BA1		0	−1,264	0	−1,264
1058	K + S + R BA2		0	0,462	0	0,462
1063	K + S + R BA3		0	−0,132	0	−0,132
1066	K + S + R BA4		0	0,051	0	0,051

Tabelle 2-48 (Fortsetzung)

Achse 20						
LF-Nr.	Bezeichnung	Leitein-wirkung	Knoten 721		Knoten 921	
			u_x [mm]	ϕ_y [mrad]	u_x [mm]	ϕ_y [mrad]
1067	K + S + R ab Ausbau in 2 Stufen		0	0,119	0	0,119
1068			0	0,119	0	0,119
10	Ausbaulast $G_{k,2}$		0	0,125	0	0,125
263	Verkehr $Q_{k,TS}$	max u_x	0	0	0	0
264		min u_x	0	0	0	0
271		max ϕ_y	0	0,704	0	0,704
272		min ϕ_y	0	–0,713	0	–0,713
213	Verkehr $Q_{k,UDL}$	max u_x	0	–0,982	0	–0,982
214		min u_x	0	0	0	0
221		max ϕ_y	0	1,504	0	1,504
222		min ϕ_y	0	–1,316	0	–1,316
363	Stützensenkung $G_{k,set}$	max u_x	0	0	0	0
364		min u_x	0	0	0	0
371		max ϕ_y	0	0,306	0	0,306
372		min ϕ_y	0	–0,306	0	–0,306
413	Temperatur $\Delta T_{M,k}$	max u_x	0	0,160	0	0,160
414		min u_x	0	0	0	0
421		max ϕ_y	0	0,160	0	0,160
422		min ϕ_y	0	–0,246	0	–0,246

Tabelle 2-49 Weggrößen Pfeiler Achse 30

Achse 30						
LF-Nr.	Bezeichnung	Leiteinwirkung	Knoten 741		Knoten 941	
			u_x [mm]	ϕ_y [mrad]	u_x [mm]	ϕ_y [mrad]
1055	Eigengewicht BA2 $G_{k,1}$		–5,333	–2,331	–5,333	–2,331
1057	Vorspannung BA2 P_k		–12,945	–2,247	–12,945	–2,247
1060	Eigengewicht BA3 $G_{k,1}$		1,770	0,686	1,770	0,686
1062	Vorspannung BA3 P_k		4,682	1,977	4,682	1,977
1064	Eigengewicht BA4 $G_{k,1}$		–0,167	–0,065	–0,167	–0,065
1065	Vorspannung BA4 P_k		–0,634	–0,245	–0,634	–0,245
1058	K + S + R BA2		–5,678	–1,092	–5,678	–1,092
1063	K + S + R BA3		–0,053	0,403	–0,053	0,403
1066	K + S + R BA4		–1,406	–0,059	–1,406	–0,059
1067	K + S + R ab Ausbau in 2 Stufen		–6,700	–0,033	–6,700	–0,033
1068			–6,616	–0,031	–6,616	–0,031
10	Ausbaulast $G_{k,2}$		–0,215	–0,060	–0,215	–0,060
263	Verkehr $Q_{k,TS}$	max u_x	2,560	0,638	2,560	0,638
264		min u_x	–1,778	–0,263	–1,778	–0,263
271		max ϕ_y	2,403	0,669	2,403	0,669
272		min ϕ_y	–1,705	–0,661	–1,705	–0,661
213	Verkehr $Q_{k,UDL}$	max u_x	5,362	1,497	5,362	1,497
214		min u_x	–5,686	–1,588	–5,686	–1,588
221		max ϕ_y	5,362	1,497	5,362	1,497
222		min ϕ_y	–5,686	–1,588	–5,686	–1,588
363	Stützensenkung $G_{k,set}$	max u_x	1,047	0,320	1,047	0,320
364		min u_x	–1,047	–0,320	–1,047	–0,320
371		max ϕ_y	1,047	0,320	1,047	0,320
372		min ϕ_y	–1,047	–0,320	–1,047	–0,320
413	Temperatur $\Delta T_{M,k}$	max u_x	0,758	0,119	0,758	0,119
414		min u_x	–0,493	–0,078	–0,493	–0,078
421		max ϕ_y	0,758	0,119	0,758	0,119
422		min ϕ_y	–0,493	–0,078	–0,493	–0,078

Tabelle 2-50 Weggrößen Pfeiler Achse 40

Achse 40						
LF-Nr.	Bezeichnung	Leitein-wirkung	Knoten 761		Knoten 961	
			u_x [mm]	ϕ_y [mrad]	u_x [mm]	ϕ_y [mrad]
1060	Eigengewicht BA3 $G_{k,1}$		–3,369	–2,292	–3,369	–2,292
1062	Vorspannung BA3 P_k		–8,247	–2,514	–8,247	–2,514
1064	Eigengewicht BA4 $G_{k,1}$		0,267	0,171	0,267	0,171
1065	Vorspannung BA4 P_k		0,955	0,852	0,955	0,852
1063	K + S + R BA3		–5,763	–1,180	–5,763	–1,180
1066	K + S + R BA4		–2,818	0,135	–2,818	0,135
1067	K + S + R ab Ausbau in 2 Stufen		–13,507	–0,119	–13,507	–0,119
1068			–13,341	–0,119	–13,341	–0,119
10	Ausbaulast $G_{k,2}$		0,132	0,060	0,132	0,060
263	Verkehr $Q_{k,TS}$	max u_x	1,065	–0,204	1,065	–0,204
264		min u_x	–1,113	0,099	–1,113	0,099
271		max ϕ_y	0,952	0,660	0,952	0,660
272		min ϕ_y	–1,043	–0,670	–1,043	–0,670
213	Verkehr $Q_{k,UDL}$	max u_x	3,498	1,035	3,498	1,035
214		min u_x	–3,300	–0,945	–3,300	–0,945
221		max ϕ_y	0,343	1,588	0,343	1,588
222		min ϕ_y	–0,145	–1,498	–0,145	–1,498
363	Stützensenkung $G_{k,set}$	max u_x	1,037	0,300	1,037	0,300
364		min u_x	–1,037	–0,300	–1,037	–0,300
371		max ϕ_y	0,815	0,320	0,815	0,320
372		min ϕ_y	–0,815	–0,320	–0,815	–0,320
413	Temperatur $\Delta T_{M,k}$	max u_x	0,404	–0,119	0,404	–0,119
414		min u_x	–0,263	0,077	–0,263	0,077
421		max ϕ_y	–0,263	0,077	–0,263	0,077
422		min ϕ_y	0,404	–0,119	0,404	–0,119

Tabelle 2-51 Weggrößen Pfeiler Achse 50

Achse 50						
LF-Nr.	Bezeichnung	Leiteinwirkung	Knoten 781		Knoten 981	
			u_x [mm]	ϕ_y [mrad]	u_x [mm]	ϕ_y [mrad]
1064	Eigengewicht BA4 $G_{k,1}$		–1,426	–0,932	–1,426	–0,932
1065	Vorspannung BA4 P_k		–4,670	0,621	–4,670	0,621
1066	K + S + R BA4		–7,232	0,013	–7,232	0,013
1067	K + S + R ab Ausbau in 2 Stufen		–20,034	0,133	–20,034	0,133
1068			–19,787	0,120	–19,787	0,120
10	Ausbaulast $G_{k,2}$		–0,082	–0,124	–0,082	–0,124
263	Verkehr $Q_{k,TS}$	max u_x	1,604	0,705	1,604	0,705
264		min u_x	–1,368	–0,704	–1,368	–0,704
271		max ϕ_y	1,592	0,713	1,592	0,713
272		min ϕ_y	–1,368	–0,704	–1,368	–0,704
213	Verkehr $Q_{k,UDL}$	max u_x	5,218	1,317	5,218	1,317
214		min u_x	–5,342	–1,504	–5,342	–1,504
221		max ϕ_y	5,218	1,317	5,218	1,317
222		min ϕ_y	–5,342	–1,504	–5,342	–1,504
363	Stützensenkung $G_{k,set}$	max u_x	0,631	0,172	0,631	0,172
364		min u_x	–0,631	–0,172	–0,631	–0,172
371		max ϕ_y	0,274	0,306	0,274	0,306
372		min ϕ_y	–0,274	–0,306	–0,274	–0,306
413	Temperatur $\Delta T_{M,k}$	max u_x	1,161	0,246	1,161	0,246
414		min u_x	–0,755	–0,160	–0,755	–0,160
421		max ϕ_y	1,161	0,246	1,161	0,246
422		min ϕ_y	–0,755	–0,160	–0,755	–0,160

Tabelle 2-52 Weggrößen Pfeiler Achse 60

Achse 60						
LF-Nr.	Bezeichnung	Leiteinwirkung	Knoten 801		Knoten 1001	
			u_x [mm]	ϕ_y [mrad]	u_x [mm]	ϕ_y [mrad]
1064	Eigengewicht BA4 $G_{k,1}$		4,121	3,768	4,121	3,768
1065	Vorspannung BA4 P_k		–15,906	-4,855	–15,906	-4,855
1066	K + S + R BA4		–11,852	-0,355	–11,852	-0,355
1067	K + S + R ab Ausbau in 2 Stufen		-26,604	-0,175	-26,604	-0,175
1068			-26,149	-0,088	-26,149	-0,088
10	Ausbaulast $G_{k,2}$		0,919	0,753	0,919	0,753
263	Verkehr $Q_{k,TS}$	max u_x	1,386	-0,061	1,386	-0,061
264		min u_x	–1,268	0,029	–1,268	0,029
271		max ϕ_y	1,177	1,261	1,177	1,261
272		min ϕ_y	-0,192	-0,525	-0,192	-0,525
213	Verkehr $Q_{k,UDL}$	max u_x	3,8	1,622	3,8	1,622
214		min u_x	-2,417	-0,488	-2,417	-0,488
221		max ϕ_y	-0,541	2,103	-0,541	2,103
222		min ϕ_y	1,925	-0,969	1,925	-0,969
363	Stützensenkung $G_{k,set}$	max u_x	1,137	0,658	1,137	0,658
364		min u_x	–1,137	-0,658	–1,137	-0,658
371		max ϕ_y	0,883	0,664	0,883	0,664
372		min ϕ_y	-0,883	-0,664	-0,883	-0,664
413	Temperatur $\Delta T_{M,k}$	max u_x	0,012	-0,759	0,012	-0,759
414		min u_x	-0,008	0,494	-0,008	0,494
421		max ϕ_y	-0,008	0,494	-0,008	0,494
422		min ϕ_y	0,012	-0,759	0,012	-0,759

Tabelle 2-53 Weggrößen – ÜKO Verschiebungen Widerlager Achse 10 und 60

ÜKO Achse 10 Knoten 101

LF-Nr.	Bezeichnung	Leiteinwirkung	u_x [mm]
1051	Eigengewicht BA1 $G_{k,1}$		2,157
1052	Vorspannung BA1 P_k		8,094
1055	Eigengewicht BA2 $G_{k,1}$		−1,107
1057	Vorspannung BA2 P_k		−3,046
1060	Eigengewicht BA3 $G_{k,1}$		0,408
1062	Vorspannung BA3 P_k		1,068
1064	Eigengewicht BA4 $G_{k,1}$		−0,038
1065	Vorspannung BA4 P_k		−0,146
1053	K + S + R BA1		4,781
1058	K + S + R BA2		0,261
1063	K + S + R BA3		0,788
1066	K + S + R BA4		0,716
1067	K + S + R ab Ausbau in 2 Stufen		5,243
1068			5,2
10	Ausbaulast $G_{k,2}$		0,054
263	Verkehr $Q_{k,TS}$	max u_x	1,05
264		min u_x	−0,897
213	Verkehr $Q_{k,UDL}$	max u_x	1,937
214		min u_x	−1,855
363	Stützensenkung $G_{k,set}$	max u_x	0,657
364		min u_x	−0,657
413	Temperatur $\Delta T_{M,k}$	max u_x	0,085
414		min u_x	−0,056

ÜKO Achse 60 Knoten 201

LF-Nr.	Bezeichnung	Leiteinwirkung	u_x [mm]
1064	Eigengewicht BA4 $G_{k,1}$		−1,155
1065	Vorspannung BA4 P_k		−9,108
1066	K + S + R BA4		−11,355
1067	K + S + R ab Ausbau in 2 Stufen		−26,360
1068			−26,026
10	Ausbaulast $G_{k,2}$		−0,136
263	Verkehr $Q_{k,TS}$	max u_x	1,471
264		min u_x	−1,309
213	Verkehr $Q_{k,UDL}$	max u_x	3,281
214		min u_x	−3,485
363	Stützensenkung $G_{k,set}$	max u_x	0,687
364		min u_x	−0,687
413	Temperatur $\Delta T_{M,k}$	max u_x	1,076
414		min u_x	−0,700

2.4 Nachweise im Grenzzustand der Tragfähigkeit

2.4.1 Biegung mit Längskraft

Ungestörte Bauteilbereiche, in denen das Ebenbleiben der Querschnitte vorausgesetzt werden kann, dürfen nach den Regeln in DIN-HB Bb, 6.1 (1) bemessen werden. Dabei ist nachzuweisen, dass die Bemessungsschnittgröße kleiner als der Tragwiderstand des maßgebenden Querschnitts $E_d \leq R_d$ ist. Der Bemessungswert des Tragwiderstandes R_d ergibt sich aus den Querschnittsabmessungen und den Bemessungswerten der Materialeigenschaften:

$$R_d = \left(\frac{\alpha \cdot f_{ck}}{\gamma_c}; \frac{f_{yk}}{\gamma_s}; \frac{f_{tk,cal}}{\gamma_s}; \frac{f_{p0,1k}}{\gamma_s}; \frac{f_{pk}}{\gamma_s} \right) \qquad (2\text{-}57)$$

Die Bemessung und konstruktive Durchbildung St. Venant'scher Stör- oder sogenannter Diskontinuitätsbereiche, bei denen das Ebenbleiben des Querschnitts nicht gilt, kann anhand von Stabwerksmodellen nach den Regeln in DIN-HB Bb, 6.5 erfolgen und wird in einem gesonderten Abschnitt behandelt.

Schnittgrößen aus Verformungseinwirkungen sind steifigkeitsabhängig und werden infolge eines Steifigkeitsabfalls proportional zu diesem z. B. infolge des Übergangs in den Zustand II abgebaut. Diesem Umstand wird Rechnung getragen, indem vereinfacht die im Zustand I ermittelten Schnittgrößen aus Temperatur und möglichen Baugrundbewegungen unter Voraussetzung einer Rissbildung auf die 0,6-fachen Werte abgemindert werden dürfen. Erfolgt die genaue Ermittlung der Steifigkeiten, sind mindestens die 0,4-fachen Werte der Steifigkeiten des Zustandes I anzusetzen (▶ DIN-HB Bb, NCI zu 2.3.1.2 (3) (NA.102) sowie NCI zu 2.3.1.3 (3) (NA.103)) – siehe auch Abschnitt 2.2.4.1. Der statisch unbestimmte Anteil aus der Vorspannung darf nicht abgemindert werden, da die Verformung infolge des statisch bestimmten Anteils proportional zu der Steifigkeit des Bauteils ist (▶ DIN-HB Bb, NCI zu 2.3.1.4).

Die Ausrundung der Stützmomente ist prinzipiell möglich, erfolgt jedoch an dieser Stelle auf der sicheren Seite liegend nicht (▶ DIN-HB Bb, 5.3.2.2 (104)).

Für die Bemessung werden die in den Bildern 2-94 und 2-95 dargestellten Stoffgesetze für Beton (▶ DIN-HB Bb, 3.1.7), Betonstahl (▶ DIN-HB Bb, 3.2.7) und Spannstahl (▶ DIN-HB Bb, 3.3.6) verwendet.

Der Bemessungswert der Betondruckfestigkeit wird mit $f_{cd} = \alpha_{cc} \cdot f_{ck}/\gamma_c$ angesetzt (▶ DIN-HB Bb, 3.1.6 (101)P), wobei für den Dauerstandsbeiwert $\alpha_{cc} = 0{,}85$ gilt (▶ DIN-HB Bb, NDP zu 3.1.6 (101)P). Die Dehnung bei Erreichen der Maximalfestigkeit ε_{c2}, die Bruchdehnung ε_{cu2} sowie der die Völligkeit der Spannungs-Dehnungs-Linie beschreibende Exponent n gemäß Bild 2-94 sind der Tabelle 3.1 in DIN-HB Bb zu entnehmen.

In vollständig überdrückten Gurten von gegliederten Querschnitten (z. B. Plattenbalken oder Hohlkasten) ist die Betondehnung in der Gurtmitte auf $\varepsilon_{c2} = -2$ ‰ zu beschränken (▶ DIN-HB Bb, 6.1 (5)). Allerdings braucht die Tragfähigkeit des Gesamtquerschnitts nicht kleiner angenommen zu werden als unter alleinigem Ansatz der Stege mit Berücksichtigung der Spannungs-Dehnungs-Linie nach Bild 2-94 (▶ DIN-HB Bb, NCI zu 6.1 (5)). Bei Plattenbalken mit dickem Steg und dünnem Flansch könnte dies relevant sein. Generell sind jedoch die Grenzen der Dehnungsverteilung entsprechend (▶ DIN-HB Bb, NCI zu 6.1, Bild NA.6.101) zu beachten.

Die Dehnung des Betonstahls ist auf $\varepsilon_{ud} = 25$ ‰ und des Spannstahls auf $\varepsilon_{p0} + 25$ ‰ $\leq 0{,}9 \cdot \varepsilon_{uk}$ (ε_{p0} – Vordehnung des Spannstahls im Spannbettzustand abzüglich Kriechen + Schwinden + Relaxation) zu begrenzen (▶ DIN-HB Bb, NDP zu 3.2.7 (2) sowie NDP zu 3.3.6 (7)). Bei Annahme eines horizontalen Astes im plastischen Bereich der Spannungs-Dehnungs-Linie ist keine Begrenzung der Betonstahl- und Spannstahldehnung erforderlich (▶ DIN-HB Bb, 3.2.7 (2) sowie 3.3.6 (7)). Bei Verwendung eines ansteigenden Astes darf die rechnerische Zugfestigkeit des Betonstahls bei ε_{ud} zu $f_{tk,cal} = 525$ MN/m² angenommen und für Spannstahl das Verhältnis $f_{p0,1k}/f_{pk}$ aus der Zulassung für Spannstahl entnommen werden (▶ DIN-HB Bb, NDP zu 3.2.7 (2) sowie NDP zu 3.3.6 (7)).

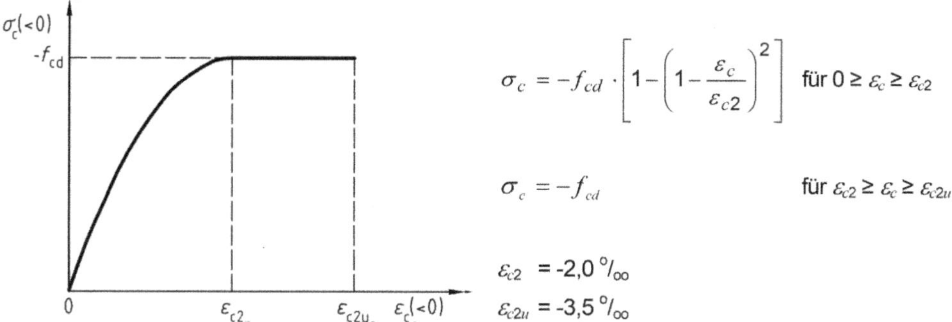

Bild 2-94 Parabel-Rechteck-Diagramm des Betons für die Querschnittsbemessung

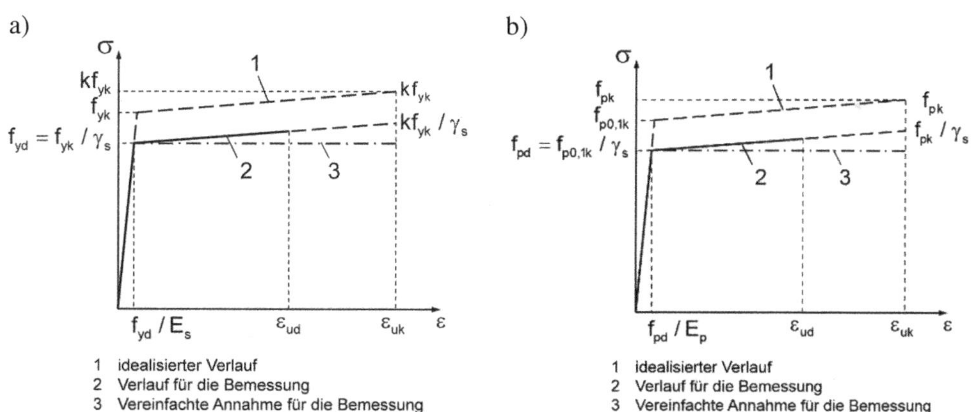

Bild 2-95 Spannungs-Dehnungs-Linie für die Bemessung
a) Betonstahl (Zug und Druck), b) Spannstahl (Zug)

Die Teilsicherheitsbeiwerte für die Baustoffe im Grenzzustand der Tragfähigkeit sind in Tabelle 2-54 angegeben (▶ DIN-HB Bb, NDP zu 2.4.2.4 (1), Tabelle 2.1DE).

Tabelle 2-54 Teilsicherheitsbeiwerte der Baustoffe im Grenzzustand der Tragfähigkeit

Bemessungssituationen	γ_c für Beton	γ_s für Betonstahl oder Spannstahl
Ständig und vorübergehend	1,5	1,15
Außergewöhnlich	1,3	1,0
Ermüdung	1,5	1,15

2.4.1.1 Nachweise für den Endzustand

Generell ist eine ausreichend große Anzahl von Nachweisschnitten über die gesamte Länge des Bauwerks nachzuweisen. Dies wird im Allgemeinen mit entsprechender EDV-Software durchgeführt. In der Regel sind 10 Schnitte pro Feld ausreichend. Die Bemessung auf Biegung mit Längskraft per Handrechnung erfolgt an dieser Stelle beispielhaft jeweils für den Stützbereich Achse 50, den Feldbereich zwischen Achse 50 und 60 und der Koppelfuge KF 3 für den Zeitpunkt $t = \infty$.

Stütze Achse 50

Der statisch bestimmte Anteil der Vorspannkraft wird als Vordehnung erfasst. Hierzu muss die Spannstahldehnung im Spannbettzustand ermittelt werden, was bedeutet, dass die Spannstahldehnung um den Beitrag der Betonverkürzung überhöht werden muss. Die Spannstahldehnung im Spannbettzustand entspricht der Summe aus der Dehnung des Spannstahls $\varepsilon_{pm,0}$ nach Verankerung der Spannglieder und der Betondehnung infolge Vorspannkraft $\Delta\varepsilon_{cp}$. Die Dehnungsdifferenz infolge Kriechen und Schwinden des Betons und der Relaxation des Spannstahls wird explizit zu den jeweiligen Zeitpunkten ermittelt.
Spannstahldehnung nach Verankerung der Spannglieder:

$$\varepsilon_{pm,0} = \gamma_{inf} \cdot P_{m0}/(E_p \cdot A_p) = 1{,}0 \cdot 48{,}503/(195\,000 \cdot 0{,}0399) = 6{,}234\ ‰$$

Betondehnung infolge der Vorspannkraft:

$$\Delta\varepsilon_{cp} = \gamma_{inf} \cdot P_{m0}/(E_c \cdot A_{c,n}) + \gamma_{inf} \cdot M_{pm0} \cdot z_{cp,n}/(I_{c,n} \cdot E_c)$$

mit

$$z_{cp,n} = z_{c,n} - e_{p,OK} - \text{Exzentrizität} = 0{,}86 - 0{,}20 - 0{,}01 = 0{,}65\ \text{m}$$

$$\Delta\varepsilon_{cp} = 1{,}0 \cdot 48{,}503/(34\,000 \cdot 12{,}5415) + 1{,}0 \cdot 31{,}245 \cdot 0{,}650/(5{,}158 \cdot 34\,000)$$
$$= 0{,}114 + 0{,}116 = 0{,}23\ ‰$$

Verlust infolge Kriechen, Schwinden und Spannstahlrelaxation für $t = \infty$ (vereinfachend wird der ideelle Querschnitt verwendet):

$$\Delta\varepsilon_{cp,c+s+r} = \Delta P_{c+s+r}/(E_p \cdot A_p) + M_{c+s+r} \cdot z_{cp,i}/(I_{c,i} \cdot E_c)$$

mit

$$z_{cp,i} = z_{c,i} - e_{p,OK} - \text{Exzentrizität} = 0{,}845 - 0{,}20 - 0{,}01 = 0{,}635\ \text{m}$$
$$= 6{,}018/(195\,000 \cdot 0{,}0399) + 3{,}881 \cdot 0{,}635/(5{,}289 \cdot 34\,000) = 0{,}787\ ‰$$

Die Dehnung des Spannstahls im Spannbettzustand unter Berücksichtigung des Verlustes aus c + s + r für t = ∞ ergibt sich zu:

$$\varepsilon_{pm}^{(0)} = 6{,}234 + 0{,}23 - 0{,}787 = 5{,}677\ ‰$$

Das zu berücksichtigende Biegemoment für die ständige und vorübergehende Bemessungssituation ohne den statisch bestimmten Anteil aus Vorspannung und Langzeitverlusten wird als äußere Beanspruchung angesetzt. Zur Ermittlung der Beanspruchung ist folgende Einwirkungskombination zu berücksichtigen:

$$\sum_{j \geq 1} \gamma_{Gj} \cdot G_{kj} + \gamma_P \cdot P_k + \gamma_{Q1} \cdot Q_{k1} + \sum_{i > 1} \gamma_{Qi} \cdot \psi_{0i} \cdot Q_{ki} \tag{2-58}$$

Die Einwirkungen aus Verkehr TS und UDL sind als Leiteinwirkung maßgebend. Für die Wirkung aus Vorspannung ist $\gamma_p = \gamma_{p,fav} = \gamma_{p,unfav} = 1{,}0$ auf die mittlere Vorspannkraft bezogen anzusetzen (▶ DIN-HB Bb, NDP zu 2.4.2.2 (1)) (gilt nicht zur Ermittlung der Spaltzugbewehrung).

$$M_{Ed} = 1{,}35 \cdot (M_{g1,k} + M_{g2,k}) + 1{,}0 \cdot M_{p,unbe} + 1{,}0 \cdot M_{c+s+r,unbe} + 1{,}5^{*)} \cdot 0{,}6 \cdot M_{set} + 1{,}35 \cdot (M_{TS} + M_{UDL}) + 0{,}6 \cdot 1{,}35 \cdot 0{,}8 \cdot M_{\Delta T}$$

*) $\Delta_{s,möglich} = 1{,}5 \cdot \Delta_{s,wahrscheinlich}$

$$M_{Ed} = 1{,}35 \cdot (-34{,}11 + -7{,}45) + 1{,}0 \cdot 23{,}15 + 1{,}0 \cdot -7{,}09 + 1{,}5 \cdot 0{,}6 \cdot -2{,}6 + 1{,}35 \cdot (-4{,}66 + -13{,}88) + 0{,}6 \cdot 1{,}35 \cdot 0{,}8 \cdot -4{,}06$$

$$M_{Ed} = -70{,}05 \text{ MNm}$$

Die Ermittlung des Querschnittswiderstandes M_{Rd} erfolgt mit einem Querschnittsanalyseprogramm unter Berücksichtigung der Stoffgesetze für Beton, Betonstahl und Spannstahl, wobei für den Beton- und Spannstahl die Verfestigung nach Überschreiten der Streckgrenze angesetzt wird. Als Eingangswerte für die vorhandene Betonstahlbewehrung werden die Ergebnisse der Mindestbewehrung aus Abschnitt 2.3.2.7 angenommen. Die wesentlichen Eingangswerte und Ergebnisse sind nachfolgend kurz wiedergegeben:

$$A_{s1} = 140{,}5 \text{ cm}^2$$

$$A_{s2} = 7{,}54 \text{ cm}^2/\text{m} \cdot 3{,}1 = 23{,}37 \text{ cm}^2$$

$$A_p = 399 \text{ cm}^2$$

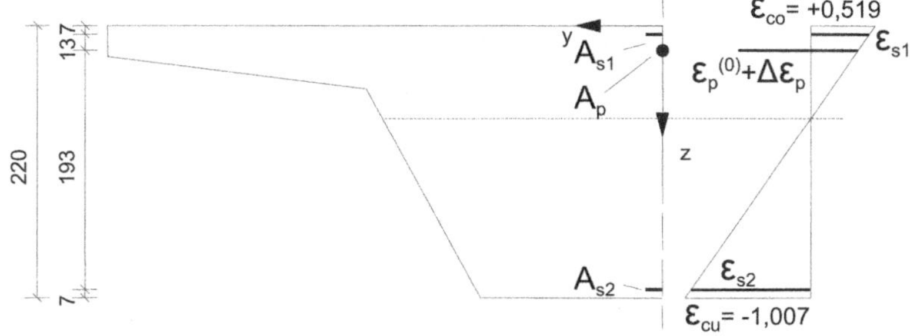

Bild 2-96 Dehnungsebene im Stützbereich Achse 50

Ergebnisse der EDV-Querschnittsanalyse Achse 50 (Dehnungsebene infolge M_{Ed}):

$$\varepsilon_c = -1{,}007\ ‰ < -3{,}5\ ‰$$

$$\varepsilon_{s1} = 0{,}47\ ‰ < 25\ ‰$$

$$\varepsilon_p = 6{,}05\ ‰ < e_{pm}^{(0)} + 25\ ‰$$

Das aufnehmbare Biegemoment M_{Rd} des Querschnitts beträgt:

$$M_{Rd} = -98{,}33\ \text{MNm} > M_{Ed} = -70{,}05\ \text{MNm}$$

wobei bei Erreichen von M_{Rd} das Versagen der Druckzone maßgebend ist.

Feld Achse 50/60, x = 165,2 m

Die Vordehnung nach Verankern der Spannglieder:

$$\varepsilon_{pm,0} = \gamma_{inf} \cdot P_{m0}/(E_p \cdot A_p) = 1{,}0 \cdot 49{,}56/(195\,000 \cdot 0{,}0399) = 6{,}37\ ‰$$

Betondehnung infolge der Vorspannkraft:

$$\Delta\varepsilon_{cp} = \gamma_{inf} \cdot P_{m0}/(E_c \cdot A_{c,n}) + \gamma_{inf} \cdot M_{pm0} \cdot z_{cp,n}/(I_{c,n} \cdot E_c)$$

mit

$$\begin{aligned} z_{cp,n} &= e_{p,OK} - z_{c,n} - \text{Exzentrizität} = 1{,}025 - 0{,}4746 - 0{,}01 = 0{,}54\ \text{m} \\ &= 1{,}0 \cdot -49{,}56/(34\,000 \cdot 8{,}575) + 1{,}0 \cdot -26{,}93 \cdot 0{,}54/(0{,}989 \cdot 34\,000) \\ &= -0{,}17 + -0{,}432 = -0{,}602\ ‰ \end{aligned}$$

Verlust infolge Kriechen mit statisch bestimmtem Anteil der Vorspannkraft, Schwinden und Spannstahlrelaxation (dabei wird vereinfachend für alle Kriechphasen der ideelle Querschnitt angenommen):

$$\Delta\varepsilon_{cp,c+s+r} = \Delta P_{c+s+r}/(E_p \cdot A_p) + M_{c+s+r,best} \cdot z_{cp,i}/(I_{c,i} \cdot E_c)$$

mit

$$\begin{aligned} z_{cp,i} &= e_{p,OK} - z_{c,i} - \text{Exzentrizität} = 1{,}025 - 0{,}493 - 0{,}01 = 0{,}522\ \text{m} \\ &= 6{,}15/(195000 \cdot 0{,}0399) + 3{,}34 \cdot 0{,}522/(1{,}08 \cdot 34000) \end{aligned}$$

$$\Delta\varepsilon_{cp,c+s+r} = 0{,}79 + 0{,}0475 = 0{,}838\ ‰$$

Spannstahldehnung im Spannbettzustand zum Nachweiszeitpunkt:

$$\varepsilon_{pm}^{(0)} = 6{,}37 + 0{,}602 - 0{,}838 = 6{,}134\ ‰$$

Die Einwirkungen aus Verkehr TS und UDL sind als Leiteinwirkung maßgebend.

$$\begin{aligned} M_{Ed} = {} & 1{,}35 \cdot (M_{g1,k} + M_{g2,k}) + 1{,}0 \cdot M_{p,unbe} + 1{,}0 \cdot M_{c+s+r,unbe} + 1{,}5^{*)} \cdot 0{,}6 \cdot M_{set} \\ & + 1{,}35 \cdot (M_{TS} + M_{UDL}) + 0{,}6 \cdot 1{,}35 \cdot 0{,}8 \cdot M_{\Delta T} \end{aligned}$$

*) $\Delta_{s,möglich} = 1{,}5 \cdot \Delta_{s,wahrscheinlich}$

$$M_{Ed} = 1{,}35 \cdot (13{,}78 + 2{,}79) + 1{,}0 \cdot 9{,}24 + 1{,}0 \cdot -2{,}84 + 1{,}5 \cdot 0{,}6 \cdot 1{,}04 + 1{,}35 \cdot (5{,}69 + 7{,}07) + 0{,}6 \cdot 1{,}35 \cdot 0{,}8 \cdot 2{,}496 \text{ MNm}$$

$$M_{Ed} = 48{,}55 \text{ MNm}$$

Als Eingangswerte für die vorhandene Betonstahlbewehrung werden die Ergebnisse der Mindestbewehrung aus Abschnitt 2.3.2.7 angenommen.

$$A_{so} = 2 \cdot 12{,}57 + (11{,}4 - 2 \cdot 0{,}07 - 2 \cdot 1{,}00) \cdot 7{,}54 = 94{,}96 \text{ cm}^2$$

$$A_{su} = 62{,}1 \text{ cm}^2$$

$$A_p = 399 \text{ cm}^2$$

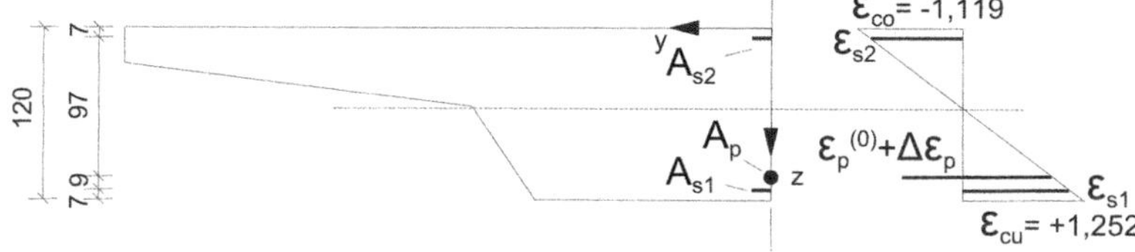

Bild 2-97 Dehnungsebene im Feldbereich Achse 50/60

Ergebnisse der EDV-Querschnittsanalyse im Feldbereich Achse 50/60 (Dehnungsebene infolge M_{Ed}):

$$\varepsilon_c = -1{,}119\ ‰ < -3{,}5\ ‰\ (-2\ ‰)$$

$$\varepsilon_{s1} = 1{,}114\ ‰ < 25\ ‰$$

$$\varepsilon_p = 7{,}07\ ‰ < \varepsilon_p^{(0)} + 25\ ‰$$

Das aufnehmbare Biegemoment M_{Rd} des Querschnitts beträgt:

$$M_{Rd} = 56{,}0 \text{ MNm} > M_{Ed} = 48{,}55 \text{ MNm}$$

Auch hier ist Versagen der Betondruckzone bei Erreichen von M_{Rd} maßgebend.

KF 3 – die rechte Seite ist für die Bemessung maßgebend!

Vordehnung des Spannstahls nach Verankerung der Spannglieder:

$$\varepsilon_{pm,0} = 1{,}0 \cdot 44{,}86/(195\,000 \cdot 0{,}0399) = 5{,}765\ ‰$$

Betondehnung infolge der Vorspannkraft:

$$\Delta\varepsilon_{cp} = 1{,}0 \cdot 44{,}86/(34\,000 \cdot 9{,}69) + 1{,}0 \cdot 8{,}90 \cdot 0{,}20/(1{,}72 \cdot 34\,000)$$

mit

$$z_{cp,n} = e_{p,OK} - z_{c,n} - \text{Exzentrizität} = 0{,}785 - 0{,}5751 - 0{,}01 = 0{,}20 \text{ m}$$
$$= 0{,}136 + 0{,}03 = 0{,}166\ ‰$$

Verlust infolge Kriechen mit statisch bestimmtem Anteil der Vorspannkraft, Schwinden und Spannstahlrelaxation (dabei wird vereinfachend für alle Kriechphasen der ideelle Querschnitt angenommen):

$$\Delta\varepsilon_{cp,c+s+r} = 5{,}44\,/(195\,000 \cdot 0{,}0399) + 1{,}08 \cdot 0{,}194/(1{,}737 \cdot 34\,000)$$

mit

$$z_{cp,i} = e_{p,OK} - z_{c,i} - \text{Exzentrizität} = 0{,}785 - 0{,}581 - 0{,}01 = 0{,}194 \text{ m}$$

$$\Delta\varepsilon_{cp,c+s+r} = 0{,}699 + 0{,}0035 = 0{,}703\ ‰$$

Spannstahldehnung im Spannbettzustand zum Nachweiszeitpunkt:

$$\varepsilon_{pm}^{(0)} = 5{,}765 + 0{,}166 - 0{,}703 = 5{,}228\ ‰$$

Die Einwirkungen aus Verkehr TS und UDL sind als Leiteinwirkung maßgebend.

$$M_{Ed} = 1{,}35 \cdot (M_{g1,k} + M_{g2,k}) + 1{,}0 \cdot M_{p,unbe} + 1{,}0 \cdot M_{c+s+r,unbe} + 1{,}5^{*)} \cdot 0{,}6 \cdot M_{set} + 1{,}35 \cdot (M_{TS} + M_{UDL}) + 0{,}6 \cdot 1{,}35 \cdot 0{,}8 \cdot M_{\Delta T}$$

*) $\Delta_{s,möglich} = 1{,}5 \cdot \Delta_{s,wahrscheinlich}$

$$M_{Ed} = 1{,}35 \cdot (-7{,}53 + -0{,}40) + 1{,}0 \cdot 8{,}99 + 1{,}0 \cdot 6{,}47 + 1{,}5 \cdot 0{,}6 \cdot 1{,}77 + 1{,}35 \cdot (3{,}6 + 4{,}59) + 0{,}6 \cdot 1{,}35 \cdot 0{,}8 \cdot 4{,}87$$

$$M_{Ed} = 20{,}56 \text{ MNm}$$

Als Eingangswerte für die vorhandene Betonstahlbewehrung werden die Ergebnisse der Mindestbewehrung aus Abschnitt 2.3.2.7 angenommen.

$$A_{so} = 2 \cdot 12{,}57 + (11{,}4 - 2 \cdot 0{,}07 - 2 \cdot 1{,}00) \cdot 13{,}4 \text{ cm}^2 = 149{,}2 \text{ cm}^2$$

$$A_{su} = 70{,}7 \text{ cm}^2$$

$$A_p = 399 \text{ cm}^2$$

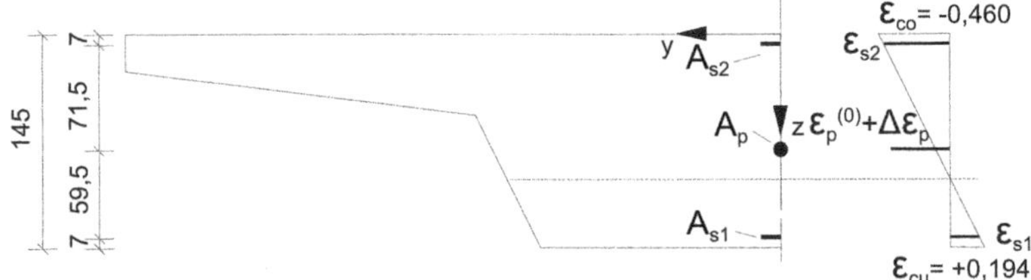

Bild 2-98 Dehnungsebene in KF 3

Ergebnisse der EDV-Querschnittsanalyse in KF 3 (Dehnungsebene infolge M_{Ed}):

$$\varepsilon_c = -0{,}46\ ‰ < -3{,}5\ ‰\ (-2\ ‰)$$

$$\varepsilon_{s1} = 0{,}16\ ‰ < 25\ ‰$$

$$\varepsilon_p = 6{,}123\ ‰ < \varepsilon_p^{(0)} + 25\ ‰$$

Das maximal aufnehmbare Biegemoment M_{Rd} des Querschnitts beträgt:

$$M_{Rd} = 42{,}12 \text{ MNm} > M_{Ed} = 20{,}56 \text{ MNm}$$

Hier ist wiederum bei Erreichen von M_{Rd} das Versagen der Betondruckzone maßgebend. Die Biegetragfähigkeit in allen zuvor betrachteten Nachweisschnitten ist damit allein mit der aus Abschnitt 2.3 ermittelten Mindest- bzw. Robustheitsbewehrung ausreichend.

2.4.1.2 Nachweise Bauzustand (Nachweis der vorgedrückten Zugzone)

Da die Spannglieder im Bauzustand noch nicht verpresst sind und somit nicht im Verbund mit dem Betonquerschnitt wirken, erfährt der Spannstahl im rechnerischen Bruchzustand nur eine sehr geringe Zusatzdehnung und wird auf der sicheren Seite liegend nicht berücksichtigt. Beide Momentenanteile der Vorspannung werden auf der Lastseite erfasst. Die Vorspannkraft wird als äußere Druckkraft im Schwerpunkt des Querschnitts angesetzt. Die geringen Verluste aus Kriechen, Schwinden und Spannstahlrelaxation im Bauzustand bleiben ebenfalls unberücksichtigt.

Stütze Achse 50

$$M_{Ed} = 1{,}35 \cdot M_{g1,k} + (M_{Pm0} + M_{p,unbe} + M_{set}) + 1{,}35 \cdot M_{q,BA4} + 0{,}6 \cdot 1{,}35 \cdot 0{,}8 \cdot M_{\Delta T,BZ}$$

$$M_{Ed} = 1{,}35 \cdot -34{,}11 + 1{,}0 \cdot (31{,}25 + 23{,}15 + -2{,}6) + 1{,}35 \cdot -8{,}29 + 0{,}6 \cdot 1{,}35 \cdot 0{,}8 \cdot -4{,}47$$

$$M_{Ed} = -8{,}34 \text{ MNm}$$

$$N_{Ed} = -48{,}503 \text{ MN}$$

Ergebnisse der EDV-Querschnittsanalyse im Bauzustand für Achse 50 (Dehnungsebene infolge M_{Ed}):

$$\varepsilon_{co} = -0{,}124 \text{ ‰}$$

$$\varepsilon_{cu} = -0{,}326 \text{ ‰} < 3{,}5 \text{ ‰}$$

Querschnitt überdrückt (siehe auch $e = 8{,}34/48{,}503 = 0{,}17$ m)

Die Berechnung zeigt, dass der Querschnitt im Bauzustand voll überdrückt ist. Die ermittelten Dehnungen und zugehörigen Spannungen liegen erwartungsgemäß unter den Bemessungsfestigkeiten des Betons.

Nachweis der vorgedrückten Zugzone

Hier ist die Temperatur als Leiteinwirkung maßgebend. Der Kombinationsbeiwert ψ_0 für Verkehrslasten im Bauzustand wird mit $\psi_0 = 1{,}0$ angesetzt (▶ DIN EN 1990, Tabelle A2.1).

$$M_{Ed} = 1{,}0 \cdot M_{g1,k} + 1{,}0 \cdot (M_{Pm0} + M_{p,unbe} + M_{set}) + 0{,}6 \cdot 1{,}5 \cdot M_{\Delta T,BZ} + 1{,}35 \cdot 1{,}0 \cdot M_{q,BA1}$$

$$M_{Ed} = 1{,}0 \cdot -34{,}11 + 1{,}0 \cdot (31{,}25 + 23{,}15 + 2{,}6) + 0{,}6 \cdot 1{,}35 \cdot 6{,}09 + 1{,}35 \cdot 1{,}0 \cdot 1{,}068$$

$$M_{Ed} = 29{,}26 \text{ MNm}$$

$$N_{Ed} = -48{,}503 \text{ MN}$$

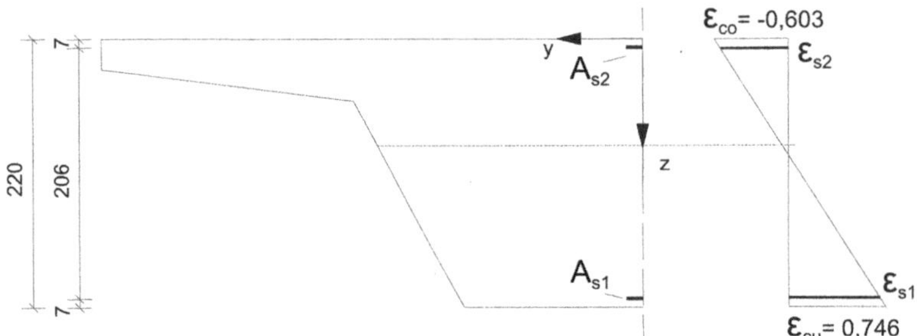

Bild 2-99 Dehnungsebene unter N_{Ed} + M_{Ed} im Bauzustand für den Stützbereich Achse 50

Ergebnisse der EDV-Querschnittsanalyse im Bauzustand für Achse 50 (Dehnungsebene infolge M_{Ed}):

$$\varepsilon_c = -0{,}603\ ‰ < -3{,}5\ ‰\ (2\ ‰)$$

$$\varepsilon_{s1} = 0{,}746\ ‰ < 25\ ‰$$

Unter Beibehaltung der Normalkraft infolge Vorspannung beträgt das aufnehmbare Biegemoment M_{Rd} des Querschnitts:

$$M_{Rd} = 38{,}46 \text{ MNm} > M_{Ed} = 29{,}26 \text{ MNm}$$

Bei Erreichen von $M_{Rd} = 38{,}46$ MNm beträgt die Betonstahldehnung $\varepsilon_{s1} = 25$ ‰. Somit ist für das Versagen das Überschreiten der Betonstahldehnung ε_u maßgebend. Die Dehnungen am oberen und unteren Querschnittsrand betragen jeweils $\varepsilon_{co} = -3{,}202$ ‰ und $\varepsilon_{cu} = 25{,}93$ ‰. Damit ergibt sich die Lage der Nulllinie vom oberen Querschnittsrand betrachtet zu:

$$x = 3{,}202/(3{,}202 + 25{,}93) \cdot 2{,}2 = 0{,}242 \text{ m} < 0{,}25 \text{ m}$$

Das bedeutet, dass der abliegende Gurt im äußeren Querschnittsbereich nicht voll überdrückt bzw. $e_d/h > 0{,}1$ ist. Eine Beschränkung der mittleren Stauchung auf $\varepsilon_{c2} = 2$ ‰ ist nicht erforderlich (► DIN-HB Bb, 6.1 (5)).

Feld Achse 50/60, x = 165,2 m

$$M_{Ed} = 1{,}35 \cdot M_{g1,k} + (M_{Pm0} + M_{p,unbe} + M_{set}) + 1{,}35 \cdot M_{q,BA4} + 0{,}6 \cdot 1{,}35 \cdot 0{,}8 \cdot M_{\Delta T,BZ}$$

$$M_{Ed} = 1{,}35 \cdot 13{,}78 + 1{,}0 \cdot (-26{,}93 + 9{,}24 + 1{,}04) + 1{,}35 \cdot 4{,}26 + 0{,}6 \cdot 1{,}35 \cdot 0{,}8 \cdot 2{,}44$$

$$M_{Ed} = 9{,}28 \text{ MNm}$$

$$N_{Ed} = -49{,}56 \text{ MN}$$

Ergebnisse der EDV-Querschnittsanalyse im Bauzustand für Feld Achse 50/60 (Dehnungsebene infolge M_{Ed}):

$$\varepsilon_{co} = -0{,}556\ ‰ < -3{,}5\ ‰$$

$$\varepsilon_{s1} = 0{,}019\ ‰ < 25\ ‰$$

Die ermittelten Dehnungen und damit die zugehörigen Spannungen liegen weit unter den Bemessungsfestigkeiten.

Nachweis der vorgedrückten Zugzone

Hier ist wieder die Temperatur als Leiteinwirkung maßgebend.

$$M_{Ed} = 1{,}0 \cdot M_{g1,k} + (M_{Pm0} + M_{p,unbe} + M_{set}) + 0{,}6 \cdot 1{,}35 \cdot M_{\Delta T,BZ} + 1{,}35 \cdot 1{,}0 \cdot M_{q,BA1}$$

$$M_{Ed} = 1{,}0 \cdot 13{,}78 + 1{,}0 \cdot (-26{,}93 + 9{,}24 + 1{,}04) + 0{,}6 \cdot 1{,}35 \cdot -1{,}79 + 1{,}35 \cdot 1{,}0 \cdot -0{,}15$$

$$M_{Ed} = -4{,}52 \text{ MNm}$$

$$N_{Ed} = -49{,}56 \text{ MN}$$

Ergebnisse der EDV-Querschnittsanalyse im Bauzustand für Achse 50 (Dehnungsebene infolge M_{Ed}):

$$\varepsilon_{co} = -0{,}183\ ‰$$

$$\varepsilon_{cu} = -0{,}493\ ‰ < 3{,}5\ ‰$$

Die Querschnittsanalyse zeigt, dass der Querschnitt im Bauzustand voll überdrückt ist. Die ermittelten Dehnungen und damit zugehörigen Spannungen liegen unter den Bemessungsfestigkeiten des Betons.

2.4.2 Querkraft

Gemäß DIN-HB Bb, 6.2 (1)P gelten folgende Bemessungswerte der aufnehmbaren Querkraft:

$V_{Rd,c}$ Bemessungswert der aufnehmbaren Querkraft ohne Querkraftbewehrung (► DIN-HB Bb, 6.2.2). Jedoch ist bei Balken und einachsig gespannten Platten mit b/h < 5 eine Mindestquerkraftbewehrung anzuordnen(► DIN-HB Bb, NCI zu 6.2.1 (4) sowie DIN-HB Bb, NA 1.5.2.20).

$V_{Rd,max}$ Bemessungswert der durch die Druckstrebentragfähigkeit begrenzten maximal aufnehmbaren Querkraft (► DIN-HB Bb, 6.2.3 (103)).

$V_{Rd,s}$ Bemessungswert der durch die Tragfähigkeit der Querkraftbewehrung begrenzten aufnehmbaren Querkraft (► DIN-HB Bb, 6.2.3).

Bei der Ermittlung des Bemessungswertes der Querkraft V_{Ed} ist, falls ungünstig wirkend, der Einfluss geneigter Spannglieder als auch der Einfluss geneigter Gurtkräfte (Betondruckkraft und Stahlzugkraft) zu berücksichtigen (► DIN-HB Bb, 6.2.1). Deshalb werden bei Bauteilen mit geneigten Gurten folgende zusätzliche Bemessungswerte definiert:

V_{ccd} Querkraftkomponente in der Druckzone bei geneigtem Druckgurt

V_{td} Querkraftkomponente in der Zugbewehrung bei geneigtem Zuggurt

Damit entspricht der Querkraftwiderstand eines Bauteils

mit Querkraftbewehrung: $V_{Rd} = V_{Rd,s} + V_{ccd} + V_{td}$ (▶ DIN-HB Bb, 6.2.1 (2))

ohne Querkraftbewehrung: $V_{Rd} = V_{Rd,c} + V_{ccd} + V_{td}$ (▶ DIN-HB Bb, 6.2.1 (3) und NCI zu 6.2.1 (3))

Des Weiteren darf die Summe aus der Bemessungsquerkraft und den Anteilen der geneigten Gurte bzw. Spannglieder den Maximalwert der aufnehmbaren Querkraft (Druckstrebentragfähigkeit) $V_{Rd,max}$ nicht überschreiten (▶ DIN-HB Bb, 6.2.1 (6)).

Bei einer gleichmäßig verteilten Last und direkter Lagerung kann der Bemessungswert V_{Ed} im Abstand d vom Auflagerrand bestimmt werden (▶ DIN-HB Bb, 6.2.1 (8) sowie NCI zu 6.2.1 (8)). Ausnahmen und Bedingungen, bei denen vorgenannte Regel auch bei indirekter Auflagerung gilt, sind in Heft 600 des DAfStb [DAfStb 2012] angegeben. Auflagernahe und oberseitig angreifende Einzellasten dürfen im Abstand $0{,}5d \leq a_v \leq 2{,}0d$ vom Auflagerrand unter Voraussetzung direkter Lagerung mit dem Beiwert $\beta = a_v/2{,}0d$ abgemindert werden (▶ DIN-HB Bb, 6.2.2 (6) sowie NDP zu 6.2.2 (6)). Bei Bauteilen mit veränderlicher Höhe darf die geneigte Betondruckkraft aus dem Anteil der Einzellast nicht zusätzlich angesetzt werden, da sich die auflagernahe Einzellast zum größten Teil konsolartig in das Auflager abstützt (▶ DIN-HB Bb, NCI zu 6.2.2 (101)). Die ohne Abminderungsfaktor β berechnete Querkraft muss die folgende Bedingung erfüllen (▶ DIN-HB Bb, 6.2.2 (6) sowie NDP zu 6.2.2 (6)):

$$V_{Ed} \leq 0{,}5 \cdot b_w \cdot d \cdot \nu \cdot f_{cd}$$

mit $\nu = 0{,}675$

Zum Nachweis der Druckstrebe $V_{Rd,max}$ ist die Bemessungsquerkraft am Auflagerrand zu verwenden und die vorgenannten Abminderungen sind nicht erlaubt (▶ DIN-HB Bb, 6.2.1 (8) sowie NCI zu 6.2.1 (8)).

Ist rechnerisch keine Querkraftbewehrung erforderlich, so ist außer bei Platten, wo eine Umlagerung in der Querrichtung möglich ist, eine Mindestquerkraftbewehrung anzuordnen, um ein plötzliches Versagen infolge Schubrissbildung zu vermeiden (▶ DIN-HB Bb, NCI zu 6.2.1 (4)).

2.4.2.1 Endzustand

Folgend soll exemplarisch der Querkraftnachweis rechts der Stütze in Achse 50 geführt werden. In diesem Fall ist für die Bemessung der Zeitpunkt t = ∞ maßgebend.

Als Leiteinwirkung ist die Verkehrslast maßgebend und der Bemessungswert der einwirkenden Querkraft beträgt:

LF	V_{Ek} [kN]	Abmind. 1,0 d [kN]	$\gamma \cdot \psi_0$	V_{Ed0} [kN]	$V_{Ed;1,0d}$ [kN]
g_1	4987,4	–290 kN/m · 2,1 m	1,35	6733,0	5910,8
g_2	984,9	–47 kN/m · 2,1 m	1,35	1329,6	1196,4
$P^{(0)}$	–2303,2	–	1,0	–2303,2	–2303,2
P_{unbe}	1561,5	–	1,0	1561,5	1561,5
K + S	507,6	–	1,0	507,6	507,6

LF	V_{Ek} [kN]	Abmind. 1,0 d [kN]	$\gamma \cdot \psi_0$	V_{Ed0} [kN]	$V_{Ed;1,0d}$ [kN]
UDL	1566,6	$-(3{,}0\ kN/m^2 \cdot 11{,}4\ m + 9{,}0\ kN/m^2 \cdot 3\ m + 3{,}0\ kN/m^2 \cdot 3\ m) \cdot 2{,}1\ m$	1,35	2114,9	1915,1
TS	976,6	–	1,35	1318,4	1318,4
Δs	81,2	–	$1{,}5 \cdot 0{,}6$	73,1	73,1
ΔT_M	126,9	–	$1{,}35 \cdot 0{,}8 \cdot 0{,}6$	82,2	82,2
			Summe:	**11 417,1**	**10 261,9**

Wie bereits zuvor beschrieben, führen bei Bauteilen mit veränderlicher Höhe die aus Biegung mit Längskraft geneigten Zug- bzw. Druckresultierenden zu einer Erhöhung oder Verringerung der Querkraft (▶ DIN-HB Bb, 6.2.1). Im konkreten Fall liegt eine veränderliche Querschnittshöhe mit einer stetigen Umlenkung der Druckresultierenden vor. Vereinfachend wird angenommen, dass die Neigung der Druckresultierenden parallel zur Außenkante des Bauteils verläuft und die Voute im betrachteten Bereich linearisiert wird.

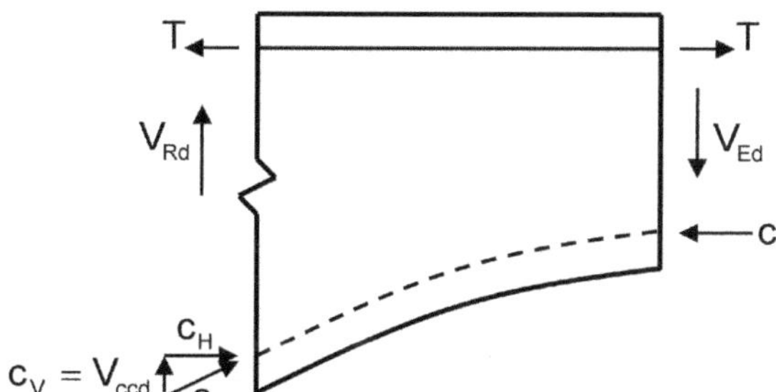

Bild 2-100 Querkrafttragkomponenten am untersuchten Nachweisschnitt

Gemäß Bild 2-100 wirkt die Neigung des Druckgurtes günstig auf die Querkrafttragfähigkeit. Als einfache Regel kann gelten: Wenn sich das Biegemoment und der innere Hebelarm gleichsinnig ändern, wirkt die Neigung des unteren Druckgurtes günstig, andernfalls ungünstig. Folgend wird der Bemessungswert der Komponente V_{ccd} bestimmt. Dabei darf, wie bereits zuvor erwähnt, der Momentenanteil aus einer eventuell abgeminderten Radlast nicht mehr angesetzt werden, da sich diese bereits zu einem großen Teil direkt in das Auflager abstützt (▶ DIN-HB Bb, NCI zu 6.2.2 (101)).

Aus der Querschnittsanalyse mit den zugehörigen Biegemomenten im Abstand 1,0 d von der Auflagerachse lässt sich die resultierende Druckgurtkraft über das Gleichgewicht errechnen. Die Eingangswerte und Ergebnisse der Querschnittsanalyse sind folgend dargestellt:

$$M_{Ed} = 1{,}35 \cdot (M_{g1,k} + M_{g2,k}) + 1{,}0 \cdot M_{p,unbe} + 1{,}0 \cdot M_{c+s+r,unbe} + 1{,}5 \cdot 0{,}6 \cdot M_{set} + 1{,}35 \cdot (M_{TS} + M_{UDL}) + 0{,}6 \cdot 1{,}35 \cdot 0{,}8 \cdot M_{\Delta T}$$

$$M_{Ed} = 1{,}35 \cdot (-26{,}52 + -5{,}94) + 1{,}0 \cdot 22{,}05 + 1{,}0 \cdot -6{,}73 + 1{,}5 \cdot 0{,}6 \cdot -2{,}47 + 1{,}35 \cdot (-0{,}12 + -11{,}47) + 0{,}6 \cdot 1{,}35 \cdot 0{,}8 \cdot -3{,}86$$

$$M_{Ed} = -48{,}87\ MNm$$

Die Vordehnung als Eingangswert für die Querschnittsanalyse wird folgend im Abstand 1,0 d mit den Bruttoquerschnittswerten bestimmt.

Querschnittswerte für den Querschnitt im Abstand 1,0 d von der Auflagerachse:

Querschnittshöhe: $h = 1{,}99$ m

Stegbreite unten: $b = 3{,}58$ m

Abstand Spannglied vom Bruttoschwerpunkt: $z_{cp} = 0{,}505$ m

Bruttoquerschnittsfläche: $A_c = 11{,}92\ m^2$

Trägheitsmoment (brutto): $I_c = 4{,}025\ m^4$

Dehnung des Spannstahls nach Verankerung der Spannglieder:

$$\varepsilon_{pm} = \gamma_{inf} \cdot P_{m0}/(E_p \cdot A_p) = 1{,}0 \cdot 48{,}98/(195\,000 \cdot 0{,}0399) = 6{,}29\ ‰$$

Dehnung des Betons infolge der Vorspannkraft:

$$\Delta\varepsilon_{cp} = \gamma_{inf} \cdot P_{m0}/(E_c \cdot A_{c,n}) + \gamma_{inf} \cdot M_{pm0} \cdot z_{cp}/(I_c \cdot E_c)$$

mit $z_{cp} = 0{,}505$ m

$$\Delta\varepsilon_{cp} = 1{,}0 \cdot -48{,}98/(34\,000 \cdot 11{,}92) + 1{,}0 \cdot -24{,}73 \cdot 0{,}505/(4{,}025 \cdot 34\,000)$$
$$= -0{,}121 + -0{,}091 = -0{,}212\ ‰$$

Verlust infolge Kriechen mit statisch bestimmtem Anteil der Vorspannkraft, Schwinden und Spannstahlrelaxation nach 14 Tagen:

$$\Delta\varepsilon_{cp,c+s+r} = \Delta P_{c+s+r}/(E_p \cdot A_p) + M_{c+s+r} \cdot z_{cp}/(I_c \cdot E_c)$$

mit $z_{cp} = 0{,}505$ m

$$= 6{,}29/(195\,000 \cdot 0{,}0399) + 3{,}19 \cdot 0{,}505/(4{,}025 \cdot 34\,000)$$

$$\Delta\varepsilon_{cp,c+s+r} = 0{,}808 + 0{,}012 = 0{,}82\ ‰$$

Die Spannstahldehnung im Spannbett unter Berücksichtigung des Verlustes nach 14 Tagen beträgt somit:

$$\varepsilon_{pm}{}^{(0)} = 6{,}29 + 0{,}212 - 0{,}82 = 5{,}682\ ‰$$

Dehnungsebene aus der EDV-Querschnittsanalyse:

$\varepsilon_c = -0{,}698$ ‰

$\varepsilon_{s1} = 0{,}108$ ‰

$\varepsilon_p = 5{,}704$ ‰

Aus dem Normalkraftgleichgewicht am Querschnitt ergibt sich die Druckresultierende $F_{cd} + F_{sd2}$:

$$0 = F_{sd1} + F_{pd} - F_{cd} - F_{sd2} \rightarrow F_{cd} + F_{sd2} = F_{pd} + F_{sd1}$$

mit

$F_{sd1} = \varepsilon_{s1} \cdot E_s \cdot A_{s1} = 0{,}108 \cdot 10^{-3} \cdot 200\,000 \cdot 140{,}5 \cdot 10^{-4} = 0{,}303$ MN

$F_{pd} = \varepsilon_p \cdot E_p \cdot A_p = 5{,}704 \cdot 10^{-3} \cdot 195\,000 \cdot 399 \cdot 10^{-4} = 44{,}38$ MN

Überprüfung der zuvor getroffenen Annahme, dass Beton- und Spannstahl noch nicht fließen:

$5{,}704 < 1600/(1{,}15 \cdot 195\,000) = 7{,}135$ ‰ → Spannstahl fließt nicht!

$0{,}108 < 500/(1{,}15 \cdot 200\,000) = 2{,}174$ ‰ → Zugbewehrung fließt nicht!

$F_{cd} + F_{sd2} = 44{,}38 + 0{,}303 = 44{,}68$ MN

Der Neigungswinkel der Tragwerksunterkante im Abstand 1,0 d von der Auflagerachse beträgt 4,41°. Damit ergibt sich die senkrecht zum Schnitt gerichtete Komponente V_{ccd} zu:

$V_{ccd} = 44{,}68 \cdot \sin 4{,}41 = 3{,}44$ MN

Der Einfluss der Spanngliedneigung im Abstand 1,0 d von der Auflagerachse ist bereits durch den statisch bestimmten und unbestimmten Anteil der Querkraft infolge Vorspannung in den einwirkenden Schnittgrößen enthalten und muss somit nicht separat erfasst werden. Damit ergibt sich der Bemessungswert der aufzunehmenden Querkraft zu:

$V_{Ed} = V_{Ed;1,0d} - V_{ccd} = 10{,}26 - 3{,}44 = 6{,}82$ MN (▶ DIN-HB Bb, 6.2.1)

Der Bemessungswert der Querkrafttragfähigkeit biegebeanspruchter Bauteile ohne Querkraftbewehrung ist lt. Gl. (2-59) und Gl. (2-60) zu bestimmen, wobei der größere Wert entscheidend ist (▶ DIN-HB Bb, 6.2.2 (101)) und (▶ NCI zu 6.2.2 (101)) sowie (▶ NDP zu 6.2.2 (101)).

$$V_{Rd,ct} = \left[C_{Rd,c} \cdot k \cdot (100 \cdot \rho_l \cdot f_{ck})^{1/3} + k_1 \cdot \sigma_{cp}\right] \cdot b_w \cdot d \qquad (2\text{-}59)$$

$$V_{Rd,ct,\,min} = \left[\nu_{min} + k_1 \cdot \sigma_{cp}\right] \cdot b_w \cdot d \qquad (2\text{-}60)$$

mit

$k = 1 + (200/d)^{1/2} \leq 2{,}0$ mit d in mm

$\rho_l = A_{sl}/(b_w \cdot d) \leq 0{,}02$

A_{sl} Fläche der Zugbewehrung, die über den betrachteten Nachweisschnitt mit mindestens $(l_{bd} + d)$ hinausgeführt wird

$\sigma_{cp} =$ $N_{Ed}/A_c < 0{,}2\, f_{cd}$ mit $N_{Ed} > 0$ als Längsdruck

$C_{Rd,c} = 0{,}15/\gamma_c$

k_1 $= 0{,}12$

b_w kleinste Querschnittsbreite in der Zugzone – auf der sicheren Seite liegend wird die kleinste Stegbreite angesetzt

$\nu_{min} =$ $0{,}0525/\gamma_c \cdot k^{3/2} \cdot f_{ck}^{1/2}$ für $d \leq 600$ mm

$\nu_{min} =$ $0{,}0375/\gamma_c \cdot k^{3/2} \cdot f_{ck}^{1/2}$ für $d > 800$ mm

Für 600 mm < d ≤ 800 mm darf linear interpoliert werden.

$$V_{Rd,ct} = [0{,}15/1{,}5 \cdot 1{,}32 \cdot (100 \cdot 0{,}0021 \cdot 35)^{1/3} + 0{,}12 \cdot 4{,}11] \cdot 3{,}58 \cdot 1{,}91$$
$$= 5{,}12 < 6{,}82 \text{ MN}$$

$$V_{Rd,ct,min} = [0{,}224 + 0{,}12 \cdot 4{,}11] \cdot 3{,}58 \cdot 1{,}99 = 5{,}11 \text{ MN} < 6{,}82 \text{ MN}$$

mit

$$k = 1 + (200/1910)^{1/2} = 1{,}32 < 2{,}0$$

$$\nu_{min} = 0{,}0375/1{,}5 \cdot 1{,}32^{3/2} \cdot 35^{1/2} = 0{,}224 \text{ MN/m}^2$$

$$\rho_l = 140{,}5/(358 \cdot 191) = 0{,}00205 < 0{,}02$$

$$\sigma_{cp} = 48{,}98/11{,}92 = 4{,}11 \text{ MN/m}^2$$

$$d = 1{,}99 - 0{,}08 = 1{,}91 \text{ m}$$

Es ist somit Querkraftbewehrung erforderlich, da die einwirkende Querkraft V_{Ed} im betrachteten Bemessungsschnitt größer ist als der Querkrafttragwiderstand ohne Querkraftbewehrung $V_{Rd,ct}$.

Der Neigungswinkel der Betondruckstreben ist wie folgt zu begrenzen (▶ DIN-HB Bb, NDP zu 6.2.3 (2)):

$$1 \leq \cot\theta \leq \frac{1{,}2 + 1{,}4\sigma_{cd}/f_{cd}}{1 - V_{Rd,cc}/V_{Ed}} \leq 1{,}75 \tag{2-61}$$

mit

$$V_{Rd,cc} = c \cdot 0{,}48 \cdot f_{ck}^{\ 1/3} \cdot \left(1 - 1{,}2\,\frac{\sigma_{cd}}{f_{cd}}\right) \cdot b_w \cdot z \tag{2-62}$$

mit

$$c = 0{,}5$$

$\sigma_{cd} = N_{Ed}/A_c$ mit $N_{Ed} > 0$ als Längsdruck

Der innere Hebelarm z kann allgemein aus dem Dehnungszustand unter Biegung und Längskraft im Bruchzustand ermittelt werden. Für Stahlbetonquerschnitte mit rechteckiger Druckzone darf z zu 0,9 d abgeschätzt werden (▶ DIN-HB Bb, NCI zu 6.2.3 (2)). Im vorliegenden Fall wird dieser aus dem Dehnungszustand ermittelt. Dabei setzt sich der innere Hebelarm z gewichtet aus dem Verhältnis des Biegetraganteils der Vorspannbewehrung und der Betonstahlbewehrung zusammen. Es gilt:

$$M_{Ed} = (F_{cd} + F_{sd2}) \cdot z = (F_{pd} + F_{sd1}) \cdot z$$

$$z = M_{Ed}/(F_{cd} + F_{sd2}) = 48{,}87/44{,}38 = 1{,}10 \text{ m}$$

Die vereinfachte Abschätzung mit 0,9 d vom Schwerpunkt der Vorspannbewehrung (0,274 m vom gezogenen Rand) ergibt folgenden Wert:

$$0{,}9\,d = 0{,}9 \cdot (1{,}99 - 0{,}274) = 1{,}54 \text{ m}$$

Die große Abweichung verdeutlicht den Umstand, dass bei Spannbetonquerschnitten die Einschnürung der Betondruckzone im Bruchzustand deutlich geringer ausfällt als bei Stahlbetonquerschnitten, weshalb eine genaue Berechnung bei Spannbetonbauteilen zu empfehlen ist.

Der innere Hebelarm z darf jedoch nicht den folgenden Wert überschreiten (▶ DIN-HB Bb, NCI zu 6.2.3 (1)):

$$z = d - 2 \cdot c_{v,l} \geq d - c_{v,l} - 30\ \text{mm} \tag{2-63}$$

mit

$c_{v,l}$ Verlegemaß der Längsbewehrung in der Druckzone

Wird bei gevouteten Querschnitten mit zum Auflager hin zunehmendem inneren Hebelarm für den Nachweis der Druckstreben nach Gl. (2-65) der innere Hebel z direkt am Auflagerrand verwendet, so wird die Fläche und daraus resultierend die Tragfähigkeit der Druckstrebe überschätzt. Aus diesem Grund und auch wegen der Praktikabilität sollte auf der sicheren Seite liegend der innere Hebelarm im Abstand 1,0 d vom Auflagerrand verwendet werden, da dieser ohnehin zur Ermittlung der Schubbewehrung nach Gl. (2-64) benötigt wird. Dies liegt allgemein auf der sicheren Seite. Die im Abstand 1,0 d ermittelte Querkraftbewehrung ist bis zum Auflagerrand zwecks sicherer Abstützung der Druckstreben anzuordnen.

$$V_{Rd,cc} = 0{,}50 \cdot 0{,}48 \cdot 35^{1/3} \cdot \left(1 - 1{,}2\,\frac{4{,}11}{19{,}83}\right) \cdot 3{,}58 \cdot 1{,}09 = 2{,}30\ \text{MN}$$

$$1{,}0 \leq \cot\theta \leq \frac{1{,}2 + 1{,}4 \cdot 4{,}11/19{,}83}{1 - 2{,}30/6{,}82} = 2{,}25 > 1{,}75 \qquad 1{,}75\ \text{maßgebend!}$$

Vereinfachend dürfen für die Neigung der Druckstreben $\cot\theta$ auch die folgenden Werte angesetzt werden (▶ DIN-HB Bb, NDP zu 6.2.3 (2)):

reine Biegung: $\cot\theta = 1{,}2$

Biegung und Längsdruck: $\cot\theta = 1{,}2$

Biegung und Längszug: $\cot\theta = 1{,}0$

Diese Vereinfachung liegt auf der sicheren Seite, erfordert aber eine größere Querkraftbewehrung. Aus wirtschaftlichen Gründen sollte diese Vereinfachung nicht verwendet werden. Bei Bauteilen mit lotrechter Querkraftbewehrung ergibt sich die Querkrafttragfähigkeit aus dem kleineren der beiden Werte $V_{Rd,s}$ und $V_{Rd,max}$ (▶ DIN-HB Bb, 6.2.3 (103)):

$$V_{Rd,s} = \frac{A_{sw}}{s} \cdot z \cdot f_{ywd} \cdot \cot\theta \tag{2-64}$$

$$V_{Rd,\,max} = \alpha_{cw} \cdot b_w \cdot z \cdot \nu_1 \cdot f_{cd}/(\cot\theta + \tan\theta) \tag{2-65}$$

mit

A_{sw} Querschnittsfläche der Querkraftbewehrung

s Abstand der Bügel untereinander in Trägerlängsrichtung

f_{ywd} Bemessungswert der Streckgrenze der Querkraftbewehrung

$\nu_1 = 0{,}75$ Abminderungsbeiwert für unter Querkraftbeanspruchung gerissenen Beton (▶ DIN-HB Bb, NDP zu 6.2.3 (103))

$\alpha_{cw} = 1{,}0$ Beiwert zur Berücksichtigung des Spannungszustandes im Druckgurt (▶ DIN-HB Bb, NDP zu 6.2.3 (103))

Die erforderliche Querkraftbewehrung ergibt sich unter Verwendung lotrechter Bügelbewehrung zu (▶ DIN-HB Bb, 6.2.3 (103)):

$$a_{sw} = \frac{V_{Ed,1,0d}}{z \cdot f_{ywd} \cdot \cot\theta} = \frac{6{,}82}{1{,}10 \cdot 435 \cdot 1{,}75} \cdot 10^4 = 81{,}4\ \mathrm{cm^2/m} \tag{2-66}$$

Die in Abschnitt 2.3.2.5 ermittelte Mindestschubbewehrung beträgt 33,7 $\mathrm{cm^2/m}$ und ist somit eingehalten.

Liegen im Steg verpresste Metallhüllrohre mit einem Durchmesser von $\varnothing > b_w/8$, ist bei dem Nachweis der Druckstreben der ungünstige Einfluss nebeneinander liegender verpresster Metallhüllrohre durch Abzug $0{,}5 \cdot \Sigma\varnothing$ von b_w zu berücksichtigen (▶ DIN-HB Bb, 6.2.3 (6)). Die rechnerische Stegbreite ergibt sich in diesem Fall zu:

$$b_{w,nom} = b_w - 0{,}5 \cdot \sum \varnothing \tag{2-67}$$

mit

$\varnothing$ äußerer Hüllrohrdurchmesser

Für verpresste Metallhüllrohre mit einem Durchmesser von $\varnothing < b_w/8$ ist $b_{w,nom} = b_w$ (▶ DIN-HB Bb, 6.2.3 (6)). Im vorliegenden Fall ergibt sich:

$$0{,}097 < 3{,}58/8 = 0{,}45\ \mathrm{m}$$

Damit ist ein Abzug der Hüllrohrquerschnitte nicht erforderlich.

Für nicht verpresste Hüllrohre, Kunststoffhüllrohre und Spannglieder ohne Verbund beträgt die rechnerische Stegbreite (▶ HB Bb, 6.2.3 (6) und NCI zu 6.2.3 (6)):

$$b_{w,nom} = b_w - 1{,}2 \cdot \sum \varnothing \tag{2-68}$$

Die Tragfähigkeit der Druckstreben ergibt sich somit zu (▶ DIN-HB Bb, 6.2.3 (103)):

$$V_{Rd,\,max} = 1{,}0 \cdot 3{,}58 \cdot 1{,}10 \cdot 0{,}75 \cdot 19{,}83/(7/4 + 4/7) = 25{,}23\ \mathrm{MN} \tag{2-69}$$

Damit ist die Tragfähigkeit der Betondruckstreben größer als der Bemessungswert der einwirkenden Querkraft am Auflagerrand $V_{Ed} = 11{,}42$ MN ohne Berücksichtigung der günstigen Wirkung der geneigten Druckgurtkraft. Die Auslastung zur Bestimmung der Bügelabstände (siehe Abschnitt 2.3.2.5) beträgt $11{,}42/25{,}09 = 0{,}46\ V_{Rd,max}$ (▶ DIN-HB Bb, Tabelle NA.9.1 und Tabelle NA.9.2).

2.4.2.2 Bauzustand

Es wird wieder der Querkraftnachweis rechts der Achse 50 geführt. Als Leiteinwirkung ist die Verkehrslast im Bauzustand maßgebend und der Bemessungswert der einwirkenden Querkraft beträgt:

LF	V_{Ek} [kN]	Abmind. 1,0 d [kN]	$\gamma \cdot \psi_0$	V_{Ed0} [kN]	$V_{Ed;1,0d}$ [kN]
g_1	4987,4	–290 kN/m · 2,1 m	1,35	6733,0	5910,8
$P^{(0)}$	-2303,2	–	1,0	-2303,2	-2303,2
P_{unbe}	1561,5	–	1,0	1561,5	1561,5
K + S	221,5	–	1,0	221,5	221,5
q_{BA4}	1171,2	–28,5 kN/m · 2,1 m	1,35	1581,1	1500,3
Δs	81,2	–	1,0	81,2	81,2
ΔT_M	126,85	–	1,35 · 0,8	137,0	137,0
Summe:				**8012,1**	**7109,1**

In Abschnitt 2.3.2.3 wird gezeigt, dass eine Rissbildung im Stützbereich der Achse 50 für die maximale Biegebeanspruchung zu erwarten ist. Da jedoch unter der zur maximalen Querkraftbeanspruchung führenden Lastkombination der Querschnitt wie folgend gezeigt überdrückt bleibt, kann von einer Abminderung der Zwangsschnittgrößen aus Setzungsdifferenzen und Temperatur infolge Rissbildung kein Gebrauch gemacht werden (▶ DIN-HB Bb, NCI zu 2.3.1.2 (3) und 2.3.1.3 (3)).

Aus der Querschnittsanalyse mit den zugehörigen Biegemomenten wird die resultierende Druckgurtkraft über das Gleichgewicht errechnet. Aufgrund des fehlenden Verbundes im Bauzustand werden die Vorspannung als äußere Druckkraft und die Biegemomente aus Vorspannung als äußeres Biegemoment angesetzt. Der geringe Zuwachs an Spannstahlspannung aus der Querschnittskrümmung bleibt unberücksichtigt. Die einwirkenden Schnittgrößen aus Biegung mit Längskraft im Abstand 1,0 d von der Auflagerachse betragen:

$$M_{Ed} = 1{,}35 \cdot M_{g1,k} + 1{,}0 \cdot (M_{Pm0} + M_{p,unbe} + M_{set}) + 1{,}35 \cdot M_{q,BA4} + 1{,}35 \cdot 0{,}8 \cdot M_{\Delta T,BZ}$$

$$M_{Ed} = 1{,}35 \cdot -26{,}53 + 1{,}0 \cdot (24{,}77 + 22{,}05 + -2{,}6) + 1{,}35 \cdot -6{,}49 + 1{,}35 \cdot 0{,}8 \cdot -3{,}86$$

$$M_{Ed} = -4{,}53 \text{ MNm}$$

$$N_{Ed} = -49{,}19 \text{ MN}$$

Ergebnisse der EDV-Querschnittsanalyse im Bauzustand für Achse 50 (Dehnungsebene infolge M_{Ed}):

$$\varepsilon_{co} = -0{,}168\ ‰$$

$$\varepsilon_{cu} = -0{,}307\ ‰$$

Die Neigung der Betondruckkraft im überdrückten Querschnitt lässt sich am besten über die Lage bzw. Höhendifferenz der Druckresultierenden in den benachbarten Schnitten bestimmen. Eine Annahme der Neigung der Druckresultierenden parallel zur geneigten Außenkante ohne genauere Untersuchung im Zustand I kann zu einer falschen Einschätzung der entlastenden Wirkung der Druckkraft führen. Die Außermittigkeit der Druckkraftresultierenden an den jeweiligen Schnitten kann im Zustand I über e = M/N leicht bestimmt werden. Alternativ liegt eine Annahme der Neigung parallel zur Schwereachse unter der Voraussetzung einer gleichgerichteten Biegebeanspruchung in den benachbarten Schnitten wie hier im vorliegenden Fall auf der sicheren Seite.

Schwerpunktordinate im Abstand 2,10 m von Achse 50 (brutto): $z_c = 0{,}758$ m

Schwerpunktordinate im Abstand 3,20 m von Achse 50 (brutto): $z_c = 0{,}711$ m

Die Neigung der Schwerelinie ergibt sich damit zu 2,45°. Damit errechnet sich die senkrecht zum Schnitt gerichtete Querkraftkomponente V_{ccd} zu:

$$V_{ccd} = 49{,}19\ \text{MN} \cdot \sin 2{,}45° = 2{,}10\ \text{MN}$$

Die Neigung der Spannglieder im Abstand 1,0 d von der Auflagerachse bleibt unberücksichtigt. Damit ergibt sich der Bemessungswert der einwirkenden Querkraft zu:

$$V_{Ed} = V_{Ed0} - V_{ccd} = 7{,}11 - 2{,}10 = 5{,}01\ \text{MN}$$ (▶ DIN-HB Bb, 6.2.1)

Der Dehnungszuwachs im noch verbundlosen Spannstahl kann nicht in Ansatz gebracht werden. Damit vergrößert sich der innere Hebelarm z gegenüber dem Endzustand, weil die Zugzone allein in Höhe der Betonstahlbewehrung liegt. Vereinfacht und auf der sicheren Seite liegend kann jedoch der gleiche innere Hebelarm wie für den Endzustand verwendet werden, da sich aufgrund der geringeren einwirkenden Querkraft im Bauzustand ohnehin eine geringere Bewehrung ergibt. Für die Neigung der Druckstreben wird ebenfalls mit der Untergrenze der Neigung der Druckstreben von $\cot\theta = 1{,}75$ wie für den Endzustand gerechnet (▶ DIN-HB Bb, NDP zu 6.2.3 (2)), da die normative Untergrenze für die Neigung der Druckstreben bereits mit der größeren Querkraft im Endzustand erreicht wird.

Die erforderliche Querkraftbewehrung ergibt sich unter Verwendung lotrechter Bügelbewehrung zu (▶ DIN-HB Bb, 6.2.3 (103)):

$$a_{sw} = \frac{V_{Ed,1,0d}}{z \cdot f_{ywd} \cdot \cot\theta} = \frac{5{,}01}{1{,}10 \cdot 435 \cdot 7/4} \cdot 10^4 = 59{,}83\ \text{cm}^2/\text{m}$$

Die errechnete Schubbewehrung liegt somit über der in Abschnitt 2.3.2.5 ermittelten Mindestschubbewehrung von 33,7 cm^2/m.

Bei dem Nachweis der Druckstreben ist der ungünstige Einfluss nebeneinander liegender unverpresster Hüllrohre, verpresster Kunststoffhüllrohre sowie Spannglieder ohne Verbund durch Abzug $1{,}2 \cdot \Sigma\, \varnothing_H$ von b_w zu berücksichtigen (▶ DIN-HB Bb, 6.2.3 (6)). Der Faktor 1,2 berücksichtigt das aus Querzug verursachte Spalten der Betondruckstreben. Eine Abminderung des Faktors 1,2 ist auch bei vorhandener Querzugbewehrung nicht erlaubt (▶ DIN-HB Bb, NCI zu 6.2.3 (6)). Für den Nachweis der Druckstreben ist der Bemessungsschnitt am Auflagerrand maßgebend. Der Nennwert der Stegquerschnittsbreite ergibt sich damit zu:

$$b_{w,nom} = b_w - 1{,}2 \cdot \sum \varnothing_H = 3{,}3 - 1{,}2 \cdot 14 \cdot 0{,}097 = 1{,}67\ \text{m}$$

mit

$\varnothing_H$ äußerer Hüllrohrdurchmesser

Damit ergibt sich der Bemessungswert der Tragfähigkeit der Druckstreben zu (▶ DIN-HB Bb, 6.2.3 (103)):

$$V_{Rd,\,max} = \frac{b_w \cdot z \cdot \alpha_c \cdot f_{cd}}{\cot\theta + \tan\theta} = \frac{1{,}67 \cdot 1{,}10 \cdot 0{,}75 \cdot 19{,}83}{7/4 + 4/7} = 11{,}65 \text{ MN}$$

Damit ist die Tragfähigkeit der Betondruckstreben größer als der Bemessungswert der einwirkenden Querkraft am Auflagerrand $V_{Ed} = 8{,}01$ MN. Die Auslastung zur Bestimmung der Bügelabstände (siehe Abschnitt 2.3.2.5) darf mit $\cot\theta = 1{,}2$ bestimmt werden (▶ DIN-HB Bb, Tabelle NA.9.1).

$$V_{Rd,\,max} = \frac{b_w \cdot z \cdot \alpha_c \cdot f_{cd}}{\cot\theta + \tan\theta} = \frac{1{,}67 \cdot 1{,}10 \cdot 0{,}75 \cdot 19{,}83}{1{,}2 + 1/1{,}2} = 13{,}44 \text{ MN}$$

Womit die Auslastung (siehe Abschnitt 2.3.2.5) 8,01/13,44 = 0,60 $V_{Rd,max}$ beträgt (▶ DIN-HB Bb, Tabelle NA.9.1 und Tabelle NA.9.2).

Wie zuvor bereits erwähnt, darf der Nachweis über die Beschränkung der schiefen Hauptzugspannung auf den Wert $f_{ctk;0,05}/\gamma_c$ nicht geführt werden, da tatsächlich der Querschnitt unter maximaler Biegebeanspruchung gerissen ist (▶ DIN-HB Bb, 6.2.2 (2) sowie NCI zu 6.6.2 (2)). Um dennoch die Vorgehensweise vorzuführen und zwecks Vergleich wird an dieser Stelle der Nachweis der Querkrafttragfähigkeit über die Hauptzugspannung geführt. Dabei ist zu beachten, dass der Nachweis nur unter der Voraussetzung einer vorwiegend ruhenden Beanspruchung in dieser Form geführt werden darf (▶ DIN-HB Bb, NCI zu 6.6.2 (2)).

$$V_{Rd,c} = \frac{I \cdot b_w}{S} \cdot \sqrt{(f_{ctd})^2 \cdot \alpha_l \cdot \sigma_{cd} \cdot f_{ctd}} \tag{2-70}$$

mit

I	Flächenträgheitsmoment 2. Grades, $I_c = 3{,}715$ m^4
S	Flächenmoment 1. Grades des Querschnitts bezogen auf dessen Schwerpunkt, $S = 2{,}872$ m^3
α_l	$\alpha_l = 1{,}0$
f_{ctd}	Bemessungswert der Betonzugfestigkeit $f_{ctd} = \alpha_{ct} \cdot f_{ctk,0,05}/\gamma_c = 0{,}85 \cdot 2{,}2/1{,}5 = 1{,}25$ MN/m^2, Bemessungswert der Betonzugfestigkeit (▶ DIN-HB Bb, 3.1.6 (102)P und NDP zu 3.1.6 (102)P)
b_w	kleinste Querschnittsbreite $b_w = 3{,}66$ m
σ_{cd}	Bemessungswert der Betonlängsspannung im Schwerpunkt des Querschnitts $\sigma_{cd} = -4{,}2$ MN/m^2

Es ist zu beachten, dass bei gegliederten Querschnitten die maximale Hauptzugspannung auch außerhalb der Schwereachse auftreten kann, so dass der Querkraftwiderstand für unterschiedliche Höhenlagen im Querschnitt bestimmt werden sollte.

$$V_{Rd,c} = \frac{3{,}715 \cdot 3{,}66}{2{,}872} \cdot \sqrt{(1{,}25)^2 - 1{,}0 \cdot \; -4{,}2 \cdot 1{,}25} = 12{,}36 \text{ MN}$$

Dieser Wert ist deutlich größer als der Betonanteil des gerissenen Querschnitts. Im Fall eines ungerissenen Querschnitts wäre somit die Querkrafttragfähigkeit ohne Querkraftbewehrung für den Bauzustand gegeben. Die in Abschnitt 2.3.2.5 eingelegte Mindestschubbewehrung ist jedoch vorzusehen.

2.4.2.3 Anschluss Zug-/Druckgurte

Über die Trägerlängsachse veränderliche Biegemomente verursachen Änderungen der Gurtkräfte, so dass in gegliederten Querschnitten Schubkräfte zwischen Steg und Gurt entstehen. Aus diesem Grund sind der Druck- und der Zuggurt mit dem Steg fest zu verbinden, um ein Zusammenwirken sicherzustellen. Analog zum Bemessungsmodell für die Querkraftbeanspruchungen erfolgt der Nachweis an einem Stabwerkmodell (▶ DIN-HB Bb, 6.2.4 (1)).

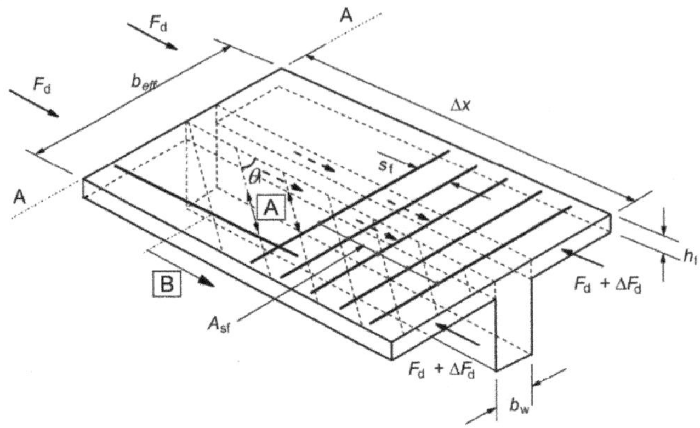

Legende

A Druckstreben

B hinter diesem projizierten Punkt verankerter Längsstab, siehe 6.2.4 (7)

Bild 2-101 Modell und Bezeichnungen für den Anschluss zwischen Gurt und Steg

Der Bemessungswert der einwirkenden Längsschubkraft pro Längeneinheit Δx am Anschluss einer Seite eines Gurtes an den Steg ν_{Ed} kann wie folgt bestimmt werden (▶ DIN-HB Bb, 6.2.4 (103)):

$$\nu_{Ed} = \Delta F_d / (h_f \cdot \Delta x) \tag{2-71}$$

mit

h_f Dicke des Gurtes am Anschnitt

Δx betrachtete Länge

ΔF_d Längskraftdifferenz im Gurt über die Länge Δx

ΔF_d ist die Änderung der Längskraft innerhalb der Länge Δx bezogen auf einen einseitigen Gurtabschnitt. Für die Länge Δx, in welcher die Schubkraft konstant angenommen werden kann, darf höchstens der halbe Abstand zwischen Momentennullpunkt und -extremwert angesetzt werden. Bei großen Einzellasten sollten die Abschnitte nicht über die Querkraftsprünge hinausgehen (▶ DIN-HB Bb, 6.2.4 (103)).

Der Nachweis erfolgt beispielhaft rechts der Stütze in Achse 50. In Bild 2-102 ist der Momentenverlauf aus der min M_y ergebenden Laststellung in Achse 50 im ULS dargestellt. Damit beträgt der halbe Abstand Δx zwischen Minimum und Momentennullpunkt 6,40 m.

Anmerkung: Da die Längskraftdifferenz über einen großen Abschnitt verschmiert betrachtet wird, ist die min M_y ergebende Laststellung maßgebend. Die zu max V_z führende Laststellung ergibt zwar lokal innerhalb eines sehr kleinen Bereiches hinter dem Auflager die größte Längskraftdifferenz, aber nicht, wenn ein größerer Abschnitt betrachtet wird.

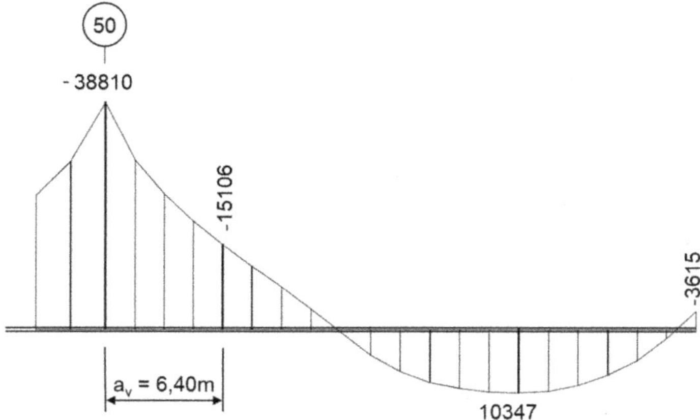

Bild 2-102 Biegemomentenverlauf im ULS aus der Lastkombination für min M_y in Achse 50

Um die Längskraftdifferenz in den Gurtbereichen über die Länge a_v zu ermitteln, müssen zunächst die Dehnungsebenen des Querschnitts in Achse 50 sowie in einer Entfernung von 6,40 m berechnet werden. Die Dehnungsebene in Achse 50 wurde bereits im Zuge der Nachweise für Biegung und Längskraft bestimmt. Folgend ist noch der Dehnungszustand im Querschnitt 6,40 m von Achse 50 entfernt zu ermitteln.

Querschnittswerte des Querschnitts im Abstand 6,40 m von Achse 50:

Querschnittshöhe:	$h = 1{,}51$ m
Stegbreite unten:	$b = 4{,}22$ m
Abstand Spannglied von OK Querschnitt:	$e_{p,OK} = 0{,}66$ m
Bruttoschwerpunktslage:	$z_c = 0{,}60$ m
Bruttoquerschnittsfläche:	$A_c = 10{,}04\ m^2$
Trägheitsmoment (brutto):	$I_c = 1{,}92\ m^4$

Vordehnung des Spannstahls nach Verankerung der Spannglieder (hier vereinfacht mit Bruttoquerschnittswerten):

$$\varepsilon_{pm} = \gamma_{inf} \cdot P_{m0}/(E_p \cdot A_p) = 1{,}0 \cdot 49{,}62/(195\,000 \cdot 0{,}0399) = 6{,}38\ ‰$$

Betondehnung infolge der Vorspannkraft:

$$\Delta\varepsilon_{cp} = \gamma_{inf} \cdot P_{m0}/(E_c \cdot A_c) + \gamma_{inf} \cdot M_{pm0} \cdot z_{cp}/(I_c \cdot E_c)$$

mit

$$z_{cp} = e_{p,OK} - z_c = 0{,}66 - 0{,}60 - 0{,}01\ m = 0{,}05\ m$$
$$= 1{,}0 \cdot -49{,}62/(34\,000 \cdot 10{,}04) + 1{,}0 \cdot -2{,}59 \cdot 0{,}05/(1{,}92 \cdot 34\,000)$$
$$= -0{,}145 + -0{,}002 = -0{,}147\ ‰$$

Verlust infolge Kriechen mit statisch bestimmtem Anteil der Vorspannung, Schwinden und der Spannstahlrelaxation:

$$\Delta\varepsilon_{cp,c+s+r} = \Delta P_{c+s+r}/(E_p \cdot A_p) + M_{c+s+r,best} \cdot z_{cp}/(I_c \cdot E_c)$$
$$= 6{,}05/(195\,000 \cdot 0{,}0399) + 0{,}317 \cdot 0{,}05/(1{,}93 \cdot 34\,000)$$

$$\Delta\varepsilon_{cp,c+s+r} = 0{,}778 + \sim 0 = 0{,}778\ ‰$$

Die Dehnung des Spannstahls im Spannbettzustand zum Nachweiszeitpunkt ergibt sich zu:

$$\varepsilon_{pm}^{(0)} = 6{,}38 + 0{,}147 - 0{,}778 = 5{,}749\ ‰$$

Die Einwirkungen aus Verkehr TS und UDL sind als Leiteinwirkung maßgebend.

$$M_{Ed} = 1{,}35 \cdot M_{g1,k} + 1{,}35 \cdot M_{g2,k} + 1{,}0 \cdot M_{p,unbe} + 1{,}0 \cdot M_{c+s+r,unbe} + 1{,}5 \cdot 0{,}6 \cdot M_{set}$$
$$+ 1{,}35 \cdot (M_{TS} + M_{UDL}) + 0{,}6 \cdot 1{,}35 \cdot 0{,}8 \cdot M_{\Delta T}$$

$$M_{Ed} = 1{,}35 \cdot -8{,}19 + 1{,}35 \cdot -2{,}11 + 1{,}0 \cdot 18{,}48 + 1{,}0 \cdot -5{,}67 + 1{,}5 \cdot 0{,}6 \cdot -2{,}08$$
$$+ 1{,}35 \cdot (-3{,}1 - 5{,}73) + 0{,}6 \cdot 1{,}35 \cdot 0{,}8 \cdot -3{,}25$$

$$M_{Ed} = -16{,}99\ MNm$$

Als Eingangswerte für die vorhandene Betonstahlbewehrung werden die Ergebnisse der Mindestbewehrung für Achse 50 aus Abschnitt 2.3.2.7 angenommen.

$$A_{so} = 140{,}5\ cm^2$$

$$A_{su} = 19{,}6\ cm^2$$

$$A_p = 399\ cm^2$$

Ergebnisse der EDV-Querschnittsanalyse Achse 50 (Dehnungsebene infolge M_{Ed}):

$$\varepsilon_{cu} = -0{,}847\ ‰$$

$$\varepsilon_{co} = 0{,}197\ ‰$$

$$\varepsilon_{s1} = 0{,}149\ ‰$$

$$\varepsilon_p = 5{,}486\ ‰$$

Da es sich im betrachteten Bereich um einen Zuggurt handelt, kann die Längskraftdifferenz aus den Zugkräften der Bewehrung in den jeweiligen Schnitten bestimmt werden. Dabei befinden sich nur die Betonstahlbewehrung und keine Spannbewehrung in den abliegenden Gurten, so dass nur die Längskraft dieser zu berücksichtigen ist.

Achse 50:

$$F_{sd1} = \varepsilon_{s1} \cdot E_s \cdot A_{s1} = 0{,}47 \cdot 10^{-3} \cdot 200\,000 \cdot 140{,}5 \cdot 10^{-4} = 1{,}321\ MN$$

Abstand a_v von Achse 50:

$$F_{sd1} = \varepsilon_{s1} \cdot E_s \cdot A_{s1} = 0{,}149 \cdot 10^{-3} \cdot 200\,000 \cdot 140{,}5 \cdot 10^{-4} = 0{,}419 \text{ MN}$$

$$\Delta F_{sd1} = 1{,}321 - 0{,}419 = 0{,}902 \text{ MN}$$

Die statisch erforderliche Zugbewehrung darf bei Plattenbalken- und Hohlkastenquerschnitten höchstens auf einer Breite bis zur halben mitwirkenden Plattenbreite in der Platte neben dem Steg angeordnet werden (▶ DIN-HB Bb, NCI 9.2.1.2 (2) NA. 102). In Abschnitt 2.3.1.3 wurde in Achse 50 b_{eff} zu 1,64 m ermittelt. Unter Voraussetzung, dass die Bewehrung gleichmäßig im erlaubten Plattenbereich verteilt wird, kann der Anteil der in die abliegenden Gurte einzuleitenden Schubkraft je Längeneinheit Δx ermittelt werden.

$$\nu_{Ed} = \Delta F_{sd1} \cdot \frac{A_{s1,Gurt}}{A_{s,tot}} = 0{,}902 \cdot \frac{1{,}64}{5{,}5 + 2 \cdot 1{,}64} = 0{,}164 \text{ MN} \qquad (2\text{-}72)$$

Die Neigung der Druckstreben θ_f kann entsprechend (▶ DIN-HB Bb, NDP zu 6.2.3 (2)) errechnet werden, wobei $b_w = h_f$ und $z = \Delta x$ zu setzen sind. Für σ_{cd} kann die über die betrachtete Länge Δx gemittelte Längsspannung angesetzt werden. Vereinfachend darf in Zuggurten eine Druckstrebenneigung von $\cot \theta_f = 1{,}0$ und in Druckgurten $\cot \theta_f = 1{,}2$ angesetzt werden (▶ DIN-HB Bb, NDP zu 6.2.4 (4)). Die erforderliche Querbewehrung ergibt sich damit zu (▶ DIN-HB Bb, 6.2.4 (4)):

$$a_{sf} = \frac{\nu_{Ed}}{\Delta x \cdot f_{yd} \cdot \cot \theta} = \frac{0{,}164}{6{,}4 \cdot 435 \cdot 1{,}0} \cdot 10^4 = 0{,}59 \text{ cm}^2/\text{m} \qquad (2\text{-}73)$$

Wie zu erwarten fällt die erforderliche Querbewehrung aufgrund der großen Stegbreite gering aus.

Wenn kein genauerer Nachweis erfolgt, darf bei kombinierter Beanspruchung aus Schubkräften zwischen Gurt und Steg und aus Querbiegung der jeweils größere erforderliche Bewehrungsquerschnitt angeordnet werden (▶ DIN-HB Bb, NCI zu 6.2.4 (105) NA. (105)). Dabei sind jeweils Biegedruck- und die Biegezugzone getrennt unter Ansatz von jeweils der Hälfte der für die Schubbeanspruchung allein ermittelten Querbewehrung zu betrachten.

In Bereichen mit $\nu_{Ed} \leq k \cdot f_{ctd}$ ist keine Querbewehrung infolge Schub zwischen Gurt und Steg erforderlich (▶ DIN-HB Bb, 6.2.4 (6)). Dies gilt für monolithische Querschnitte unter Voraussetzung einer vorhandenen Mindestbewehrung entsprechend DIN-HB Bb, Abschnitt 9. Der Wert k ist mit 0,4 anzunehmen (▶ DIN-HB Bb, NDP zu 6.2.4 (6)).

$$\nu_{Ed} = 0{,}27/(6{,}4 \cdot 0{,}55) = 0{,}08 \text{ MPa} < 0{,}4 \cdot 1{,}25 = 0{,}5 \text{ MPa} \qquad (2\text{-}74)$$

mit

$f_{ctd} = \alpha_{ct} \cdot f_{ctk,0,05}/\gamma_c = 0{,}85 \cdot 2{,}2/1{,}5 = 1{,}25 \text{ MN/m}^2$,
Bemessungswert der Betonzugfestigkeit (▶ DIN-HB Bb, 3.1.6 (102)P) und
(▶ NDP zu 3.1.6 (102)P)

Damit darf im vorliegenden Fall eine Querbewehrung nach (▶ DIN-HB Bb, 6.2.4 (6)) entfallen.

Nachweis der Druckstrebentragfähigkeit (▶ DIN-HB Bb, 6.2.4 (4)):

$$\nu_{Ed} \leq \nu \cdot f_{cd} \cdot \sin \theta \cdot \cos \theta = \nu \cdot f_{cd}/(\cot \theta + \tan \theta) \qquad (2\text{-}75)$$

mit

$\nu = \nu_1 = 0{,}75$ nach (▶ DIN-HB Bb, 6.2.3 (103) und NDP zu 6.2.3 (103))

$\nu_{Ed} = 0{,}27/(6{,}4 \cdot 0{,}55) = 0{,}08\ \text{MN/m}^2 \leq 0{,}75 \cdot 19{,}83/(1{,}2 + 1\ /\ 1{,}2) = 7{,}31\ \text{MN/m}^2$

Damit ist die Tragfähigkeit der Betondruckstreben ausreichend.

Ist bei dem Nachweis der Fahrbahnplatte in Brückenquerrichtung Schubbewehrung erforderlich, ist die Interaktion der Druckstreben in beiden Beanspruchungsrichtungen des Gurtes nachzuweisen:

$$\left(\frac{\nu_{Ed}}{\nu_{Rd,\,max}}\right)_{Platte} + \left(\frac{\nu_{Ed}}{\nu_{Rd,\,max}}\right)_{Scheibe} \leq 1{,}0 \tag{2-76}$$

mit

$\nu_{Rd,max} = \nu \cdot f_{cd} \cdot \sin\theta_f \cdot \cos\theta_f$

Entsprechend den Nachweisen in der Brückenquerrichtung (Abschnitt 2.4.7.2) ist keine Schubbewehrung erforderlich, so dass der Nachweis der Druckstrebeninteraktion entfällt.

2.4.3 Schubkraftübertragung in der Koppelfuge

In der üblichen Bemessungspraxis wird vorausgesetzt, dass eine Schubkraftübertragung bei entsprechend verzahnter Ausbildung nach [ZTV-ING 2012] der Fugenoberflächen gewährleistet ist und der Nachweis somit nicht geführt wird. Bei Spannbetontragwerken ist dies in aller Regel aufgrund der Längskraft infolge Vorspannung gegeben. Um die prinzipielle Vorgehensweise zu demonstrieren, wird dieser Nachweis nachfolgend gezeigt.

Die Schubkraftübertragung in Fugen zwischen zu unterschiedlichen Zeitpunkten hergestellten Betonierabschnitten setzt sich additiv aus folgenden Tragkomponenten zusammen:

1) Haftzugfestigkeit (Adhäsion):

$$\nu_{Rd,ad} = c \cdot f_{ctd} \tag{2-77}$$

mit

- c Beiwert, der von der Rauigkeit der Fuge abhängt. Bei Vorhandensein einer senkrecht zur Fuge wirkenden Zugspannung sollte $c = 0$ gesetzt werden (▶ DIN-HB Bb, 6.2.5 (1)).
- f_{ctd} Bemessungswert der Betonzugfestigkeit $f_{ctd} = \alpha_{ct} \cdot f_{ctk,0,05}/\gamma_c = 0{,}85 \cdot 2{,}2/1{,}5 = 1{,}25\ \text{MN/m}^2$, (▶ DIN-HB Bb, 3.1.6 (102)P und NDP zu 3.1.6 (102)P)

2) Reibung:

$$\nu_{Rd,r} = \mu \cdot \sigma_N \tag{2-78}$$

mit

- μ Reibbeiwert, der von der Rauigkeit der Fuge abhängt
- σ_N zur Querkraft zugehörige Spannung senkrecht zur Fuge infolge der minimalen Normalkraft (Druck positiv). Es gilt $\sigma_N \leq 0{,}6\ f_{cd}$ (▶ DIN-HB Bb, 6.2.5 (1)).

3) die Fuge kreuzende Bewehrung:

Aufgrund der Scherbewegung wird mit der gegenseitigen Verschiebung der Fugenufer eine Längsdehnung in der die Fuge kreuzenden Bewehrung erzeugt. Zusätzlich erzwingt die raue Oberfläche bei der Verschiebung eine Fugenöffnung, so dass zusätzliche Längsdehnungen in der Bewehrung entstehen. Ein weiterer Traganteil entsteht aus der Dübelwirkung der Bewehrung. Wird angenommen, dass insgesamt die Bewehrung zum Fließen kommt, so kann bei senkrecht die Fuge kreuzender Bewehrung folgende Normalspannung zur Aktivierung der Reibungskraft angegeben werden:

$$\sigma_N = \frac{A_S}{A_{cF}} \cdot f_{yd} = \rho \cdot f_{yd} \qquad (2\text{-}79)$$

Die Rauigkeit der Fuge kann durch lokale Neigungen auf der Fugenoberfläche mit dem Neigungswinkel ϕ ausgedrückt werden. Damit ergibt sich folgender Traganteil für die Längsbewehrung:

$$\nu_{Rd,S} = \sigma_N \cdot \tan\phi = \sigma_N \cdot \mu = \rho \cdot f_{yd} \cdot \mu \qquad (2\text{-}80)$$

mit

A_S Querschnittsfläche der die Fuge kreuzenden ausreichend verankerten Bewehrung

A_{cF} Fläche der Fuge, über welche Schub übertragen wird

ρ Bewehrungsgrad mit A_S/A_{cF}

Bei geneigter Bewehrung zur Fuge erfolgt die Aufteilung der Längskraft in eine horizontale und vertikale Komponente. Für die vertikale Komponente erweitert sich die zuvor genannte Beziehung zu:

$$\nu_{Rd,S,vert} = \rho \cdot f_{yd} \cdot \mu \cdot \sin\alpha \qquad (2\text{-}81)$$

Die horizontale Komponente lautet:

$$\tau_{Rd,S,horiz} = \rho \cdot f_{yd} \cdot \cos\alpha \qquad (2\text{-}82)$$

Aus der Überlagerung der einzelnen Komponenten ergibt sich damit die Fugentragfähigkeit zu (► DIN-HB Bb, 6.2.5 (1)):

$$\nu_{Rdi} = c \cdot f_{ctd} + \mu \cdot \sigma_n + \rho \cdot f_{yd} \cdot (\mu \cdot \sin\alpha + \cos\alpha) \leq 0{,}5 \cdot \nu \cdot f_{cd} \qquad (2\text{-}83)$$

Anmerkung: Eine Überlagerung des Haftverbundes mit der Aktivierung der Bewehrung infolge Relativverschiebung der Fugenufer erscheint zunächst nicht konsistent, da durch die Bewegung der Haftverbund aufgezehrt ist. Dieser Fehler wird jedoch durch die Beiwerte μ und c semi-empirisch berücksichtigt und korrigiert.

Die einwirkende Querkraft an der Koppelfuge 3 beträgt:

$$V_{Ed} = 1{,}35 \cdot V_{g1,k} + 1{,}35 \cdot V_{g2,k} + 1{,}0 \cdot V_p + 1{,}0 \cdot V_{c+s+r,BA4} + 1{,}5 \cdot 0{,}6 \cdot V_{set} + 1{,}35 \cdot (V_{TS} + V_{UDL}) + 0{,}6 \cdot 1{,}35 \cdot 0{,}8 \cdot V_{\Delta T}$$

$$V_{Ed} = 1{,}35 \cdot 2{,}36 + 1{,}35 \cdot 0{,}42 + 1{,}0 \cdot -1{,}75 + 1{,}0 \cdot -0{,}196 + 1{,}5 \cdot 0{,}6 \cdot 0{,}153 + 1{,}35 \cdot (0{,}75 + 0{,}97) + 0{,}6 \cdot 1{,}35 \cdot 0{,}8 \cdot 0{,}048$$

$$V_{Ed} = 4{,}30 \text{ MN}$$

Für den Nachweis werden die abliegenden Gurte des Querschnitts nicht mit angesetzt, da sich diese infolge Biegung der Tragfähigkeit größtenteils entziehen. Es wird eine verzahnte Fuge vorausgesetzt (▶ DIN-HB Bb, NCI zu 6.2.5 Bild 6.109DE).

1) Haftfestigkeit (Adhäsion):

$$V_{Rd,ad} = c \cdot f_{ctd} \cdot b_w \cdot h = 0{,}5 \cdot 1{,}25 \cdot 4{,}3 \cdot 1{,}45 = 3{,}9 \text{ MN}$$

mit

$c = 0{,}5$ für verzahnte Fugenoberfläche (▶ DIN-HB Bb, 6.2.5 (2))

2) Reibung:

$$V_{Rd,r} = \mu \cdot P = 0{,}9 \cdot (44{,}85 - 2{,}58) = 38{,}04 \text{ MN}$$

mit

$\mu = 0{,}9$ für verzahnte Fugenoberfläche (▶ DIN-HB Bb, 6.2.5 (2))

3) die Fuge kreuzende Bewehrung:

$$V_{Rd,S} = \rho \cdot f_{yd} \cdot \mu \cdot b_w \cdot h = 0{,}00091 \cdot 435 \cdot 0{,}9 \cdot 4{,}3 \cdot 1{,}45 = 2{,}22 \text{ MN}$$

mit

$\rho = (A_{So} + A_{Su})/A_{cF} = (20{,}4 + 70{,}7)/100\,650 = 9{,}05 \cdot 10^{-4}$ (▶ DIN-HB Bb, 6.2.5 (1))

$A_{So} = (11{,}4 - 2 \cdot 0{,}07 - 2 \cdot 2{,}95) \cdot 3{,}80 \text{ cm}^2 = 20{,}4 \text{ cm}^2$

$A_{Su} = 70{,}7 \text{ cm}^2$

$A_{cF} = (594 + 321)/2 \cdot 220 = 100\,650 \text{ cm}^2$

Anmerkung: Der Anteil der Spannstahlbewehrung wurde vernachlässigt.

Die Ergebnisse der einzelnen Traganteile zeigen, dass der wesentliche Anteil aus der Längskraft infolge Vorspannung resultiert und eine ausreichende Schubtragfähigkeit der Fuge allein durch die Reibung gegeben ist.

2.4.4 Torsion (Torsion und Querkraft)

Ist der Torsionswiderstand einzelner Bauteile für das statische Gleichgewicht oder ist die Schnittgrößenverteilung sehr stark von den angesetzten Torsionssteifigkeiten abhängig, muss eine Torsionsbemessung sowohl im Grenzzustand der Tragfähigkeit als auch im Grenzzustand der Gebrauchstauglichkeit erfolgen (▶ DIN-HB Bb, NCI zu 6.3.1 (1) und (2)).

Offene gegliederte Querschnitte dürfen zur Ermittlung der Torsionstragfähigkeit in Teilquerschnitte zerlegt werden, deren Summe die Gesamttragfähigkeit ergibt (▶ DIN-HB Bb, 6.3.1 (3)). Die Aufteilung des einwirkenden Torsionsmomentes auf die Teilquerschnitte darf dabei im Verhältnis der Torsionssteifigkeiten der ungerissenen Querschnitte erfolgen (▶ DIN-HB Bb, 6.3.1 (4)). Die Bemessung ist dann in diesem Fall für jeden Teilquerschnitt separat durchzuführen (▶ DIN-HB Bb, 6.3.1 (5)).

Zur Aufnahme des Torsionsmomentes kann jeder Teilquerschnitt in einen gedachten dünnwandigen Ersatzhohlkastenquerschnitt (Bild 2-103) mit der effektiven Dicke t_{ef}, in welchem das Gleichgewicht durch einen geschlossenen Schubfluss erfüllt wird, und in einen nicht mittragenden Betonkern überführt werden (▶ DIN-HB Bb, 6.3.1 (3)). Die effektive Dicke t_{ef} des Ersatzhohlkastens entspricht dem doppelten Abstand der Mittellinie der Längsbewehrung zur Außenfläche (▶ DIN-HB Bb, NCI zu 6.3.2 (1)), jedoch nicht größer als die halbe Breite des Quer- bzw. Teilquerschnitts (▶ DIN-HB Bb, 6.3.1 (3)). Bei Hohlkastenquerschnitten mit beidseitiger Wandbewehrung, bei denen $h_w \leq b/6$ bzw. $b_w \leq h/6$ ist, kann die gesamte Wanddicke für t_{ef} angenommen werden (▶ DIN-HB Bb, NCI zu 6.3.2 (1)). Die Lage der Mittellinie wird durch die Schwerpunkte der Längsbewehrung in den Querschnittsecken festgelegt (▶ DIN-HB Bb, NCI zu 6.3.2 (1)). Damit ergibt sich die effektive Dicke der Ersatzwand in den Stützbereichen in diesem Beispiel zu:

$$t_{ef} = 0{,}08 \cdot 2 = 0{,}16 \text{ m}$$

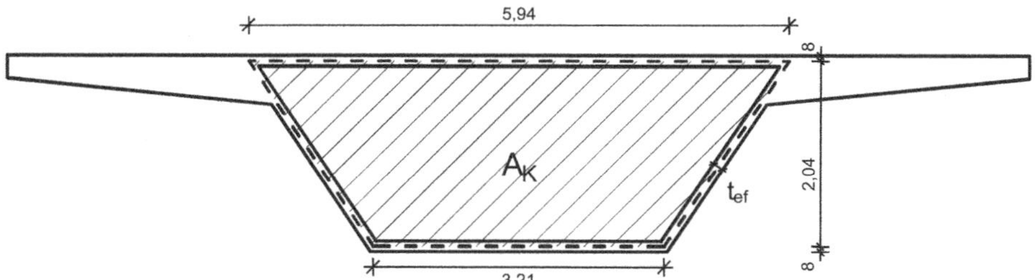

Bild 2-103 Modellbildung Torsion – Ersatzhohlkasten und passiver Kern

Eine additive Überlagerung der Beanspruchungen aus Torsion und Querkraft ist möglich, wenn für beide Beanspruchungsarten die gleiche Neigung der Druckstreben θ zugrunde gelegt wird (▶ DIN-HB Bb, 6.3.2 (102)). Der Neigungswinkel der Druckstreben θ kann im Allgemeinen durch alleinige Betrachtung der Querkraftbeanspruchung ermittelt werden, Gl. (2-61), (▶ DIN HB Bb, 6.2.3 (2)). Nur bei sehr hoher Querkraftbeanspruchung ist die Betrachtung der meist beanspruchten Wandseite infolge der beiden Beanspruchungsarten erforderlich.

Die Obergrenze der Tragfähigkeit eines durch Torsion und Querkraft beanspruchten Bauteils ergibt sich aus der Druckstrebentragfähigkeit. Dabei sind folgende Interaktionsbedingungen einzuhalten:

für Vollquerschnitte:
$$\left(\frac{T_{Ed}}{T_{Rd,\,max}}\right)^2 + \left(\frac{V_{Ed}}{V_{Rd,\,max}}\right)^2 \leq 1{,}0 \qquad (2\text{-}84)$$

für Kastenquerschnitte:
$$\left(\frac{T_{Ed}}{T_{Rd,\,max}}\right) + \left(\frac{V_{Ed}}{V_{Rd,\,max}}\right) \leq 1{,}0 \qquad (2\text{-}85)$$

mit

T_{Ed} Bemessungswert des Torsionsmomentes

V_{Ed} Bemessungswert der Querkraft

$V_{Rd,max}$ Bemessungswert der aufnehmbaren Querkraft. Bei Vollquerschnitten darf die gesamte Stegbreite angesetzt werden (siehe Gl. (2-65), (▶ DIN-HB Bb, 6.2.3 (103))).

$T_{Rd,max}$ Bemessungswert des aufnehmbaren Torsionsmomentes

$$T_{Rd,max} = 2 \cdot \nu \cdot \alpha_{cw} \cdot f_{cd} \cdot A_k \cdot t_{ef,i} \cdot \sin\theta \cdot \cos\theta = \frac{\nu \cdot \alpha_{cw} \cdot f_{cd} \cdot 2A_k \cdot t_{ef,i}}{\cot\theta + \tan\theta} \quad (2\text{-}86)$$

mit

α_{cw} = 1,00 Beiwert zur Berücksichtigung des Spannungszustandes im Druckgurt (▶ DIN-HB Bb, NDP zu 6.3.3 (103)).

ν = 0,525 für Torsion allgemein und 0,75 für Hohlkastenquerschnitte mit beidseitiger Wandbewehrung (▶ DIN-HB Bb, NCI zu 6.3.2 (104))

A_k durch die Mittellinien eingeschlossene Fläche einschließlich innerer Hohlbereiche

θ Neigung der Betondruckstrebe, zu begrenzen nach (▶ DIN-HB Bb, 6.2.3 (2))

Bei Hohlkastenquerschnitten sollte der Nachweis für jede Wand gesondert geführt werden.

Die erforderliche Längsbewehrung A_{sl} zur Aufnahme der Zugbeanspruchungen aus Torsion ergibt sich zu (▶ DIN-HB Bb, 6.3.2 (103)):

$$\frac{\sum A_{sl} \cdot f_{yd}}{u_k} = \frac{T_{Ed}}{2 \cdot A_k} \cot\theta \quad (2\text{-}87)$$

mit

u_k Umfang der Fläche A_k

f_{yd} Bemessungswert der Streckgrenze der Längsbewehrung A_{sl}

θ Druckstrebenneigung

Die zugehörige Bügelbewehrung A_{sw}/s_w ergibt sich zu (▶ DIN-HB Bb, NCI zu 6.3.2 (103)):

$$\frac{\sum A_{sw} \cdot f_{yd}}{s_w} = \frac{T_{Ed}}{2 \cdot A_k} \tan\theta \quad (2\text{-}88)$$

mit

s_w Abstand der Torsionsbügelbewehrung in Bauteillängsachse

Nachweis für reine Torsion

Im vorliegenden Beispiel tritt die Torsionsbeanspruchung immer kombiniert mit Querkraft auf, so dass dieser Fall nachweisrelevant ist. Dennoch soll exemplarisch zunächst der Fall der reinen Torsion rechts der Stütze in Achse 50 vorgeführt werden. Infolge der vorliegenden Querschnittsabmessung wird die Torsionstragfähigkeit der abliegenden Querschnittsteile der Betongurte (Fahrbahnplatte) auf der sicheren Seite liegend nicht berücksichtigt. Das Bemessungstorsionsmoment ergibt sich zu:

$$T_{Ed} = 1{,}35 \cdot (T_{k,UDL} + T_{k,TS}) = 1{,}35 \cdot (4{,}434 + 1{,}474) = 7{,}98 \text{ MNm}$$

Für reine Torsion wird empfohlen, die Neigung der Druckstreben mit $\cot\theta = 1{,}0$ wegen einer ausgewogenen Längs- und Querbewehrung zu wählen.

Die Schubkraft $V_{Ed,i}$ in einer Wand i des Ersatzhohlkastens infolge alleiniger Torsion wird wie folgt ermittelt (▶ DIN-HB Bb, 6.3.2 (1)):

$$V_{Ed,i} = \tau_{t,i} \cdot t_{ef,i} \cdot z_i \qquad (2\text{-}89)$$

Mit $\tau_{t,i} \cdot t_{ef,i} = T_{Ed}/2 \cdot A_k$ entsprechend der 1. Bredt'schen Formel ergibt sich:

$$V_{Ed,i} = \frac{T_{Ed} \cdot z_i}{2 \cdot A_k} = \frac{7{,}98 \cdot 5{,}63}{2 \cdot 9{,}33} = 2{,}41 \text{ MN} \qquad (2\text{-}90)$$

mit

z_i Abstand der Schnittpunkte der Mittellinie

A_k $= (5{,}94 \text{ m} + 3{,}21 \text{ m})/2 \cdot 2{,}04 \text{ m} = 9{,}33 \text{ m}^2$

Der Bemessungswert des maximal aufnehmbaren Torsionsmomentes ergibt sich nach Gl. (2-86), wobei die kleinste Ersatzwanddicke nachweisrelevant ist:

$$T_{Rd,\,max} = \frac{\nu \cdot \alpha_{cw} \cdot f_{cd} \cdot 2A_k \cdot t_{ef,i}}{\cot\theta + \tan\theta}$$

$$T_{Rd,\,max} = \frac{0{,}525 \cdot 1{,}0 \cdot 19{,}83 \cdot 2 \cdot 9{,}33 \cdot 0{,}16}{1{,}0 + 1/1{,}0} = 16{,}4 \text{ MNm}$$

Damit ist der Nachweis für die maximale Tragfähigkeit (Druckstrebentragfähigkeit) für den Fall alleiniger Torsion mit 16,4 MN > 7,98 MN erbracht.

Ermittlung der erforderlichen Bügelbewehrung:

$$\frac{\sum A_{sw,T}}{s_w} = \frac{T_{Ed}}{f_{yd} \cdot 2 \cdot A_k \cdot \cot\theta} = \frac{7{,}98}{435 \cdot 2 \cdot 9{,}33 \cdot 1{,}0} \cdot 10^4 = 9{,}33 \text{ cm}^2/\text{m}$$

Ermittlung der erforderlichen Längsbewehrung:

$$\frac{\sum A_{sl,T}}{u_k} = \frac{T_{Ed}}{f_{yd} \cdot 2 \cdot A_k} \cdot \cot\theta = \frac{7{,}98 \cdot 1{,}0}{435 \cdot 2 \cdot 9{,}33} \cdot 10^4 = 9{,}83 \text{ cm}^2/\text{m}$$

In den Zugbereichen ist die Torsionslängsbewehrung mit der übrigen Längsbewehrung zu überlagern. In den Druckbereichen darf diese entsprechend den vorhandenen Druckkräften abgemindert werden (▶ DIN-HB Bb, 6.3.2 (103)). Erfolgt eine Abminderung der Torsionslängsbewehrung in der Druckzone, muss sichergestellt sein, dass die günstig wirkende Druckspannung auch tatsächlich permanent vorhanden ist. Die Torsionsquerbewehrung muss aus geschlossenen Bügeln bestehen und sollte einen Winkel von 90° mit der Bauteillängsachse bilden (▶ DIN-HB Bb, 9.2.3 (1)). Die Längsbewehrung ist gleichmäßig über die Länge der betrachteten Wand des Ersatzhohlkastens oder Hohlkastens zu verteilen oder darf bei kleineren Querschnitten jeweils in den Ecken konzentriert werden (▶ DIN-HB Bb, 6.3.2 (103)).

Nachweis für kombinierte Beanspruchung aus Torsion und Querkraft mit Biegung und Längskraft nach dem vereinfachten Verfahren

Da die maximale Torsionsbeanspruchung nicht gleichzeitig mit der maximalen Querkraftbeanspruchung auftritt, ist der Nachweis für die kombinierte Beanspruchung aus Torsion und Querkraft rein formal gesehen für folgende Fälle zu führen:

1) max V_{Ed} mit zugehörig T_{Ed}

2) max T_{Ed} mit zugehörig V_{Ed}

Der Nachweis der Druckstreben für kombinierte Beanspruchung erfolgt anhand der zuvor allgemein dargestellten Interaktionsbedingung für Kompaktquerschnitte.

Nachweis von Fall 1) max V_{Ed}; zugehörig T_{Ed}

$$\max V_{Ed0} = 11{,}42 \text{ MN}; \quad \max V_{Ed;1,0d} = 6{,}82$$

Vereinfacht wird der Wert für die zugehörige Torsionsbeanspruchung direkt über der Stütze verwendet. Die zur maximalen Querkraft zugehörigen Komponenten der Torsion aus Verkehr betragen:

$$T_{k,UDL} = 3{,}46 \text{ MN}; T_{k,TS} = 1{,}28 \text{ MN}$$

Damit ergibt sich die zugehörige Torsion zu:

$$\text{zug. } T_{Ed} = 1{,}35 \cdot (3{,}46 + 1{,}28) = 6{,}399 \text{ MN}$$

Die Schubkraft $V_{Ed,T+V}$ in der Wand ergibt sich aus dem Torsionsanteil und dem auf den Ersatzhohlkasten entfallenden Anteil aus der Querkraft(► DIN-HB Bb, NCI zu 6.3.2 (102)):

$$V_{Ed,T+V} = V_{Ed,T} + V_{Ed} \cdot \frac{t_{ef,i}}{b_w} \tag{2-91}$$

Da Querkraft und Torsion sich nur auf der vertikalen Wandseite überlagern, muss die Schubkraft für die vertikale Wandseite neu berechnet werden:

$$V_{Ed,T} = \frac{T_{Ed} \cdot z_i}{2 \cdot A_k} = \frac{6{,}399 \cdot 2{,}45}{2 \cdot 9{,}33} = 0{,}84 \text{ MN}$$

mit

z_i Länge des betrachteten Ersatzwandabschnitts

$$z_i = \sqrt{\left(\frac{5{,}94}{2} - \frac{3{,}21}{2}\right)^2 + 2{,}04^2} = 2{,}45 \text{ m}$$

$$V_{Ed,T+V} = 0{,}84 + 11{,}42 \cdot \frac{0{,}16}{3{,}3} = 1{,}32 \text{ MN}$$

Der Nachweis für die Querkraft allein in Abschnitt 2.4.2.1 zeigt noch eine ausreichende Reserve für die Druckstreben, so dass der weitere Nachweis mit der gleichen Neigung der Druckstreben hätte geführt werden können. Um den Unterschied zu verdeutlichen, wird hier die Neigung der Druckstreben für die höchst beanspruchte Wandseite ermittelt.

$$4/7 \leq \cot\theta \leq \frac{1{,}2 + 1{,}4\sigma_{cd}/f_{cd}}{1 - V_{Rd,c}/V_{Ed,T+V}} \leq 7/4$$

$$4/7 \leq \cot\theta \leq \frac{1{,}2 + 1{,}4 \cdot 3{,}84/19{,}83}{1 - 0{,}116/1{,}32} = 1{,}61 < 7/4 \qquad 1{,}61 \text{ gewählt!}$$

Erforderliche Bügelbewehrung zur Aufnahme der Torsion:

$$\frac{\sum A_{sw,T}}{s_w} = \frac{T_{Ed}}{f_{yd} \cdot 2 \cdot A_k \cdot \cot\theta} = \frac{6{,}399}{435 \cdot 2 \cdot 9{,}33 \cdot 1{,}61} \cdot 10^4 = 4{,}90 \text{ cm}^2/\text{m}$$

Zugehörige Längsbewehrung zur Aufnahme der Torsion:

$$\frac{\sum A_{sl,T}}{u_k} = \frac{T_{Ed}}{f_{yd} \cdot 2 \cdot A_k \cdot \tan\theta} = \frac{6{,}399}{435 \cdot 2 \cdot 9{,}33 \cdot 1/1{,}61} \cdot 10^4 = 12{,}69 \text{ cm}^2/\text{m}$$

Maximal aufnehmbares Torsionsmoment infolge der Druckstrebentragfähigkeit:

$$T_{Rd,\,max} = \frac{0{,}525 \cdot 1{,}0 \cdot 19{,}83 \cdot 2 \cdot 9{,}33 \cdot 0{,}16}{1{,}61 + 1/1{,}61} = 13{,}93 \text{ MNm}$$

Die erforderliche Querbewehrung zur Aufnahme der Querkraft unter Berücksichtigung der gewählten Druckstrebenneigung mit $\cot\theta = 1{,}61$:

$$a_{sw} = \frac{V_{Ed,1,0d}}{z \cdot f_{ywd} \cdot \cot\theta} = \frac{6{,}82}{1{,}10 \cdot 435 \cdot 1{,}61} \cdot 10^4 = 88{,}5 \text{ cm}^2/\text{m}$$

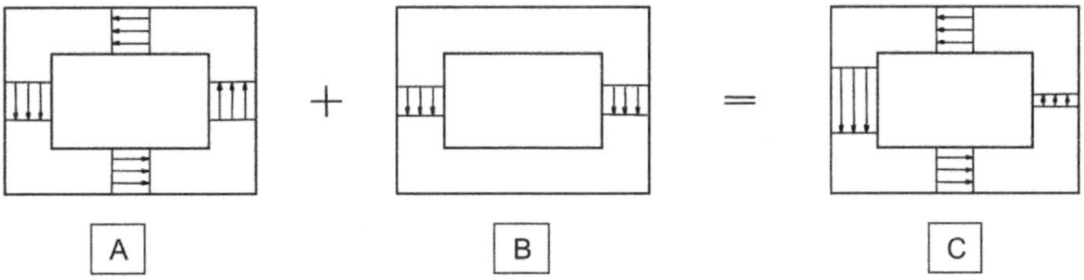

A + B = C

Legende

A Torsion

B Querkraftbeanspruchung

C Kombination

Bild 2-104 Überlagerung der Schubspannungen in den Wänden eines Kastenquerschnitts

Die Querkrafttragfähigkeit der Druckstrebe ist ebenfalls neu zu bestimmen:

$$V_{Rd,\,max} = 1{,}0 \cdot 3{,}58 \cdot 1{,}10 \cdot 0{,}75 \cdot 19{,}83/(1{,}61 + 1/1{,}61) = 26{,}25 \text{ MN}$$

Der Interaktionsnachweis lautet dann:

$$\left(\frac{T_{Ed}}{T_{Rd,\,max}}\right)^2 + \left(\frac{V_{Ed}}{V_{Rd,\,max}}\right)^2 = \left(\frac{6{,}399}{13{,}93}\right)^2 + \left(\frac{11{,}42}{26{,}25}\right)^2 = 0{,}40 < 1$$

Nachweis von Fall 2) max T_{Ed}; zugehörig V_{Ed}

Da die Schubbewehrung vorwiegend durch die Querkraft bestimmt wird und die zur maximalen Torsion zugehörige Querkraft deutlich geringer ist als die maximale Querkraft, wird dieser Fall nicht nachweisrelevant und deshalb an dieser Stelle nicht weiter vorgeführt.

Besonderheiten bei gegliederten dünnwandigen Querschnitten

Tritt Torsion gleichzeitig mit Querkraft, Biegung und Längskraft auf, so kann dies insbesondere bei Hohlkastenquerschnitten zu kritischen Hauptspannungen in den Druckgurten führen

(▶ DIN-HB Bb, NCI zu 6.3.2 (NA.106)). Bei Vollquerschnitten kann der Nachweis der Hauptdruckspannungen entfallen, da die Druckzone im Stützbereich unten liegt und somit keine dünnwandigen Querschnittsteile mit annähernd konstanter Spannungsverteilung vorliegen.

Wölbkrafttorsion

Bei geschlossenen dünnwandigen Querschnitten als auch Vollquerschnitten dürfen die Auswirkungen der Wölbkrafttorsion im Allgemeinen vernachlässigt werden (▶ DIN-HB Bb, 6.3.3 (1)).

2.4.5 Ermüdung

Tragwerke, welche regelmäßigen Lastwechseln und damit Spannungsänderungen ausgesetzt sind, müssen gegen Ermüdung bemessen werden. Dabei sind die Nachweise getrennt für Beton und Stahl zu führen (▶ DIN-HB Bb, 6.8.1 (1)P und (102)).

Bei Straßenbrücken kann unter der Voraussetzung, dass unter der seltenen Lastkombination und dem Mittelwert der Vorspannung die Betonranddruckspannungen nicht größer als 0,6 f_{ck} sind, auf den Nachweis gegen Ermüdung des Betons verzichtet werden (▶ DIN-HB Bb, NDP zu 6.8.1 (102)). Da für die Betonspannung unter seltener Lastkombination im Gebrauchszustand der gleiche Nachweis zu führen ist, kann davon ausgegangen werden, dass dieses Kriterium bei Straßenbrücken im Allgemeinen eingehalten ist (außer wenn die Grenze auf 0,7 f_{ck} infolge der Umschnürung (▶ DIN-HB Bb, NDP zu 7.2 (102)) erhöht wird).

Wenn das Brückenbauwerk der Anforderungsklasse A oder B zugeordnet ist, kann der Ermüdungsnachweis für Spann- oder Betonstahl ohne Schweißverbindungen oder Kopplungen entfallen (▶ DIN-HB Bb, NDP zu 6.8.1 (102)). Dies gilt ebenfalls für Spannstahl von externen oder internen Spanngliedern ohne Verbund. In diesen Fällen ist die Spannungszunahme im Spannstahl sehr gering (▶ DIN-HB Bb, NDP zu 6.8.1 (102)).

Der Ermüdungsnachweis ist in der Regel unter Berücksichtigung der folgenden Einwirkungen zu führen (▶ DIN-HB Bb, NCI zu 6.8.3 (1)P):

Grundbeanspruchung:

- charakteristischer Wert der ständigen Einwirkungen inklusive der Umlagerungen aus unterschiedlichen Systemzuständen,
- wahrscheinliche Setzungen (sofern ungünstig wirkend),
- 0,9-facher Mittelwert der statisch bestimmten Vorspannkraft,
- statisch unbestimmter charakteristischer Anteil der Vorspannkraft je nach deren Wirkung (r_{inf}) oder (r_{sup}),
- häufiger Wert der Temperatureinwirkung $\psi_1 \cdot \Delta T$ (sofern ungünstig wirkend).

Ermüdungsbeanspruchung:

- maßgebendes Verkehrslastmodell für Ermüdung,
- wo relevant, Windböen.

An Koppelfugen ist der Mittelwert der statisch bestimmten Vorspannung mit dem Faktor 0,75 abzumindern. Darin sind bereits die in den bauaufsichtlichen Zulassungen angegebenen erhöhten Verluste aus Kriechen und Schwinden im Bereich der Kopplungen pauschal enthalten (▶ DIN-HB Bb, NCI zu 6.8.3 (1)P).

Nachfolgend wird der Nachweis für die Koppelfuge KF 3 für den Beton- und Spannstahl beispielhaft geführt.

Beton- und Spannstahl

Vereinfachter Nachweis durch Spannungsbegrenzung (Stufe 1)

Der Ermüdungsnachweis für ungeschweißte Bewehrungsstäbe gilt als erbracht, wenn die Spannungsschwingbreite $\Delta\sigma_s$ unter der häufigen Lastkombination mit dem LM 1 $\leq 70\ \text{MN/m}^2$ beträgt (▶ DIN-HB Bb, 6.8.6 (1)) und (▶ NDP zu 6.8.6 (1)).

Vordehnung (rechte Seite ist maßgebend, da geringere Vorspannung) des Spannstahls nach Verankerung der Spannglieder:

$$\begin{aligned}\varepsilon_{pm} &= \gamma_{inf} \cdot 0{,}75 \cdot P_{m0}/(E_p \cdot A_p) = 0{,}9 \cdot 0{,}75 \cdot 44{,}86/(195\,000 \cdot 0{,}0399)\\ &= 3{,}892\ ‰\end{aligned}$$

Betondehnung infolge der Vorspannkraft:

$$\Delta\varepsilon_{cp} = \gamma_{inf} \cdot 0{,}75 \cdot P_{m0}/(E_c \cdot A_{c,n}) + \gamma_{inf} \cdot 0{,}75 \cdot M_{pm0} \cdot z_{cp,n}/(I_{c,n} \cdot E_c)$$

mit

$$\begin{aligned}z_{cp,n} &= e_{p,OK} - z_{c,n} = 0{,}785 - 0{,}575 - 0{,}01 = 0{,}20\ \text{m}\\ &= 0{,}9 \cdot 0{,}75 \cdot -44{,}86/(34\,000 \cdot 9{,}69) + 0{,}9 \cdot 0{,}75 \cdot -8{,}90 \cdot 0{,}20/(1{,}72 \cdot 34\,000)\\ &= -0{,}092 + -0{,}021 = -0{,}113\ ‰\end{aligned}$$

Verlust aus Kriechen, Schwinden und Spannstahlrelaxation infolge des statisch bestimmten Anteils der Vorspannung (dabei wird vereinfachend für alle Kriechphasen der ideelle Querschnitt angenommen):

$$\Delta\varepsilon_{cp,c+s+r} = \Delta P_{c+s+r}/(E_p \cdot A_p) + M_{c+s+r,best} \cdot z_{cp,i}/(I_{c,i} \cdot E_c)$$

$$\Delta\varepsilon_{cp,c+s+r} = 5{,}44/(195\,000 \cdot 0{,}0399) + 1{,}08 \cdot 0{,}194/(1{,}737 \cdot 34\,000)$$

mit

$$z_{cp,i} = e_{p,OK} - z_{c,i} - \text{Exzentrizität} = 0{,}785 - 0{,}581 - 0{,}01 = 0{,}194\ \text{m}$$

$$\Delta\varepsilon_{cp,c+s+r} = 0{,}699 + 0{,}0035 = 0{,}703\ ‰$$

Dehnung des Spannstahls im Spannbettzustand zum Nachweiszeitpunkt:

$$\varepsilon_{pm}^{(0)} = 3{,}892 + 0{,}113 - 0{,}703 = 3{,}302\ ‰$$

Grundkombination der nicht ermüdungswirksamen Einwirkung ist die häufige Einwirkung ohne Verkehrslast (▶ DIN-HB Bb, 6.8.3 (2)P):

$$\sum_{j \geq 1} G_{kj} + P + \psi_{11} \cdot Q_{k1} + \sum_{i>1} \psi_{2i} \cdot Q_{ki} \qquad (2\text{-}92)$$

$$M_{0,freq} = 1{,}0 \cdot (M_{g1,k} + M_{g2,k}) + 1{,}1 \cdot M_{p,unbe} + 1{,}1 \cdot M_{c+s+r,unbe} + 1{,}0 \cdot M_{set} + 0{,}5 \cdot M\Delta_T$$

$$M_{0,freq} = 1{,}0 \cdot (-7{,}53 + -0{,}40) + 1{,}1 \cdot 8{,}99 + 1{,}0 \cdot 6{,}62 + 1{,}0 \cdot 1{,}77 + 0{,}5 \cdot 4{,}87 = 12{,}78 \text{ MNm}$$

Die ermüdungswirksame Einwirkung (z. B. Verkehrslast oder andere zyklische Einwirkungen) ist mit der ungünstigen Grundkombination zu kombinieren (▶ DIN-HB Bb, 6.8.3 (3)P).

$$\left(\sum_{j \geq 1} G_{kj} + P + \psi_{11} \cdot Q_{k1} + \sum_{i>1} \psi_{2i} \cdot Q_{ki}\right) + Q_{fat} \qquad (2\text{-}93)$$

Maximales Moment der häufigen Einwirkungskombination:

$$M_{freq,max} = M_{0,freq} + 0{,}75 \cdot M_{TS} + 0{,}4 \cdot M_{UDL}$$

$$M_{freq,max} = 12{,}78 + 0{,}75 \cdot 3{,}6 + 0{,}4 \cdot 4{,}59 = 17{,}32 \text{ MNm}$$

Minimales Moment der häufigen Einwirkungskombination:

$$M_{freq,min} = M_{0,freq} + 0{,}75 \cdot M_{TS} + 0{,}4 \cdot M_{UDL}$$

$$M_{freq,min} = 12{,}78 + 0{,}75 \cdot -2{,}83 + 0{,}4 \cdot -5{,}19 = 8{,}58 \text{ MNm}$$

Als Eingangswerte für die vorhandene Betonstahlbewehrung werden die Ergebnisse der Mindestbewehrung aus Abschnitt 2.3.2.7 angenommen.

$$A_{so} = 106{,}9 \text{ cm}^2$$

$$A_{su} = 70{,}7 \text{ cm}^2$$

$$A_p = 399 \text{ cm}^2$$

Die Ermittlung der Dehnungsebene bzw. Spannungen am Querschnitt erfolgt auf Grundlage eines gerissenen Querschnitts unter Vernachlässigung der Betonzugfestigkeit (▶ DIN-HB Bb, 6.8.2 (1)P). Dafür werden sowohl für den Beton als auch für den Beton- und Spannstahl ein lineares Verhalten wie beim Nachweis der Gebrauchstauglichkeit (siehe Abschnitt 2.5) zugrunde gelegt. Dies ist sinnvoll, da die auftretenden Spannungen weit unter den Materialfestigkeiten bleiben und im Grenzzustand der Gebrauchstauglichkeit ohnehin auf die quasi elastischen Werte begrenzt werden.

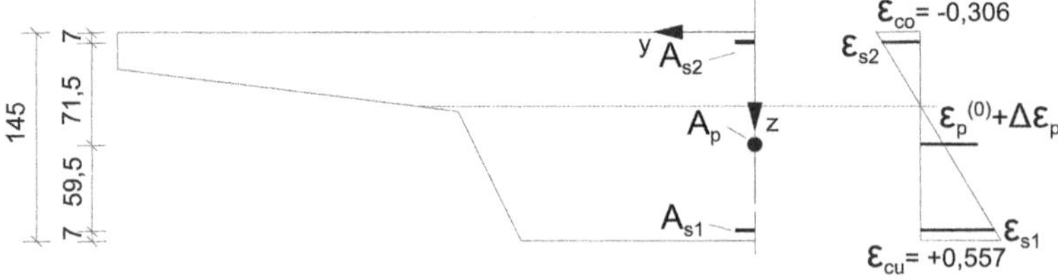

Bild 2-105 Dehnungsebene im Bereich KF 3 für $M_{freq,max}$ Nachweisstufe 1

Ergebnisse der EDV-Querschnittsanalyse in KF 3:

$M_{freq,max}$:	$M_{freq,min}$:
$\varepsilon_c = -0{,}306$ ‰	$\varepsilon_c = -0{,}122$ ‰
$\varepsilon_{s1} = 0{,}468$ ‰	$\varepsilon_{s1} = -0{,}035$ ‰
$\sigma_{s1} = 93{,}5\ \text{MN/m}^2$	$\sigma_{s1} = -6{,}99\ \text{MN/m}^2$
$\varepsilon_{p,ges} = 3{,}45$ ‰	$\varepsilon_{p,ges} = 3{,}24$ ‰
$\sigma_{p,ges} = 671{,}8\ \text{MN/m}^2$	$\sigma_{p,ges} = 631{,}5\ \text{MN/m}^2$

Das bessere Verbundverhalten von Betonstahl gegenüber Spannstahl muss durch eine Erhöhung der Betonstahlspannungen mit dem Faktor η berücksichtigt werden (▶ DIN-HB Bb, 6.8.2 (2)P). Für den Spannstahl bleibt die verbundbedingte Reduzierung auf der sicheren Seite liegend unberücksichtigt. Bei Biegung ist die unterschiedliche Höhenlage der einzelnen Spannglieder und Betonstähle angemessen zu berücksichtigen (▶ DIN-HB Bb, NCI zu 6.8.2 (2) P). Dies kann näherungsweise durch eine Gewichtung der Abstände der Bewehrungs- und Spannstahllagen zur Dehnungsnulllinie erfolgen.

$$\eta = A_s + \sum \frac{e_{pi}}{e_s} \cdot A_{pi}/A_s + \frac{e_{pi}}{e_s} \cdot A_{pi} \cdot \sqrt{\xi \cdot \frac{d_s}{d_p}} \qquad (2\text{-}94)$$

Wichtungsfaktor für $M_{freq,max}$:

Druckzonenhöhe: $x = 0{,}306/(0{,}306 + 0{,}468) \cdot 1{,}45 = 0{,}57$ m

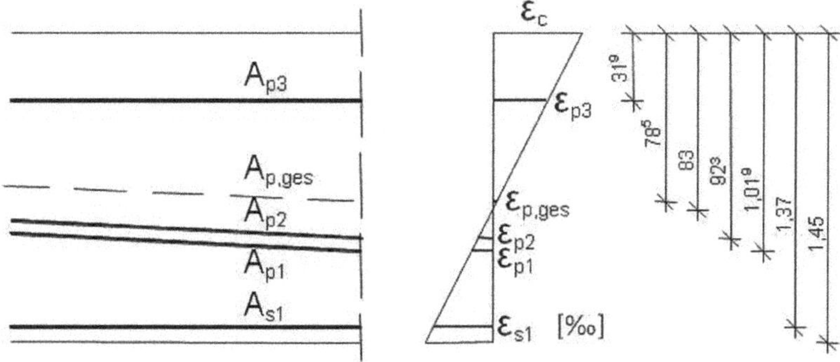

Bild 2-106 Dehnungsebene für $M_{freq,max}$, Lage und Gewichtung der Spannstahlstränge in KF 3

Mit den in Abschnitt 2.3.3.2 und Bild 2-106 angegebenen tatsächlichen Lagen der einzelnen Spannstränge in KF 3 ergeben sich die Eingangswerte für Gl. (2-94) zu:

$e_s = 1{,}37 - 0{,}57 = 0{,}80$ m

$e_{p1} = 1{,}019 - 0{,}57 = 0{,}449$ m (gekoppelte SG; $A_{p1} = 142{,}5\ \text{cm}^2$)

$e_{p2} = 0{,}923 - 0{,}57 = 0{,}353$ m (Kontinuitäts-SG; $A_{p2} = 142{,}5\ \text{cm}^2$)

$e_{p1}/e_s = 0{,}449/0{,}80 = 0{,}56$

$e_{p2}/e_s = 0{,}353/0{,}80 = 0{,}44$

$d_s = 20 \text{ mm}$

$d_p = 1{,}6 \cdot (2850)^{1/2} = 85{,}4 \text{ mm}$

$\xi = 0{,}5$

$[\xi \cdot (d_s/d_p)]^{1/2} = [0{,}5 \cdot (20/85{,}4)]^{1/2} = 0{,}34$

$$\eta = \frac{70{,}7 + 0{,}56 \cdot 142{,}5 + 0{,}44 \cdot 142{,}5}{70{,}7 + (0{,}56 \cdot 142{,}5 + 0{,}44 \cdot 142{,}5) \cdot 0{,}34} = 1{,}79$$

Für $M_{freq,min}$ bleibt der Querschnitt überdrückt, so dass keine Spannungsumlagerungen infolge Rissbildung vom Spannstahl auf den Betonstahl möglich sind. Damit entfällt die Bestimmung des Erhöhungsfaktors η und die Spannungen können direkt aus der Querschnittsanalyse übernommen werden.

Nachweis Betonstahl

$\Delta\sigma_{s,freq} = 1{,}79 \cdot 93{,}5 + 6{,}99 = 174{,}4 \text{ MN/m}^2 > \Delta\sigma_{s,lim} = 70 \text{ MN/m}^2$

(► DIN-HB Bb, 6.8.6 (1) und NDP zu 6.8.6 (1))

Damit lässt sich der Nachweis der Ermüdungssicherheit nach Nachweisstufe 1 nicht erbringen.

Nachweis Spannstahl

Für die Begrenzung der Spannungsschwingbreite des Spannstahls nach dem vereinfachten Nachweis wird eine Lastspielzahl von $N = 10^8$ (quasi Dauerfestigkeitsnachweis) zugrunde gelegt [DAfStb 2012].

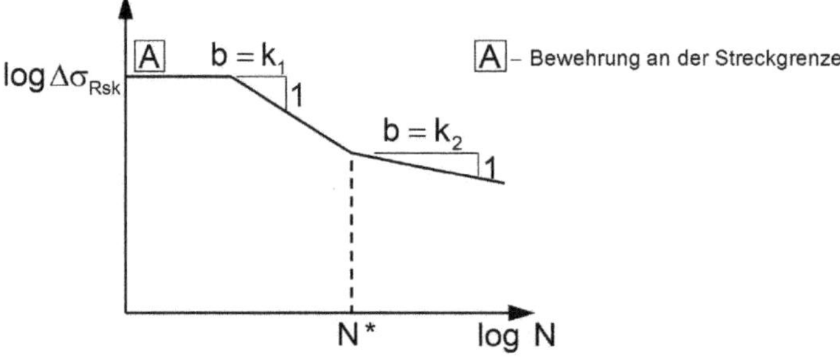

Bild 2-107 Allgemeine Form der charakteristischen Ermüdungskurve

Damit lässt sich für gekrümmte Spannglieder in Stahlhüllrohren mit den Parametern für den Anstieg des unteren Teils der Wöhlerlinie $k_2 = 7$ und den Knick der Wöhlerlinie bei $N^* = 10^6$ Lastspielen (► DIN-HB Bb, Anhang NA.NN 106, Abb. A.106.1) die zulässige Schwingbreite wie folgt errechnen:

$$\Delta\sigma_{Ed,s,i} = \frac{\Delta\sigma_{Rsk}(N^*)}{\gamma_{s,fat}} \cdot \left(\frac{N^*}{N(\Delta\sigma_{Ed,S,i})}\right)^{\frac{1}{b}} \tag{2-95}$$

$$\Delta\sigma_{Ed,s,i} = \frac{120}{1,15} \cdot \left(\frac{1 \cdot 10^6}{1 \cdot 10^8}\right)^{\frac{1}{7}} = 54 \text{ MPa}$$

Die Parameter der Ermüdungsfestigkeit für Kopplungen werden grundsätzlich über die Zulassungen des Spannverfahrens geregelt (▶ DIN-HB Bb, NCI zu 6.8.4 Tabelle 6.4DE). In der Zulassung des hier verwendeten Spannverfahrens wird eine Schwingbreite von 80 MN/m^2 bei $2 \cdot 10^6$ Lastspielen angegeben, was den in ETAG 013 definierten Mindestanforderungen entspricht (▶ Zulassung Z 13.1-129). Gemäß DIN-HB Bb, Anhang NA.NN 106, wird für Kopplungen der Anstieg des unteren Teils der Wöhlerlinie mit $k_2 = 5$ und der Knick der Wöhlerlinie bei $N^* = 10^6$ Lastspielen angegeben (▶ DIN-HB Bb, Anhang NA.NN 106, Abb. A.106.1). Damit ergibt sich:

$$\Delta\sigma_{Ed,s,i} = \frac{80}{1,15} \cdot \left(\frac{2 \cdot 10^6}{1 \cdot 10^8}\right)^{\frac{1}{5}} = 31,8 \text{ MPa}$$

Da die Spannstahlspannungen in der Querschnittsanalyse in einem zusammengefassten Spannstrang ($A_{p,ges}$) bestimmt wurden, müssen die Spannstahlspannungen noch in Bezug auf die tatsächliche Höhenlage der einzelnen Spannstränge entsprechend umgerechnet werden. Unter Voraussetzung einer linearen Dehnungsverteilung über den Querschnitt ergibt sich ein Dehnungszuwachs im zusammengefassten Strang gegenüber der Spannbettdehnung infolge $M_{freq,max}$:

$$\Delta\varepsilon_{p,ges} = \varepsilon_{p,ges} - \varepsilon_{pm}{}^{(0)} = 3,45 - 3,302 = 0,148\ ‰$$

Dehnungszuwachs und endgültige Spannstahlspannung im gekoppelten Spannglied infolge $M_{freq,max}$:

$$\Delta\varepsilon_{p,1} = \Delta\varepsilon_{p,ges} \cdot (z_{p,1} - x)/(z_{p,ges} - x)$$

$$\Delta\varepsilon_{p,1} = 0,148 \cdot (1,019 - 0,57)/(0,785 - 0,57) = 0,31\ ‰$$

$$\sigma_{p1} = (\Delta\varepsilon_{p,1} + \varepsilon_{pm}{}^{(0)}) \cdot E_s = (0,31 + 3,302) \cdot 195 = 704,3 \text{ MN/m}^2$$

Dehnungszuwachs und endgültige Spannstahlspannung in den Kontinuitätsspanngliedern $M_{freq,max}$:

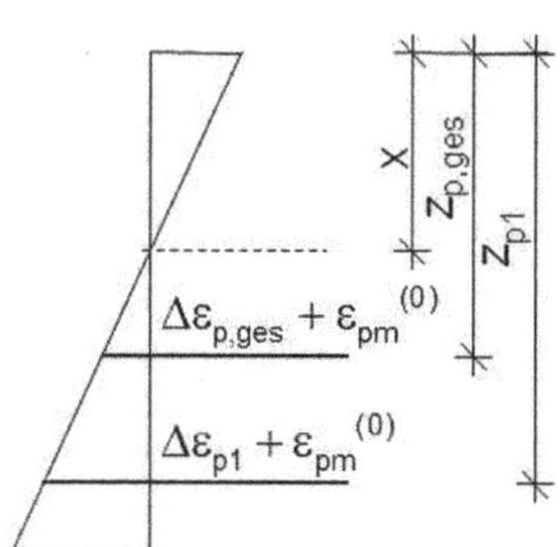

Bild 2-108 Qualitative Dehnungsverteilung für $M_{freq,max}$

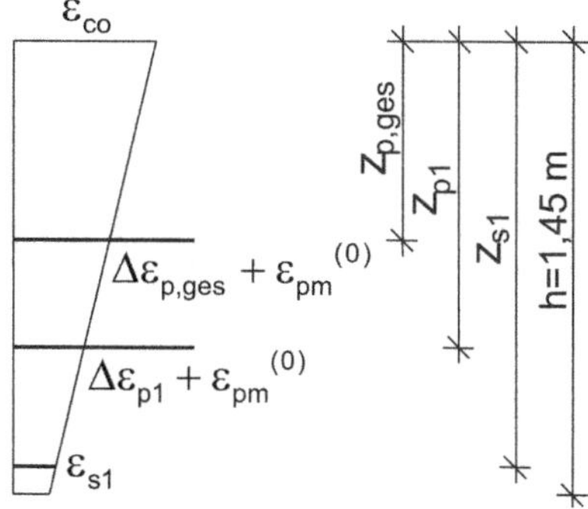

Bild 2-109 Qualitative Dehnungsverteilung für $M_{freq,min}$

$$\Delta\varepsilon_{p,2} = \Delta\varepsilon_{p,ges} \cdot (z_{p,ges} - x)/(z_{p,2} - x)$$

$$\Delta\varepsilon_{p,2} = 0{,}148 \cdot (0{,}959 - 0{,}57)/(0{,}785 - 0{,}57) = 0{,}268\ ‰$$

$$\sigma_{p2} = (\Delta\varepsilon_{p,2} + \varepsilon_{pm}^{(0)}) \cdot E_s = (0{,}268 + 3{,}302) \cdot 195 = 696{,}2\ \text{MN/m}^2$$

Dehnungsänderung und endgültige Spannstahlspannung im gekoppelten Spannglied infolge $M_{freq,min}$:

$$\Delta\varepsilon_{p,1} = -(\varepsilon_{co} - \varepsilon_{s1})/z_{s1} \cdot z_{p1} + \varepsilon_{co}$$

$$\Delta\varepsilon_{p,1} = -(0{,}122 - 0{,}035)/1{,}37 \cdot 1{,}019 + 0{,}122 = -0{,}057\ ‰$$

$$\sigma_{p1} = (\Delta\varepsilon_{p,1} + \varepsilon_{pm}^{(0)}) \cdot E_s = (-0{,}057 + 3{,}302) \cdot 195 = 632{,}8\ \text{MN/m}^2$$

Dehnungsänderung und endgültige Spannstahlspannung in den Kontinuitätsspanngliedern infolge $M_{freq,min}$:

$$\Delta\varepsilon_{p,2} = -(\varepsilon_{co} - \varepsilon_{s1})/z_{s1} \cdot z_{p2} + \varepsilon_{co}$$

$$\Delta\varepsilon_{p,2} = -(0{,}122 - 0{,}035)/1{,}37 \cdot 0{,}959 + 0{,}122 = -0{,}061\ ‰$$

$$\sigma_{p2} = (\Delta\varepsilon_{p,2} + \varepsilon_{pm}^{(0)}) \cdot E_s = (-0{,}061 + 3{,}302) \cdot 195 = 632\ \text{MN/m}^2$$

Nachweis Spannstahl

Gekoppelte SG: $\Delta\sigma_{p1,freq} = 704{,}3 - 632{,}8 = 71{,}5\ \text{MN/m}^2 > \Delta\sigma_{p,lim} = 31{,}8\ \text{MN/m}^2$

Kontinuitäts-SG: $\Delta\sigma_{p2,freq} = 696{,}2 - 632 = 64{,}2\ \text{MN/m}^2 > \Delta\sigma_{p,lim} = 54\ \text{MN/m}^2$

Damit lässt sich weder für die Kontinuitätsspannglieder noch für die gekoppelten Spannglieder der Ermüdungsnachweis nach Stufe 1 (quasi Dauerfestigkeit) erbringen.

Nachweis mit schädigungsäquivalenten Spannungsschwingbreiten (Stufe 2)

Anstelle eines genauen Betriebsfestigkeitsnachweises dürfen die Ermüdungsnachweise bei Standardfällen für Eisenbahn- und Straßenbrücken über ein schädigungsgleiches einstufiges Ersatzkollektiv geführt werden (▶ DIN-HB Bb, 6.8.5 (1)). Dazu ist in DIN-HB Bb, Anhang NA.NN 106, eine entsprechende Vorgehensweise angegeben. Danach wird der Nachweis der schädigungsäquivalenten Spannungsschwingbreite für Straßenbrücken mit dem gewichteten Ermüdungslastmodell 3 (ELM 3) nach DIN EN 1991-2 (▶ DIN EN 1991-2/NA, NDP zu 4.6.1 und DIN EN 1991-2, 4.6.1 (4)) geführt (▶ DIN-HB Bb, 6.8.5 (2) und DIN-HB Bb, Anhang NA.NN (101)P).

Für den Ermüdungsnachweis der Bewehrung an Zwischenstützen sind die Achslasten des Ermüdungslastmodells 3 mit dem Faktor 1,75 in den übrigen Bereichen sowie in Querrichtung mit 1,4 zu multiplizieren (▶ DIN-HB Bb, Anhang NA.NN (101)P). Hiermit soll der Unterschied zwischen der Schädigung infolge des tatsächlichen Lastkollektivs und der Schädigung gemäß LM 3 berücksichtigt werden. In der Umgebung von Zwischenstützen über eine Länge von 0,15 L kann der Erhöhungsfaktor zwischen 1,4 und 1,75 linear interpoliert werden.

In diesem Fall liegt die betrachtete Koppelfuge (KF 3) bei x = 9,5 m vom Auflager entfernt, was 0,25 L entspricht. Somit kann für den Nachweis der Koppelfuge der Faktor 1,4 angesetzt werden.

Das Grundmoment der häufigen Einwirkungskombination kann aus dem vereinfachten Nachweis übernommen werden:

$M_{0,freq} = 12{,}78$ MNm

Maximales Moment bei der Überfahrt des gewichteten ELM 3:

$M_{freq,max} = M_{0,freq} + 1{,}4 \cdot M_{k,ELM3,max}$

$M_{freq,max} = 12{,}78 + 1{,}4 \cdot 1{,}14 = 14{,}38$ MNm

Minimales Moment bei der Überfahrt des gewichteten ELM 3:

$M_{freq,min} = M_{0,freq} + 1{,}4 \cdot M_{k,ELM3,min}$

$M_{freq,min} = 12{,}78 + 1{,}4 \cdot -1{,}28 = 10{,}99$ MNm

Zur Bestimmung der Dehnungsebene werden die Vordehnung und die Eingangswerte für die vorhandene Betonstahlbewehrung aus dem vereinfachten Nachweis übernommen.

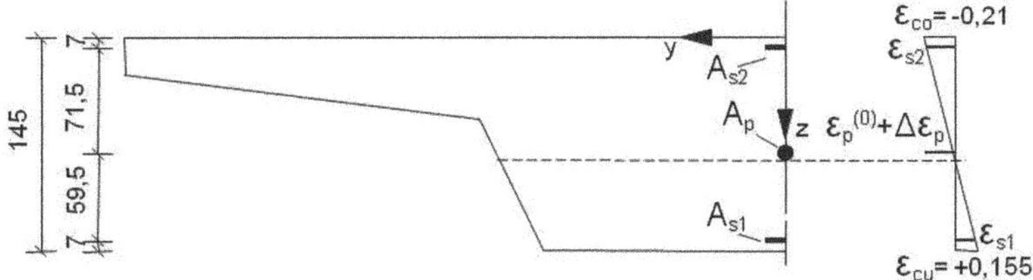

Bild 2-110 Dehnungsebene im Bereich KF 3 für $M_{freq,max}$ Nachweisstufe 2

Ergebnisse der EDV-Querschnittsanalyse in KF 3:

$M_{freq,max}$:	$M_{freq,min}$:
$\varepsilon_c = -0{,}21$ ‰	$\varepsilon_{co} = -0{,}149$ ‰
$\varepsilon_{s1} = 0{,}137$ ‰	$\varepsilon_{s1} = 0{,}002$ ‰
$\sigma_{s1} = 27{,}4$ MN/m²	$\sigma_{s1} = 0{,}42$ MN/m²
$\varepsilon_{p,ges} = 3{,}298$ ‰	$\varepsilon_{p,ges} = 3{,}248$ ‰
$\sigma_{p,ges} = 643{,}2$ MN/m²	$\sigma_{p,ges} = 633{,}4$ MN/m²
$\varepsilon_{cu} = 0{,}155$ ‰	$\varepsilon_{cu} = -0{,}01$ ‰

Wichtungsfaktor für $M_{freq,max}$:

Druckzonenhöhe: $x = 0{,}21/(0{,}21 + 0{,}155) \cdot 1{,}45 = 0{,}83$ m

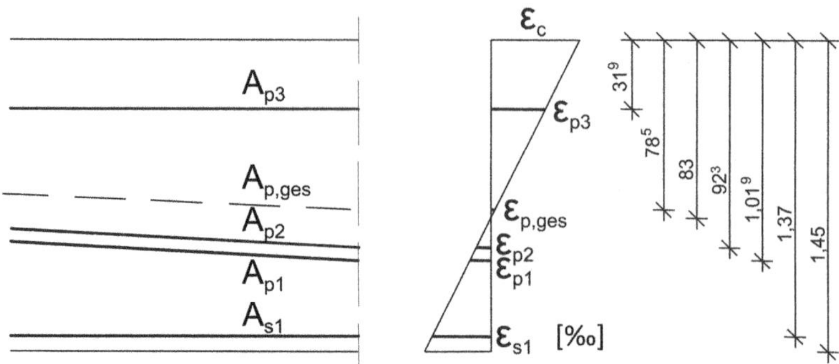

Bild 2-111 Dehnungsebene für $M_{freq,max}$ und Lage der Spannstränge in KF 3

Mit den in Abschnitt 2.3.3.2 und Bild 2-106 angegebenen tatsächlichen Lagen der einzelnen Spannstränge in KF 3 ergeben sich die Eingangswerte zu:

$$e_s = 1{,}37 - 0{,}83 = 0{,}54 \text{ m}$$

$$e_{p1} = 1{,}019 - 0{,}83 = 0{,}189 \text{ m} \quad \text{(gekoppelte SG; } A_{p1} = 142{,}5 \text{ cm}^2\text{)}$$

$$e_{p2} = 0{,}923 - 0{,}83 = 0{,}093 \text{ m} \quad \text{(Kontinuitäts-SG; } A_{p2} = 142{,}5 \text{ cm}^2\text{)}$$

$$e_{p1}/e_s = 0{,}189/0{,}54 = 0{,}35$$

$$e_{p2}/e_s = 0{,}093/0{,}54 = 0{,}17$$

$$d_s = 20 \text{ mm}$$

$$d_p = 1{,}6 \cdot (2850)^{1/2} = 85{,}4 \text{ mm}$$

$$\xi = 0{,}5$$

$$[\xi \cdot (d_s/d_p)]^{1/2} = [0{,}5 \cdot (20/85{,}4)]^{1/2} = 0{,}34$$

$$\eta = \frac{70{,}7 + 0{,}35 \cdot 142{,}5 + 0{,}17 \cdot 142{,}5}{70{,}7 + (0{,}35 \cdot 142{,}5 + 0{,}17 \cdot 142{,}5) \cdot 0{,}34} = 1{,}51$$

Unter $M_{freq,min}$ ist der Querschnitt ebenfalls gerissen. Eine Ermittlung der Spannungsumlagerung infolge Rissbildung zwischen Spannstahl und Betonstahl ist jedoch nicht erforderlich, da die Druckzonenhöhe größer als die Höhe der untersten Spanngliedlage ist, wie die folgende Rechnung zeigt:

$$x = 0{,}149/(0{,}149 + 0{,}01) \cdot 1{,}45 = 1{,}36 \text{ m} > 1{,}02$$

Alle Spannglieder liegen somit in der Druckzone und die Spannungen können ohne Modifikation aus der Querschnittsanalyse übernommen werden.

$$\Delta\sigma_{s,ELM3} = 1{,}51 \cdot 27{,}4 - 0{,}42 = 43 \text{ MN/m}^2$$

Dehnungsänderung und endgültige Spannstahlspannung im gekoppelten Spannglied infolge $M_{freq,max}$:

$$\Delta\varepsilon_{p,1} = (\varepsilon_{co} + \varepsilon_{s1})/z_{s1} \cdot z_{p1} - \varepsilon_{co}$$

$$\Delta\varepsilon_{p,1} = (0{,}21 + 0{,}137)/1{,}37 \cdot 1{,}019 - 0{,}21 = 0{,}048\ ‰$$

$$\sigma_{p1} = (\Delta\varepsilon_{p,1} + \varepsilon_{pm}{}^{(0)}) \cdot E_s = (0{,}048 + 3{,}302) \cdot 195 = 653{,}3\ \text{MN/m}^2$$

Dehnungsänderung und endgültige Spannstahlspannung in den Kontinuitätsspanngliedern infolge $M_{freq,max}$:

$$\Delta\varepsilon_{p,2} = (\varepsilon_{co} + \varepsilon_{s1})/z_{s1} \cdot z_{p2} - \varepsilon_{co}$$

$$\Delta\varepsilon_{p,2} = (0{,}21 + 0{,}137)/1{,}37 \cdot 0{,}923 - 0{,}21 = 0{,}024\ ‰$$

$$\sigma_{p2} = (\Delta\varepsilon_{p,2} + \varepsilon_{pm}{}^{(0)}) \cdot E_s = (0{,}024 + 3{,}302) \cdot 195 = 648{,}6\ \text{MN/m}^2$$

Dehnungsänderung und endgültige Spannstahlspannung im gekoppelten Spannglied infolge $M_{freq,min}$:

$$\Delta\varepsilon_{p,1} = (\varepsilon_{co} + \varepsilon_{s1})/z_{s1} \cdot z_{p1} - \varepsilon_{co}$$

$$\Delta\varepsilon_{p,1} = (0{,}149 + 0{,}002)/1{,}37 \cdot 1{,}019 - 0{,}149 = -0{,}037\ ‰$$

$$\sigma_{p1} = (\Delta\varepsilon_{p,1} + \varepsilon_{pm}{}^{(0)}) \cdot E_s = (-0{,}037 + 3{,}302) \cdot 195 = 636{,}7\ \text{MN/m}^2$$

Dehnungsänderung und endgültige Spannstahlspannung in den Kontinuitätsspanngliedern infolge $M_{freq,min}$:

$$\Delta\varepsilon_{p,2} = (\varepsilon_{co} + \varepsilon_{s1})/z_{s1} \cdot z_{p2} - \varepsilon_{co}$$

$$\Delta\varepsilon_{p,2} = (0{,}149 + 0{,}002)/1{,}37 \cdot 0{,}923 - 0{,}149 = -0{,}047\ ‰$$

$$\sigma_{p2} = (\Delta\varepsilon_{p,2} + \varepsilon_{pm}{}^{(0)}) \cdot E_s = (-0{,}047 + 3{,}302) \cdot 195 = 634{,}7\ \text{MN/m}^2$$

Nachweis Betonstahl

Der Ermüdungsnachweis für die Bewehrung erfolgt grundsätzlich im Knickpunkt der Wöhlerlinie bei N* Spannungszyklen. Die schädigungsäquivalente Spannungsschwingbreite $\Delta\sigma_{s,equ}$ erzeugt mit N* Lastwechseln am Bauteil die gleiche Schädigung wie das zu erwartende Lastkollektiv während der gesamten rechnerischen Nutzungsdauer. Sie darf wie folgt ermittelt werden (► DIN-HB Bb, Anhang NA.NN (102)P):

$$\Delta\sigma_{s,equ} = \Delta\sigma_s \cdot \lambda_s \tag{2-96}$$

Dabei ist $\Delta\sigma_s$ die durch das Ermüdungslastmodell 3 erzeugte Spannungsschwingbreite. Der Korrekturbeiwert λ_s erfasst den Einfluss verschiedener Parameter und wird wie folgt ermittelt (► DIN-HB Bb, Anhang NA.NN (103)P):

$$\lambda_s = \phi_{fat} \cdot \lambda_{s1} \cdot \lambda_{s2} \cdot \lambda_{s3} \cdot \lambda_{s4} \tag{2-97}$$

Beiwert λ_{s1} für den Einfluss von Stützweite und System zur Umrechnung von einem Jahr auf 100 Jahre Nutzungsdauer und zur Umrechnung von N* auf $N = 2 \cdot 10^6$ Spannungszyklen (► DIN-HB Bb, Anhang NA.NN (103)P). Für die Stützweite von 38 m lässt sich der Wert λ_{s1} aus Abb. A.106.2 Linie 3a des DIN-HB Bb, Anhang NA.NN (104)P direkt ablesen:

$$\lambda_{s1} = 1{,}22$$

Beiwert λ_{s2} zur Erfassung des Verkehrsaufkommens und der Verkehrsart (▶ DIN-HB Bb, Anhang NA.NN (105)P):

$$\lambda_{s2} = \overline{Q} \cdot \sqrt[k_2]{\frac{N_{obs}}{2,0}} = 1,0 \cdot \sqrt[9]{\frac{0,5}{2}} = 0,86 \tag{2-98}$$

mit

$k_2 = 9$ gemäß Tab. 6.3DE (▶ DIN-HB Bb, NCI zu 6.8.4 Tabelle 6.3DE)

$N_{obs} =$ 0,5 Mio./Jahr (Anzahl der LKW pro Jahr, siehe Abschnitt 2.2.2 bzw. DIN EN 1992-2, Tabelle 4.5)

$\overline{Q} = 1,0$ (Beiwert für die Verkehrsart, siehe Abschnitt 1.1 sowie DIN-HB Bb, Anhang NA.NN Tabelle A.106.1)

Beiwert λ_{s3} zur Erfassung der Nutzungsdauer (▶ DIN-HB Bb, Anhang NA.NN (106)P):

$$\lambda_{s3} = \sqrt[k_2]{\frac{N_{years}}{100}} = \sqrt[9]{\frac{100}{100}} = 1,0 \tag{2-99}$$

mit

$N_{years} = 100$ (▶ DIN-HB Bb, Anhang NA.NN (106)P und ARS 22/2012, Anhang 4)

Beiwert λ_{s4} zur Erfassung mehrerer Fahrstreifen (2 Fahrstreifen im vorliegenden Fall) (▶ DIN-HB Bb, Anhang NA.NN (107)P):

$$\lambda_{s4} = \sqrt[k_2]{\frac{\sum N_{obs,i}}{N_{obs,1}}} = \sqrt[9]{\frac{2}{1}} = 1,08 \tag{2-100}$$

Der Beiwert ϕ_{fat} erfasst die Oberflächenrauigkeit (▶ DIN-HB Bb, Anhang NA.NN (107)P). Nach ARS 22/2012, Anhang 4 ist eine Fahrbahnoberfläche mit geringer Rauigkeit anzusetzen:

$\phi_{fat} = 1,2$

Somit ergibt sich die schädigungsäquivalente Spannungsschwingbreite $\Delta\sigma_{s,equ}$ zu:

$\Delta\sigma_{s,equ} = 43 \cdot 1,2 \cdot 1,22 \cdot 0,86 \cdot 1,0 \cdot 1,08 = 58,5 \text{ MN/m}^2$

Der Nachweis der Ermüdungssicherheit für Beton- und Spannstahl sowie Verbindungen erfolgt durch die Begrenzung der schadensäquivalenten Spannung auf die Spannungsschwingbreite $\Delta\sigma_{Rsk}(N^*)$ bei N* Lastzyklen im Knickpunkt der Wöhlerlinien entsprechend dem folgenden Format (▶ DIN-HB Bb, 6.8.5 (3)):

$$\gamma_{F,fat} \cdot \Delta\sigma_{s,equ}(N^*) \leq \frac{\Delta\sigma_{Rsk}(N^*)}{\gamma_{s,fat}} \tag{2-101}$$

mit

$\Delta\sigma_{Rsk}(N^*) = 175 \text{ MN/m}^2$
für gerade und gebogene Stäbe[a)] nach Tabelle 6.3DE
(▶ DIN-HB Bb, NCI zu 6.8.4 Tabelle 6.3DE)

$\gamma_{s,fat} = 1{,}15$ Tabelle 2.1DE (▶ DIN-HB Bb, NDP zu 2.4.2.4 (1) Tabelle 2.1DE)

$\Delta_F = 1{,}0$ (▶ DIN-HB Bb, NDP zu 2.4.2.3 (1))

[a] Anmerkungen zu Biegeradien und Stabdurchmesser in Tab. 4.117 (▶ FB 102, II 4.3.7.7 (101)) beachten!

$$1{,}0 \cdot 58{,}5 < 175/1{,}15 = 152{,}2\ \text{MN/m}^2$$

Der Nachweis für den Betonstahl nach Nachweisstufe 2 ist damit erbracht.

Nachweis gekoppelte Spannglieder

Für die Stützweite von 38 m lässt sich der Wert λ_{s1} aus Abb. A.106.2 Linie 1a des DIN-HB Bb, Anhang NA.NN (104)P) direkt ablesen:

$$\lambda_{s1} = 1{,}76$$

Beiwert λ_{s2} zur Erfassung des Verkehrsaufkommens und der Verkehrsart (▶ DIN-HB Bb, Anhang NA.NN (105)P):

$$\lambda_{s2} = \overline{Q} \cdot \sqrt[k_2]{\frac{N_{obs}}{2{,}0}} = 1{,}0 \cdot \sqrt[5]{\frac{0{,}5}{2}} = 0{,}76$$

mit

$k_2 = 5$ für Kopplungen gemäß Abb. A.106.1
(▶ DIN-HB Bb, Anhang NA.NN, Abb. A.106.1)

$N_{obs} = 0{,}5$ Mio./Jahr (Anzahl der LKW pro Jahr, siehe Abschnitt 2.2.2 bzw. DIN EN 1992-2, Tabelle 4.5)

$\overline{Q} = 1{,}0$ (Beiwert für die Verkehrsart, siehe Abschnitt 1.1 sowie DIN-HB Bb, Anhang NA.NN Tabelle A.106.1)

Beiwert λ_{s3} zur Erfassung der Nutzungsdauer (▶ DIN-HB Bb, Anhang NA.NN (106)P):

$$\lambda_{s3} = \sqrt[k_2]{\frac{N_{years}}{100}} = \sqrt[5]{\frac{100}{100}} = 1{,}0$$

mit

$N_{years} = 100$ (▶ DIN-HB Bb, Anhang NA.NN (106)P) und (▶ ARS 22/2012, Anhang 4)

Beiwert λ_{s4} zur Erfassung mehrerer Fahrstreifen (2 Fahrstreifen im vorliegenden Fall) (▶ DIN-HB Bb, Anhang NA.NN (107)P):

$$\lambda_{s4} = \frac{k_2 R \sum N_{obs,i}}{N_{obs,1}} = \sqrt[5]{\frac{2}{1}} = 1{,}15$$

Der Beiwert ϕ_{fat} erfasst die Oberflächenrauigkeit (▶ DIN-HB Bb, Anhang NA.NN (107)P). Nach ARS 22/2012, Anhang 4, ist eine Fahrbahnoberfläche mit geringer Rauigkeit anzusetzen:

$$\phi_{fat} = 1{,}2$$

Somit ergibt sich die schädigungsäquivalente Spannungsschwingbreite $\Delta\sigma_{s,equ}$ zu:

$$\Delta\sigma_{s,equ} = (653{,}3 - 636{,}7) \cdot 1{,}2 \cdot 1{,}76 \cdot 0{,}76 \cdot 1{,}0 \cdot 1{,}15 = 30{,}6 \text{ MN/m}^2$$

$\Delta\sigma_{Rsk}(N^*) = 80 \text{ MN/m}^2$ für Kopplungen und Verankerungen
(▶ DIN-HB Bb, NCI zu 6.8.4 Tabelle 6.4DE und Zulassung Z 13.1-129)

$$1{,}0 \cdot 30{,}6 < 80 / 1{,}15 = 69{,}6 \text{ MN/m}^2$$

Der Nachweis für die gekoppelten Spannglieder nach Nachweisstufe 2 ist damit erbracht.

Nachweis des Betonstahls unter Querkraft

Der Nachweis wird rechts der Stütze in Achse 50 vorgeführt. Die günstige Wirkung der geneigten Gurtkraft wird vernachlässigt.

$$V_{Ed,ELM3} = 440{,}7 \text{ kN}$$

zugehörige $T_{Ed,ELM3} = 1107{,}4$ kNm

Der Neigungswinkel der Druckstreben der Querkraftbewehrung darf anhand eines Stabwerkmodells oder wie folgt bestimmt werden (▶ DIN-HB Bb, NCI zu 6.8.2 (3)):

$$\tan \theta_{fat} = (\tan \theta)^{1/2} = (4/7)^{1/2} = 0{,}76 \qquad (2\text{-}102)$$

mit

θ Neigungswinkel der Druckstreben im Grenzzustand der Tragfähigkeit gemäß DIN-HB Bb, NDP zu 6.2.3 (2)

Die Modifizierung des Neigungswinkels der Druckstreben für den Ermüdungsnachweis sollte die Tatsache berücksichtigen, dass sich die Druckstrebenneigung im Gebrauchszustand eher an der Rissneigung der Schubrisse orientiert.

Nach Gl. (2-66) und Gl. (2-88) wird die Spannung in der Bügelbewehrung aus Querkraft und Torsion berechnet:

$$\Delta\sigma_{sw} = V_{Ed}/(z \cdot a_{sw} \cdot \cot \theta_{fat}) + T_{Ed}/(2 \cdot A_k \cdot a_{sw} \cdot \cot \theta_{fat})$$

$$\Delta\sigma_{sw} = 0{,}441/(1{,}10 \cdot 93{,}4 \cdot 10^{-4} \cdot 1/0{,}76) + 1{,}107/(2 \cdot 9{,}33 \cdot 93{,}4 \cdot 10^{-4} \cdot 1/0{,}76)$$

$$\Delta\sigma_{sw} = 32{,}62 + 4{,}83 = 37{,}5 \text{ MN/m}^2$$

mit

$a_{sw} = 88{,}5 + 4{,}90 = 93{,}4 \text{ cm}^2\text{/m}$ aus Bemessung für Querkraft und Torsion

Bestimmung der Anpassungsfaktoren:

Für die Stützweite von 38 m lässt sich der Wert λ_{s1} aus Abb. A.106.1 Linie 3 des DIN-HB Bb direkt ablesen (▶ DIN-HB Bb, Anhang NA.NN (104)P):

$$\lambda_{s1} = 0{,}97$$

Alle weiteren λ-Beiwerte können aus den vorangegangenen Berechnungen für den Betonstahl übernommen werden.

Damit ergibt sich die schädigungsäquivalente Spannungsschwingbreite $\Delta\sigma_{s,equ}$ zu:

$$\Delta\sigma_{s,equ} = 37{,}5 \cdot 1{,}2 \cdot 0{,}97 \cdot 0{,}86 \cdot 1{,}0 \cdot 1{,}08 = 40{,}5 \text{ MN/m}^2$$

$\Delta\sigma_{Rsk}(N^*) = 175 \text{ MN/m}^2$ für gerade und gebogene Stäbe nach Tabelle 4.117
(▶ DIN-HB Bb, NCI zu 6.8.4 (1))

Reduktionsfaktor für $\Delta\sigma_{Rsk}(N^*)$ zur Erfassung des Biegerollenradius:

$\xi_1 = 0{,}35 + 0{,}026 \cdot d_{br}/d_s = 0{,}35 + 0{,}026 \cdot 4$ (▶ DIN-HB Bb, NCI zu 6.8.4 (1))

$\xi_1 = 0{,}45$

mit

$d_{br} \geq 4$ (▶ DIN-HB Bb, NDP zu 8.3 (2) Tabelle 8.101DE)

Nachweis:

$$1{,}0 \cdot 1{,}0 \cdot 40{,}5 < 0{,}45 \cdot 175/1{,}15 = 68{,}5 \text{ MN/m}^2$$

Damit ist der Ermüdungsnachweis für die Bügelbewehrung erbracht.

2.4.6 Nachweis der Tragfähigkeit in Brückenquerrichtung

Der Nachweis der Fahrbahnplatte in Brückenquerrichtung wird für den Mittelbereich des Überbaus vorgeführt. Da der Endquerträger tatsächlich keine Unterstützung der auskragenden Fahrbahnplatte darstellt (siehe auch Bild 2-124), treten in diesem Bereich höhere Beanspruchungen auf, die eine gesonderte Betrachtung erfordern. Um den Umfang zu beschränken, soll diese jedoch hier nicht wiederholt dargestellt werden.

2.4.6.1 Ermittlung der Schnittgrößen

Beispielhaft ist die maßgebende Laststellung für die ständige und vorübergehende Einwirkungskombination zur Bestimmung der extremalen Schnittgrößen in Bild 2-112 wiedergegeben. Als außergewöhnliche Einwirkungen sind zusätzlich die Lastfälle Fahrzeuge auf dem Gehweg, Schrammbordstoß und Anprall an die Schutzeinrichtung zu untersuchen. Die genannten Einwirkungen wurden bereits in Abschnitt 2.2.2.1 definiert. Die günstige Wirkung der Normalkraft infolge Neigung der Systemlinie bleibt unberücksichtigt.

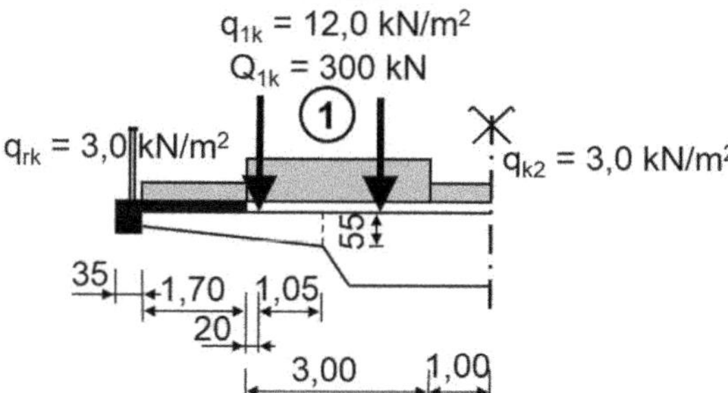

Bild 2-112 Maßgebende Laststellung für die ständige und vorübergehende Beanspruchung im Kragarmanschnitt

Ermittlung des Biegemomentes für die ständigen Lasten:

$m_{g1} = 25 \cdot (2{,}95^2 \cdot 0{,}25/2 + 2{,}95^2 \cdot 0{,}30/6) = -38{,}07$ kNm/m

$m_{g2,Kap} = 25 \cdot 2{,}05 \cdot 0{,}16 \cdot (2{,}05/2 + 1{,}25) + 25 \cdot 0{,}35 \cdot 0{,}31 \cdot (0{,}35/2 + 2{,}05 + 1{,}25) = -28{,}08$ kNm/m

$m_{g2,Belag} = (25 \cdot 0{,}08 + 0{,}5) \cdot 1{,}25^2/2 = -1{,}95$ kNm/m

$m_{g2,Gel} = 1 \cdot (2{,}05 + 1{,}25 + 0{,}35/2) = -3{,}48$ kNm/m

$m_{g2,SPL} = 1 \cdot (1{,}00 + 1{,}25) = -2{,}25$ kNm/m

Summe ständige Lasten $m_{g,k} = -73{,}81$ kNm/m

Ermittlung des Biegemomentes für die veränderlichen Lasten (UDL):

$m_{q,UDL} = 12 \cdot 1{,}25^2/2 + 3{,}0 \cdot 1{,}7 \cdot (1{,}7/2 + 1{,}25) = -20{,}1$ kNm/m

Ermittlung der Querkraft für die ständigen Lasten:

$v_{g1} = 25 \cdot (2{,}95 \cdot 0{,}25 + 2{,}95 \cdot 0{,}30/2) = 29{,}50$ kN/m

$v_{g2,Kap} = 25 \cdot (2{,}05 \cdot 0{,}16 + 0{,}35 \cdot 0{,}31) = 10{,}91$ kN/m

$v_{g2,Belag} = (25 \cdot 0{,}08 + 0{,}5) \cdot 1{,}25 = 3{,}13$ kN/m

$v_{g2,Gel} = 1 = 1$ kN/m

$v_{g2,SPL} = 1 = 1$ kN/m

Summe ständige Lasten $v_{g,k} = 45{,}54$ kN/m

Ermittlung der Querkraft für die veränderlichen Lasten (UDL):

$v_{q,UDL} = 12 \cdot 1{,}25 + 3{,}0 \cdot 1{,}7 = 20{,}1$ kN/m

Zur Ermittlung der Schnittgrößen infolge der Radlasten (TS) sind die mitwirkenden Breiten b_{eff} zu berücksichtigen. Hierzu werden die mitwirkenden Breiten b_{eff} zur Lastverteilung der Einzellasten am Kragarmanschnitt nach Heft 240 des DAfStb [DAfStb 1991] und alternativ mit der in der Praxis oft üblichen Annahme einer Lastausbreitung von 45° bestimmt. Die Ergebnisse werden anschließend einer FEM-Analyse gegenübergestellt.

Tandemachse TS:

Die Lasteintragungsbreite t_y ergibt sich zu:

$$t_y = 0{,}40 + 0{,}43 + 2 \cdot 0{,}08 = 0{,}99 \text{ m}$$

Mit den in [DAfStb 1991] definierten Gültigkeitsgrenzen

$$0{,}2 \cdot l_k \le t_y \le 0{,}8 \cdot l_k = 0{,}2 \cdot 2{,}95 \text{ m} \le 0{,}99 \text{ m} \le 0{,}8 \cdot 2{,}95 \text{ m} \quad \text{(Biegung)}$$

und

$$0{,}2 \cdot l_k \le t_y \le 0{,}4 \cdot l_k = 0{,}2 \cdot 2{,}95 \text{ m} \le 0{,}99 \text{ m} \le 0{,}4 \cdot 2{,}95 \text{ m} \quad \text{(Querkraft)}$$

ergeben sich die mitwirkenden Breiten $b_{eff,m}$ für Biegung und $b_{eff,v}$ für Querkraft mit:

$b_{eff,m} = t_y + 1{,}5 \cdot x = 0{,}99 + 1{,}5 \cdot 1{,}05 = 2{,}57$ m (Biegung)

$b_{eff,v} = t_y + 0{,}3 \cdot x = 0{,}99 + 0{,}3 \cdot 1{,}05 = 1{,}31$ m (Querkraft)

Da $b_{eff,m}$ und $b_{eff,v}$ größer als der Achsabstand der Einzellasten von 1,2 m sind, muss die Überschneidung gemäß Bild 2-113 berücksichtigt werden.

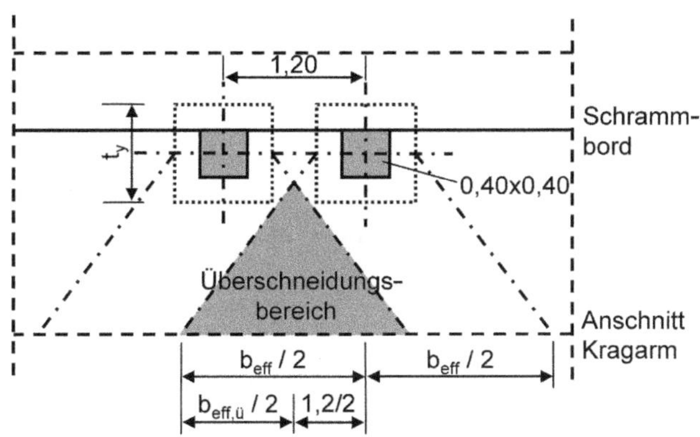

Bild 2-113 Laststellung und rechnerische mitwirkende Lastverteilungsbreite

Damit ergeben sich die Schnittgrößen am Kragarmanschnitt aus der Tandemachse zu:

$m_{q,TS} = 150 \cdot 1{,}05/2{,}57 \cdot 2 = -122{,}57$ kNm/m

$v_{q,TS} = 150/1{,}31 \cdot 2 = 229{,}01$ kN/m

Alternativ 45° Ausbreitung:

$m_{q,TS} = 150 \cdot 1{,}05/3{,}09 \cdot 2 = -101{,}94$ kNm/m

$v_{q,TS} = 150/3{,}09 \cdot 2 = 97{,}09$ kN/m

Fahrzeuge auf dem Gehweg:

$t_y = 0{,}40 + 2 \cdot 0{,}45 = 1{,}30$ m (Ausbreitung siehe Bild 2-114)

$b_{eff,m} = t_y + 1{,}5 \cdot x = 1{,}30 + 1{,}5 \cdot 2{,}95 = 5{,}73$ m

$b_{eff,v} = t_y + 0{,}3 \cdot x = 1{,}30 + 0{,}3 \cdot 2{,}95 = 2{,}19$ m

$b_{eff,m}/2 \geq 2{,}00/2 = 5{,}73/2 \geq 2{,}00/2$ → Überschneidung

$b_{eff,v}/2 \geq 2{,}00/2 = 2{,}19/2 \geq 2{,}00/2$ → Überschneidung

$m_{q,TS\text{-}GW} = 200/2 \cdot 3{,}30/5{,}73 \cdot 2 = -115{,}18$ kNm/m

$v_{q,TS\text{-}GW} = 200/2/2{,}19 \cdot 2 = 91{,}32$ kN/m

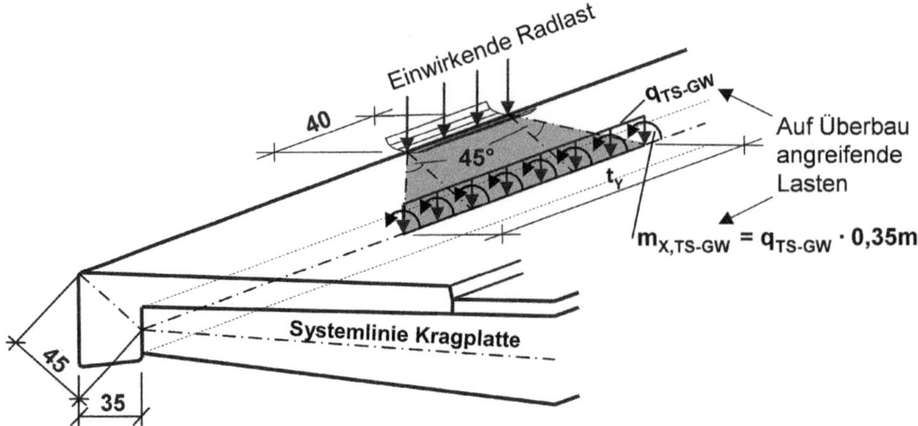

Bild 2-114 Lastausbreitung in der Kappe infolge einer abirrenden Radlast auf der Kappenkante

Alternativ 45° Ausbreitung:

$m_{q,TS\text{-}GW} = 200/2 \cdot 3{,}30/7{,}2 \cdot 2 \qquad = -91{,}66 \text{ kNm/m}$

$v_{q,TS\text{-}GW} = 200/2/7{,}2 \cdot 2 \qquad = 27{,}78 \text{ kN/m}$

Schrammbordstoß:

$t_y = 0{,}40 + 0{,}42 + 2 \cdot 0{,}08 = 0{,}98 \text{ m}$

$b_{eff,m} = t_y + 1{,}5 \cdot x = 0{,}98 + 1{,}5 \cdot 1{,}25 = 2{,}86 \text{ m}$

$b_{eff,v} = t_y + 0{,}3 \cdot x = 0{,}98 + 0{,}3 \cdot 1{,}25 = 1{,}36 \text{ m}$

$m_{q,Bord} = 225 \cdot 1{,}25/2{,}86 \qquad = -98{,}34 \text{ kNm/m}$

$v_{q,Bord} = 225/1{,}36 \qquad = 165{,}44 \text{ kN/m}$

Alternativ 45° Ausbreitung:

$m_{q,Bord} = 225 \cdot 1{,}25/3{,}48 \qquad = -80{,}82 \text{ kNm/m}$

$v_{q,Bord} = 225/3{,}48\text{m} \qquad = 64{,}66 \text{ kN/m}$

Die mitwirkende Breite der Horizontallast ergibt sich für 45° zu (siehe Abschnitt 2.2.2.1) zu:

$b_{eff,n} = 0{,}50 + 2 \cdot 1{,}70 + 2 \cdot 2{,}95 = 9{,}80 \text{ m}$

$n_{q,Bord} = 100/9{,}80 = 10{,}2 \text{ kN/m}$

Anprall an Schutzeinrichtungen:

Biegemomentenanteil aus vertikaler Last:

$t_y = 0{,}40 + 0{,}37 + 2 \cdot 0{,}16 = 1{,}09 \text{ m}$

$b_{eff,m} = t_y + 1{,}5 \cdot x = 1{,}09 + 1{,}5 \cdot 1{,}75 = 3{,}72 \text{ m}$

$b_{eff,v} = t_y + 0{,}3 \cdot x = 1{,}09 + 0{,}3 \cdot 1{,}75 = 1{,}62 \text{ m}$

$m_{q,SPL,V} = 225 \cdot 1{,}75/3{,}72 \quad = -105{,}85 \text{ kNm/m}$

$v_{q,SPL} = 225/1{,}62 \quad = 138{,}89 \text{ kN/m}$

Biegemomentenanteil aus Horizontallast:

$t_y = 0{,}50 + 0{,}34 + 2 \cdot 0{,}16 = 1{,}16 \text{ m}$

$b_{eff,m} = t_y + 1{,}5 \cdot x = 1{,}16 + 1{,}5 \cdot 2{,}05 = 4{,}24 \text{ m}$

$m_{q,SPL,H} = 100 \cdot (0{,}57 + 0{,}34/2)/4{,}24 \quad = -17{,}45 \text{ kNm/m}$

Summe $m_{q,SPL} \quad = -123{,}30 \text{ kNm/m}$

Alternativ 45° Ausbreitung:

$m_{q,SPL,V} = 225 \cdot 1{,}75/4{,}59 \quad = -85{,}78 \text{ kNm/m}$

$v_{q,SPL} = 225/4{,}59 \quad = 50{,}11 \text{ kN/m}$

$m_{q,SPL,H} = 100 \cdot (0{,}57 + 0{,}34/2)/5{,}26 \quad = -14{,}06 \text{ kNm/m}$

Summe $m_{q,SPL} \quad = -99{,}84 \text{ kNm/m}$

Die mitwirkende Einwirkungsbreite der Horizontallast ergibt sich für 45° (siehe Abschnitt 2.2.2.1) zu:

$b_{eff,n} = 0{,}50 + 2 \cdot 0{,}90 + 2 \cdot 2{,}95 = 8{,}20 \text{ m}$

$n_{q,Bord} = 100/8{,}20 = 12{,}2 \text{ kN/m}$

Ergebnisvergleich mit der FEM-Analyse:

		FEM-Analyse	nach DAfStb	45°
$m_{q,TS}$	[kNm/m]	-75,8	-122,56	-101,94
$m_{q,TS-GW}$	[kNm/m]	-111,0	-115,18	-91,66
$m_{q,Bord}$	[kNm/m]	-75,2	-98,34	-80,82
$m_{q,SPL}$	[kNm/m]	-103,0	-123,30	-99,84
$v_{q,TS}$	[kN/m]	108,7	229,01	97,09
$v_{q,TS-GW}$	[kN/m]	47,7	91,32	27,78
$v_{q,Bord}$	[kN/m]	99,2	165,44	64,66
$v_{q,SPL}$	[kN/m]	78,9	138,89	50,11

Der Vergleich mit der genauen FEM-Analyse zeigt, dass die Annahmen nach [DAfStb 1991] für die mitwirkende Lastverteilungsbreite im Allgemeinen auf der sicheren Seite liegend sind. Ein pauschaler Ansatz des Ausbreitungswinkels von 45° liefert jedoch zum Teil auf der unsicheren Seite liegende Beanspruchungen. Im Weiteren werden für die Nachweisführung und Bemessung die Ergebnisse der FEM-Analyse herangezogen.

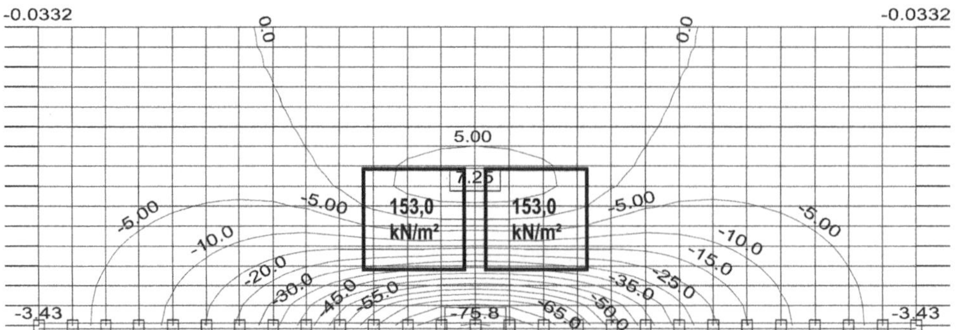

Bild 2-115 FEM-Analyse Biegemomente aus Tandemachse $m_{q,TS}$ [kNm/m]

2.4.6.2 Bemessung für Biegung mit Längskraft

Ständige und vorübergehende Bemessungssituation:

$$\sum_{j \geq 1} \gamma_{Gj} \cdot G_{kj} + \gamma_P \cdot P_k + \gamma_{Q1} \cdot Q_{k1} + \sum_{i > 1} \gamma_{Qi} \cdot \psi_{0i} \cdot Q_{ki} \tag{2-103}$$

$$m_{Ed} = 1{,}35 \cdot -73{,}81 + 1{,}35 \cdot (-75{,}8 + -20{,}1) = -229{,}1 \text{ kNm/m} = m_{Eds}$$

Statische Nutzhöhe d: $d = 55 - (4{,}5 + 1{,}6/2) \approx 49{,}5$ cm

Für die Biegebemessung werden die Bemessungstafeln aus [ISB 2011] verwendet. Dabei wird die Verfestigung des Betonstahls gemäß DIN-HB Bb, NDP zu 3.2.7 (2) berücksichtigt.

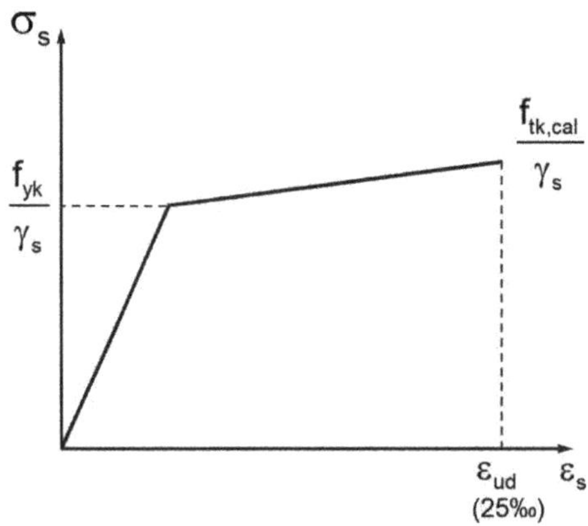

Bild 2-116 Spannungs-Dehnungs-Linie des Betonstahls für die Bemessung mit Verfestigung

Bezogenes Moment:

$$\mu_{Eds} = m_{Eds}/(d^2 \cdot f_{cd}) = 0{,}23/(0{,}495^2 \cdot 19{,}83) = 0{,}047$$

abgelesen: $\omega_1 = 0{,}048$

$$\sigma_{sd} = 456{,}5 \text{ MN/m}^2$$

$$A_{s1} = \omega_1 \cdot b \cdot d/(\sigma_{sd}/f_{cd}) = 0{,}048 \cdot 0{,}495/(456{,}5/19{,}83) \cdot 10^4 = 10{,}32 \text{ cm}^2\text{/m}$$

Da die Biegezugbewehrung zum Fließen kommt und die bezogene Druckzonenhöhe $x_d/d = 0{,}07 < x_d/d = 0{,}45$ ergibt, ist keine Druckbewehrung erforderlich (▶ DIN-HB Bb, NCI zu 5.4).

Außergewöhnliche Bemessungssituation:

$$\sum_{j \geq 1} \gamma_{GAj} \cdot G_{kj} + \gamma_{PA} \cdot P_k + A_d + \psi_{11} \cdot Q_{k1} + \sum_{i > 1} \psi_{2i} \cdot Q_{ki} \tag{2-104}$$

$m_{Ed,TS\text{-}GW} = 1{,}0 \cdot -73{,}81 + 1{,}0 \cdot -111{,}0 = -184{,}80$ kNm/m

$m_{Ed,Bord} = 1{,}0 \cdot -73{,}81 + 1{,}0 \cdot -75{,}2 = -149{,}01$ kNm/m

$n_{q,Bord} = 10{,}20$ kN/m

$m_{Eds,Bord} = m_{Ed} - n_{Ed} \cdot z_{s1}$
$= -149{,}01 - 10{,}2 \cdot (0{,}495 - 0{,}55/2) = -146{,}77$ kNm/m

$m_{Ed,SPL} = 1{,}0 \cdot -73{,}81 + 1{,}0 \cdot -103{,}0 = -176{,}81$ kNm/m

$n_{q,SPL} = 12{,}20$ kN/m

$m_{Eds,SPL} = m_{Ed} - n_{Ed} \cdot z_{s1}$
$= -176{,}81 - 12{,}2 \cdot (0{,}495 - 0{,}55/2) = -179{,}49$ kNm/m

Bezogenes Moment:

$$\mu_{Eds,TS\text{-}GW} = m_{Eds}/(d^2 \cdot f_{cd}) = 0{,}185/(0{,}495^2 \cdot 22{,}88) = 0{,}033$$

mit

$$f_{cd} = 0{,}85 \cdot f_{ck}/\gamma_c = 35\ \text{MN/m}^2 \cdot 0{,}85/1{,}3 = 22{,}88\ \text{MN/m}^2$$

$$\gamma_s = 1{,}0$$

abgelesen: $\omega_1 = 0{,}034$

$$A_{s1} = \omega_1 \cdot b \cdot d/(\sigma_{sd}/f_{cd}) + n_{ED}/\sigma_{sd} = [0{,}034 \cdot 0{,}495/(525/22{,}88)] \cdot 10^4$$
$$= 7{,}33\ \text{cm}^2/\text{m}$$

$$\mu_{Eds,SPL} = m_{Eds}/(d^2 \cdot f_{cd}) = 0{,}1795/(0{,}495^2 \cdot 22{,}88) = 0{,}032$$

abgelesen: $\omega_1 = 0{,}033$

$$A_{s1} = \omega_1 \cdot b \cdot d/(\sigma_{sd}/f_{cd}) + n_{ED}/\sigma_{sd} = [0{,}033 \cdot 0{,}495/(525/22{,}88) + 0{,}012/525] \cdot 10^4$$
$$= 7{,}35\ \text{cm}^2/\text{m}$$

2.4.6.3 Querkraft

Ständige und vorübergehende Bemessungssituation:

Aufgrund des günstigen Kraftflusses dürfen auflagernahe Einzellasten (Radlasten) bis zu einem Abstand $x \leq 2{,}0 \cdot d$ unter Voraussetzung direkter Auflagerung abgemindert werden (▶ DIN-HB Bb, 6.2.2 (6) und NCI zu 6.2.2 (6) sowie DIN-HB Bb, 6.2.3 (8) und NCI zu 6.2.3 (8)).

$$\beta = a_v/(2{,}0 \cdot d) = 1{,}05/(2{,}0 \cdot 0{,}55) = 0{,}95 \tag{2-105}$$

mit

a_v Abstand zwischen Auflagerrand und Rand der Lasteinleitung. Bei verformbaren Auflagerungen oder Lasteinleitungen gilt der Achsabstand.

Für gleichmäßig verteilte Lasten darf die Bemessungsquerkraft unter Voraussetzung direkter Lagerung im Abstand d vom Auflagerrand bestimmt werden (▶ DIN-HB Bb, 6.2.1 (8) und NCI zu 6.2.1 (8)). Die erforderliche Querkraftbewehrung ist bis zum Auflagerrand weiterzuführen. Eine direkte Lagerung liegt vor, wenn der Abstand der Unterkante des gestützten Bauteils zur Unterkante des stützenden Bauteils größer ist als die Höhe des gestützten Bauteils (▶ DIN-HB Bb, NCI zu 1.5.2, NA 1.5.2.26). Im vorliegenden Fall ergibt sich 1,20 – 0,55 = 0,65 m > 0,55 m. Damit kann von einer direkten Lagerung am Kragarmplattenanschnitt ausgegangen werden.

Die Differenzquerkräfte im Abstand d aus den Gleichlasten errechnen sich zu:

ständige Lasten: $\Delta v_{Ed} = 25 \cdot 0{,}495 \cdot (0{,}50 + 0{,}5 \cdot 0{,}05) + 2{,}5 \cdot 0{,}495$
$= 7{,}73$ kN/m

UDL Lasten: $\Delta v_{Ed} = 12 \cdot 0{,}495 = 5{,}94$ kN/m

Für den Nachweis der Tragfähigkeit der Druckstreben gilt der Bemessungsschnitt am Kragarmanschnitt, so dass stets der volle Bemessungswert der einwirkenden Querkraft ohne die oben erfolgten Abminderungen anzusetzen ist (▶ DIN-HB Bb, 6.2.1 (8) und 6.2.2 (6)) sowie (▶ 6.2.3 (8)). Die Tragfähigkeit der Druckstreben ist jedoch nur für den Fall, dass Querkraftbewehrung erforderlich ist, nachzuweisen.

In Bauteilen mit veränderlicher Höhe führen die aus Biegung mit Längskraft geneigten Zug- bzw. Druckresultierenden zu einer Erhöhung oder Verminderung der Querkraft (▶ DIN-HB Bb, 6.2.1). Unter der Voraussetzung eines gerissenen Bauteils darf vereinfachend angenommen werden, dass die Neigung der Zug- bzw. Druckresultierenden parallel zur Außenkante des Bauteils verläuft (siehe auch Abschnitt 2.4.2.2). Da sich das Biegemoment und der innere Hebelarm gleichsinnig ändern, wirkt die Neigung des unteren Druckgurtes günstig. Folgend wird der Bemessungswert der zusätzlichen senkrechten Kraftkomponente V_{ccd} bestimmt. Dabei darf der Momentanteil aus der abgeminderten Radlast nicht mehr angesetzt werden, da sich diese bereits zu einem großen Teil direkt in das Auflager abstützt (▶ DIN-HB Bb, NCI zu 6.2.2 (101)).

Ermittlung des Biegemomentes für die ständigen Lasten im Bemessungsanschnitt

$m_{g1} = 25 \cdot (2{,}46^2 \cdot 0{,}25/2 + 2{,}46^2 \cdot 0{,}25/6) = -25{,}22$ kNm/m

$m_{g2,Kap} = 25 \cdot 2{,}05 \cdot 0{,}16 \cdot (2{,}05/2 + 0{,}76)$
$+ 25 \cdot 0{,}35 \cdot 0{,}31 \cdot (0{,}35/2 + 2{,}05 + 0{,}76) = -22{,}73$ kNm/m

$m_{g2,Belag} = (25 \cdot 0{,}08 + 0{,}5) \cdot 0{,}76^2/2 = -0{,}72$ kNm/m

$m_{g2,Gel} = 1 \cdot (2{,}05 + 0{,}76 + 0{,}35/2) = -2{,}99$ kNm/m

$m_{g2,SPL} = 1 \cdot (1{,}00 + 0{,}76) = -1{,}76$ kNm/m

Summe ständige Lasten $m_{g,k} = -53{,}42$ kNm/m

Ermittlung des Biegemomentes für die veränderlichen Lasten (UDL) im Bemessungsanschnitt:

$$m_{q,UDL} = 12 \cdot 0{,}76^2/2 + 3{,}0 \cdot 1{,}7 \cdot (1{,}7/2 + 0{,}76) \quad = \quad -11{,}68 \text{ kNm/m}$$

Das Bemessungsbiegemoment im Bemessungsschnitt beträgt:

$$m_{Ed} = 1{,}35 \cdot -53{,}42 + 1{,}35 \cdot -11{,}68 = -87{,}89 \text{ kNm/m} = m_{Eds}$$

Statische Nutzhöhe d am Bemessungsanschnitt: $d = 50 - (4{,}5 + 1{,}6/2) \approx 45$ cm

$$v_{ccd} = m_{Eds}/z \cdot \tan \phi_u = 87{,}89/(0{,}97 \cdot 0{,}45) \cdot 30/295 = 20{,}48 \text{ kN/m}$$

$$v_{Ed} = 1{,}35 \cdot (45{,}54 - 7{,}73) + 1{,}35 \cdot (20{,}1 - 5{,}94 + 0{,}95 \cdot 108{,}7) - 20{,}48 = 189{,}1 \text{ kN/m}$$

Der Bemessungswert der Querkrafttragfähigkeit biegebeanspruchter Bauteile ohne Schubbewehrung ist wie folgt zu bestimmen, wobei der größere Wert entscheidend ist (▶ DIN-HB Bb, 6.2.2 (101)) und (▶ NCI zu 6.2.2 (101)) sowie (▶ NDP zu 6.2.2 (101)):

$$V_{Rd,ct} = \left[C_{Rd,c} \cdot k \cdot (100 \cdot \rho_l \cdot f_{ck})^{1/3} + k_1 \cdot \sigma_{cp}\right] \cdot b_w \cdot d \qquad (2\text{-}106)$$

$$V_{Rd,ct,\,min} = \left[\nu_{min} + k_1 \cdot \sigma_{cp}\right] \cdot b_w \cdot d \qquad (2\text{-}107)$$

mit

$k = 1 + (200/d)^{1/2} \leq 2{,}0$ mit d in mm

$\rho_l = A_{sl}/(b_w \cdot d) \leq 0{,}02$

A_{sl} Fläche der Zugbewehrung, die über den betrachteten Nachweisschnitt mit mindestens $(l_{bd} + d)$ hinausgeführt wird

$\sigma_{cp} = N_{Ed}/A_c < 0{,}2\, f_{cd}$ mit $N_{Ed} > 0$ als Längsdruck

$C_{Rd,c} = 0{,}15/\gamma_c$

$k_1 = 0{,}12$

$b_w =$ kleinste Querschnittsbreite in der Zugzone – auf der sicheren Seite liegend wird die kleinste Stegbreite angesetzt

$\nu_{min} = 0{,}0525/\gamma_c \cdot k^{3/2} \cdot f_{ck}^{1/2}$ für $d \leq 600$ mm

$\nu_{min} = 0{,}0375/\gamma_c \cdot k^{3/2} \cdot f_{ck}^{1/2}$ für $d > 800$ mm

Für 600 mm $< d \leq$ 800 mm darf linear interpoliert werden.

$V_{Rd,ct} = [0{,}15/1{,}5 \cdot 1{,}67 \cdot (0{,}293 \cdot 35)^{1/3}] \cdot 1 \cdot 0{,}45 = 0{,}163$ MN/m

$V_{Rd,ct,min} = [0{,}447 - 0] \cdot 1{,}0 \cdot 0{,}45 = 0{,}201$ MN/m $> 0{,}189$ MN/m → maßgebend!

mit

$\kappa = 1 + (200/450)^{1/2} = 1{,}67 < 2{,}0$

$\nu_{min} = 0{,}0525/1{,}5 \cdot 1{,}67^{3/2} \cdot 35^{1/2} = 0{,}447$ MN/m²

$\rho_l = 10{,}32/(100 \cdot 45) = 0{,}00293 < 0{,}02$

Somit ist keine Schubbewehrung in der Fahrbahnplatte erforderlich.

Außergewöhnliche Bemessungssituation:

Abminderung der Querkräfte aus Radlasten, die im Bereich $x \leq 2{,}0 \cdot d$ vom Auflagerrand wirken (► DIN-HB Bb, 6.2.2 (6) und NCI zu 6.2.2 (6) sowie DIN-HB Bb, 6.2.3 (8) und NCI zu 6.2.3 (8)).

$$v_{q,TS\text{-}GW} = 47{,}7 \cdot 1{,}0 = 47{,}7 \text{ kN/m}$$

$$v_{q,Bord} = 99{,}2 \cdot 1{,}25/(2{,}0 \cdot 0{,}55) = 112{,}7 \text{ kN/m} \rightarrow \text{maßgebend!}$$

$$v_{q,SPL} = 78{,}9 \cdot 1{,}0 = 78{,}9 \text{ kN/m}$$

$$v_{Ed} = 1{,}0 \cdot 45{,}54 + 1{,}0 \cdot 112{,}7 = 158{,}2 \text{ kN/m}$$

Da die einwirkende Querkraft infolge der außergewöhnlichen Belastung deutlich geringer ist als die einwirkende Querkraft infolge der ständigen und vorübergehenden Lastkombination, ist eine weitere Nachweisführung nicht erforderlich. Der Anteil der geringen Zugnormalkraft kann vernachlässigt werden.

2.4.6.4 Ermüdung

Zu den allgemeinen Grundlagen der Nachweisführung wird auf Abschnitt 2.4.5 verwiesen. Da die Ermüdungsbeanspruchung auf die auskragende Fahrbahnplatte auch im Bereich hinter dem Fahrbahnübergang wirkt, wird auf der sicheren Seite liegend der volle Erhöhungsfaktor $\Delta\phi_{fat} = 1{,}3$ angesetzt (► DIN EN 1991-2, 4.6.1 (6)). Für das Überbauende sollte jedoch, wie bereits zu Beginn dieses Abschnitts angemerkt, eine gesonderte Betrachtung erfolgen.

Es wird zunächst eine obere Querbewehrung von → 12-10 = 11,31 cm^2/m als Eingangswert der anrechenbaren Zugbewehrung angesetzt.

Beton

Bei Straßenbrücken ist ein Ermüdungsnachweis für den Beton nicht erforderlich, wenn die Betonranddruckspannung infolge der charakteristischen Lastkombination und dem Mittelwert der Vorspannung nicht größer als $0{,}6 \cdot f_{ck}$ ist (► DIN-HB Bb, NDP zu 6.8.1 (102)). Im Rahmen der Nachweise der Gebrauchstauglichkeit ist bei allen Straßenbrücken in der Regel dieses Kriterium eingehalten (außer $0{,}7 \cdot f_{ck}$ unter Voraussetzung besonderer Überwachungsmaßnahmen bei Fertigteilen, vorhandene Umschnürung usw. – siehe Abschnitt 2.4.5) (► DIN-HB Bb, NDP zu 7.2 (102)), so dass der Nachweis entfallen kann. Dennoch soll dieser kurz vorgeführt werden.

Biegemoment unter der charakteristischen Lastkombination:

$$m_{n\text{-häufig}} = -73{,}81 + (-20{,}1 - 75{,}8) = -169{,}7 \text{ kNm/m}$$

Die Bestimmung der Betondruckspannung muss am gerissenen Querschnitt erfolgen, da die Betonzugspannung unter der seltenen Lastkombination die Betonzugfestigkeit überschreitet (siehe Begrenzung der Betonrandzugspannungen Abschnitt 2.5.6.1).

Für einfache Rechteckquerschnitte ohne Druckbewehrung lässt sich auf Basis linearer Werkstoffgesetze für Betonstahl und Beton die Druckzonenhöhe x nach folgender Beziehung bestimmen [Grasser 1996], [Freytag 2005]:

$$x_{II} = \frac{A_{s1}\alpha}{b}\left[-1+\sqrt{1+\frac{2bd}{A_s\alpha}}\right] \tag{2-108}$$

mit

$$\alpha = E_s/E_c = 200000/34000 = 5{,}88$$

$$x_{II} = \frac{11{,}31\cdot 10^{-4}\cdot 5{,}88}{1}\left[-1+\sqrt{1+\frac{2\cdot 1\cdot 0{,}495}{11{,}31\cdot 10^{-4}\cdot 5{,}88}}\right] = 0{,}075\ \text{m}$$

$$z = d - x/3 = 0{,}495 - 0{,}075/3 = 0{,}47\ \text{m}$$

$$\sigma_c = \frac{2\cdot M}{z\cdot b\cdot x_{II}} = \frac{2\cdot 0{,}170}{0{,}47\cdot 1\cdot 0{,}075} = 9{,}65\ \text{MPa} \tag{2-109}$$

$$\sigma_c = 9{,}65\ \text{MN/m}^2 < 0{,}6\ f_{ck}$$

Damit gilt der Ermüdungsnachweis für den Beton als erbracht (► DIN-HB Bb, NDP zu 6.8.1 (102)).

Betonstahl

Vereinfachter Nachweis durch Spannungsbegrenzung (Stufe 1)

Der Ermüdungsnachweis für ungeschweißte Bewehrungsstäbe gilt als erbracht, wenn die Spannungsschwingbreite $\Delta\sigma_s$ unter der häufigen Lastkombination mit dem Lastmodell 1 ≤ 70 MN/m² beträgt (► DIN-HB Bb, 6.8.6 (1) und NDP zu 6.8.6 (1)).

Grundmoment:	m_0	$= -73{,}81$ kNm/m
Max. Moment:	$m_{häufig,max}$	$= -73{,}81$ kNm/m
Min. Moment:	$m_{häufig,min} = -73{,}81 + 0{,}40\cdot -20{,}1 + 0{,}75\cdot -75{,}8$	$= -138{,}7$ kNm/m

Da die Druckzonenhöhe und somit der innere Hebelarm unter der Voraussetzung linearer Stoffgesetze nicht von der Beanspruchung abhängt, kann der innere Hebel direkt aus den obigen Berechnungen übernommen werden und die Betonstahlspannungsschwingbreite beträgt:

$$\Delta\sigma_{s,häufig} = \Delta m_{häufig}/(z\cdot A_{s1}) = (0{,}139 - 0{,}074)/(0{,}47\cdot 11{,}31\cdot 10^{-4}) = 122{,}3\ \text{MN/m}^2$$

Mit dem vereinfachten Nachweis ist der Grenzwert $\Delta\sigma_s \leq 70$ MN/m² nach DIN-FB nicht eingehalten.

Nachweis mit schädigungsäquivalenten Spannungsschwingbreiten (Stufe 2)

Der Nachweis der schädigungsäquivalenten Spannungsschwingbreite wird gemäß DIN-FB II-A.106 mit dem gewichteten Ermüdungslastmodell 3 geführt (► DIN-HB Bb, Anhang NA.NN.106.2 (101)P). Für den Ermüdungsnachweis des Stahles in Brückenquerrichtung sind hierzu die Achslasten des Ermüdungslastmodells 3 mit dem Faktor 1,4 zu multiplizieren (► DIN-HB Bb, Anhang NA.NN.106.2 (101)P).

Grundmoment: m_0 $= -73{,}81$ kNm/m

Max. Moment: m_{max} $= -73{,}81$ kNm/m

Min. Moment: $m_{min} = -73{,}81 + 1{,}3 \cdot 1{,}40 \cdot -75{,}8 \cdot 240/600$ $= -128{,}99$ kNm/m

$$\Delta\sigma_{s,ELM3} = \Delta m/(z \cdot A_{s1}) = (0{,}129 - 0{,}074)/(0{,}47 \cdot 11{,}31 \cdot 10^{-4}) = 103{,}5 \text{ MN/m}^2$$

Analog dem Abschnitt 2.4.5 kann die schädigungsäquivalente Spannungsschwingbreite $\Delta\sigma_{s,equ}$ wie folgt ermitteln werden:

Der Beiwert λ_{s1} in Brückenquerrichtung kann der Abb. A.106.2 Linie 3c entnommen werden. Die anzusetzende Stützweite der Fahrbahnplatte entspricht entweder dem Achsabstand zwischen den Stegen oder der Kragarmlänge (▶ DIN-HB Bb, Anhang NA.NN.106.2 (104)). Für eine Kragarmlänge von 2,95 m ergibt sich:

$$\lambda_{s1} = 1{,}10$$

Da die Anpassungsfaktoren λ_{s2} und λ_{s3} querschnittsunabhängig sind, können diese aus dem Nachweis für die Längsrichtung übernommen werden. Weitere Fahrspuren haben keine Auswirkung auf die Ermüdung der Kragarmbewehrung. Damit wird λ_{s4} zu 1,0 gesetzt.

$$\Delta\sigma_{s,equ} = 103{,}5 \cdot 1{,}2 \cdot 1{,}1 \cdot 0{,}86 \cdot 1{,}0 \cdot 1{,}0 = 117{,}5 \text{ MN/m}^2$$

Diese Spannungsschwingbreite ist kleiner als die zulässige $\Delta\sigma_{Rsk}$ (N*) gemäß der Wöhlerlinie der verwendeten Bewehrung:

$$1{,}0 \cdot 1{,}0 \cdot 117{,}5 < 175/1{,}15 = 152{,}2 \text{ MN/m}^2$$

Der Nachweis für den Betonstahl gemäß der Nachweisstufe 2 ist damit erbracht.

Betriebsfestigkeitsnachweis mit Palmgren-Miner-Regel (Stufe 3)

Ein expliziter Betriebsfestigkeitsnachweis kann durch die Ermittlung der Schadenssumme mit Hilfe der Palmgren-Miner-Regel geführt werden (▶ DIN-HB Bb, 6.8.4 (2)). Dabei sind die entsprechenden Wöhlerlinien für Beton- und Spannstahl gemäß (▶ DIN-HB Bb, 6.8.4 Tabelle 6.3DE und DIN-HB Bb, 6.8.4 Tabelle 6.4DE) zu verwenden und mit $\gamma_{s,fat}$ zu reduzieren.

$$D_{Ed} = \sum_i \frac{n(\Delta\sigma_i)}{N(\Delta\sigma_i)} < 1 \qquad (2\text{-}110)$$

mit

$n(\Delta\sigma_i)$ Anzahl der Lastzyklen

$N(\Delta\sigma_i)$ Anzahl der ertragbaren Lastzyklen entsprechend der Wöhlerlinie

Da für die Brückenquerrichtung nur ein Fahrstreifen zur Schadenssumme beiträgt, lässt sich der Nachweis beispielhaft anhand einer anschaulichen Handrechnung ohne den Gebrauch aufwendiger Zählverfahren vorführen.

Grundmoment: m_0 $= -73{,}81$ kNm/m

Max. Moment: $m_{max} = -73{,}81$ $= -73{,}81$ kNm/m

Min. Moment: $m_{min} = -73{,}81 - 1{,}3 \cdot 75{,}8 \cdot 240/600$ $= -113{,}20$ kNm/m

$$\Delta\sigma_{Ed,s} = \Delta m_{ELM3}/(z \cdot A_{s1}) = (0{,}1132 - 0{,}0738)/(0{,}47 \cdot 11{,}31 \cdot 10^{-4}) = 74{,}10 \text{ MN/m}^2$$

$n(\Delta\sigma_{Ed,s})$ ergibt sich durch die geplante Nutzungsdauer und die Anzahl der LKW pro Jahr:

$$n(\Delta\sigma_{Ed,s}) = N_{obs} \cdot N_{years} = 0{,}5 \cdot 10^6 \text{ LKW/Jahr} \cdot 100 \text{ Jahre} = 5 \cdot 10^7 \text{ Lastzyklen (LKW)}$$

Die Anzahl der ertragbaren Lastzyklen für eine Schwingbreite von 74,1 MN/m² ergibt sich entsprechend der verwendeten Wöhlerlinie zu:

$$N(\Delta\sigma_{Ed,s}) = N^* \cdot [\Delta\sigma_{Rsk}(N^*)/(\gamma_{s,fat} \cdot \Delta\sigma_{Ed,s})]^9 = 10^6 \cdot (175/1{,}15/74{,}1)^9 = 6{,}497 \cdot 10^8$$

Nachweis:

$$D_{Ed} = 5 \cdot 10^7/6{,}497 \cdot 10^8 = 0{,}077 < 1$$

Zu Vergleichszwecken erfolgt die Umrechnung der Schädigungssumme für das einstufige Kollektiv in eine schädigungsäquivalente Schwingbreite:

$$\Delta\sigma_v = \Delta\sigma_{Ed,s} \cdot \sqrt[b]{\frac{n(\Delta\sigma_{Ed,s})}{N(\Delta\sigma_{Ed,s})}} = 74{,}1 \text{ MPa} \cdot \sqrt[9]{\frac{5 \cdot 10^7}{10^6}} = 114{,}4 \text{ MPa}$$

Die über die zu erwartende Schädigungssumme ermittelte Spannungsschwingbreite liegt damit nur geringfügig unterhalb der anhand der Korrekturfaktoren bestimmten schädigungsäquivalenten Schwingbreite $\Delta\sigma_{s,equ} = 117{,}5$ MN/m².

2.4.7 Nachweis der Tragfähigkeit des Endquerträgers

Die Nachweisführung erfolgt exemplarisch für den Endquerträger in Achse 10. Da die Stützweite des Endquerträgers größer als die 3-fache Bauteilhöhe ist, darf die Bemessung an einem idealisierten Ersatzbalken mit einer mitwirkenden Breite in der Druckzone durchgeführt werden (▶ DIN-HB Bb, 5.3.1 (3) und NCI zu 1.5.2 NA 1.5.2.19).

2.4.7.1 Biegung mit Längskraft

Auf der sicheren Seite liegend wird die an dem Gesamtsystem ermittelte Querkraft als Gleichlast in Querrichtung über eine Länge entsprechend der unteren Stegbreite auf 4,64 m wirkend aufgeteilt. Aufgrund der geringen Lagerspreizung von 4,50 m führt diese Vereinfachung zu geringfügig höheren Biegemomenten in Feldmitte gegenüber der tatsächlichen Beanspruchung, da allein die beiden Fahrstreifen mit 2 × 3 m Breite bereits größer als die Lagerspreizung von 4,5 m sind und somit über den Lagern Stützmomente erzeugen würden, die zur Reduzierung des Feldmoments führen. Die Bemessung für diese Stützmomente ist quasi bereits mit den Betrachtungen der auskragenden Fahrbahnplatte in Querrichtung erfolgt, so dass hier nur die Biegebemessung in Feldmitte zwischen den Lagern erfolgt.

LF	V_{Ek} [kN]	$\gamma \cdot \psi_0$	V_{Ed} [kN]
g_1	2269,73	1,35	3064,14
g_2	519,15	1,35	700,85
$P^{(0)}$	−1982,27	1,00	−1982,27
P_{unbe}	227,60	1,00	227,60
K + S	473,91	1,00	473,91
UDL	1005,68	1,35	1357,67
TS	929,88	1,35	1255,34
Δs	81,21	1,5 · 1,0 · 0,6	73,09
ΔT_M	195,00	1,35 · 0,8 · 0,6	126,36
		Summe:	**5296,69**

äquivalente Gleichstreckenlast: $q_{Ed} = 5{,}297/4{,}64 = 1{,}142$ MN/m

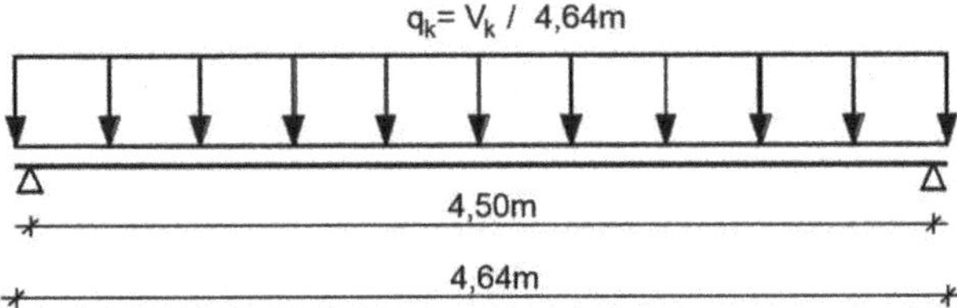

Bild 2-117 Statisches System und Belastung des Endquerträgers

Da im EDV-Modell der Überstand des Überbaus von 0,7 m in Brückenlängsrichtung über die Lagerachse hinaus nicht erfasst wurde, ist der Anteil des Eigengewichtes noch zu berücksichtigen:

$$g_1 = 25 \cdot 0{,}7 \cdot 1{,}2 \cdot 1{,}35 = 28{,}4 \text{ kN/m}$$

$$M_{Ed} = (1{,}142 + 0{,}028) \cdot 4{,}5^2/8 = 2{,}96 \text{ MNm}$$

Die Breite des Endquerträgers beträgt 1,40 m. Auf den Ansatz einer zusätzlichen mitwirkenden Plattenbreite in der Druckzone (▶ DIN-HB Bb, 5.3.2.1) wird auf der sicheren Seite liegend verzichtet, da sich dadurch der innere Hebelarm z nur geringfügig vergrößert.

Bezogenes Moment:

$$\mu_{Eds} = M_{Eds}/(b \cdot d^2 \cdot f_{cd}) = 2{,}96/(1{,}4 \cdot 1{,}13^2 \cdot 19{,}83) = 0{,}083$$

abgelesen: $\omega_1 = 0{,}087$

$$A_{s1} = \omega_1 \cdot b \cdot d/(\sigma_{sd}/f_{cd})$$
$$= 0{,}087 \cdot 1{,}4 \cdot 1{,}13/(456{,}5/19{,}83) \cdot 10^4 = 59{,}8 \text{ cm}^2$$

gewählt: 13 ∅ 25 entspricht 63,8 cm²

2.4.7.2 Querkraft

Der Nachweis der Betondruckstrebe kann auf der sicheren Seite liegend für die im Kapitel 3 Lager und ÜKO errechnete maximale Auflagerkraft im ULS erfolgen.

$$\max F_{zd} = 4{,}856 \text{ MN}$$

Im Bereich von Endquerträgern sind meist dichte Bewehrungen zu erwarten, welche die Betonierarbeit erschweren. Die Querkraftbemessung sollte deshalb nicht mit der maximalen Lagerkraft im ULS aus dem Kapitel Lager und ÜKO, sondern mit der Querkraft im Abstand 1,0 d von der Auflagerachse erfolgen. Die Querkraft im Endquerträger V_{quer} ergibt sich wie folgt aus der Querkraft der Längsrichtung $V_{längs}$:

$$V_{quer} = V_{längs}/4{,}64 \cdot 4{,}5/2$$

Die Bestimmung der Bemessungsquerkraft im Abstand 1,0 d vom Auflagerrand erfolgt mit:

$$V_{quer,1,0d} = V_{quer} - V_{längs}/4{,}64 \cdot d$$

LF	$V_{Ek,längs}$ [kN]	Abmind. 1,0 d [kN]	$\gamma \cdot \psi_0$	$V_{Ed0,quer}$ [kN]	$V_{Ed0;1,0d,quer}$ [kN]
g_1	2269,73	−2269,73/4,64 · 1,13	1,35	1485,84	739,62
g_2	519,15	−519,15/4,64 · 1,13	1,35	339,85	169,17
$P^{(0)}$	−1982,27	1982,27/4,64 · 1,13	1,0	−961,23	−478,48
P_{unbe}	227,6	−227,6/4,64 · 1,13	1,0	110,37	54,94
K + S	473,91	−473,91/4,64 · 1,13	1,0	229,81	114,40
Δs	81,21	−81,21/4,64 · 1,13	1,5 · 1,0 · 0,6	35,44	17,640
ΔT_M	195	−195/4,64 · 1,13	1,35 · 0,8 · 0,6	61,27	30,50
			Summe:	**1301,35**	**647,79**

Die Bemessungswerte der Querkraftbeanspruchung aus LM 1 für TS und UDL werden über die Lagerlasten bestimmt:

UDL: $\max P_{z,UDL} = 1140$ kN

TS: $\max P_{z,UDL} = 736{,}5$ kN

Hierbei wird angenommen, dass sich die maximalen Querkräfte nicht durch die direkte Stellung der Tandemachse auf dem Endquerträger ergeben, sondern bei einer Stellung kurz vor dem Endquerträger (Bild 2-118). Die Achslasten werden zunächst über die auskragende Fahrbahnplatte zum Längsträgersteg abgetragen. Eine Abminderung auflagernaher Lasten sollte deshalb nicht vorgenommen werden. Der Steg gibt dann diese Last quasi über eine trapezförmige Streckenlast auf den Endquerträger ab. Diese trapezförmige Streckenlast muss mit den Lagerkräften im Gleichgewicht stehen, so dass die Auflagerkraft gleich dem Maximalwert der Querkraft ist.

Bild 2-119 zeigt, dass die trapezförmige Last zu einem quadratischen Querkraftverlauf führt, der sehr schnell vom Lagerrand zur Trägermitte hin abklingt. Zur Bestimmung der Querkraft an der Stelle 1,0 d ist es jedoch ausreichend genau, wenn eine konstante Verteilung der TS-Lasten auf den Querträger angenommen wird. Bild 2-119 verdeutlicht dies.

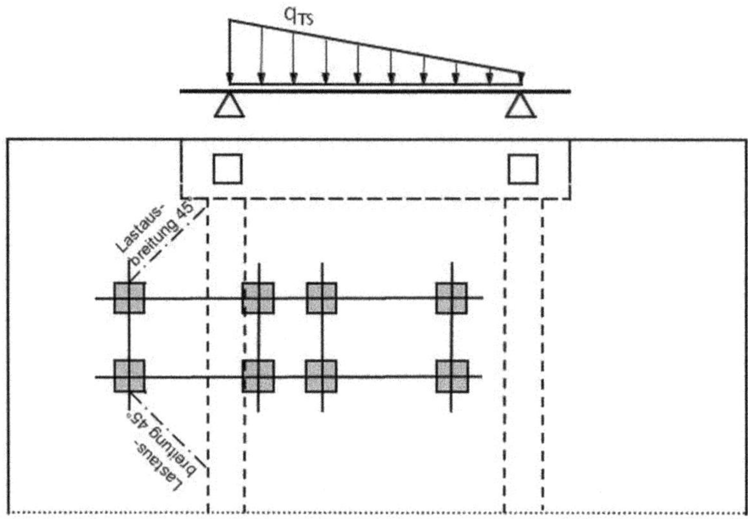

Bild 2-118 Statisches System und Belastung des Endquerträgers

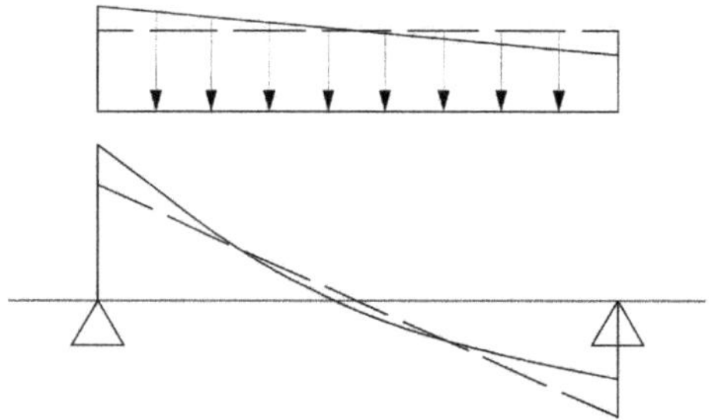

Bild 2-119 Statisches System und Belastung des Endquerträgers

Damit ergeben sich folgende Werte im Bemessungsschnitt:

$$V_{Ed,UDL} = 1140 - 1140 \cdot 1{,}13/2{,}25 = 567{,}5 \text{ kN}$$

$$V_{Ed,TS} = 736{,}5 - 736{,}5 \cdot 1{,}13/2{,}25 = 366{,}6 \text{ kN}$$

Bemessungswert der Querkraftbeanspruchung:

$$V_{Ed} = 647{,}8 + 1{,}35 \cdot (567{,}5 + 366{,}6) = 1908{,}8 \text{ kN}$$

Der Bemessungswert der Querkrafttragfähigkeit biegebeanspruchter Bauteile ohne Schubbewehrung ist wie folgt zu bestimmen, wobei der größere Wert entscheidend ist (▶ DIN-HB Bb, 6.2.2 (101) und NCI zu 6.2.2 (101) sowie NDP zu 6.2.2 (101)):

$$V_{Rd,ct} = \left[C_{Rd,c} \cdot k \cdot (100 \cdot \rho_l \cdot f_{ck})^{1/3} + k_1 \cdot \sigma_{cp}\right] \cdot b_w \cdot d \qquad (2\text{-}111)$$

$$V_{Rd,ct,\,min} = \left[\nu_{min} + k_1 \cdot \sigma_{cp}\right] \cdot b_w \cdot d \qquad (2\text{-}112)$$

mit

$k = 1 + (200/d)^{1/2} \leq 2{,}0$ mit d in mm

$\rho_l = A_{sl}/(b_w \cdot d) \leq 0{,}02$

A_{sl} Fläche der Zugbewehrung, die über den betrachteten Nachweisschnitt mit mindestens $(l_{bd} + d)$ hinausgeführt wird

$\sigma_{cp} =$ $N_{Ed}/A_c < 0{,}2\ f_{cd}$ mit $N_{Ed} > 0$ als Längsdruck

$C_{Rd,c} = 0{,}15/\gamma_c$

$k_1 =$ 0,12

b_w kleinste Querschnittsbreite in der Zugzone – auf der sicheren Seite liegend wird die kleinste Stegbreite angesetzt

$\nu_{min} =$ $0{,}0525/\gamma_c \cdot k^{3/2} \cdot f_{ck}^{1/2}$ für $d \leq 600$ mm

$\nu_{min} =$ $0{,}0375/\gamma_c \cdot k^{3/2} \cdot f_{ck}^{1/2}$ für $d > 800$ mm

Für 600 mm < d ≤ 800 mm darf linear interpoliert werden.

$V_{Rd,ct} = 0{,}15/1{,}5 \cdot 1{,}42 \cdot (0{,}403 \cdot 35)^{1/3} \cdot 1{,}4 \cdot 1{,}13$
$= 0{,}543 < 1{,}909$ MN → maßgebend!

$V_{Rd,ct,min} = [0{,}250 - 0] \cdot 1{,}4 \cdot 1{,}13 = 0{,}396$ MN/m < 1,909 MN

mit

$\kappa = 1 + (200/1130)^{1/2} = 1{,}42 < 2{,}0$

$\nu_{min} = 0{,}0375/1{,}5 \cdot 1{,}42^{3/2} \cdot 35^{1/2} = 0{,}250\ \text{MN/m}^2$

$\rho_l = 63{,}8/(113 \cdot 140) = 0{,}00403 < 0{,}02$

Somit ist Querkraftbewehrung im Endquerträger erforderlich.

Der Neigungswinkel der Betondruckstreben ist wie folgt zu begrenzen (▶ DIN-HB Bb, NDP zu 6.2.3 (2)):

$$1 \leq \cot\theta \leq \frac{1{,}2 + 1{,}4\sigma_{cd}/f_{cd}}{1 - V_{Rd,cc}/V_{Ed}} \leq 1{,}75 \qquad (2\text{-}113)$$

mit

$$V_{Rd,cc} = c \cdot 0{,}48 \cdot f_{ck}^{1/3} \cdot \left(1 - 1{,}2\frac{\sigma_{cd}}{f_{cd}}\right) \cdot b_w \cdot z \qquad (2\text{-}114)$$

mit

$c = 0{,}5$

$\sigma_{cd} = N_{Ed}/A_c$ mit $N_{Ed} > 0$ als Längsdruck

$$V_{Rd,cc} = 0{,}5 \cdot 0{,}48 \cdot 35^{1/3} \cdot (1 - 0) \cdot 1{,}4 \cdot 0{,}99 = 1{,}088\ \text{MN} \tag{2-115}$$

mit

$z = \min(0{,}9\ d;\ d - 2 \cdot c_{vl};\ d - c_{vl} - 30\ \text{mm})$ (▶ DIN-HB Bb, NCI zu 6.2.3 (1)), mit c_{vl} als Verlegemaß der Längsbewehrung in der Druckzone

$z = \min(0{,}9 \cdot 1{,}13;\ 1{,}13 - 2 \cdot 0{,}07;\ 1{,}13 - 0{,}07 - 0{,}03) = 0{,}99\ \text{m}$

$$1 \leq \cot\theta \leq \frac{1{,}2 + 0}{1 - 1{,}088/1{,}909} = 2{,}79 < 1{,}75 \rightarrow 1{,}75 \text{ maßgebend!} \tag{2-116}$$

Damit ergibt sich der Bemessungswert der Druckstrebentragfähigkeit zu (▶ DIN-HB Bb, 6.2.3 (103)):

$$V_{Rd,\max} = \alpha_{cw} \cdot b_w \cdot z \cdot \nu_1 \cdot f_{cd}/(\cot\theta + \tan\theta) \tag{2-117}$$

$$V_{Rd,\max} = 1{,}0 \cdot 1{,}4 \cdot 0{,}99 \cdot 0{,}75 \cdot 19{,}83/(1{,}75 + 1/1{,}75) = 8{,}88\ \text{MN} \tag{2-118}$$

Die erforderliche Querkraftbewehrung ergibt sich unter Verwendung lotrechter Bügelbewehrung zu (▶ DIN-HB Bb, 6.2.3 (103)):

$$V_{Rd,s} = \frac{A_{sw}}{s} \cdot z \cdot f_{ywd} \cdot \cot\theta \tag{2-119}$$

$$a_{sw} = \frac{V_{Ed,1,0d}}{z \cdot f_{ywd} \cdot \cot\theta} = \frac{1{,}909}{0{,}99 \cdot 435 \cdot 1{,}75} \cdot 10^4 = 25{,}3\ \text{cm}^2/\text{m}$$

Der Bewehrungsgrad der Mindestschubbewehrung ergibt sich entsprechend (▶ DIN-HB Bb, 9.2.2 (5)) zu:

$$\rho_w = \frac{A_{sw}}{s_w \cdot bw \cdot \sin\alpha} = \frac{a_{sw}}{b_w \cdot \sin\alpha} \tag{2-120}$$

mit

A_{sw} Querschnittsfläche eines Elementes der Schubbewehrung

s_w Abstand der Elemente der Schubbewehrung in Bauteilachse

b_w Stegbreite

α Winkel zwischen Bewehrung und Bauteilachse, siehe auch (▶ DIN-HB Bb, 9.2.2 (1))

Der Mindestbewehrungsgrad bestimmt sich für den allgemeinen Fall zu (▶ DIN-HB Bb, NDP zu 9.2.2 (5)):

$\min \rho_{w,\min} = 0{,}16 \cdot f_{ctm}/f_{yk} = 0{,}16 \cdot 3{,}2/500 = 1{,}02 \cdot 10^{-03}$

Somit ergibt sich die Mindestschubbewehrung zu:

$$\min a_{sw} = \rho_w \cdot b_w \cdot \sin \alpha = 1{,}02 \cdot 10^{-03} \cdot 1{,}4 \cdot \sin 90 = 14{,}3 \text{ cm}^2/\text{m}$$

Der Längs- und Querabstand ergibt sich gemäß (▶ DIN-HB Bb, 9.2.2 (6) und (7)).

Da $V_{Ed} > 0{,}3\ V_{Rd,max}$ und $< 0{,}6\ V_{Rd,max}$, ergibt sich gemäß (▶ DIN-HB Bb, Tabelle NA.9.1 und Tabelle NA.9.2):

Längsabstand: $s_{max} = 0{,}5$ h bzw. 300 mm → 300 mm

Querabstand: $s_{max} =$ h bzw. 600 mm → 600 mm

Gewählte Bügelbewehrung: ∅ 14-20 vierschnittig

Wie in Abschnitt 2.4.8.2 noch gezeigt wird, ist die Pressenkraft infolge der Lagerwechsel im ULS deutlich kleiner als die Auflagerkraft. Des Weiteren ergibt sich bei der gewählten Pressenanordnung eine kleinere Spannweite des Endquerträgers, so dass dieser Fall für die Querkraftbemessung nicht untersuchungsrelevant wird.

2.4.7.3 Ermüdung

Beton (▶ DIN-HB Bb, NDP zu 6.8.1 (102))

Im Grenzzustand der Gebrauchstauglichkeit und der Ermüdung sind die möglichen Streuungen der Vorspannkraft zu berücksichtigen (▶ DIN-HB Bb, NCI zu 5.10.9 (1)).

Spannglieder im nachträglichen Verbund: $r_{inf} = 0{,}9$ und $r_{sup} = 1{,}1$

Einwirkende Querkraft der charakteristischen Einwirkungskombination:

$$\begin{aligned} V_{n\text{-häufig}} &= 1{,}0 \cdot (V_{g1,k} + V_{g2,k}) + 0{,}9 \cdot (V_{p,0} + V_{p,unbe}) + 1{,}0 \cdot V_{c+s+r} + 1{,}0 \cdot V_{set} \\ &\quad + 1{,}0 \cdot (V_{TS} + V_{UDL}) + 0{,}8 \cdot V_{\Delta T} \end{aligned}$$

$$\begin{aligned} V_{n\text{-häufig}} &= 1{,}0 \cdot (2{,}27 + 0{,}52) + 0{,}9 \cdot (-1{,}98 + 0{,}23) + 1{,}0 \cdot 0{,}47 + 1{,}0 \cdot 0{,}08 \\ &\quad + 1{,}0 \cdot (1{,}01 + 0{,}93) + 0{,}8 \cdot 0{,}20 \\ &= 3{,}87 \text{ MN} \end{aligned}$$

$$M_{n\text{-häufig}} = 3{,}87/4{,}64 \cdot 4{,}5^2/8 = 2{,}11 \text{ MNm}$$

$M_{cr} = 3{,}2 \cdot 1{,}2^2 \cdot 1{,}4/6 = 1{,}075$ MNm → Querschnitt gerissen! Damit sind die Spannungen im gerissenen Zustand zu ermitteln.

Die Betonspannung kann über die Ermittlung der Druckzonenhöhe im Gebrauchszustand ermittelt werden:

$$x_{II} = \frac{A_{s1}\alpha}{b}\left[-1 + \sqrt{1 + \frac{2bd}{A_s\alpha}}\right]$$

mit

$$\alpha = E_s/E_c = 200\,000/34\,000 = 5{,}88$$

$$A_{sl} = 63{,}8 \text{ cm}^2$$

$$x_{II} = \frac{63{,}8 \cdot 10^{-4} \cdot 5{,}88}{1{,}4}\left[-1 + \sqrt{1 + \frac{2 \cdot 1{,}4 \cdot 1{,}13}{63{,}8 \cdot 10^{-4} \cdot 5{,}88}}\right] = 0{,}221 \text{ m}$$

$$z = d - x/3 = 1{,}13 - 0{,}221/3 = 1{,}06 \text{ m}$$

$$\sigma_c = \frac{2 \cdot M}{z \cdot b \cdot x_{II}} = \frac{2 \cdot 2{,}11}{1{,}06 \cdot 1{,}4 \cdot 0{,}221} = 12{,}87 \text{ MPa}$$

$$\sigma_c = 12{,}87 \text{ MN/m}^2 < 0{,}6\, f_{ck} = 0{,}6 \cdot 35 = 21 \text{ MN/m}^2$$

Damit gilt der Ermüdungsnachweis für den Beton als erbracht (▶ DIN-HB Bb, NDP zu 6.8.1 (102)).

Betonstahl

Nachweis mit schädigungsäquivalenten Spannungsschwingbreiten (Nachweisstufe 2):

Der Nachweis der schädigungsäquivalenten Spannungsschwingbreite wird mit dem gewichteten Ermüdungslastmodell 3 geführt (▶ DIN-HB Bb, Anhang NA.NN.106.2 (101)P). Für den Ermüdungsnachweis des Stahls in Brückenquerrichtung sind hierzu die Achslasten des Ermüdungslastmodells 3 mit dem Faktor 1,4 zu multiplizieren (▶ DIN-HB Bb, Anhang NA.NN.106.2 (101)P). Zusätzlich werden die Lasten des Ermüdungslastmodells 3 im Bereich des Fahrbahnübergangs mit dem dynamischen Überhöhungsfaktor $\Delta\phi_{fat} = 1{,}3$ beaufschlagt (▶ DIN EN 1991-2, 4.6.1 (6)).

Die Querkraftbeanspruchung aus dem Ermüdungslastmodell 3 beträgt in Achse 10:

$$V_{Ed,ELM3} = 380{,}94 \text{ kN}$$

Damit ergibt sich analog zur Biegebemessung eine Streckenlast auf den Endquerträger von: $q_{Ed,ELM3} = 380{,}94/4{,}64 = 82{,}1$ kN/m

$$\Delta M_{Ed,ELM3} = 82{,}1 \cdot 4{,}5^2/8 = 207{,}82 \text{ kNm}$$

$$\Delta\sigma_{s,ELM3} = 1{,}4 \cdot \Delta\phi_{fat} \cdot \Delta M_{Ed,ELM\,3}/(z \cdot A_{s1}) = 1{,}4 \cdot 1{,}3 \cdot 0{,}208/(1{,}06 \cdot 63{,}8 \cdot 10^{-4})$$
$$= 55{,}98 \text{ MN/m}^2$$

Die schädigungsäquivalente Spannungsschwingbreite $\Delta\sigma_{s,equ}$ wird analog Abschnitt 2.4.5 bestimmt.

Der Beiwert λ_{s1} in der Brückenquerrichtung kann der Abb. A.106.2 Linie 3c entnommen werden. Die anzusetzende Stützweite der Fahrbahnplatte entspricht entweder dem Achsabstand zwischen den Stegen oder der Kragarmlänge (▶ DIN-HB Bb, Anhang NA.NN.106.2 (104)). Für eine Stützweite von 4,50 m ergibt sich:

$$\lambda_{s1} = 1{,}22$$

Da die Anpassungsfaktoren λ_{s2} und λ_{s3} querschnittsunabhängig sind, können diese aus dem Nachweis für die Längsrichtung übernommen werden.

Beiwert λ_{s4} zur Erfassung mehrerer Fahrstreifen (2 Fahrstreifen im vorliegenden Fall) (▶ DIN-HB Bb, Anhang NA.NN (107)P):

$$\lambda_{s4} = \sqrt[k_2]{\frac{\sum N_{obs,i}}{N_{obs,1}}} = \sqrt[9]{\frac{2}{1}} = 1{,}08$$

$$\Delta\sigma_{s,equ} = 55{,}98 \cdot 1{,}2 \cdot 1{,}22 \cdot 0{,}86 \cdot 1{,}0 \cdot 1{,}08 = 76{,}1 \text{ MN/m}^2$$

Vergleich mit der Spannungsschwingbreite $\Delta\sigma_{Rsk}$ (N*) gemäß der Wöhlerlinie

$$1{,}0 \cdot 1{,}0 \cdot 76{,}1 < 175/1{,}15 = 152{,}2 \text{ MN/m}^2$$

Der Nachweis für den Betonstahl nach Nachweisstufe 2 ist damit erbracht.

Für den Ermüdungsnachweis der Schubbewehrung siehe Abschnitt 2.4.5.

2.4.8 Lokale Nachweise

2.4.8.1 Einleitung der Vorspannkraft im Verankerungsbereich

Infolge der Ausbreitung der Vorspannkräfte in das Bauteil treten Spaltzugkräfte auf, die durch Bewehrung, auch für den Fall, dass die Betonzugfestigkeit nicht überschritten wird, aufzunehmen sind (▶ DIN-HB Bb, NCI zu 8.10.3 (4), (NA.104) P).

Zuerst sind die Angaben zur konstruktiven Ausbildung der Spanngliedverankerung für die Wendel- und Zusatzbewehrung in der allgemeinen bauaufsichtlichen Zulassung zu erfüllen, womit der Nachweis direkt hinter den Ankerplatten erbracht ist (▶ DIN-HB Bb, NCI zu 8.10.3 (1) und 8.10.3 (3)).

Bereiche mit 2 oder mehr Spanngliedverankerungen sollten mit besonderer Sorgfalt untersucht werden. Bei der Berechnung der Spaltzugkräfte ist dabei die Spannfolge zu beachten, sofern dies zu ungünstigeren Beanspruchungen gegenüber dem Endzustand führt.

Die Berechnung der Spaltzugkräfte kann über Stabwerkmodelle (▶ DIN-HB Bb, 6.5.3) [Schlaich 2001], Diagramme (z. B. *Iyengar* [Leonhardt 1986]) und Näherungsgleichungen [DAfStb 1991], [Leonhardt 1986] erfolgen.

Im Grenzzustand der Tragfähigkeit ist der Bemessungswert der Vorspannkraft $P_d = \gamma_P \cdot P_{m0,max}$ anzusetzen, wobei $\gamma_P = 1{,}35$ ist (▶ DIN-HB Bb, NDP zu 2.4.2.4 (3)). Im Grenzzustand der Gebrauchstauglichkeit zur Begrenzung der Rissbreiten ist P_{m0} anzunehmen (▶ DIN-HB Bb, NCI zu 8.10.3 (4), (NA.104) P sowie DIN-HB Bb, NDP zu 2.4.2.4 (3)).

Folgend soll exemplarisch der Nachweis für die Achse 60 vorgeführt werden. Nach Abschnitt 2.3.3.3 beträgt in Achse 60 der maximale Faktor $\sigma_{p0,max}/\sigma_{pm0,max} = 0{,}979$. Damit ergibt sich der Bemessungswert der Vorspannkraft im ULS unter Berücksichtigung der Überspannreserve für ein Spannglied zu:

$$P_d = \gamma_P \cdot P_{m0,max} = 1{,}35 \cdot 0{,}979 \cdot 1440 \cdot 28{,}5 \cdot 10^{-4} = 5{,}424 \text{ MN}$$

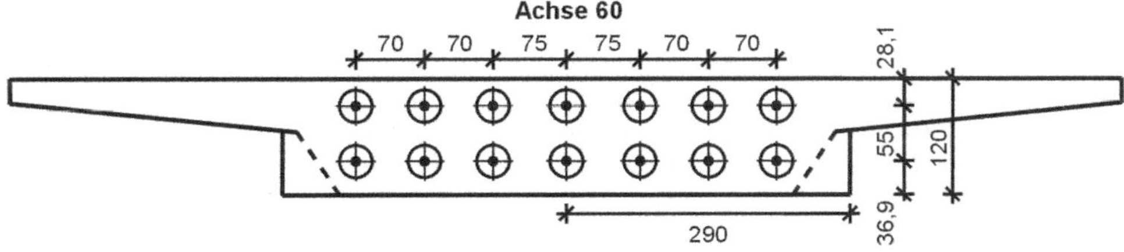

Bild 2-120 Anordnung und Lage der Spannanker in Achse 60

Ermittlung der vertikalen Spaltzugbewehrung

Vertikaler Randzug:

Aufgrund der notwendigen Spannfolge ergibt sich eine außermittige Einleitung der konzentrierten Last, so dass zunächst Randzug im Bauteil auftritt. Die Ermittlung der Randzugkraft Z_R erfolgt nach [Leonhardt 1986]. Die günstige Wirkung der Spanngliedneigung bleibt unberücksichtigt.

$$e = 1{,}2/2 - 0{,}302 = 0{,}298 \text{ m}$$

$$e/d = 0{,}298/1{,}2 = 0{,}248$$

$$Z_R = \frac{0{,}015 \cdot P_d}{1 - \sqrt{2} \cdot e/d} = \frac{0{,}015 \cdot 5{,}424}{1 - \sqrt{2} \cdot 0{,}248} = 0{,}28 \text{ MN} \tag{2-121}$$

$$\text{erf. } A_s = 280/43{,}5 = 6{,}44 \text{ cm}^2$$

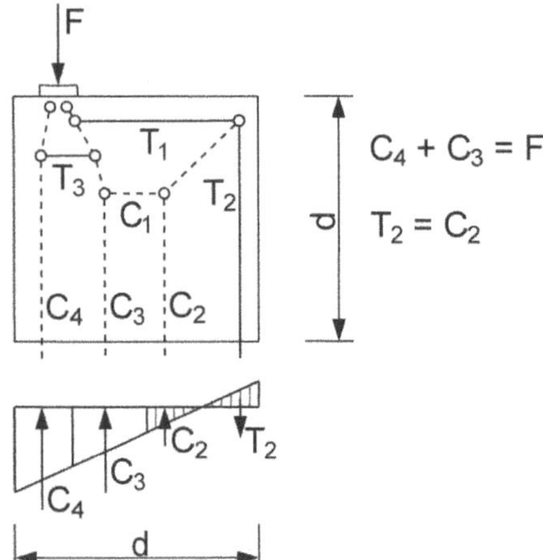

Bild 2-121 Stabwerkmodell für eine exzentrische Lasteinleitung

Alternativ lässt sich die exzentrische Lasteinleitung anhand des in Bild 2-121 dargestellten Stabwerkmodells anschaulich nachweisen [Schlaich 2001]. Aus dem Stabwerkmodell wird ersichtlich, dass nur Randzugspannungen entstehen, wenn sich der Lastangriffspunkt außerhalb der 1. Kernweite ($e = 0{,}298 > d/6$) befindet. Anhand der im Bild 2-121 angegebenen Größen kann die Gleichung zur Bestimmung die Randzugkraft T_1 wie folgt angegeben werden:

$$T_1 = \frac{P_d}{24 \cdot e/d} \cdot \left(6 \cdot \frac{e}{d} - 1\right)^2 = \frac{5{,}424}{24 \cdot 0{,}298/1{,}2} \cdot \left(6 \cdot \frac{0{,}298}{1{,}2} - 1\right)^2 = 0{,}219 \text{ MN}$$

$$\text{erf. } A_s = 219 \,/\, 43{,}5 = 5{,}03 \text{ cm}^2 \tag{2-122}$$

Da das Stabwerkmodell am Kraftfluss des ungerissenen Zustands orientiert ist, liegt das Vorgehen auf der sicheren Seite. Eine Vergrößerung des inneren Hebelarms durch Übergang in den gerissenen Zustand führt zu geringeren Zugkräften.

Vertikaler Spaltzug:

Laut der allgemeinen bauaufsichtlichen Zulassung sind außerhalb der Wendel auftretende Spaltzugkräfte nachzuweisen. Bei der gewählten Verankerung reichen die Wendel und Zusatzbewehrung ca. 50 cm hinter den Anker. Daher ist die lokale Spaltzugkraft unmittelbar hinter dem Anker nicht gesondert nachzuweisen. Lediglich der Nachweis für eine Ankergruppe von 2 Ankern ist zu führen.

Die Ermittlung der Spaltzugkraft Z_{Sd} erfolgt nach den Diagrammen von *Iyengar* [Iyengar 1960]. Dabei wird die Breite der Lastfläche nicht auf die volle Bauteilhöhe, sondern auf ein Ersatzprisma nach *Guyon* [DAfStb 1991], [Leonhardt 1986] bezogen (Bild 2-122).

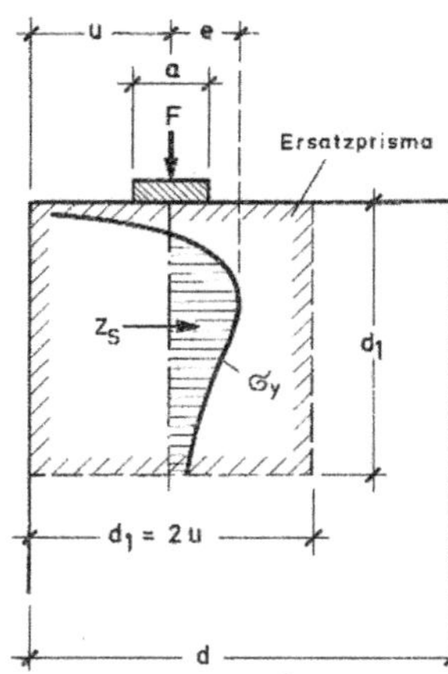

Bild 2-122 Definition Ersatzprisma zur Bestimmung der Spaltzugbewehrung [Leonhardt 1986]

$$d/a = 1{,}2/(0{,}55 + 0{,}33) = 1{,}36$$

abgelesen aus Bild 2-123: $Z/P_d = 0{,}06 \rightarrow Z = 0{,}06 \cdot 2 \cdot P_d = 0{,}12 \cdot P_d$

$$Z = 0{,}12 \cdot 5{,}424 = 0{,}651 \text{ MN}$$

$$\text{erf. } A_s = 651/43{,}5 = 14{,}97 \text{ cm}^2$$

Lage der resultierenden Zugkraft ($\sigma_y = \max$):

abgelesen aus Bild 2-123: $x/d = 0{,}47$

$$x = 0{,}47 \cdot 1{,}2 = 0{,}56 \text{ m}$$

Lage der Spannungsnulllinie ($\sigma_y = 0$):

abgelesen aus Bild 2-123: $x_0/d = 0{,}24$

$$x_0 = 0{,}24 \cdot 1{,}2 = 0{,}29 \text{ m}$$

Die Anordnung der Spaltzugbewehrung erfolgt mit einer Länge von x_0 bis x jeweils vor und hinter der Zugkraftresultierenden. Geringe Zugkräfte außerhalb dieses Bereiches werden durch die konstruktiv erforderliche Oberflächenbewehrung abgedeckt.

Alternativ kann die Querzugkraft T auch über DIN-HB Bb, 6.5.3 bestimmt werden (▶ DIN-HB Bb, 6.5.3 (3) a):

$$T = 0{,}25 \cdot \frac{d-a}{d} \cdot P_d = 0{,}25 \cdot \frac{1{,}2-(0{,}55+0{,}33)}{1{,}2} \cdot 2 \cdot 5{,}424 = 0{,}723 \text{ MN} \quad (2\text{-}123)$$

Die errechnete Zugkraft ist mit $0{,}13 \cdot P_d$ geringfügig größer, da Gl. (2-123) quasi eine Linearisierung der Kurve Z/F in Bild 2-123 mit einer Obergrenze von $0{,}25 \cdot P_d$ darstellt.

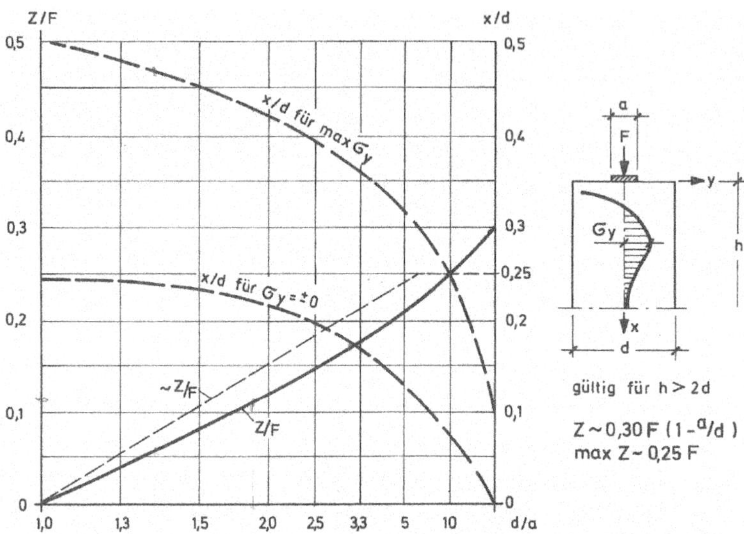

Bild 2-123 Größe und Lage der resultierenden Spaltzugkraft [Leonhardt 1986]

Ermittlung der horizontalen Spaltzugbewehrung

Die Ermittlung der Spaltzugkräfte erfolgt unter der Voraussetzung, dass das Spannen der Spannstränge von der Mitte ausgehend erfolgt. Weiter wird angenommen, dass die obere Ankerlage sich in horizontaler Richtung auf die volle Stegbreite und die untere Ankerlage auf die gemittelte Breite des Steges ausbreitet. Die weitere Lastausbreitung von Stegbreite auf Gurtbreite erfolgt im Nachgang unter Annahme eines Ausbreitungswinkels von $\beta = \arctan(2/3) = 33°$ (▶ DIN-HB Bb, 8.10.3 (5)).

Stegbreite oben: $b_{so} = 5{,}50$ m

gemittelte Stegbreite unten: $b_{su} = (4{,}64 + 5{,}5)/2 = 5{,}07$ m

Tabelle 2-55 Berechnung der Spaltzugbewehrung

Spanngliedgruppen	d/a	Z/P_d	A_S [cm²]	x/d für σ_y = max	x/d für σ_y = 0	x_0 [m] für σ_y = 0	x_{max} [m] für σ_y = max	a_s [cm²/m]
2 SG unten	4,69	0,21	52,4	0,32	0,14	0,71	1,62	28,8
3 SG unten	2,77	0,17	63,6	0,38	0,19	0,96	1,92	31,5

Tabelle 2-55 (Fortsetzung)

Spann-gliedgruppen	d/a	Z/P_d	A_S [cm^2]	x/d für $\sigma_y = max$	x/d für $\sigma_y = 0$	x_0 [m] für $\sigma_y = 0$	x_{max} [m] für $\sigma_y = max$	a_s [cm^2/m]
4 SG unten	1,99	0,13	64,8	0,42	0,22	1,11	2,12	32,1
5 SG unten	1,56	0,08	49,9	0,45	0,23	1,16	2,27	22,5
2 SG oben	5,09	0,22	54,9	0,32	0,13	0,72	1,76	26,4
3 SG oben	3,01	0,17	63,6	0,37	0,18	0,99	2,04	30,3
4 SG oben	2,17	0,13	64,8	0,42	0,22	1,21	2,31	29,5
5 SG oben	1,70	0,09	56,1	0,44	0,23	1,27	2,42	24,4

Da die Resultierenden der Ankerkräfte bei der gewählten Spannfolge immer innerhalb der 1. Kernweite liegen, entstehen keine Randzugkräfte, so dass dieser Nachweis entfällt. Aus Tabelle 2-55 wird ersichtlich, dass für Stranggruppen mit mehr als 5 Spanngliedern keine größeren Spaltzugkräfte entstehen. Es werden horizontal liegende Steckbügel von ∅ 16-12,5 cm, jeweils die obere und untere Spanngliedlage umgreifend, in einem Bereich von $x_{min} = 0,7$ m bis $x_{max} = 4,1$ m (siehe nachfolgende Rechnung) hinter den Ankerplatten eingelegt.

$$x_{min} = 0,70 \text{ m (siehe Tabelle 2-55)}$$

$$x_{max} = 0,5 \cdot 5,50 + 0,25 \cdot 5,50 = 4,1 \text{ m}$$

Die Begrenzung der Rissbreite erfolgt nur in Bereichen, in denen die Querzugspannungen oberflächennah auftreten. Aus diesem Grund wird lediglich die Stahlspannung der horizontalen Spaltzugbewehrung, der vertikalen Randzugbewehrung und der jeweils an die Bauteiloberfläche angrenzenden vertikalen Spaltzugbewehrung begrenzt.

Zur Begrenzung der Rissbreite ist P_{m0} anzusetzen (▶ DIN-HB Bb, NCI zu 8.10.3 (4)), womit sich die zuvor ermittelten Spaltzugkräfte reduzieren. Gemäß Abschnitt 2.3.3.3 verbleibt nach dem Ablassen am Spannanker des Strangs 41 eine Spannstahlspannung von 0,901 · 1360 MN/m²:

$$\nu \cdot P_d = 0,901/0,979 \cdot 1/1,35 \cdot 1360/1440 \cdot P_d = 0,644 \cdot P_d$$

Die Betonstahlspannung der zuvor für den ULS errechneten Spaltzugbewehrung reduziert sich damit auf:

$$0,645 \cdot f_{yd} = 0,644 \cdot 435 = 280,1 \text{ MN/m}^2$$

Die zulässigen Betonstahlspannungen dürfen nach Tabelle 7.2DE und 7.3N des DIN-HB Betonbrücken bestimmt werden (▶ DIN-HB Bb, NCI zu 7.3.3 (2)).

Vertikale Randzugbewehrung: 4 ∅ 16

$$d_s^* = 2,9/f_{ct,eff} \cdot d_s = 2,9/3,2 \cdot 16 = 14,5 \text{ mm}$$

$$\text{zul } \sigma_s = (3,48 \cdot 10^6 \cdot 0,2/14,5)^{1/2} = 219,1 \text{ MN/m}^2;$$
Tabelle 7.2DE DIN-HB Betonbrücken

vorh $\sigma_s = 280{,}4 \cdot 5{,}03/8{,}04 = 175{,}4\ MN/m^2 < 219{,}1\ MN/m^2$

horizontale Spaltzugbewehrung oben: ∅ 16-10 (zweischnittig)

zul $\sigma_s = 240\ MN/m^2$ gemäß Tabelle 7.3N DIN-HB Betonbrücken

vorh $\sigma_s = 280{,}4 \cdot 30{,}3/40{,}2 = 211{,}3\ MN/m^2 < 240\ MN/m^2$

horizontale Spaltzugbewehrung unten: ∅ 16-10 (zweischnittig)

zul $\sigma_s = 240\ MN/m^2$ gemäß Tabelle 7.3N DIN-HB Betonbrücken

vorh $\sigma_s = 280{,}4 \cdot 32{,}1/40{,}2 = 223{,}9\ MN/m^2 < 240\ MN/m^2$

vertikale Spaltzugbewehrung außen: 6 ∅ 14 (zweischnittig)

$d_s^* = 2{,}9/f_{ct,eff} \cdot d_s = 2{,}9/3{,}2 \cdot 14 = 12{,}69\ mm$

zul $\sigma_s = (3{,}48 \cdot 10^6 \cdot 0{,}2/12{,}69)^{1/2} = 234{,}2\ MN/m^2$;
Tabelle 7.2DE DIN-HB Betonbrücken

vorh $\sigma_s = 280{,}4 \cdot 14{,}97/18{,}47 = 227{,}3\ MN/m^2 < 234{,}2\ MN/m^2$

Lastausleitung in den Querschnitt

Auf der sicheren Seite liegend wird zunächst eine konstante Spannungsverteilung über die Querschnittshöhe infolge Vorspannung angenommen und der Anteil der in die abliegenden Gurte auszuleitenden Vorspannkraft über das Verhältnis der abliegenden Gurtfläche zu Gesamtquerschnittsfläche bestimmt.

$$N_{d,gurt} = (7 + 7) \cdot 5{,}424 \cdot A_{c,gurt}/A_{c,ges}$$
$$= 75{,}94 \cdot (0{,}55 + 0{,}25)/2 \cdot 3{,}2/8{,}678 = 11{,}2\ MN$$

erf $A_s = 11200 \cdot \tan 35/43{,}5 = 180{,}3\ cm^2$

Die Verteilung der Bewehrung wird zunächst in der gleichen Weise wie bei der horizontalen Spaltzugbewehrung bestimmt:

$$d/a = 11{,}4/(0{,}70 \cdot 4 + 0{,}75 \cdot 2 + 0{,}33) = 2{,}46$$

Lage der resultierenden Zugkraft ($\sigma_y = \max$):

abgelesen aus Bild 2-123: $x/d = 0{,}40$

$$x = 0{,}40 \cdot 11{,}4 = 4{,}56\ m$$

Lage der Spannungsnullinie ($\sigma_y = 0$):

abgelesen aus Bild 2-123: $x_0/d = 0{,}20$

$$x_0 = 0{,}20 \cdot 11{,}4 = 2{,}28\ m$$

Somit ergibt sich die Verteilungsbreite zu $(4{,}56 - 2{,}28) \cdot 2 = 4{,}56\ m$ und die Bewehrung zu:

$$a_s = 180{,}3/4{,}56 = 39{,}5\ cm^2/m$$

Eine Vergleichsrechnung über das Stabwerkmodell mit einer Druckstrebenneigung von 35° und einer Aufteilung auf die einzelnen Anker ergibt eine ähnliche Verteilungsbreite.

Beschränkung der Rissbreite: gewählt ∅ 20-12,5 (zweischnittig)

zul σ_s $= 240$ MN/m² gemäß Tabelle 7.3N DIN-HB Betonbrücken

vorh $\sigma_s = 280{,}4 \cdot 39{,}5/50{,}24 = 220{,}5$ MN/m² < 240 MN/m²

Mit Hilfe genauerer Spannungsanalysen hinter dem Lasteinleitungsbereich ergeben sich meist geringere Spannungen im Obergurt als unter Annahme einer konstanten Spannungsverteilung über die Querschnittshöhe. Sofern die hohen Bewehrungsgrade zu einer Verschlechterung der Bauwerksqualität führen, kann es sich durchaus lohnen, die tatsächlich auftretenden Spannungen infolge Vorspannung am Querschnitt im Bereich der abliegenden Gurte zu einer resultierenden auszuleitenden Gurtkraft aufzuintegrieren, wodurch sich in der Regel ein geringerer Querbewehrungsgrad ergibt.

Rückhängebewehrung für Besenanker

Durch Innenverankerungen werden konzentrierte Kräfte eingeleitet, die zu breiten Einzelrissen im Bereich der Verankerung führen können. Ist an den Spanngliedverankerungen im Inneren des Bauteils keine bleibende Druckspannung in Richtung der Vorspannkraft von mindestens 3 MN/m² unter der häufigen Lastkombination vorhanden, so ist Bewehrung zur Aufnahme lokaler Zugspannungen hinter dem Anker vorzusehen. Durch diese Rückhängebewehrung wird der hinter der Verankerung liegende spannungslose Scheibenbereich gezwungen, sich mit dem vor der Verankerung liegenden Scheibenbereich zu verformen. Werden die Spannglieder gekoppelt, dürfen die vorgenannten Maßnahmen entfallen (▶ DIN-HB Bb, 8.10.4 (108)).

Im hier betrachteten Fall ist eine Längsdruckspannung von mindestens 3 MN/m² nicht immer gegeben. In Anlehnung an die Regeln für verbundlose Spannglieder sind mindestens 35 % der eingetragenen Vorspannkraft in die angrenzenden Bereiche rückzuverankern (▶ DIN-HB Bb, NA.TT.3.5 (5)P). Dabei darf die aufnehmbare Kraft der Rückhängebewehrung mit dem Bemessungswert der Betonstahlspannung f_{yd} angesetzt werden. Eine Berücksichtigung der Spannungsreserven von im Verbund liegenden Spanngliedern bis zum Erreichen der zulässigen Spannstahlspannung ist dabei möglich (▶ DIN-HB Bb, NA.TT.3.5 (5)P). Der Bemessungswert der Vorspannkraft ist zu $\gamma_{P,unfav} \cdot P_{max}$ mit $\gamma_{P,unfav} = 1{,}35$ anzusetzen (▶ DIN-HB Bb, NA.TT.3.5 (5)P und DIN-HB Bb, NDP zu 2.4.2.2 (3)).

Rückhängebewehrung je Besenanker für Strang 22 vor Achse 20:

$P_{max} = 0{,}834 \cdot 19 \cdot 1{,}5 \cdot 144 = 3{,}423$ MN

mit

0,834 = Spannfaktor am Festanker aus Abschnitt 2.3.3.3

erf. $A_{S,Rück} = \gamma_P \cdot P_{max} \cdot 0{,}35/f_{yd} = 1{,}35 \cdot 3{,}423 \cdot 0{,}35/435 \cdot 10^4 = 37{,}2$ cm²

Rückhängebewehrung je Besenanker für Strang 32 vor Achse 30:

$P_{m0} = 0{,}822 \cdot 19 \cdot 1{,}5 \cdot 144 = 3{,}373$ MN

erf. $A_{S,Rück} = \gamma_P \cdot P_{max} \cdot 0{,}35/f_{yd} = 1{,}35 \cdot 3{,}373 \cdot 0{,}35/435 \cdot 10^4 = 36{,}6$ cm²

Rückhängebewehrung je Besenanker für Strang 42 vor Achse 40:

$P_{m0} = 0{,}756 \cdot 19 \cdot 1{,}5 \cdot 144 = 3{,}103$ MN

erf. $A_{S,Rück} = \gamma_p \cdot P_{max} \cdot 0{,}35/f_{yd} = 1{,}35 \cdot 3{,}103 \cdot 0{,}35/435 \cdot 10^4 = 33{,}7\ cm^2$

gewählt: 4 ⌀ 25 zweischnittig je Anker = 39,3 cm^2

Im Bereich vor der Besenverankerung ist noch analog zu den zuvor aufgeführten Regelungen Spaltzugbewehrung unter Beachtung der Gruppenwirkung anzuordnen. Zusätzlich ist die erforderliche Bewehrung zur Lastausleitung in den Gesamtquerschnitt zu ermitteln und die Angaben zur Zusatzbewehrung im Bereich der Besenanker entsprechend der bauaufsichtlichen Zulassung des Spannverfahrens sind zu beachten.

Neben dieser Bewehrung sollte, um große Einzelrisse zu vermeiden, eine großzügige orthogonale Netzbewehrung an den umgebenden Oberflächen des Verankerungsbereiches angeordnet werden, wobei aus Sicht der Verfasser in der Regel eine 2-fache Mindestoberflächenbewehrung ausreichend ist.

2.4.8.2 Einleitung konzentrierter Kräfte – Lager / Pressen

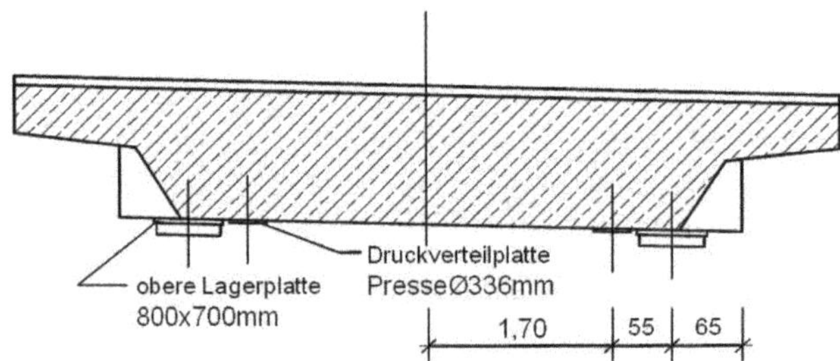

Bild 2-124 Lager- und Pressenanordnung unter Endquerträger

Der Nachweis erfolgt exemplarisch für die Lagerachse 60. Die maximale vertikale Lagerkraft wird aus Kapitel 3 Lager und ÜKO übernommen:

Lager

max $F_{zd} = 4{,}969$ MN

Abmessungen des Elastomerkissens:

a = 650 mm (Brückenlängsrichtung)

b = 750 mm (Brückenquerrichtung)

Größe der oberen Ankerplatte in Anlehnung an RIZ-ING Lag 9 [BMVBW 2009 RIZ] mit einem Überstand von $ü_l \geq 25$ mm sowie Annahme einer 45° Lastausbreitung in der oberen Ankerplatte:

$a_l = 650 + 2 \cdot 25 = 700$ mm

$b_l = 750 + 2 \cdot 25 = 800$ mm

Nachweis der Teilflächenpressung (▶ DIN-HB Bb, 6.7 (2)):

$$F_{Rdu} = A_{c0} \cdot f_{cd} \cdot \sqrt{\frac{A_{c1}}{A_{c0}}} \leq 3{,}0 \cdot f_{cd} \cdot A_{c0} \tag{2-124}$$

mit

A_{c0} Belastungsfläche. Bei einer außermittigen Belastung ist die Belastungsfläche A_{c0} entsprechend der Ausmitte zu reduzieren (▶ DIN-HB Bb, NCI zu 6.7 (3)).

A_{c1} rechnerische Verteilungsfläche entsprechend den Bedingungen nach (▶ DIN-HB Bb, 6.7 (3) und DIN-HB Bb, Abb. 5.18).

Lastausbreitung in Brückenquerrichtung:

$$b_2 = 3 \cdot b_1 = 3 \cdot 0{,}80 = 2{,}40 \text{ m}$$

Da die Bedingung $h = 1{,}20 \text{ m} \geq b_2 - b_1 = 2{,}40 \text{ m} - 0{,}80 \text{ m} = 1{,}60 \text{ m}$ nicht erfüllt ist, muss die maximale Breite der Verteilungsfläche in Abhängigkeit der Bauteilhöhe reduziert werden.

$$h = b_2 - b_1 \rightarrow b_2 = h + b_1 = 1{,}20 + 0{,}80 = 2{,}00 \text{ m}$$

Der seitliche Überstand des Endquerträgers ab Außenkante obere Lagerplatte beträgt $ü = 65 - 80/2 = 25$ cm, womit die Ausbreitung von 2,00 nicht möglich ist. Damit reduziert sich die Breite weiterhin auf:

$$b_2 = 2 \cdot 0{,}65 = 1{,}30 \text{ m}$$

Lastausbreitung in Brückenlängsrichtung:

$$d_2 = 3 \cdot d_1 = 3 \cdot 0{,}70 = 2{,}10 \text{ m}$$

Der Abstand zwischen Überbauende und oberer Lagerplatte beträgt 35 cm. Damit ergibt sich die infolge der Bauteilabmessungen reduzierte Verteilungsbreite zu:

$$d_2 = 0{,}80 + 2 \cdot 0{,}35 = 1{,}50 \text{ m}$$

$$F_{Rdu} = 0{,}80 \cdot 0{,}70 \cdot 19{,}83 \cdot \sqrt{\frac{1{,}30 \cdot 1{,}50}{0{,}80 \cdot 0{,}70}} \leq 3{,}0 \cdot 19{,}83 \cdot 0{,}80 \cdot 0{,}70$$

$$F_{Rdu} = 20{,}72 \text{ MN} \leq 33{,}31 \text{ MN}$$

Damit ist die Teilflächenpressung eingehalten.

Die Anordnung von Spaltzugbewehrung ist nicht erforderlich, wenn die Teilflächenlast $F_{zd} \leq 0{,}6 \cdot f_{cd} \cdot A_{c0}$ ist (▶ DIN-HB Bb, NCI zu 6.7 (4)):

$$F_{zd} = 4{,}969 \text{ MN} \leq 0{,}6 \cdot 19{,}83 \cdot 0{,}70 \cdot 0{,}80 = 6{,}664 \text{ MN}$$

Damit ist keine Spaltzugbewehrung erforderlich.

Pressenansatzpunkte

Infolge der geringeren Spreizung der Pressenstellpunkte gegenüber den Lagern müssen die Pressenkräfte aus der torsionswirksamen Verkehrsbeanspruchung neu berechnet werden. Die Spreizung der Pressenstellpunkte beträgt a = 3,4 m und die maßgebenden Einwirkungen infolge Verkehr ergeben sich aus der maximalen Torsion und der zugehörigen Querkraft.

UDL: $\min V_z = 1005{,}7\text{ kN}$, zug $M_x = 2593{,}1\text{ kN}$

$\min P_{UDL} = 2593{,}1/3{,}4 + 1005{,}7/2 = 1265{,}5\text{ kN}$

TS: $\min V_z = 929{,}9\text{ kN}$, zug $M_x = 1222{,}2\text{ kN}$

$\min P_{TS} = 1222{,}2/3{,}4 + 929{,}9/2 = 824{,}4\text{ kN}$

Wie bereits in Abschnitt 2.3.3.3 erwähnt, dürfen bei der vorübergehenden Lastsituationen nach gr 6 die 0,5-fachen charakteristischen Werte des Lastmodells 1 angesetzt (▶ DIN EN 1991-2/NA, NCI zu 4.5.1 (1)) und zusätzlich die charakteristischen Werte der Doppelachse auf $0{,}8 \cdot \alpha_{Qi} \cdot Q_{ik} = 0{,}8 \cdot 1{,}00 \cdot 300 = 240\text{ kN}$ reduziert werden (▶ DIN EN 1991-2/NA, 4.5.3 (2)).

Die Auflagerkraft aus Anheben der Auflagerachse 60 für den Lagerwechsel beträgt:

$P_{z,LW} = 14{,}6\text{ kN}$; der zugehörige Sicherheitsbeiwert wird mit $\gamma_{P,sup} = 1{,}25$ angesetzt (▶ NA DIN EN 1990, Tabelle A2.4(A)).

$$P_{z,d} = 1{,}35 \cdot P_{g1,k} + 1{,}35 \cdot P_{g2,k} + 1{,}0 \cdot P_p + 1{,}5 \cdot 0{,}6 \cdot P_{set} + 1{,}25 \cdot 0{,}6 \cdot P_{z,LW} + 1{,}35 \cdot 0{,}5 \cdot (0{,}8 \cdot P_{TS} + P_{UDL}) + 1{,}35 \cdot 0{,}8 \cdot 0{,}6 \cdot P_{\Delta T}$$

$$P_{z,d} = 1{,}35 \cdot 1{,}23 + 1{,}35 \cdot 0{,}26 + 1{,}0 \cdot 0{,}36 + 1{,}5 \cdot 0{,}6 \cdot 0{,}041 + 1{,}25 \cdot 0{,}6 \cdot 0{,}015 + 1{,}35 \cdot 0{,}5 \cdot (0{,}8 \cdot 0{,}82 + 1{,}27) + 1{,}35 \cdot 0{,}8 \cdot 0{,}6 \cdot 0{,}098$$

$$P_{z,d} = 3{,}783\text{ MN}$$

Charakteristischer Wert zur Pressenauswahl:

$$P_{z,k} = P_{g1,k} + P_{g2,k} + P_p + P_{set} + P_{z,LW} + 0{,}5 \cdot 0{,}8 \cdot P_{TS} + 0{,}5 \cdot P_{UDL} + 0{,}8 \cdot P_{\Delta T}$$

$$P_{z,k} = 1{,}23 + 0{,}26 + 0{,}36 + 0{,}041 + 0{,}015 + 0{,}5 \cdot (0{,}8 \cdot 0{,}82 + 1{,}27) + 0{,}8 \cdot 0{,}098$$

$$P_{z,k} = 2{,}947\text{ MN}$$

gewählt: Presse ZERK 672.2 für 310 t Hublast; Durchmesser der Lagerplatte d = 336 mm

Bestimmung der Seitenlänge der rechteckigen Ersatzfläche: $a = (\pi \cdot d^2/4)^{1/2} = 0{,}30\text{ m}$

Ermittlung der Verteilungsfläche:

$$b_2 = d_2 = 3 \cdot b_1 = 3 \cdot 0{,}3 = 0{,}90\text{ m}$$

$$F_{Rdu} = 0{,}3^2 \cdot 19{,}83 \cdot \sqrt{\frac{0{,}9^2}{0{,}3^2}}$$

$$F_{Rdu} = 5{,}35\text{ MN}$$

Spaltzugbewehrung:

$$F_{Rdu} = 3{,}783 > 0{,}6 \cdot 19{,}83\text{ MN/m}^2 \cdot 0{,}3^2 = 1{,}07\text{ MN}$$

Damit ist Spaltzugbewehrung erforderlich:

Bestimmung der Spaltzugkraft:

$d/a = 3$

abgelesen aus Bild 2-123: $Z/P_d = 0{,}17 \rightarrow Z = 0{,}17 \cdot 3{,}783 = 0{,}643$ MN

erf. $A_s = 643/43{,}5 = 14{,}78\ \text{cm}^2$

Lage der resultierenden Zugkraft ($\sigma_y = \max$):

abgelesen aus Bild 2-123: $x/d = 0{,}38$

$x = 0{,}38 \cdot 0{,}9 = 0{,}34$ m

gewählt: 8 ∅ 16

2.5 Nachweise im Grenzzustand der Gebrauchstauglichkeit

2.5.1 Begrenzung der Spannungen

Für die Ermittlung der Spannungen ist die Feststellung von wesentlicher Bedeutung, ob sich das Tragwerk im Zustand I oder II befindet. Die Spannungsberechnung ist dann jeweils am gerissenen oder ungerissen Querschnitt durchzuführen (▶ DIN-HB Bb, 7.1 (2)). Der gerissene Zustand ist anzunehmen, wenn die im ungerissenen Zustand berechneten Spannungen unter der seltenen Einwirkungskombination den Wert $f_{ct,eff}$ überschreiten (▶ DIN-HB Bb, NCI zu 7.1 (2)). Der Wert $f_{ct,eff}$ darf zu f_{ctm} angenommen werden, wenn die Bestimmung der Mindestzugbewehrung auf Grundlage des gleichen Wertes erfolgt. Für die Spannungsnachweise ist die mitwirkende Breite zu berücksichtigen (▶ DIN-HB Bb, 5.3.2.1 (1)P) (siehe auch Abschnitt 2.2.1.3). Auf Gebrauchslastniveau wird als genügend genaue Vereinfachung für den Beton als auch für den Spann- und Betonstahl von einem linear elastischen Stoffgesetz ausgegangen. Die Zugmittragwirkung des Betons zwischen den Rissen bleibt unberücksichtigt. Dagegen sind die Einflüsse aus Kriechen, Schwinden und Relaxation zu berücksichtigen.

Beim Nachweis der Gebrauchstauglichkeit müssen die möglichen Streuungen der Vorspannung berücksichtigt werden. Der obere und untere Wert der Vorspannkraft ist wie folgt anzusetzen (▶ DIN-HB Bb, 5.10.9 (1)P und NCI zu 5.10.9 (1)):

Spannglieder im nachträglichen Verbund:

$\gamma_{inf} = 0{,}90; \quad \gamma_{sup} = 1{,}10$

Bei dem Nachweis der Dekompression und der zulässigen Randzugspannungen im Bauzustand darf der charakteristische Wert der Vorspannung für einbetonierte girlandenförmig geführte Spannglieder wie folgt angesetzt werden:

$\gamma_{inf} = 0{,}95; \quad \gamma_{sup} = 1{,}05$

In den folgenden Spannungsplots aus der EDV-Berechnung (Bilder 2-125 bis 2-128) ist zu erkennen, dass die Betonspannungen unter der seltenen Lastkombination im Endzustand den Wert der mittleren Zugfestigkeit von $f_{ctm} = 3{,}2\ MN/m^2$ an bestimmten Bereichen überschreiten und somit das Tragwerk in diesen Bereichen in den Zustand II übergeht. Dies betrifft im Speziellen:

Bauteiloberseite: Felder 2 und 3
Bauteilunterseite: Felder 1 bis 5, Stützbereich Achse 50

In den restlichen Bereichen verbleibt der Überbau im Zustand I. Bei der Bestimmung der gerissenen Bereiche wurde der obere und untere charakteristische Wert der Vorspannung berücksichtigt.

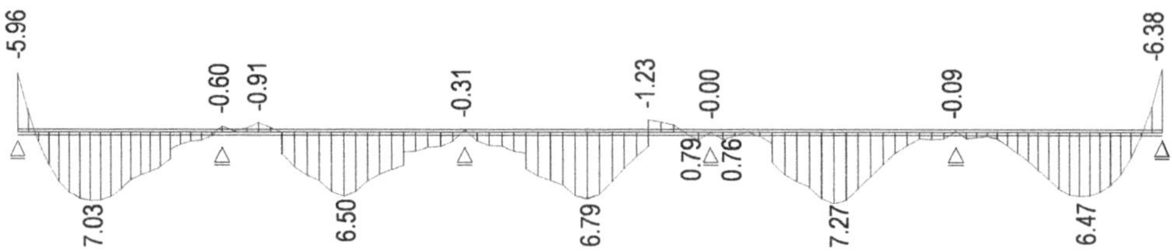

Bild 2-125 Betonspannungen im Endzustand unten, selten, max M_y, $t = \infty$, $\gamma_{inf} = 0{,}9$

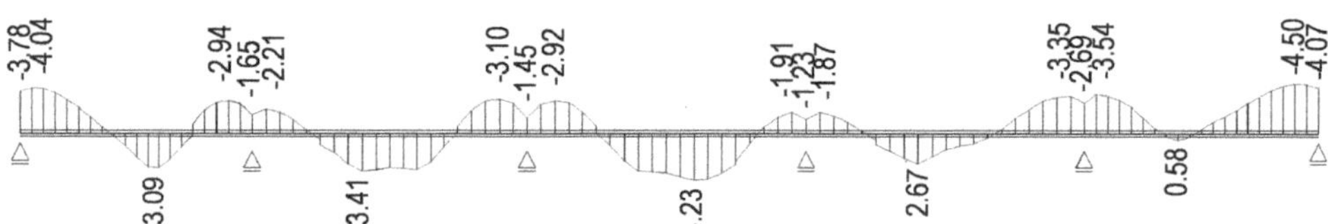

Bild 2-126 Betonspannungen im Endzustand oben, selten, min M_y, $t = 0$, $\gamma_{sup} = 1{,}1$

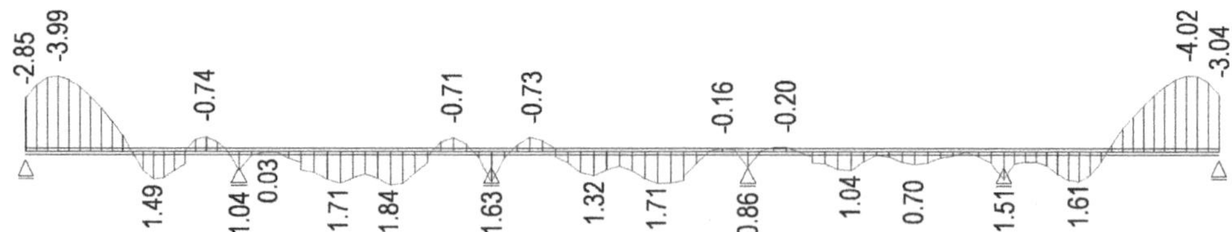

Bild 2-127 Betonspannungen im Endzustand oben, selten, min M_y, $t = \infty$, $\gamma_{inf} = 0{,}9$

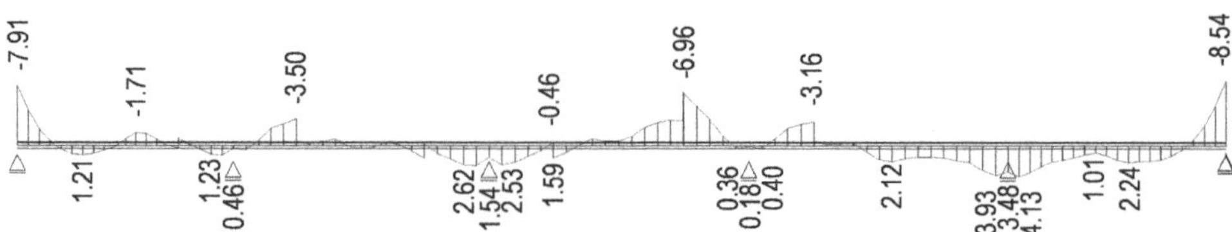

Bild 2-128 Betonspannungen im Endzustand unten, selten, max M_y, $t = 0$, $\gamma_{sup} = 1{,}1$

In den Bauzuständen geht das Tragwerk in den Feldbereichen auf der Oberseite zwischen Achse 10 und 40 und auf der Unterseite im Bereich der Achse 50 unter der seltenen Lastkombination in den Zustand II über, wie die folgenden Spannungsplots der EDV-Berechnung zeigen (Bilder 2-129 bis 2-132).

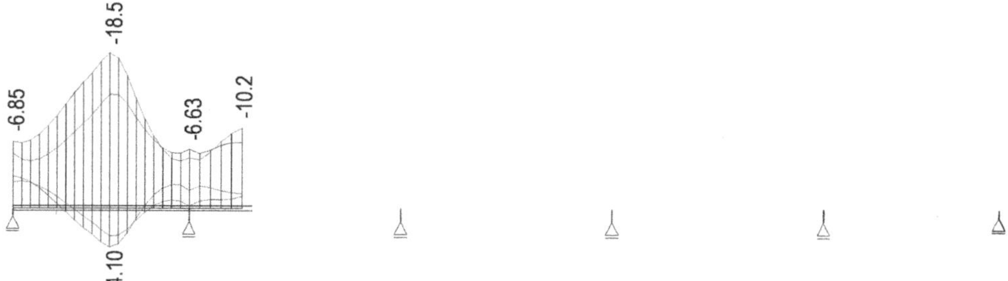

Bild 2-129 Extremale Betonspannungen im Bauzustand 1 Ober- und Unterseite, selten

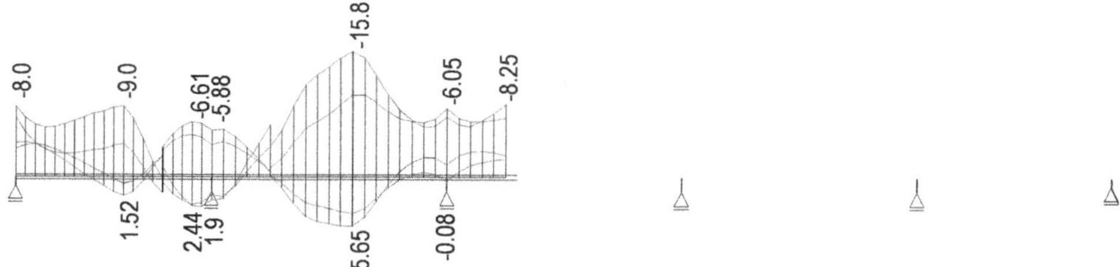

Bild 2-130 Extremale Betonspannungen im Bauzustand 2 Ober- und Unterseite, selten

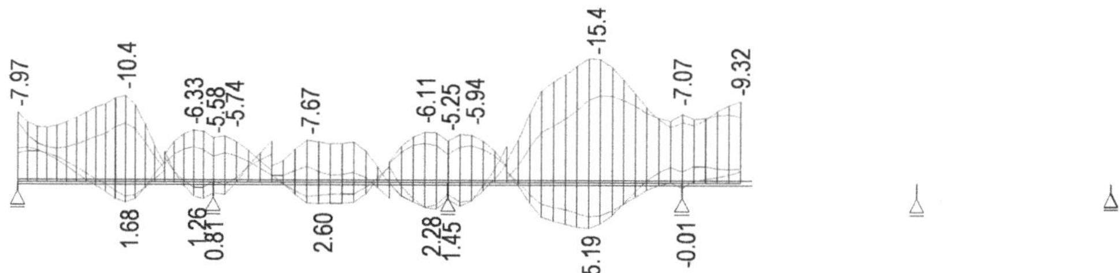

Bild 2-131 Extremale Betonspannungen im Bauzustand 3 Ober- und Unterseite, selten

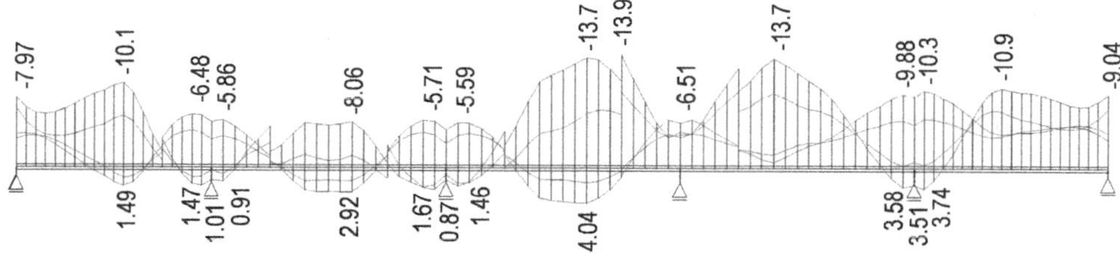

Bild 2-132 Extremale Betonspannungen im Bauzustand 4 Ober- und Unterseite, selten

Für die Plausibilitätskontrolle wird die Betonrandspannung auf der Bauteilunterseite infolge der seltenen Lastkombination im Endzustand zum Zeitpunkt $t = \infty$ exemplarisch für den Schnitt im Feld zwischen Achse 50 und 60 bei $x = 165{,}2$ m mit Hilfe der unteren Tabelle ermittelt.

$$\sum_{j \geq 1} G_{kj} + P_k + Q_{k1} + \sum_{i > 1} \psi_{0i} \cdot Q_{ki} \tag{2-125}$$

Die Spannungsermittlung erfolgt nach Tabelle 2-56.

Tabelle 2-56 Spannungsermittlung

	LF	Bezeichnung	N [kN]	M_{brutto} [kNm]	$M_{netto/ideell}$ [kNm]	ψ/γ_{inf}	A [m²]	I [m⁴]	$z_{c,u}$ [m]	$\sigma_{c,unten}$ [MPa]
netto	1064	Eigengewicht BA4 $G_{k,1}$	0	13776,9	13776,9	1,00	8,5749	0,989	0,7249	10,10
netto	1065	Vorspannung BA4 P_k	–49559,0	–17690,1	–18022,1	0,90	8,5749	0,989	0,7249	–17,09
netto	1066	K + S + R BA4	3233,4	411,6	433,3	1,00	8,5749	0,989	0,7249	0,69
ideell	1067	K + S + R ab Ausbau in 2 Stufen	1466,1	–197,9	–180,5	1,00	8,8673	1,0797	0,7058	0,05
ideell	1068		1449,3	232,6	215,4	1,00	8,8673	1,0797	0,7058	0,30
ideell	10	Ausbaulast $G_{k,2}$	0	2794,4	2794,4	1,00	8,8673	1,0797	0,7058	1,83
ideell	201	Verkehr $Q_{k,UDL}$	0	7072,5	7072,5	1,00	8,8673	1,0797	0,7058	4,62
ideell	251	Verkehr $Q_{k,TS}$	0	5689,2	5689,2	1,00	8,8673	1,0797	0,7058	3,72
ideell	351	Stützensenkung $G_{k,set}$	0	1039,4	1039,4	1,00	8,8673	1,0797	0,7058	0,68
ideell	401	Temperatur $\Delta T_{M,k}$	0	2496,4	2496,4	0,80	8,8673	1,0797	0,7058	1,31
									Σ	**6,21**

Es kann eine sehr gute Übereinstimmung mit den Ergebnissen der Computer-Berechnungen festgestellt werden. Die geringe Abweichung ist in der unterschiedlichen Behandlung des Kriechens und Schwindens sowie der Spannstahlrelaxation zwischen Handrechnung und dem verwendeten EDV-Programm begründet.

2.5.1.1 Betonspannungen

Grundsätzlich sind die Betondruckspannungen im Gebrauchszustand zu begrenzen, um sowohl übermäßige Kriechverformungen als auch eine übermäßige Mikro- und Längsrissbildung zu vermeiden (▶ DIN-HB Bb, 7.2 (1)P).

Dabei sind unter der quasi-ständigen Lastkombination zur Verhinderung des nichtlinearen Kriechens die Betondruckspannungen auf 0,45 f_{ck} zu begrenzen. Übersteigt die Betondruckspannung diesen Wert, so ist das nichtlineare Kriechen zu berücksichtigen (▶ DIN-HB Bb, 7.2 (3) und NDP zu 7.2 (3)). Eine kurzzeitige nicht kriecherzeugende Überschreitung des Wertes in Bauzuständen (z. B. Verschiebezustände) kann jedoch toleriert werden (▶ DIN-HB Bb, 5.10.2.2 (5)).

Zur Vermeidung von verstärkter Mikro- und Längsrissbildung dürfen die Betondruckspannungen unter der charakteristischen Lastkombination den Wert 0,6 f_{ck} nicht überschreiten (▶ DIN-HB Bb, 7.2 (102) und NDP zu 7.2 (102)). Werden die Vorspannkräfte zu früheren Zeitpunkten ($3 < t < 28$ Tage) auf das Tragwerk aufgebracht, so sind die Betondruckspannungen sinngemäß auf maximal 0,6 $f_{ck}(t)$ zu begrenzen, wobei $f_{ck}(t)$ die charakteristische Betondruckfestigkeit zum Zeitpunkt t ist (▶ DIN-HB Bb, 5.10.2.2 (5) und 3.1.2 (5)). Die Begrenzung darf um 10 % angehoben werden, wenn die Betondruckzone ausreichend mit Querbewehrung umschnürt ist. Im Interesse einer robusten Konstruktion sollte diese Erhöhung jedoch nur in Einzelfällen in Anspruch genommen werden, wenn auch in diesem Beispiel zu Vorführungszwecken diese Reserve in Anspruch genommen wird (▶ DIN-HB Bb, 7.2 (102) und NDP zu 7.2 (102)). Eine 10 %ige Überschreitung darf ebenfalls bei Fertigteilen mit Vorspannung im sofortigen Verbund während der Ausführung erfolgen, wenn durch eine sorgfältige Überwachung der Betondruckfestigkeit und entsprechende Erfahrung oder Versuche eine Längsrissbildung ausgeschlossen ist (▶ DIN-HB Bb, 5.10.2.2 (5)).

Damit betragen die Grenzen der Betondruckspannung bei diesem Bauwerk:

Endzustand: $0{,}45 \cdot f_{ck} = 0{,}45 \cdot 35 = 15{,}8 \text{ MN/m}^2$

$$0{,}60 \cdot f_{ck} = 0{,}6 \cdot 35 = 21{,}0 \text{ MN/m}^2$$

Bauzustand (Aufbringen der vollen Vorspannkraft nach 7 Tagen) (▶ DIN-HB Bb, 3.1.2 (5)):

$$0{,}45 \cdot [\beta_{cc}(t) \cdot (f_{ck} + 8) - 8] = 0{,}45 \cdot [0{,}82 \cdot (35 + 8) - 8] = 12{,}3 \text{ MN/m}^2$$

$$0{,}60 \cdot [\beta_{cc}(t) \cdot (f_{ck} + 8) - 8] = 0{,}60 \cdot [0{,}82 \cdot (35 + 8) - 8] = 16{,}4 \text{ MN/m}^2$$

Bauzustand (Anhängen Lehrgerüst mit Frischbetonlast 14 Tage) (▶ DIN-HB Bb, 3.1.2 (5)):

$$0{,}45 \cdot [\beta_{cc}(t) \cdot (f_{ck} + 8) - 8] = 0{,}45 \cdot [0{,}92 \cdot (35 + 8) - 8] = 14{,}2 \text{ MN/m}^2$$

$$0{,}60 \cdot [\beta_{cc}(t) \cdot (f_{ck} + 8) - 8] = 0{,}60 \cdot [0{,}92 \cdot (35 + 8) - 8] = 18{,}9 \text{ MN/m}^2$$

Die Festigkeitsentwicklung hängt vom verwendeten Zementtyp sowie den Temperatur- und Lagerungsbedingungen ab. Der Faktor $\beta_{cc}(t)$ zur Berücksichtigung des Betonalters ergibt sich entsprechend der folgenden Beziehung für 7 Tage zu $\beta_{cc}(t) = 0{,}82$ und für 14 Tage zu $\beta_{cc}(t) = 0{,}92$ (▶ DIN-HB Bb, 3.1.2 (5)):

$$\beta_{cc}(t) = \exp\left(s \cdot \left[1 - \sqrt{\left(\frac{28}{t}\right)}\right]\right) \quad (2\text{-}126)$$

mit

s Beiwert zur Berücksichtigung der Zementart (hier mit s = 0,2 für CEM I 42,5 R)
- 0,2 für Zement der Festigkeitsklassen CEM 42,5 R, CEM 52,5 N, CEM 52,5 R (Klasse R)
- 0,25 für Zement der Festigkeitsklassen CEM 32,5 R, CEM 42,5 N (Klasse N)
- 0,38 für Zement der Festigkeitsklassen CEM 32,5 N (Klasse S)

t Betonalter in Tagen (hier 7 bzw. 14 Tage)

Nachweise für den Endzustand

In den Bildern 133 bis 136 sind die Längsspannungen für den Zustand I für die quasi-ständige als auch die charakteristische Kombination ausgegeben. Für die ungerissenen Bereiche können die Spannungen direkt für den Nachweis verwendet werden.

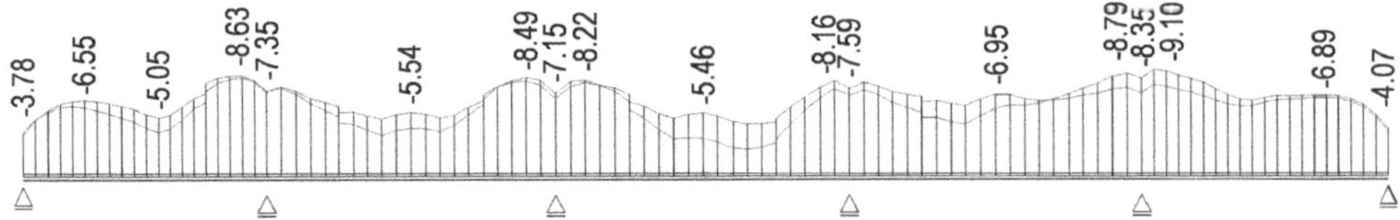

Bild 2-133 Druckspannungen für die quasi-ständige LK im Endzustand an der Oberseite für max M_y, $t = 0$ und $t = \infty$, $\gamma_{sup} = 1{,}1$

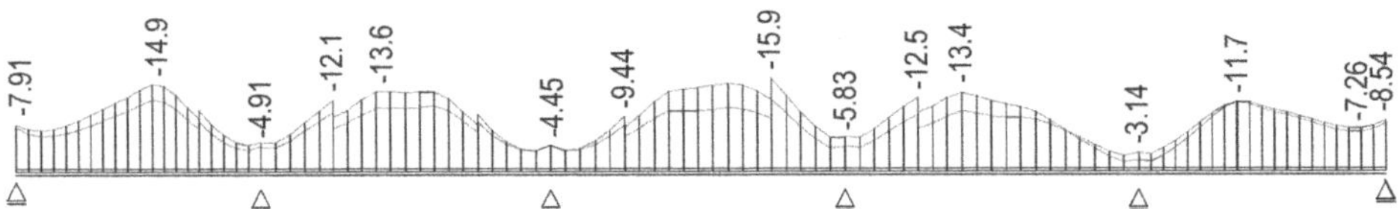

Bild 2-134 Druckspannungen für die quasi-ständige LK im Endzustand an der Unterseite für min M_y, $t = 0$ und $t = \infty$, $\gamma_{sup} = 1{,}1$

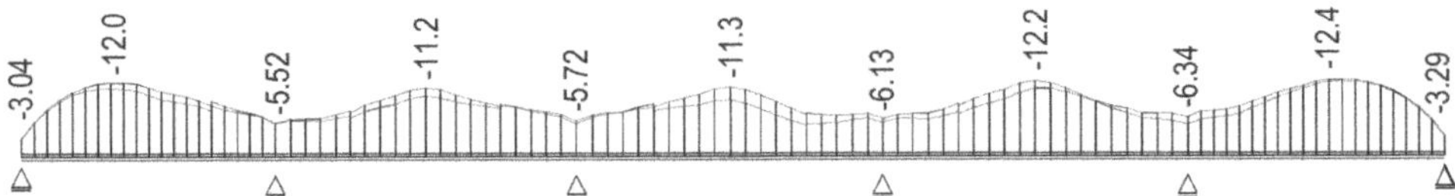

Bild 2-135 Druckspannungen für die charakteristische LK im Endzustand an der Oberseite für max M_y, $t = 0$ und $t = \infty$, $\gamma_{inf} = 0{,}9$

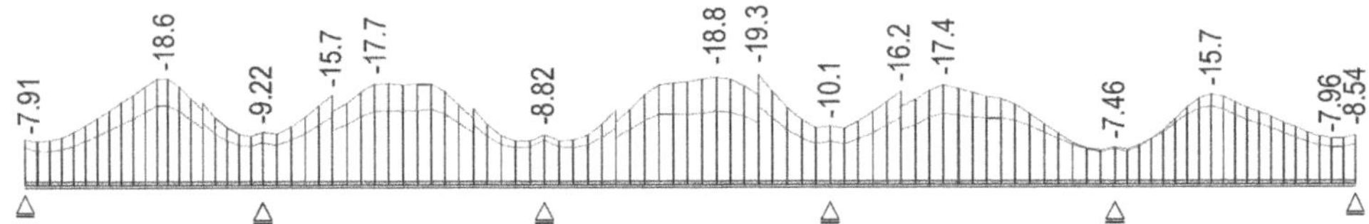

Bild 2-136 Druckspannungen für die charakteristische LK im Endzustand an der Unterseite für min M_y, $t = 0$ und $t = \infty$, $\gamma_{sup} = 1{,}1$

Die Spannungsplots zeigen, dass die Grenzwerte der auf Grundlage des ungerissenen Zustandes berechneten Betondruckspannungen über die gesamte Bauwerkslänge für den Endzustand zunächst gerade eingehalten sind. Die geringe Überschreitung der Betondruckspannungen unter der quasi-ständigen Einwirkungskombination zum Zeitpunkt $t = 0$ auf der Trägerunterseite im Bereich der Koppelfuge 3 (KF 3) von weniger als 1 % ist tolerabel. Auf der Unterseite der Feldbereiche ist mit einer Rissbildung zu rechnen, weshalb die Nachweise am gerissenen Querschnitt zu führen sind. Nachfolgend wird exemplarisch für den Bereich des Feldes 1 gezeigt, dass die Betondruckspannungen auch im gerissenen Zustand zum Zeitpunkt ab Aufbringen der Ausbaulasten eingehalten sind.

Die maximale Beanspruchung tritt am Stab 11012, Stabschnitt x = 0,0 m und 17,6 m von der Achse 10 entfernt auf. Die Schnittgrößen sind nicht in Abschnitt 2.3 angeführt und werden folgend angegeben:

$P_{m0} = 46{,}86$ MN $\qquad M_{Pm0,best} = -22{,}79$ MNm

$\Delta P_{c+s+r} = 3{,}45$ MN $\qquad M_{c+s+r,best} = 1{,}679$ MNm

$M_{c+s+r,unbe} = 1{,}668 - 0{,}111 + 0{,}501 = 2{,}058$ MNm

$M_{g1,k} = 4{,}847 + 2{,}248 - 0{,}828 + 0{,}078 = 6{,}345$ MNm

$M_{P,unbe} = 5{,}88 - 2{,}17 + 0{,}296 = 4{,}01$ MNm

$\min M_{TS} = -3{,}936$ MNm $\qquad \min M_{UDL} = -2{,}133$ MNm

$\min M_{\Delta T} = -2{,}232$ MNm $\qquad \min M_{set} = -1{,}429$ MNm

Der statisch bestimmte Anteil aus Vorspannung wird als Vordehnung erfasst. Hierzu muss die Spannstahldehnung im Spannbettzustand ermittelt werden. Die Spannstahldehnung im Spannbettzustand entspricht der Summe aus der Dehnung des Spannstahls $\varepsilon_{pm,0}$ nach Verankerung der Spannglieder und der Betondehnung infolge der Vorspannkraft.

Spannstahldehnung nach Verankerung der Spannglieder:

$$\varepsilon_{p,p,sup} = \gamma_{sup} \cdot P_{m0}/(E_p \cdot A_p) = 1{,}1 \cdot 46{,}86/(195\,000 \cdot 0{,}03705) = 7{,}135\ ‰$$

Betondehnung infolge der Vorspannkraft:

$$\varepsilon_{cp,p,sup} = \gamma_{sup} \cdot P_{m0}/(E_c \cdot A_{c,n}) + \gamma_{sup} \cdot M_{pm0} \cdot z_{cp,n}/(I_{c,n} \cdot E_c)$$

mit

$$z_{cp,n} = e_{p,OK} - z_{c,n} - \text{Exzentrizität} = 0{,}978 - 0{,}4755 - 0{,}01$$

$$z_{cp,n} = 0{,}4925 \text{ m}$$

$$\varepsilon_{cp,p,sup} = 1{,}1 \cdot -46{,}86/(34\,000 \cdot 8{,}5823) + 1{,}1 \cdot -22{,}79 \cdot 0{,}4925/(0{,}9951 \cdot 34\,000)$$
$$= -0{,}177 + (-0{,}365) = -0{,}542\ ‰$$

Verlust infolge Kriechen, Schwinden und Spannstahlrelaxation nach 14 Tagen aus statisch bestimmtem Anteil und vereinfachend mit ideellen Querschnittswerten:

$$\varepsilon_{cp,c+s+r} = \Delta P_{c+s+r}/(E_p \cdot A_p) + M_{c+s+r} \cdot z_{cp,i}/(I_{c,i} \cdot E_c)$$

mit

$$z_{cp,i} = e_{p,OK} - z_{c,i} - \text{Exzentrizität} = 0{,}978 - 0{,}4916 - 0{,}01$$

$$z_{cp,i} = 0{,}4764 \text{ m}$$
$$= 3{,}45/(195\,000 \cdot 0{,}03705) + 1{,}679 \cdot 0{,}4764/(1{,}0683 \cdot 34\,000)$$

$$\varepsilon_{cp,c+s+r} = 0{,}478 + 0{,}0202 = 0{,}4995\ ‰$$

Die Dehnung des Spannstahls im Spannbettzustand zum Nachweiszeitpunkt:

$$\varepsilon_{p,inf}^{(0)} = 7{,}135 + 0{,}542 - 0{,}4995 = 7{,}178\ ‰$$

Das Biegemoment der quasi-ständigen Einwirkungskombination ohne den statisch bestimmten Anteil aus Vorspannung und Langzeitverlusten wird als äußere Einwirkung angesetzt. Folgende Kombination ist zu berücksichtigen:

$$\sum_{j\geq 1} G_{kj} + P_k + \sum_{i>1} \psi_{2i} \cdot Q_{ki} \tag{2-127}$$

$$M_{quasi} = M_{g1,k} + M_{g2,k} + M_{p,unbe} + M_{c+s+r,unbe} + 0{,}6 \cdot M_{set} + 0{,}2 \cdot (M_{TS} + M_{UDL}) + 0{,}6 \cdot 0{,}5 \cdot M_{\Delta T}$$

$$M_{quasi} = 6{,}345 + 1{,}875 + 4{,}01 + 2{,}058 - 1{,}429 + 0{,}2 \cdot (-3{,}936 + -2{,}232) + 0{,}5 \cdot -2{,}232$$

$$M_{quasi} = 10{,}51 \text{ MNm}$$

Zur Bestimmung der Dehnungsebene wird wie zuvor ein Querschnittsanalyseprogramm verwendet. Die Berechnung erfolgt mit linear-elastischen Stoffgesetzen für den Beton und Stahl, wobei die Betonzugfestigkeit für das Gleichgewicht nicht berücksichtigt wird. Als Eingangswerte für die vorhandene Betonstahlbewehrung werden die Ergebnisse der Mindestbewehrung aus Abschnitt 2.3 angenommen. Die wesentlichen Eingangswerte und Ergebnisse sind nachfolgend kurz wiedergegeben:

$$A_{s1} = 62{,}1 \text{ cm}^2$$

$$A_{s2} = 2 \cdot 12{,}57 + (11{,}4 - 2 \cdot 0{,}07 - 2 \cdot 1{,}00) \cdot 7{,}54 = 94{,}96 \text{ cm}^2$$

$$A_p = 370{,}5 \text{ cm}^2$$

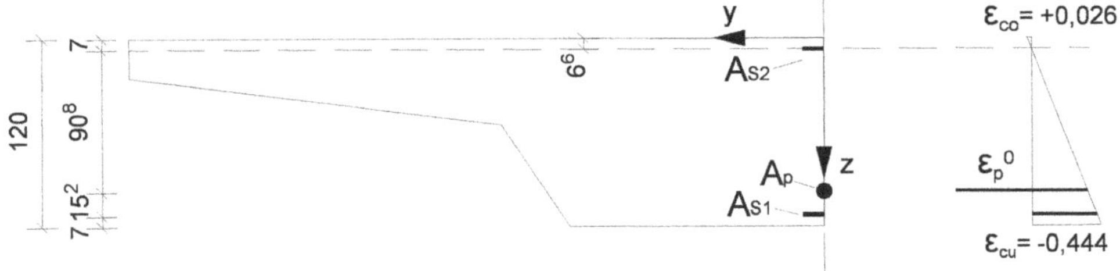

Bild 2-137 Dehnungsebene im Feldbereich 1 bei x = 17,6 m von Achse 10 entfernt

Im Vergleich zum Zustand I erfolgt lediglich eine Erhöhung von 15,8/14,9 = 1,06, was auf die geringe Überschreitung der Rissschnittgröße zurückzuführen ist.
$\sigma_{cu} = 0{,}444 \cdot 10^{-3} \cdot 34\,000 = 15{,}1 \text{ MN/m}^2 < 0{,}45 \cdot 35 = 15{,}8 \text{ MN/m}^2$

Nachweise in den Bauzuständen (Betonalter 14 Tage)

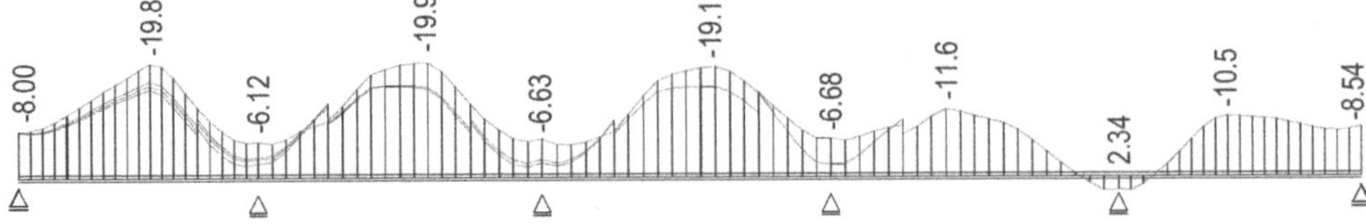

Bild 2-138 Druckspannungen für die seltene LK in den Bauzuständen 1 bis 4 (hier angehängtes Lehrgerüst mit Frischbetonlasten, Betonalter 14 Tage) an der Unterseite für min M_y, t = 14 Tage, γ_{sup} = 1,1

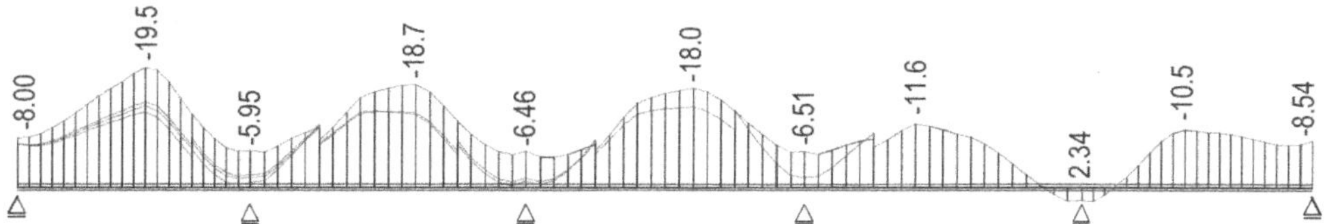

Bild 2-139 Druckspannungen für die quasi-ständige LK in den Bauzuständen 1 bis 4 (hier angehängtes Lehrgerüst mit Frischbetonlasten, Betonalter 14 Tage) an der Unterseite für min M_y, t = 14 Tage, $\gamma_{sup} = 1{,}1$

Die Spannungsplots (Bilder 2-138 und 2-139) der im Zustand I ermittelten Spannungen zeigen, dass die zuvor erläuterten Grenzen der Druckspannungen im Bauzustand für den Grenzwert 0,6 f_{ck} unter der seltenen Lastkombination kurzeitig bei Anhängen des Traggerüstes mit 19,9 MN/m^2 > 18,9 MN/m^2 an einer Stelle überschritten werden. Allerdings darf bei ausreichender Umschnürung und einer entsprechenden Überwachung der Betondruckfestigkeitsentwicklung die Grenze der Betondruckfestigkeit von 0,6 $f_{ck}(t)$ auf 0,7 $f_{ck}(t)$ angehoben werden, womit der Nachweis erfüllt ist (▶ DIN-HB Bb, 7.2 (102) und NDP zu 7.2 (102)):

$$19{,}9 \text{ MN/m}^2 < 0{,}7/0{,}6 \cdot 18{,}9 = 22{,}1 \text{ MN/m}^2$$

Um eine ausreichende Umschnürung sicherzustellen, ist nach [DAfStb 2012] eine Bügelbewehrung mit einem Mindestabstand von weniger als 200 mm sicherzustellen. Dies ist mit der vorhandenen Bügelbewehrung eingehalten.

Anzumerken ist, dass eigentlich eine Berechnung nach Zustand II erforderlich ist, da die Zugspannung geringfügig die Zugfestigkeit überschreitet. Wie nachfolgend für die quasi-ständige Einwirkungskombination noch gezeigt wird, deren Größenordnung sich im Bauzustand kaum von der seltenen Einwirkungskombination unterscheidet, ist ein Spannungszuwachs von mehr als 10 % nicht zu erwarten. Die Berechnung für den Endzustand verdeutlicht dies ebenfalls. Aus diesem Grund wird an dieser Stelle auf eine Berechnung am gerissenen Querschnitt für die seltene Lastkombination verzichtet.

Der Grenzwert 0,45 f_{ck} ist ebenfalls bereits unter der Voraussetzung des ungerissenen Zustandes nicht eingehalten. Aufgrund der Rissbildung kommt es zu einer weiteren Erhöhung der Betondruckspannungen, so dass das nichtlineare Kriechen berücksichtigt werden muss (▶ DIN-HB Bb, 7.2 (3) und NDP zu 7.2 (3)).

Die hohen Betondruckspannungen resultieren im Wesentlichen aus den Lasten des angehängten Traggerüstes. Hierbei handelt es sich um eine zeitlich sehr eng begrenzte Beanspruchungssituation. Nachfolgend kann gezeigt werden, dass der kurzzeitige Einfluss des nichtlinearen Kriechens auf die Gesamtkriechzahl einen untergeordneten und damit zu vernachlässigbaren Einfluss hat.

Die maximale Beanspruchung tritt am Stab 11012, Stabschnitt x = 0,0 m und 17,6 m von der Achse 10 entfernt auf:

Kombinationsvorschrift für die quasi-ständige Einwirkungskombination:

$$\sum_{j \geq 1} G_{kj} + P_k + \sum_{i \geq 1} \psi_{2i} \cdot Q_{ki}$$

Maßgebende Schnittgrößen für den hier zu untersuchenden Nachweisschnitt (nicht in Abschnitt 2.3 angeführt):

$P_{m0} = 43{,}81$ MN $\qquad M_{Pm0} = 23{,}26$ MNm

$\Delta P_{c+s+r} = 1{,}99$ MN $\qquad M_{c+s+r} = 1{,}06$ MNm

$M_{g1,k} = 4{,}85$ MNm

$M_{q,BA1} = -0{,}71$ MNm

Die Dehnung des Spannstahls im Spannbettzustand wird bei der Querschnittsanalyse als Vordehnung erfasst und entspricht bereits der für den Endzustand berechneten Vordehnung:

$\varepsilon_{p,inf}^{(0)} = 7{,}178$ ‰

Das Biegemoment unter der quasi-ständigen Einwirkungskombination ohne den statisch bestimmten Anteil aus Vorspannung und Langzeitverlusten wird als äußere Einwirkung angesetzt:

$$M_{\text{quasi-ständig}} = M_{g1,k} + 0{,}2 \cdot M_{q,BA1}$$

$$M_{\text{quasi-ständig}} = 4{,}85 + 0{,}2 \cdot -0{,}71 = 4{,}71 \text{ MNm}$$

Zur Bestimmung der Dehnungsebene wird ein Querschnittsanalyseprogramm verwendet. Die Berechnung erfolgt mit linear-elastischen Stoffgesetzen für den Beton und Betonstahl, wobei die Betonzugfestigkeit für das Gleichgewicht nicht berücksichtigt wird. Als Eingangswerte für die vorhandene Betonstahlbewehrung werden die Ergebnisse der Mindestbewehrung aus Abschnitt 2.3 angenommen. Die wesentlichen Eingangswerte und Ergebnisse sind nachfolgend kurz wieder gegeben:

$A_{s1} = 62{,}1 \text{ cm}^2$

$A_{s2} = 2 \cdot 12{,}57 + (11{,}4 - 2 \cdot 0{,}07 - 2 \cdot 1{,}00) \cdot 7{,}54 = 94{,}96 \text{ cm}^2$

$A_p = 370{,}5 \text{ cm}^2$

Bild 2-140 Geometrie und Dehnungsebene unter der quasi-ständigen Kombination

$\sigma_{cu} = 20{,}7 \text{ MN/m}^2 > 14{,}2 \text{ MN/m}^2$

Infolge der Berechnung am gerissenen Querschnitt zeigt sich ein geringer Anstieg der Betondruckspannung von 19,5 MN/m² auf 20,7 MN/m² gegenüber dem ungerissen Zustand.

Im Folgenden wird gezeigt, dass auch eine Verwendung des „tatsächlichen, genauen" Werkstoffgesetzes für Beton keinen wesentlichen Gewinn bringt (▶ DIN-HB Bb, 3.1.5 (1)). Hierbei wird berücksichtigt, dass die Zugfestigkeit des Betons nicht angesetzt werden darf.

$$\frac{\sigma_c}{f_{cm}} = \left(\frac{k\eta - \eta^2}{1 + (k-2)\,\eta}\right) \qquad 0 < |\varepsilon_c| < |\varepsilon_{cu1}| \qquad (2\text{-}128)$$

mit

$\eta =$ $\varepsilon_c/\varepsilon_{c1}$

$k =$ $1{,}05 \cdot E_{cm} \cdot |\varepsilon_{c1}| / f_{cm}$

ε_{c1} Dehnung bei Erreichen des Höchstwertes der Betonspannung nach DIN-HB Bb, Tabelle 3.1, $\varepsilon_{c1} = -2{,}25$ ‰ für C35/45

E_{cm} Sekantenmodul des Betons nach DIN-HB Bb, Tabelle 3.1, $E_{cm} = 34\,000$ MN/m²

f_{cm} Höchstwert der ertragenen Betondruckspannung nach DIN-HB Bb, Tabelle 3.1,

$f_{cm} =$ 43 MN/m²

ε_{cu1} $\varepsilon_{cu1} = 3{,}5$ ‰

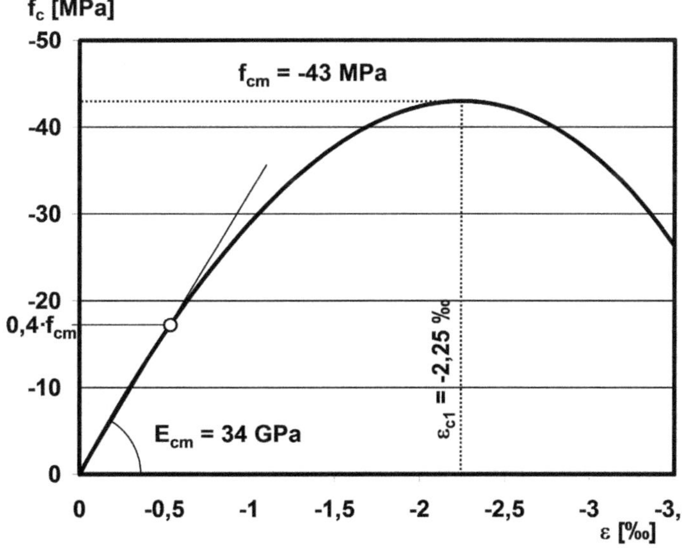

Bild 2-141 Spannungs-Dehnungs-Linie zur Spannungsberechnung im SLS

Die Betondruckspannung verringert sich bei Verwendung des nichtlinearen Stoffgesetzes nur unwesentlich:

$\sigma_{co} = 20{,}1$ MN/m² $> 14{,}2$ MN/m²

Die festgestellte Überschreitung wirkt jedoch nur kurzzeitig über eine Dauer von 7 Tagen, während das Lehrgerüst samt Frischbetongewicht am Kragarm des bereits betonierten Bauabschnitts hängt. In den obigen Spannungsplots wird ersichtlich, dass nach Aufbringen der vollen Vorspannkraft nach 7 Tagen die Betondruckspannungen wieder deutlich unter dem Grenzwert liegen. Darüber hinaus kann in diesem Zusammenhang von einer weiteren Zunahme der Festigkeit ausgegangen werden. Insgesamt kann somit eine kurzfristige Überschreitung für den jungen Beton, dessen Festigkeit weiter stetig anwächst, als akzeptabel betrachtet werden. Die folgende Berechnung des nichtlinearen Kriechens bestätigt diese Einschätzung.

Die Grundkriechzahl kann bei nichtlinearem Kriechen nach DIN-HB Bb, NCI zu 3.1.4 (2) folgend vergrößert werden:

$$\varphi_{0,k} = \varphi_0 \cdot \exp[1{,}5(k_\sigma - 0{,}45)] \quad (2\text{-}129)$$

mit

φ_0 Grundkriechzahl

k_σ Spannungs-Festigkeits-Verhältnis $\sigma_c/f_{ck,}(t_0)$, wobei σ_c die Betondruckspannung unter der quasi-ständigen Einwirkung und $f_{ck,}(t_0)$ der charakteristische Wert der Betondruckfestigkeit zum Zeitpunkt der Belastung bedeutet.

$$\varphi_{0,k} = \varphi_0 \cdot \exp\left[1{,}5\left(\frac{20{,}1}{0{,}92 \cdot 35} - 0{,}45\right)\right] = \varphi_0 \cdot 1{,}30$$

Die Kriechzahl für 7 Tage ab einem Betonalter von 14 Tagen beträgt gemäß den Berechnungen in Abschnitt 2.2.5 $\varphi_{14,21} = 0{,}08$. Eine Erhöhung dieser um 30 % hat gemäß den Berechnungen in Tabelle 2-13 aus Abschnitt 2.2.5 vernachlässigbare Auswirkungen auf die Endkriechzahl und somit auf die Betrachtungen im Endzustand und kann deshalb im Weiteren unberücksichtigt bleiben.

Nachweise in den Bauzuständen (Betonalter 7 Tage)

Für den Zeitpunkt des Aufbringens der vollen Vorspannkraft nach 7 Tagen werden die Betondruckspannungen folgend analytisch für den ersten Bauabschnitt bestimmt. Die maximalen Betondruckspannungen treten am Stab 11012 bei x = 0,0 m und 17,6 m von der Achse 10 entfernt auf. Das Biegemoment an dieser Stelle infolge der vollen Frischbetonlasten auf dem angehängten Lehrgerüst beträgt:

$$\Delta M_{yFB,BA2} = -2{,}87 \cdot 9{,}5 \cdot 17{,}6/32 = -15{,}00 \text{ MNm}$$

Die zusätzliche Spannung aus dieser Einwirkung bestimmt sich zu:

$$\Delta\sigma_{c,FB,BA2} = -15{,}00/0{,}995 \cdot (1{,}2 - 0{,}475) = -10{,}92 \text{ MN/m}^2$$

Damit ergibt sich die Betondruckspannung bei Aufbringen der vollen Vorspannkraft nach 7 Tagen zu:

$$\sigma_{c,P,BA1} = 19{,}8 - 10{,}92 = 8{,}9 \text{ MN/m}^2 < 12{,}3 \text{ MN/m}^2 \text{ bzw. } 16{,}4 \text{ MN/m}^2$$

Da der Überbau erst infolge des Anhängens des Lehrgerüstes mit voller Frischbetonlast nach 14 Tagen in den Zustand II übergeht, entfallen weitere Betrachtungen am gerissenen Querschnitt für den Zeitpunkt 7 Tage.

2.5.1.2 Betonstahlspannungen

Zur Vermeidung bleibender plastischer Verformungen, breiter Risse und übermäßiger Verformungen im Gebrauchszustand sind die Betonstahlspannungen unter der charakteristischen Einwirkungskombination auf 0,8 f_{yk} und infolge indirekter Einwirkungen aus Zwang in der Regel auf 1,0 f_{yk} zu begrenzen (▶ DIN-HB Bb, 7.2 (4)P und (5) sowie NDP zu 7.2 (5)).

$$\sigma_S \leq 0{,}8 \cdot f_{yk} = 0{,}8 \cdot 500 = 400 \text{ MN/m}^2$$

Lediglich in den Feldbereichen geht der Querschnitt in den gerissenen Zustand über, so dass nur an diesen Stellen die Nachweise zu führen sind. Für das Feld zwischen Achse 50 und 60 bei x = 165,2 m wird die Betonstahlspannung folgend exemplarisch bestimmt. Die Dehnung des Spannstahls wird als Vordehnung erfasst:

Kombinationsvorschrift für die charakteristische Einwirkungskombination:

$$\sum_{j \geq 1} G_{kj} + P_k + Q_{k1} + \sum_{i > 1} \psi_{0i} \cdot Q_{ki} \qquad (2\text{-}130)$$

Dehnung des Spannstahls nach Verankerung der Spannglieder:

$$\varepsilon_{pm} = \gamma_{inf} \cdot P_{m0}/(E_p \cdot A_p) = 0{,}9 \cdot 49{,}559/(195\,000 \cdot 0{,}0399) = 6{,}37\ ‰$$

Betondehnung infolge der Vorspannkraft:

$$\begin{aligned}\Delta\varepsilon_{cp} &= \gamma_{inf} \cdot P_{m0}/(E_c \cdot A_{c,n}) + \gamma_{inf} \cdot M_{pm0} \cdot z_{cp,n}/(I_{c,n} \cdot E_c)\\ &= 0{,}9 \cdot 49{,}559/(34\,000 \cdot 8{,}575) + 0{,}9 \cdot 26{,}935 \cdot 0{,}55/(0{,}989 \cdot 34\,000)\\ &= 0{,}153 + 0{,}397 = 0{,}55\ ‰\end{aligned}$$

Verlust infolge Kriechen aus statisch bestimmtem Anteil der Vorspannung, Schwinden und Spannstahlrelaxation (vereinfachend wird für alle Kriechphasen der ideelle Querschnitt angenommen):

$$\begin{aligned}\Delta\varepsilon_{cp,c+s+r} &= \Delta P_{c+s+r}/(E_p \cdot A_p) + M_{c+s+r,best} \cdot z_{cp,i}/(I_{c,i} \cdot E_c)\\ &= 6{,}149/(195\,000 \cdot 0{,}0399) + 3{,}342 \cdot 0{,}531/(1{,}0797 \cdot 34\,000)\end{aligned}$$

$$\Delta\varepsilon_{cp,c+s+r} = 0{,}79 + 0{,}048 = 0{,}838\ ‰$$

Die Spannstahldehnung im Spannbett zum Nachweiszeitpunkt:

$$\varepsilon_{p,inf}^{(0)} = 6{,}37 + 0{,}55 - 0{,}838 = 6{,}082\ ‰$$

Das Biegemoment unter der charakteristischen Einwirkungskombination ohne den statisch bestimmten Anteil aus Vorspannung und Langzeitverlusten wird als äußere Einwirkung angesetzt:

$$M_{selten} = M_{g1,k} + M_{g2,k} + M_{p,unbe} + M_{c+s+r,unbe} + M_{set} + M_{TS} + M_{UDL} + 0{,}8 \cdot M_{\Delta T}$$

$$\begin{aligned}M_{selten} &= 13{,}78 + 2{,}76 + 8{,}02 - 2{,}62 + 0{,}91 + 4{,}55 + 4{,}40 + 0{,}8 \cdot 2{,}19\\ &= 31{,}33 \text{ MNm}\end{aligned}$$

Zur Berechnung mit dem Querschnittsanalyseprogramm werden hier die linearen Stoffgesetze ohne Berücksichtigung der Betonzugfestigkeit verwendet. Die wesentlichen Eingangswerte und Ergebnisse sind nachfolgend kurz wiedergegeben:

$$A_{s1} = 62{,}1\ \text{cm}^2$$

$$A_{s2} = 2 \cdot 12{,}57 + (11{,}4 - 2 \cdot 0{,}07 - 2 \cdot 1{,}00) \cdot 7{,}54 = 94{,}96\ \text{cm}^2$$

$$A_p = 399\ \text{cm}^2$$

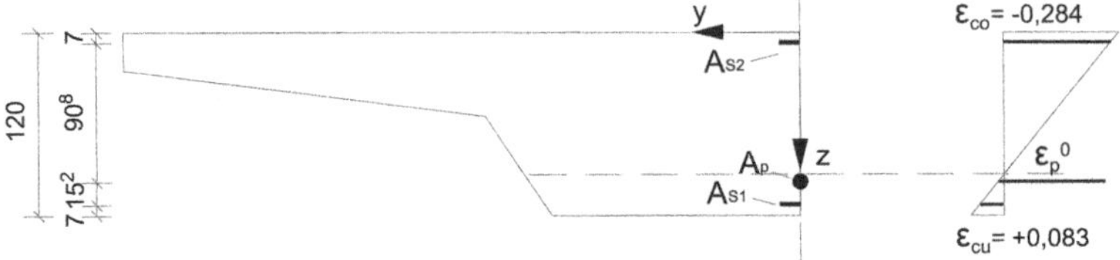

Bild 2-142 Geometrie und Dehnungsebene unter der charakteristischen Kombination

$$\sigma_{s,As1} = \varepsilon_{s1} \cdot E_s = 0{,}062 \cdot 10^{-3} \cdot 200\,000\ \text{MN/m}^2 = 12{,}4\ \text{MN/m}^2 < 400\ \text{MN/m}^2$$

Wie zu erwarten, liegen die Betonstahlspannungen deutlich unter der einzuhaltenden Grenze.

2.5.1.3 Spannstahlspannungen

Die Zugspannungen im Spannstahl von Spanngliedern im Verbund sind mit dem Mittelwert der Vorspannung unter der quasi-ständigen Lastkombination und nach Abzug der Spannkraftverluste auf 0,65 f_{pk} zu begrenzen (▶ DIN-HB Bb, 7.2 (5) und NDP zu 7.2 (5)).

$$\sigma_p \leq 0{,}65 \cdot f_{pk} = 0{,}65 \cdot 1860 = 1209\ \text{MN/m}^2$$

In den Bildern 2-143 und 2-144 sind die für den ungerissenen Zustand ermittelten Spannstahlspannungen dargestellt:

Bild 2-143 Spannstahlspannungen im Endzustand für die quasi-ständige LK für min M_y, $t = \infty$, $\gamma = 1{,}0$

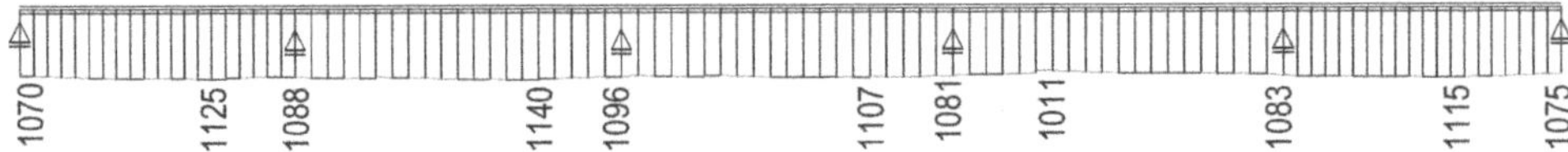

Bild 2-144 Spannstahlspannungen im Endzustand für die quasi-ständige LK für max M_y, $t = \infty$, $\gamma = 1{,}0$

Zuvor wurde gezeigt, dass die Feldbereiche unter der seltenen Einwirkungskombination in den gerissenen Zustand übergehen. Da jedoch der Querschnitt auf der Unterseite in den Feldbereichen und auf der Oberseite in den Stützbereichen unter der hier zu betrachtenden quasiständigen Lastkombination überdrückt bleibt (Bild 2-145), behalten die zuvor errechneten

Spannstahlspannungen auf Grundlage des ungerissenen Zustandes ihre Gültigkeit und eine zusätzliche Untersuchung am gerissenen Querschnitt ist somit nicht erforderlich (siehe auch Abschnitt 2.5.2).

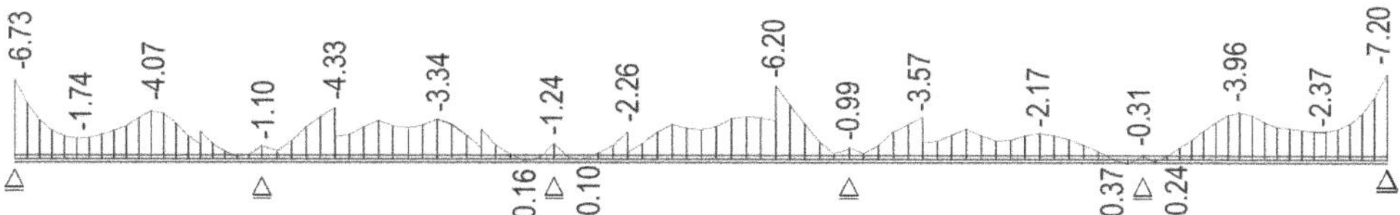

Bild 2-145 Spannungen auf der Trägerunterseite im Endzustand für die quasi-ständige LK für max M_y, $t = \infty$, $\gamma = 1{,}0$

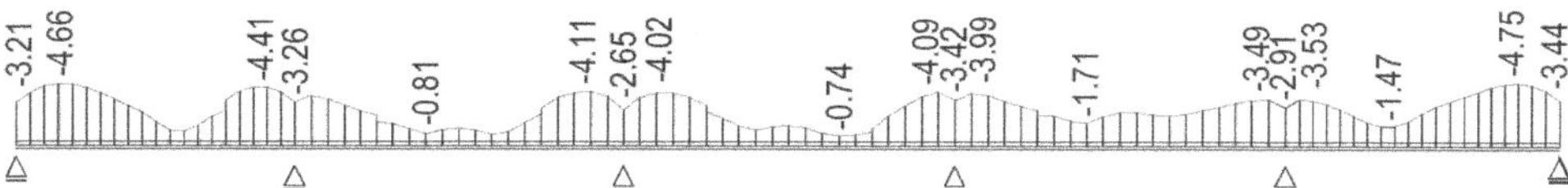

Bild 2-146 Spannungen auf der Trägeroberseite im Endzustand für die quasi-ständige LK für min M_y, $t = \infty$, $\gamma = 1{,}0$

2.5.1.4 Begrenzung der schiefen Hauptzugspannungen

Bei stark profilierten Querschnitten mit schlanken Stegen $h_w/b_w > 3$ und breiten vorgespannten Zuggurten ist die Schubrissbildung durch die Begrenzung der schiefen Hauptzugspannungen infolge Querkraft und Torsion auf den Wert $f_{ctk;0,05}$ unter der häufigen Lastkombination zu begrenzen. Hiermit soll ein plötzliches Schubversagen vermieden werden. Die Spannungen sind im Zustand I in der Mittelfläche der Stege zu bestimmen. Aufgrund der hier im Beispiel vorhandenen Querschnittsgeometrie muss dieser Nachweis nicht geführt werden (▶ DIN-HB Bb, 7.3.1 (110) und NCI zu 7.3.1 (NA. 111)).

$$h_w/b_w = 2{,}2/3{,}3 = 0{,}67 < 3$$

2.5.2 Nachweis der Dekompression

In DIN-HB Bb Tabelle 7.110DE ist die Einwirkungskombination festgelegt, unter welcher keine Zugspannungen an dem dem Spannglied zugewandten Rand auftreten dürfen (▶ DIN-HB Bb, 7.3.1 (105) und NCI zu 7.3.1 (105)). Das Bauwerk ist in Längsrichtung mit nachträglichem Verbund vorgespannt, so dass der Dekompressionsnachweis unter der quasi-ständigen Lastkombination zu führen ist (▶ DIN-HB Bb Tabelle 7.110DE). Für den Nachweis der Dekompression im Bauzustand darf abweichend der obere bzw. untere charakteristische Wert der Vorspannung mit $\gamma_{sup} = 1{,}05$ bzw. $\gamma_{inf} = 0{,}95$ angesetzt werden und die Zugspannung an dem den Spanngliedern zugewandten Rand ist auf $0{,}85\ f_{ctk;0,05}$ zu begrenzen (▶ DIN-HB Bb, NCI zu 5.10.9 (1) und DIN EN 1991-1-5, Tabelle 6.2). Der Temperaturgradient „oben wärmer" kann im Bauzustand aufgrund des fehlenden Fahrbahnbelags um den Faktor $k_{sur} = 0{,}8$ modifiziert werden (▶ DIN EN 1991-1-5, Tabelle 6.2 und ARS 22/2012, Anlage 3, B) (2)). Die daraus resultierenden Zwangschnittgrößen dürfen bis zu einem Überbaualter von 2 Jahren unter Berücksichtigung des Kurzzeitkriechens um 15 % reduziert werden. Voraussetzung hierfür ist eine linear-elastische Schnittgrößenermittlung mit dem mittleren E-Modul E_{cm} (▶ DIN-HB Bb, NDP zu 7.3.1 (105)).

2.5.2.1 Nachweis der Dekompression im Endzustand

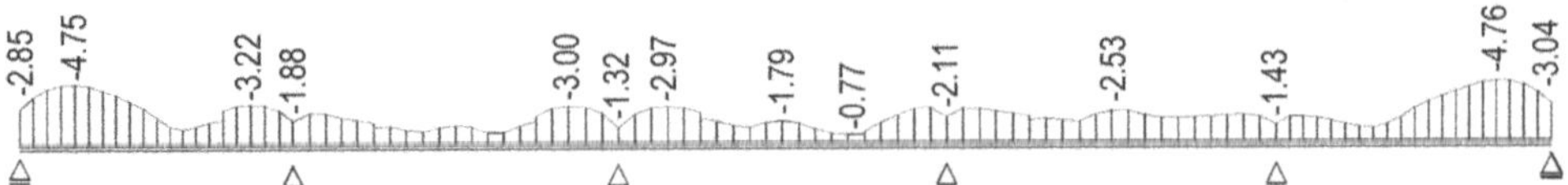

Bild 2-147 Spannungen auf der Trägeroberseite im Endzustand für die quasi-ständige LK für min M_y, $t = \infty$, $\gamma = 0{,}9$

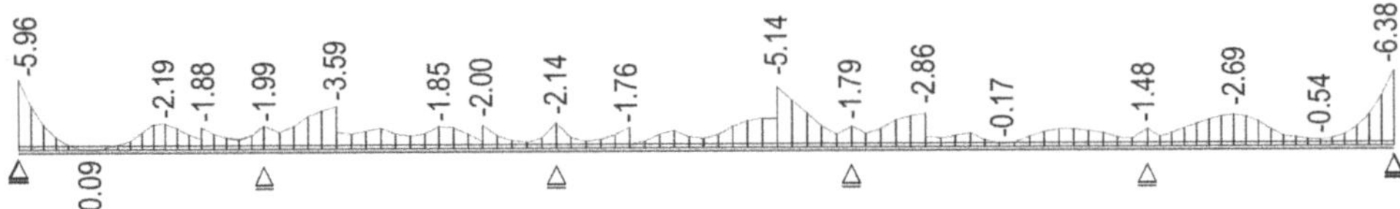

Bild 2-148 Spannungen auf der Trägerunterseite im Endzustand für die quasi-ständige LK für max M_y, $t = \infty$, $\gamma = 0{,}9$

Die Spannungsplots (Bilder 2-147 und 2-148) zeigen, dass im Feld zwischen Achse 10 und 20 geringe Zugspannungen von 0,09 MN/m² auftreten. In der EDV-Berechnung ist allerdings der Anteil der Betonstahlbewehrung in den angesetzten Querschnittswerten nicht berücksichtigt. Folgend wird der Nachweis für das Feld zwischen Achse 10 und 20 bei x = 165,2 m nochmals analytisch unter Berücksichtigung der Betonstahlbewehrung geführt. Diese Berechnung dient gleichzeitig als Plausibilitätskontolle der EDV-Ergebnisse.
Ermittlung der ideellen Querschnittswerte analog zu Abschnitt 2.3 unter Berücksichtigung der darin ermittelten Robustheits- und Mindestbewehrung:

$$A_{s1} = 62 \text{ cm}^2$$

$$A_{s2} = 2 \cdot 16{,}1 \cdot (2{,}95 - 2 \cdot 0{,}07) + (11{,}4 - 2 \cdot 0{,}07 - 2 \cdot 2{,}95) \cdot 8{,}95 \text{ cm}^2 = 138 \text{ cm}^2$$

$$A_p = 370 \text{ cm}^2$$

Teil-QS-Nr.		**A_i [m²]**	**e_i [cm]**	**$A_i \cdot e_i$ [m³]**	**$A_i \cdot e_i^2$ [m⁴]**	**I_{yi} [m⁴]**
1	$A_{c1} = 5{,}7 \cdot 0{,}25 =$	1,4250	0,1250	0,1781	0,0223	0,0074
2	$A_{c2} = 0{,}5 \cdot 0{,}3 \cdot 2{,}95 =$	0,4425	0,3500	0,1549	0,0542	0,0022
3	$A_{c3} = (2{,}3167 + 0{,}4333) \cdot 0{,}3 =$	0,8250	0,4000	0,3300	0,1320	0,0062
4	$A_{c4} = 0{,}5 \cdot 0{,}4333 \cdot 0{,}65 =$	0,1408	0,7667	0,1080	0,0828	0,0033
5	$A_{c5} = 2{,}3167 \cdot 0{,}65 =$	1,5059	0,8750	1,3176	1,1529	0,0530
Spannstahl	$A_{pi} = 0{,}03705/2 \cdot (5{,}7352 - 1) =$	0,0877	1,0400	0,0912	0,0949	0,0000
A_{s1}	$A_{s1i} = 0{,}0062/2 \cdot (5{,}88 - 1) =$	0,0152	1,1300	0,0171	0,0194	0,0000
A_{s2}	$A_{s2i} = 0{,}0138/2 \cdot (5{,}88 - 1) =$	0,0337	0,0700	0,0024	0,0002	0,0000
	Summe	**4,4757**		**2,1993**	**1,5586**	**0,0721**

$$A_{ci} = 2 \cdot \sum A_i = 8{,}9515\ m^2$$

$$y_{ci} = \frac{\sum A_i \cdot e_i}{\sum A_i} = 0{,}4914\ m$$

$$I_{yi} = 2 \cdot \left[\sum I_i + \sum \left(A_i \cdot e_i^2\right) - y_{ci}^2 \cdot \sum A_i\right] = 1{,}100\ m^4$$

Kombinationsvorschrift für die quasi-ständige Einwirkungskombination:

$$\sum_{j \geq 1} G_{kj} + P_k + \sum_{i \geq 1} \psi_{2i} \cdot Q_{ki}$$

Die Spannungsermittlung erfolgt nach Tabelle 2-57.

Tabelle 2-57 Spannungsermittlung im Feld 1 unter Berücksichtigung der ideellen Querschnittswerte und der Betonstahlbewehrung

LF	Bezeichnung	N [kN]	M_{brutto} [kNm]	$M_{netto/ideell}$ [kNm]	ψ/γ_{inf}	A [m²]	I [m⁴]	$z_{c,u}$ [m]	$\sigma_{c,unten}$ [MPa]
1051	Eigengewicht BA1 $G_{k,1}$	0	10975,0	10975,0	1,00	8,5823	0,9951	0,7245	7,99
1052	Vorspannung BA1 P_k	-45933,0	-20681,0	-20947,4	0,90	8,5823	0,9951	0,7245	-18,54
1055	Eigengewicht BA2 $G_{k,1}$	0	1226,0	1226,0	1,00	8,9515	1,100	0,7086	0,79
1057	Vorspannung BA2 P_k	0	3207,0	3207,0	0,90	8,9515	1,100	0,7086	1,86
1060	Eigengewicht BA3 $G_{k,1}$	0	-452	-452,0	1,00	8,9515	1,100	0,7086	-0,29
1062	Vorspannung BA3 P_k	0	-1184,0	-1184,0	0,90	8,9515	1,100	0,7086	-0,69
1064	Eigengewicht BA4 $G_{k,1}$	0	42,5	42,5	1,00	8,9515	1,100	0,7086	0,03
1065	Vorspannung BA4 P_k	0	161,7	161,7	0,90	8,9515	1,100	0,7086	0,09
1053	K + S + R BA1	2906,0	1308,0	1324,9	1,00	8,5823	0,9951	0,7245	1,30

Tabelle 2-57 (Fortsetzung)

LF	Bezeichnung	N [kN]	M_{brutto} [kNm]	$M_{netto/ideell}$ [kNm]	ψ/γ_{inf}	A [m²]	I [m⁴]	$z_{c,u}$ [m]	$\sigma_{c,unten}$ [MPa]
1058	K + S + R BA2	262,2	1028,0	1025,4	1,00	8,9515	1,100	0,7086	0,69
1063	K + S + R BA3	170,3	16,3	14,6	1,00	8,9515	1,100	0,7086	0,03
1066	K + S + R BA4	224,8	374,3	372,0	1,00	8,9515	1,100	0,7086	0,26
1067	K + S + R ab Ausbau in 2 Stufen	1236,0	1319,0	1331,5	1,00	8,9515	1,100	0,7086	1,00
1068		1165,0	845,0	833,2	1,00	8,9515	1,100	0,7086	0,67
10	Ausbaulast $G_{k,2}$	0	2818,0	2756,4	1,00	8,9515	1,100	0,7086	1,78
201	Verkehr $Q_{k,UDL}$	0	6392,0	6392,0	0,20	8,9515	1,100	0,7086	0,82
251	Verkehr $Q_{k,TS}$	0	5376,0	5376,0	0,20	8,9515	1,100	0,7086	0,69
351	Stützensenkung $G_{k,set}$	0	779,6	779,6	1,00	8,9515	1,100	0,7086	0,50
401	Temperatur $\Delta T_{M,k}$	0	1872,0	1872,0	0,50	8,9515	1,100	0,7086	0,60
								Σ	**−0,41**

Die Berechnungen zeigen, dass durch Berücksichtigung der Mindestbewehrung eine Reduzierung der Spannungen um ca. 0,5 MN/m² möglich ist. Der Nachweis der Dekompression ist damit erbracht.

2.5.2.2 Nachweis der Dekompression im Bauzustand

Begrenzung der Zugspannung auf $0{,}85\ f_{ctk;0,05} = 0{,}85 \cdot 2{,}2 = 1{,}87$ MN/m².
Für Lasten während der Bauausführung wird ψ_2 mit 0,2 festgelegt (▶ DIN EN 1991-1-6, A.1.1 Anmerkung 2 und DIN EN 1991-1-6/NA, Tabelle NA.A1.2).

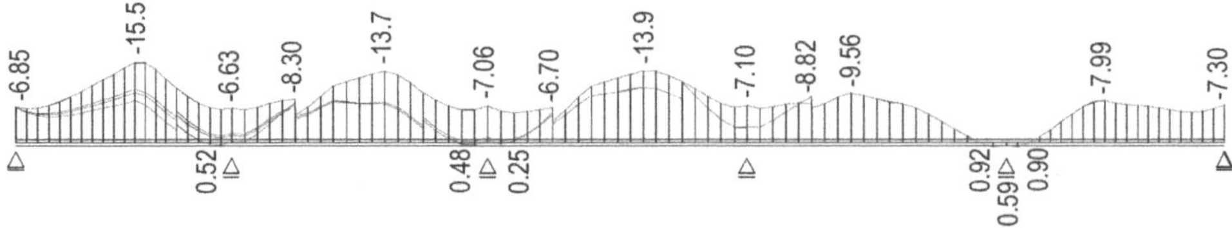

Bild 2-149 Spannungen auf der Trägerunterseite für die Bauzustände 1 bis 4 für die quasi-ständige LK für max M_y, $t = \infty$, $\gamma = 0{,}95$

Die Spannungsplots (Bilder 2-149 und 2-150) zeigen, dass im Bauzustand auf der Trägerunterseite in den Feldbereichen und auf der Trägeroberseite in den Stützbereichen keine

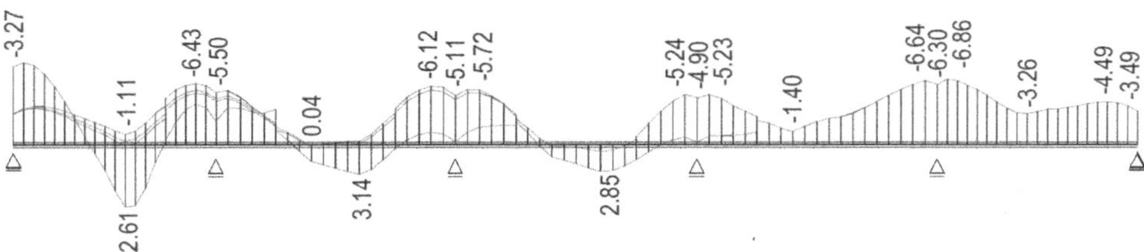

Bild 2-150 Spannungen auf der Trägeroberseite für die Bauzustände 1 bis 4 für die quasi-ständige LK für min M_y, $t = \infty$, $\gamma = 0{,}95$

Zugspannungen im Bauzustand auftreten, womit der Dekompressionsnachweis für die Bauzustände erbracht ist.

2.5.3 Begrenzung der Rissbreiten

Der Rissbreitennachweis ist für das Bauwerk in Längsrichtung unter der häufigen Lastkombination zu führen (▶ DIN-HB Bb Tabelle 7.110DE). Da unter der häufigen Lastkombination die Zugfestigkeit $f_{ctm} = 3{,}2$ MN/m^2 des Betons nicht erreicht ist, ist der Rissbreitennachweis bereits durch die in Abschnitt 2.3.2.3 ermittelte Mindestbewehrung zur Begrenzung der Rissbreite erfüllt.

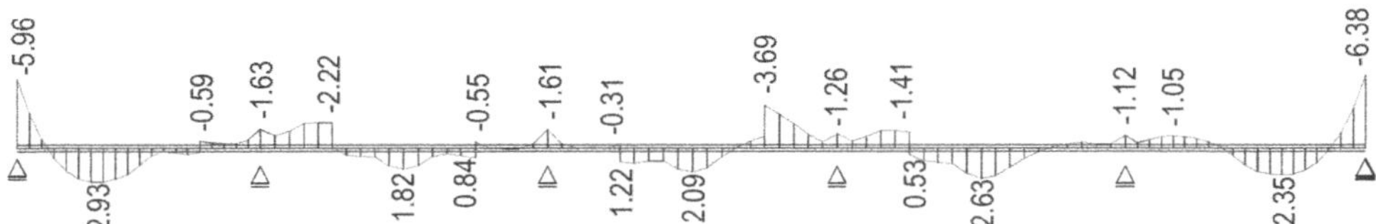

Bild 2-151 Spannungen auf der Trägerunterseite im Endzustand für die häufige LK für max M_y, $t = \infty$, $\gamma = 0{,}90$

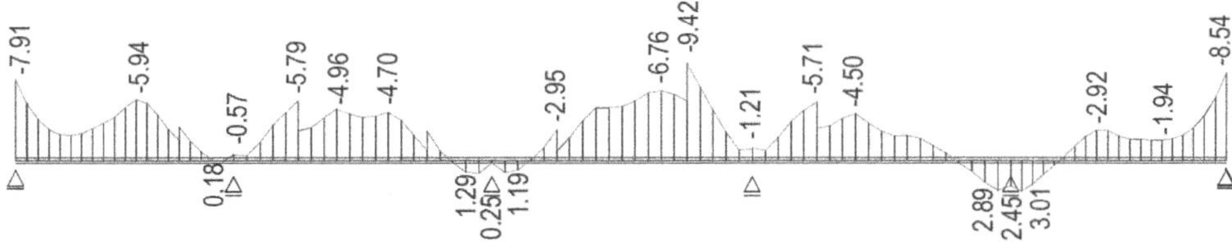

Bild 2-152 Spannungen auf der Trägerunterseite im Endzustand für die häufige LK für max M_y, $t = 0$, $\gamma = 1{,}1$

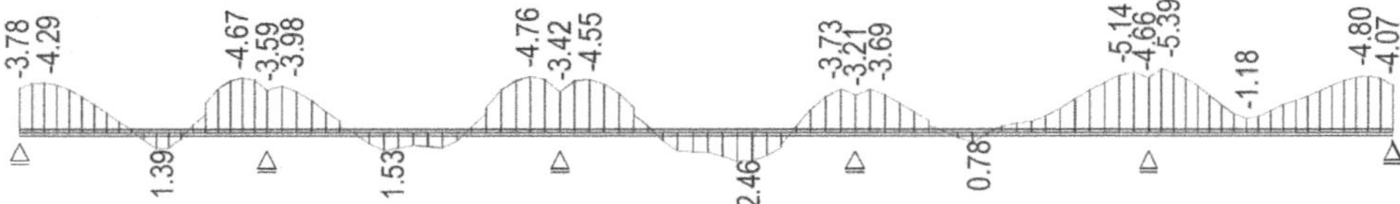

Bild 2-153 Spannungen auf der Trägeroberseite im Endzustand für die häufige LK für min M_y, $t = 0$, $\gamma = 1{,}1$

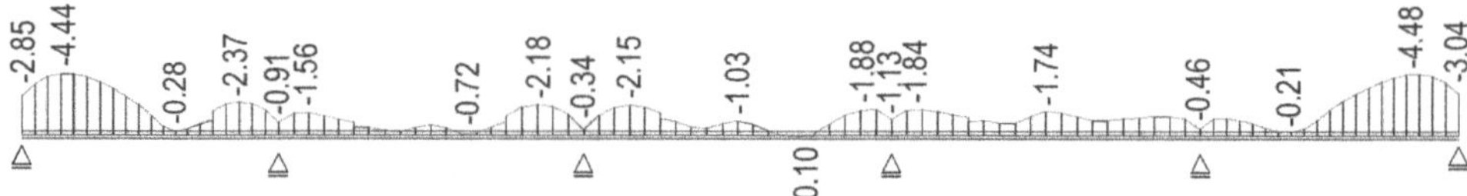

Bild 2-154 Spannungen auf der Trägeroberseite im Endzustand für die häufige LK für min M_y, $t = \infty$, $\gamma = 0{,}9$

Auch im Bauzustand wird die Zugfestigkeit von 3,2 MN/m² nicht überschritten, so dass durch die Mindestbewehrung eine ausreichende Beschränkung der Rissbreite gegeben ist.

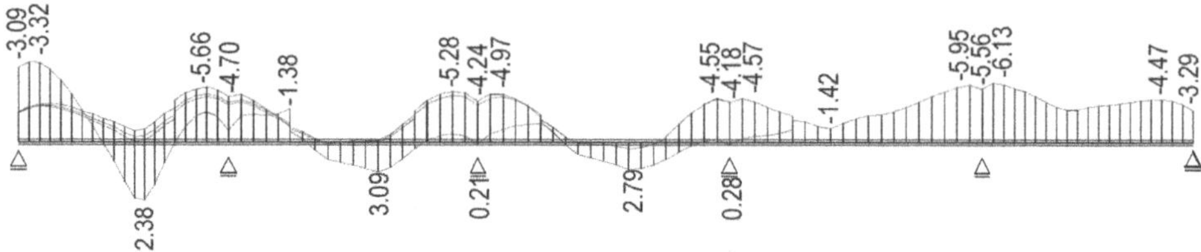

Bild 2-155 Spannungen auf der Trägeroberseite im Bauzustand für die häufige LK für min M_y, $t = \infty$, $\gamma = 0{,}9$

2.5.4 Begrenzung der Verformungen (Überhöhung)

Die Verformungen eines Bauteils oder des Tragwerks dürfen nicht die ordnungsgemäße Funktion oder das Erscheinungsbild des Bauwerks beeinträchtigen (▶ DIN-HB Bb, 7.4.1 (1)P). Durch Überhöhungen können die Verformungen des Traggerüstes und des Tragwerks teilweise vorweg genommen werden, so dass die Sollgradiente der Fahrbahn möglichst genau erreicht wird. Gemäß ZTV-ING Teil 1, Abs. 2.1, ist die Sollgradiente unter voller ständiger Last für den Zeitpunkt $t = \infty$ und den noch zu erwartenden Setzungen bei einer Bauwerkstemperatur von 10 °C und bei einer gleichmäßigen Temperaturverteilung im Überbau einzuhalten. Für die Baustoffeigenschaften und die Vorspannung sollten Mittelwerte verwendet werden. Dabei

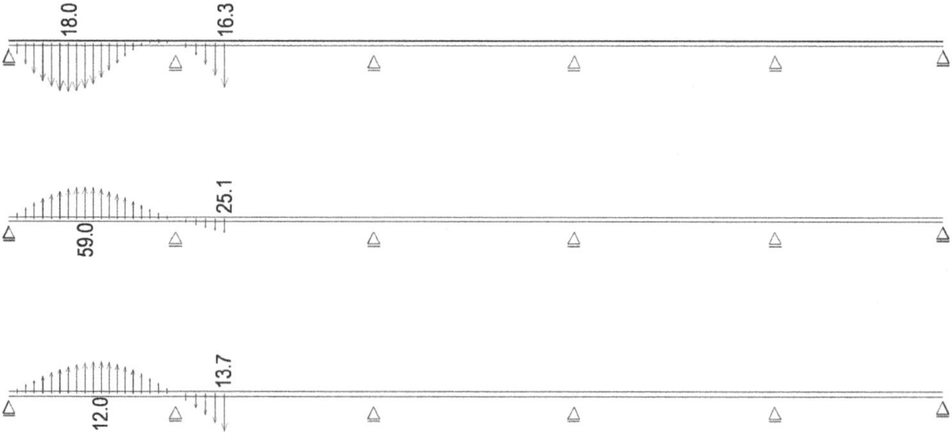

Bild 2-156 Verformung BA1 aus g_1, P, K + S + R

sind Kriechen, Schwinden, Relaxation, die zeitliche Entwicklung des Elastizitätsmoduls und die Rissbildung zu berücksichtigen. Da die Ergebnisse der Verformungsermittlung wesentlich von der Annahme des Bauwerkszustandes (gerissen oder ungerissen) abhängen, soll die Festlegung der Schalungsüberhöhung mit größter Sorgfalt getroffen werden. Ist die Einwirkungskombination für den Dekompressionsnachweis gleich oder höher als die Kombination für die Durchbiegungsermittlung, kann der Zustand I zugrunde gelegt werden. Ansonsten ist bereichsweise Zustand I und Zustand II anzunehmen. Gemäß den Regelungen der Tabelle 7.101DE des DIN-HB Bb ist im betrachteten Fall für den Überbau in Längsrichtung der Nachweis der Dekompression unter der quasi-ständigen Lastkombination zu führen. Damit erfolgt die Verformungsberechnung auf Grundlage des ungerissenen Zustandes. Im Weiteren wird für die Verformungsberechnung der Sekantenmodul $E_{cm} = 34\,000$ MN/m^2 verwendet.

In den Bildern 2-156 bis 2-160 sind die Verformungen der Einzellastfälle dargestellt.

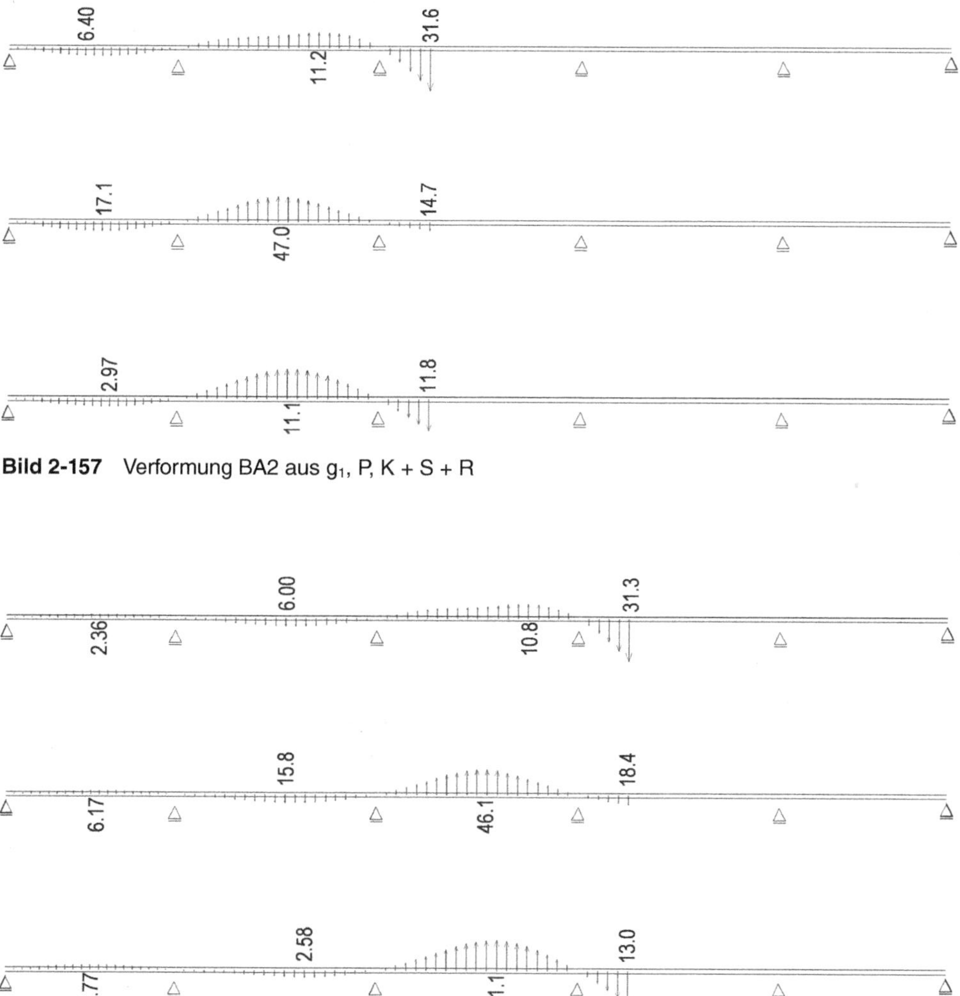

Bild 2-157 Verformung BA2 aus g_1, P, K + S + R

Bild 2-158 Verformung BA3 aus g_1, P, K + S + R

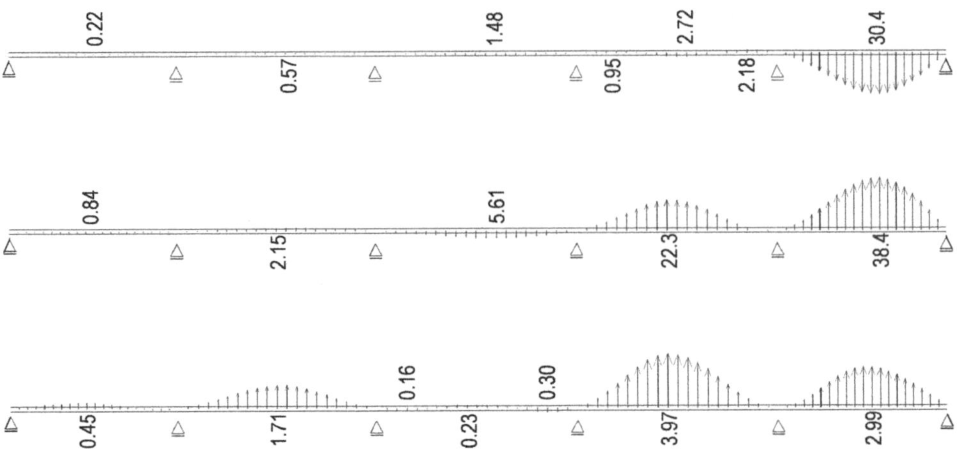

Bild 2-159 Verformung BA4 aus g_1, P, K + S + R

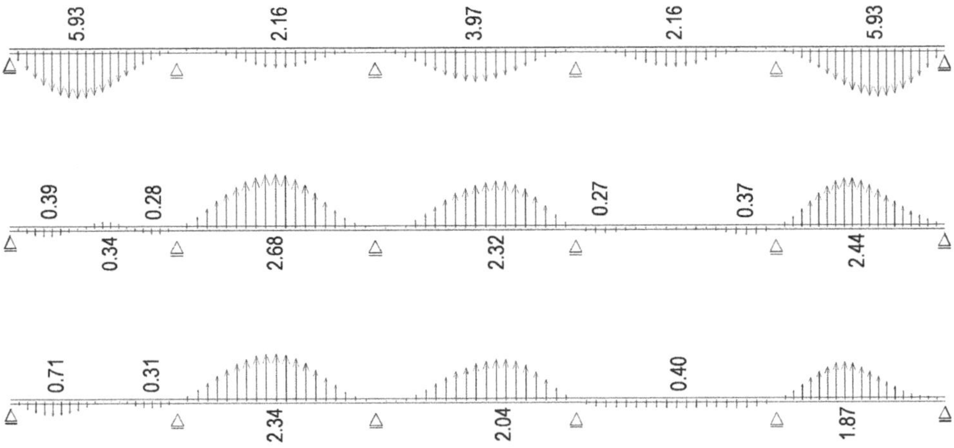

Bild 2-160 Verformung g_2 sowie K + S + R in zwei Stufen bis t = ∞

Die Summenüberlagerung der Einzellastfälle weist im Bereich der Arbeitsfugen Sprünge auf (Linie 1, Bilder 2-161 bis 2-163), da die Verschiebungen des vorangegangenen Bauabschnitts noch nicht im neuen Bauabschnitt enthalten sind und der neue Abschnitt in Systemlage (Nulllage) an den alten Bauabschnitt angesetzt wird. Durch die hohe Einzellast aus dem angehängten Traggerüst werden diese Sprünge weiter verstärkt.

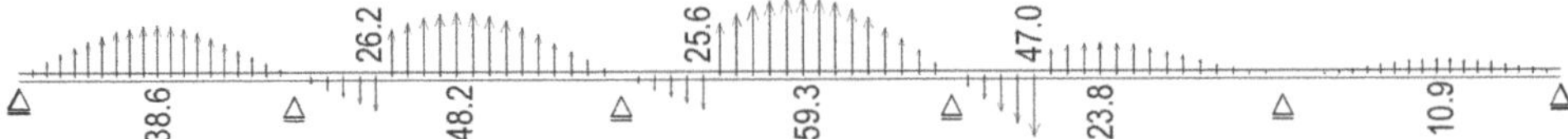

Bild 2-161 Summenkurve der Verformungen aus ständigen Lasten vor Aufbringen der Ausbaulasten

Bild 2-162 Verformung aus ständigen Lasten für t = ∞ jedoch ohne g_2 und Verkehrslastanteil

In der Realität wird der neue Betonierabschnitt an das verformte System (verformter Kragarm) anbetoniert, was zunächst eine Parallelverschiebung (Linie 2 in Bild 2-163) der Verformungsfigur erfordert.

Aus der Parallelverschiebung bzw. dem Ansetzen an die Arbeitsfuge des zuvor betonierten Bauabschnitts resultieren vertikale Verschiebungen im Bereich der nachfolgenden Auflagerachsen, die jedoch ebenfalls nicht auftreten können, da das Traggerüst auf dem nachfolgenden Pfeiler aufliegt und somit zwischen diesem und dem verformten Kragarm des letzten Bauabschnitts eine Neigung aufweisen muss (Linie 4 in Bild 2-163). Aus diesem Grund muss auch die parallel verschobene Verformungslinie um den auskragenden Endpunkt des alten Betonierabschnitts gedreht werden, so dass die Verformung am nachfolgenden Pfeiler 0 beträgt (Linie 3 in Bild 2-163).

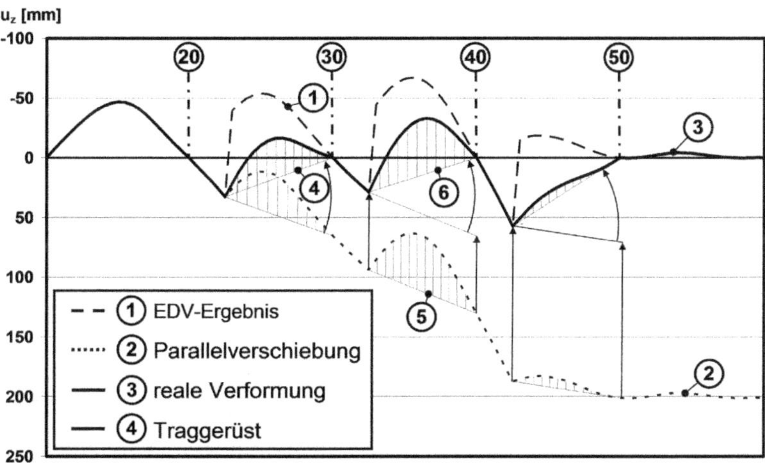

Bild 2-163 Vorgehensweise zur Ermittlung der realen Verformungen

Anmerkung: Der Knick in der Verformungslinie 3 resultiert aus der Annahme, dass das Traggerüst zwischen Koppelfuge und Pfeilerachse geneigt verläuft und der anschließende auskragende Teil von Pfeilerachse bis Koppelfuge horizontal.

Die Transformation auf die realen Verformungen zeigt Tabelle 2-58 exemplarisch für den 3. Bauabschnitt. Die Deltawerte für den Sprung können der EDV-Berechnung für die Stabverformungen entnommen werden und betragen für den 2. BA 55,1 mm sowie für den 3. BA 113,2 mm.

Tabelle 2-58 Transformation der Verformungen auf tatsächlichen Traggerüstverlauf für BA3

1	2	3	4	5	6	7
Knoten-Nr.	$u_{z,EDV}$ [mm]	$u_{z,parall}$ [mm]	z_{LG} [mm]	z_{Linie5} [mm]	Δz [mm]	z_{Linie3} [mm]
	(Linie 1)	(Linie 2)	(Linie 6)	(Linie 5)	(Sp5–Sp3)	(Sp4–Sp6)
146	24,37	79,45	24,37	79,45	0,00	24,37
147	–41,77	71,46	22,75	81,71	10,25	12,50
148	–49,15	64,08	21,12	83,96	19,88	1,24
149	–55,33	57,90	19,50	86,21	28,31	–8,81
150	–59,85	53,38	17,87	88,46	35,08	–17,21
151	–62,58	50,65	16,25	90,71	40,06	–23,81
152	–63,45	49,77	14,62	92,96	43,19	–28,57
153	–62,37	50,86	13,00	95,21	44,36	–31,36
154	–59,22	54,00	11,37	97,47	43,46	–32,09
155	–54,10	59,12	9,75	99,72	40,59	–30,85
156	–47,29	65,94	8,12	101,97	36,03	–27,91
157	–38,96	74,26	6,50	104,22	29,96	–23,46
158	–29,55	83,68	4,87	106,47	22,79	–17,92
159	–19,65	93,58	3,25	108,72	15,14	–11,89
160	–9,72	103,51	1,62	110,97	7,47	–5,84
161	0,00	113,23	0,00	113,23	0,00	0,00

In der Bemessungspraxis werden meist vereinfachend die überlagerten Verformungen aus der EDV entsprechend der Linie 1 an der Koppelfuge und in der Feldmitte verwendet, um die Überhöhung festzulegen. Die vorangegangenen Betrachtungen zeigen, dass sich mit einem solchen Vorgehen damit im Bereich der Feldmitte zu große Überhöhungswerte ergeben würden. Dagegen werden die Bereiche der Koppelfuge richtig erfasst.

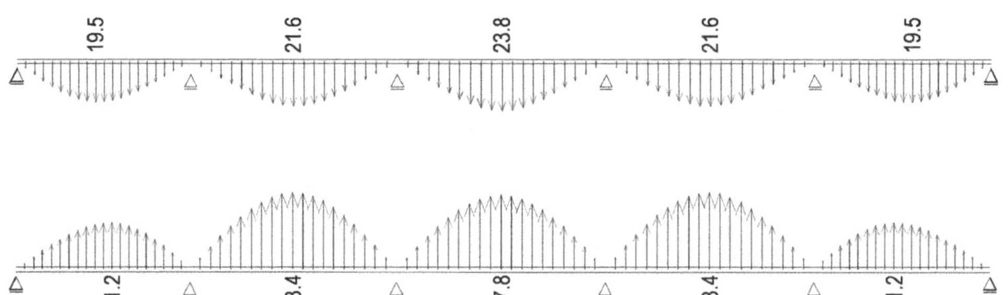

Bild 2-164 Max/Min-Verformung aus charakteristischem LM 1 UDL

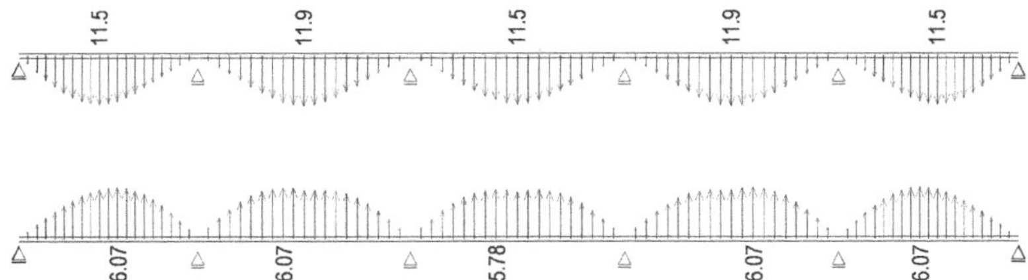

Bild 2-165 Max/Min-Verformung aus charakteristischem LM 1 TS

Die Überhöhungen sind für die quasi-ständige Lastkombination festzulegen, womit die Verkehrslasten aus LM 1 mit 20 % eingehen. Wie die Bilder 2-164 und 2-165 zeigen, ergeben sich aufgrund der Durchlaufwirkung nach oben und nach unten gerichtete Verformungen infolge Verkehrseinwirkung. Folglich sind die Felder für die Differenz zu überhöhen:

Feld 3: $\Delta u_{z,UDL} = 23{,}8 - 17{,}8 = 6$ mm

$\Delta u_{z,TS} = 11{,}5 - 5{,}5 = 6$ mm

Für die quasi-ständige Einwirkungskombination ergibt sich $0{,}20 \cdot (6 + 6) = 2{,}4$ mm. In diesem Fall kann wegen der geringen Größenordnung die Auswirkung des Verkehrs auf die Überhöhung unberücksichtigt bleiben.

Ist die Abweichung der Rohbauistgradiente von der Rohbausollgradiente unter Berücksichtigung der Verformung aus noch nicht aufgebrachten ständigen Lasten sowie aus Kriechen und Schwinden in einem Abweichungsbereich nach Gl. (2-131), hat der Auftragnehmer eine Ausgleichsgradiente vorzuschlagen (▶ ZTV-ING Teil 1 Abs. 2, 3.4).

$$h_x = \pm 1 + L \cdot \xi/625 \tag{2-131}$$

mit

$\xi = (1 - x/L) \cdot x/L$

h_x Ordinate des Abweichungswertes in cm

L Stützweite des zugehörigen Überbaufeldes in cm

x Abstand der betrachteten Stelle vom Auflagerpunkt in cm

In Feldmitte ergeben sich damit folgende Grenzen:

Feld 1/5: $\xi = (1 - 1600/3200) \cdot 1600/3200 = 0{,}25$

$h_x = 1 + 3200 \cdot 0{,}25/625 = 2{,}28$ cm

Feld 2 bis 4: $\xi = 0{,}25$

$h_x = 1 + 3800 \cdot 0{,}25/625 = 2{,}52$ cm

Die Verformungen durch Kriechen und Schwinden ab Ausbau liegen weit innerhalb dieser erlaubten Abweichungen, so dass die Überhöhung des Tragwerkes so gewählt wird, dass zum Zeitpunkt des Aufbringens der Ausbaulasten eine horizontale Sollgradiente vorliegt. Die Pfeiler werden um die wahrscheinliche Setzung von 1 cm überhöht hergestellt.

2.5.5 Begrenzung der Schwingungen und dynamische Einflüsse

Unter dynamischen Einflüssen aus Straßen-, Eisenbahn-, Rad- und Fußgängerverkehr als auch Wind muss eine Brücke den Anforderungen an die Gebrauchstauglichkeit unter Berücksichtigung einer möglichen Beeinträchtigung der Nutzungsbedingungen genügen (▶ DIN-HB Bb, NA.7.106.1 (NA.101) P). Bei Straßenbrücken sind Nachweise zur Begrenzung der Schwingungen im Allgemeinen nicht erforderlich (▶ DIN-HB Bb, NA.7.106.2 (NA.101)). Die dynamischen Einflüsse aus Verkehrslasten sind bei üblichen Straßenbrücken im Grenzzustand der Trag- und Gebrauchstauglichkeit bereits pauschal in den charakteristischen Verkehrslasten berücksichtigt (▶ DIN EN 1991-2, 4.2.1 (1) und 4.3.2 (4)).

2.5.6 Nachweis der Gebrauchstauglichkeit in Brückenquerrichtung – Fahrbahnplatte

2.5.6.1 Begrenzung der Betonrandzugspannungen

Gemäß DIN-HB Bb, Tabelle 7.101DE sind in Querrichtung bei im Verbund vorgespannten Spannbetonüberbauten, welche keine Quervorspannungen aufweisen, die Betonrandzugspannungen unter der seltenen Lastkombination auf die Werte gemäß DIN-HB Bb, Tabelle 7.101DE zu begrenzen. Lokal begrenzte Überschreitungen der dort angegebenen Grenzwerte bis zu 1 MN/m^2 sind zulässig (▶ DIN-HB Bb, Tabelle 7.101DE, Anmerkung 3). Die zulässige Betonrandzugspannung gemäß Tabelle 4.118a für einen C35/45 beträgt 5 MN/m^2 (▶ DIN-HB Bb, Tabelle 7.103DE).

Die für die Bestimmung der extremalen Schnittgrößen maßgebende Laststellung ist in Bild 2-166 wiedergegeben. Die günstige Wirkung der Normalkraft infolge Neigung der Systemlinie bleibt unberücksichtigt.

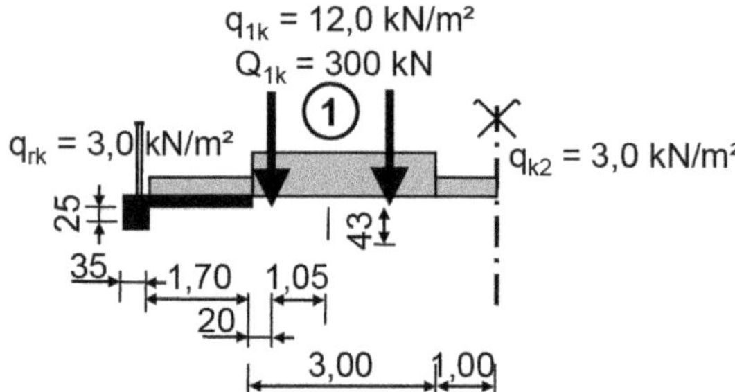

Bild 2-166 Maßgebende Laststellung für die ständige und vorübergehende Beanspruchung im Kragarmanschnitt

Ermittlung des Biegemomentes für die ständigen Lasten:

$$m_{g1} = 25 \cdot (2{,}95^2 \cdot 0{,}25/2 + 2{,}95^2 \cdot 0{,}30/6) = -38{,}07 \text{ kNm/m}$$

$$m_{g2,Kap} = 25 \cdot 2{,}05 \cdot 0{,}16 \cdot (2{,}05/2 + 1{,}25) + 25 \cdot 0{,}35 \cdot 0{,}31 \cdot (0{,}35/2 + 2{,}05 + 1{,}25) = -28{,}08 \text{ kNm/m}$$

$$m_{g2,Belag} = (25 \cdot 0{,}08 + 0{,}5) \cdot 1{,}25^2/2 = -1{,}95 \text{ kNm/m}$$

$$m_{g2,Gel} = 1 \cdot (2{,}05 + 1{,}25 + 0{,}35/2) = -3{,}48 \text{ kNm/m}$$

$m_{g2,SPL}$ = 1 · (1,0 + 1,25) = −2,25 kNm/m

Summe ständige Lasten $m_{g,k}$ = −73,83 kNm/m

Die mitwirkende Breite b_{eff} zur Lastverteilung der Einzellasten aus der Tandemachse am Kragarmanschnitt wird nach Heft 240 des DAfStb [DAfStb 1991] bestimmt. Die Lasteintragungsbreite t_y ergibt sich zu:

$$t_y = 0{,}40 + 0{,}43 + 2 \cdot 0{,}08 = 0{,}99 \text{ m}$$

Mit den in [DAfStb 1991] definierten Gültigkeitsgrenzen

$$0{,}2 \cdot l_k \leq t_y \leq 0{,}8 \cdot l_k = 0{,}2 \cdot 2{,}95 \text{ m} \leq 0{,}99 \text{ m} \leq 0{,}8 \cdot 2{,}95 \text{ m}$$

ergibt sich eine mitwirkende Breite b_{eff} von:

$$b_{eff} = t_y + 1{,}5 \cdot x = 0{,}99 + 1{,}5 \cdot 1{,}05 = 2{,}57 \text{ m}$$

Aufgrund der im Abstand von 1,20 m vorhandenen Einzellasten der Tandemachse wird eine Überschneidung der mitwirkenden Breiten auf der sicheren Seite berücksichtigt. Die Länge des Lastüberschneidungsbereiches bestimmt sich zu:

$$b_{eff,Ü} = (b_{eff}/2 - 1{,}2/2) \cdot 2 = (2{,}57/2 - 1{,}2/2) \cdot 2 = 1{,}37 \text{ m}$$

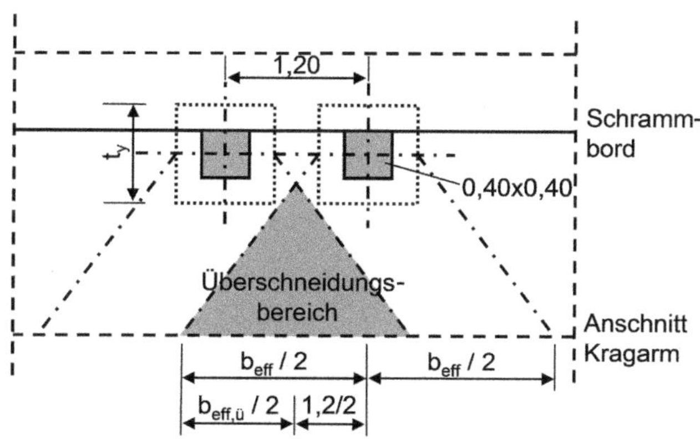

Bild 2-167 Laststellung und rechnerische mitwirkende Lastverteilungsbreite

Ermittlung des Biegemomentes für die veränderlichen Lasten:

$m_{q,UDL} = 12 \cdot 1{,}25^2/2 + 3{,}0 \cdot 1{,}7 \cdot (1{,}7/2 + 1{,}25)$ = −20,09 kNm/m

$m_{q,TS} = 150 \cdot 1{,}05/2{,}57 \cdot 2$ = −122,57 kNm/m

Summe veränderliche Lasten $m_{q,k}$ = −142,66 kNm/m

Damit ergibt sich das Biegemoment infolge der seltenen Lastkombination zu:

$$m_{selten} = -73{,}83 - 142{,}66 = -216{,}49 \text{ kNm/m}$$

Bestimmung der Betonspannungen:

$$\sigma_c = 0{,}216 \cdot 6/(0{,}55^2 \cdot 1) = 4{,}29\ \text{MN/m}^2 < 5\ \text{MN/m}^2$$

Der Spannungsnachweis lässt sich mit den Annahmen für die mitwirkende Lastverteilungsbreite gemäß Heft 240 des DAfStb [DAfStb 1991] einhalten. Nachfolgend soll zum Vergleich eine genauere Berechnung der Biegebeanspruchung infolge der Tandemachse anhand einer elastischen FEM-Analyse durchgeführt werden.

Ansatz der Radlasten als Flächenlast mit der zuvor errechneten Lasteintragungsbreite $t_y = 0{,}99$ m:

$$q_{TS} = 150/0{,}99^2 = 153\ \text{kN/m}^2$$

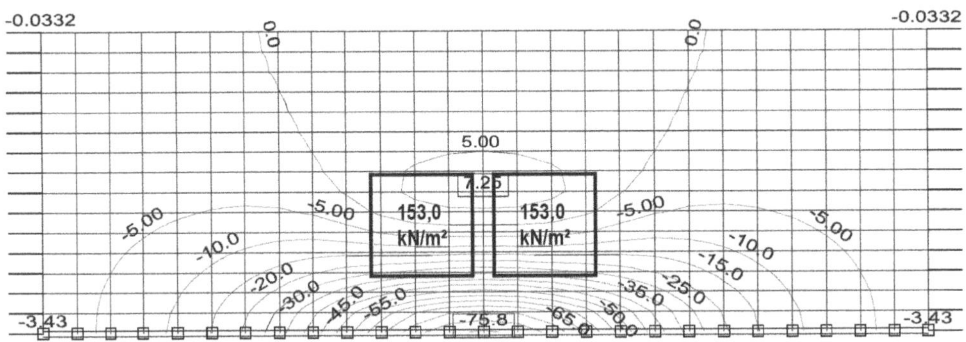

Bild 2-168 Höhenlinien der Biegemomente aus der FEM-Analyse für die Tandemachse

$$m_{selten} = m_{g,k} - m_{q,TS,FEM} - m_{q,UDL}$$

$$m_{selten} = -73{,}83\ \text{kNm/m} - 75{,}8\ \text{kNm/m} - 20{,}09\ \text{kNm/m} = -169{,}72\ \text{kNm/m}$$

Bestimmung der Betonspannungen:

$$\sigma_c = 0{,}1697 \cdot 6/(0{,}55^2 \cdot 1) = 3{,}37\ \text{MN/m}^2 < 5\ \text{MN/m}^2$$

Die genauere Berechnung anhand der FEM zeigt, dass der obige Ansatz zur mitwirkenden Lasteintragungsbreite zu sehr konservativen Ergebnissen führt.

Der Vergleich mit der in der Praxis oft üblichen Annahme einer Lastausbreitung von 45° zeigt, dass auch diese Annahme im vorliegenden Fall noch zu konservativen Ergebnissen führt:

$$b_{eff} = t_y + 2{,}0 \cdot x = 0{,}99 + 2{,}0 \cdot 1{,}05 = 3{,}09\ \text{m}$$

$$m_{q,TS} = 150 \cdot 1{,}05/3{,}09 \cdot 2 = -101{,}94\ \text{kNm/m}$$

$$m_{selten} = -73{,}83 - 101{,}94 - 20{,}09 = -195{,}86\ \text{kNm/m}$$

$$\sigma_c = 0{,}197 \cdot 6/(0{,}55^2 \cdot 1) = 3{,}91\ \text{MN/m}^2 < 5\ \text{MN/m}^2$$

2.5.6.2 Mindestbewehrung zur Begrenzung der Rissbreiten

Die erforderliche Mindestbewehrung zur Begrenzung der Rissbreite kann wie folgt bestimmt werden (▶ DIN-HB Bb, 7.3.2 (102)):

$$A_{s,\,min} = k_c \cdot k \cdot f_{ct,eff} \frac{A_{ct}}{\sigma_s} \qquad (2\text{-}132)$$

mit

$k_c = 0{,}4$ (reines Biegebauteil)

$k = 0{,}65$ linear interpoliert für $h = 550$ mm

$f_{ct,eff} = 3{,}2\ MN/m^2$

$A_{ct} = h/2 = 0{,}55/2 \cdot 1 = 0{,}275\ m^2$

$\sigma_s = 234{,}2\ MN/m^2$ (siehe Abschnitt 2.5.6.3)

Eine nähere Erläuterung zur Berechnung der Mindestbewehrung zur Begrenzung der Rissbreite findet sich in Abschnitt 2.3.2.3. Damit ergibt sich eine erforderliche Bewehrung von:

$$A_{s,\,min} = 0{,}4 \cdot 0{,}65 \cdot 3{,}2 \frac{0{,}275}{234{,}2} = 9{,}8\ cm^2/m$$

Mit vorh. $A_s = 15{,}39\ cm^2/m$ (∅ 14-10) ist ausreichend Bewehrung vorhanden.

2.5.6.3 Begrenzung der Rissbreiten ohne direkte Berechnung

Der Rissbreitennachweis in der Brückenquerrichtung ist gemäß Tabelle 7.110DE für die gleichen Nachweisbedingungen wie für die Brückenlängsrichtung zu führen, womit sich die häufige Lastkombination ergibt (▶ DIN-HB Bb, Tabelle 7.101DE).

Die Schnittgrößen werden aus dem vereinfachten Ermüdungsnachweis in Abschnitt 2.4.6.4 übernommen.

$$m_{häufig,min} = -73{,}83 + 0{,}40 \cdot -20{,}09 + 0{,}75 \cdot -75{,}8 = -138{,}7\ kNm/m$$

Die Druckzonenhöhe im gerissenen Zustand wird mit der in Abschnitt 2.4.6.4 bereits erläuterten Beziehung bestimmt:

$$x_{II} = \frac{A_{s1}\alpha}{b}\left[-1 + \sqrt{1 + \frac{2bd}{A_s\alpha}}\right]$$

Es wird zunächst eine obere Querbewehrung von ∅ 14-10 = 15,39 cm^2/m als Eingangswert der anrechenbaren Zugbewehrung angesetzt.

mit

$\alpha = E_s/E_c = 200\,000/34\,000 = 5{,}88$

$$x_{II} = \frac{15{,}39 \cdot 10^{-4} \cdot 5{,}88}{1}\left[-1 + \sqrt{1 + \frac{2 \cdot 1 \cdot 0{,}495}{15{,}39e^{-4} \cdot 5{,}88}}\right] = 0{,}086\ m$$

$z = d - x/3 = 0{,}495 - 0{,}086/3 = 0{,}47$ m

Damit ergibt sich die Spannung im Betonstahl zu:

$$\Delta\sigma_{s,häufig} = \Delta m_{häufig}/(z \cdot A_{s1}) = 0{,}1387/(0{,}47 \cdot 15{,}39 \cdot 10^{-4}) = 191{,}75\ MN/m^2$$

Der Nachweis der Rissbreite ohne direkte Berechnung erfolgt durch die Begrenzung des Stabdurchmessers nach Tabelle 7.2DE oder über die Stababstände nach Tabelle 7.3N (▶ DIN-HB Bb, 7.3.3 (2) sowie NCI zu 7.3.3 (2)). Dabei ist zu beachten, dass bei einer überwiegend durch Zwangsbeanspruchungen verursachten Rissbildung nur die Tabelle 7.2DE verwendet werden darf.

Der in Abhängigkeit von der tatsächlich vorhandenen Bauteilhöhe und der wirksamen Betonzugfestigkeit modifizierte Grenzdurchmesser d_s^* ergibt sich bei einem vorhandenen Bewehrungsdurchmesser von 14 mm zu (▶ DIN-HB Bb, NCI zu 7.3.2 (NA.106)):

$$\varnothing_s^* = f_{ct,0}/f_{ct,eff} \cdot \varnothing_s = 2{,}9/3{,}2 \cdot 14 = 12{,}69\ mm$$

Die zulässige Stahlspannung nach Tabelle 7.2DE beträgt damit für eine Rissbreite von $w_k = 0{,}2$ mm:

$$zul\ \sigma_s = (3{,}48 \cdot 10^6 \cdot 0{,}2/12{,}69)^{1/2} = 234{,}2\ MN/m^2 > 191{,}75\ MN/m^2$$

Damit ist der Nachweis der Rissbreite ohne direkte Berechnung erbracht.

2.5.6.4 Berechnung der Rissbreite

Beispielhaft soll im Folgenden die direkte Berechnung der Rissbreite vorgeführt werden. Der Rechenwert der Rissbreite ergibt sich aus der auf die Länge des Rissabstandes bezogenen mittleren Dehnungsdifferenz zwischen Bewehrung und Beton (▶ DIN-HB Bb, NCI zu 7.3.4 (101)):

$$w_k = s_{r,max} \cdot (\varepsilon_{sm} - \varepsilon_{cm}) \quad (2\text{-}133)$$

Dabei darf gemäß DIN-HB Bb, 7.3.4 (2) die mittlere Dehnungsdifferenz zwischen Beton und Betonstahl wie folgt berechnet werden:

$$\varepsilon_{sm} - \varepsilon_{cm} = \frac{\sigma_s - k_t \dfrac{f_{ct,eff}}{\rho_{p,eff}} \cdot (1 + \alpha_e \cdot \rho_{p,eff})}{E_s} \geq 0{,}6\,\frac{\sigma_s}{E_s} \quad (2\text{-}134)$$

mit

$\alpha_e = E_s/E_{cm}$

$$\rho_{p,eff} = \frac{A_S + \xi_1^2 \cdot A_P'}{A_{c,eff}}$$

ξ_1 gewichtetes Verhältnis der Verbundfestigkeit von Spannstahl und Betonstahl unter Berücksichtigung der unterschiedlichen Durchmesser

$$\sqrt{\xi \cdot \frac{\varnothing_S}{\varnothing_P}}$$

$\varnothing_S$ größter vorhandener Durchmesser der Betonstahlbewehrung

ϕ_P äquivalenter Durchmesser der Spannstahlbewehrung

Wenn nur Spannstahl zur Begrenzung der Rissbreite verwendet wird, gilt $\xi_1 = \sqrt{\xi}$.

ξ Verhältnis der mittleren Verbundfestigkeit von Spannstahl zu Betonstahl

$A_{c,eff}$ Wirkungsbereich der Bewehrung, wobei $A_{c,eff}$ das Minimum aus $[2{,}5 \cdot (h - d); (h - x)/3; h/2]$ ist

A'_P Querschnittsfläche der in der Fläche $A_{c,eff}$ liegenden Spannglieder im Verbund

$f_{ct,eff}$ wirksame Betonzugfestigkeit zum betrachteten Zeitpunkt

σ_s Betonstahlspannung im Riss

k_t Faktor, der von der Dauer der Lasteinwirkung abhängt

0,6 bei kurzzeitiger Lasteinwirkung

0,4 bei langzeitiger Lasteinwirkung

Der maximale Rissabstand darf folgend bestimmt werden (▶ DIN-HB Bb, 7.3.4 (3) und NDP zu 7.3.4 (3)):

$$s_{r,max} = k_3 \cdot c + k_1 \cdot k_2 \cdot k_4 \cdot \frac{\varnothing_s}{\rho_{P,eff}} \leq \frac{\sigma_s \cdot \varnothing_s}{3{,}6 \cdot f_{ct,eff}} \qquad (2\text{-}135)$$

Der Term $k_3 \cdot c$ erfasst den Einfluss der Betondeckung auf den Rissabstand und stellt eine stark vereinfachte Abschätzung der verbundfreien Länge beidseits des Rissufers dar [Rehm 1968]. Bei zunehmender Betondeckung führt dies zu unrealistisch großen Werten [DAfStb 2012]. Deshalb wurde vereinfacht in NDP zu 7.3.4 (3) der Term $k_3 \cdot c = 0$ gesetzt.

k_1 Beiwert zur Berücksichtigung der Verbundeigenschaften der Bewehrung; $k_1 = 0{,}8$ bei guten Verbundeigenschaften, $k_1 = 1{,}6$ glatt

k_2 Beiwert zur Berücksichtigung der Dehnungsverteilung; 1,0 für Zug, 0,5 für Biegung

Da gemäß DIN-HB Bb, NDP zu 3.2.2 (3)P nur Betonrippenstahl BSt 500 nach DIN 488 eingesetzt wird und der Einfluss eventuell vorhandener Spannstähle über den Wert ξ_1 einfließt, kann die Berücksichtigung des Beiwertes k_1 entfallen. Des Weiteren wird gemäß Modelldefinition die Berechnung der Rissbreite auf einen Zugstab mit konstanter Dehnungsverteilung mit der wirksamen Betonzugzone $2{,}5 \cdot (h - d)$ zurückgeführt, so dass der Beiwert k_2 zur Erfassung einer unterschiedlichen Dehnungsverteilung im Widerspruch zu den grundlegenden Modellannahmen steht. Aus diesem Grund wird das Produkt $k_1 \cdot k_2 = 1$ gesetzt.

$k_4 = 1/3{,}6$

Somit ergibt sich:

$$s_{r,max} = \frac{\varnothing_s}{3{,}6 \cdot \rho_{P,eff}} \leq \frac{\sigma_s \cdot \varnothing_s}{3{,}6 \cdot f_{ct,eff}} \qquad (2\text{-}136)$$

Die Eingangsparameter für die obigen Gleichungen bestimmen sich wie folgt:

$h_{eff} = 2{,}5 \cdot 0{,}055 = 0{,}1375$ m

$A_{c,eff} = 0{,}1375$ m²/m

$\rho_{P,eff} = 15{,}39 \cdot 10^{-4}/0{,}1375 = 1{,}12 \cdot 10^{-2}$

$\alpha_e = 200/34 = 5{,}88$

$s_{r,max} = 0{,}014/(3{,}6 \cdot 1{,}12 \cdot 10^{-2}) \leq 191{,}75 \cdot 0{,}014/(3{,}6 \cdot 3{,}2)$

$s_{r,max} = 0{,}347\ \text{m} \leq 0{,}233\ \text{m} \rightarrow 233\ \text{mm maßgebend!}$

$$\varepsilon_{sm} - \varepsilon_{cm} = \frac{191{,}75 - 0{,}4 \dfrac{3{,}2}{1{,}12 \cdot 10^{-2}} \cdot (1 + 5{,}88 \cdot 1{,}12 \cdot 10^{-2})}{200\,000} \geq 0{,}6 \frac{191{,}75}{200\,000}$$

$\varepsilon_{sm} - \varepsilon_{cm} = 3{,}497 \cdot 10^{-4} \geq 5{,}75 \cdot 10^{-4} \rightarrow 5{,}75 \cdot 10^{-4}$ maßgebend!

$w_k = 233\ \text{mm} \cdot 5{,}75 \cdot 10^{-4} = 0{,}13\ \text{mm} < 0{,}20\ \text{mm}$

Damit ist die zulässige Rissbreite w_k eingehalten.

2.5.7 Nachweis der Gebrauchstauglichkeit in Brückenquerrichtung – Endquerträger

2.5.7.1 Mindestbewehrung zur Begrenzung der Rissbreiten

Die erforderliche Mindestbewehrung zur Begrenzung der Rissbreite kann wie folgt bestimmt werden (▶ DIN-HB Bb, 7.3.2 (102)):

$$A_{s,min} = k_c \cdot k \cdot f_{ct,eff} \frac{A_{ct}}{\sigma_s} \tag{2-137}$$

mit

$k_c = 0{,}4$ (reines Biegebauteil)

$k = 0{,}5$ für $h \geq 800$ mm

$f_{ct,eff} = 3{,}2\ \text{MN/m}^2$

$A_{ct} = h/2 = 1{,}2/2 \cdot 1{,}4 = 0{,}84\ \text{m}^2$

$\sigma_s = 175{,}3\ \text{MN/m}^2$ (siehe Abschnitt 2.5.7.2)

Eine nähere Erläuterung zur Berechnung der Mindestbewehrung zur Begrenzung der Rissbreite findet sich in Abschnitt 2.3.2.3. Damit ergibt sich eine erforderliche Bewehrung von:

$$A_{s,min} = 0{,}4 \cdot 0{,}5 \cdot 3{,}2 \frac{0{,}84}{175{,}3} = 30{,}7\ \text{cm}^2/\text{m}$$

Mit vorh. $A_s = 88{,}4\ \text{cm}^2$ (18 ∅ 25) ist ausreichend Bewehrung vorhanden.

2.5.7.2 Begrenzung der Rissbreiten ohne direkte Berechnung

Der Rissbreitennachweis für den Endquerträger ist gemäß Tabelle 7.110DE für die gleichen Nachweisbedingungen wie für die Brückenlängsrichtung zu führen, womit sich die häufige Lastkombination ergibt (▶ DIN-HB Bb, Tabelle 7.101DE).

Die Ermittlung der einwirkenden Schnittgrößen auf den Endquerträger erfolgt analog zum Nachweis für Biegung und Längskraft in Abschnitt 2.4.6.2.

LF	V_{Ek} [kN]	ψ_1 bzw. ψ_2	$V_{häufig}$ [kN]
g_1	2269,73	1,00	2269,73
g_2	519,15	1,00	519,15
$P^{(0)}$	-1982,27	1,00	-1982,27
P_{unbe}	227,60	1,00	227,60
K + S	473,91	1,00	473,91
UDL	1005,68	0,40	402,30
TS	929,88	0,75	697,40
Δs	81,21	1,00	81,21
ΔT_M	195,00	0,50	97,50
		Summe:	**2786,50**

äquivalente Gleichstreckenlast: $q_{häufig} = 2{,}7865/4{,}64 = 0{,}601$ MN/m

Da im EDV-Modell der Überstand des Überbaus von 0,7 m in Brückenlängsrichtung über die Lagerachse hinaus nicht erfasst wurde, ist der Anteil des Eigengewichtes noch zu berücksichtigen:

$$g_1 = 25 \cdot 0{,}7 \cdot 1{,}2 = 21 \text{ kN/m}$$

$$M_{häufig} = (0{,}601 + 0{,}021) \cdot 4{,}5^2/8 = 1{,}574 \text{ MNm}$$

Die Breite des Endquerträgers beträgt 1,40 m. Auf den Ansatz einer zusätzlichen mitwirkenden Plattenbreite in der Druckzone (▶ DIN-HB Bb, 5.3.2.1) wird auf der sicheren Seite liegend verzichtet, da sich dadurch der innere Hebelarm z nur geringfügig vergrößern würde.

Die Druckzonenhöhe im gerissenen Zustand wird mit der in Abschnitt 6 bereits erläuterten Beziehung bestimmt:

$$x_{II} = \frac{A_{s1}\alpha}{b}\left[-1 + \sqrt{1 + \frac{2bd}{A_s\alpha}}\right]$$

Es wird zunächst eine Bewehrung von 18 ∅ 25 = 88,4 cm²/m als Eingangswert der anrechenbaren Zugbewehrung angesetzt.

mit $\alpha = E_s/E_c = 200\,000/34\,000 = 5{,}88$

$$x_{II} = \frac{88{,}4 \cdot 10^{-4} \cdot 5{,}88}{1{,}4}\left[-1 + \sqrt{1 + \frac{2 \cdot 1{,}4 \cdot 1{,}13}{88{,}4e^{-4} \cdot 5{,}88}}\right] = 0{,}25 \text{ m}$$

$$z = d - x/3 = 1{,}13 - 0{,}25/3 = 1{,}047 \text{ m}$$

Damit ergibt sich die Spannung im Betonstahl zu:

$$\sigma_{s,häufig} = M_{häufig}/(z \cdot A_{s1}) = 1{,}574/(1{,}047 \cdot 88{,}4 \cdot 10^{-4}) = 170{,}1 \text{ MN/m}^2$$

Der Nachweis der Rissbreite ohne direkte Berechnung erfolgt durch die Begrenzung des Stabdurchmessers nach Tabelle 7.2DE oder über die Stababstände nach Tabelle 7.3N (▶ DIN-HB Bb, 7.3.3 (2) sowie NCI zu 7.3.3 (2)). Dabei ist zu beachten, dass bei einer überwiegend durch Zwangsbeanspruchungen verursachten Rissbildung nur die Tabelle 7.2DE verwendet werden darf.

Der in Abhängigkeit von der tatsächlich vorhandenen Bauteilhöhe und der wirksamen Betonzugfestigkeit modifizierte Grenzdurchmesser d_s^* ergibt sich bei einem vorhandenen Bewehrungsdurchmesser von 25 mm zu (▶ DIN-HB Bb, NCI zu 7.3.2 (NA.106)):

$$\varnothing_s^* = f_{ct,0}/f_{ct,eff} \cdot \varnothing_s = 2{,}9/3{,}2 \cdot 25 = 22{,}66 \text{ mm}$$

Die zulässige Stahlspannung nach Tabelle 7.2DE beträgt damit für eine Rissbreite von $w_k = 0{,}2$ mm:

$$\text{zul } \sigma_s = (3{,}48 \cdot 10^6 \cdot 0{,}2/22{,}66)^{1/2} = 175{,}3 \text{ MN/m}^2 > 170{,}1 \text{ MN/m}^2$$

Damit ist der Nachweis der Rissbreite ohne direkte Berechnung erbracht.

3 Lager und Fahrbahnübergangskonstruktion

Geregelt in DIN EN 1990/NA/A1

3.1 Lagerschema und Allgemeines

Die Lagerung des Bauwerks erfolgt längsfest in der Achse 20. Alle Lager sind bewehrte Elastomerlager. Die Querfesthaltung der Lagerreihe 1 erfolgt in allen Pfeilerachsen.

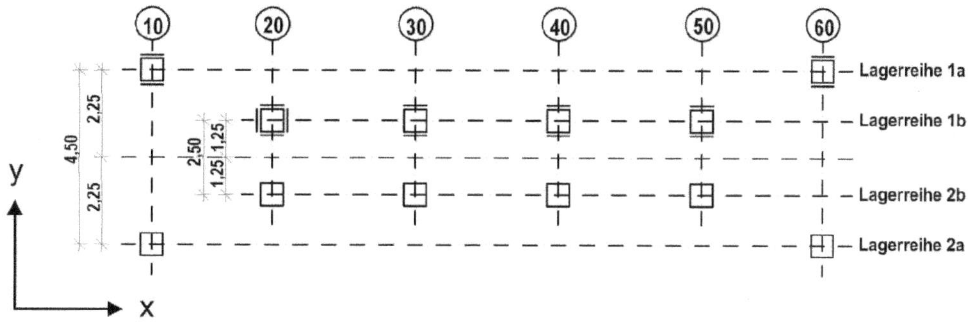

Bild 3-1 Lagerungsschema und Achskonventionen

Zur Berechnung der Dilatationen an Lagern und Fahrbahnübergängen wie auch zur Berechnung der für die Lagerbemessung maßgebenden Kräfte sind die Regelungen der DIN EN 1990/NA/A1, Anhang NA.E zu beachten.

Für die Bemessung der Lager durch den Lagerhersteller ist eine Liste mit folgenden Angaben zu erstellen (▶ DIN EN 1990/NA/A1, NA.E.3.3):

- Charakteristische Werte der Lagerkräfte und Bewegungen der Einzellastfälle.
- Bemessungswerte der Lagerkräfte und Bewegungen der maßgebenden Lastfallkombination im Grenzzustand der Tragfähigkeit.
- Bemessungswerte der Lagerkräfte und Bewegungen der maßgebenden Lastfallkombination im Grenzzustand der Gebrauchstauglichkeit.

Für den Fall, dass die Lager vor Fertigstellung der Brücke eingebaut werden und/oder die Verformungen bei der Berechnung der Lagerkräfte und Bewegungen berücksichtigt werden müssen, ist zwischen zwei Lastsituationen zu unterscheiden (▶ DIN EN 1990/NA/A1, NA.E.5.1 (2)):

- *Vorübergehende Bemessungssituation:* Zustände bis zur Fertigstellung der Brücke bzw. bis zum Einbau der Lager, die zur endgültigen Form des Tragwerks bei der Aufstelltemperatur T_0 führen.
- *Ständige Bemessungssituation:* Zustände infolge von veränderlichen und zeitabhängigen Einwirkungen nach Fertigstellung der Brücke und Einbau der Lager.

Berechnung und Bemessung von Betonbrücken. 1. Auflage.
Nguyen Viet Tue, Michael Reichel, Michael Fischer.

Die Bemessungswerte der Lagerkräfte und Verschiebungen ergeben sich aus der charakteristischen (seltenen) Lastkombination. Für die Bemessung sind die einzelnen Einwirkungen mit dem jeweiligen Teilsicherheitsbeiwert zu vergrößern (▶ DIN EN 1990/NA/A1, NA.E.5.2.1 (1)). Zur Ermittlung der Bemessungswerte sind die charakteristischen Werte der Bewegungen aus Kriechen und Schwinden mit dem Faktor 1,35 zu vergrößern (▶ DIN EN 1990/NA/A1, NA.E.5.2.1 (2)).

Aufgrund der Unsicherheiten bezüglich der Art und Weise des Lagereinbaus, der Aufstelltemperatur T_0 und deren Bestimmung ergeben sich die Bemessungswerte des maximalen und minimalen konstanten Temperaturanteils für den Nachweis der Lager und Fahrbahnübergänge zu (▶ DIN EN 1990/NA/A1, NA.E.5.2.2 (2)):

$$\begin{aligned} T_{ed,\,min} &= T_0 - \gamma_F \cdot \Delta T_{N,con} - \Delta T_0 \\ T_{ed,\,max} &= T_0 + \gamma_F \cdot \Delta T_{N,\,exp} + \Delta T_0 \end{aligned} \tag{3-1}$$

mit

$\Delta T_{N,con}$ maximale negative Veränderung (Verkürzung) des konstanten Temperaturanteils

$\Delta T_{N,exp}$ maximale positive Veränderung (Ausdehnung) des konstanten Temperaturanteils

T_0 mittlere Bauwerkstemperatur – Aufstelltemperatur

ΔT_0 zusätzliches Sicherheitselement

γ_F Teilsicherheitsbeiwert für die klimatischen Temperatureinwirkungen mit $\gamma_F = 1{,}35$

Liefern Verformungen aus Gründung, Pfeilern und Lagern einen Beitrag zu den Lagerkräften und Bewegungen, so sind diese zu berücksichtigen (▶ DIN EN 1990/NA/A1, NA.E.5.2.1 (5)).

Ist bei Pfeilern der Momentenzuwachs bei Berücksichtigung der Theorie II. Ordnung größer als 10 %, so ist dieser Einfluss bei der Bestimmung der Kräfte und Bewegungen für Lager und Übergangskonstruktion einzubeziehen (▶ DIN-HB Bb, 5.8.2 (6) und DIN EN 1990/NA/A1, NA.E.5.2.1 (6)). Dabei darf die geometrische Ersatzimperfektion nach (▶ DIN EN 1990/NA/A1, NA.E.5.2.1 (6)) mit $k_\varphi = 0{,}5$ abgemindert werden. Zusätzlich sind die Einflüsse aus dem Baugrund und der Rissbildung zu berücksichtigen.

Zur Überprüfung, ob Effekte aus Theorie II. Ordnung zu berücksichtigen sind, wird zunächst angenommen, dass die volle Bremslast auf den Festpfeiler in Achse 20 wirkt. Rückstellkräfte aus der Temperaturverformung sowie Kriechen und Schwinden werden zunächst zu je 420 kN und 430 kN abgeschätzt. Die Steifigkeit des Pfeilers im Zustand II wird mit 60 % des Zustands I angenommen. Eine Überprüfung der Annahmen erfolgt später mit den tatsächlich errechneten Werten. Zur Modellierung des Pfeilers in Achse 20 einschließlich Gründungssteifigkeiten wird auf Kapitel 4 verwiesen.

Aus der Zusammenstellung der Einzelschnittgrößen am Pfeilerkopf in Achse 20 (siehe Kapitel 4) werden die einwirkenden Schnittgrößen unter der charakteristischen Einwirkungskombination errechnet:

$$\begin{aligned} N_{selten} = {} & 1{,}0 \cdot (N_{g1,k} + N_{g2,k}) + 1{,}0 \cdot N_p + 1{,}0 \cdot N_{c+s+r,unbe} + 1{,}0 \cdot N_{set} \\ & + 1{,}0 \cdot (N_{TS} + N_{UDL}) + 1{,}0 \cdot 0{,}8 \cdot N_{\Delta T} \end{aligned}$$

$$N_{selten} = 1{,}0 \cdot (-10{,}01 - 1{,}90) + 1{,}0 \cdot 0{,}16 + 1{,}0 \cdot 0{,}33 + 1{,}0 \cdot -0{,}235 + 1{,}0 \cdot (-1{,}01 - 3{,}22) + 1{,}0 \cdot 0{,}8 \cdot -0{,}158$$

$$N_{selten} = -16{,}01 \text{ MN}$$

$$H_{selten} = 1{,}0 \cdot H_{K+S} + 1{,}0 \cdot H_{B+A} + 1{,}0 \cdot 0{,}8 \cdot H_{Rück,\Delta T} = 1{,}0 \cdot 0{,}43 + 1{,}0 \cdot 0{,}90 + 1{,}0 \cdot 0{,}8 \cdot 0{,}42 = 1{,}67 \text{ MN}$$

Biegemomente am Pfeilerfuß:

$$M_{I,selten} = 1{,}67 \cdot 7{,}1 = 11{,}86 \text{ MNm}$$

$M_{II,selten} =$ 12,07 MNm (aus EDV Berechnung – Rechenmodell siehe Kapitel 4 und 5)

12,07/11,86 = 1,018 → 2,0 % Momentenzuwachs < 10 %

Damit können die weiteren Berechnungen nach Theorie I. Ordnung erfolgen.

3.2 Bestimmung der Verschiebungen für Lager und Übergangskonstruktion

3.2.1 Bestimmung der Einzelwerte

Die Lager- und ÜKO-Bewegungen ergeben sich jeweils auf beiden Seiten des sich einstellenden Verformungsruhepunktes. Zur Bestimmung der Lage des Verformungsruhepunktes sind bei einer elastischen (schwimmenden) Lagerung durch Elastomerlager die Schubmoduln der Elastomerkissen ungünstig mit $G_{g,inf} = 0{,}75$ MN/m^2 und $G_{g,sup} = 1{,}05$ MN/m^2 anzusetzen (▶ DIN EN 1990/NA/A1, NA.E.5.2.3 (1)). Im vorliegenden Beispiel handelt es sich jedoch um eine Lagerung mit Festpunkt, so dass unter Voraussetzung der Verwendung gleicher Chargen für die Grundmischung der Elastomerlager ein einheitlicher Schubmodul von 0,9 MN/m^2 angesetzt werden darf (▶ DIN EN 1990/NA/A1, NA.E.5.2.3 (2)). Zur Bestimmung der Lage des Verformungsruhepunktes sind die Verformungen der Unterbauten unter Berücksichtigung des Einflusses der Baugrundeigenschaften einzubeziehen. Durch Aufbringen einer Einheitslast von 1 MN auf die in Kapitel 4 und 5 (Unterbauten) betrachteten Systeme ergeben sich die folgenden Federkennwerte c_x (längs) und c_y (quer) am Pfeilerkopf:

	c_x [MN/m]	c_y [MN/m]	$c_{x,dyn}$ [MN/m]	Kommentar
WL 10	4250942,0	13555299,0	10627355,0	quasi starr
Pfeiler 20	37,6	72,5	57,5	längsfeste Lagerung
Pfeiler 30	2,0	7,3	2,0	
Pfeiler 40	2,2	7,7	2,2	
Pfeiler 50	20,0	315,5	54,0	
WL 60	4250942,0	13555299,0	10627355,0	quasi starr

Zur Bestimmung der Federsteifigkeit der Lager werden die Lagerkissenabmessungen aus einer Vorbemessung übernommen. Für kurzzeitig wirkende Lasten aus Bremsen können die dynamischen Bodensteifigkeiten näherungsweise mit dem 3-fachen Wert [Müller 1978] angesetzt werden.

Der Widerstand eines Elastomerlagers aus Bewegungen ergibt sich wie folgt (▶ DIN EN 1337-3, 5.3.3.7):

$$R_{xy} = \frac{A \cdot G \cdot \nu_{xy}}{T_e} \tag{3-2}$$

mit

R_{xy}	Rückstellkraft aus der Horizontalverschiebung des Elastomerkissens
A	Gesamtgrundfläche des Elastomerkissens
G	Schubmodul des Elastomerkissens
T_e	Gesamtdicke des Elastomerkissens

Damit lässt sich die Federkraft des Lagers bestimmen:

$$c_{xy,Lager} = \frac{a \cdot b \cdot G}{T_e} \tag{3-3}$$

mit

a/b Seitenlängen des Elastomerkissens

Achse	10	20	30	40	50	60
a [mm]	500	längsfest	700	700	750	650
b [mm]	600		800	800	850	750
T_e [mm]	77		85	85	181	306
Anzahl je Achse n	2		2	2	2	2
G [MPa]	0,9		0,9	0,9	0,9	0,9
$c_{x,Lager}$ [MN/m]	7,0		11,9	11,9	6,3	2,9

Die Gesamtfedersteifigkeit ergibt sich dann anhand der Gl. (3-4).

$$\frac{1}{c_{gesamt}} = \frac{1}{c_{Pfeiler}} + \frac{1}{c_{Lager}} \tag{3-4}$$

Achse	10	20	30	40	50	60
$c_{x,Pfeiler,stat}$ [MN/m]	4 250 942,0	37,6	2,0	2,2	20,0	4 250 942,0
$c_{x,Pfeiler,dyn}$ [MN/m]	10 627 355,0	57,5	2,0	2,2	54,0	10 627 355,0
$c_{x,ges,stat}$ [MN/m]	7,0	37,6	1,7	1,8	4,8	2,9
$c_{x,ges,dyn}$ [MN/m]	7,0	57,5	1,7	1,8	5,7	2,9

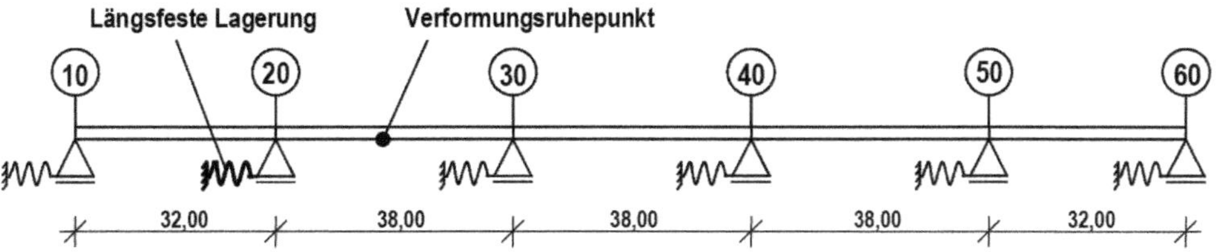

Bild 3-2 Statisches System zur Bestimmung der Lage des Verformungsruhepunktes und der Verschiebungen

Über die Gleichgewichtsbedingung, dass die Summe aller Rückstellkräfte nach Gl. (3-5) auf beiden Seiten des Verformungsruhepunktes 0 sein muss, ergibt sich die Lage des Verformungsruhepunktes.

$$F_{Rück} = c_x \cdot \Delta l = c_x \cdot \varepsilon \cdot l \qquad (3\text{-}5)$$

Mit $\varepsilon = 1$ als konstante Einheitsverformung und der Annahme, dass der Verformungsruhepunkt zwischen Achse 20 und 30 liegt, ergibt sich mit Hilfe $\Sigma F_{Rück} = 0$ die Lage des Verformungsruhepunktes entsprechend Bild 3-2 zu:

$$0 = (32 + x) \cdot c_{x,10} + x \cdot c_{x,20} + (-38 + x) \cdot c_{x,30} + (-38 \cdot 2 + x) \cdot c_{x,40} + (-38 \cdot 3 + x) \cdot c_{x,50} + (-38 \cdot 3 - 32 + x) \cdot c_{x,60}$$

$$x = 946{,}2/55{,}8 = 16{,}95 \text{ m}$$

Der Einbau der Fahrbahnübergangskonstruktion erfolgt nach 72 Tagen (Aufbringen der Ausbaulasten). Damit können Verformungen aus Vorspannung und der Anteil des Kriechens und Schwindens vor 72 Tagen bei der Ermittlung der Bewegungen für den Fahrbahnübergang unberücksichtigt bleiben. Die Hinterfüllung der Widerlager wird vor Einbau und Verguss der Übergangskonstruktion durchgeführt, so dass die Kopfverschiebung der Widerlager nur aus UDL-Lasten für die Dimensionierung relevant ist. Die Kopfverschiebung der Widerlager aus UDL-Lasten wird mit $u_{x,k} = 2$ mm angesetzt.

Die Verformungen aus Kriechen und Schwinden betragen gemäß Abschnitt 2.3.6, Tabelle 2-53:

Achse 10 (K + S + R ab Ausbau in 2 Stufen) – LF 1067 + 1068: 5,24 mm + 5,20 mm

Achse 60 (K + S + R ab Ausbau in 2 Stufen) – LF 1067 + 1068: 26,6 mm + 26,15 mm

Damit ergeben sich die anteiligen wirksamen Kriech- und Schwindverformungen aus der EDV-Berechnung des Überbaus mit Festpunkt in Achse 20 zu:

WL Achse 10: $(5{,}24 + 5{,}2)/32 = 0{,}326$ ‰

WL Achse 60: $(-26{,}6 - 26{,}15)/(3 \cdot 38 + 32) = 0{,}361$ ‰

Die Verformungen des Überbaus aus Kriechen und Schwinden sowie Temperatur können mit der tatsächlichen Lage des Verformungsruhepunktes und den statischen Steifigkeiten gemäß nachfolgender Tabelle bestimmt werden:

Achse	10	20	30	40	50	60
Abstand vom Verformungsruhepunkt x [m]	−48,95	−16,95	21,05	59,05	97,05	129,05
u_x [mm] max ΔT_N + 0,29 ‰	−14,2	−4,9	6,1	17,1	28,1	37,4
u_x [mm] min ΔT_N −0,26 ‰	12,7	4,4	−5,5	−15,4	−25,2	−33,6
u_x [mm] K + S ab 72 Tage −0,36 ‰	17,6	6,1	−7,6	−21,3	−34,9	−46,5

Da Lager und Pfeilerkopf eine anteilige Verschiebung erfahren, müssen die tatsächlichen Lagerverschiebungen aus den sich ergebenden Rückstellkräften und den Federkennwerten des Elastomerkissens errechnet werden:

$$H_{x,Rück} = u_x \cdot c_{x,ges,stat} \tag{3-6}$$

$$u_{x,Lager} = \frac{H_{x,Rück}}{c_{x,Lager}} \tag{3-7}$$

Achse	10	20	30	40	50	60
$H_{x,Rück}$ [kN] max ΔT_N + 0,29 ‰	−99,6	−184,8	10,4	31,2	135,5	107,3
$u_{x,Lager}$ [mm] max ΔT_N + 0,29 ‰	−14,2	längsfest	0,9	2,6	21,4	37,4
$H_{x,Rück}$ [kN] min ΔT_N −0,26 ‰	89,3	165,7	−9,3	−28,0	−121,5	−96,2
$u_{x,Lager}$ [mm] min ΔT_N −0,26 ‰	12,7	längsfest	−0,8	−2,4	−19,2	−33,6
$H_{x,Rück}$ [kN] K + S ab 72 Tage −0,36 ‰	123,6	350,9	−12,9	−38,7	−168,2	−133,2
$u_{x,Lager}$ [mm] K + S ab 72 Tage −0,36 ‰	17,6	längsfest	−1,1	−3,3	−26,5	−46,5

Die Verschiebungen aus Bremsen und Anfahren werden mit den dynamischen Steifigkeiten bestimmt:

$$Q_{lk} = u_x \cdot \sum c_{x,i,dyn} \tag{3-8}$$

$$u_{x,B+A} = 0{,}9/(7{,}0 + 57{,}5 + 1{,}8 + 1{,}9 + 7{,}8 + 3{,}4) = 0{,}0113 \text{ m} = \pm\, 11{,}3 \text{ mm}$$

Auch hier werden die tatsächlichen Lagerverschiebungen wiederum über die sich ergebenden Rückstellkräfte und die Federkennwerte der Elastomerkissen bestimmt:

$$H_{x,Rück,B+A} = u_{x,B+A} \cdot c_{x,ges,dyn} \tag{3-9}$$

$$u_{x,Lager,B+A} = \frac{H_{x,Rück,B+A}}{c_{x,Lager}} \tag{3-10}$$

Achse	10	20	30	40	50	60
$H_{x,Rück}$ [kN]	82,4	675,6	−20,1	−21,5	−66,7	−33,7
$H_{x,Rück}$ [kN]	−82,4	−675,6	20,1	21,5	66,7	33,7
$u_{x,Lager}$ [mm]	11,7	0,0	−1,7	−1,8	−10,5	−11,7
$u_{x,Lager}$ [mm]	−11,7	0,0	1,7	1,8	10,5	11,7

Wie nachstehend gezeigt wird, lagen die zuvor getroffenen Annahmen für die Rückstellkräfte zur Überprüfung, ob eine Berücksichtigung der Theorie II. Ordnung vorzunehmen ist, auf der sicheren Seite. Dabei ist der Kombinationsbeiwert für die klimatische Temperatureinwirkung mit $\psi_0 = 0{,}8$ zu berücksichtigen, wenn diese keine Leiteinwirkung ist (▶ DIN EN 1990/NA/A1, NA.E.5.2.2 (3)).

$$H_{selten} = 1{,}0 \cdot H_{x,K+S+R} + 1{,}0 \cdot H_{x,B+A} + \psi_0 \cdot H_{x,\Delta T_N} = 1152{,}8 < 1670 \text{ kN}$$

$$H_{selten} = 1{,}0 \cdot 428{,}3 + 1{,}0 \cdot 651{,}3 + 0{,}8 \cdot 202{,}3 = 1241{,}4 < 1670 \text{ kN}$$

3.2.2 Kombination ÜKO-Verformungen

Wie bereits allgemein beschrieben, erfolgt zur Ermittlung der ÜKO- und Lagerbewegungen die Erhöhung der seltenen (charakteristischen) Werte mit ihren entsprechenden Teilsicherheitsbeiwerten (▶ DIN EN 1990/NA/A1, NA.E.5.2.1 (2)). Für die Ermittlung der Bewegungen der Fahrbahnübergangskonstruktion sind diese aus gleichförmiger Temperaturänderung, um das zusätzliche Sicherheitselement ΔT_0 zu vergrößern (▶ DIN EN 1990/NA/A1, NA.E.5.2.2 (2)). Wegen der Messung der mittleren Bauwerkstemperatur und der Möglichkeit der Voreinstellung der Übergangskonstruktion beträgt $\Delta T_0 = 0$ (▶ DIN EN 1990/NA/A1, Tabelle NA.E.4).

$$\sum_{j \geq 1} G_{kj} + P_k + Q_{k1} + \sum_{i > 1} \psi_{0i} \cdot Q_{ki} \qquad (3\text{-}11)$$

Der Kombinationsbeiwert für Bremsen und Anfahren muss im Verhältnis der Lastanteile aus Tandemachse TS und aus Gleichlast UDL gemittelt werden.

$$\psi_{0,TS/UDL} = (0{,}6 \cdot \alpha_{Q1} \cdot (2 \cdot Q_{1k}) \cdot 0{,}75 + 0{,}10 \cdot \alpha_{q1} \cdot q_{1k} \cdot w_l \cdot L \cdot 0{,}40)/Q_{lk} \qquad (3\text{-}12)$$

$$\psi_{0,TS/UDL} = (0{,}6 \cdot 1{,}0 \cdot (2 \cdot 300) \cdot 0{,}75 + 0{,}10 \cdot 1{,}0 \cdot 12 \cdot 3 \cdot 178 \cdot 0{,}40)/1000{,}8 = 0{,}53$$

Kombination ÜKO-Verformungen für max u_x (Leiteinwirkung Temperatur)

Lastfall	$u_{x,10}$ [mm]	$u_{x,60}$ [mm]	γ	ψ_0	$u_{d,x,10}$ [mm]	$u_{d,x,60}$ [mm]
ΔT_N	12,7	37,4	1,35	1,00	17,2	50,5
K + S	17,6	0	1,35	1,00	23,8	0
B + A	11,7	11,7	1,35	0,53	8,4	8,4
UDL auf Hinterfüllung WL	2,0	0	1,35	0,40	1,1	0,0
		Gesamtweg $u_{x,d,ÜKO}$ [mm]			**50,5**	**58,9**

Kombination ÜKO-Verformungen für min u_x (Leiteinwirkung Temperatur)

Lastfall	$u_{x,10}$ [mm]	$u_{x,60}$ [mm]	γ	ψ_0	$u_{d,x,10}$ [mm]	$u_{d,x,60}$ [mm]
ΔT_N	−14,2	−33,6	1,35	0,8	−15,3	−36,2
K + S	0	−46,5	1,35	1,0	0	−62,7
B + A	−11,7	−11,7	1,35	1,0	−15,9	−15,9
UDL auf Hinterfüllung WL	0	−2,0	1,35	1,0	0	−2,7
				Gesamtweg $u_{x,d,ÜKO}$ [mm]	**−31,2**	**−117,5**

Kombination ÜKO-Verformungen für max u_x (Leiteinwirkung Bremsen)

Lastfall	$u_{x,10}$ [mm]	$u_{x,60}$ [mm]	γ	ψ_0	$u_{d,x,10}$ [mm]	$u_{d,x,60}$ [mm]
ΔT_N	12,7	37,4	1,35	0,8	13,7	40,4
K + S	17,6	0	1,35	1,0	23,8	0
B + A	11,7	11,7	1,35	1,0	15,9	15,9
UDL auf Hinterfüllung WL	2,0	0	1,35	1,0	2,7	0
				Gesamtweg $u_{x,d,ÜKO}$ [mm]	**56,1**	**56,3**

Kombination ÜKO-Verformungen für min u_x (Leiteinwirkung Bremsen)

Lastfall	$u_{x,10}$ [mm]	$u_{x,60}$ [mm]	γ	ψ_0	$u_{d,x,10}$ [mm]	$u_{d,x,60}$ [mm]
ΔT_N	−14,2	−33,6	1,35	0,8	−15,3	−36,2
K + S	0	−46,5	1,35	1,0	0	−62,7
B + A	−11,7	−11,7	1,35	1,0	−15,9	−15,9
UDL auf Hinterfüllung WL	0	−2,0	1,35	1,0	0	−2,7
				Gesamtweg $u_{x,d,ÜKO}$ [mm]	**−31,2**	**−117,5**

Für die Bemessungswerte der maximalen Bewegungen ist Bremsen + Anfahren als Leiteinwirkung maßgebend. Damit ist in Achse 10 z. B. eine Übergangskonstruktion XL 1 nach ÜBE 1 mit einem Dichtprofil und wellenförmigen Randplatten erforderlich, welche eine maximale Spaltweite von 100 mm aufweist. Unter Berücksichtigung eines Mindestspaltmaßes von 5 mm ergibt sich ein zulässiger Verschiebeweg von 95 mm.

$$\Delta u_{x,d,10} = 56{,}1 + 31{,}2 = 87{,}3 \text{ mm} < 95 \text{ mm}$$

In Achse 60 wird eine geräuscharme Lamellen-Dehnfuge XLS 200 mit einem maximalen Verschiebeweg von 190 mm oder eine Schwenktraversen-Dehnfuge mit 3 Lamellen, die einen maximalen Verschiebeweg von 195 mm aufweist, angeordnet. Die Bemessungswerte der maximalen Bewegungen ergeben sich mit ΔT_N als Leiteinwirkung zu:

$$\Delta u_{x,d,60} = 58{,}9 + 117{,}5 = 176{,}4 \text{ mm} < 190 \text{ mm}$$

3.2.3 Kombination Lager-Verschiebungen

Für die Ermittlung der Lagerwege werden die Bemessungswerte der negativen ($\Delta T_{N,neg}$) und positiven ($\Delta T_{N,pos}$) Temperaturanteile jeweils um $\Delta T_0 = 10$ K vergrößert (▶ DIN EN 1990/NA/A1, Tabelle NA.E.4). Damit ergeben sich die folgenden zusätzlichen Vergrößerungsfaktoren für ΔT_N:

$$\gamma_{\Delta T_0} = (\gamma_F \cdot \Delta T_N + \Delta T_0)/(\gamma_F \cdot \Delta T_N)$$

$$(1{,}35 \cdot 26 + 10)/(1{,}35 \cdot 26) = 1{,}285$$

$$(1{,}35 \cdot 29 + 10)/(1{,}35 \cdot 29) = 1{,}255$$

Die Verschiebungen aus Temperatur werden in nachfolgenden Tabellen entsprechend um diese Faktoren vergrößert.

Kombination Lager-Verschiebungen für max u_x (Leiteinwirkung Temperatur)

Lastfall	$u_{x,10}$ [mm]	$u_{x,30}$ [mm]	$u_{x,40}$ [mm]	$u_{x,50}$ [mm]	$u_{x,60}$ [mm]	γ	ψ_0
$u_{x,Lager}$ [mm] ΔT_N	16,4	1,1	3,3	26,8	47,0	1,35	1,00
$u_{x,Lager}$ [mm] K + S	17,6	0	0	0	0	1,35	1,00
$u_{x,Lager}$ [mm] B + A	11,7	1,7	1,8	10,5	11,7	1,35	0,53
$u_{x,Lager}$ [mm] UDL auf Hinterfüllung WL	2,0	0	0	0	0	1,35	0,40
Gesamtweg $u_{x,d,Lager}$ [mm]	**55,4**	**2,7**	**5,8**	**43,7**	**71,8**		

Kombination Lager-Verschiebungen für min u_x (Leiteinwirkung Temperatur)

Lastfall	$u_{x,10}$ [mm]	$u_{x,30}$ [mm]	$u_{x,40}$ [mm]	$u_{x,50}$ [mm]	$u_{x,60}$ [mm]	γ	ψ_0
$u_{x,Lager}$ [mm] ΔT_N	−17,8	−1,0	−3,0	−24,6	−43,1	1,35	1,00
$u_{x,Lager}$ [mm] K + S	0	−1,1	−3,3	−26,5	−46,5	1,35	1,00
$u_{x,Lager}$ [mm] B + A	−11,7	−1,7	−1,8	−10,5	−11,7	1,35	0,53
$u_{x,Lager}$ [mm] UDL auf Hinterfüllung WL	0	0	0	0	−2,0	1,35	0,40
Gesamtweg $u_{x,d,Lager}$ [mm]	**−32,5**	**−4,0**	**−9,8**	**−76,6**	**−130,4**		

Kombination Lager-Verschiebungen für max u_x (Leiteinwirkung Bremsen)

Lastfall	$u_{x,10}$ mm]	$u_{x,30}$ [mm]	$u_{x,40}$ [mm]	$u_{x,50}$ [mm]	$u_{x,60}$ [mm]	γ	ψ_0
$u_{x,Lager}$ [mm] ΔT_N	17,4	1,1	3,3	26,8	47,0	1,35	0,8
$u_{x,Lager}$ [mm] K + S	17,6	0	0	0	0	1,35	1,0
$u_{x,Lager}$ [mm] B + A	11,7	1,7	1,8	10,5	11,7	1,35	1,0
$u_{x,Lager}$ [mm] UDL auf Hinterfüllung WL	2,0	0	0	0	0,0	1,35	1,0
Gesamtweg $u_{x,d,Lager}$ [mm]	**61,2**	**3,5**	**6,0**	**43,2**	**66,6**		

Kombination Lager-Verschiebungen für min u_x (Leiteinwirkung Bremsen)

Lastfall	$u_{x,10}$ [mm]	$u_{x,30}$ [mm]	$u_{x,40}$ [mm]	$u_{x,50}$ [mm]	$u_{x,60}$ [mm]	γ	ψ_0
$u_{x,Lager}$ [mm] ΔT_N	−17,8	−1,0	−3,0	−24,6	−43,1	1,35	0,8
$u_{x,Lager}$ [mm] K + S	0	−1,1	−3,3	−26,5	−46,5	1,35	1,0
$u_{x,Lager}$ [mm] B + A	−11,7	−1,7	−1,8	−10,5	−11,7	1,35	1,0
$u_{x,Lager}$ [mm] UDL auf Hinterfüllung WL	0	0	0	0	−2,0	1,35	1,0
Gesamtweg $u_{x,d,Lager}$ [mm]	**−35,1**	**−4,8**	**−10,1**	**−76,6**	**−127,8**		

Die Verschiebungsanteile aus der Verdrehung sind bei dem vorliegenden Beispiel aufgrund der geringen Querschnittshöhe und der günstigen Lage des Querschnittsschwerpunktes vergleichsweise gering und bleiben aus diesem Grund unberücksichtigt.

3.3 Zusammenstellung der Lagerverdrehungen

In Tabelle 3-1 sind die charakteristischen Knotenverdrehungen in den jeweiligen Lagerachsen zusammengestellt und anschließend überlagert. Die einzelnen Größen wurden mit ihren entsprechenden Teilsicherheitsbeiwerten vergrößert. Da der Verkehr die größten Verdrehungen aller veränderlichen Einwirkungen aufweist, ist dieser als Leiteinwirkung maßgebend.

3.4 Zusammenstellung der Lagerkräfte

In Tabelle 3-2 sind die charakteristischen Auflagerkräfte aus der EDV-Berechnung zusammengestellt. Die zuvor errechneten Rückstellkräfte und die Belastungen aus Bremsen und Anfahren sind in dieser Tabelle nicht enthalten und müssen noch hinzugerechnet werden. In der Kombination sind die Verkehrslasten als führende Einwirkung maßgebend.

Tabelle 3-1 Charakteristische Knotenverdrehungen

Achse		10		20		30		40		50		60	
Lagerreihe-Nr.		**1**	**2**	**1**	**2**	**1**	**2**	**1**	**2**	**1**	**2**	**1**	**2**
Lagertyp		**V1**	**V2**	**V**	**V2**	**V1**	**V2**	**V1**	**V2**	**V1**	**V2**	**V1**	**V2**
Lastfall		φ_y [mrad]	φ_y [mrad]	φ_y [mrad]	φ_y [mrad]	φ_y [mrad]	φ_y [mrad]	φ_y [mrad]	φ_y [mrad]	φ_y [mrad]	φ_y [mrad]	φ_y [mrad]	φ_y [mrad]
g_1 System Endlagerung		−2,92	−2,92	−0,22	−0,22	−1,71	−1,71	−2,12	−2,12	−0,93	−0,93	3,77	3,77
g_2 (inkl. Grad.-ausgleich)		−0,75	−0,75	0,13	0,13	−0,06	−0,06	0,06	0,06	−0,12	−0,12	0,75	0,75
Vorspannung t = 0		5,66	5,66	−1,71	−1,71	−0,52	−0,52	−1,66	−1,66	0,62	0,62	−4,86	−4,86
K + S + R BA1 – BA4		1,08	1,08	−0,88	−0,88	−0,75	−0,75	−1,05	−1,05	0,01	0,01	−0,36	−0,36
K + S + R ab Ausbau bis t = ∞		−0,12	−0,12	0,24	0,24	−0,06	−0,06	−0,24	−0,24	0,25	0,25	−0,26	−0,26
Grundlast UDL Stellung	max	0,97	0,97	1,50	1,50	1,50	1,50	1,59	1,59	1,32	1,32	2,10	2,10
	min/max	0,00	0,00	0,00	0,00	0,00	0,00	0,00	0,00	0,00	0,00	0,00	0,00
	min	−2,10	−2,10	−1,32	−1,32	−1,59	−1,59	−1,50	−1,50	−1,50	−1,50	−0,97	−0,97
TS Stellung	max	0,53	0,53	0,70	0,70	0,67	0,67	0,66	0,66	0,71	0,71	1,26	1,26
	min	−1,26	−1,26	−0,71	−0,71	−0,66	−0,66	−0,67	−0,67	−0,70	−0,70	−0,53	−0,53
Temperatur ΔT_M	max	0,76	0,76	0,16	0,16	0,12	0,12	0,08	0,08	0,25	0,25	0,49	0,49
	min	−0,49	−0,49	−0,25	−0,25	−0,08	−0,08	−0,12	−0,12	−0,16	−0,16	−0,76	−0,76
Stützensenkung	max	−0,66	−0,66	−0,31	−0,31	−0,32	−0,32	−0,32	−0,32	−0,31	−0,31	−0,66	−0,66
Überlagerungen nach DIN EN 1990/NA/A1 – Verkehr als Leiteinwirkung (maßgebend):													
Verdrehungen gesamt:	**max**	**4,3**	**4,3**	**0,5**	**0,5**	**−0,2**	**−0,2**	**−2,0**	**−2,0**	**2,3**	**2,3**	**5,4**	**5,4**
	min	**−2,8**	**−2,8**	**−6,1**	**−6,1**	**−7,4**	**−7,4**	**−9,3**	**−9,3**	**−4,0**	**−4,0**	**−1,3**	**−1,3**

Tabelle 3-2 Charakteristische Auflagerkräfte sowie Bemessungsgrößen

Achse		10			20				30			40			50			60		
Lagerreihe-Nr.		1		2	1			2	1		2	1		2	1		2	2		1
Lagertyp		**V1-querfest**		**V2**	**V-zweiachsig fest**			**V2**	**V1-querfest**		**V2**	**V1-querfest**		**V2**	**V1-querfest**		**V2**	**V1-querfest**		**V2**
Knoten-Nr. EDV-Berechnung		3023	2023		3023			2023	3023		2023	3023		2023	3023		2023	3023		2023
Lastfall aus Überbau		F_z	F_y	F_z	F_z	F_x	F_y	F_z	F_z	F_y	F_z	F_z	F_y	F_z	F_z	F_y	F_z	F_z	F_y	F_z
		[kN]	[kN]	[kN]	[kN]	[kN]	[kN]	[kN]	[kN]	[kN]	[kN]	[kN]	[kN]	[kN]	[kN]	[kN]	[kN]	[kN]	[kN]	[kN]
$g_{1,t=\infty}$		1135	0	1135	5006	0	0	5006	4740	0	4740	4936	0	4936	4788	0	4788	1232	0	1232
g_2 (inkl. Grad.-ausgleich)		260	0	260	951	0	0	951	881	0	881	881	0	881	951	0	951	260	0	260
Vorspannung t = 0		114	0	114	–79	0	0	–79	–108	0	–108	321	0	321	–609	0	–609	361	0	361
K + S + R BA1–BA4		59	0	59	–70	0		–70	28	0	28	–114	0	–114	150	0	150	–53	0	–53
K + S + R ab Ausbau bis t = ∞		56		56	–95			–95	121		121	–222		–222	198		198	–58		–58
Stützensenkung	max	41	0	41	117	0	0	117	162	0	162	162	0	162	117	0	117	41	0	41
	min	–41	0	–41	–117	0	0	–117	–162	0	–162	–162	0	–162	–117	0	–117	–41	0	–41
Grundlast UDL Stellung 1/2	max	1140	0	1140	4837	0	0	4837	4958	0	4958	4958	0	4958	4837	0	4837	1140	0	1140
	min	–581	0	–581	–2882	0	0	–2882	–3092	0	–3092	–3092	0	–3092	–2881	0	–2881	–581	0	–581
TS Stellung 1/2	max	737		737	1016	0	0	1016	1016		1016	1016		1016	1016		1016	737		737
	min	–61		–61	–296	0	0	–296	–296		–296	–296		–296	–296		–296	–61		–61
Grundlast UDL Stellung 2/1	max	0	0	0	0	0	0	0	0	0	0	0	0	0	0	0	0	0	0	0
	min	0	0	0	0	0	0	0	0	0	0	0	0	0	0	0	0	0	0	0
TS Stellung 2/1	max	0	0	0	0	0	0	0	0	0	0	0	0	0	0	0	0	0	0	0
	min	0	0	0	0	0	0	0	0	0	0	0	0	0	0	0	0	0	0	0
Bremsen/Anfahren	max			0				0			0			0			0			0
	min			0				0			0			0			0			0
Zentrifugallasten	max	0	0	0	0	0	0	0	0	0	0	0	0	0	0	0	0	0	0	0
	min	0	0	0	0	0	0	0	0	0	0	0	0	0	0	0	0	0	0	0
Temperatur ΔT_M	max	98	0	98	79	0	0	79	24		24	24		24	79		79	98		98
	min	–63	0	–63	–122	0	0	–122	–16	0	–16	–16	0	–16	–122	0	–122	–63	0	–63
Wind	max	27	79	27	237	0	248	237	237	243	237	237	243	237	238	248	238	27	79	27
	min	–27	–79	–27	–237	0	–248	–237	–237	–243	–237	–237	–243	–237	–238	–248	–238	–27	–79	–27

Tabelle 3-2 (Fortsetzung)

Achse	10			20				30			40			50			60		
Lagerreihe-Nr.	1		2	1			2	1		2	1		2	1		2	2		1
Lagertyp	**V1-querfest**		**V2**	**V-zweiachsig fest**			**V2**	**V1-querfest**		**V2**	**V1-querfest**		**V2**	**V1-querfest**		**V2**	**V1-querfest**		**V2**
Knoten-Nr. EDV-Berechnung	3023	2023		3023			2023	3023		2023	3023		2023	3023		2023	3023		2023
Lastfall aus Überbau	F_z	F_y	F_z	F_z	F_x	F_y	F_z	F_z	F_y	F_z	F_z	F_y	F_z	F_z	F_y	F_z	F_z	F_y	F_z
	[kN]	[kN]	[kN]	[kN]	[kN]	[kN]	[kN]	[kN]	[kN]	[kN]	[kN]	[kN]	[kN]	[kN]	[kN]	[kN]	[kN]	[kN]	[kN]
Lastfallüberlagerungen																			
Überlag.ständig, t = ∞: $g_1 + g_2$ + vorsp. + k + s	1624	0	1624	5713	0	0	5713	5662	0	5662	5802	0	5802	5478	0	5478	1742	0	1742
charakteristische Größen in kN																			
max S_k	3667	79	3667	11 999	0	248	11 999	12 059	243	12 059	12 199	243	12 199	11 765	248	11 765	3785	79	3785
min S_k	851	–79	851	2059	0	–248	2059	1859	–243	1859	1999	–243	1999	1824	–248	1824	969	–79	969
Designgrößen nach DIN EN 1990/NA/A1																			
max S_{Ed}	4858	119	4858	16 115	0	372	16 115	16 148	365	16 148	16 304	365	16 304	15 927	372	15 927	4969	119	4969
min S_{Ed}	624	–119	624	961	0	–372	961	696	–365	696	836	–365	836	726	–372	726	742	–119	742

3.5 Überprüfung der Lagerkissenabmessungen nach DIN EN 1337-3

Im Folgenden soll noch eine Überprüfung der angenommenen Elastomerkissenabmessungen beispielhaft in Achse 10 durchgeführt werden. Auf der sicheren Seite liegend werden nur die extremalen Einwirkungen allein ohne Berücksichtigung der zugehörigen Werte angesetzt. Lediglich beim Abhebenachweis der Elastomerkissen erfolgt eine genauere Betrachtung der minimalen Auflast mit der zugehörigen Verdrehung.

$\max N_{Ed} = 4{,}86$ MN

$\min N_{Ed} = 0{,}624$ MN; zug. $\varphi_{y,d} = 0{,}0021$ rad

$\max v_{xd} = 61{,}2$ mm; zug. $v_{yd} = 10$ mm

$\max \Phi_{y,d} = 0{,}0043$ rad

Elastomerkissenabmessungen

schmale Seite a: 500 mm

breite Seite b: 600 mm

Kissenhöhe d: 105 mm

Nettohöhe T_e: 77 mm

Schichtanzahl n: 6 mm

Einzelschicht t: 12 mm

Nachweis der maximalen Verformung (▶ DIN EN 1337-3:2005 5.3.3):

Ermittlung des Formfaktors (▶ DIN EN 1337-3:2005 5.3.3.1)

$$S = \frac{a' \cdot b'}{2 \cdot (a' + b') \cdot t} \tag{3-13}$$

mit

$a' = a - 8$ mm und $b' = b - 8$ mm

$A' = a' \cdot b'$

$$S = \frac{492 \cdot 592}{2 \cdot (492 + 592) \cdot 12} = 11{,}2$$

Reduzierte Grundfläche:

$$A_r = A' \cdot \left(1 - \frac{v_{x,d}}{a'} - \frac{v_{y,d}}{b'}\right) \tag{3-14}$$

$$A_r = 492 \cdot 592 \cdot \left(1 - \frac{61{,}2}{492} - \frac{10}{592}\right) = 250\,113{,}6 \text{ mm}^2$$

Verformung aus der Auflast (▶ DIN EN 1337-3:2005 5.3.3.2):

$$\varepsilon_{c,d} = \frac{1{,}5 \cdot N_{Ed}}{G_d \cdot A_r \cdot S} = \frac{1{,}5 \cdot 4\,860\,000}{0{,}9 \cdot 250\,113{,}6 \cdot 11{,}2} = 2{,}89 \tag{3-15}$$

Schubverformung aus der Horizontalverschiebung (▶ DIN EN 1337-3:2005 5.3.3.3):

$$\varepsilon_{q,d} = \frac{v_{xy,d}}{n \cdot t} = \frac{61{,}2}{6 \cdot 12} = 0{,}85 \tag{3-16}$$

Verformung aus der Verdrehung (▶ DIN EN 1337-3:2005 5.3.3.4):

$$\varepsilon_{\alpha,d} = \frac{\phi_{y,d} \cdot a'^2 + \phi_{x,d} \cdot b'^2}{2 \cdot n \cdot t^2} = \frac{0{,}0043 \cdot 492^2}{2 \cdot 6 \cdot 12^2} = 0{,}60 \tag{3-17}$$

Nachweis der maximalen Verformung (▶ DIN EN 1337-3:2005 5.3.3):

$$\varepsilon_{t,d} = K_L \cdot (\varepsilon_{c,d} + \varepsilon_{q,d} + \varepsilon_{\alpha,d}) \leq \varepsilon_{u,d} = \frac{\varepsilon_{u,k}}{\gamma_m} \tag{3-18}$$

mit

$$\varepsilon_{u,k} = 7$$

$$\gamma_m = 1{,}0$$

$K_L = 1{,}0$ (▶ DIN EN 1337-3:2005 Anhang C)

$$\varepsilon_{t,d} = 1{,}0 \cdot (2{,}89 + 0{,}85 + 0{,}60) = 4{,}34 \leq \varepsilon_{u,d} = \frac{7}{1{,}00}$$

Verdrehungsgrenzbedingung zur Beschränkung der Größe der klaffenden Fuge auf 1/6 der Lagerabmessung (▶ DIN EN 1337-3:2005 5.3.3.6) (Achtung: Die minimale Auflast ist maßgebend!):

$$\nu_{z,d} = \left(\frac{1}{5 \cdot G_d \cdot S^2} + \frac{1}{E_b}\right) \cdot \frac{n \cdot t \cdot F_{z,d}}{A'} \geq \nu_{z,d,erf} = \frac{a' \cdot \phi_{y,d} + b' \cdot \phi_{x,d}}{K_{r,d}} \tag{3-19}$$

mit

$\nu_{z,d}$ vertikale Verformung nach (▶ EN 1337-3:2005 5.3.3.7 (20))

$E_b = 2000\ \text{MN/m}^2$ (Kompressionsmodul)

$K_{r,d} = 3{,}0$ Verdreh-Begrenzungsfaktor (▶ DIN EN 1337-3:2005 Anhang B)

$$\nu_{z,d} = \left(\frac{1}{5 \cdot 0{,}9 \cdot 11{,}2^2} + \frac{1}{2000}\right) \cdot \frac{6 \cdot 12 \cdot 624\,000}{492 \cdot 592} = 0{,}35$$

$$\nu_{z,d,erf} = \frac{492 \cdot 0{,}0021}{3} = 0{,}34 < 0{,}35$$

Stabilitätsnachweis:

$$F_{z,d} < \frac{2 \cdot a' \cdot G_d \cdot S \cdot A_r}{3 \cdot T_e} \qquad (3\text{-}20)$$

$$4{,}86\ \text{MN} < \frac{2 \cdot 492 \cdot 0{,}9 \cdot 11{,}2 \cdot 250\,113{,}6}{3 \cdot 77 \cdot 1000} = 10{,}739\ \text{MN}$$

Die Festlegung der Dicke der Bewehrungsbleche und die weitere Bemessung der Lager erfolgt durch den Lagerhersteller auf Basis der zuvor dargestellten Ergebnisse im Zuge der Werkstattplanung für die Lager. Aus diesem Grund wird die weitere detaillierte Lagerbemessung nicht mehr an dieser Stelle dargestellt.

4 Pfeiler

4.1 Baustoffe

4.1.1 Beton

Expositionsklasse (▶ DIN-HB Bb, NDP zu 4.2 (106) sowie NCI zu 4.2, Tabelle 4.1):

Pfeiler/Pfahlkopfplatte XC4, XD2, XF2, XA1

Pfähle XC2

Materialkennwerte Pfeiler, Pfähle C30/37

Druckfestigkeit:	$f_{ck} = 30\ \text{N/mm}^2$	(▶ DIN-HB Bb Tab. 3.1)
Zugfestigkeit:	$f_{ctm} = 2{,}9\ \text{N/mm}^2$	
	$f_{ctk;0,05} = 2{,}0\ \text{N/mm}^2$	
	$f_{ctk;0,95} = 3{,}8\ \text{N/mm}^2$	
E-Modul:	$E_{cm} = 33\,000\ \text{N/mm}^2$	(▶ DIN-HB Bb Tab. 3.1)
Wärmedehnzahl	$\alpha_t = 1 \cdot 10^{-05}\ 1/\text{K}$	(▶ DIN-HB Bb 3.1.3 (5))
		(▶ DIN EN 1991-1-5 Tabelle C.1)

Materialkennwerte Pfahlkopfplatte C25/30

Druckfestigkeit:	$f_{ck} = 25\ \text{N/mm}^2$	(▶ DIN-HB Bb Tab. 3.1)
Zugfestigkeit:	$f_{ctm} = 2{,}6\ \text{N/mm}^2$	
	$f_{ctk;0,05} = 1{,}8\ \text{N/mm}^2$	
	$f_{ctk;0,95} = 3{,}3\ \text{N/mm}^2$	
E-Modul:	$E_{cm} = 31\,000\ \text{N/mm}^2$	(▶ DIN-HB Bb Tab. 3.1)
Wärmedehnzahl	$\alpha_t = 1 \cdot 10^{-05}\ 1/\text{K}$	(▶ DIN-HB Bb 3.1.3 (5))
		(▶ DIN EN 1991-1-5 Tabelle C.1)

Teilsicherheitsbeiwerte (▶ DIN-HB Bb NDP 2.4.2.4 (1) Tab. 2.1DE)

ständige und vorübergehende Bemessungssituation: $\gamma_c = 1{,}50$

außergewöhnliche Bemessungssituation: $\gamma_c = 1{,}30$

Berechnung und Bemessung von Betonbrücken. 1. Auflage.
Nguyen Viet Tue, Michael Reichel, Michael Fischer.

4.1.2 Betonstahl

Für Brücken ist ausschließlich hochduktiler Stahl (B) mit der Streckgrenze $f_{yk} = 500$ MN/m² nach DIN 488 oder nach Zulassung zu verwenden (▶ DIN-HB Bb, NDP zu 3.2.2 (3)P).

Materialkennwerte

Streckgrenze: $f_{yk} = 500$ N/mm² (▶ DIN 488-1, Tab. 1)

Zugfestigkeit: $f_{tk} = 550$ N/mm² (▶ DIN 488-1, Tab. 1)

E-Modul: $E_s = 200\,000$ N/mm² (▶ DIN-HB Bb, 3.2.7 (4))

Teilsicherheitsbeiwerte (▶ DIN-HB Bb NDP 2.4.2.4 (1) Tab. 2.1DE)

Im Grenzzustand der Tragfähigkeit gelten folgende Teilsicherheitsbeiwerte:

ständige und vorübergehende Bemessungssituation: $\gamma_s = 1{,}15$

außergewöhnliche Bemessungssituation: $\gamma_s = 1{,}00$

Für den Fall, dass die Herstellung der Bohrpfähle nicht nach DIN EN 1536 erfolgt, sind die Teilsicherheitsbeiwerte für den Beton als auch den Betonstahl um den Faktor $k_f = 1{,}1$ zu erhöhen (▶ DIN-HB Bb 2.4.2.5 (2) sowie NCI zu 2.4.2.5 (2)).

4.1.3 Betondeckung und Stababstände

Nennmaß der Betondeckung nach DIN-HB Bb, Tabelle 4.3.1DE und NDP zu 4.4.1.2 (5)

Unterbauten nicht erdberührte Flächen: Nennmaß nom c = 45 mm

Unterbauten erdberührte Flächen: Nennmaß nom c = 55 mm

Lichter Abstand zwischen parallelen Stäben (▶ DIN-HB Bb, NDP zu 8.2 (2)):

$\geq \phi_s$

$\geq d_g + 5$ mm (für $d_g > 16$ mm)

≥ 20 mm

Mindestmaß der Betondeckung bei unverrohrten Ortbetonpfählen in weichem Baugrund ≥ 75 mm nach (▶ DIN EN 1536:1999, 7.6.4)

Lichter Abstand zwischen Längsstäben der Ortbetonbohrpfähle (▶ DIN EN 1536:1999, 7.6.2)

Bedingungen	Lichter Abstand [mm]
maximaler lichter Abstand	400
minimaler lichter Abstand	100
minimaler lichter Abstand bei einer Korngröße $d_g \leq 20$ mm	80

4.2 System

4.2.1 Geometrie und Modellbildung

Der Pfeiler in Achse 30 weist eine Gesamthöhe von 30,30 m auf. In der Brückenquerrichtung nimmt die Breite des Pfeilers von 4,00 m nach unten auf 5,21 m zu, was einem Anzug von 2 % je Pfeilerseite entspricht. In der Brückenlängsrichtung nimmt die Breite um 0,5 % auf 1,70 m zu. Da in Achse 30 die für eine Flachgründung in Frage kommenden tragfähigen Phyllitschichten zu tief liegen, wird eine Tiefgründung mit Großbohrpfählen mit Ø 1,20 m ausgebildet, deren Pfahlfuß auf der mäßig bis schwach angewitterten Phyllitschicht abgesetzt wird.

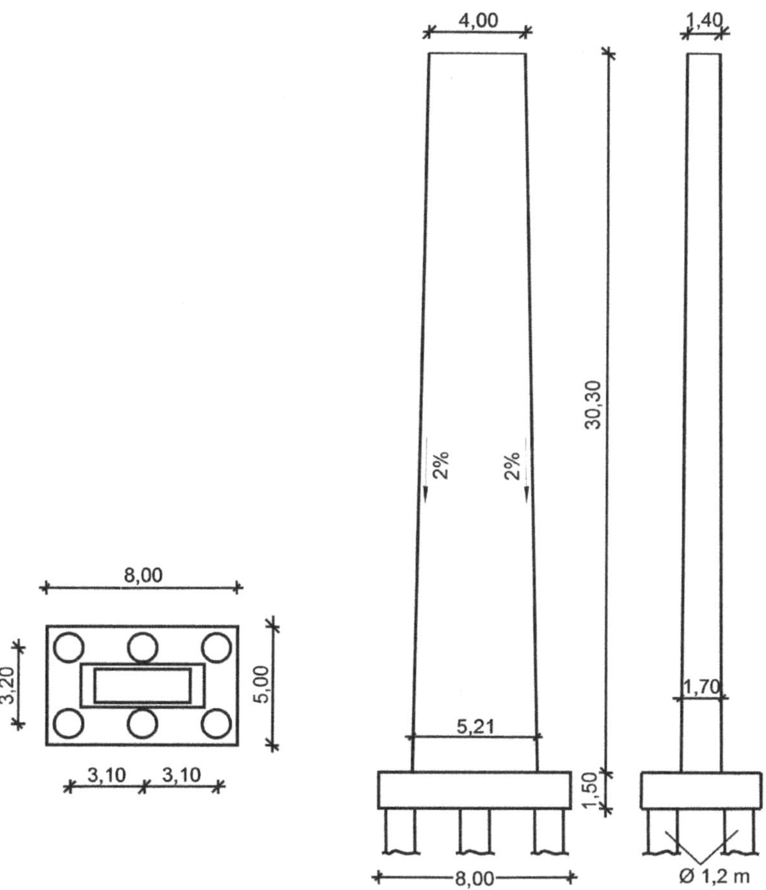

Bild 4-1 Abmessungen des Pfeilers und der Pfahlkopfplatte

Bild 4-2 Pfahlnummerierung für die Bemessung

Der Pfeiler wird zusammen mit der Gründung als räumliches Stabwerksmodell abgebildet, da die Boden-Bauwerk-Interaktion auf die Schnittgrößenermittlung nach Theorie II. Ordnung wesentlichen Einfluss hat und deshalb nicht vernachlässigt werden kann. Eine elastische Kopffesthaltung infolge des Elastomerlagers bleibt auf der sicheren Seite liegend unberücksichtigt. Andernfalls ist die Aufnahme der Haltekräfte unter Berücksichtigung der Theorie II. Ordnung durch das Elastomerlager nachzuweisen. Der Pfeiler selbst ist in 20 Stabelemente unterteilt und die den Stabelementen zugewiesenen Querschnitte berücksichtigen den linear veränderlichen Querschnittsverlauf als auch die Abstufung der Längsbewehrung über die Pfeilerhöhe. Die Pfähle sind in 10 Stabelemente unterteilt, welche in den beiden horizontalen Richtungen eine Bettung aufweisen. Aufgrund der Nachgiebigkeit des Baugrundes wird

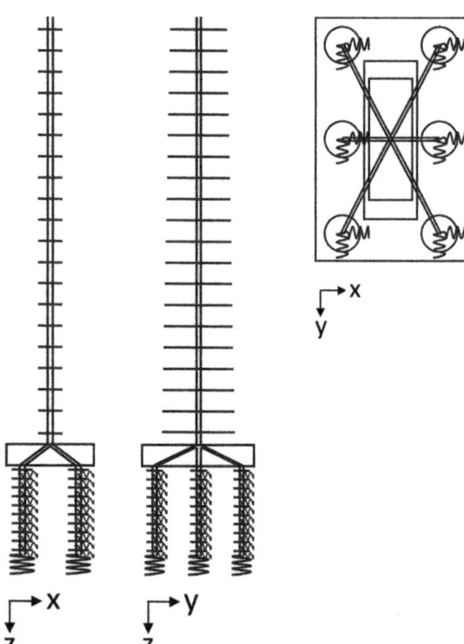

Bild 4-3 Modellierung des Pfeilers

am Pfahlfuß eine Vertikalfeder vorgesehen. Da das Tragverhalten der Pfahlkopfplatte mit einer Dicke von 1,50 m nicht mehr der Balkentheorie entspricht, sondern eher einer steifen Scheibe mit vernachlässigbaren Biegeverformungen, werden die obersten Pfahlknoten mit dem untersten Pfeilerknoten durch quasi unendlich steife Stäbe gekoppelt. Die Bemessung der Pfahlkopfplatte erfolgt dann im Nachgang analytisch mit Hilfe von Stabwerkmodellen.

4.2.2 Steifigkeiten der horizontalen Pfahlbettung

Verteilung der Widerstände der quer zur Pfahlachse belasteten Pfahlgruppe

Die einzelnen Pfähle der Pfahlgruppe beteiligen sich in unterschiedlicher Größenordnung an der Lastaufnahme. Unter Voraussetzung dass alle Pfähle die gleiche Kopfverschiebung erfahren, darf nach EA-Pfähle bei doppeltsymmetrischer Pfahlanordnung aus gleichen Pfählen die Verteilung der Horizontaleinwirkung H_i auf die einzelnen Pfähle nach folgendem Ansatz bestimmt werden (► EA-Pfähle 8.2.3).

$$\frac{H_i}{H_G} = \frac{\alpha_i}{\sum \alpha_i} \tag{4-1}$$

mit $\alpha_i = \alpha_L \cdot \alpha_Q$

Mit zunehmender Pfahlanzahl verringert sich der Gesamtwiderstand der Pfahlgruppe mit gemeinsamer Pfahlkopfplatte, so dass sich generell die Anpassungsfaktoren zu $\alpha \leq 1{,}0$ ergeben [Klüber 1988]. Die Abschirmfaktoren α_L und α_Q werden damit direkt mit den Bettungswerten multipliziert und α_L und α_Q können gemäß den Diagrammen in Bild 4-5 und Bild 4-6 bestimmt werden. Sie sind entsprechend EA-Pfähle 8.2.3, Bild 8.12 und 8.13 anzusetzen. Die Bilder 4-5 und 4-6 zeigen die Ergebnisse für Einwirkungen in Brückenlängs- und Brückenquerrichtung.

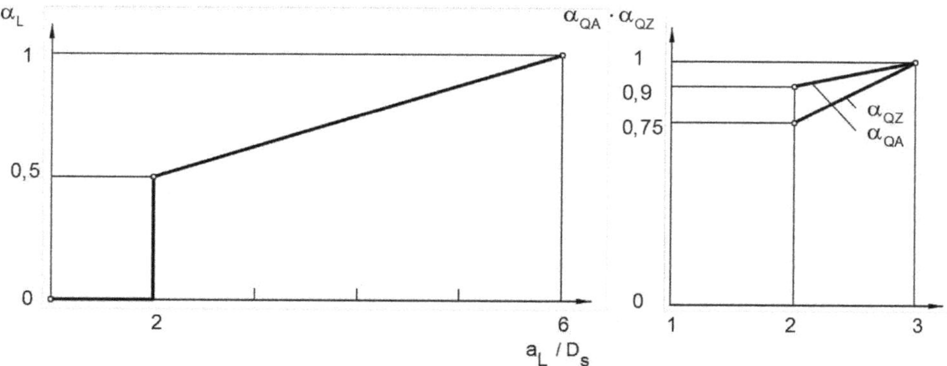

Bild 4-4 Bestimmung der Abschirmfaktoren gemäß EA-Pfähle (► 8.2.3, Bild 8.12 und 8.13)

Abschirmfaktoren mit Einwirkung in Brückenlängsrichtung

$a_L/D_S = 3{,}2/1{,}2 = 2{,}67; \quad a_Q/D_S = 3{,}1/1{,}2 = 2{,}58$

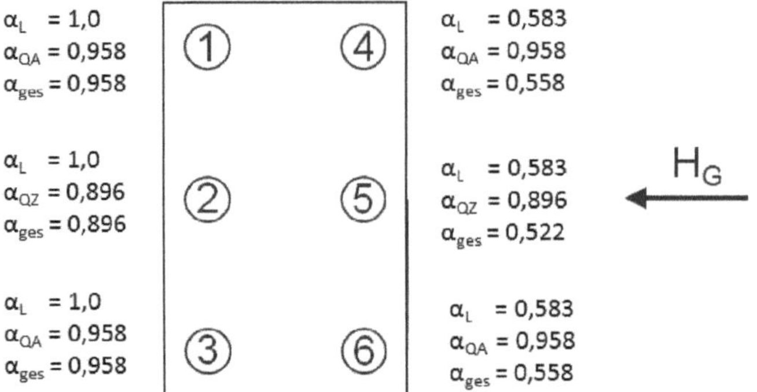

Bild 4-5 Abschirmfaktoren für Einwirkung in Brückenlängsrichtung

Abschirmfaktoren mit Einwirkung in Brückenquerrichtung

$a_L/D_S = 3{,}1/1{,}2 = 2{,}58$; $a_Q/D_S = 3{,}2/1{,}2 = 2{,}67$

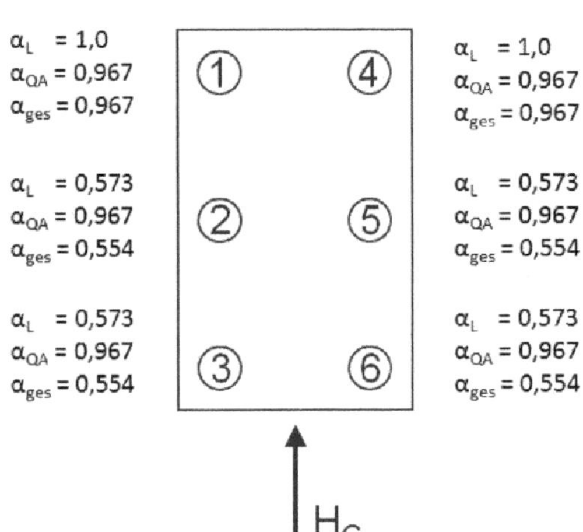

Bild 4-6 Abschirmfaktoren für Einwirkung in Brückenquerrichtung

Bestimmung der horizontalen Bettung

In Bild 4-7 ist der Verlauf des Steifemoduls E_s über die Höhe gemäß Bodengutachten wiedergegeben. Der Bettungsmodul k_s lässt sich näherungsweise aus dem Steifemodul wie folgt bestimmen:

$$k_{s,k} = E_{s,k}/D_s = E_{s,k}/1{,}2\ \text{m} \tag{4-2}$$

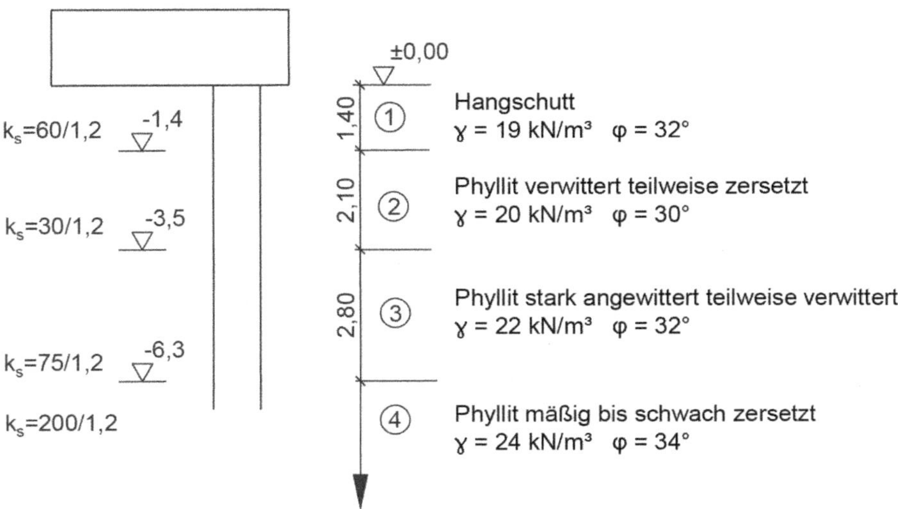

Bild 4-7 Bodenkenngrößen und Bodenschichten (Einheit für k_s in MN/m³)

Die Anwendung der Gl. (4-2) ist durch eine rechnerische maximale Horizontalverschiebung von 2,0 cm oder 0,03 · D_s begrenzt, wobei der kleinere Wert maßgebend ist (▶ DIN 1054:2010-12, zu 7.7.3 A (3)). Der entsprechende Nachweis erfolgt im entsprechenden Abschnitt 4.6.4.

Haben die Streuungen der Baugrundeigenschaften auf die Schnittgrößen und Beanspruchungen im Bauwerk wesentlichen Einfluss (z. B. integrale Bauwerke), so sind die Berechnungen mit oberen und unteren charakteristischen Werten zu führen. Bei dem hier behandelten Tragwerk haben jedoch die Streuungen der Baugrundsteifigkeiten geringen Einfluss auf die Schnittgrößen, so dass die Verwendung eines mittleren Steifemoduls für die weiteren Berechnungen ausreichend ist.

Bei der Ermittlung der Schnittgrößen und Verformungen auf der Basis von Bettungsmoduln entsprechen die Faktoren α_i für einen Pfahl der Pfahlgruppe den nachfolgend angegebenen Reduzierungen der Bettungsmoduln (▶ EA-Pfähle, 8.2.3 (2)). Dabei gilt bei linear mit der Tiefe z zunehmendem Bettungsmodul (näherungsweise anwendbar bei Bohrpfählen in nichtbindigen Boden) (▶ EA-Pfähle, 8.2.3 (3)):

für $L/L_{ch} \geq 4 \quad k_{hi,k} = \alpha_i^{1,67} \cdot k_{hE,k}$ (4-3)

$L/L_{ch} \leq 2 \quad k_{hi,k} = \alpha_i \cdot k_{hE,k}$ (4-4)

Für Werte zwischen $4 > L/L_{ch} > 2$ darf linear interpoliert werden.

mit

L_{ch} charakteristischen Länge des Einzelpfahls

$$L_{ch} = \left(\frac{E \cdot I}{k_{h,Ek}}\right)^{0,2} \qquad (4\text{-}5)$$

mit

$E \cdot I$	Biegesteifigkeit Pfahl
$k_{hE,k}$	charakteristischer Wert des Bettungsmoduls des Einzelpfahls in der Tiefe $z = D_S$
$k_{hi,k}$	charakteristischer Wert des Bettungsmoduls des Pfahls i der Gruppe in der Tiefe $z = D_S$
L	Gesamtlänge des Pfahls
D_S	Durchmesser des Pfahls

Die Bestimmung der charakteristischen Länge basiert auf dem Ansatz der Differentialgleichung für den elastisch gestützten Pfahl, weshalb analytische Lösungen nur bei einem mathematisch formulierbaren Verlauf des Bettungsmoduls über die Tiefe z möglich sind. Bei einem unstetigen veränderlichen Bettungsverlauf ist streng genommen der oben dargestellte Ansatz für die charakteristische Länge nicht mehr gültig. Aus diesem Grund wird als praktische Näherung der vorhandene Verlauf der Bettung in einen linearen Verlauf überführt, dessen Integral über die Pfahllänge die gleiche Größe besitzt wie der tatsächliche Verlauf.

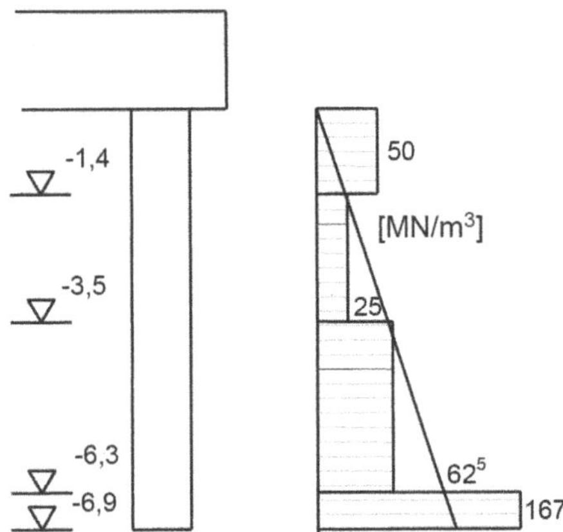

Bild 4-8 Idealisierung der Bettung zur Bestimmung der charakteristischen Länge

Der charakteristische Wert des Einzelpfahls in der Tiefe z ergibt sich dann:

$$k_{hE,k} = 115{,}3 \cdot D_S/L = 115{,}3 \cdot 1{,}2/6{,}9 = 20{,}05 \text{ MN/m}^3$$

$$L_{ch} = \left(\frac{33\,000 \cdot 1{,}2^4 \cdot \pi}{64 \cdot 20{,}05}\right)^{0,2} = 2{,}78 \text{ m}$$

$$L/L_{ch} = 6{,}9/2{,}78 = 2{,}48$$

Die Ergebnisse von Gl. (4-3) und Gl. (4-4) werden linear interpoliert:

$$k_{hi,k} = k_{sE,k} \cdot \alpha_i \cdot \left(\alpha_i - \alpha_i^{1,67}\right) \cdot \left(\frac{L}{L_{ch}} - 2\right)/2 = f \cdot k_{sE,k} \tag{4-6}$$

Die Bestimmung der maßgebenden Bettungsmoduln für die einzelnen Pfähle erfolgt nach Tabelle 4-1.

Tabelle 4-1 Anpassung der Abschirmfaktoren

Belastung in Brückenlängsrichtung

Pfahl-Nr.	α_i	f
1, 3	0,958	0,950
2	0,896	0,878
4, 6	0,558	0,506
5	0,522	0,469

Belastung in Brückenquerrichtung

Pfahl-Nr.	α_i	f
1, 4	0,967	0,961
2, 5	0,554	0,501
3, 6	0,554	0,501

Im Vergleich zu den Streuungen der Bodenkennwerte und in Bezug auf die vorgenommene Vereinfachung eines linearen Bettungsverlaufs zur Bestimmung der charakteristischen Länge fällt die Änderung der Abschirmfaktoren mit ca. 1 % bis 10 % vergleichbar gering aus. Aus diesem Grund stellt sich die Frage, ob nicht in der Praxis auf die zusätzliche Modifikation der Bettungswerte über die charakteristische Länge verzichtet werden sollte.

4.2.3 Steifigkeiten der Pfahlfußfeder

Die Steifigkeiten der Pfahlfußfeder ergeben sich aufgrund der in Abschnitt 4.6.3 ermittelten Pfahlsetzungslinie. Je nach Belastungsniveau und zugehöriger Setzung variiert die Größe der Pfahlfußfeder:

$$c = R_k(s)/s$$

Tabelle 4-2 Ermittlung der Pfahlfußfedern

	s [m]	$R_k(s)$ [MN]	c [MN/m]
s_{sg}	0,0206	6,13	297,558
0,02 D_s	0,0240	6,63	276,146
0,03 D_s	0,0360	7,53	209,230
s_g = 0,1 D_s	0,1200	11,15	92,928

Gemäß Abschnitt 4.6.2 beträgt die maximale Reaktionskraft im ULS in der Pfahlfußfeder N_{Ed} = 7459 MN und unter charakteristischen Einwirkungen N_{Ek} = 5237 MN. Für die Ermittlung der vertikalen Reaktionskräfte in der Pfahlfußfeder basiert die weitere Berechnung auf der sicheren Seite liegend auf einer Pfahlfußfedersteifigkeit von 297 MN/m. Für die Berechnung der horizontalen Bettungsreaktionen und für die innere Bemessung der Pfähle wird auf der sicheren Seite liegend eine Pfahlfußfedersteifigkeit von 209 MN/m verwendet, da mit abnehmender Pfahlfußsteifigkeit die Biegemomente in den Pfählen aufgrund der größeren Verformungen zunehmen.

4.3 Belastung

4.3.1 Belastung aus dem Überbau

Die charakteristischen Lasten aus dem Überbau auf den Pfeiler in Achse 30 für den Endzustand werden der Zusammenstellung in Abschnitt 2.3.6 entnommen und sind folgend nochmals in Tabelle 4-3 angeführt. Die Lagerspreizung wurde zweckmäßigerweise zu einem Lager unterhalb der Brückenlängsachse in Höhe Oberkante Pfeiler zusammengefasst, um die direkten Beanspruchungen auf den Pfeilerkopf aus der EDV-Berechnung zu erhalten.

Tabelle 4-3 Auflagerkräfte aus dem Überbau am Pfeilerkopf im Endzustand – charakteristische Werte der Einzellastfälle für Pfeiler Achse 30

Pfeiler Achse 30						
LF-Nr.	Bezeichnung	Leitein-wirkung	$P_{k,x}$ [kN]	$P_{k,y}$ [kN]	$P_{k,z}$ [kN]	$M_{k,x}$ [kNm]
1055	Eigengewicht BA2 $G_{k,1}$		0	0	−10 815,0	0
1057	Vorspannung BA2 P_k		0	0	−281,3	0
1060	Eigengewicht BA3 $G_{k,1}$		0	0	1389,8	0
1062	Vorspannung BA3 P_k		0	0	708,2	0
1064	Eigengewicht BA4 $G_{k,1}$		0	0	−55,4	0
1065	Vorspannung BA4 P_k		0	0	−210,8	0
1058	K + S + R BA2		0	0	−79,8	0
1063	K + S + R BA3		0	0	161,8	0
1066	K + S + R BA4		0	0	−138,2	0
1067	K + S + R ab Ausbau in 2 Stufen		0	0	−167,6	0
1068			0	0	−73,6	0
10	Ausbaulast $G_{k,2}$		0	0	−1761,9	0
259	Verkehr $Q_{k,TS}$	max P_y	0	4,5	−181,4	251,50
260		min P_y	0	−4,5	−181,4	−251,50
261		max P_z	0	−2,1	230,9	−3,41
262		min P_z	0	−0,3	−999,7	1290,70
263		max M_x	0	0	−666,1	−650,00
264		min M_x	0	2,1	230,9	3,41

Tabelle 4-3 (Fortsetzung)

Pfeiler Achse 30						
LF-Nr.	Bezeichnung	Leitein-wirkung	$P_{k,x}$ [kN]	$P_{k,y}$ [kN]	$P_{k,z}$ [kN]	$M_{k,x}$ [kNm]
209	Verkehr $Q_{k,UDL}$	max P_y	0	4,8	−1912,9	5231,20
210		min P_y	0	−8,4	−1590,8	−9227,20
211		max P_z	0	−6,2	684,7	−10,10
212		min P_z	0	−0,5	−3338,7	2393,10
213		max M_x	0	0	−1276,4	−3591,00
214		min M_x	0	−4,6	−1377,7	−3598,60
361	Stützensenkung $G_{k,set}$	max P_z	0	0	323,0	0
362		min P_z	0	0	−323,0	0
411	Temperatur $\Delta T_{M,k}$	max P_z	0	0	31,2	0
412		min P_z	0	0	−48,0	0
3951	Wind mit Verkehrsband $F_{w,k}$	min P_y	0	−243,4	0	−591,70
3952		max P_y	0	243,4	0	591,70

Horizontalkräfte – Rückstellkräfte

Infolge der elastischen Lagerung ergeben sich auf den Pfeiler in Achse 30 horizontale Rückstellkräfte, die bereits in Abschnitt 3.2 bestimmt wurden. Die charakteristischen Werte werden folgend nochmals zusammengefasst:

$$H_{x,\text{Rück,max}\Delta T} = 10{,}4 \text{ kN}$$

$$H_{x,\text{Rück,max}\Delta T} = -9{,}3 \text{ kN}$$

$$H_{x,\text{Rück,K+S+R}} = -12{,}9 \text{ kN}$$

$$H_{x,\text{Rück,B+A}} = \pm 20{,}1 \text{ kN}$$

Für die Bemessung des Pfeilers sind die Rückstellkräfte zu berücksichtigen und mit den in DIN EN 1990, A.2 angegebenen Teilsicherheitsbeiwerten zu belegen (▶ DIN-HB Bb, NCI zu 5.8.2 (NA. 107) P)).

4.3.2 Eigengewicht Pfeiler und Gründung Achse 30

Pfeiler: $G_{k,\text{Pfeiler}} = 25 \cdot 30{,}3/6 \cdot [(2 \cdot 5{,}21 + 4) \cdot 1{,}7 + (2 \cdot 4 + 5{,}21) \cdot 1{,}4$
$= 5429{,}8 \text{ kN}$

Pfahlkopfplatte: $G_{k,Pfkpl} = 25 \cdot 8{,}0 \cdot 5{,}0 \cdot 1{,}5 = 1500$ kN

Pfähle: $G_{k,Pfahl} = 25 \cdot 6{,}3 \cdot 1{,}2^2 \cdot \pi/4 = 178$ kN/Pfahl

Das Eigengewicht für Pfeiler und Pfähle wird im Rahmen der EDV-Analyse direkt vom Programm generiert. Lediglich das Eigengewicht der Pfahlkopfplatte wird als Knotenlast am Pfeilerfuß auf das System aufgebracht.

4.3.3 Windbeanspruchung auf Pfeiler Achse 30

Die charakteristischen Windlasten wurden bereits in allgemeiner Form in Abschnitt 2.2.2.5 ermittelt. Damit ergeben sich explizit auf den Pfeiler in Achse 30 die folgenden Windbelastungen:

Querrichtung:

für $z_e = 0$: $q_{w,k,Pfeiler} = 1{,}2\ \text{kN/m}^2 \cdot 1{,}7\ \text{m} = 2{,}04\ \text{kN/m}$

für $z_e \leq 20$ m: $q_{w,k,Pfeiler} = 1{,}2\ \text{kN/m}^2 \cdot 1{,}5\ \text{m} = 1{,}80\ \text{kN/m}$

für $z_e \geq 20$ m: $q_{w,k,Pfeiler} = 1{,}67\ \text{kN/m}^2 \cdot 1{,}5\ \text{m} = 2{,}51\ \text{kN/m}$

für $z_e = 30{,}3$ m: $q_{w,k,Pfeiler} = 1{,}67\ \text{kN/m}^2 \cdot 1{,}4\ \text{m} = 2{,}34\ \text{kN/m}$

Längsrichtung:

für $z_e = 0$ m: $q_{w,k,Pfeiler} = 1{,}7\ \text{kN/m}^2 \cdot 5{,}21\ \text{m} = 8{,}86\ \text{kN/m}$

für $z_e \leq 20$ m: $q_{w,k,Pfeiler} = 1{,}7\ \text{kN/m}^2 \cdot 4{,}41\ \text{m} = 7{,}50\ \text{kN/m}$

für $z_e \geq 20$ m: $q_{w,k,Pfeiler} = 2{,}35\ \text{kN/m}^2 \cdot 4{,}41\ \text{m} = 10{,}36\ \text{kN/m}$

für $z_e = 30{,}3$ m: $q_{w,k,Pfeiler} = 2{,}35\ \text{kN/m}^2 \cdot 4{,}0\ \text{m} = 9{,}40\ \text{kN/m}$

Die Belastungen werden als Linienlast mit einem linearen Verlauf zwischen den oben genannten Punkten auf das Rechenmodell aufgebracht.

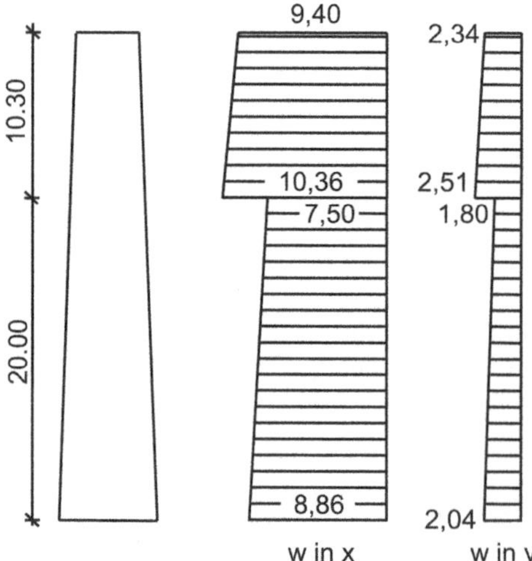

Bild 4-9 Windbelastung auf den Pfeiler

4.3.4 Imperfektionen

Einflüsse aus Maßungenauigkeiten und Unsicherheiten bezüglich Lage und Richtung von Längskräften sind durch Ansatz geometrischer Ersatzimperfektionen im Grenzzustand der Tragfähigkeit zu berücksichtigen, im Grenzzustand der Gebrauchstauglichkeit jedoch nicht (▶ DIN-HB Bb, 5.2 (2)P und (3)). Eine geforderte Mindestausmitte für Querschnitte mit einer Drucknormalkraft von $e_0 = h/30 \geq 20$ mm nach (▶ DIN-HB Bb, 6.1 (4)) braucht nicht angesetzt zu werden, da es sich um ein Biegebauteil handelt und eine Berechnung nach Theorie II. Ordnung erfolgt (▶ DIN-HB Bb, 6.1 (4) sowie NCI zu (4)).

Für Einzeldruckglieder dürfen die geometrischen Ersatzimperfektionen durch eine zusätzliche ungewollte in ungünstiger Richtung wirkende Lastausmitte e_i erfasst werden (▶ DIN-HB, Bb, 5.2 (7)). Bei schlanken hohen Pfeilern sollten zusätzlich beim Nachweis der Stabilität Einflüsse aus Temperaturgradienten, die zu einer Verkrümmung führen, berücksichtigt werden (▶ DIN-HB, Bb, NCI zu 5.2 (7)).

Geometrische Ersatzimperfektion

Die ungewollte Lastausmitte für Einzeldruckglieder ergibt sich nach (▶ DIN-HB, Bb, 5.2 (7)) zu:

$$e_i = \theta_i \cdot \frac{l_0}{2} \tag{4-7}$$

mit

l_0 Knicklänge des Einzeldruckgliedes unter Annahme einer starren Einspannung; $l_0 = 2 \cdot l = 2 \cdot 30{,}3\text{ m} = 60{,}6\text{ m}$

θ_i Schiefstellung nach DIN-HB, Bb, NCI zu 5.2 (105) und NDP zu 5.2 (105); $\theta_i = 1/200$ im Bogenmaß

Damit ergibt sich die ungewollte Lastausmitte zu

$$e_i = 1/200 \cdot \frac{60{,}6}{2} = 0{,}152\text{ m}$$

Der Verlauf der geometrischen Ersatzimperfektion wird affin zur Knickfigur des Pfeilers als Kreisbogen im EDV-Programm angesetzt.

Lastexzentrizität aus Temperaturverkrümmung

Nach DIN EN 1991-1-5, 6.2.2 (1) sollte für Betonpfeiler mit Voll- oder Hohlquerschnitt ein charakteristischer Wert von 5 K für den Temperaturunterschied zwischen den Außenflächen angenommen werden.

Die Kopfauslenkung für die Kragstütze ergibt sich über den Arbeitssatz:

$$\overline{P} \cdot e_{\Delta TM} = \int \overline{M}(x) \cdot \frac{\alpha_t \cdot \Delta T_M}{h}(x)\,dx$$

$$e_{x,\Delta TM} = \frac{L}{2} \cdot \frac{\alpha_t \cdot \Delta T_M}{h} \cdot L = \frac{30{,}3}{2} \cdot \frac{1 \cdot 10^{-5} \cdot 5}{1{,}55} \cdot 30{,}3 = 0{,}015\text{ m}$$

$$e_{y,\Delta TM} = \frac{L}{2} \cdot \frac{\alpha_t \cdot \Delta T_M}{h} \cdot L = \frac{30{,}3}{2} \cdot \frac{1 \cdot 10^{-5} \cdot 5}{4{,}6} \cdot 30{,}3 = 0{,}005\text{ m}$$

Für die Pfeilerdicken wurden die mittleren Dicken von 4,6 m bzw. 1,55 m angesetzt. Der Verlauf der geometrischen Ersatzimperfektion wird wegen des konstanten Krümmungsverlaufs ebenfalls als Kreisbogen im EDV-Programm angesetzt. Alternativ können die Temperaturverformungen auch direkt im EDV-Programm eingegeben werden.

4.3.5 Lastexzentrizität aus Lagerverschiebung

In der Querrichtung weisen die Lager in der Lagerreihe 2 eine Querfesthaltung auf, so dass keine zusätzlichen Exzentrizitäten in y-Richtung auftreten. In Brückenlängsrichtung betragen die Rückstellkräfte im Grenzzustand der Tragfähigkeit gemäß Abschnitt 4.3.1 max. ca. 50 kN. Die auf der sicheren Seite liegende maximale Schubverformung des Elastomerlagers ergibt sich damit zu:

$$e_{x,Lag} = \frac{H_x \cdot T}{A \cdot G} = \frac{0{,}05 \cdot 0{,}085}{0{,}7 \cdot 0{,}8 \cdot 0{,}9} = 0{,}0084 \text{ m}$$

4.3.6 Kriechauswirkungen

Kriechauswirkungen sind zu beachten, wenn ein Stabilitätsnachweis nach Theorie II. Ordnung erforderlich ist (▶ DIN-HB, Bb, 5.8.4 (1)P). Die Auswirkungen aus Theorie II. Ordnung und somit des Kriechens dürfen vernachlässigt werden, wenn das Anwachsen der Biegemomente aus Theorie II. Ordnung gegenüber den Biegemomenten aus Theorie I. Ordnung nicht größer als 10 % ist (▶ DIN-HB, Bb, 5.8.2 (6)). Kriechauswirkungen dürfen ebenfalls vernachlässigt werden, wenn folgende 3 Bedingungen eingehalten sind (▶ DIN-HB, Bb, 5.8.4 (4)).

$$\varphi_{(\infty,t0)} \leq 2{,}0$$

$$\lambda \leq 75$$

$$M_{0Ed}/N_{Ed} \geq h$$

Des Weiteren dürfen Kriechauswirkungen unberücksichtigt bleiben, wenn beide Stützenenden monolithisch mit den lastabtragenden Bauteilen verbunden sind oder wenn bei verschieblichen Tragwerken die Stützenschlankheit $\lambda < 50$ und gleichzeitig die bezogene Lastausmitte $e_0/h > 2$ ($M_{0Ed}/N_{Ed} > 2$ h) sind (▶ DIN-HB, Bb, NCI zu 5.8.4 (4)).

Die Schlankheit der Stütze wird vereinfacht mit einer Knicklänge von $l_0 = 2\,l$ und den mittleren Dicken des Pfeilerquerschnitts bestimmt (▶ DIN-HB, Bb, NCI zu 5.8.3.2):

$$\lambda = \frac{l_0}{i} = \frac{2 \cdot 30{,}3}{0{,}289 \cdot 1{,}55} = 135 > 75$$

mit $i = \sqrt{\frac{I}{A}}$ Trägheitsradius des ungerissenen Betonquerschnitts

dabei gilt für Rechteckquerschnitte: $i = \sqrt{\frac{h^3 \cdot b/12}{h \cdot b}} = 0{,}289 \cdot h$

Damit muss das Kriechen berücksichtigt werden und die Dauer der Belastung darf vereinfacht mit Hilfe der effektiven Kriechzahl abgeschätzt werden (▶ DIN-HB, Bb, 5.8.4 (2)).

$$\varphi_{eff} = \varphi_{(\infty,t_0)} \cdot M_{0Eqp}/M_{0Ed} \qquad (4\text{-}8)$$

mit

$\varphi_{(\infty,t0)}$ Endkriechzahl

M_{0Eqp} Biegemoment nach Theorie I. Ordnung unter der quasi-ständigen Einwirkungskombination (inkl. Imperfektionen (▶ DIN-HB, Bb, NCI zu 5.8.4 (2)))

M_{0Ed} Biegemoment nach Theorie I. Ordnung unter der Bemessungs-Einwirkungskombination (inkl. Imperfektionen (▶ DIN-HB, Bb, NCI zu 5.8.4 (2)))

Um die Auswirkungen des Kriechens auf die Pfeilerbemessung vergleichend aufzuzeigen, werden zwei verschiedene Belastungszeitpunkte für den Pfeiler mit $t_0 = 21$ Tage sowie $t_0 = 84$ Tage untersucht. Die Ermittlung der Endkriechzahlen $\varphi_{(\infty,t0)}$ erfolgt anhand der Diagramme in DIN-HB, Bb, 3.1.4 Bild 3.1 für Außenbauteile mit einer relativen Luftfeuchte von 80 %.

Die wirksame Bauteildicke wird mit den mittleren Pfeilerdicken bestimmt:

$$h_0 = 2 \cdot A_c/u = 2 \cdot 4{,}60 \cdot 1{,}55/[2 \cdot (4{,}60 + 1{,}55)] = 1{,}16 \text{ m}$$

Entsprechend der in Bild 4-10 dargestellten Vorgehensweise kann bei Verwendung eines Zementes 32,5R für $t_0 = 21$ Tage eine Endkriechzahl von $\varphi_{(\infty,t0)} \approx 1{,}7$ abgelesen werden. In der gleichen Weise ergibt sich für $t_0 = 84$ Tage eine Endkriechzahl von $\varphi_{(\infty,t0)} \approx 1{,}4$.

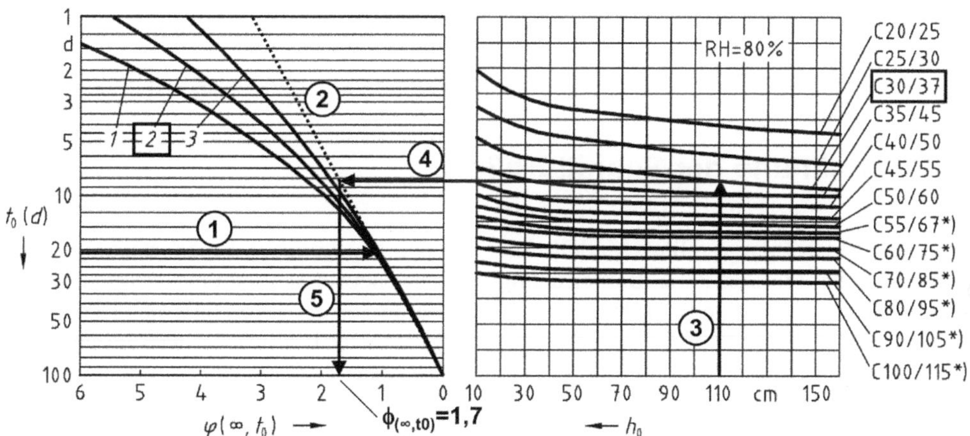

Bild 4-10 Beispiel zur Bestimmung der Endkriechzahl mit $t_0 = 21$ Tage

Um das Kriechen vereinfacht zu berücksichtigen, dürfen die Dehnungswerte der Spannungs-Dehnungs-Linie des Betons mit dem Faktor $(1 + \varphi_{eff})$ modifiziert werden (▶ DIN-HB, Bb, 5.8.6 (4)). Variiert das Verhältnis $M_{1,perm}/M_{1,Ed}$, so darf das Verhältnis mit dem maximalen Moment oder einem repräsentativen Mittelwert angesetzt werden (▶ DIN-HB, Bb, 5.8.4 (3)). Die Ermittlung der Spannungs-Dehnungs-Linien erfolgt im Abschnitt 4.9.5 – Nichtlineare Berechnung.

4.4 Abklärung, ob Nachweis nach Theorie II. Ordnung erforderlich

Ist der Momentenzuwachs bei Berücksichtigung der Theorie II. Ordnung größer als 10 %, so ist dieser Einfluss bei der Ermittlung der Schnittgrößen zu berücksichtigen (▶ DIN-HB, Bb, 5.8.2 (6)). Anstelle einer genauen Berechnung kann auf den Einfluss der Theorie II. Ordnung verzichtet werden, wenn folgende Bedingung erfüllt ist (▶ DIN-HB, Bb, 5.8.3.1 (1) und NDP zu 5.8.3.1 (1)):

für $|n| \leq 0{,}41$ gilt: $\lambda_{lim} = 25$

für $|n| > 0{,}41$ gilt $\lambda_{lim} = 16/n^{1/2} \leq 25$

mit $n = N_{Ed}//A_c \cdot f_{cd})$

Bei zweiachsiger Biegung darf das Schlankheitskriterium für jede Richtung einzeln geprüft werden (▶ DIN-HB, Bb, 5.8.3.1 (2)).

Gemäß den vereinfachten Berechnungen in Abschnitt 4.3.6, in welchen die Knicklänge etwas unterschätzt wird, kann die Grenzschlankheit λ_{lim} nicht eingehalten werden. Damit ist die Auswirkung aus der Theorie II. Ordnung bei der Bemessung zu berücksichtigen.

Für den genauen Nachweis muss die Knicklänge unter Berücksichtigung der Baugrundnachgiebigkeit und einer möglichen Rissbildung einspannender Bauteile ermittelt werden (▶ DIN-HB, Bb, 5.8.3.2 (5) und NCI zu 5.8.3.2 (NA.106)).

4.5 Ermittlung der Schnittgrößen

Mit dem in Bild 4-3 dargestellten Modell und den oben angegebenen Eingangsparametern werden die Schnittgrößen unter Berücksichtigung der Theorie II. Ordnung ermittelt. Die Auswirkungen nach Theorie II. Ordnung sind auch im Rahmen der geotechnischen Nachweise zu berücksichtigen (▶ DIN-HB, Bb, NCI zu 5.8.2 (NA.111)P). Der Einfluss der Rissbildung der Pfeilerscheibe auf die Reduzierung der Steifigkeit wird hierbei vereinfachend durch die Reduzierung des E-Moduls auf 60 % berücksichtigt. In diesem Zusammenhang ist anzumerken, dass das Superpositionsprinzip bei nichtlinearen Berechnungen, auch für die Untersuchung zum Einfluss der Theorie II. Ordnung, keine Gültigkeit hat. Für jede zu untersuchende Situation muss die zugehörige Einwirkungskombination explizit zusammengestellt werden. Durch entsprechende Überlegungen lässt sich jedoch die Anzahl der zu untersuchenden Kombinationen entsprechend reduzieren.

Da gemäß den normativen Forderungen unterschiedliche Einwirkungskombinationen bzw. Sicherheitsfaktoren für den inneren und äußeren Tragfähigkeitsnachweis zu verwenden sind, werden zur Wahrung der Übersicht die Schnittgrößen für die einzelnen Bauteilgruppen erst im Zuge ihres Tragfähigkeitsnachweises in den jeweiligen Abschnitten zusammengestellt.

Dabei gelten grundsätzlich die zuvor erläuterten allgemeinen Festlegungen zum gleichzeitigen Ansatz von Einwirkungen in DIN EN 1990, A.2.2.2. Vertikallasten aus Zwängungen (Setzung, Temperatur) werden im Grenzzustand der Tragfähigkeit mit ihrer 0,6-fachen Steifigkeit angesetzt. Die wahrscheinlichen Setzungen im ULS werden mit dem Faktor 1,5 gemäß Abschnitt 2.2.1.3 erhöht.

4.6 Äußere Standsicherheit der Pfahlgründung

4.6.1 Erläuterungen des Nachweiskonzeptes

Für die geotechnischen Nachweise nach EN 1997-1 liegen für Deutschland 3 Regelwerke vor, die zu berücksichtigen sind:

DIN EN 1997-1:2009-09

DIN EN 1997-1/NA:2010-12 (als nationaler Anhang)

DIN 1054:2010-12 (ergänzende nationale Regelungen)

Grenzzustände der Tragfähigkeit

Generell werden die Einwirkungen den Widerständen in der folgenden allgemeinen Form gegenübergestellt (▶ DIN EN 1997-1, 2.4.7.3.1):

$$E_d \leq R_d \tag{4-9}$$

Es muss nachgewiesen werden, dass folgende Grenzzustände der Tragfähigkeit nicht überschritten werden (▶ DIN EN 1997-1, 2.4.7.1):

EQU (equilibrium): Verlust der Lagesicherheit, Kippen (▶ DIN EN 1997-1, 2.4.7. 2)

STR (structure): Versagen oder große Verformungen des Tragwerks oder seiner Teile, wobei der Widerstand der Baustoffe oder Bauteile entscheidend ist (innere Standsicherheit).

GEO: Versagen oder sehr große Verformungen des Bodens, wobei die Festigkeit des Baugrundes für den Widerstand entscheidend ist (▶ DIN EN 1997-1, 2.4.7.3). Dabei werden zwei verschiedene Arten von Nachweisverfahren GEO-2 und GEO-3 unterschieden (▶ DIN 1054:2010-12, 2.4.7.1).

UPL (uplift): Aufschwimmen (Auftrieb) (▶ DIN EN 1997-1, 2.4.7.4)

HYD (hydraulic): hydraulischer Grundbruch (▶ DIN EN 1997-1, 2.4.7.5)

Grenzzustände der Gebrauchstauglichkeit

Als Grenzzustände der Gebrauchstauglichkeit gelten alle Zustände, die die Funktion des Tragwerkes unter Nutzung betreffen und beziehen sich in der Regel auf einzuhaltende Setzungen und Verschiebungen. Dabei muss nachgewiesen werden, dass die Beanspruchungen kleiner als der Grenzwert einer Beanspruchung sind (▶ DIN EN 1997-1, 2.4.8 (1)P).

$$E_d \leq C_d \tag{4-10}$$

Die Zahlenwerte der Teilsicherheitsbeiwerte sind zu 1,0 zu setzen (▶ DIN EN 1997-1 NA, 2.4.8 (2)).

Bemessungssituationen

Für die Betrachtung der Grenzzustände GEO wird bei der Zuordnung der Teilsicherheitsbeiwerte in folgende Bemessungssituationen unterschieden (▶ DIN 1054:2010-12, 2.4.7.3.1 und 2.2):

BS-P (permanent) – ständige Bemessungssituation: ständige und während der Funktionszeit des Bauwerks regelmäßig auftretende Einwirkungen

Tabelle 4-4 Teilsicherheitsbeiwerte für Einwirkungen und Beanspruchungen (▶ DIN 1054:2010-12, Tabelle A 2.1)

Einwirkung bzw. Beanspruchung	Formelzeichen	Bemessungssituation		
		BS-P	BS-T	BS-A
HYD und UPL: Grenzzustand des Versagens durch hydraulischen Grundbruch und Aufschwimmen				
Destabilisierende ständige Einwirkungen[a]	$\gamma_{G,dst}$	1,05	1,05	1,00
Stabilisierende ständige Einwirkungen	$\gamma_{G,stb}$	0,95	0,95	0,95
Destabilisierende veränderliche Einwirkungen	$\gamma_{Q,dst}$	1,50	1,30	1,00
Stabilisierende veränderliche Einwirkungen	$\gamma_{Q,stb}$	0	0	0
Strömungskraft bei günstigem Untergrund	γ_H	1,35	1,30	1,20
Strömungskraft bei ungünstigem Untergrund	γ_H	1,80	1,60	1,35
EQU: Grenzzustand des Verlusts der Lagesicherheit				
Ungünstige ständige Einwirkungen	$\gamma_{G,dst}$	1,10	1,05	1,00
Günstige ständige Einwirkungen	$\gamma_{G,stb}$	0,90	0,90	0,95
Ungünstige veränderliche Einwirkungen	γ_Q	1,50	1,25	1,00
STR und GEO-2: Grenzzustand des Versagens von Bauwerken, Bauteilen und Baugrund				
Beanspruchungen aus ständigen Einwirkungen allgemein[a]	γ_G	1,35	1,20	1,10
Beanspruchungen aus günstigen ständigen Einwirkungen[b]	$\gamma_{G,inf}$	1,00	1,00	1,00
Beanspruchungen aus ständigen Einwirkungen aus Erdruhedruck	$\gamma_{G,E0}$	1,20	1,10	1,00
Beanspruchungen aus ungünstigen veränderlichen Einwirkungen	γ_Q	1,50	1,30	1,10
Beanspruchungen aus günstigen veränderlichen Einwirkungen	γ_Q	0	0	0
GEO-3: Grenzzustand des Versagens durch Verlusts der Gesamtstandsicherheit				
Ständige Einwirkungen[a]	γ_G	1,00	1,00	1,00
Ungünstige veränderliche Einwirkungen	γ_Q	1,30	1,20	1,00
SLS: Grenzzustand der Gebrauchstauglichkeit				
γ_G = 1,00 für ständige Einwirkungen bzw. Beanspruchungen				
γ_Q = 1,00 für veränderliche Einwirkungen bzw. Beanspruchungen				

a einschließlich ständigem und veränderlichem Wasserdruck.

b nur im Sonderfall nach 7.6.3.1 A (2).

BS-T (transient) – vorübergehende Bemessungssituation: Bauzustände während Herstellung und Reparatur oder Zustände während einer einmaligen Einwirkung

BS-A (accidental) – außergewöhnliche Bemessungssituation: Feuer, Explosion, Anprall, extremes Hochwasser, Ausfall von Bauteilen etc.

BS-E (earthquake) – Bemessungssituation im Erdbebenfall.

Die Teilsicherheitsbeiwerte für Einwirkungen, geotechnische Kenngrößen und Widerstände sind in den Tabellen 4-4 bis 4-6 wiedergegeben.

Tabelle 4-5 Teilsicherheitsbeiwerte für geotechnische Kenngrößen (▶ DIN 1054:2010-12, Tabelle A 2.2)

Bodenkenngröße	Formelzeichen	Bemessungssituation		
		BS-P	BS-T	BS-A
HYD und UPL: Grenzzustand des Versagens durch hydraulischen Grundbruch und Aufschwimmen				
Reibungsbeiwert tan φ' des dränierten Bodens und Reibungsbeiwert tan φ_u des undränierten Bodens	$\gamma_{\varphi'}$, $\gamma_{\varphi u}$	1,00	1,00	1,00
Kohäsion c' des dränierten Bodens und Scherfestigkeit c_u des undränierten Bodens	$\gamma_{c'}$, γ_{cu}	1,00	1,00	1,00
GEO-2: Grenzzustand des Versagens von Bauwerken, Bauteilen und Baugrund				
Reibungsbeiwert tan φ' des dränierten Bodens und Reibungsbeiwert tan φ_u des undränierten Bodens	$\gamma_{\varphi'}$, $\gamma_{\varphi u}$	1,00	1,00	1,00
Kohäsion c' des dränierten Bodens und Scherfestigkeit c_u des undränierten Bodens	$\gamma_{c'}$, γ_{cu}	1,00	1,00	1,00
GEO-3: Grenzzustand des Versagens durch Verlust der Gesamtstandsicherheit				
Reibungsbeiwert tan φ' des dränierten Bodens und Reibungsbeiwert tan φ_u des undränierten Bodens	$\gamma_{\varphi'}$, $\gamma_{\varphi u}$	1,25	1,15	1,10
Kohäsion c' des dränierten Bodens und Scherfestigkeit c_u des undränierten Bodens	$\gamma_{c'}$, γ_{cu}	1,25	1,15	1,10

Tabelle 4-6 Teilsicherheitsbeiwerte für Widerstände (▶ DIN 1054:2010-12, Tabelle A 2.3)

Widerstand	Formelzeichen	Bemessungssituation		
		BS-P	BS-T	BS-A
STR und GEO-2: Grenzzustand des Versagens von Bauwerken, Bauteilen und Baugrund				
Bodenwiderstände				
— Erdwiderstand und Grundbruchwiderstand	$\gamma_{R,e}$, $\gamma_{R,v}$	1,40	1,30	1,20
— Gleitwiderstand	$\gamma_{R,h}$	1,10	1,10	1,10
Pfahlwiderstände aus statischen und dynamischen Pfahlprobebelastungen				
— Fußwiderstand	γ_b	1,10	1,10	1,10
— Mantelwiderstand (Druck)	γ_s	1,10	1,10	1,10
— Gesamtwiderstand (Druck)	γ_t	1,10	1,10	1,10

Tabelle 4-6 (Fortsetzung)

— Mantelwiderstand (Zug)	$\gamma_{s,t}$	1,15	1,15	1,15
Pfahlwiderstände auf der Grundlage von Erfahrungswerten				
— Druckpfähle	γ_b, γ_s, γ_t	1,40	1,40	1,40
— Zugpfähle (nur in Ausnahmefällen)	$\gamma_{s,t}$	1,50	1,50	1,50
Herausziehwiderstände				
— Boden- bzw. Felsnägel	γ_a	1,40	1,30	1,20
— Verpresskörper von Verpressankern	γ_a	1,10	1,10	1,10
— Flexible Bewehrungselemente	γ_a	1,40	1,30	1,20
GEO-3: Grenzzustand des Versagens durch Verlust der Gesamtstandsicherheit				
Scherfestigkeit				
— Siehe Tabelle A 2.2				
Herausziehwiderstände				
— Siehe STR und GEO-2				

Kombinationsbeiwerte

Bei mehreren veränderlichen Einwirkungen wirkt lediglich die Leiteinwirkung in voller Größe. Alle weiteren veränderlichen Einwirkungen werden mit Kombinationsbeiwerten abgemindert (▶ DIN EN 1997-1, 2.4.6.1 (2)P und DIN 1054:2010-12, 2.4.6.1.1 A (2a)). Die Bestimmung der Beiwerte erfolgt im Rahmen der entsprechenden Nachweise in Anlehnung an DIN EN 1990 (siehe auch Abschnitt 2.2) (▶ DIN EN 1997-1, 2.4.6.1 (3)P).

Grundsätzlich werden die allgemeinen Festlegungen zum gleichzeitigen Ansatz von Einwirkungen aus DIN EN 1990 (siehe Abschnitt 4.4.1) übernommen.

- Wind wirkt nicht gleichzeitig mit Brems- und Anfahrlasten (Lastgruppe gr 2), mit Lasten auf Geh- und Radwegen (Lastgruppe gr 3) oder Lasten aus Menschenansammlungen (Lastgruppe gr 4) (▶ DIN EN 1990, A.2.2.2 (3)).
- Windlasten > $\psi_0 \cdot F_{Wk}$ sind nicht mit dem Lastmodell 1 bzw. der Lastgruppe gr 1 zu kombinieren (▶ DIN EN 1990, A.2.2.2 (5)). Das bedeutet, dass Wind als Leiteinwirkung nicht mit Lastmodell 1 bzw. der Lastgruppe gr 1 auftritt.
- Wind- und Temperatureinwirkungen treten nicht gleichzeitig auf (▶ DIN EN 1990, A.2.2.2 (6)).

4.6.2 Bestimmung Einwirkungskombinationen

Der Nachweis gegen Tragfähigkeitsverlust des Bodens in der Pfahlumgebung wird mit dem Nachweisverfahren 2 (GEO-2) geführt (▶ DIN 1054:2010-12, 7.2 (1)P). Damit ergeben sich die folgenden Teilsicherheitsbeiwerte (▶ DIN 1054:2010-12, A 2.4.7.6):

Bauzustand BS-T: $\gamma_G = 1,2$ $\gamma_Q = 1,3$ $\gamma_t = 1,4$

Endzustand BS-P: $\gamma_G = 1,35$ $\gamma_Q = 1,5$ $\gamma_t = 1,4$

Es wird davon ausgegangen, dass sich die maßgebenden Pfahlbeanspruchungen aus der größten Pfeilernormalkraft sowie aus den größten Horizontalbeanspruchungen am Pfeilerkopf ergeben. Weiter haben Vorberechnungen gezeigt, dass die Torsionsbeanspruchung im Überbau aus LM 1 gegenüber der größten Normalkraft im Pfeiler für die Pfahlbeanspruchung nicht maßgebend wird. Die im Weiteren untersuchten Einwirkungskombinationen zur Ermittlung der Pfahlschnittgrößen sind folgend dargestellt.

Bauzustand (Pfeiler freistehend)

Wind in y (Brückenquerrichtung) vorherrschend:

min N_{Ed}: $1{,}2 \cdot G_{k,1} + 1{,}3 \cdot F_{wy,k} + e_a + e_{y,\Delta TM}$

Wind in x (Brückenlängsrichtung) vorherrschend:

min N_{Ed}: $1{,}2 \cdot G_{k,1} + 1{,}3 \cdot F_{wx,k} + e_a + e_{x,\Delta TM}$

Endzustand

Wind in y (Brückenquerrichtung) vorherrschend:

min N_{Ed}: $1{,}35 \cdot G_{k,1} + 1{,}35 \cdot G_{k,2} + 1{,}0 \cdot P_k + 1{,}35 \cdot (K + S)_{vert.}$
$+ 1{,}35 \cdot (K + S)_{horiz} + 1{,}0 \cdot 1{,}5 \cdot 0{,}6 \cdot G_{k,set} + 1{,}5 \cdot F_{wy,k} + e_a + e_{y,\Delta TM}$

Wind in x (Brückenlängsrichtung) vorherrschend:

min N_{Ed}/max H_{Ed}: $1{,}35 \cdot G_{k,1} + 1{,}35 \cdot G_{k,2} + 1{,}0 \cdot P_k + 1{,}35 \cdot (K + S)_{vert}$
$+ 1{,}35 \cdot (K + S)_{horiz} + 1{,}0 \cdot 1{,}5 \cdot 0{,}6 \cdot G_{k,set} + 1{,}5 \cdot F_{wx,k} + e_a$
$+ e_{x,\Delta TM} + e_{xLag}$

Bremsen und Anfahren vorherrschend (Lastgruppe 2 – Verkehr als häufiger Wert):

min N_{Ed}/max H_{Ed}: $1{,}35 \cdot G_{k,1} + 1{,}35 \cdot G_{k,2} + 1{,}0 \cdot P_k + 1{,}35 \cdot (K + S)_{vert}$
$+ 1{,}35 \cdot (K + S)_{horiz} + 1{,}0 \cdot 1{,}5 \cdot 0{,}6 \cdot G_{k,set} + 1{,}5 \cdot F_{B+A}$
$+ 1{,}5 \cdot (0{,}75 \cdot Q_{k,TS} + 0{,}40 \cdot Q_{k,UDL}) + 1{,}5 \cdot 0{,}8 \cdot 0{,}6 \cdot \Delta T_{M,k,vert}$
$+ 1{,}5 \cdot 0{,}8 \cdot \Delta T_{N,k,horiz} + e_a + e_{x,\Delta TM} + e_{xLag}$

Verkehr vorherrschend mit Wind in x:

min N_{Ed}/max H_{Ed}: $1{,}35 \cdot G_{k,1} + 1{,}35 \cdot G_{k,2} + 1{,}0 \cdot P_k + 1{,}35 \cdot (K + S)_{vert}$
$+ 1{,}35 \cdot (K + S)_{horiz} + 1{,}0 \cdot 1{,}5 \cdot 0{,}6 \cdot G_{k,set} + 1{,}5 \cdot (Q_{k,TS} + Q_{k,UDL})$
$+ 1{,}5 \cdot 0{,}6 \cdot F_{wx,k} + e_a + e_{x,\Delta TM} + e_{xLag}$

Verkehr vorherrschend mit Temperatur:

min N_{Ed}/max H_{Ed}: $1{,}35 \cdot G_{k,1} + 1{,}35 \cdot G_{k,2} + 1{,}0 \cdot P_k + 1{,}35 \cdot (K + S)_{vert}$
$+ 1{,}35 \cdot (K + S)_{horiz} + 1{,}0 \cdot 1{,}5 \cdot 0{,}6 \cdot G_{k,set} + 1{,}5 \cdot (Q_{k,TS} + Q_{k,UDL})$
$+ 1{,}5 \cdot 0{,}8 \cdot 0{,}6 \cdot \Delta T_{M,k,vert} + 1{,}5 \cdot 0{,}8 \cdot \Delta T_{N,k,horiz} + e_a + e_{x,\Delta TM} + e_{xLag}$

Temperatur vorherrschend:

min N_{Ed}/max H_{Ed}: $1{,}35 \cdot G_{k,1} + 1{,}35 \cdot G_{k,2} + 1{,}0 \cdot P_k + 1{,}35 \cdot (K + S)_{vert} + 1{,}35 \cdot (K + S)_{horiz} + 1{,}0 \cdot 1{,}5 \cdot 0{,}6 \cdot G_{k,set} + 1{,}5 \cdot (0{,}75 \cdot Q_{k,TS} + 0{,}40 \cdot Q_{k,UDL}) + 1{,}5 \cdot 0{,}6 \cdot \Delta T_{M,k,vert} + 1{,}5 \cdot \Delta T_{N,k,horiz} + e_a + e_{x,\Delta TM} + e_{xLag}$

In den Tabellen 4-7 und 4-8 sind die an dem Modell gemäß Bild 4-3 unter Berücksichtigung der Theorie II. Ordnung und der o. g. Reduzierung der Steifigkeit ermittelten Schnittgrößen für die oben angeführten Kombinationen dargestellt. Die größten einwirkenden charakteristischen Pfahllängskräfte liegen im Bereich des ersten Abschnitts der Widerstands-Setzungs-Linie mit geringer Steifigkeit, so dass die Schnittgrößen für den Nachweis der axialen Pfahltragfähigkeit mit einer Fußfedersteifigkeit von 297 MN/m ermittelt werden können (siehe Abschnitt 4.2.3). Die Pfahlnummern sind Bild 4-2 zu entnehmen.

Tabelle 4-7 Charakteristische Werte der Pfahlfußkräfte unter Berücksichtigung Theorie II. Ordnung

Lastfall		Pfahl 1	Pfahl 2	Pfahl 3	Pfahl 4	Pfahl 5	Pfahl 6
		N_{Ek} [kN]	N_{Ek} [kN]	N_{Ek} [kN]	N_{Ek} [kN]	N_{Ek} [kN]	N_{Ek} [kN]
Endzustand	w_y min N_{Ek}	-4656,9	-3703,4	-2750,0	-4182,3	-3228,8	-2275,4
	w_x min N_{Ek}	-4346,2	-4180,6	-4015,0	-2917,2	-2751,7	-2586,1
	B + A min N_{Ek}	-4412,1	-4220,0	-4028,0	-3607,2	-3415,1	-3223,0
	Q + w_x min N_{Ek}	-5236,9	-4529,3	-3821,7	-4556,9	-3849,3	-3141,7
	Q + T min N_{Ek}	-4814,1	-4593,1	-4372,0	-4014,2	-3793,2	-3572,2
	T min N_{Ek}	-3776,1	-3619,4	-3462,7	-3229,1	-3072,4	-2915,8
min N_{Ek} [kN]		-5236,9	-4593,1	-4372,0	-4556,9	-3849,3	-3572,2

Tabelle 4-8 Bemessungswerte der Pfahlfußkräfte unter Berücksichtigung Theorie II. Ordnung

Lastfall		Pfahl 1	Pfahl 2	Pfahl 3	Pfahl 4	Pfahl 5	Pfahl 6
		N_{Ed} [kN]	N_{Ed} [kN]	N_{Ed} [kN]	N_{Ed} [kN]	N_{Ed} [kN]	N_{Ed} [kN]
BZ	w_y min N_{Ed}	-1747,2	-1606,4	-1465,6	-1712,2	-1571,4	-1430,6
	w_x min N_{Ed}	-2113,1	-2093,0	-2073,0	-1104,8	-1084,8	-1064,7
Endzustand	w_y min N_{Ed}	-6499,6	-5055,6	-3611,6	-5747,2	-4303,1	-2859,1
	w_x min N_{Ed}	-6086,6	-5856,3	-5626,0	-3732,7	-3502,4	-3272,1
	B + A min N_{Ed}	-6168,9	-5896,3	-5623,7	-4789,4	-4516,8	-4244,1
	Q + w_x min N_{Ed}	-7459,5	-6381,7	-5303,9	-6224,4	-5146,6	-4068,8
	Q + T min N_{Ed}	-6819,3	-6499,7	-6180,2	-5359,6	-5040,0	-4720,5
	T min N_{Ed}	-5144,8	-4928,6	-4712,5	-4285,6	-4069,4	-3853,2
min N_{Ed} [kN]		-7459,5	-6499,7	-6180,2	-6224,4	-5146,6	-4720,5

Anmerkung: Pfahlzugkräfte treten nicht auf und sind deshalb nicht wiedergegeben.

4.6.3 Ermittlung der axialen Pfahltragfähigkeit

Bei Pfahlgruppen müssen sowohl das Versagen der Einzelpfähle als auch der gesamten Pfahlgruppe nachgewiesen werden (► DIN EN 1997-1, 7.6.2.1 (3)P). Beim Nachweis der gesamten Pfahlgruppe werden die Pfähle und der dazwischen liegende Boden als Block bzw. großer Ersatzpfahl betrachtet (► DIN EN 1997-1, 7.6.2.1 (4) sowie EA-Pfähle, 8.3.1.1 (5)).

Die Bestimmung der charakteristischen Widerstands-Setzungs-Linie für einen Bohrpfahl erfolgt nach EA-Pfähle, 5.6.4.1 anhand der aus dem Bodengutachten entnommenen Werte für Pfahlmantelreibung $q_{s,k,i}$ und Pfahlspitzenwiderstand $q_{b,k}$.

Pfahlmantelwiderstand (► EA-Pfähle, 5.6.4.1 (6))

Pfahlmantelfläche je Bodenschicht mit der Länge Δz:

$$A_{s,i} = \pi \cdot D \cdot \Delta z_i = \pi \cdot 1{,}2 \cdot \Delta z_i \qquad (4\text{-}11)$$

Pfahlmantelwiderstand je Bodenschicht mit der Länge Δz:

$$R_{s,k,i} = q_{s,k,i} \cdot A_{s,i} \qquad (4\text{-}12)$$

mit

$q_{s,k,i}$ charakteristischer Wert der Pfahlmantelreibung je Schicht

$q_{s,k,i} = 0{,}12$ MN/m^2

Pfahlmantelwiderstand $R_{s,k} = \Sigma R_{s,k,i}$

Tabelle 4-9 Ermittlung der Pfahlmantelwiderstände

Mantelreibung			
Schicht	Höhe [m]	$q_{s,k,i}$ [MN/m^2]	$R_{s,k,i}$ [MN]
1	1,4	0,12	0,63
2	2,1	0,12	0,95
3	2,8	0,12	1,27
4	0,6	0,12	0,27
		$R_{s,k}$ =	3,12

Pfahlfußwiderstand (► EA-Pfähle, 5.6.4.1 (6))

Der auf die Pfahlsetzung bezogene Pfahlfußwiderstand ergibt sich in allgemeiner Form:

$$R_{b,k}(s) = \pi \cdot D^2/4 \cdot q_{b,k} = \pi \cdot 1{,}2^2/4 \cdot q_{b,k} \qquad (4\text{-}13)$$

mit

$q_{b,k}$ auf die Pfahlsetzung bezogener charakteristischer Wert des Pfahlspitzenwiderstandes

Tabelle 4-10 Ermittlung der Pfahlfußwiderstände

Bezogene Setzung s/d	$q_{b,k}$ [MN/m²]	$R_{b,k}(s)$ [MN]
0,02	3,10	3,51
0,03	3,90	4,41
0,1	7,10	8,03

Charakteristische Widerstands-Setzungs-Linie (▶ EA-Pfähle, 5.6.4.1 (1))

Aus dem Pfahlmantelwiderstand lässt sich die zur Mantelreibung zugehörige Setzung s_{sg} bestimmen (▶ EA-Pfähle, 5.6.4.1 (5)):

$$s_{sg} = 0{,}50 \cdot R_{s,k}(sg)\ [MN] + 0{,}50 \leq 3{,}00\ cm \tag{4-14}$$

$$s_{sg} = 0{,}5 \cdot 3{,}12 + 0{,}5 = 2{,}06\ cm$$

Der charakteristische axiale Pfahlwiderstand ergibt sich zu (▶ EA-Pfähle, 5.6.4.1 (6)):

$$R_k(s) = R_{b,k}(s) + R_{s,k}(s) \tag{4-15}$$

Tabelle 4-11 Ermittlung der Pfahlmantelwiderstände

Widerstands-Setzungs-Linie					
	s [m]	$q_{b,k}$ [MN/m²]	$R_{b,k}(s)$ [MN]	$R_{s,k}(s)$ [MN]	$R_k(s)$ [MN]
s_{sg}	0,0206	–	3,01	3,12	6,13
0,02 D_s	0,0240	3,10	3,51	3,12	6,63
0,03 D_s	0,0360	3,90	4,41	3,12	7,53
s_g = 0,1 D_s	0,1200	7,10	8,03	3,12	11,15

Pfahlwiderstand des Einzelpfahls im Grenzzustand der Tragfähigkeit

Die Pfähle innerhalb einer Pfahlgruppe beteiligen sich je nach Lage (Eck-, Rand-, Innenpfahl) in unterschiedlicher Größenordnung am vertikalen Lastabtrag. In EA-Pfähle sind Nomogramme enthalten, welche ermöglichen, dieses Tragverhalten durch Modifikation des zu-

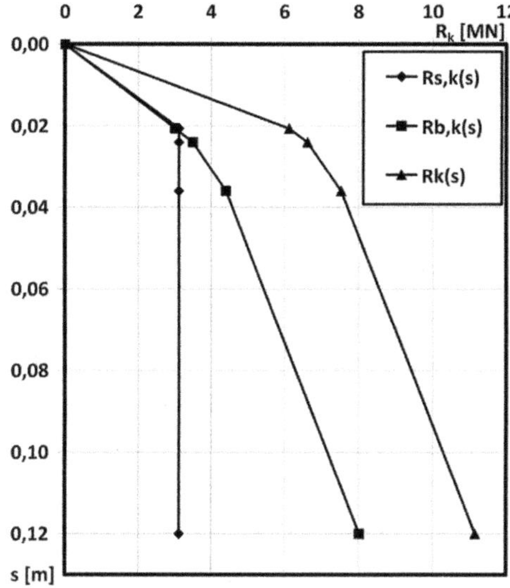

Bild 4-11 Widerstands-Setzungs-Linie

vor bestimmten Pfahlwiderstandes mit einem Gruppenfaktor für die einzelnen Pfähle innerhalb der Pfahlgruppe noch weiter verfeinert anzupassen. Diese Modifikation sollte bevorzugt für die Setzungsermittlung und die Nachweise im Grenzzustand der Gebrauchstauglichkeit angewendet werden (▶ EA-Pfähle). Im Grenzzustand der Tragfähigkeit bleibt die verfeinerte Anpassung unberücksichtigt.

Nachweis der Einzelpfähle:

$N_{Ed} \leq R_k/\gamma_t \qquad 7459{,}5 \text{ kN} \leq 11\,150/1{,}4 = 7964 \text{ kN}$

mit

$\gamma_t = 1{,}4$ nach DIN 1054:2010-12, Tabelle A 2.3

Nachweis als Pfahlgruppe (▶ EA-Pfähle, 8.3.1.1 (5)):

$$R_{c,k,G} = q_{b,k} \cdot \sum A_{b,i} + \sum \left(q_{s,k,j} \cdot A^*_{s,j}\right) \tag{4-16}$$

mit

Σ Summe der Pfahlfußflächen der Einzelpfähle

$\Sigma A_{b,i} = 6 \cdot 1{,}2^2 \cdot \pi/4 = 6{,}78 \text{ m}^2$

$\Sigma A^*_{s,j}$ um die Pfahlgruppe abgewickelte Mantelfläche als Rechteck idealisiert

$\Sigma A^*_{s,j} = [(3{,}2 + 1{,}2) + (2 \cdot 3{,}1 + 1{,}2)] \cdot 2 = 23{,}6 \text{ m}^2$

$R_{c,k,G} = 7{,}1 \cdot 6{,}78 + 0{,}12 \cdot 6{,}9 \cdot 23{,}6 = 67{,}7 \text{ MN}$

$R_{c,d,G} = R_{c,k,G}/\gamma_t = 67{,}68/1{,}4 = 48{,}3 \text{ MN} > 31{,}2 \text{ MN} = \min N_{Ed,Pfeiler}$

Damit ist der Nachweis im Grenzzustand der Tragfähigkeit GEO-2 für die Pfahlgründung erbracht.

Pfahlwiderstand im Grenzzustand der Gebrauchstauglichkeit

Es wird davon ausgegangen, dass ein Großteil der Setzungen bereits im Bauzustand auftreten und somit keine bemessungsrelevanten Beanspruchungen im Überbau erzeugen. Die Differenzsetzungen zwischen Bauzustand und Endzustand liegen dann in geringerer Größenordnung als die zuvor berechneten Setzungen am Einzelpfahl. Im Weiteren sind nur die Differenzsetzungen zwischen den Pfeilerachsen schnittgrößenerzeugend, welche in der Größenordnung der vom Baugrundgutachten angegebenen Setzungen liegen.

4.6.4 Nachweis des ausreichenden horizontalen Bodenwiderstandes

Die Größe der Pfahlfußfeder hat erheblichen Einfluss auf die horizontale Bettungsreaktion der Pfähle. Eine steife Fußfeder bewirkt wegen der geringeren Verkippung bzw. Verdrehung der Pfahlkopfplatte eine deutlich geringere Bettungsreaktion als eine weiche Fußfeder. Gemäß Abschnitt 4.2.3 wird auf der sicheren Seite liegend eine Federsteifigkeit von 209 MN/m zur Bestimmung der Schnittkräfte angesetzt.

Beträgt die horizontale charakteristische Beanspruchung von biegeweichen langen, schlanken Pfählen in den Grenzzuständen STR und GEO für BS-P höchstens 3 % bzw. für BS-T höchstens 5 % der Pfahlnormalkraft, so darf der Nachweis ausreichender horizontaler Tragfähigkeit entfallen (▶ DIN 1054:2010-12, 7.7.1 A(3a)). Es zeigt sich, dass im Bauzustand (BS-T) als auch im Endzustand (BS-P) dieses vereinfachte Kriterium nicht eingehalten werden kann:

BS-T: $V_{y,k}/N_{x,k} = 98{,}6/1692 = 0{,}058 = 5{,}8 > 5\ \%$

BS-P: $V_{y,k}/N_{x,k} = 189{,}6/4311 = 0{,}044 = 4{,}4 > 3\ \%$

Damit ist zunächst nachzuweisen, dass die charakteristischen Bettungsreaktionen den Wert des für den ebenen Fall ermittelten charakteristischen passiven Erdwiderstands $e_{ph,k}$ in Oberflächennähe nicht überschreiten (▶ DIN 1054:2010-12, 7.7.1 A(3a)), um die Annahmen der angesetzten Bettung für die Biegebemessung der Pfähle abzusichern. Andernfalls ist die Verteilung der Bettungsmoduln in den oberflächennahen Schichten iterativ zu modifizieren, bis die Bedingung in Gl. (4-17) eingehalten ist.

$$\sigma_{h,k} \leq e_{ph,k} \tag{4-17}$$

Zur Bestimmung der charakteristischen Bettungsreaktionen nach Theorie II. Ordnung werden die in Abschnitt 4.6.2 zusammengestellten Einwirkungskombinationen ohne Teilsicherheitsbeiwerte in der gleichen Weise angewendet. Dabei ergibt sich die maßgebende Bettungsreaktion an Pfahl 1 (Nummerierung siehe Bild 4-2) für Wind in Brückenlängsrichtung (Wind in x) mit min N_{Ed}.

Für den Sonderfall, dass der Wandreibungswinkel $\delta = 0$ ist, die Geländeoberfläche horizontal ist und der Pfahl senkrecht steht, berechnet sich der passive Erddruckbeiwert wie folgt (▶ DIN 4085:2007-10, 6.5.1):

$$K_{pgh} = \tan^2(45° + \text{cal}\,\varphi'/2) \tag{4-18}$$

Der passive Erdwiderstand je laufenden Meter Pfahl ergibt sich durch (▶ DIN 4085:2007-10, 6.5.1):

$$e_{pgh} = \tan^2(45° + \text{cal } \varphi'/2) \cdot \gamma \cdot z \cdot D \qquad (4\text{-}19)$$

mit

cal φ'	innerer Reibungswinkel
γ	Bodenwichte
z	Tiefe
D	Pfahldurchmesser

Die Ermittlung des Verlaufs des passiven Erdwiderstandes erfolgt tabellarisch. Dabei werden eine Dicke der Pfahlkopfplatte von 1,5 m und eine Überschüttung der Pfahlkopfplatte von mindestens 0,5 m unterstellt.

Tabelle 4-12 Ermittlung des passiven Erdruckes

Tiefe z [m]	Schicht-höhe h [m]	γ [kN/m³]	k_{pgh}	e_{pgh} [kN/m]	$E_{ph,i}$ [kN]
2	1,4	19	3,25	148,41	280,49
3,4				252,30	
3,4	2,1	20	3,00	232,56	647,14
5,5				383,76	
5,5	1,4	22	3,25	416,33	667,06
6,9				536,62	
6,9	1,4	22	3,25	536,62	–
8,3				656,91	
8,3	0,6	24	3,54	713,93	–
8,9				775,06	
				Σ Ep$_{h,i}$ =	**1594,69**

Der Verlauf der mit der EDV-Berechnung ermittelten charakteristischen Bettungsreaktion und der passive charakteristische Erdwiderstand sind im Bild 4-12 über die Tiefe aufgetragen.

Tabelle 4-13 Bemessungswerte und charakteristische Werte der horizontalen Bodenreaktionen

x [m]	$b_{h,d}$ [kN/m]	$b_{h,k}$ [kN/m]	$B_{h,d,i}$ [kN]	$u_{h,k}$ [mm]
0,00	42,51	25,17	51,28	–11,18
0,69	106,13	64,84		-9,23
1,38	160,19	97,95	91,88	-7,41
2,07	136,80	83,76	102,46	-5,74
2,76	100,16	61,46	81,75	-4,20
3,45	108,46	66,82	71,97	-2,78
4,14	89,07	55,3	68,15	-1,48
4,83	17,01	11,37	36,60	-0,27
4,90	0	–	0,60	–
5,52	-51,22	-30,23	–	0,87
6,21	-233,38	-140,46	–	1,98
6,90	-430,67	-259,38	–	3,07
		$\sum B_{h,d,i} =$	**504,69**	

Es zeigt sich, dass die Werte der charakteristischen Bettungsreaktionen unter den Werten des charakteristischen Erdwiderstandes liegen. Eine weitere Anpassung des Bettungsverlaufs in den oberen Bodenschichten ist nicht notwendig.

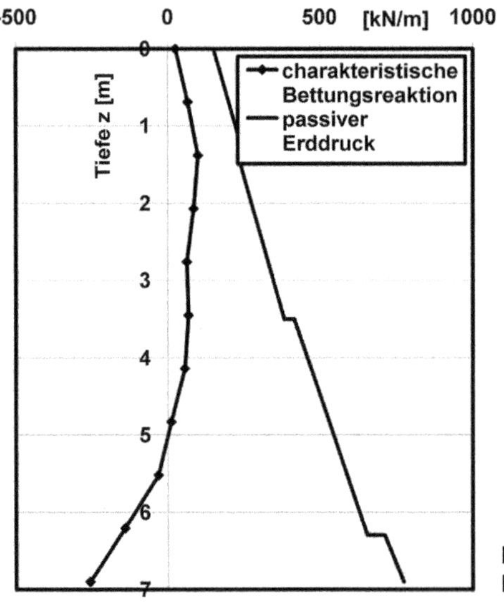

Bild 4-12 Gegenüberstellung charakteristische Bettungsreaktion und passiver Erddruckverlauf

Nachweis der horizontalen Verschiebung gemäß DIN 1054:2010-12, zu 7.7.3 A (3), womit die Voraussetzung zur Anwendung der Gl. (4-2) gegeben ist.

$$u_{h,k} = 11{,}2 \text{ mm} \leq \min \left\{ \begin{matrix} 0{,}03 \cdot D = 0{,}03 \cdot 1200 = 36 \text{ mm} \\ 20 \text{ mm} \end{matrix} \right\}$$

Der eigentliche Nachweis des ausreichenden horizontalen Bettungswiderstandes erfolgt in der Weise, dass das Integral des seitlichen Bodenwiderstandes bis zum Drehpunkt (Querkraftnullpunkt) des Pfahls nicht größer ist als der Bemessungswert des räumlichen Erdwiderstandes $E_{ph,d}$ bis zum Drehpunkt des Pfahls (► DIN 1054:2010-12, 7.7.1 A(3a)).

$$B_{h,d} \leq E_{ph,d} \tag{4-20}$$

Der Bemessungswert des Erdwiderstandes ergibt sich durch $E_{ph,d} = E_{ph}/\gamma_{R,e}$ mit $\gamma_{R,e} = 1{,}4$ (► DIN 1054:2010-12, Tabelle A 2.3). Womit sich der Nachweis des ausreichenden horizontalen Pfahlwiderstandes folgend erbringen lässt:

$$504{,}7 \text{ kN} < 1594{,}7 \text{ kN}/1{,}4 = 1139{,}1 \text{ kN}$$

Im vorliegenden Fall wurden beim Nachweis die möglichen Reserven eines räumlichen Erddruckwiderstandes vernachlässigt. Soll der räumliche Erdwiderstand für kurze Einzelpfähle nach DIN 1054:2010-12, 7.7.1 A(3a) berücksichtigt werden, so liefert DIN 4085:2007-10, 6.5.2 bzw. EA-Pfähle 2012 weitere Informationen.

4.7 Nachweis der inneren Pfahltragfähigkeit

4.7.1 Konstruktive Ausbildung

Ortbetonpfähle sind gemäß ZTV-ING Teil 2 Abschnitt 3.1.3 (7) mindestens 50 cm über UK Pfahlkopfplatte zu betonieren. Der Überstand ist nach Aushub der Baugrube für die Pfahlkopfplatte auf 5 cm abzuarbeiten. Die Längsbewehrung ist gleichmäßig über den Umfang zu verteilen. Zur Sicherung der Betondeckung und Lage der Bewehrung sind des Weiteren die Maßnahmen in ZTV-ING Teil 2 Abschnitt 3.1.3 (8) zu beachten.

Die Betonfestigkeitsklasse muss zwischen C20/25 und C30/37 liegen (► DIN EN 1536:1999, 6.3.1.2).

Mindestbewehrung nach DIN EN 1536:1999, 7.6.2.2:

mindestens 4 ∅ 12 oder:

$$A_c = 1{,}2^2 \cdot \pi/4 = 1{,}13 \text{ m}^2 > 1{,}00 \text{ m}^2 \rightarrow A_s = 0{,}25\ \% \cdot A_c = 28{,}25 \text{ cm}^2$$

Der lichte Abstand zwischen den Längsstäben muss < 400 mm und > 100 mm betragen. Bei Betonen mit einem Größtkorn d_g < 20 mm darf der Abstand auf 80 mm verringert werden. Im Bereich der Stöße darf der lichte Abstand verkleinert werden (► DIN EN 1536:1999, 7.6.2). Der Durchmesser der Querbewehrung muss mindestens ¼ des Größtdurchmessers der Längsbewehrung und mindestens 6 mm betragen (► DIN EN 1536:1999, 7.6.3). Der lichte Abstand der Querbewehrung richtet sich analog zu den Regelungen für die Längsbewehrung.

Die Mindestbetondeckung beträgt c_{min} = 60 mm für Pfähle > 0,6 m (▶ DIN EN 1536:1999, 7.6.4). Das Nennmaß der Betondeckung ergibt sich dann im vorliegenden Fall zu c_{nom} = 75 mm.

4.7.2 Schnittkraftermittlung

Im Unterschied zum Nachweis der äußeren Tragfähigkeit beeinflusst die Pfahlfußsteifigkeit wesentlich die Biegebeanspruchung der Pfähle. Auf der sicheren Seite liegend, sollte deshalb für die innere Tragfähigkeit die untere Grenze der Pfahlfußsteifigkeit angesetzt werden. Im vorliegenden Fall kann die Steifigkeit von 209 MN/m als Untergrenze angesehen werden.

Mit der angesetzten Pfahlfußfedersteifigkeit von 209 MN/m ergeben sich geringe Beanspruchungen in den Pfählen, so dass die Mindestbewehrung maßgebend wird. Um dennoch die Bemessung der Pfähle beispielhaft vorzuführen und um die Auswirkung der angesetzten Größe der Pfahlfußfeder als auch Pfeilersteifigkeit aufzuzeigen, werden folgend die Berechnungen mit einer minimalen Pfahlfußfedersteifigkeit von 93 MN/m und einer Pfeilersteifigkeit von 0,42 = EI^{II}/EI^{I} geführt. Die maßgebenden Schnittgrößen für die Pfahlköpfe sind in der Tabelle 4-14 dargestellt. Die maßgebende Einwirkungskombination ergibt sich für den Endzustand aus min N mit Verkehr als Leiteinwirkung und Wind in Brückenlängsrichtung. Die höchste Beanspruchung erfährt der Pfahl Nr. 6.

Tabelle 4-14 Pfahlschnittgrößen für Pfahl 6 im ULS am Pfahlkopf

Lastfall		Pfahl 6				
		N_{Ed} [kN]	$V_{Ed,y}$ [kN]	$V_{Ed,z}$ [kN]	$M_{Ed,y}$ [kN]	$M_{Ed,z}$ [kN]
Bauzustand	w_y min N_{Ed}	–1398,3	–1,50	5,63	108,02	-29,22
	w_y max N_{Ed}	–1007,0	–1,07	6,04	101,49	-21,23
	w_x min N_{Ed}	–1146,8	2,78	–1,18	22,07	-695,10
	w_x max N_{Ed}	-761,3	4,19	-0,90	16,40	-674,06
Endzustand	w_y min N_{Ed}	-2780,9	–44,10	-5,60	1241,30	-798,30
	w_y max N_{Ed}	-1836,7	-22,60	1,20	1102,70	-429,50
	w_x min N_{Ed}	-3195,0	-81,80	-11,90	237,50	-2175,10
	w_x max N_{Ed}	-2351,5	-38,70	-8,10	160,30	-1436,80
	B + A min N_{Ed}	-3977,1	-86,00	-14,30	279,50	-1555,00
	B + A max N_{Ed}	-2707,8	-31,20	-7,90	154,30	-633,30
	Q + T min N_{Ed}	-4239,9	-115,40	-16,60	327,50	-2007,90
	Q + T max N_{Ed}	-2715,1	-25,00	-7,70	148,90	-479,10
	Q + w_x min N_{Ed}	-3649,0	-153,10	-16,10	325,30	-3156,10
	Q + w_x max N_{Ed}	-2661,3	-22,80	-3,50	213,00	-420,30
	T min N_{Ed}	-4016,3	-82,40	-14,30	279,60	-1474,20
	T max N_{Ed}	-2729,8	-29,40	-7,90	154,20	-585,90

4.7.3 Biegebemessung

Die Biegebemessung erfolgt zunächst zweckmäßigerweise anhand der EDV. Für den Betonstahl wurde die Spannungs-Dehnungs-Linie mit Verfestigung und für den Beton das Parabel-Rechteck-Diagramm (Bild 2-94) analog Abschnitt 2.4.1 verwendet.

Der Achsabstand der Längsbewehrung d_1 von der Außenkante ergibt sich unter Annahme des Durchmessers der Längsbewehrung mit ∅ 25 mm und eines Wendeldurchmessers mit ∅ 12 mm zu:

$$d_1 = 7{,}5 + 1{,}2 + 2{,}5/2 \approx 10 \text{ cm}$$

Die EDV-Ergebnisse der Biegebemessung für alle Pfähle sind in Bild 4-13 dargestellt.

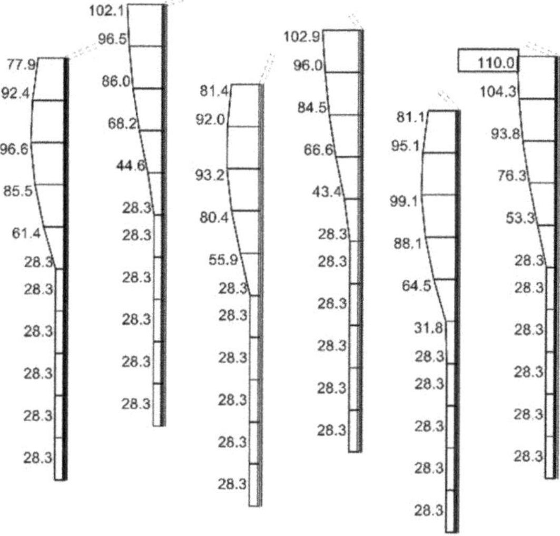

Bild 4-13 Ergebnisse der Pfahlbiegebemessung aus der EDV-Berechnung [cm^2]

Exemplarisch soll für den Pfahlkopfanschnitt des Pfahls 6 eine Handbemessung geführt werden. Die Bemessungsschnittgrößen gemäß Tabelle 4-14 betragen:

$$N_{Ed} = -3{,}649 \text{ MN}$$

$$M_{yd} = 0{,}325 \text{ MNm}$$

$$M_{zd} = -3{,}156 \text{ MNm}$$

Wegen des rotationssymmetrischen Querschnitts einschließlich Bewehrungsanordnung lässt sich die zweiachsige Biegung zweckmäßigerweise zu einer resultierenden Biegebeanspruchung zusammenfassen:

$$M_{Ed} = (-3{,}156^2 + 0{,}325^2)^{1/2} = 3{,}173 \text{ MNm}$$

Für die Handrechnung wird das Interaktionsdiagramm mit dimensionslosen Beiwerten für symmetrisch bewehrte Kreisquerschnitte verwendet [Schmitz 2004] bzw. [Schneider 2004].

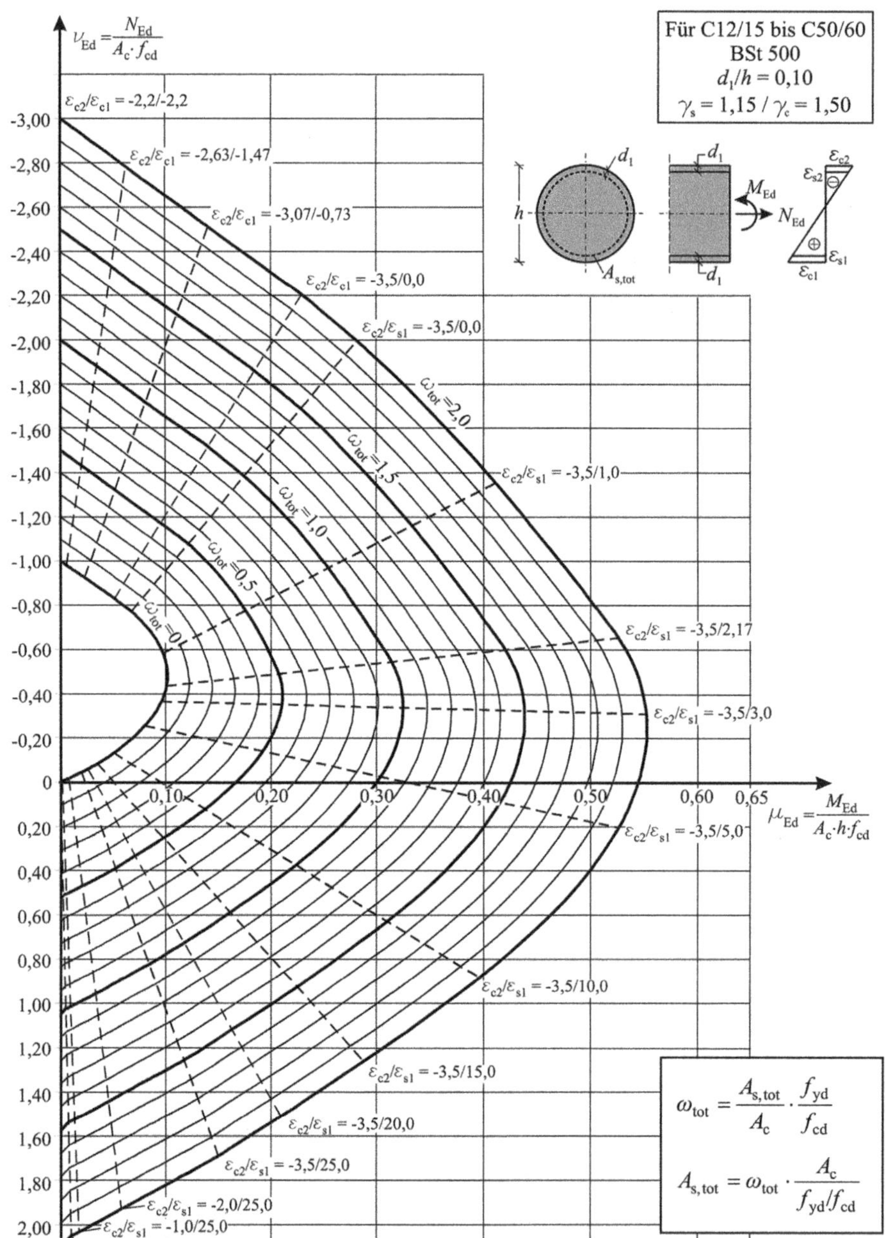

Bild 4-14 Bemessungsnomogramm für den symmetrisch bewehrten Vollkreisquerschnitt [Schmitz 2004]

$d_1/h = 10/120 = 0{,}083 \sim 0{,}1$

$\mu_{Ed} = M_{Ed}/(A_c \cdot h \cdot f_{cd}) = 3{,}173/(1{,}2^2 \cdot \pi/4 \cdot 1{,}2 \cdot 17) = 0{,}14$

$\nu_{Ed} = N_{Ed}/(A_c \cdot f_{cd}) = -3{,}649/(1{,}2^2 \cdot \pi/4 \cdot 17) = -0{,}19$

abgelesen: $\omega_{tot} = 0{,}3$; $\varepsilon_c = -3{,}5$ ‰; $\varepsilon_s \approx 5$ ‰

$A_{s,tot} = \omega_{tot} \cdot A_c/(f_{yd}/f_{cd}) = 0{,}27 \cdot 1{,}2^2 \cdot \pi/4/(435/17) = 119{,}3\ \text{cm}^2$

Die geringe Abweichung gegenüber der EDV-Berechnung resultiert aus dem größeren Verhältnis von d_1/h, aus dem groben Ablesen von ω_{tot} und aus der Nichtberücksichtigung der Betonstahlverfestigung im plastischen Bereich.

gewählt: 25 ∅ 25 = 122,7 cm² > erf. $A_s = 119{,}3\ \text{cm}^2$

Der Achsabstand der Längsstäbe beträgt 100 · π/24 = 13,1 cm. Damit ergibt sich der lichte Abstand zu 13,1 – 2,5 = 10,6 cm > 10 cm.

Eine nichtlineare Berechnung unter Berücksichtigung der Rissbildung in den Pfählen könnte durch die Umlagerungsmöglichkeiten zu einem Ausgleich der Längsbewehrung zwischen dem Maximum am Pfahlkopfbereich und den tiefer angrenzenden Bereichen führen. Jedoch sollte eine solche Vorgehensweise aufgrund des verhältnismäßig hohen Aufwandes nur in entsprechend notwendigen Ausnahmefällen gewählt werden.

4.7.4 Bemessung für Querkraft

Die Bemessung für Querkraft erfolgt zunächst auch hier wieder zweckmäßigerweise anhand der EDV. Die Ergebnisse der erforderlichen Bewehrungsverteilung sind ohne Mindestbewehrung in Bild 4-15 dargestellt.

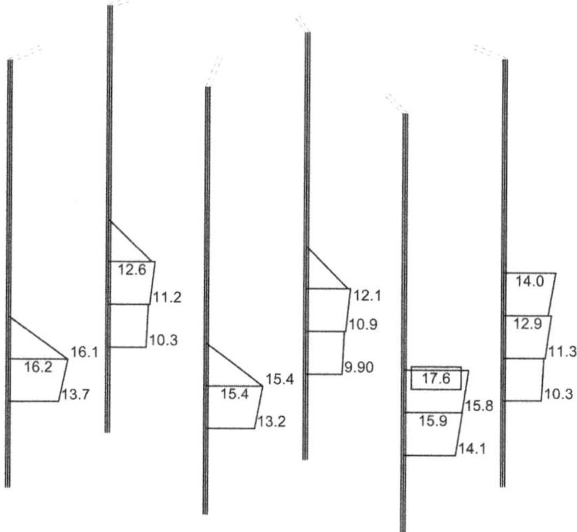

Bild 4-15 Ergebnisse der Querkraftbemessung aus der EDV-Berechnung [cm²/m]

Ergänzend soll anschließend für den maßgebenden Bemessungsschnitt in Pfahl 3 die Schubbemessung beispielhaft vorgeführt werden. Die wirksame Breite b_w für den Kreisquerschnitt bestimmt sich gemäß NABau [NABau 2011] aus dem kleineren Wert der Querschnittsbreite entweder in Höhe des Schwerpunktes der Zugbewehrung oder in Höhe der Druckresultierenden, womit der Querschnitt in einen äquivalenten Rechteckquerschnitt überführt wird.

Die bemessungsrelevante Querkraftbeanspruchung liegt nicht in den Bereichen der maximalen Biegebeanspruchung. Vereinfachend können die wirksame Breite b_w und der innere Hebelarm z an der Stelle der maximalen Biegebeanspruchung bestimmt werden. Da sich an dieser Stelle die geringste Druckzonenhöhe ergibt, ist damit einerseits die kleinste wirksame Breite b_w andererseits aber ein etwas zu großer innerer Hebelarm z zu erwarten. Da die Änderung des Hebelarms nicht so ausgeprägt wie die wirksame Breite ist, liegt das Ergebnis im Allgemeinen auf der sicheren Seite.

Die Lage der Nulllinie ergibt sich aus dem Dehnungsverhältnis des Druckrandes und der maximal beanspruchten Bewehrungslage:

$$x = 110\text{ cm} \cdot 3{,}5\text{ ‰}/(3{,}5\text{ ‰} + 5\text{ ‰}) = 45{,}3\text{ cm}$$

Durch Ansatz der Betonspannungsverteilung als Spannungsblock (▶ DIN-HB Bb, NCI zu 3.1.7 (2) (NA.102)) kann durch Handrechnung die Lage der Druckresultierenden gefunden werden:
Höhe des Spannungsblocks: $0{,}8 \cdot x = 0{,}8 \cdot 45{,}3 = 36{,}2$ cm

Anmerkung: Würde der Spannungsblock für die Biegebemessung angewendet, so wäre f_{cd} zusätzlich mit dem Faktor 0,9 abzumindern, da die Querschnittsbreite zum gedrückten Rand hin abnimmt (▶ DAfStb, Heft 600, zu 3.1.7 zu (3))[DAfStb 2012].

$$\alpha_1 = 4 \cdot \arcsin\,(0{,}8 \cdot x/D)^{1/2} = 4 \cdot \arcsin\,(36{,}2/120)^{1/2} = 133{,}3°$$

$$s = D \cdot \sin\,(\alpha_1/2) = 120 \cdot \sin\,(133{,}3/2) = 110{,}2\text{ cm}$$

$$A_{compr} = 0{,}5 \cdot R^2 \cdot (\pi \cdot \alpha_1/180° - \sin \alpha_1) = 0{,}5 \cdot 60^2 \cdot (\pi \cdot 133{,}3/180 - \sin 133{,}3)$$

$$A_{compr} = 2875{,}6\text{ cm}^2$$

$$z_{s,compr} = s^3/(12 \cdot A_{compr}) = 110{,}2^3/(12 \cdot 2875{,}6) = 38{,}8\text{ cm}$$

$$\alpha_2 = 4 \cdot \arcsin\,[(R - z_{s,compr})/D]^{1/2} = 4 \cdot \arcsin\,[(60 - 38{,}8)/120]^{1/2} = 99{,}4°$$

Die wirksame Breite b_w für die Schubbemessung ergibt sich dann zu:

$$b_{wc} = D \cdot \sin\,(\alpha_2/2) = 120\text{ cm} \cdot \sin\,(99{,}4/2) = 91{,}5\text{ cm}$$

Schwerpunkt der Zugbewehrung:

$$\alpha_{s1} = 360° - 4 \cdot \arcsin\,[(x - d_1)/D_s]^{1/2} = 360° - 4 \cdot \arcsin\,[(36{,}2 - 10)/100]^{1/2} = 236{,}8°$$

$$z_{ss} = 360 \cdot \sin\,(\alpha_{s1}/2) \cdot R_s/(\pi \cdot \alpha_{s1}) = 360 \cdot \sin\,(236{,}8/2) \cdot 50/(\pi \cdot 236{,}8) = 21{,}3\text{ cm}$$

$$\alpha_{s2} = 4 \cdot \arcsin\,[(R - z_{s,s})/D]^{1/2} = 4 \cdot \arcsin\,[(60 - 21{,}3)/120]^{1/2} = 138{,}4°$$

$$b_{ws} = D \cdot \sin(\alpha_{s2}/2) = 120 \cdot \sin\,(138{,}4/2) = 112{,}2\text{ cm}$$

Damit ist die Querschnittsbreite in Höhe der Druckresultierenden mit $b_{wc} = 91,5$ cm maßgebend.

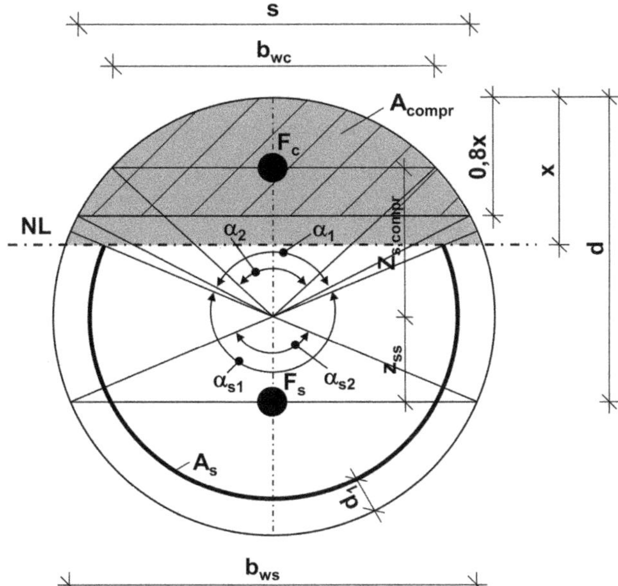

Bild 4-16 Lage der Druckresultierenden und Schwerpunkt der Zugbewehrung im Kreisquerschnitt

Bemessungswert der Querkrafttragfähigkeit ohne Querkraftbewehrung

Bemessungsschnittgrößen am Pfahl 1:

$$V_{Ed,y} = -1,027 \text{ MN}$$

$$V_{Ed,z} = -0,083 \text{ MN}$$

$$V_{Ed} = (1,027^2 + 0,083^2)^{1/2} = 1,030 \text{ MN}$$

$$\text{zug. } N_{Ed} = -6,788 \text{ MN}$$

Auf die detaillierte Darstellung der einzelnen Beziehungen zur Schubbemessung wird auf Abschnitt 2.4 verwiesen.

$$V_{Rd,ct} = [0,15/1,5 \cdot 1,43 \cdot (100 \cdot 0,008 \cdot 30)^{1/3} + 0,12 \cdot 3,4] \cdot 1,1 \cdot 0,915$$
$$= 0,826 \text{ MN} \rightarrow \text{maßgebend!}$$

$$V_{Rd,ct,min} = [0,234 + 0,12 \cdot 3,4] \cdot 1,1 \cdot 0,915 = 0,646 \text{ MN}$$

mit

$$\kappa = 1 + (200/1100 \text{ mm})^{1/2} = 1,43 < 2,0$$

$$\nu_{min} = 0,0375/1,5 \cdot 1,43^{3/2} \cdot 30^{1/2} = 0,234 \text{ MN/m}^2$$

$$\rho_l = 122,7 \cdot 236,8°/360°/(110 \cdot 91,5) = 0,008 < 0,02$$

$$\sigma_{cp} = -6{,}788/1{,}2^2 \cdot \pi/4 = -6{,}0 < 0{,}2\ f_{cd} = 0{,}2 \cdot 17 = -3{,}4\ \text{MN/m}^2$$

$$\sigma_{cp} = -3{,}4\ \text{MN/m}^2\ \text{maßgebend!}$$

$$V_{Rd,ct} = 0{,}826\ \text{MN} < V_{Ed} = 1{,}03\ \text{MN} \rightarrow \text{Schubbewehrung erforderlich!}$$

Ermittlung der erforderlichen Querkraftbewehrung:

Der Neigungswinkel der Betondruckstreben ist wie folgt zu begrenzen (▶ DIN-HB Bb, NDP zu 6.2.3 (2)):

$$V_{Rd,c} = 0{,}50 \cdot 0{,}48 \cdot 30^{1/3} \cdot \left(1 - 1{,}2\frac{3{,}4}{17}\right) \cdot 0{,}915 \cdot 0{,}601 = 0{,}312\ \text{MN}$$

$$z = z_{ss} + z_{s,compr} = 0{,}213 + 0{,}388 = 0{,}601\ \text{m}$$

$$4/7 \leq \cot\theta \leq \frac{1{,}2 + 1{,}4 \cdot 3{,}4/17}{1 - 0{,}312/1{,}030} = 2{,}12 > 7/4 \rightarrow 7/4!$$

Die erforderliche Querkraftbewehrung ergibt sich unter Verwendung lotrechter Bügelbewehrung zu (▶ DIN-HB Bb, 6.2.3 (103)):

$$a_{sw} = \frac{V_{Ed}}{z \cdot f_{yd} \cdot \cot\theta} = \frac{1{,}03}{0{,}601 \cdot 435 \cdot 1{,}75} \cdot 10^4 = 22{,}5\ \text{cm}^2/\text{m}$$

Der hier ermittelte höhere Wert der erforderlichen Schubbewehrung gegenüber der EDV-Berechnung begründet sich in den oben genannten auf der sicheren Seite liegenden Annahmen. Weiter wurde die Zugresultierende rein über die Bestimmung des Schwerpunktes der Zugbewehrung ermittelt. Tatsächlich müssten zur Bestimmung der Zugresultierenden die Größen der Betonstahlspannung berücksichtigt werden, woraus sich ein größerer innerer Hebelarm ergeben würde.

Der Bemessungswert der Druckstrebentragfähigkeit ergibt sich zu (▶ DIN-HB Bb, 6.2.3 (103)):

$$V_{Rd,\,max} = \frac{b_w \cdot z \cdot \alpha_c \cdot f_{cd}}{\cot\theta + \tan\theta} = \frac{0{,}915 \cdot 0{,}601 \cdot 0{,}75 \cdot 17}{1{,}75 + 1/1{,}75} = 3{,}02\ \text{MN}$$

Damit ist die Druckstrebentragfähigkeit größer als der Bemessungswert der einwirkenden Querkraft.

An dieser Stelle wird darauf hingewiesen, dass mit der zuvor verwendeten Überführung in einen äquivalenten Rechteckquerschnitt die Einflüsse aus den nach innen gerichteten Umlenkkräften infolge der ringförmigen Bügelbewehrung, der rotationssymmetrischen Längsbewehrung und dem besonderem Kraftfluss im Kreisquerschnitt unberücksichtigt bleiben. Ein verbessertes Bemessungsmodell, das die zuvor genannten Einflüsse berücksichtigt, kann [Mark 2008] entnommen werden.

4.7.5 Begrenzung der Rissbreiten

Die Rissbreiten sind auf $w_k \leq 0{,}2$ mm unter der häufigen Einwirkungskombination zu begrenzen (▶ DIN-HB Bb, Tabelle 7.101DE).

Die Schnittgrößen werden analog zu Abschnitt 4.7.2 unter Berücksichtigung der Theorie II. Ordnung mit einer gerissenen Pfeilersteifigkeit von $0{,}42 = EI^{II}/EI^{I}$ und einer minimalen Pfahlfußfedersteifigkeit von 93 MN/m für die häufige Einwirkungskombinationen bestimmt.

Häufige Einwirkungskombinationen für den Endzustand

Wind in y (Brückenquerrichtung) vorherrschend:

$$G_{k,1} + G_{k,2} + P_k + (K + S)_{vert.} + (K + S)_{horiz} + G_{k,set} + 0{,}2 \cdot F_{wy,k} \\ + 0{,}2 \cdot (Q_{k,TS} + Q_{k,UDL}) + e_a + e_{y,\Delta TM}$$

Wind in x (Brückenlängsrichtung) vorherrschend:

$$G_{k,1} + G_{k,2} + P_k + (K + S)_{vert} + (K + S)_{horiz} + G_{k,set} + 0{,}2 \cdot F_{wx,k} \\ + 0{,}2 \cdot (Q_{k,TS} + Q_{k,UDL}) + e_a + e_{x,\Delta TM} + e_{xLag}$$

Verkehr vorherrschend mit Temperatur:

$$G_{k,1} + G_{k,2} + P_k + (K + S)_{vert} + (K + S)_{horiz} + G_{k,set} + (0{,}75 \cdot Q_{k,TS} \\ + 0{,}40 \cdot Q_{k,UDL}) + 0{,}53 \cdot F_{B+A} + 0{,}5 \cdot \Delta T_{M,k,vert} + 0{,}5 \cdot \Delta T_{N,k,horiz} \\ + e_a + e_{x,\Delta TM} + e_{xLag}$$

Temperatur vorherrschend:

$$G_{k,1} + G_{k,2} + P_k + (K + S)_{vert} + (K + S)_{horiz} + G_{k,set} + 0{,}6 \cdot \Delta T_{M,k,vert} \\ + 0{,}6 \cdot \Delta T_{N,k,horiz} + 0{,}2 \cdot (Q_{k,TS} + Q_{k,UDL}) + 0{,}2 \cdot F_{B+A} + e_a + e_{x,\Delta TM} + e_{xLag}$$

Nachweis der Rissbreite

Zunächst wurde auch hier der Rissbreitennachweis anhand einer EDV-Analyse geführt. Dabei zeigt sich der maßgebende Bemessungsschnitt wie im ULS am Anschnitt zur Pfahlkopfplatte des Pfahls 6 mit Wind in Brückenlängsrichtung als führende Einwirkung. Im Folgenden wird der Nachweis für diesen Schnitt händisch geführt.

$$M_{y,häufig} = 0{,}196 \text{ MNm}$$

$$M_{z,häufig} = -0{,}960 \text{ MNm}$$

$$N_{häufig} = -3{,}026 \text{ MN}$$

Die Berechnung des Dehnungszustandes und der Spannungen erfolgt EDV-gestützt. Die Stoffgesetze für den Beton im Druckbereich als auch für den Betonstahl sind linear. Als Längsbewehrung werden 25 ∅ 25 angeordnet. Die Ergebnisse der Querschnittsanalyse sind folgend wiedergegeben:

$$\max \varepsilon_c = -0{,}295 \text{ ‰}$$

$$\max \varepsilon_{s1} = 0{,}141 \text{ ‰}$$

$$\sigma_{s,häufig} = 0{,}141 \cdot 10^{-3} \cdot 200.000 = 28{,}2 \text{ MN/m}^2$$

Der Nachweis der Rissbreite ohne direkte Berechnung erfolgt durch die Begrenzung des Stabdurchmessers nach Tabelle 7.2DE oder über die Stababstände nach Tabelle 7.3N (▶ DIN-

HB Bb, 7.3.3 (2) sowie NCI zu 7.3.3 (2)). Dabei ist zu beachten, dass bei einer überwiegend durch Zwangbeanspruchungen verursachten Rissbildung nur die Tabelle 7.2DE verwendet werden darf.

Der in Abhängigkeit von der tatsächlich vorhandenen Bauteilhöhe und der wirksamen Betonzugfestigkeit modifizierte Grenzdurchmesser d_s^* ergibt sich bei einem vorhandenen Bewehrungsdurchmesser von 25 mm zu (▶ DIN-HB Bb, NCI zu 7.3.2 (NA.106)):

$$d_s^* = f_{ct,0}/f_{ct,eff} \cdot d_s = 2{,}9/2{,}9 \cdot 25 = 25 \text{ mm}$$

Die zulässige Stahlspannung nach Tabelle 7.2DE beträgt damit für eine Rissbreite von $w_k = 0{,}2$ mm:

$$\text{zul } \sigma_s = (3{,}48 \cdot 10^6 \cdot 0{,}2/25)^{1/2} = 166{,}9 \text{ MN/m}^2 > 28{,}2 \text{ MN/m}^2$$

Damit ist der Nachweis der Rissbreite ohne direkte Berechnung erbracht.

4.7.6 Spannungsnachweise

Unter der quasi-ständigen Lastkombination sind zur Verhinderung des nichtlinearen Kriechens die Betondruckspannungen auf 0,45 f_{ck} zu begrenzen (▶ DIN-HB Bb, 7.2 (3) und NDP zu 7.2 (3)).

Zur Vermeidung von Mikro- und Längsrissbildung dürfen die Betondruckspannungen unter der charakteristischen Lastkombination den Wert 0,6 f_{ck} nicht überschreiten. Die Begrenzung darf um 10 % erhöht werden, wenn die Betondruckzone mit Querbewehrung von mindestens 1 % des Druckzoneninhalts umschnürt ist (▶ DIN-HB Bb, 7.2 (102) und NDP zu 7.2 (102)).

Die Zugspannung im Betonstahl sollte unter der charakteristischen Einwirkungskombination den Wert 0,8 f_{yk} nicht überschreiten, so dass plastisch bleibende Dehnungen vermieden werden (▶ DIN-HB Bb, 7.2 (4)P und (5) sowie NDP zu 7.2 (5)).

Quasi-ständige Einwirkungskombinationen für den Endzustand

$$G_{k,1} + G_{k,2} + P_k + (K+S)_{vert} + (K+S)_{horiz} + G_{k,set} + 0{,}5 \cdot \Delta T_{M,k,vert}$$
$$+ 0{,}5 \cdot \Delta T_{N,k,horiz} + 0{,}2 \cdot (Q_{k,TS} + Q_{k,UDL}) + 0{,}2 \cdot F_{B+A} + e_a + e_{x,\Delta TM} + e_{xLag}$$

Der maßgebende Bemessungsschnitt ist wieder am Anschnitt der Pfahlkopfplatte bei Pfahl 6 (siehe Bild 4-2). Die Schnittgrößenermittlung erfolgt analog zu Abschnitt 4.7.2.

$$M_{y,quasi} = 0{,}179 \text{ MNm}$$

$$M_{z,quasi} = -0{,}566 \text{ MNm}$$

$$N_{quasi} = -3{,}036 \text{ MN}$$

Die Berechnung des Dehnungszustandes und der Spannungen erfolgt wieder mit Hilfe einer EDV-Querschnittsanalyse. Die Stoffgesetze für den Beton im Druckbereich als auch für den Betonstahl sind linear-elastisch. Als Längsbewehrung werden 25 ∅ 25 angeordnet. Die Ergebnisse der Querschnittsanalyse sind folgend wiedergegeben:

$$\max \varepsilon_c = -0{,}175\ ‰$$

$$\max \varepsilon_{s1} = 0{,}069\ ‰$$

$$\sigma_{c,quasi} = 0{,}175 \cdot 10^{-3} \cdot 33.000 = 5{,}8\ \text{MN/m}^2 < 0{,}45\ f_{ck} = 13{,}5\ \text{MN/m}^2$$

Charakteristische Einwirkungskombinationen für den Endzustand

Wind in y (Brückenquerrichtung) vorherrschend:
Verkehr vorherrschend mit Wind:

$$G_{k,1} + G_{k,2} + P_k + (K + S)_{vert} + (K + S)_{horiz} + G_{k,set} + 1{,}0 \cdot (Q_{k,TS} + Q_{k,UDL}) + 0{,}6 \cdot F_{wx,k} + e_a + e_{x,\Delta TM} + e_{xLag}$$

Temperatur vorherrschend:

$$G_{k,1} + G_{k,2} + P_k + (K + S)_{vert} + (K + S)_{horiz} + G_{k,set} + 1{,}0 \cdot \Delta T_{M,k,vert} + 1{,}0 \cdot \Delta T_{N,k,horiz} + 0{,}75 \cdot Q_{k,TS} + 0{,}40 \cdot Q_{k,UDL} + 0{,}53 \cdot F_{B+A} + e_a + e_{x,\Delta TM} + e_{xLag}$$

Anmerkung: Der nicht häufige Wert für Bremsen und Anfahren wird aus den Betrachtungen des Kapitels 3. mit einem Kombinationsbeiwert von 0,53 aus den gewichteten Anteilen der Tandemachse und der Gleichlast angesetzt.

Der maßgebende Bemessungsschnitt ist wieder am Anschnitt der Pfahlkopfplatte bei Pfahl 6. Die Schnittgrößenermittlung erfolgt analog zu Abschnitt 4.7.2.

$$M_{y,char} = 0{,}194\ \text{MNm}$$

$$M_{z,char} = -1{,}318\ \text{MNm}$$

$$N_{char} = -2{,}827\ \text{MN}$$

Die Berechnung des Dehnungszustandes und der Spannungen erfolgt wieder mit Hilfe einer EDV-Querschnittsanalyse. Die Stoffgesetze für den Beton im Druckbereich als auch für den Betonstahl sind linear. Als Längsbewehrung werden 25 ∅ 25 angeordnet. Die Ergebnisse der Querschnittsanalyse sind folgend wiedergegeben:

$$\max \varepsilon_c = -0{,}421\ ‰$$

$$\max \varepsilon_{s1} = 0{,}426\ ‰$$

$$\sigma_{c,char} = 0{,}421 \cdot 10^{-3} \cdot 33.000 = 13{,}9\ \text{MN/m}^2 < 0{,}60\ f_{ck} = 18\ \text{MN/m}^2$$

$$\sigma_{s,char} = 0{,}426 \cdot 10^{-3} \cdot 200.000 = 85{,}2\ \text{MN/m}^2 < 0{,}80\ f_{yk} = 400\ \text{MN/m}^2$$

4.8 Bemessung der Pfahlkopfplatte

Aufgrund ihrer gedrungenen Abmessungen kann die Pfahlkopfplatte nicht mehr mit der Biegetheorie behandelt werden – das Ebenbleiben der Querschnitte gilt nicht mehr. Es handelt sich vielmehr um Scheibenprobleme, die mit Hilfe von Stabwerkmodellen abgebildet werden können. Grundlage für die Anwendung von Stabwerkmodellen ist der statische Grenzwertsatz der Plastizitätstheorie. Hiernach liefert ein statisches System, welches sich in einem zulässigen Spannungszustand befindet und die Fließbedingungen nicht verletzt, den unteren Grenzwert der Traglast. Ein zulässiger Spannungszustand berücksichtigt die Werkstoffgesetze und erfüllt die Gleichgewichtsbedingungen sowie die statischen Randbedingungen. Bei scheibenartigen Bauteilen ist dann kein Nachweis des Rotationsvermögens erforderlich. Gute Hinweise zur Modellierung mit Hilfe von Stabwerksmodellen sind z. B. in [Schlaich 2001] zu finden.

Die wesentlichen Beanspruchungen für die Bemessung der Pfahlkopfplatte ergeben sich zum einen aus der maximalen Druckbelastung Eckpfahl und zum anderen aus der maximalen Druckbelastung des Mittelpfahls.

Die Stabwerkmodelle werden lediglich für diese beiden lokalen Teilbereiche entwickelt. Werden die Ergebnisse der beiden lokalen Teilbereiche für die Auswahl der Bewehrung zugrunde gelegt, so kann die Standsicherheit der Pfahlkopfplatte als gegeben angesehen werden. Die Entwicklung eines räumlichen Fachwerkmodells für die gesamte Pfahlkopfplatte ist prinzipiell möglich, da jedoch unterschiedliche Lastfallkombinationen und somit unterschiedliche Lastflüsse innerhalb der Platte zu berücksichtigen sind, ist die Findung eines für alle Fälle zutreffenden Stabwerksmodells nicht einfach. Ein Gleichgewicht im gesamten Fachwerkmodell vereinfacht anhand überlagerter max./min. Schnittgrößen der einzelnen Bauteile zu erzielen, ist in der Regel nicht möglich, aber auch nicht zielführend. Es wird deshalb empfohlen, die Betrachtung herausgelöster Teilbereiche vorzuziehen und im Zweifelfalls die Eignung der gewählten Bewehrungsführung und -menge für einige gewählte Lastfallkombinationen zu überprüfen.

Bemessung im Grenzzustand der Tragfähigkeit für maximale Kraft auf Eckpfahl

Die maximale Drucknormalkraft ergibt sich auf den Eckpfahl Nr. 1 aus der Einwirkungskombination für min N unter Verkehr führend mit Wind in Brückenquerrichtung.

Tabelle 4-15 Pfahlschnittgrößen für Pfahl 1 im ULS am Pfahlkopf

Lastfall		Pfahl 1				
		N_{Ed} [kN]	$V_{Ed,y}$ [kN]	$V_{Ed,z}$ [kN]	$M_{Ed,y}$ [kN]	$M_{Ed,z}$ [kN]
Bauzustand	w_y min N_{Ed}	−1695,8	1,2	32,0	96,9	−32,5
	w_y max N_{Ed}	−1284,9	0,8	31,4	90,5	−23,6
	w_x min N_{Ed}	−1947,3	124,0	1,8	21,7	−672,9
	w_x max N_{Ed}	−1530,6	122,8	1,4	15,9	−651,2
Endzustand	w_y min N_{Ed}	−6131,6	44,0	207,9	1199,8	−818,4
	w_y max N_{Ed}	−4577,8	25,3	196,6	1058,9	−440,3
	w_x min N_{Ed}	−5717,5	203,1	18,5	240,2	−2199,3
	w_x max N_{Ed}	−4063,0	165,7	12,4	162,0	−1437,2
	B + A min N_{Ed}	−5885,4	93,1	22,1	283,5	−1605,4
	B + A max N_{Ed}	−3557,3	45,2	12,1	156,3	−651,4
	Q + T min N_{Ed}	−6636,6	110,0	25,8	332,4	−2076,8
	Q + T max N_{Ed}	−3408,6	31,2	11,7	150,8	−495,2
	Q + w_x min N_{Ed}	−7216,0	214,3	25,3	325,6	−3200,9
	Q + w_x max N_{Ed}	−3468,8	25,3	32,4	208,1	−435,4
	T min N_{Ed}	−5849,1	86,8	22,2	283,6	−1523,3
	T max N_{Ed}	−3533,7	40,6	12,1	156,2	−603,5

Pfahlschnittkräfte am Anschnitt Pfahlkopfplatte nach Tabelle 4-15:

$M_{Ed,y} = 0{,}326$ MNm

$M_{Ed,z} = -3{,}201$ MNm

$N_{Ed} = -7{,}216$ MN

Die zugehörigen Pfeilerschnittkräfte am Anschnitt Pfahlkopfplatte betragen:

$M_{Ed,y} = 5{,}014$ MNm

$M_{Ed,z} = -32{,}122$ MNm

$N_{Ed} = -30{,}57$ MN

Zur Festlegung der Geometrie des räumlichen Stabwerkmodells wird jeweils die Lage und Größe der Druckresultierenden am Anschnitt Pfeiler und Pfahl ermittelt. Anhand einer EDV-Querschnittsanalyse für die zuvor angeführten Schnittgrößen kann die Lage der Druckzone gemäß Bild 4-19 angegeben werden.

Die resultierende Längskraft aus der Druckzone des Pfahlquerschnitts ($C + F_{s2}$) ergibt sich aus der Aufintegration der Betondruckspannungen und der einzelnen Kräfte der gedrückten Betonstahlbewehrung. Für den Fall, dass die Kraft in den einzelnen Bewehrungsstäben bekannt ist, lässt sich auch alternativ die resultierende Betondruckkraft zweckmäßigerweise über das Kräftegleichgewicht am Querschnitt zurückrechnen.

Aus der EDV-Querschnittsanalyse ergibt sich für den Pfahl:

$\varepsilon_{c1} = 1{,}955$ ‰ $\quad F_{s1} = 1{,}212$ MN

$\varepsilon_{c2} = -2{,}279$ ‰ $\quad F_{s2} = -1{,}610$ MN

Kräftegleichgewicht am Querschnitt:

$$0 = F_{s1} - F_{s2} - C + N_{Ed} \rightarrow C + F_{s2} = 7{,}216 + 1{,}212 = 8{,}428 \text{ MN}$$

Die Höhe der Druckzone ergibt sich aus der Dehnungsebene:

$$x = \varepsilon_{c2}/(\varepsilon_{c1} + \varepsilon_{c2}) \cdot D = 2{,}279/(2{,}279 + 1{,}955) \cdot 1{,}2 = 0{,}65 \text{ m}$$

Im Weiteren kann auf der sicheren Seite liegend genügend genau angenommen werden, dass die Resultierende der Druckzone des Pfahlquerschnitts bei D/6 liegt (siehe Bild 4-17 und Bild 4-19).

Für den Pfeiler ergibt sich aus der EDV-Querschnittsanalyse die Dehnungsebene nach Bild 4-18.

Zur Annahme der Lage der Druckresultierenden des Pfeilers wird der Pfeilerquerschnitt, wie in Bild 4-19 dargestellt, zunächst in 6 gleiche Teilflächen zerlegt, wobei im Weiteren unterstellt wird, dass die Pfahldruckkraft in die dem jeweiligen Pfahl am nächsten liegende Teilfläche des Pfeilers fließt. Auf der sicheren Seite liegend wird die Lage der Druckresultierenden im äußeren Drittelspunkt der Teilfläche angenommen.

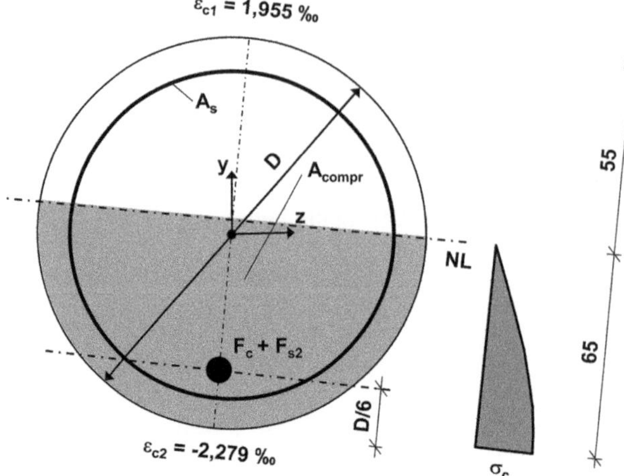

Bild 4-17 Dehnungsebene im maßgebenden Bohrpfahl (Eckpfahl)

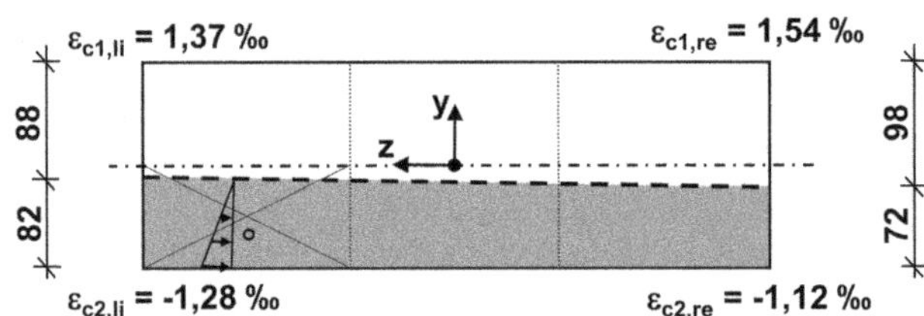

Bild 4-18 Dehnungsebene im Pfeilerfuß

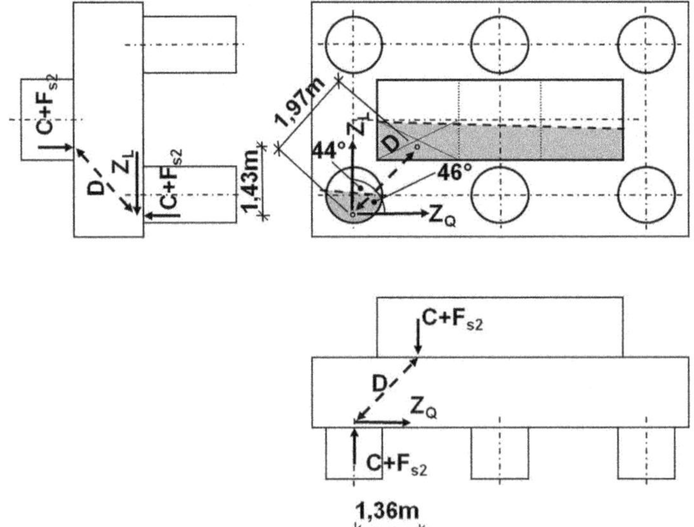

Bild 4-19 Geometrie des Stabwerkmodells für den Fall maximale Belastung auf Eckpfahl

Bei Anwendung des Parabel-Rechteck-Diagramms beträgt laut EDV-Querschnittsanalyse die zur maximalen Druckdehnung zugehörige Druckspannung am Pfeilerfuß:

$$\sigma_c = 14{,}8 \text{ MN/m}^2$$

Mit dieser Annahme wäre näherungsweise die resultierende Druckkraft in der betrachteten Pfeilerteilfläche:

$$C = 14{,}8 \cdot 0{,}82 \cdot 5{,}21/3 \cdot ½ = 10{,}54 \text{ MN} > 8{,}53 \text{ MN}$$

Damit liegt die Annahme weit auf der sicheren Seite. Tatsächlich würde zur Aufnahme der Pfahldruckkraft und zur Ausbildung eines Gleichgewichtes eine kleinere Teilfläche ausreichen, deren Schwerpunkt sich in Richtung Eckpfahl verschiebt. Der Traganteil der Druckbewehrung im Pfeilerfuß wurde vernachlässigt.

Die Neigung der Betondruckstrebe beträgt damit:

$$\theta = \arctan (1{,}35/1{,}97) = 34{,}4°$$

mit $d = 1{,}5 - 0{,}055 - 0{,}028 \cdot 2{,}5 \approx 1{,}35$ m (Annahme 2 Lagen ∅ 28)

Die schräg gerichtete Zugkomponente ergibt sich damit zu:

$$Z = (C + F_{s2})_{Pfahl}/\tan \theta = 8{,}428/\tan 34{,}4° = 12{,}31 \text{ MN}$$

Die horizontale Zugkomponente, welche im Gleichgewicht mit der schrägen Druckstrebe steht, ergibt sich zu:

$$H = 12{,}31 \cdot \cos 34{,}4° = 10{,}16 \text{ MN}$$

Aufteilung der horizontalen Zugkomponente in Brückenquer- und Brückenlängsrichtung:

$$Z_Q = 10{,}16 \cdot \cos 46° = 7{,}06 \text{ MN} \rightarrow \text{erf. } A_s = 7{,}06/435 \cdot 10^4 = 162 \text{ cm}^2$$

gewählt längs: 2 Lagen je 17 ∅ 25 entspricht 167 cm²

$$Z_L = 10{,}16 \cdot \cos 44° = 7{,}31 \text{ MN} \rightarrow \text{erf. } A_s = 7{,}31/435 \cdot 10^4 = 168 \text{ cm}^2$$

gewählt quer: 2 Lagen je 14 ∅ 28 entspricht 172,5 cm²

Verankerung der Zugstrebenbewehrung – Bereich Eckpfahl

Der Grundwert der Verankerungslänge beträgt (▶ DIN-HB Bb, 8.4.3 (2)):

$$l_{b,rqd} = \frac{\varnothing_s}{4} \cdot \frac{\sigma_{sd}}{f_{bd}} = \frac{2{,}8}{4} \cdot \frac{423{,}7}{2{,}3} = 129 \text{ cm} \qquad (4\text{-}21)$$

mit

σ_{sd} vorhandene Stahlspannung im GZT

$$\sigma_{sd} = 435 \cdot 168/172{,}5 = 423{,}7 \text{ MN/m}^2$$

und

$f_{bd} = 2{,}25 \cdot \eta_1 \cdot \eta_2 \cdot f_{ctd}$ (▶ DIN-HB Bb, 8.4.2 (2)) mit $\eta_1 = 1{,}0$ für guten Verbund

$\eta_2 = 1{,}0$ für $\varnothing < 32$ mm

$f_{ctd} = \alpha_{ct} \cdot f_{ctk,0,05}/\gamma_c$ (▶ DIN-HB Bb, 3.1.6 (102) und NDP zu 3.1.6 (102)P)

$f_{ctd} = 0{,}85 \cdot 1{,}8/1{,}5 = 1{,}02\ \text{MN/m}^2$

$f_{bd} = 2{,}25 \cdot 1{,}0 \cdot 1{,}0 \cdot 1{,}02 = 2{,}3\ \text{MN/m}^2$

Der Bemessungswert der Verankerungslänge ergibt sich nach DIN-HB Bb, 8.4.4 (1):

$$l_{bd} = \alpha_1 \cdot \alpha_2 \cdot \alpha_3 \cdot \alpha_4 \cdot \alpha_5 \cdot l_{b,rqd} \geq l_{b,\,min} \tag{4-22}$$

mit

α_1 $\alpha_1 = 1{,}0$; Verankerungsart gerade (▶ DIN-HB Bb, Tabelle 8.2)

α_2 $\alpha_2 = 1 - 0{,}15 \cdot (4{,}5 - 2{,}8)/2{,}8 = 0{,}91$;
Betondeckung bzw. Stababstand (hier lichter Stababstand mit Minimum 4,5 cm angenommen) (▶ DIN-HB Bb, Tabelle 8.2)

α_3 nicht angeschweißte Querbewehrung; da K = 0 ergibt sich $\alpha_3 = 1{,}0$ (▶ DIN-HB Bb, Tabelle 8.2 und Bild 8.4)

α_4 $\alpha_4 = 1{,}0$; angeschweißte Querstäbe

α_5 Querdruck; $\alpha_5 = 1 - 0{,}04 \cdot p$ (▶ DIN-HB Bb, Tabelle 8.2)

Gemäß DIN-HB Bb, 9.8.1 (5) darf bei der Ermittlung der Verankerungslänge die günstige Wirkung der Druckspannung aus der Auflagerreaktion des Pfahls angesetzt werden.

Der mittlere Querdruck p [MN/m²] lässt sich aus der Betondruckkraft und der Fläche der Betondruckzone bestimmen:

$A_{comp} = 1{,}3^2 \cdot \pi/8 = 0{,}664\ \text{m}^2$
(Halbkreis mit R = 0,65, R entspricht der Druckzonenhöhe x)

$p = C/A_{comp} = 6{,}918/0{,}664 = 10{,}4\ \text{MN/m}^2$

mit

$C = (C + F_{s2}) - F_{s2} = 8{,}528 - 1{,}610 = 6{,}918$ MN
(Abzug Traganteil Druckbewehrung)

$\alpha_5 = 1 - 0{,}04 \cdot 10{,}4 = 0{,}584 > 0{,}7! \rightarrow 0{,}7$

$l_{b,min}$ Mindestverankerungslänge

$l_{b,min} = \max\{0{,}3 \cdot l_{b,rqd};\ 10\ \varnothing;\ 100\ \text{mm}\}$

$l_{b,min} = \max\{0{,}3 \cdot 1305;\ 10 \cdot 28;\ 100\ \text{mm}\} = 392\ \text{mm}$

Ist senkrecht zur Bewehrungsrichtung Querzug vorhanden, so ist der Beiwert α_5 auf 1,5 zu erhöhen. Im vorliegenden Fall kreuzen sich die Zugstreben über den Eck- als auch den Mittelpfählen, womit eine Längsrissbildung parallel zu den zu verankernden Stäben möglich ist. Wird jedoch die Rissbreite dieser Risse im GZG auf $w_k \leq 0{,}2$ mm begrenzt, darf auf diese Erhöhung verzichtet werden (▶ DIN-HB Bb, NCI zu 8.4.4 (2), Tabelle 8.2).

Damit ergibt sich der Bemessungswert der Verankerungslänge zu:

$$l_{bd} = 1{,}0 \cdot 0{,}91 \cdot 1{,}0 \cdot 1{,}0 \cdot 0{,}70 \cdot 129 = 82{,}2 \text{ cm} > l_{b,min} = 392 \text{ mm}$$

Zusätzlich zu $l_{b,min}$ nach DIN-HB Bb, 8.4.4 (1) ist die nach Bild 4-21 geforderte Mindestverankerungslänge zu berücksichtigen (▶ DIN-HB Bb, Bild 6.27). Die Verankerungslänge beginnt am Knotenanfang, wo erste Druckspannungen aus den Druckstreben auf die zu verankernde Bewehrung treffen (▶ DIN-HB Bb, 6.5.4 (7) und Bild 6.27), und beträgt:

$$l_{bd} = 2 \cdot s_0 + a_l = 2 \cdot 6{,}9 + a_l$$

mit

$$s_0 = 5{,}5 + 2{,}8/2 = 6{,}9 \text{ cm}$$

$$\text{erf. } l_{bd,L} = 2 \cdot 6{,}9 + 65 = 78{,}8 \text{ cm}$$

$$\text{erf. } l_{bd,Q} = 2 \cdot 6{,}9 + 120 = 133{,}8 \text{ cm}$$

Gemäß den Abmessungen der Pfahlkopfplatte stehen ab Pfahlvorderkante für Z_Q mehr als 120 cm + (30 – 5,5) = 144,5 cm Verankerungslänge zur Verfügung, womit diese ausreichend ist. Für Z_L stehen ab Pfahlachse 65 + (30 – 5,5) = 89,5 cm zur Verfügung. Bei Verwendung des kleineren Stabdurchmessers von 25 mm kann auch ohne weitere Rechnung davon ausgegangen werden, dass die Verankerungslänge ausreichend ist.

Einleitung Pfahlzugbewehrung in die Pfahlkopfplatte – Bereich Eckpfahl

Die Einleitung der Pfahlzugbewehrung erzeugt nur geringe Zugkräfte in der Pfahlkopfplatte, die durch die Mindest- bzw. Oberflächenbewehrung ausreichend abgedeckt sind. Auf einen genauen Nachweis wird deshalb verzichtet.

Bemessung der Knoten

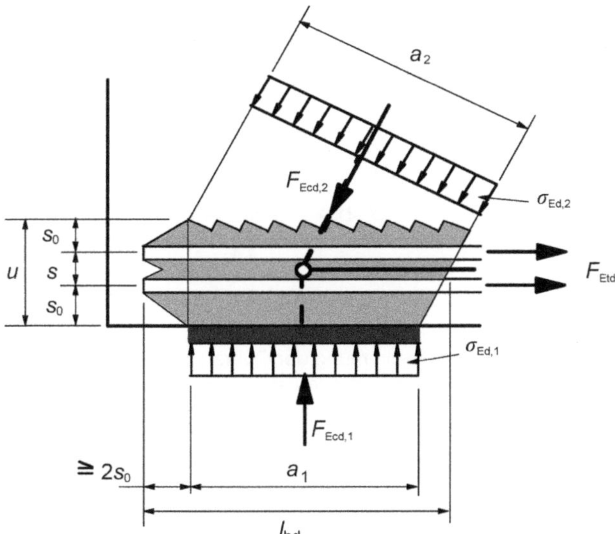

Bild 4-20 Druck-Zug-Knoten mit Bewehrung in einer Richtung

Die Bemessungsdruckfestigkeiten in den Knoten sind im Allgemeinen wie folgt zu begrenzen (▶ DIN-HB Bb, 6.5.4 (4) und NDP zu 6.5.4 (4)):

Druckknoten ohne Verankerung von Zugstreben:

$$\sigma_{Rd,max} = k_1 \cdot \nu' \cdot f_{cd} = 1{,}1 \cdot 1{,}0 \cdot 0{,}85 \cdot 25/1{,}5 = 15{,}58 \text{ MN/m}^2$$

mit $\nu' = 1{,}0$ für Knotenbemessung (▶ DIN-HB Bb, NDP zu 6.5.2 (2))

Druck-Zug-Knoten mit Verankerung von Zugstreben in einer Richtung:

$$\sigma_{Rd,max} = k_2 \cdot \nu' \cdot f_{cd} = 0{,}75 \cdot 1{,}0 \cdot 0{,}85 \cdot 25/1{,}5 = 10{,}62 \text{ MN/m}^2$$

mit $\nu' = 1{,}0$ für Knotenbemessung (▶ DIN-HB Bb, NDP zu 6.5.2 (2))

Druck-Zug-Knoten mit Verankerung von Zugstreben in mehrere Richtungen:

$$\sigma_{Rd,max} = k_3 \cdot \nu' \cdot f_{cd} = 0{,}75 \cdot 1{,}0 \cdot 0{,}85 \cdot 25/1{,}5 = 10{,}62 \text{ MN/m}^2$$

mit $\nu' = 1{,}0$ für Knotenbemessung (▶ DIN-HB Bb, NDP zu 6.5.2 (2))

Da aber die Pfahlkopfplatte deutlich breiter als die Knotenabmessung ist und damit nicht nur ein ebener Spannungszustand vorliegt, ist der Nachweis der Knoten über Teilflächenbelastung möglich [DAfStb 2012]. Damit können auch höhere Werte der Bemessungsdruckspannungen angesetzt werden. Ausgehend vom Knoten am Pfahlkopf breitet sich die Druckstrebe flaschenförmig im Bauteil aus und schnürt sich am Knoten unterhalb des Pfeilers wieder ein. Die dadurch entstehenden Querzugkräfte sind durch Querbewehrung abzudecken (▶ DIN-HB Bb, 6.5.3 (3) und NCI zu 6.5.3 (3)).

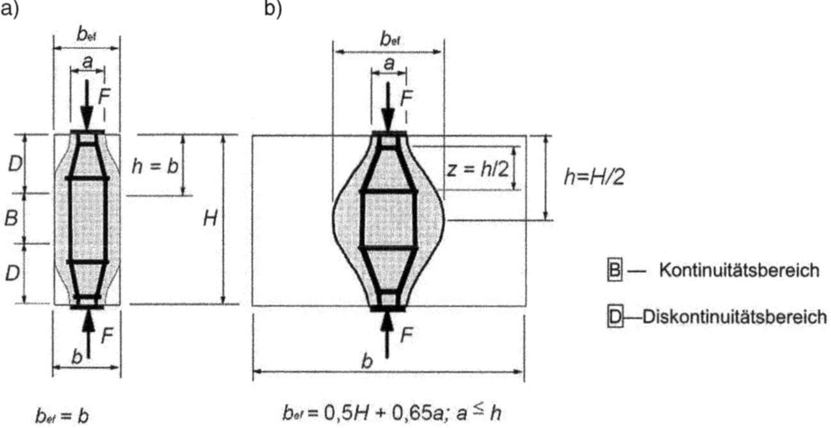

Bild 4-21 Geometrische Größen und effektive Breiten zur Bestimmung der Querzugkräfte in Druckfeldern a) begrenzte Ausbreitung der Druckspannungen, b) unbegrenzte Ausbreitung der Druckspannungen

Zur einfacheren Bestimmung der geometrischen Parameter der Druckflächen wird die Fläche der Betondruckzone des Pfahles durch eine äquivalente flächengleiche Rechteckfläche ersetzt. Das Seitenverhältnis der äquivalenten Rechteckfläche wird so gewählt, dass die

Schwerpunktlage beider Flächen übereinstimmt und eine Seite des äquivalenten Rechtecks an der Nulllinie anliegt (siehe Bild 4-22).

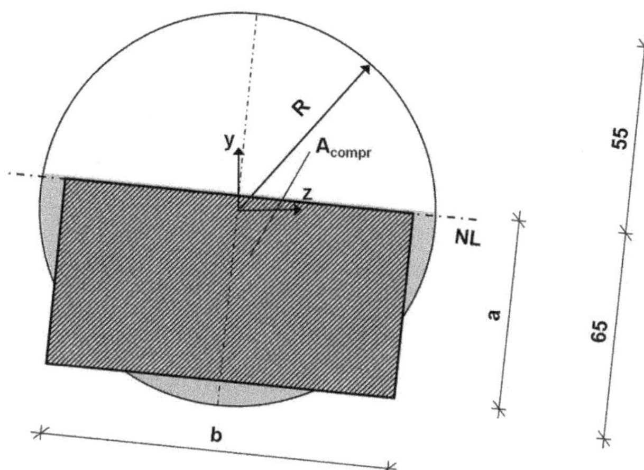

Bild 4-22 Äquivalente Ersatzfläche der Betondruckzone des Pfahls

Die Fläche und die Schwerpunktlage der Betondruckzone des Pfahls ergeben sich zu:

$$A_c = \pi \cdot 1{,}2^2/8 + 0{,}05 \cdot 1{,}2 = 0{,}6255 \text{ m}^2$$

$$x_{s,\text{Halbkreis}} = 1{,}2^3/(12 \cdot \pi \cdot 1{,}2^2/8) = 0{,}255 \text{ m}$$

$$x_{s,\text{gesamt}} = [(0{,}255 + 0{,}05) \cdot \pi \cdot 1{,}2^2/8 + 0{,}05/2 \cdot 0{,}05 \cdot 1{,}2]/0{,}6255$$

$$x_{s,\text{gesamt}} = 0{,}278 \text{ m}$$

Damit betragen die Seitenlängen der äquivalenten Rechteckfläche:

$$a = 2 \cdot 0{,}278 = 0{,}556 \text{ m}$$

$$b = 0{,}6255/0{,}556 = 1{,}125 \text{ m}$$

Gemäß Bild 4-21 ergeben sich die effektiven Druckfeldbreiten zu:

$$b_{ef} = 0{,}5 \cdot H + 0{,}65 \cdot a = 0{,}5 \cdot 2{,}39 + 0{,}65 \cdot a$$

mit $H = (1{,}97^2 + 1{,}35^2)^{1/2} = 2{,}39 \text{ m}$

für $a = 0{,}556$ m: $b_{ef} = 0{,}5 \cdot 2{,}39 + 0{,}65 \cdot 0{,}556 = 1{,}56$ m

für $b = 1{,}125$ m: $b_{ef} = 0{,}5 \cdot 2{,}39 + 0{,}65 \cdot 1{,}125 = 1{,}93$ m

Damit kann von einer unbegrenzten Ausbreitung der Druckflächen ausgegangen werden. Für a_2 gemäß Bild 4-20 ergibt sich:

$$a_2 = (u/\tan\theta + a_1) \cdot \sin\theta =$$

mit $u = s + 2 \cdot s_0 = 5{,}3 + 2 \cdot 6{,}9 = 19{,}1$ cm

$s = 2{,}8 + 2{,}5 = 5{,}3$ cm

Die ausgebreitete Fläche liegt schief im dreidimensionalen Raum. Eine genaue Ermittlung von a_2 erfordert einen sehr hohen Rechenaufwand. Deshalb wird für θ jeweils der Winkel der Druckstreben der tatsächlichen Ansichtsflächen verwendet:

$$\theta_L = \arctan\,(1{,}35/1{,}43) = 43{,}4°$$

$$\theta_Q = \arctan\,(1{,}35/1{,}36) = 44{,}8°$$

Da sich die Werte kaum unterscheiden, wird für die weitere Rechnung ein gemittelter Wert von rund 44° für beide Winkel verwendet:

für $a_1 = 1{,}125$: $a_2 = (0{,}191/\tan 44 + 1{,}125) \cdot \sin 44 = 0{,}92$ m

für $a_1 = 0{,}556$: $a_2 = (0{,}191/\tan 44 + 0{,}556) \cdot \sin 44 = 0{,}52$ m

Nachweis der Teilflächenpressung nach DIN-HB Bb, 6.7 (2):

$$F_{Rdu} = A_{c0} \cdot f_{cd} \cdot \sqrt{A_{c1}/A_{c0}} \leq 3{,}0 \cdot f_{cd} \cdot A_{c0} \tag{4-23}$$

mit

A_{c0} Belastungsfläche

A_{c1} maximale rechnerische Verteilungsfläche mit geometrischer Ähnlichkeit zu A_{c0}

$$F_{Rdu} = 0{,}52 \cdot 0{,}92 \cdot 14{,}17 \cdot \sqrt{(1{,}56 \cdot 1{,}93)/(0{,}52 \cdot 0{,}92)}$$

$$F_{Rdu} = 0{,}52 \cdot 0{,}92 \cdot 14{,}17 \cdot 2{,}5 \leq 3{,}0 \cdot 14{,}17 \cdot 0{,}52 \cdot 0{,}92$$

$$F_{Rdu} = 16{,}95 \text{ MN} > F_{Ed} = (8{,}428 - 1{,}610)/\sin 34{,}4 = 12{,}07 \text{ MN}$$

Anmerkung: Bei der Ermittlung von F_{Ed} wird nur die reine Betondruckkraft berücksichtigt. Der Anteil F_{s2} der Druckbewehrung wurde abgezogen.

Voraussetzung eines Nachweises über die Teilflächenbelastung ist die Berücksichtigung der Querzugkräfte (▶ DIN-HB Bb, 6.7 (1) nach DIN-HB Bb, 6.5.3). Gemäß DIN-HB Bb, NCI zu 6.5.3 (3) ergibt sich die Zugkraft in Bereichen mit unbegrenzter Ausbreitung zu:

$$T = \frac{1}{4} \cdot \left(1 - 0{,}7\,\frac{a}{H}\right) \cdot F \tag{4-24}$$

$$T_L = \frac{1}{4} \cdot \left(1 - 0{,}7\,\frac{0{,}52}{2{,}39}\right) \cdot 12{,}07 = 2{,}56 \text{ MN}$$

$$T_Q = \frac{1}{4} \cdot \left(1 - 0{,}7\,\frac{0{,}92}{2{,}39}\right) \cdot 12{,}07 = 2{,}20 \text{ MN}$$

Gemäß Bild 4-21b liegt die Bewehrung ca. im Viertelspunkt der Druckbirne. Sie wird vereinfacht horizontal angeordnet. Damit ergibt sich:

gewählt längs: 19 ∅ 20 ca. 45 cm über UK Pfahlkopfplatte

19 ∅ 20 ca. 45 cm unter OK Pfahlkopfplatte

gewählt quer: 17 ∅ 20 ca. 45 cm über UK Pfahlkopfplatte

17 ∅ 20 ca. 45 cm unter OK Pfahlkopfplatte

Bemessung im Grenzzustand der Gebrauchstauglichkeit für maximale Kraft auf Mittelpfahl – Begrenzung der Rissbreiten der Zugstreben infolge Last

Die Rissbreite ist gemäß Tabelle 7.110DE auf $w_k \leq 0{,}2$ mm unter der häufigen Lastkombination zu beschränken(▶ DIN-HB Bb, Tabelle 7.101DE).

Wie im Grenzzustand der Tragfähigkeit ist der Lastfall min N aus Verkehr mit Wind in Brückenlängsrichtung maßgebend.

Pfahlschnittkräfte am Anschnitt Pfahlkopfplatte für die häufige Lastkombination:

$M_{Ed,y} = 0{,}198$ MNm

$M_{Ed,z} = -0{,}979$ MNm

$N_{Ed} = -4{,}277$ MN

Anhand eines einfachen Lastvergleiches zwischen der Pfahlnormalkraft im GZT und unter der häufigen Lastkombination lässt sich vereinfacht die Stahlspannung in den Zugstreben bestimmen:

$$\sigma_s = 4277/7216 \cdot 428{,}7 = 254 \text{ MN/m}^2$$

Der Nachweis der Rissbreitenbeschränkung wird anhand DIN-HB Bb, 7.3.3 geführt. Da es sich um eine direkte Einwirkung handelt, darf DIN-HB Bb, Tabelle 7.3N mit den Höchstwerten der Stababstände verwendet werden. Mit der errechneten Stahlspannung lässt sich nach Tabelle 7.3N ein maximal zulässiger Stababstand von

$$s = 82{,}5 \text{ mm} > s_{vorh}$$

interpolieren.

Die Vorgehensweise liegt auf der sicheren Seite, da unter der häufigen Lastkombination die Höhe der Betondruckzone zunimmt, so dass die Neigung der Betondruckstrebe steiler wird und folglich die Kraft in den Zugstreben abnimmt.

Bemessung im Grenzzustand der Tragfähigkeit für maximale Kraft auf Mittelpfahl

Die maximale Drucknormalkraft ergibt sich auf den Innenpfahl Nr. 2 aus der Einwirkungskombination Verkehr führend mit Wind in Brückenquerrichtung.

Pfahlschnittkräfte am Anschnitt Pfahlkopfplatte:

$M_{Ed,y} = 0{,}321$ MNm

$M_{Ed,z} = -3{,}226$ MNm

$N_{Ed} = -6{,}918$ MN

Zugehörige Pfeilerschnittkräfte am Anschnitt Pfahlkopfplatte:

$M_{Ed,y} = 5{,}014$ MNm

$M_{Ed,z} = -32{,}122$ MNm

$N_{Ed} = -30{,}57$ MN

In der gleichen Weise wie für den Eckpfahl ergibt sich aus der EDV-Querschnittsanalyse die Dehnungsebene für den Mittelpfahl:

$\varepsilon_{c1} = 2{,}076$ ‰ $\quad F_{s1} = 1{,}321$ MN

$\varepsilon_{c2} = -2{,}301$ ‰ $\quad F_{s2} = -1{,}597$ MN

Kräftegleichgewicht am Querschnitt:

$$0 = F_{s1} - F_{s2} - C + N_{Ed} \rightarrow C + F_{s2} = 6{,}918 + 1{,}597 = 8{,}515 \text{ MN}$$

Die Höhe der Druckzone ergibt sich aus der Dehnungsebene:

$$x = \varepsilon_{c2}/(\varepsilon_{c1} + \varepsilon_{c2}) \cdot D = 2{,}301/(2{,}301 + 2{,}076) \cdot 1{,}2 = 0{,}63 \text{ m}$$

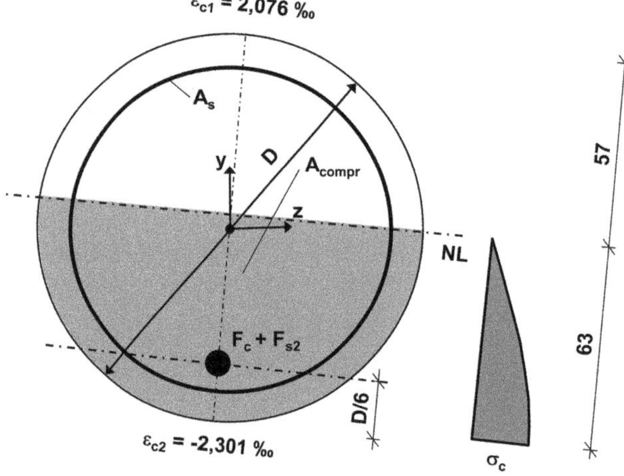

Bild 4-23 Dehnungsebene im maßgebenden Bohrpfahl (Mittelpfahl)

Mit der bekannten Nulllinienlage kann die Resultierende der Druckzone genügend genau bei D/6 angenommen werden (Bild 4-23).

Der Dehnungszustand des Pfeilers wird den vorangegangenen Berechnungen für den Eckpfahl entnommen. Die Annahme der Lage der Druckresultierenden im Pfeiler ist analog zum Eckpfahl.

Bereits bei den Berechnungen für den Eckpfahl wurde gezeigt, dass diese Annahmen auf der sicheren Seite liegen. Dies kann ohne Weiteres auch auf die Untersuchungen des Mittelpfahls übertragen werden.

Gemäß Bild 4-24 ergibt sich die Neigung der Betondruckstrebe zu:

$$\theta = \arctan(1{,}35/1{,}43) = 43{,}4°$$

mit $\quad d = 1{,}5 - 0{,}055 - 0{,}028 \cdot 2{,}5 \approx 1{,}35$ m (analog Eckpfahl)

Die horizontale Zugkomponente Z_L ergibt sich damit zu:

$$Z_L = (C + F_{s2})_{Pfahl}/\tan\theta = 8{,}515/\tan 43{,}4° = 9{,}0 \text{ MN}$$

erf $A_s = 9{,}0/435 \cdot 10^4 = 207\ cm^2$

gewählt: 2 Lagen je 17 ∅ 28 entspricht 209,4 cm^2

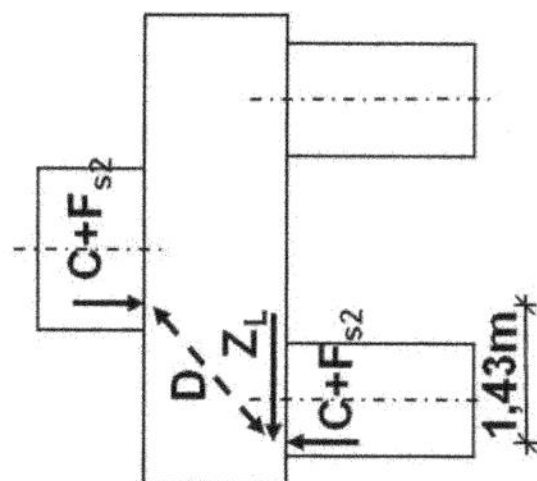

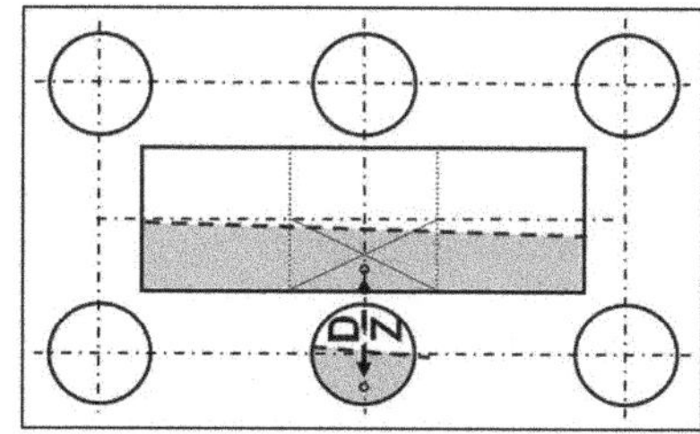

Bild 4-24 Geometrie des Stabwerkmodells für den Fall maximale Belastung auf Mittelpfahl

Verankerung der Zugstrebenbewehrung – Bereich Mittelpfahl

Die Berechnung kann analog zum Eckpfahl erfolgen.

Der Grundwert der Verankerungslänge beträgt (▶ DIN-HB Bb, 8.4.3 (2)):

$$l_{b,rqd} = \frac{\varnothing_s}{4} \cdot \frac{\sigma_{sd}}{f_{bd}} = \frac{2{,}8}{4} \cdot \frac{430}{2{,}3} = 131\ cm \qquad (4\text{-}25)$$

mit

σ_{sd} vorhandene Stahlspannung im GZT

$\sigma_{sd} = 435 \cdot 207/209{,}4 = 430\ MN/m^2$

und

$f_{bd} = 2{,}25 \cdot \eta_1 \cdot \eta_2 \cdot f_{ctd}$ (▶ DIN-HB Bb, 8.4.2 (2))

mit $\eta_1 = 1{,}0$ für guten Verbund

$\eta_2 = 1{,}0$ für $\varnothing < 32$ mm

$f_{ctd} = \alpha_{ct} \cdot f_{ctk,0,05}/\gamma_c$ (▶ DIN-HB Bb, 3.1.6 (102) und NDP zu 3.1.6 (102)P)

$f_{ctd} = 0{,}85 \cdot 1{,}8/1{,}5 = 1{,}02\ MN/m^2$

$f_{bd} = 2{,}25 \cdot 1{,}0 \cdot 1{,}0 \cdot 1{,}02 = 2{,}3\ MN/m^2$

Der Bemessungswert der Verankerungslänge ergibt sich nach DIN-HB Bb, 8.4.4 (1):

$$l_{bd} = \alpha_1 \cdot \alpha_2 \cdot \alpha_3 \cdot \alpha_4 \cdot \alpha_5 \cdot l_{b,rqd} \geq l_{b,\,min} \qquad (4\text{-}26)$$

mit

α_1 $\alpha_1 = 1{,}0$; Verankerungsart gerade (▶ DIN-HB Bb, Tabelle 8.2)

α_2 $\varepsilon_2 = 1 - 0{,}15 \cdot (4{,}5 - 2{,}8)/2{,}8 = 0{,}91$; Betondeckung bzw. Stababstand (hier lichter Stababstand mit Minimum 4,5 cm angenommen) (▶ DIN-HB Bb, Tabelle 8.2)

α_3 nicht angeschweißte Querbewehrung; da K = 0 ergibt sich $\alpha_3 = 1{,}0$ (▶ DIN-HB Bb, Tabelle 8.2 und Bild 8.4)

α_4 $\alpha_4 = 1{,}0$; angeschweißte Querstäbe

α_5 Querdruck; $\alpha_5 = 1 - 0{,}04 \cdot p$ (▶ DIN-HB Bb, Tabelle 8.2)

Gemäß (▶ DIN-HB Bb, 9.8.1 (5)) darf bei der Ermittlung der Verankerungslänge die günstige Wirkung der Druckspannung aus der Auflagerreaktion des Pfahls angesetzt werden.

Der mittlere Querdruck p [MN/m²] lässt sich aus der Betondruckkraft und der Fläche der Betondruckzone bestimmen:

$A_{comp} = 1{,}26^2 \cdot \pi/8 = 0{,}623\ m^2$
(Halbkreis mit R = 0,63, R entspricht der Druckzonenhöhe x)

$p = C/A_{comp} = 6{,}918/0{,}623 = 11{,}1\ MN/m^2$

mit $C = (C + F_{s2}) - F_{s2} = 8{,}515 - 1{,}597 = 6{,}918\ MN$
(Abzug Traganteil Druckbewehrung)

$\alpha_5 = 1 - 0{,}04 \cdot 11{,}1 = 0{,}556 > 0{,}7! \rightarrow 0{,}7$

$l_{b,min}$ Mindestverankerungslänge

$l_{b,min} = \max\{0{,}3 \cdot l_{b,rqd};\ 10\ \varnothing;\ 100\ mm\}$

$l_{b,min} = \max\{0{,}3 \cdot 1309;\ 10 \cdot 28;\ 100\ mm\} = 393\ mm$

Ist senkrecht zur Bewehrungsrichtung Querzug vorhanden, so ist der Beiwert α_5 auf 1,5 zu erhöhen. Im vorliegenden Fall verläuft die Zugstrebe aus den Eckpfählen über den Mittelpfahl, womit eine Längsrissbildung parallel zu den zu verankernden Stäben möglich ist. Wird jedoch die Rissbreite dieser Risse im GZG auf $w_k \leq 0{,}2$ mm begrenzt, darf diese Erhöhung entfallen (▶ DIN-HB Bb, NCI zu 8.4.4 (2), Tabelle 8.2).

Damit ergibt sich der Bemessungswert der Verankerungslänge zu:

$$l_{bd} = 1{,}0 \cdot 0{,}91 \cdot 1{,}0 \cdot 1{,}0 \cdot 0{,}70 \cdot 131 = 83{,}4\ cm > l_{b,min} = 393\ mm$$

Die Verankerungslänge beginnt am Knotenanfang, wo erste Druckspannungen aus den Druckstreben auf die zu verankernde Bewehrung treffen (▶ DIN-HB Bb, 6.5.4 (7) und Bild 6.27). Gemäß den Abmessungen der Pfahlkopfplatte stehen ab Pfahlachse für Z_L 84,6 cm Verankerungslänge zur Verfügung, womit diese ausreichend ist.

Bemessung der Knoten

Die Vorgehensweise erfolgt analog zum Eckknoten. Die äquivalente flächengleiche Rechteckfläche und die Schwerpunktlage der Betondruckzone des Pfahles ergeben sich analog Bild 4-22 zu:

$A_c = \pi \cdot 1{,}2^2/8 + 0{,}03 \cdot 1{,}2 = 0{,}6015\ m^2$

$x_{s,Halbkreis} = 1{,}2^3/(12 \cdot \pi \cdot 1{,}2^2/8) = 0{,}255\ m$

$x_{s,gesamt} = [(0{,}255 + 0{,}03) \cdot \pi \cdot 1{,}2^2/8 + 0{,}03/2 \cdot 0{,}03 \cdot 1{,}2]/0{,}6015$

$x_{s,gesamt} = 0{,}268\ m$

Damit betragen die Seitenlängen der äquivalenten Rechteckfläche:

$a = 2 \cdot 0{,}268 = 0{,}536$ m

$b = 0{,}6015/0{,}536 = 1{,}122$ m

Gemäß Bild 4-21 ergeben sich die effektiven Druckfeldbreiten zu:

$b_{ef} = 0{,}5 \cdot H + 0{,}65 \cdot a = 0{,}5 \cdot 1{,}97 + 0{,}65 \cdot a$

mit

$H = (1{,}43^2 + 1{,}35^2)^{1/2} = 1{,}97$ m

für $a = 0{,}536$ m: $b_{ef} = 0{,}5 \cdot 1{,}97 + 0{,}65 \cdot 0{,}536 = 1{,}33$ m

für $b = 1{,}122$ m: $b_{ef} = 0{,}5 \cdot 1{,}97 + 0{,}65 \cdot 1{,}122 = 1{,}71$ m

Damit kann von einer unbegrenzten Ausbreitung der Druckflächen ausgegangen werden.

Für a_2 gemäß Bild 4-20 ergibt sich:

$a_2 = (u/\tan\theta + a_1) \cdot \sin\theta =$

mit

$u = s + 2 \cdot s_0 = 5{,}6 + 2 \cdot 6{,}9 = 19{,}4$ cm

$s = 2{,}8 \cdot 2 = 5{,}6$ cm

$\theta = 43{,}4°$

für $a_1 = 1{,}122$: $a_2 = (0{,}194/\tan 43{,}4 + 1{,}122) \cdot \sin 43{,}4 = 0{,}91$ m

für $a_1 = 0{,}536$: $a_2 = (0{,}194/\tan 43{,}4 + 0{,}536) \cdot \sin 43{,}4 = 0{,}51$ m

Nachweis der Teilflächenpressung nach (▶ DIN-HB Bb, 6.7 (2)):

$F_{Rdu} = 0{,}51 \cdot 0{,}91 \cdot 14{,}17 \cdot \sqrt{(1{,}33 \cdot 1{,}71)/(0{,}51 \cdot 0{,}91)}$

$F_{Rdu} = 0{,}51 \cdot 0{,}91 \cdot 14{,}17 \cdot 2{,}21 \leq 3{,}0 \cdot 14{,}17 \cdot 0{,}51 \cdot 0{,}91$

$F_{Rdu} = 14{,}53 \text{ MN} > F_{Ed} = (8{,}515 - 1{,}597)/\sin 43{,}4 = 10{,}07 \text{ MN}$

In [Schlaich 2001] wird für lichte Pfahlabstände größer als die 3-fache Plattendicke empfohlen, die Zone zwischen den Pfählen mit einer zusätzlichen Zugbewehrung zu versehen. Zufolge der Biegebeanspruchung in diesem Bereich lässt sich der Kraftfluss über ein zweites Sprengwerk parallel zum Rand der Pfahlkopfplatte deuten. Die zusätzliche Gurtbewehrung des zweiten Stabwerks wird am Rand ähnlich einer indirekten Lagerung in das parallel zum Rand verlaufende Sprengwerk hoch gehängt. Die Aufhängebewehrung ist über den Anteil der Gesamtlast zu dimensionieren, welche die Zugbewehrung zwischen den Pfählen trägt. Da im vorliegenden Fall die Pfahlabstände ungefähr die 2-fache Plattendicke betragen, ist zwischen den Pfählen eine konstruktive Bewehrung ausreichend.

Bemessung im Grenzzustand der Gebrauchstauglichkeit für maximale Kraft auf Mittelpfahl – Begrenzung der Rissbreiten der Zugstreben infolge Last

Die Rissbreite ist gemäß Tabelle 7.110DE auf $w_k \leq 0{,}2$ mm unter der häufigen Lastkombination zu beschränken (▶ DIN-HB Bb, Tabelle 7.101DE).

Wie im Grenzzustand der Tragfähigkeit ist der Lastfall min N aus Verkehr mit Wind in Brückenlängsrichtung maßgebend.

Pfahlschnittkräfte am Anschnitt Pfahlkopfplatte für die häufige Lastkombination:

$M_{Ed,y} = 0{,}193$ MNm

$M_{Ed,z} = -0{,}985$ MNm

$N_{Ed} = -4{,}104$ MN

Anhand eines einfachen Lastvergleiches zwischen der Pfahlnormalkraft im GZT und unter der häufigen Lastkombination lässt sich vereinfacht die Stahlspannung in den Zugstreben bestimmen:

$\sigma_s = 4104/6918 \cdot 430 = 255$ MN/m^2

Der Nachweis der Rissbreitenbeschränkung wird anhand DIN-HB Bb, 7.3.3 geführt. Da es sich um eine direkte Einwirkung handelt, darf DIN-HB Bb, Tabelle 7.3N mit den Höchstwerten der Stababstände verwendet werden. Mit der errechneten Stahlspannung lässt sich nach Tabelle 7.3N ein maximal zulässiger Stababstand von

$s = 82{,}5$ mm $> s_{vorh}$

interpolieren.

Die Vorgehensweise liegt auf der sicheren Seite, da unter der häufigen Lastkombination die Höhe der Betondruckzone zunimmt, so dass die Neigung der Betondruckstrebe steiler wird und folglich die Kraft in den Zugstreben abnimmt.

Mindestbewehrung zur Beschränkung der Rissbreite

Die Vorgehensweise erfolgt analog zur Ermittlung der horizontalen Mindestbewehrung am Pfeilerfuß (siehe Abschnitt 4.9.6):

$f_{ct,eff} = 0{,}5 \cdot 2{,}6 = 1{,}3$ MN/m^2 (▶ DIN-HB Bb, NCI zu 7.3.2 (102))

$k = 0{,}5$, da $h > 800$ mm (▶ DIN-HB Bb, NCI zu 7.3.2 (102))

Bestimmung von $A_{c,eff}$:

$h/d_1 = 150/7 \approx 21{,}4$

abgelesen aus DIN-HB Bb, NCI zu 7.3.2; Bild 7.1:

$h_{c,ef}/d_1 = 2{,}5 \cdot (21{,}4 - 5)/25 + 2{,}5 = 4{,}14 \rightarrow h_{c,ef} = 4{,}14 \cdot 7 = 29$ cm

Der modifizierte Grenzdurchmesser zur Bestimmung der Betonstahlspannung σ_s ergibt sich zu (▶ DIN-HB Bb, NCI zu 7.3.2 (NA 106)):

$d_s^* = f_{ct,0}/f_{ct,eff} \cdot d_s = 2{,}9/1{,}3 \cdot 20 = 44{,}6$ mm

Die zulässige Betonstahlspannung beträgt:

$\sigma_s = (3{,}48 \cdot 10^6 \cdot 0{,}2/44{,}6)^{1/2} = 124{,}9$ MN/m^2

Damit ergibt sich die Mindestbewehrung zur Rissbreitenbegrenzung zu:

$$a_{s,min} = 1 \cdot 10^4 \cdot 0{,}85 \cdot 1{,}3 \cdot 0{,}29/124{,}9 = 25{,}7\ cm^2/m$$

Kontrolle, dass die Bewehrung im Primärriss nicht fließt:

$$a_{s,min} = k \cdot f_{ct,eff} \cdot A_{ct}/f_{yk} = 1 \cdot 10^4 \cdot 0{,}85 \cdot 0{,}5 \cdot 1{,}3 \cdot 1{,}5/500 = 16{,}6\ cm^2/m$$

mit

$A_{ct} = 1{,}5$ m. Fläche der Betonzugzone unmittelbar vor Bildung des Erstrisses (▶ DIN-HB Bb, NCI zu 7.3.2 (102)). Aufgrund der gedrungenen Form der Pfahlkopfplatte und des geringen Pfahlabstandes wird davon ausgegangen, dass sich die Höhe der Zugzone unmittelbar vor der Erstrissbildung über die gesamte Höhe der Pfahlkopfplatte ausbildet.

Gemäß DIN-HB Bb, NCI zu 7.3.2 (NA 106) braucht aber nicht mehr Mindestbewehrung eingelegt zu werden als nach DIN-HB Bb, NCI zu 7.3.2 (102).

$$a_{s,min} = 1 \cdot 10^4 \cdot 1{,}0 \cdot 0{,}5 \cdot 1{,}3 \cdot 1{,}5/124{,}9 = 78{,}1\ cm^2/m$$

mit

$k_c = 1{,}0$
für zentrischen Zug. Infolge der gedrungenen Bauhöhe der Pfahlkopfplatte und der kleinen Pfahlabstände kann diese als Scheibe aufgefasst werden, deren Dehnungen und nahezu auch deren Krümmungen an der Unterseite durch die Pfähle kontinuierlich behindert sind.

Damit ist die Mindestbewehrung von 25,7 cm^2/m maßgebend.

Gewählt ∅ 20-10 horizontal verlaufend oben + unten + Seitenflächen.

Eine mechanisch realistischere Lösung stellt die Abdeckung des Rissmomentes des Querschnitts dar, da im vorliegenden Fall wegen der geringen Abmessung kein zentrischer Zwang zu erwarten ist [Schlicke 2014].

4.9 Pfeilerbemessung

Eine händische Bemessung des Pfeilers setzt eine bekannte Knicklänge voraus. Bei einfachen Randbedingungen kann die Ermittlung der Knicklänge auf die bekannten Fälle gemäß Bild 4-25 zurückgeführt werden. Bei einem konstanten Bewehrungs- und Querschnittsverlauf ist dann die Bemessung mit Hilfe eines geeigneten Verfahrens, z. B. des Modellstützenverfahrens, möglich. Für allgemeine Fälle, wie im hier behandelten Beispiel, ist der Nachweis anhand einer geometrisch und physikalisch nichtlinearen Traglastanalyse besser geeignet, da hiermit die Verformung unter Berücksichtigung der Steifigkeitsänderung infolge Rissbildung realistischer und damit der Einfluss der Theorie II. Ordnung genauer erfasst wird.

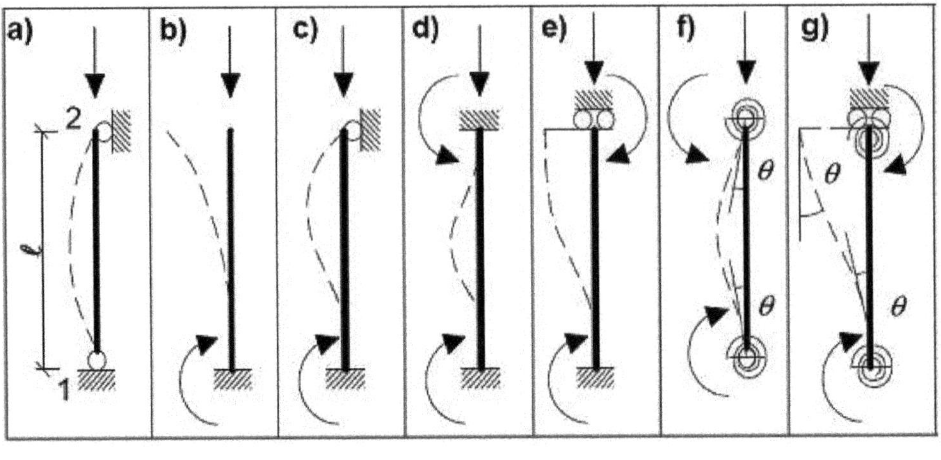

a) $l_0 = l$ b) $l_0 = 2\,l$ c) $l_0 = 0{,}7\,l$ d) $l_0 = l/2$ e) $l_0 = l$ f) $l/2 < l_0 < l$ g) $l_0 > 2\,l$

Bild 4-25 Beispiele für Knickfiguren und deren Knicklängen verschiedener Einzelstützen nach DIN EN 1992-1-1

Zur Verdeutlichung der Unterschiede zwischen Modellstützenverfahren und nichtlinearer Tragwerksanalyse wird folgend der Pfeiler in Achse 30 mit beiden Verfahren bemessen.

4.9.1 Bestimmung der Einwirkungskombinationen

Bauzustand (Pfeiler freistehend)

Wind in y (Brückenquerrichtung) vorherrschend:

$$\min N_{Ed}\text{:}\quad 1{,}35 \cdot G_{k,1} + 1{,}5 \cdot F_{wy,k} + e_a + e_{y,\Delta TM}$$

$$\max N_{Ed}\text{:}\quad 1{,}0 \cdot G_{k,1} + 1{,}5 \cdot F_{wy,k} + e_a + e_{y,\Delta TM}$$

Wind in x (Brückenlängsrichtung) vorherrschend:

$$\min N_{Ed}\text{:}\quad 1{,}35 \cdot G_{k,1} + 1{,}5 \cdot F_{wx,k} + e_a + e_{x,\Delta TM}$$

$$\max N_{Ed}\text{:}\quad 1{,}0 \cdot G_{k,1} + 1{,}5 \cdot F_{wx,k} + e_a + e_{x,\Delta TM}$$

Endzustand

Wind in y (Brückenquerrichtung) vorherrschend:

min N_{Ed}:

$$1{,}35 \cdot G_{k,1} + 1{,}35 \cdot G_{k,2} + 1{,}0 \cdot P_k + 1{,}35 \cdot (K + S)_{vert.} + 1{,}35 \cdot (K + S)_{horiz} + 1{,}0 \cdot 1{,}5 \cdot 0{,}6 \cdot G_{k,set} + 1{,}5 \cdot F_{wy,k} + e_a + e_{y,\Delta TM}$$

max N_{Ed}:

$$1{,}00 \cdot G_{k,1} + 1{,}00 \cdot G_{k,2} + 1{,}0 \cdot P_k + 1{,}0^{*)} \cdot (K+S)_{vert} + 1{,}35^{*)} \cdot (K+S)_{horiz}$$
$$+ 1{,}0 \cdot 1{,}5 \cdot 0{,}6 \cdot G_{k,set} + 1{,}5 \cdot F_{wy,k} + e_a + e_{y,\Delta TM}$$

*) Der vertikale Anteil aus K + S wirkt abhebend und wird deshalb 1,0-fach berücksichtigt. Der horizontale Anteil aus K + S wirkt ungünstig, hat aber im vorliegenden Fall nur geringen Einfluss auf die Pfahlschnittgrößen und wird deshalb vereinfachend auf der sicheren Seite liegend 1,35-fach berücksichtigt.

Wind in x (Brückenlängsrichtung) vorherrschend:

min N_{Ed}:

$$1{,}35 \cdot G_{k,1} + 1{,}35 \cdot G_{k,2} + 1{,}0 \cdot P_k + 1{,}35 \cdot (K+S)_{vert} + 1{,}35 \cdot (K+S)_{horiz}$$
$$+ 1{,}0 \cdot 1{,}5 \cdot 0{,}6 \cdot G_{k,set} + 1{,}5 \cdot F_{wx,k} + e_a + e_{x,\Delta TM} + e_{xLag}$$

max N_{Ed}:

$$1{,}00 \cdot G_{k,1} + 1{,}00 \cdot G_{k,2} + 1{,}0 \cdot P_k + 1{,}0 \cdot (K+S)_{vert} + 1{,}35 \cdot (K+S)_{horiz}$$
$$+ 1{,}0 \cdot 1{,}5 \cdot 0{,}6 \cdot G_{k,set} + 1{,}5 \cdot F_{wx,k} + e_a + e_{x,\Delta TM} + e_{xLag}$$

Bremsen und Anfahren vorherrschend:

min N_{Ed}:

$$1{,}35 \cdot G_{k,1} + 1{,}35 \cdot G_{k,2} + 1{,}0 \cdot P_k + 1{,}35 \cdot (K+S)_{vert} + 1{,}35 \cdot (K+S)_{horiz}$$
$$+ 1{,}0 \cdot 1{,}5 \cdot 0{,}6 \cdot G_{k,set} + 1{,}35 \cdot F_{B+A} + 1{,}35 \cdot (0{,}75 \cdot Q_{k,TS} + 0{,}40 \cdot Q_{k,U\Delta L})$$
$$+ 1{,}5 \cdot 0{,}8 \cdot 0{,}6 \cdot \Delta T_{M,k,vert} + 1{,}5 \cdot 0{,}8 \cdot \Delta T_{N,k,horiz} + e_a + e_{x,\Delta TM} + e_{xLag}$$

max N_{Ed}: $1{,}00 \cdot G_{k,1} + 1{,}00 \cdot G_{k,2} + 1{,}0 \cdot P_k + 1{,}00 \cdot (K+S)_{vert}$

$$+ 1{,}35 \cdot (K+S)_{horiz} + 1{,}0 \cdot 1{,}5 \cdot 0{,}6 \cdot G_{k,set} + 1{,}35 \cdot F_{B+A}$$
$$+ 1{,}35 \cdot (0{,}75 \cdot Q_{k,TS} + 0{,}40 \cdot Q_{k,U\Delta L}) + 1{,}5 \cdot 0{,}8 \cdot 0{,}6 \cdot \Delta T_{M,k,vert}$$
$$+ 1{,}5 \cdot 0{,}8 \cdot \Delta T_{N,k,horiz} + e_a + e_{x,\Delta TM} + e_{xLag}$$

Verkehr vorherrschend mit Temperatur:

min N_{Ed}:

$$1{,}35 \cdot G_{k,1} + 1{,}35 \cdot G_{k,2} + 1{,}0 \cdot P_k + 1{,}35 \cdot (K+S)_{vert} + 1{,}35 \cdot (K+S)_{horiz}$$
$$+ 1{,}0 \cdot 1{,}5 \cdot 0{,}6 \cdot G_{k,set} + 1{,}35 \cdot (Q_{k,TS} + Q_{k,U\Delta L}) + 1{,}5 \cdot 0{,}8 \cdot 0{,}6 \cdot \Delta T_{M,k,vert}$$
$$+ 1{,}5 \cdot 0{,}8 \cdot \Delta T_{N,k,horiz} + e_a + e_{x,\Delta TM} + e_{xLag}$$

max N_{Ed}:

$$1{,}00 \cdot G_{k,1} + 1{,}00 \cdot G_{k,2} + 1{,}0 \cdot P_k + 1{,}0 \cdot (K+S)_{vert} + 1{,}35 \cdot (K+S)_{horiz}$$
$$+ 1{,}0 \cdot 1{,}5 \cdot 0{,}6 \cdot G_{k,set} + 1{,}35 \cdot (Q_{k,TS} + Q_{k,U\Delta L}) + 1{,}5 \cdot 0{,}8 \cdot 0{,}6 \cdot \Delta T_{M,k,vert}$$
$$+ 1{,}5 \cdot 0{,}8 \cdot \Delta T_{N,k,horiz} + e_a + e_{x,\Delta TM} + e_{xLag}$$

Verkehr vorherrschend mit Wind in x:

min N_{Ed}:

$$1{,}35 \cdot G_{k,1} + 1{,}35 \cdot G_{k,2} + 1{,}0 \cdot P_k + 1{,}35 \cdot (K+S)_{vert} + 1{,}35 \cdot (K+S)_{horiz}$$
$$+ 1{,}0 \cdot 1{,}5 \cdot 0{,}6 \cdot G_{k,set} + 1{,}35 \cdot (Q_{k,TS} + Q_{k,U\Delta L}) + 1{,}5 \cdot 0{,}6 \cdot F_{wx,k}$$
$$+ e_a + e_{x,\Delta TM} + e_{xLag}$$

max N_{Ed}:

$$1{,}00 \cdot G_{k,1} + 1{,}00 \cdot G_{k,2} + 1{,}0 \cdot P_k + 1{,}0 \cdot (K+S)_{vert} + 1{,}35 \cdot (K+S)_{horiz} + 1{,}0 \cdot 1{,}5 \cdot 0{,}6 \cdot G_{k,set} + 1{,}35 \cdot (Q_{k,TS} + Q_{k,U\Delta L}) + 1{,}5 \cdot 0{,}6 \cdot F_{wx,k} + e_a + e_{x,\Delta TM} + e_{xLag}$$

Temperatur vorherrschend:

min N_{Ed}:

$$1{,}35 \cdot G_{k,1} + 1{,}35 \cdot G_{k,2} + 1{,}0 \cdot P_k + 1{,}35 \cdot (K+S)_{vert} + 1{,}35 \cdot (K+S)_{horiz} + 1{,}0 \cdot 1{,}5 \cdot 0{,}6 \cdot G_{k,set} + 1{,}5 \cdot 0{,}6 \cdot \Delta T_{M,k,vert} + 1{,}5 \cdot \Delta T_{N,k,horiz} + 1{,}35 \cdot (0{,}75 \cdot Q_{k,TS} + 0{,}40 \cdot Q_{k,U\Delta L}) + 1{,}35 \cdot 0{,}53 \cdot F_{B+A} + e_a + e_{x,\Delta TM} + e_{xLag}$$

max N_{Ed}:

$$1{,}00 \cdot G_{k,1} + 1{,}00 \cdot G_{k,2} + 1{,}0 \cdot P_k + 1{,}0 \cdot (K+S)_{vert} + 1{,}35 \cdot (K+S)_{horiz} + 1{,}0 \cdot 1{,}5 \cdot 0{,}6 \cdot G_{k,set} + 1{,}5 \cdot 0{,}6 \cdot \Delta T_{M,k,vert} + 1{,}5 \cdot \Delta T_{N,k,horiz} + 1{,}35 \cdot (0{,}75 \cdot Q_{k,TS} + 0{,}40 \cdot Q_{k,U\Delta L}) + 1{,}35 \cdot 0{,}53 \cdot F_{B+A} + e_a + e_{x,\Delta TM} + e_{xLag}$$

Anmerkung: Der häufige Wert für Bremsen und Anfahren wird aus den Betrachtungen des Kapitels 3 mit einem Kombinationsbeiwert von 0,53 aus den gewichteten Anteilen der Tandemachse und der Gleichlast angesetzt.

4.9.2 Schnittgrößen

In Tabelle 4-16 sind die unter Theorie II. Ordnung und unter 0,6-facher Steifigkeit mit Hilfe der EDV-Berechnung ermittelten Schnittgrößen ausgegeben. Die Steifigkeiten der Pfahlfußfedern wurden auf der sicheren Seite liegend mit 209 MN/m angesetzt (siehe Abschnitt 4.2.3).

Tabelle 4-16 Schnittgrößen Pfeiler Achse 30 (ULS – ständig und vorübergehend)

Lastfall		N_{Ed} [kN]	M_{yd} [kN]	M_{zd} [kN]
Bauzustand	w_y min N_{Ed}	-7257	1860	-296
	w_y max N_{Ed}	-5376	1767	-216
	w_x min N_{Ed}	-7257	323	-6840
	w_x max N_{Ed}	-5376	238	-6672
Endzustand	w_y min N_{Ed}	-24712	18287	-5509
	w_y max N_{Ed}	-17743	16790	-3498
	w_x min N_{Ed}	-24712	3284	-15460
	w_x max N_{Ed}	-17743	2270	-11965
	B + A min N_{Ed}	-27562	3820	-9566
	B + A max N_{Ed}	-17295	2192	-5254
	Q mit T min N_{Ed}	-30604	4409	-10148
	Q mit T max N_{Ed}	-16870	2118	-4005
	Q mit w_x min N_{Ed}	-30570	4402	-16213
	Q mit w_x max N_{Ed}	-16890	3196	-3507
	ΔT min N_{Ed}	-27571	3821	-9057
	ΔT max N_{Ed}	-17290	2191	-4859

4.9.3 Konstruktive Durchbildung

Mindestabmessungen

Die Regelungen für die konstruktive Ausbildung von Stützen sind gültig, wenn die größere Abmessung h das 4-fache der kleineren Abmessung b nicht überschreitet (▶ DIN-HB Bb, 9.5.1 (1)). Die Mindestquerschnittsabmessung von Stützen beträgt 300 mm (▶ DIN-HB Bb, NCI zu 9.5.1).

Betondeckung

c_{nom} = 45 mm für Unterbauten nicht erdberührte Flächen (▶ DIN-HB Bb, Tabelle 4.3.1DE)

Bewehrungsanordnung und konstruktive Mindestbewehrung

- Durchmesser der Längsstäbe ≥ 12 mm (▶ DIN-HB Bb, NDP zu 9.5.2 (1))
- Abstand der Längsstäbe ≤ 300 mm. Bei h ≤ 400 mm und h ≤ b genügt 1 Längsstab je Ecke (▶ DIN-HB Bb, NCI zu 9.5.2 (4)).
- Mindestens 1 Längsstab je Ecke. Bei Kreisquerschnitten mindestens 6 Längsstäbe (▶ DIN-HB Bb, 9.5.2 (4) und DIN-HB Bb, NCI zu 9.5.2 (4)).

Es ist eine Mindestlängsbewehrung nach Gl. (4-27) anzuordnen (▶ DIN-HB Bb, NDP zu 9.5.2 (2)):

$$A_{s,\,min} = 0{,}15 \cdot |N_{Ed}|/f_{yd}$$
$$A_{s,\,min} \geq 0{,}003 \cdot A_c \leq \varnothing\ 16/150\ \text{mm} \qquad (4\text{-}27)$$

$$A_{s,\,min} = 0{,}15 \cdot 30{,}6/435 \cdot 10^4 = 105{,}5\ \text{cm}^2$$
$$A_{s,\,min} = 0{,}003 \cdot 1{,}4 \cdot 5{,}21 \cdot 10^4 = 218{,}8\ \text{cm}^2$$

Der Achsabstand der Längsbewehrung von der Außenkante wird zu 7 cm gewählt. Wird eine Mindestlängsbewehrung von ∅ 16/150 mm (13,4 cm^2/m) auf den Umfang bezogen, so ergibt sich:

$$A_{s,min} = 13{,}4 \cdot (2 \cdot 5{,}07 + 2 \cdot 1{,}26) = 169{,}64\ \text{cm}^2$$

Damit ist mindestens eine Bewehrung von 169,64 cm^2 einzulegen.
Der gesamte Längsbewehrungsgrad darf, auch in Übergreifungsbereichen, den Wert von $0{,}09 \cdot A_c$ nicht überschreiten (▶ DIN-HB Bb, NDP zu 9.5.2 (3)).

$$A_{s,max} = 0{,}09 \cdot A_c = 0{,}09 \cdot 521 \cdot 140 = 6564{,}6\ \text{cm}^2$$

Die Längsbewehrung von Druckgliedern muss durch Querbewehrung umschlossen werden. Der Durchmesser der Querbewehrung darf nicht weniger als ein Viertel des maximalen Längsbewehrungsdurchmessers, jedoch mindestens 10 mm, aufweisen (▶ DIN-HB Bb, 9.5.3 (101) und DIN-HB Bb, NDP zu 9.5.3 (101)), bei Stützen mit Anprallgefährdung jedoch mindestens 12 mm (▶ DIN-HB Bb, NDP zu 9.5.3 (101)). Unter Berücksichtigung der Pfeilerabmessungen wird für die Längsbewehrung ein Stabdurchmesser von 28 mm gewählt.

Damit gilt: $d_{s,Bü} = 28/4 = 7\ \text{mm} < 10\ \text{mm} \rightarrow d_{s,Bü} = 10\ \text{mm}$

Die Querbewehrung ist ausreichend zu verankern (▶ DIN-HB Bb, 9.5.3 (2)). Das Schließen der Bügel muss mit Haken entsprechend DIN-HB Bb, Bild 8.5 DEa erfolgen. Die Bügelschlösser sind entlang der Stützenachse zu verschwenken (▶ DIN-HB Bb, 9.5.3 (2) und DIN-HB Bb, NCI zu 9.5.3 (2)).

Wird der Widerstand gegen Abplatzen der Betondeckung durch eine der folgenden Maßnahmen erhöht, dürfen die Bügel auch mit einem 90°-Haken nach DIN-HB Bb, Bild 8.5 DEb versehen werden (▶ DIN-HB Bb, NCI zu 9.5.3 (2)).

- Vergrößerung von $d_{s,Bü}$ um 2 mm,
- Halbierung der erforderlichen Bügelabstände,
- Angeschweißte Querstäbe (Bügelmatten),
- Vergrößerung der Winkelhakenlänge nach DIN-HB Bb, Bild 8.5 DEb von 10 ∅ auf ≥ 15 ∅.

Die Bügelabstände dürfen das 12-fache des kleinsten Längsbewehrungsdurchmessers, die kleinste Seitenlänge der Stütze oder 300 mm nicht überschreiten (▶ DIN-HB Bb, NDP zu 9.5.3 (3)).

Damit ist bei einem Durchmesser der Längsbewehrung von 28 mm ein Bügelabstand von 300 mm maßgebend. Die Bügelabstände sind in Stoßbereichen der Längsbewehrung, wenn der Durchmesser > 14 mm ist, und unmittelbar vor Anbindungen an andere Bauteile über eine Länge gleich der größeren Abmessung des Stützenquerschnitts mit dem Faktor 0,6 zu verkleinern. Dabei sind mindestens 3 auf die Stoßlänge angeordnete Stäbe erforderlich (▶ DIN-HB Bb, 9.5.3 (4)).

Bei Richtungsänderungen der Längsstäbe sind die Abstände der Querbewehrung unter Berücksichtigung der auftretenden Umlenkkräfte zu berechnen. Wenn die Richtungsänderung ≤ 1/12 ist, darf diese Auswirkung vernachlässigt werden (▶ DIN-HB Bb, 9.5.3 (5)).

Alle Längsstäbe in einer Ecke sind durch Querbewehrung zu umfassen, wobei kein Stab innerhalb einer Druckzone mehr als 150 mm von einem gehaltenen Stab entfernt sein darf (▶ DIN-HB Bb, 9.5.3 (6)). In oder in der Nähe jeder Ecke ist eine Anzahl von maximal 5 Stäben durch die Querbewehrung gegen Ausknicken zu sichern. Weitere Längsstäbe und solche, deren Abstand vom Eckbereich den 15-fachen Bügeldurchmesser überschreitet, sind durch zusätzliche ausreichend verankerte Querbewehrung zu sichern. Diese Querbewehrung darf höchstens den doppelten zuvor genannten Abstand in Stützenlängsrichtung aufweisen (▶ DIN-HB Bb, NCI zu 9.5.3 (6)).

4.9.4 Bemessung nach dem Modellstützenverfahren

Im Folgenden wird die Bemessung mit dem Modellstützenverfahren dargestellt. Abweichend von EC 2, bei dem die beiden Verfahren mit Nennsteifigkeiten und Verfahren mit Nennkrümmung gleichwertig angewendet werden dürfen, ist gemäß DIN-HB Bb nur das Verfahren auf Grundlage der Nennkrümmung zugelassen (▶ DIN-HB Bb, NDP zu 5.8.5 (1)).

Ermittlung der Schlankheit

Allgemein ergibt sich die Schlankheit wie folgt (▶ DIN-HB Bb, 5.8.3.2 (1)):

$$\lambda = l_0/i \tag{4-28}$$

mit

l_0 Knicklänge

i Trägheitsradius mit $i = (I/A)^{0,5}$; für Rechteckquerschnitte mit den Seitenlängen h und b vereinfacht sich die Beziehung zu $i = (1/12)^{0,5} \cdot h = 0{,}289 \cdot h$

Bei der Bestimmung der Knicklänge ist die Auswirkung der Rissbildung in einspannenden Bauteilen zu berücksichtigen, da die Rissbildung den Einspanngrad und somit die Knicklänge beeinflusst. Andernfalls ist sicherzustellen, dass diese im Grenzzustand der Tragfähigkeit ungerissen sind (▶ DIN-HB Bb, 5.8.3.2 (5)). In diesem Fall kann die Pfahlkopfplatte wie eine starre Scheibe (ungerissen) betrachtet werden.

Die Baugrundelastizität ist für Kurzzeitbelastung zu berücksichtigen, wenn diese Einfluss auf die Knicksicherheit hat (▶ DIN-HB Bb, NCI zu 5.8.3.2 (NA.106)).

Eine eventuell zu erwartende Schiefstellung der Gründung unter quasi-ständigen Einwirkungen ist bei der Bestimmung der Lastausmitte zu berücksichtigen (▶ DIN-HB Bb, NCI zu 5.8.3.2 (NA.106)).

Die Ermittlung der Knicklänge kann für einfache Fälle mit den angegebenen Beziehungen in DIN EN 1992-1-1, 5.8.3.2 (3) und DAfStb 2012 erfolgen. Für komplexere Randbedingungen kann die Knicklänge mit Hilfe von FE-Programmen allgemein ermittelt werden. Hierbei wird das betrachtete System mit allen wesentlichen Randbedingungen abgebildet und die Knicklast N_B am elastischen System unter Theorie II. Ordnung ermittelt. Durch Zurückführen auf die Euler'sche Knicklast ergibt sich dann die Knicklänge l_0 zu:

$$l_0 = \pi\sqrt{\frac{EI}{N_B}} \tag{4-29}$$

Entsprechend DIN EN 1992-1-1, 5.8.3.2. (3) und DAfStb 2012 wird folgend die Knicklänge gemäß Gl. (4-30) für nicht ausgesteifte Bauteile ermittelt:

$$l_0 = l \cdot \max\left\{\sqrt{1 + 10 \cdot \frac{k_1 \cdot k_2}{k_1 + k_2}};\ \left(1 + \frac{k_1}{1 + k_1}\right) \cdot \left(1 + \frac{k_2}{1 + k_2}\right)\right\} \tag{4-30}$$

mit

k_1, k_2 die jeweils bezogenen Einspanngrade an den Stützenenden 1 und 2. $k = 0$ ist die theoretische Grenze für eine Einspannung. Es wird jedoch ein Mindestwert von 0,1 empfohlen, da eine unendliche steife Einspannung praktisch nicht existiert. $k = \infty$ stellt den Wert für ein Gelenk dar.

k $(\theta/M) \cdot (EI/l)$

θ Verdrehung eingespannter Bauteile bei M

EI Biegesteifigkeit des Druckgliedes

L lichte Länge des Druckgliedes zwischen den Einspannungen

Anzumerken ist, dass ein solcher Ansatz im Fall der Bohrpfahlgründung mit elastischer Festhalterung am Stützenkopf auf der unsicheren Seite liegen kann, da sich durch die Verschiebung des Stützenfußes die Form der Knickfigur ändert.

Über eine Vorberechnung wurde eine Fußverdrehung von $0{,}23 \cdot 10^{-3}$ rad bei einem Moment von 1,0 MNm ermittelt. Damit lässt sich die Ersatzfedersteifigkeit wie folgt angeben:

$$k_\theta = M/\theta = 1/(0{,}23 \cdot 10^{-3}) = 4348 \text{ MNm/rad}$$

Der bezogene Einspanngrad ergibt sich unter Annahme einer mittleren Breite (4,6 m) und Höhe (1,55 m) zu:

$$k = \theta/M \cdot EI/l = 0{,}23 \cdot 10^{-3}/1 \cdot 33\,000 \cdot 1/12 \cdot 1{,}55^3 \cdot 4{,}6/30{,}3 = 0{,}36$$

$$l_0 = 1 \cdot \max \begin{Bmatrix} \sqrt{1 + 10 \cdot \dfrac{0{,}36 \cdot \infty}{0{,}36 + \infty}} = \sqrt{1 + 10 \cdot 0{,}36} = 2{,}14 \\ \left(1 + \dfrac{0{,}36}{1 + 0{,}36}\right) \cdot \left(1 + \dfrac{\infty}{1 + \infty}\right) = \left(1 + \dfrac{0{,}36}{1 + 0{,}36}\right) \cdot (1 + 1) = 2{,}53 \end{Bmatrix}$$

Damit ergibt sich eine Knicklänge von:

$$l_0 = 2{,}53 \cdot 30{,}3 = 76{,}7 \text{ m}$$

Die Bestimmung der Knicklast mit Hilfe einer geometrisch nicht-linearen FE-Berechnung, bei welcher die über die Pfeilerhöhe veränderliche Querschnittsabmessung berücksichtigt wird, ergibt:

$$N_B = 73{,}4 \text{ MN}$$

Die Rückrechnung mit einer mittleren Querschnittsabmessung nach Gl. (4-29) führt dann zu folgender Knicklänge:

$$l_0 = \pi \sqrt{\frac{33\,000 \cdot 1/12 \cdot 1{,}55^3 \cdot 4{,}6}{73{,}4}} = 79{,}6 \text{ m}$$

Die geringe Abweichung zum Ergebnis aus Gl. (4-30) ist vor allem auf die Vereinfachung durch die Annahme von mittleren Querschnittsabmessungen zurückzuführen. Im Folgenden wird auf der sicheren Seite liegend mit einer Knicklänge von 79,6 m weitergerechnet. Mit dem Ansatz einer mittleren Querschnittsabmessung über die gesamte Stützenhöhe ergibt sich eine Schlankheit um die schwache Achse von:

$$\lambda = l_0/i = 79{,}6/\left(\frac{1}{\sqrt{12}} \cdot 1{,}55\right) = 178$$

Bemessungsschnittgrößen aus Theorie I. Ordnung

Maßgebend für die Bemessung ist Verkehr vorherrschend mit Wind in x:

min N_{Ed}:

$$1{,}35 \cdot (G_{k,1} + G_{k,Pfeiler}) + 1{,}35 \cdot G_{k,2} + 1{,}0 \cdot P_k + 1{,}35 \cdot (K + S)_{vert}$$
$$+ 1{,}35 \cdot (K + S)_{horiz} + 1{,}0 \cdot 1{,}5 \cdot 0{,}6 \cdot G_{k,set} + 1{,}35 \cdot (Q_{k,TS} + Q_{k,U\Delta L})$$
$$+1{,}5 \cdot 0{,}6 \cdot F_{wx,k} + e_a + e_{x,\Delta TM} + e_{xLag}$$

min N_{Ed} =

$$1{,}35 \cdot (-10\,815 - 5430) + 1{,}35 \cdot -1762 + 216$$
$$+ 1{,}35 \cdot -297 + 1{,}0 \cdot 1{,}5 \cdot 0{,}6 \cdot -323 + 1{,}35 \cdot (-1000 + -3339)$$

min $N_{Ed} = 30\,643$ kN

zug. M_{Ed}: $(\min N_{Ed} - 1{,}35 \cdot G_{k,Pfeiler}) \cdot (e_a + e_{x,\Delta TM} + e_{xLag})$
$+ 1{,}35 \cdot (K + S)_{horiz} \cdot 30{,}3 + 1{,}5 \cdot 0{,}6 \cdot M_{wx,k}$

zug. $M_{Ed} = (30\,643 - 1{,}35 \cdot 5430) \cdot (0{,}152 + 0{,}015 + 0{,}0084)$
$+ 1{,}35 \cdot 12{,}9 \cdot 30{,}3 + 1{,}5 \cdot 0{,}6 \cdot 4142$

zug. $M_{Ed} = 8344$ kNm $= M_{0Ed}$

Bemessungsschnittgrößen auf Basis der Nennkrümmungen

Das endgültige Bemessungsmoment ergibt sich aus dem Moment nach Theorie I. Ordnung einschließlich der Auswirkung von Imperfektionen M_{0Ed} und dem Zusatzmoment aus Theorie II. Ordnung M_2 (▶ DIN-HB Bb, 5.8.8.2):

$$M_{Ed} = M_{0Ed} + M_2 \quad (4\text{-}31)$$

Das Zusatzmoment M_2 ergibt sich aus der Normalkraft und der Verformung im Grenzzustand der Tragfähigkeit auf Grundlage der Knicklänge und Nennkrümmung:

$$M_2 = N_{Ed} \cdot e_2 \quad (4\text{-}32)$$

mit

e_2 Tragwerksverformung einschließlich des Einflusses der Theorie II. Ordnung $e_2 = 1/r \cdot l_0^2/c$

$1/r$ Maximalkrümmung bzw. Nennkrümmung

c Beiwert zur Beschreibung des Krümmungsverlaufs über die Stützenhöhe. Dabei darf der Verlauf von M_2 sinus- oder parabelförmig über die Knicklänge angenommen werden. Je nach Krümmungsverlauf ergibt sich $8 \leq c \leq 12$ (▶ DIN-HB Bb, 5.8.8.2 (4)); dreieckförmiger Krümmungsverlauf: $c = 12$, sinusförmiger Krümmungsverlauf: $c = \pi^2 \sim 10$, konstanter Krümmungsverlauf: $c = 8$.

Im Folgenden wird ein konstanter Krümmungsverlauf mit $c = 8$ angesetzt, da infolge einer stark abgestuften Bewehrung über die Pfeilerhöhe der Bereich der maximalen Krümmung nicht nur am Pfeilerfuß auftritt.

Bei Bauteilen mit konstanten symmetrischen Querschnitten (einschließlich Bewehrung) darf die Krümmung $1/r$ wie folgt bestimmt werden (▶ DIN-HB Bb, 5.8.8.3 (1)):

$$1/r = K_r \cdot K_\varphi \cdot 1/r_0 \quad (4\text{-}33)$$

mit

K_r Beiwert zur Erfassung der Krümmungsabnahme mit zunehmender Normalkraft (▶ DIN-HB Bb, 5.8.8.3 (3))

K_r Beiwert zur Berücksichtigung des Kriechens (▶ DIN-HB Bb, 5.8.8.3 (4))

$1/r_0$ Krümmung bei Erreichen der rechnerischen Fließdehnung (Balanced Point)

$1/r_0 = \varepsilon_{yd}/(0{,}45d)$ mit $\varepsilon_{yd} = f_{yd}/E_s$ und der statischen Nutzhöhe d

Wenn die Bewehrung nicht vollständig an den gegenüberliegenden Querschnittsrändern konzentriert ist, sondern teilweise parallel zur Dehnungsebene, kann d wie folgt bestimmt werden (▶ DIN-HB Bb, 5.8.8.3 (2)):

$$d = h/2 + i_s \qquad (4\text{-}34)$$

mit

$i_s = (I_s/A_s)^{0,5}$; Trägheitsradius der gesamten Bewehrung

I_s Trägheitsmoment der Bewehrung

A_s Fläche der Gesamtbewehrung

Für die Ermittlung von d wird im ersten Schritt von einer 3-lagigen umlaufenden Bewehrung ∅ 28 – 12,5 ausgegangen.

$$d = 1{,}70/2 + 0{,}71 = 1{,}56 \text{ m}$$

$$1/r_0 = (435/200\,000)/(0{,}45 \cdot 1{,}56) = 3{,}1 \cdot 10^{-3} \text{ 1/m}$$

$$K_r = (n_u - n)/(n_u - n_{bal}) \leq 1 \qquad (4\text{-}35)$$

mit

n $n = N_{Ed}/(A_c \cdot f_{cd})$, bezogene Normalkraft

n_u $n_u = 1 + A_s \cdot f_{yd}/(A_c \cdot f_{cd})$, maximal aufnehmbare Normalkraft unter reinem Längsdruck

n_{bal} Wert von n bei maximaler Biegetragfähigkeit (am Knickpunkt des Interaktionsdiagrammes für Biegung und Längskraft). Es darf n = 0,4 verwendet werden.

$$n = 30{,}64/(0{,}85 \cdot 30/1{,}5 \cdot 1{,}70 \cdot 5{,}21) = 0{,}20$$

$$n_u = 1 + 1960 \cdot 10^{-4} \cdot 435/(1{,}7 \cdot 5{,}21 \cdot 0{,}85 \cdot 30/1{,}5) = 1{,}57$$

Da die bezogene Normalkraft n kleiner als n_{bal} ist, ergibt sich $K_r > 1$. Eine Reduktion der Krümmung kann somit nicht in Ansatz gebracht werden. Die anzusetzende Krümmung ist dann unabhängig vom Bewehrungsgrad und K_r wird mit 1,0 angesetzt, so dass weitere Iterationsschritte entfallen.

$$K_r = (1{,}57 - 0{,}20)/(1{,}57 - 0{,}4) = 1{,}37/1{,}17 = 1{,}17 > 1$$

Der Faktor K_φ zur Berücksichtigung des Kriecheinflusses wird wie folgt bestimmt:

$$K_\varphi = 1 + \beta \cdot \varphi_{ef} \geq 1 \qquad (4\text{-}36)$$

mit

$\varphi_{ef} = 0{,}57$ (effektive Kriechzahl siehe Abschnitt 4.9.5)

$\beta = 0{,}35 + f_{ck}/200 - \lambda/150 = 0{,}35 + 30/200 - 178/150$
$= -0{,}69 < 1 \rightarrow 1$ maßgebend!

Anmerkung: Die zuvor angeführte Gleichung zur Bestimmung des Faktors β erscheint zunächst unlogisch, da der Faktor β mit zunehmender Schlankheit abnimmt. Dies steht im Widerspruch zu DIN-HB, Bb, 5.8.4 (4) (siehe auch Abschnitt 4.3.6), wonach mit zunehmender Schlankheit das Kriechen zu berücksichtigen ist. Dieser scheinbare Widerspruch ist darauf zurückzuführen, dass das Versagen bei schlanken Stützen oft bereits vor dem Fließen der Bewehrung oder gar vor der Rissbildung auftritt. Die Bemessung mit Annahme einer Fließdehnung führt dann zu sehr konservativen Ergebnissen, so dass bei Stützen mit $\lambda > 70$ die Berechnung mit $K_\varphi = 1$ im Allgemeinen auf der sicheren Seite liegt [DAfStb 2012].

$K_\varphi = 1 - 0{,}69 \cdot 0{,}57 = 0{,}61 < 1 \rightarrow 1$ maßgebend!

$1/r = 1{,}0 \cdot 1{,}0 \cdot 3{,}1 \cdot 10^{-3} = 3{,}1 \cdot 10^{-3}$ 1/m

$e_2 = 3{,}1 \cdot 10^{-3} \cdot 79{,}6^2/8 = 2{,}45$ m

$M_{Ed} = 8344 + 30\,643 \cdot 2{,}45 = 83\,419$ kNm

Die Bemessung erfolgt anhand der Interaktionsdiagramme für Biegung mit Längskraft aus [Schmitz 2004] bzw. [Schneider 2004]:

$d_1/h = 0{,}1/1{,}7 \sim 0{,}05$

$\nu_{Ed} = N_{Ed}/(f_{cd} \cdot b \cdot h) = n = -0{,}20$

$\mu_{Ed} = M_{Ed}/(f_{cd} \cdot b \cdot h^2) = 83{,}42/(0{,}85 \cdot 30/1{,}5 \cdot 1{,}7^2 \cdot 5{,}21) = 0{,}33$

Abgelesen aus Interaktionsdiagramm (Bild 4-26): $\omega_{tot} = 0{,}56$

$A_{s,tot} = A_{s1} + A_{s2} = \omega_{tot} \cdot (b \cdot h)/(f_{yd}/f_{cd}) = 0{,}56 \cdot (5{,}21 \cdot 1{,}7)/(435/17) = 0{,}1938\ m^2$

$A_{s,tot} = 1938\ cm^2$

Die Gesamtbewehrung wird auf den Pfeilerumfang verteilt, wobei die Bewehrung an den parallel zur Dehnungsebene liegenden Seiten nur 50 % der Bewehrung des Zug- und Druckrandes betragen soll. Mit dieser Festlegung sind für den Zug- und Druckrand eine Bewehrung von 168,5 cm^2/m und die restlichen Seitenränder von 84 cm^2/m anzuordnen.

Eine genaue Querschnittsanalyse mit einer über den Querschnittsumfang gleichmäßig verteilten Bewehrung liefert annähernd das gleiche Ergebnis mit einer erforderlichen Bewehrung von 164 cm^2/m.

Das Modellstützenverfahren führt bei Systemen mit großen Schlankheiten, insbesondere gleichzeitig mit kleiner Lastausmitte, zu konservativen Ergebnissen, da die Annahme des Stahlfließens zur Ermittlung der Querschnittskrümmung in diesen Fällen zu sehr auf der sicheren Seite liegt und deshalb rechnerisch eine zu große Verformung ergibt. Als Faustregel

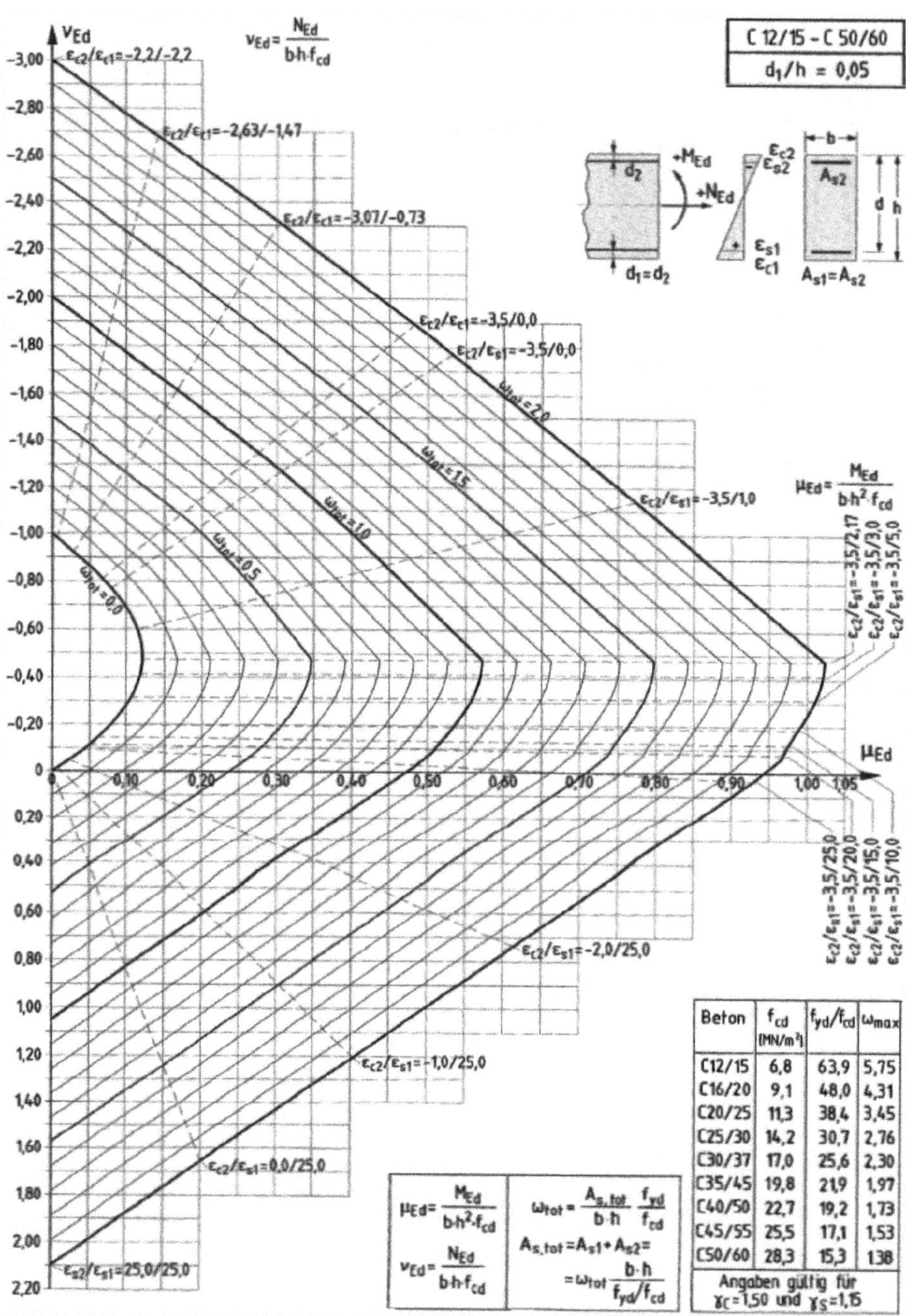

Beton	f_{cd} [MN/m²]	f_{yd}/f_{cd}	ω_{max}
C12/15	6,8	63,9	5,75
C16/20	9,1	48,0	4,31
C20/25	11,3	38,4	3,45
C25/30	14,2	30,7	2,76
C30/37	17,0	25,6	2,30
C35/45	19,8	21,9	1,97
C40/50	22,7	19,2	1,73
C45/55	25,5	17,1	1,53
C50/60	28,3	15,3	1,38

Angaben gültig für $\gamma_c = 1{,}50$ und $\gamma_s = 1{,}15$

Bild 4-26 Interaktionsdiagramm für den symmetrisch bewehrten Rechteckquerschnitt (bis C50/60; $d_1/h = 0{,}05$; BSt 500; $\gamma_s = 1{,}15$) [Schmitz 2004]

kann empfohlen werden, eine nichtlineare Berechnung ab einer Schlankheit von 80 nach Abschnitt 4.9.5 vorzuziehen.

Wie zuvor gezeigt, führt in diesem Fall das Modellstützenverfahren zu sehr konservativen Ergebnissen und einem hohen Bewehrungsgehalt. Zur Bestimmung der Ausgangsbewehrung für die nichtlineare Nachweisführung kann es aus diesem Grund sinnvoll sein, eine Vorbemessung der Längsbewehrung unter Annahme gerissener Steifigkeiten sowie Theorie II. Ordnung durchzuführen. Ein solches Vorgehen hat sich auch bei komplexen Rahmensystemen oder gar der Berücksichtigung von Systemwechseln durchaus als hilfreich erwiesen, da eine Optimierung der Bewehrung im Zuge der nichtlinearen Berechnung sehr zeitaufwendig sein kann. Im Rahmen dieses Beispiels erfolgte die Vorbemessung der Längsbewehrung nach Theorie II. Ordnung mit der 0,6-fachen Pfeilersteifigkeit gegenüber Zustand I sowie unter Vernachlässigung der Kriechauswirkungen als Ausgangsbasis für die nichtlineare Berechnung.

4.9.5 Nichtlineare Berechnung

Um das Verformungsverhalten wirklichkeitsnah zu erfassen, erscheint es zunächst naheliegend, die mit den Mittelwerten der Baustoffeigenschaften errechnete Systemtragfähigkeit einer globalen Sicherheit γ_R gegenüberzustellen, deren Größe je nach Betonstahl- oder Betonversagen $\gamma_R = 1{,}1 \cdot \gamma_S = 1{,}1 \cdot 1{,}15 = 1{,}27$ oder $\gamma_R = 1{,}1 \cdot \gamma_c = 1{,}1 \cdot 1{,}5 = 1{,}65$ beträgt [Eibl 1992]. Der Faktor 1,1 stellt die Umrechnung der Mittelwerte in charakteristische Werte dar. Allerdings ist hier der Anwender vor die Schwierigkeit gestellt, die Versagensart zu bestimmen, um die Größenordnung des Sicherheitsniveaus festzulegen. Die Festlegung der Versagensart ist, insbesondere bei statisch unbestimmten Systemen, keine leichte Aufgabe. Versagensart und Versagensort hängen von den Annahmen zur Streuung der Beton- und Betonstahlqualität entscheidend ab.

Aufgrund der einfachen Handhabung und um mögliche Anwendungsfehler in der Bemessungspraxis zu vermeiden, wurden einem Vorschlag von *König* [König 2000] folgend in DIN EN 1992-2 die Mittelwerte der Baustoffeigenschaften durch sogenannte Rechenfestigkeiten ersetzt. Dabei wird die Betondruckfestigkeit mit einem vorab reduzierten Rechenwert von $f_{cR} = 0{,}85 \cdot f_{ck}$ angesetzt. Dieser Wert lässt sich durch neuere statistische Untersuchungen, dass der charakteristische Wert der Bauteilfestigkeit ca. 85 % des Laborwertes entspricht, untermauern. Somit ergibt sich dann der globale Teilsicherheitsbeiwert für Betonversagen auch mit $\gamma_R = 1{,}5 \cdot 0{,}85 = 1{,}275$ und es lässt sich ein einziger einheitlicher Wert von $\gamma_R \approx 1{,}3$ (ständige und vorübergehende Bemessungssituation) bzw. $\gamma_R \approx 1{,}1$ (außergewöhnliche Bemessungssituation) festlegen (▶ DIN-HB Bb, NCI zu 5.7 (NA.10)).

$$R_d = \frac{1}{\gamma_R} R(f_{cR}; f_{yR}; f_{tR}; f_{p0,1R}; f_{pR}) \tag{4-37}$$

Die Tragwerksantwort ist auf Grundlage der Spannungs-Dehnungs-Linien für Beton- (▶ DIN-HB Bb, 3.1.5 und Bild 3.2), Betonstahl (▶ DIN-HB Bb, NCI zu 3.2.7 und Bild NA3.8.1) und Spannstahl (▶ DIN-HB Bb, NCI zu 3.3.6 und Bild NA3.10.1) zu ermitteln (▶ DIN-HB Bb, NCI zu 5.7 (NA.9)).

Die rechnerischen Mittelwerte der Baustoffeigenschaften dürfen wie folgt angenommen werden (▶ DIN-HB Bb, NCI zu 5.7 (NA.10)):

$f_{yR} = 1{,}1 \cdot f_{yk}$

$f_{tR} = 1{,}08 \cdot f_{yR}$ (Betonstahl B500B mit hoher Duktilität)

$f_{tR} = 1{,}05 \cdot f_{yR}$ (Betonstahl B500A mit normaler Duktilität)

$f_{p0,1R} = 1{,}1 \cdot f_{p0,1k}$

$f_{pR} = 1{,}1 \cdot f_{pk}$

$f_{cR} = 0{,}85 \cdot \alpha_{cc} \cdot f_{ck}$

Der Grenzzustand der Tragfähigkeit gilt als erreicht, wenn in einem beliebigen Querschnitt des Tragwerks

- die kritische Stahldehnung mit $\varepsilon_{ud} = 25$ ‰ bzw. $\varepsilon_{ud} = \Delta_p^{(0)} + 0{,}025 \leq \varepsilon_{uk}$ oder
- die kritische Betondehnung nach ε_{cu1} gemäß DIN-HB Bb, Tabelle 3.1 oder
- am Gesamtsystem oder Teilen davon der kritische Zustand des indifferenten Gleichgewichts erreicht ist (▶ DIN-HB Bb, NCI zu 5.7 (NA.12)P und (NA.13)).

Die Mitwirkung des Betons über den Verbund mit der Bewehrung bei gerissenen Querschnitten (tension stiffening) ist zu berücksichtigen. Sie darf unberücksichtigt bleiben, wenn dies auf der sicheren Seite liegt (▶ DIN-HB Bb, NCI zu 5.7 (NA.14)). Dies ist bei Stabilitätsversagen in der Regel der Fall. Mit der Anwendung einer mittleren modifizierten Spannungs-Dehnungs-Linie für den Betonstahl im Verbund nach Bild 4-27 kann die versteifende Wirkung des Verbundes berücksichtigt werden [MC 90], [DAfStb 2012].

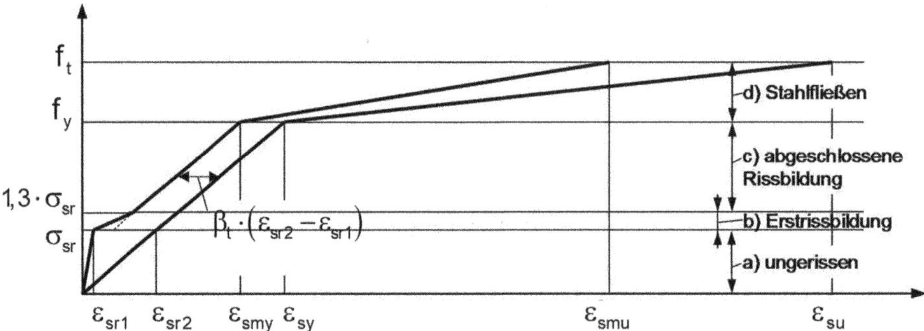

Bild 4-27 Mitwirkung des Betons auf Zug zwischen den Rissen

In Abhängigkeit von der jeweiligen Bemessungsaufgabe sollte die Auswahl eines geeigneten Verfahrens zur Berücksichtigung der Mitwirkung des Betons auf Zug getroffen werden (▶ DIN-HB Bb, NCI zu 5.7 (NA.15)). Die Empfehlung zielt sowohl auf die Mitwirkung des Betons über den Verbund als auch über das Zugtragverhalten nach der Rissbildung. Der Beton verliert seine Zugtragfähigkeit nach der Rissbildung nur allmählich mit zunehmender Rissbreite. Aus diesem Grund kann bei hoher Normalkraft und großer Schlankheit die Berücksichtigung der Mitwirkung des Betons auf Zug im Interesse einer wirtschaftlichen Bemessung von großer Bedeutung sein, da bei solchen Systemen das Stabilitätsversagen bereits bei sehr geringen Betonstahldehnungen und somit kleinen Rissbreiten stattfindet. Detailinformationen hierzu können z. B. [Illich 2015] entnommen werden.

Spannungs-Dehnungs-Linie Beton (ohne Berücksichtigung des Kriechens)

Für nichtlineare Verfahren lässt sich die Spannungs-Dehnungs-Linie bei kurzzeitig wirkenden Beanspruchungen und einachsigen Spannungszuständen nach Gl. (4-38) beschreiben (▶ DIN-HB Bb, 3.1.5 (1)).

$$\frac{\sigma_c}{f_{cm}} = \left(\frac{k\eta - \eta^2}{1 + (k-2)\eta}\right) \text{für } 0 < |\varepsilon_c| < |\varepsilon_{cu1}| \qquad (4\text{-}38)$$

mit

$\eta = \varepsilon_c / \varepsilon_{c1}$

$k = 1{,}05 \cdot E_{cm} \cdot |\varepsilon_{c1}| / f_{cm}$

ε_{c1} Dehnung bei Erreichen des Höchstwertes der Betonspannung nach DIN-HB Bb, Tabelle 3.1, $\varepsilon_{c1} = -2{,}2$ ‰ für C30/37

E_{cm} Sekantenmodul des Betons (▶ DIN-HB Bb, Tabelle 3.1), $E_{cm} = 33\,000$ MN/m²

f_{cm} ist an dieser Stelle durch den Rechenwert der Betondruckfestigkeit für nichtlineare Berechnungen f_{cR} zu ersetzen.
$f_{cR} = 0{,}85 \cdot \alpha_{cc} \cdot f_{ck} = 0{,}85 \cdot 0{,}85 \cdot 30 \text{ MN/m}^2 = 21{,}7 \text{ MN/m}^2$
(▶ DIN-HB Bb, NCI zu 5.7 (NA.10))

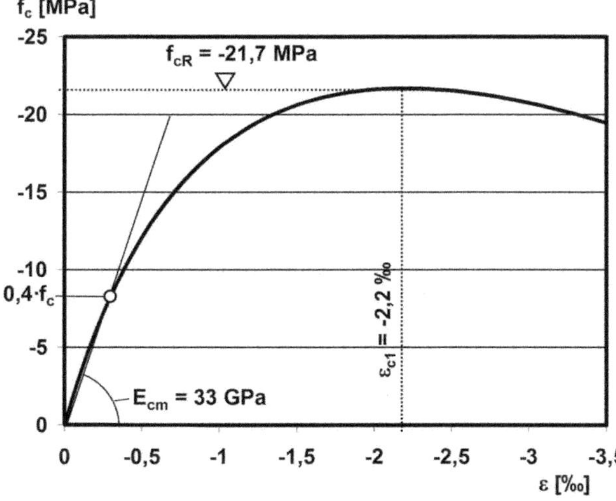

Bild 4-28 Spannungs-Dehnungs-Linie C30/37 für nichtlineare Berechnungen

Spannungs-Dehnungs-Linie Beton (mit Berücksichtigung des Kriechens)

Das Verhältnis M_{0Eqp}/M_{0Ed} wird aus dem quasi-ständigen Moment und dem maximalen Moment im ULS mit Wind in x-Richtung als vorherrschende Einwirkung gebildet (siehe

Abschnitt 4.3.6) (▶ DIN-HB, Bb, 5.8.4 (2)). Das Biegemoment unter der quasi-ständigen Einwirkungskombination ist nach Theorie I. Ordnung jedoch unter Berücksichtigung der Imperfektionen zu bestimmen. Die maßgebenden Beanspruchungen des Pfeilers treten um die schwache Achse auf. Die Biegung um die starke Achse des Pfeilers ist von untergeordneter Auswirkung und wird deshalb vernachlässigt. Ist die zweiachsige Biegung zu berücksichtigen, so kann nach Heft 600 des DAfStb [DAfStb 2012] vorgegangen werden. Um die schwache Pfeilerachse führen lediglich die Rückstellkräfte der Elastomerlager infolge der Überbaulängsverschiebungen und die Ersatzimperfektionen zu kriecherzeugenden Biegebeanspruchungen. Die aus dem Eigengewicht des Pfeilers und infolge der Imperfektionen resultierenden Biegemomente werden vereinfacht durch die Eigengewichtsresultierende multipliziert mit der halben Imperfektion auf der sicheren Seite liegend angesetzt.

$$M_{perm} = 1{,}0 \cdot M_{K+S,k,horiz} + 0{,}5 \cdot M_{\Delta TN,k,horiz} + N_{perm} \cdot [e_a + 0{,}5 \cdot (e_{x,\Delta TM} + e_{xLag})] + N_{pfeiler} \cdot e_a/2$$

$$M_{perm} = (1{,}0 \cdot 12{,}9 + 0{,}5 \cdot 10{,}4) \cdot 30{,}3 + 19\,303 \cdot [0{,}152 + 0{,}5 \cdot (0{,}015 + 0{,}0084)] + 5430 \cdot 0{,}015/2$$

$$M_{perm} = 3748{,}4 \text{ kNm}$$

$$N_{perm} = N_{Gk1} + N_{Gk,pfeiler} + N_{Gk2} + N_{Pk} + N_{K+S} + N_{G,k,set} + 0{,}5 \cdot N_{\Delta TM,k} + 0{,}2 \cdot (N_{Q,k,TS} + N_{Q,k,UDL})$$

$$N_{perm} = 10\,815 + 5430 + 1762 - 216 + 297 + 323 + 0{,}5 \cdot 48 + 0{,}2 \cdot (1000 + 3339)$$

$$N_{perm} = 19\,302{,}8 \text{ kN}$$

$$M_{1,Ed} = 1{,}35 \cdot M_{K+S,k,horiz} + 1{,}5 \cdot M_{wx,k} + N_{1,Ed} \cdot (e_a + e_{xLag}) + 1{,}35 \cdot N_{pfeiler} \cdot e_a/2$$

$$M_{1,Ed} = 1{,}35 \cdot 12{,}9 \cdot 30{,}3 + 1{,}5 \cdot 4142 + 27\,497 \cdot (0{,}152 + 0{,}0084) + 1{,}35 \cdot 5430 \cdot 0{,}015/2$$

$$M_{1,Ed} = 11\,206{,}2 \text{ kNm}$$

$$N_{1,Ed} = 1{,}35 \cdot (N_{Gk1} + N_{Gk2} + N_{Gk,pfeiler}) + N_{Pk} + N_{K+S} + 1{,}5 \cdot 0{,}6 \cdot N_{G,k,set} + 1{,}35 \cdot (0{,}75 \cdot N_{Q,k,TS} + 0{,}40 \cdot N_{Q,k,UDL})$$

$$N_{1,Ed} = 1{,}35 \cdot (10\,815 + 1762 + 5430) - 216 + 297 + 1{,}5 \cdot 0{,}6 \cdot 323 + 1{,}35 \cdot (0{,}75 \cdot 1000 + 0{,}40 \cdot 3339)$$

$$N_{1,Ed} = 27\,496{,}7 \text{ kN}$$

Damit ergibt sich eine effektive Kriechzahl φ_{eff} für $t_0 = 21$ Tage zu:

$$\varphi_{eff} = \varphi_{(\infty,t_0)} \cdot M_{0Eqp}/M_{0Ed} = 1{,}7 \cdot 3748{,}4/11\,206{,}2 = 0{,}57$$

Sowie für $t_0 = 84$ Tage zu:

$$\varphi_{eff} = \varphi_{(\infty,t_0)} \cdot M_{0Eqp}/M_{0Ed} = 1{,}4 \cdot 3748{,}4/11\,206{,}2 = 0{,}47$$

Wie bereits in Abschnitt 4.3.6 können die Dehnungswerte der Spannungs-Dehnungs-Linie des Betons mit dem Faktor $(1 + \varphi_{eff})$ modifiziert werden.

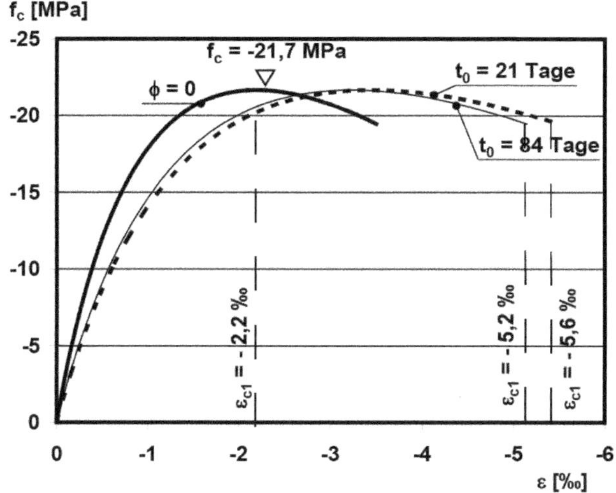

Bild 4-29 Spannungs-Dehnungs-Linie des Betons für nichtlineare Berechnungen mit Berücksichtigung des Kriechens

In Bild 4-29 sind die Auswirkungen des Kriechens auf die Spannungs-Dehnungs-Beziehung des Betons ersichtlich. Es wird deutlich, dass der Unterschied zwischen den durch den Überbau unbelasteten Standzeiten ($t_0 = 21$ und $t_0 = 84$ Tage) vernachlässigbar ist.

Spannungs-Dehnungs-Linie Betonstahl

Bei nichtlinearen Berechnungen ist ein wirklichkeitsnaher Verlauf der Spannungs-Dehnungs-Linie anzusetzen, wobei vereinfachend ein bilinear idealisierter Verlauf mit Verfestigung angenommen werden darf (▶ DIN-HB, Bb, NCI zu 3.2.7 (NA.5) und Bild NA.3.8.1). Für f_y ist der Rechenwert f_{yR} zu ersetzen. Die rechnerischen Mittelwerte ergeben sich zu (▶ DIN-HB Bb, NCI zu 5.7 (NA.10)):

$$f_{yR} = 1{,}1 \cdot f_{yk} = 1{,}1 \cdot 500 = 550 \text{ MN/m}^2$$

$$f_{tR} = 1{,}08 \cdot f_{yR} = 1{,}08 \cdot 550 = 594 \text{ MN/m}^2$$

$$\varepsilon_{syR} = f_{yR}/E_s = 550/200\,000 = 2{,}75\ ‰$$

Berücksichtigung der Mitwirkung des Betons zwischen den Rissen nach Bild 4-27:

– Bereich a) ungerissen:

ε_{sr1} Stahldehnung im ungerissenen Bereich

$$\varepsilon_{sr1} = f_{ctm}/E_{cm} = 2{,}9/33\,000 = 0{,}088\ ‰$$

σ_{sr} Spannung in der Zugbewehrung unmittelbar nach Rissbildung

Unter Berücksichtigung der ideellen Querschnittswerte lässt sich die Stahlspannung σ_{sr} in Abhängigkeit des Bewehrungsgrades folgend berechnen (siehe auch [König 2008]):

$$\sigma_{sr} = \frac{A_i}{A_s} \cdot f_{ctm} \tag{4-39}$$

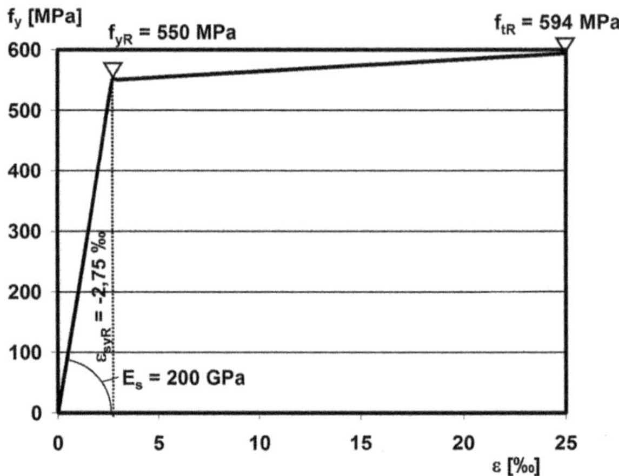

Bild 4-30 Spannungs-Dehnungs-Linie des Betonstahls für nichtlineare Berechnungen

Mit $A_i = A_s \cdot \alpha_e + A_c - A_s$ und $\rho_s = A_c/A_s$ als Bewehrungsgrad der effektiven Zugzone $A_{c,eff}$ nach (▶ DIN-HB Bb, 7.3.2 (3) und NCI zu 7.3.2 (3)) ergibt sich:

$$\sigma_{sr} = \left(\alpha_e - 1 + \frac{1}{\rho_s}\right) \cdot f_{ctm} \tag{4-40}$$

mit $\alpha_e = E_s/E_c$

- Bereich c) abgeschlossene Rissbildung:

$$\varepsilon_{sm} = \varepsilon_{s2} - \beta_t \cdot (\varepsilon_{sr1} - \varepsilon_{sr2}) \tag{4-41}$$

- Bereich d) Stahlfließen:

$$\varepsilon_{sm} = \varepsilon_{sy} - \beta_t \cdot (\varepsilon_{sr1} - \varepsilon_{sr2}) + \delta \cdot \left(1 - \frac{\sigma_{sr}}{f_y}\right) \cdot (\varepsilon_{s2} - \varepsilon_{sy}) \tag{4-42}$$

Die Ergebnisse der modifizierten Spannungs-Dehnungs-Linie für Bewehrungsgrade von $\rho_s = 0{,}01$ bis $\rho_s = 0{,}03$ sind in Tabelle 4-16 und Bild 4-31 dargestellt.

Tabelle 4-17 Modifizierte σ-ε-Linien des Betonstahls für verschiedene Bewehrungsgrade

	$\rho_s = 0{,}01$			$\rho_s = 0{,}015$			$\rho_s = 0{,}02$			$\rho_s = 0{,}025$			$\rho_s = 0{,}03$		
	σ [MPa]	ε_{TSE} [‰]	ε_{II} [‰]	σ [MPa]	ε_{TSE} [‰]	ε_{II} [‰]	σ [MPa]	ε_{TSE} [‰]	ε_{II} [‰]	σ [MPa]	ε_{TSE} [‰]	ε_{II} [‰]	σ [MPa]	ε_{TSE} [‰]	ε_{II} [‰]
σ_{s0}	0	0	0	0	0	0	0	0	0	0	0	0	0	0	0
σ_{sr}	320	0,089	1,600	218	0,089	1,091	167	0,089	0,837	137	0,089	0,684	116	0,089	0,582
$1{,}3 \cdot \sigma_{sr}$	416	1,476	2,080	284	1,018	1,419	218	0,788	1,088	178	0,651	0,889	151	0,559	0,757
f_y	550	2,145	2,750	550	2,349	2,750	550	2,451	2,750	550	2,512	2,750	550	2,553	2,750
f_t	594	9,587	25,000	594	13,086	25,000	594	14,835	25,000	594	15,884	25,000	594	16,584	25,000

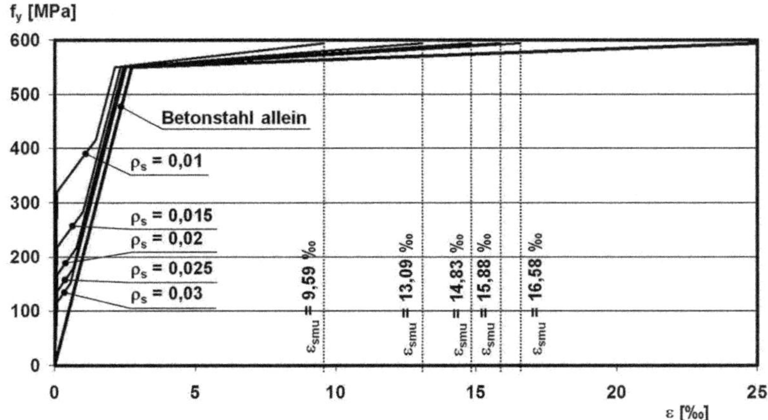

Bild 4-31 Modifizierte σ-ε-Linien des Betonstahls für verschiedene Bewehrungsgrade

Der Bewehrungsgrad wird bezogen auf die effektive Zugzone nach DIN-HB Bb, 7.3.2 (3) und NCI zu 7.3.2 (3) bestimmt, bei dem die Zugzone auf einen zentrisch beanspruchten fiktiven Zugstab mit der Ersatzfläche $A_{c,eff}$ zurückgeführt wird. Für die weitere Berechnung wurde die in Bild 4-32 dargestellte Abstufung der Längsbewehrung gewählt. Diese deutliche Abweichung zum Ergebnis des Modellstützenverfahrens wird dadurch begründet, dass bei der vorliegenden großen Schlankheit die Bewehrung bei Auftreten des Stabilitätsversagens noch nicht zum Fließen kommt. Darüber hinaus wird beim nichtlinearen Verfahren der positive Einfluss der nicht gerissenen Bereiche direkt berücksichtigt, welcher ebenfalls zu einer Reduzierung der Verformung führt.

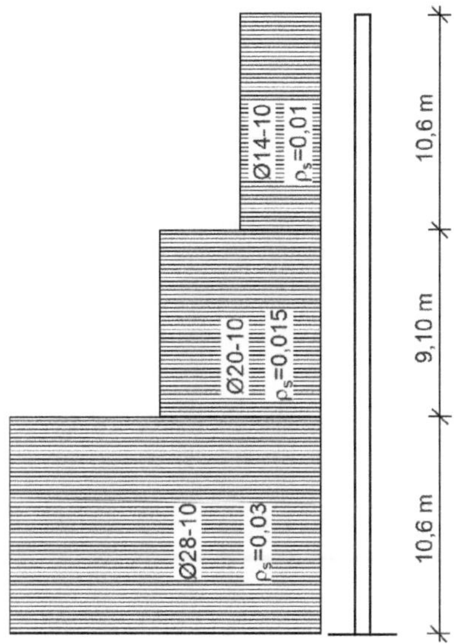

Bild 4-32 Längsbewehrung über die Pfeilerhöhe – Bewehrungsgrad für lange Seite

Damit lassen sich folgend die effektive Zugzone, durch Ablesen von h_{eff} aus Bild 4-33 – Linie 2 für Biegebauteile (▶ DIN-HB Bb, 7.3.2 (3) und NCI zu 7.3.2 (3)), und der Bewehrungsgrad für die einzelnen Abstufungsbereiche ermitteln.

Lange Seite: $h/d_1 = 1{,}70 / 0{,}07 = 24{,}3 \quad \rightarrow h_{c,ef}/d_1 = 3{,}22$
Bereich unten: $\rho_s = 61{,}6/(100 \cdot 3{,}22 \cdot 7) \approx 0{,}03$
Bereich Mitte: $\rho_s = 31{,}4/(100 \cdot 3{,}22 \cdot 7) \approx 0{,}015$
Bereich oben: $\rho_s = 15{,}4/(100 \cdot 3{,}22 \cdot 7) \approx 0{,}01$

Schmale Seite: $h/d_1 = 5{,}21/0{,}07 = 74{,}4 \rightarrow h_{c,ef}/d_1 = 5$
Bereich unten: $\rho_s = 61{,}6/(100 \cdot 5 \cdot 7) \approx 0{,}02$
Bereich Mitte: $\rho_s = 31{,}4/(100 \cdot 5 \cdot 7) \approx 0{,}01$
Bereich oben: $\rho_s = 15{,}4/(100 \cdot 5 \cdot 7) \approx 0{,}00$

Streng genommen sollte der Untersuchung die Arbeitslinie einer Wiederbelastung zugrunde gelegt werden, da der Bereich der Erstrissbildung bei vorheriger Be- und Entlastung nicht mehr relevant ist. Die bleibende Verformung nach vorheriger Be- und Entlastung ist bei schlanken Druckgliedern jedoch gering. Aus diesem Grund ist es im Allgemeinen ausreichend, mit der Arbeitslinie der Erstbelastung zu arbeiten.

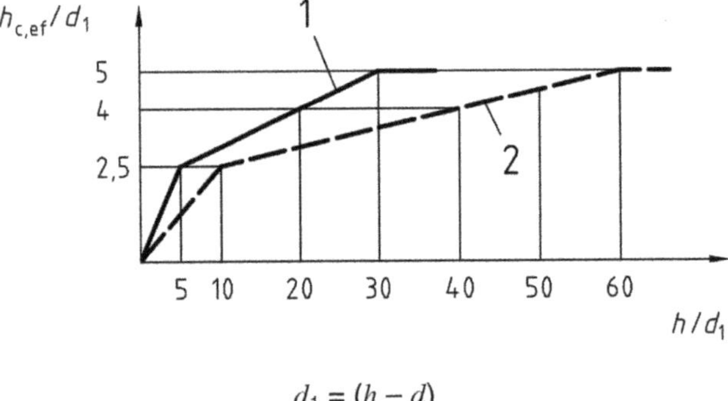

$d_1 = (h - d)$

Bild 4-33 Wirkungsbereich der Bewehrung bei zunehmender Bauteildicke – Linie 1: zentrischer Zug, Linie 2: Biegung

Die erreichten Traglastfaktoren im Zuge der nichtlinearen Berechnungen unter Berücksichtigung der Bewehrungsverteilung nach Bild 4-32 sind für den maßgebenden Kombinationsfall Wind in Brückenlängsrichtung führend in Tabelle 4-18 dargestellt.

Tabelle 4-18 Erzielte Traglastfaktoren

LF	ohne TSE mit Kriechen	mit TSE ohne Kriechen	ohne TSE ohne Kriechen	mit TSE mit Kriechen
Q mit w_x min N_{Ed}	1,16	1,42	1,32	1,30

Damit ist der Stabilitätsnachweis bei Ansatz des Tension Stiffening Effects (TSE) und unter Berücksichtigung der Kriechauswirkungen für den maßgebenden Lastfall mit $\gamma_R = 1{,}3$ gerade erbracht. Die zugehörigen Größtwerte der Beton- und Betonstahlspannungen betragen am Pfeilerfuß im Traglastzustand ($\gamma_R = 1{,}3$):

$$\sigma_s = 213\ \text{MN/m}^2$$

$$\sigma_c = -13{,}9\ \text{MN/m}^2$$

Die geringen Beton- und Betonstahlspannungen zeigen, dass das Versagen deutlich vor dem Fließen der Bewehrung auftritt. Die Überlegungen zur Wahl der Bewehrung gemäß Bild 4-32 werden hiermit bestätigt.

Die mit der Laststeigerung zunehmende Verformung am Pfeilerkopf ist in Bild 4-34a gut ersichtlich. In Bild 4-34b sind die Auswirkungen des Tension-Stiffening-Effektes und des Kriechens auf die Pfeilerverformung bis zu einem Traglastfaktor von $\gamma_R = 1{,}16$ vergleichend dargestellt.

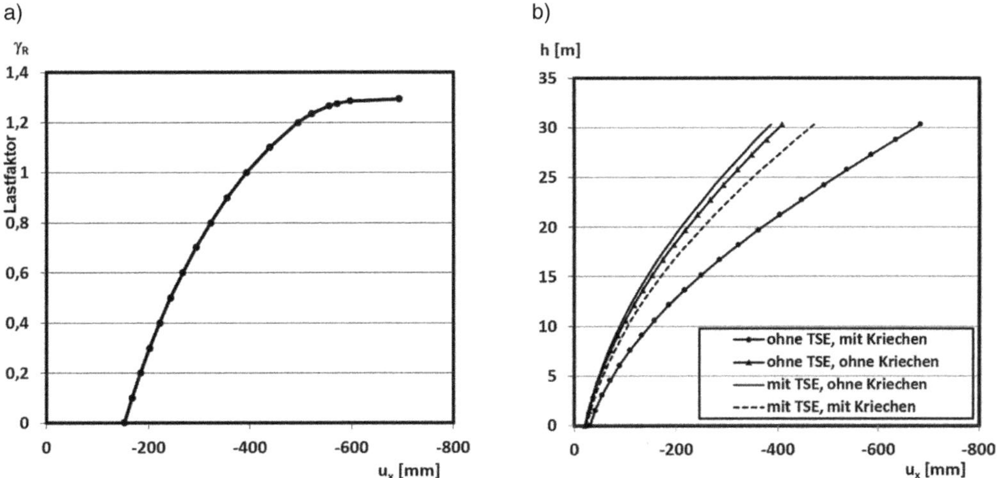

Bild 4-34 a) Last-Verformungs-Pfad mit TSE und Kriechen, b) Auswirkungen des Tension-Stiffenings und des Kriechens auf die Verformungen für Lastfall „Q mit wx min N_{Ed}“ $\gamma_R = 1{,}16$

4.9.6 Nachweise im Grenzzustand der Gebrauchstauglichkeit

Die ermittelten Spannungen im Grenzzustand der Tragfähigkeit aus der nichtlinearen Traglastanalyse liegen bereits bei 1,0-fachem Traglastniveau deutlich unter den Grenzen 0,45 f_{ck} (▶ DIN-HB Bb, 7.2 (3) und NDP zu 7.2 (3)) und 0,8 f_{yk} (▶ DIN-HB Bb, 7.2 (4)P und (5) sowie NDP zu 7.2 (5)).

$$\sigma_s = 213/\gamma_R = 213/1{,}3 = 163{,}8\ \text{MN/m}^2 < 0{,}8\ f_{yk} = 400\ \text{MN/m}^2$$

$$\sigma_c = -13{,}9/\gamma_R = -13{,}9/1{,}3 = 10{,}7\ \text{MN/m}^2 < 0{,}45\ f_{ck} = 13{,}5\ \text{MN/m}^2$$

Damit können die Spannungsnachweise in einfacher Weise als erbracht angesehen werden.

Aufgrund der geringen Betonstahlspannung ist davon auszugehen, dass die zulässigen Rissbreiten von $w_k \leq 0{,}2$ mm eingehalten sind. Vereinfacht und auf der sicheren Seite liegend kann das Ergebnis der Betonstahlspannung aus dem Stabilitätsnachweis auf das Gebrauchslastniveau zurückgerechnet werden:

$$\sigma_s = 213/1{,}3/1{,}35 = 121{,}4 \text{ MN/m}^2$$

Der Nachweis der Rissbreite ohne direkte Berechnung erfolgt durch die Begrenzung des Stabdurchmessers nach Tabelle 7.2DE oder über die Stababstände nach Tabelle 7.3N (▶ DIN-HB Bb, 7.3.3 (2) sowie NCI zu 7.3.3 (2)). Dabei ist zu beachten, dass bei einer überwiegend durch Zwangsbeanspruchungen verursachten Rissbildung nur die Tabelle 7.2DE verwendet werden darf.

Der in Abhängigkeit von der tatsächlich vorhandenen Bauteilhöhe und der wirksamen Betonzugfestigkeit modifizierte Grenzdurchmesser d_s^* ergibt sich bei einem vorhandenen Bewehrungsdurchmesser von 28 mm zu (▶ DIN-HB Bb, NCI zu 7.3.2 (NA.106)):

$$d_s^* = f_{ct,0}/f_{ct,eff} \cdot d_s = 2{,}9/2{,}9 \cdot 28 = 28 \text{ mm}$$

Die zulässige Stahlspannung nach Tabelle 7.2DE beträgt damit für eine Rissbreite von $w_k = 0{,}2$ mm:

$$\text{zul } \sigma_s = (3{,}48 \cdot 10^6 \cdot 0{,}2/28)^{1/2} = 157{,}7 \text{ MN/m}^2 > 121{,}4 \text{ MN/m}^2$$

Da keine Zwangbeanspruchungen am Pfeiler auftreten, kann alternativ der Nachweis über die Begrenzung der Stababstände nach Tabelle 7.3N geführt werden. Bei einem Stababstand von 100 mm beträgt die zulässige Betonstahlspannung nach Tabelle 7.3N:

$$\text{zul } \sigma_s = 240 > 121{,}4 \text{ MN/m}^2$$

Damit ist der Nachweis der Rissbreite ohne direkte Berechnung erbracht.

Mindestbewehrung zur Beschränkung der Rissbreite aus abfließender Hydratationswärme – aufgehender Pfeiler über Pfahlkopfplatte

Bei dicken Bauteilen führt in der Regel der frühe Zwang aus abfließender Hydratationswärme zur Bildung von Rissen, deren Rissbreiten auf $w_k \leq 0{,}2$ mm zu begrenzen sind. Dabei ist in jedem Fall mindestens eine konstruktive Mindestbewehrung von Ø 16-15 vorzusehen (▶ DIN-HB Bb, NCI zu 9.6.3 und Bild NA.9.110 und NCI zu 7.3.2 (NA 108)) bzw. mindestens ein Stababstand ≤ 200 mm und Stabdurchmesser ≥ 10 mm (▶ DIN-HB Bb, NCI zu 7.3.2 (109) P). Der erforderliche Bewehrungsquerschnitt zur Abdeckung der Zwangkraft aus abfließender Hydratationswärme darf bei dickeren Bauteilen entsprechend DIN-HB Bb, NCI zu 7.3.2 (NA 106) wie folgt bestimmt werden:

$$A_{s,\,min} = f_{ct,eff} \frac{A_{c,eff}}{\sigma_S} \geq k \cdot f_{ct,eff} \frac{A_{ct}}{f_{yk}} \tag{4-43}$$

mit

$A_{c,eff}$ Fläche der effektiv wirksamen Betonzugzone nach DIN-HB Bb, NCI zu 7.3.2; Bild 7.1 für zentrischen Zug. $A_{c,eff} = h_{c,ef} \cdot b$

$f_{ct,eff} = 0{,}5 \cdot 2{,}9 = 1{,}45$ MN/m², da der Zwang in den ersten Tagen nach der Betonage aus abfließender Hydratationswärme entsteht, darf die Betonzugfestigkeit $f_{ct,eff}$ zu 50 % der mittleren Betonzugfestigkeit nach 28 Tagen angesetzt werden (▶ DIN-HB Bb, NCI zu 7.3.2 (102)). Wird diese Annahme getroffen, ist die Festigkeitsentwicklung des Betons $r = f_{cm2}/f_{cm28}$ gemäß DIN EN 206-1 auf folgende Werte zu begrenzen und auf den Ausführungsunterlagen anzugeben:

$r \leq 0{,}30$ bei Betonieren unter sommerlichen Bedingungen

$r \leq 0{,}50$ bei Betonieren unter winterlichen Bedingungen

Bei Anwendung von $r \leq 0{,}30$ darf die Mindestbewehrung um den Faktor 0,85 verringert werden.

$k = 0{,}5$ da $h > 800$ mm (▶ DIN-HB Bb, NCI zu 7.3.2 (102)).

Bestimmung von $A_{c,eff}$:

$$h/d_1 = 170/7 \approx 24{,}3$$

abgelesen aus DIN-HB Bb, NCI zu 7.3.2; Bild 7.1:

$$h_{c,ef}/d_1 = 2{,}5 \cdot (24{,}3 - 5)/25 + 2{,}5 = 4{,}43 \rightarrow h_{c,ef} = 4{,}43 \cdot 7 = 31 \text{ cm}$$

Der modifizierte Grenzdurchmesser zur Bestimmung der Betonstahlspannung σ_s ergibt sich zu (▶ DIN-HB Bb, NCI zu 7.3.2 (NA 106)):

$$\varnothing_s^* = f_{ct,0}/f_{ct,eff} \cdot \varnothing_s = 2{,}9/1{,}45 \cdot 20 = 40 \text{ mm}$$

Die zulässige Betonstahlspannung beträgt:

$$\sigma_s = (3{,}48 \cdot 10^6 \cdot 0{,}2/40)^{1/2} = 131{,}9 \text{ MN/m}^2$$

Damit ergibt sich die Mindestbewehrung zur Rissbreitenbegrenzung zu:

$$a_{s.min} = 1 \cdot 10^4 \cdot 0{,}85 \cdot 1{,}45 \cdot 0{,}31/131{,}9 = 29 \text{ cm}^2/\text{m}$$

Kontrolle, dass die Bewehrung im Primärriss nicht fließt:

$$a_{s,min} = k \cdot f_{ct,eff} \cdot A_{ct}/f_{yk} = 1 \cdot 10^4 \cdot 0{,}85 \cdot 0{,}5 \cdot 1{,}45 \cdot 0{,}85/500 = 10{,}5 \text{ cm}^2/\text{m}$$

mit

$A_{ct} = 0{,}5 \cdot 1{,}7 = 0{,}85$ m, Fläche der Betonzugzone unmittelbar vor Bildung des Erstrisses je Bauteilseite (▶ DIN-HB Bb, NCI zu 7.3.2 (NA 106)).

Gemäß DIN-HB Bb, NCI zu 7.3.2 (NA 106) braucht aber nicht mehr Mindestbewehrung eingelegt zu werden als nach DIN-HB Bb, 7.3.2 (102).

$$A_{s,\,min} = k_c \cdot k \cdot f_{ct,eff} \frac{A_{ct}}{\sigma_S} \tag{4-44}$$

mit

$k_c = 1{,}0$ Zentrischer Zug, da Krümmungen und Dehnungen der Pfeilerwand an der Unterseite durch die Pfahlkopfplatte behindert sind

$$a_{s,min} = 1 \cdot 10^4 \cdot 1{,}0 \cdot 0{,}5 \cdot 1{,}45 \cdot 0{,}85/500 = 12{,}33 \text{ cm}^2/\text{m}$$

Damit ist die Mindestbewehrung von 29 cm^2/m maßgebend.

Gewählt ∅ 20-10 horizontal verlaufend bis 2 m Höhe über OK Pfahlkopfplatte.

4.10 Bemessung lokale Lasteinleitungen am Pfeilerkopf

Für die Vorgehensweise zur Bemessung lokaler Lasteinleitungen aus Lagern und Pressenansatzpunkten am Pfeilerkopf wird auf das Kapitel 2 Überbau verwiesen, da diese in der gleichen dort dargestellten Art und Weise erfolgen würde.

4.11 Fundament Pfeiler Achse 50

4.11.1 System und Abmessungen

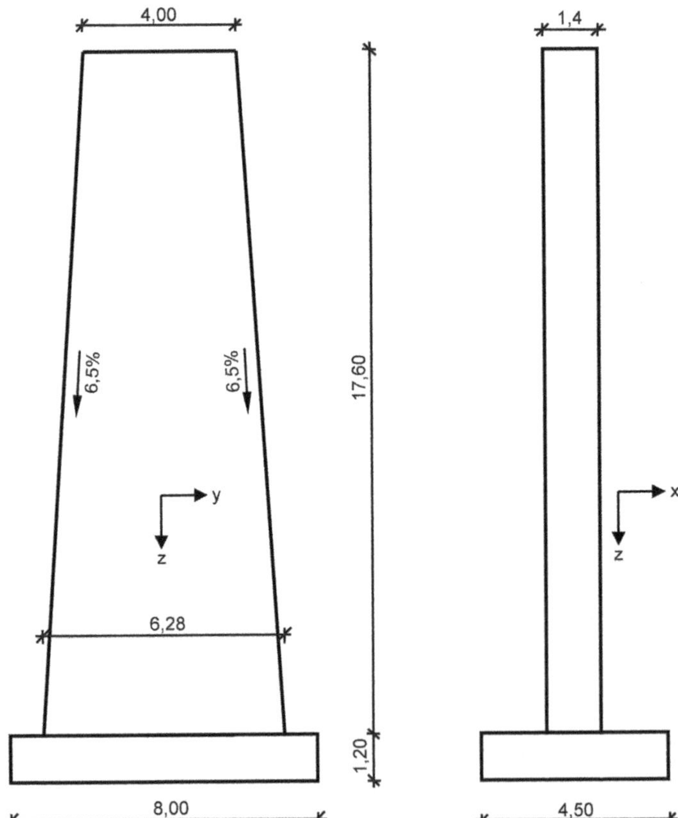

Bild 4-35 Abmessungen Pfeiler Achse 50

Der Pfeiler in Achse 50 besitzt eine Gesamthöhe von 17,6 m. In Brückenquerrichtung nimmt seine Breite nach unten von 4,00 m auf 6,28 m zu. In Brückenlängsrichtung bleibt die Breite mit 1,4 m konstant. Laut Bodengutachten liegt der Gründungshorizont der Fundamentsohle auf einer stark bis teilweise angewitterten Phyllitschicht mit sehr guter Tragfähigkeit bei vernachlässigbar geringen Setzungen. Aus diesem Grund wird eine Flachgründung ausgeführt.

4.11.2 Belastung Pfeiler Achse 50

4.11.2.1 Belastung aus dem Überbau

Die charakteristischen Einwirkungen für den Endzustand sind dem Kapitel 2 Überbau entnommen und nochmals in Tabelle 4-19 aufgeführt. Die Lagerspreizung wurde zweckmäßigerweise zu einer Gabellagerung in Höhe Oberkante Pfeiler zusammengefasst, um die direkten Beanspruchungen auf den Pfeilerkopf zu erhalten.

Tabelle 4-19 Auflagerkräfte aus dem Überbau am Pfeilerkopf im Endzustand – charakteristische Werte der Einzellastfälle für Pfeiler Achse 50

Pfeiler Achse 50						
LF-Nr.	Bezeichnung	Leitein-wirkung	$P_{k,x}$ [kN]	$P_{k,y}$ [kN]	$P_{k,z}$ [kN]	$M_{k,x}$ [kNm]
1064	Eigengewicht BA4 $G_{k,1}$		0	0	-9576,3	0
1065	Vorspannung BA4 P_k		0	0	1217,1	0
1066	K + S + R BA4		0	0	-300,6	0
1067	K + S + R ab Ausbau in 2 Stufen		0	0	-263,7	0
1068			0	0	-132,7	0
10	Ausbaulast $G_{k,2}$		0	0	-1902,2	0
259	Verkehr $Q_{k,TS}$	max P_y	0	4,4	-527,3	-1248,5
260		min P_y	0	-4,4	-527,3	1248,5
261		max P_z	0	-1,2	195,5	-2,0
262		min P_z	0	-1,6	-1010,9	1248,9
263		max M_x	0	1,3	-667,0	-748,9
264		min M_x	0	-3,2	-864,1	851,1
209	Verkehr $Q_{k,UDL}$	max P_y	0	12,5	-1715,7	-9022,4
210		min P_y	0	-7,1	-2058,8	5115,2

Tabelle 4-19 (Fortsetzung)

Pfeiler Achse 50						
LF-Nr.	Bezeichnung	Leitein-wirkung	$P_{k,x}$ [kN]	$P_{k,y}$ [kN]	$P_{k,z}$ [kN]	$M_{k,x}$ [kNm]
211		max P_z	0	–0,4	358,1	–0,7
212		min P_z	0	–3,2	–3223,6	2344,4
213		max M_x	0	0	–1637,9	–3591,0
214		min M_x	0	9,2	–1227,6	–3442,9
361	Stützensenkung $G_{k,set}$	max P_z	0	0	234,4	0
362		min P_z	0	0	–234,4	0
411	Temperatur $\Delta T_{M,k}$	max P_z	0	0	243,2	0
412		min P_z	0	0	–158,2	0
3951	Wind mit Verkehrsband $F_{w,k}$	min P_y	0	–248,4	0	–593,8
3952		max P_y	0	248,4	0	593,8

4.11.2.2 Horizontalkräfte – Rückstellkräfte

Aufgrund der federelastischen Lagerung ergeben sich auf den Pfeiler in Achse 50 Rückstellkräfte, die Abschnitt 3.2 entnommen werden:

$$H_{x,\text{Rück},\Delta T} = +\ 135{,}5\ \text{kN}; \quad -121{,}5\ \text{kN}$$

$$H_{x,\text{Rück},K+S+R} = -168{,}2\ \text{kN}$$

$$H_{x,\text{Rück},B+A} = \pm\ 66{,}7\ \text{kN}$$

Für den Nachweis der äußeren Standsicherheit des Fundamentes sind die Rückstellkräfte mit den in DIN 1054 angegebenen Teilsicherheitsbeiwerten zu belegen.

4.11.2.3 Eigengewicht Pfeiler und Gründung

Pfeiler: $G_{k,\text{Pfeiler}} = 25 \cdot 17{,}6\ \text{m} \cdot 1{,}4\ \text{m} \cdot (4{,}00\ \text{m} + 6{,}28\ \text{m})/2 = 3166\ \text{kN}$

Fundament: $G_{k,\text{Fundament}} = 25 \cdot 8{,}0\ \text{m} \cdot 4{,}5\ \text{m} \cdot 1{,}2 = 1080\ \text{kN}$

4.11.2.4 Windbeanspruchung

Die Windlasten werden aus Abschnitt 2.2.2.5 entnommen:

Querrichtung: $F_{w,k,\text{Pfeiler}} = 1{,}68\ \text{kN/m} \cdot 17{,}6\ \text{m} = 29{,}6\ \text{kN}$

Längsrichtung: $F_{w,k,\text{Pfeiler}} = 1{,}70\ \text{kN/m}^2 \cdot (4{,}00\ \text{m} + 6{,}28\ \text{m})/2 \cdot 17{,}6\ \text{m} = 154\ \text{kN}$

Höhe über OK Fundament der Windlastresultierenden in Brückenlängsrichtung:

$$z_{s,w} = 17{,}6/3 \cdot (6{,}28 + 2 \cdot 4)/(6{,}28 + 4) = 8{,}15\ \text{m}$$

Es wird im Weiteren davon ausgegangen, dass für die Schnittgrößenermittlung das Kriechen vernachlässigt werden kann. Zur Berücksichtigung der Effekte aus Theorie II. Ordnung und des Kriechens wird auf die Bemessung des Pfeilers in Achse 30 verwiesen.

4.11.3 Nachweis der äußeren Standsicherheit für die Flachgründung

Im Folgenden werden die Nachweise der äußeren Standsicherheit für die Flachgründung vorgestellt. Die Tragfähigkeitsnachweise für die Fundamentplatte und den Pfeiler selbst entsprechen prinzipiell den Nachweisen für den Pfeiler Achse 30. Das allgemeine nach EN 1997-1 vorgesehene Nachweiskonzept wurde bereits in Abschnitt 4.6.1 erläutert.

Die Kombination der Einwirkungen erfolgt mit den in den jeweiligen Nachweisen angeführten Teilsicherheitsbeiwerten sowie unter Beachtung der Kombinationsbeiwerte nach DIN EN 1990 (▶ DIN 1054:2010-12 A 2.4.7.6). Die allgemeinen Festlegungen zum gleichzeitigen Ansatz von Einwirkungen aus DIN EN 1990 (siehe Abschnitt 2.2.4.1) werden ebenfalls übernommen.

- Wind wirkt nicht gleichzeitig mit Brems- und Anfahrlasten (Lastgruppe gr 2), mit Lasten auf Geh- und Radwegen (Lastgruppe gr 3) oder Lasten aus Menschenansammlungen (Lastgruppe gr 4) (▶ DIN EN 1990, A.2.2.2 (3)).
- Windlasten > $\psi_0 \cdot F_{Wk}$ sind nicht mit dem Lastmodell 1 bzw. der Lastgruppe gr 1 zu kombinieren (▶ DIN EN 1990, A.2.2.2 (5)). Das bedeutet, dass Wind als Leiteinwirkung nicht mit Lastmodell 1 bzw. der Lastgruppe gr 1 auftritt.
- Wind- und Temperatureinwirkungen treten nicht gleichzeitig auf (▶ DIN EN 1990, A.2.2.2 (6)).

4.11.3.1 Nachweis der Gleitsicherheit in der Sohlfuge

Für den Nachweis der Gleitsicherheit ist das Nachweisverfahren GEO-2 anzuwenden (▶ DIN 1054:2010-12 Anmerkung 1 zu 6.5.3 (2)P). Damit ergeben sich folgende Teilsicherheitsbeiwerte (▶ DIN 1054:2010-12 A 2.4.7.6) (siehe auch Tabellen 4-5 und 4-6):

Bauzustand BS-T: $\gamma_G = 1{,}2 \quad \gamma_Q = 1{,}3 \quad \gamma_{R,h} = 1{,}1$

Endzustand BS-P: $\gamma_G = 1{,}35 \quad \gamma_Q = 1{,}5 \quad \gamma_{R,h} = 1{,}1$

Der Nachweis der Gleitsicherheit muss folgender Bedingung genügen (▶ DIN EN 1997-1:2009-09 6.5.3 (2)P):

$$H_d \leq R_d + R_{p;d} \tag{4-45}$$

mit

R_d Bemessungswert des Scherwiderstandes im konsolidierten Zustand

$R_{p,d}$ Bemessungswert des Erdwiderstandes an der Fundamentstirnseite $R_{p,d} = R_{p,k}/\gamma_{E,p}$ (▶ DIN 1054:2010-12 A 6.5.3 A (16)). Die Bodenreaktion an der Fundamentstirnseite wird im Folgenden auf der sicheren Seite liegend vernachlässigt.

Der Bemessungswert des Scherwiderstandes wird gemäß Gl. (4-46) bestimmt (▶ DIN 1054:2010-12 A 6.5.3 A (8)):

$$R_d = V'_k \cdot \tan\delta_k / \gamma_{R,h} \tag{4-46}$$

mit

V'_k charakteristischer Wert der senkrecht zur Sohlfläche gerichteten Komponente der Beanspruchung

δ_k charakteristischer Wert des Sohlreibungswinkels. Gemäß DIN 1054:2010-12 A 6.5.3 A (8) ergibt sich dieser für Ortbetonfundamente zu $\delta_k = \varphi'_k = 32° = 32°$.

$\gamma_{R,h}$ Teilsicherheitsbeiwert nach Tabelle A 2.3 (▶ DIN 1054:2010-12 A 2.4.7.6)

Nachweis für den Endzustand (BS-P)

Leiteinwirkung Wind in Brückenquerrichtung:

$$\max T_{d,y} = (248 + 29{,}6) \cdot 1{,}5 = 416{,}4 \text{ kN}$$

$$\text{zug. } R_d = (9576 - 1217 + 1902 - 234{,}4 \cdot 1{,}5^{*)} + 3166 + 1080) \cdot \tan 32/1{,}1 = 8041 \text{ kN}$$

*) mögliche Setzung = 1,5-fache wahrscheinliche Setzung

Leiteinwirkung Wind in Brückenlängsrichtung:

$$\max T_{d,y} = 154 \cdot 1{,}5 + 168{,}2 = 399{,}2 \text{ kN}$$

$$\text{zug. } R_d = (9576 - 1217 + 300{,}6 + 263{,}7 + 132{,}7 + 1902 - 234{,}4 \cdot 1{,}5^{*)} + 3166 + 1080) \cdot \tan 32/1{,}1 = 8437 \text{ kN}$$

*) mögliche Setzung = 1,5-fache wahrscheinliche Setzung

Wie zu erwarten, ist der Nachweis der Gleitsicherheit ohne Schwierigkeit zu erbringen. Aus diesem Grund erfolgt keine Betrachtung weiterer Kombinationen, da nicht mit wesentlich abweichenden Ergebnissen zu rechnen ist.

Nachweise für den Bauzustand (BS-T)

$$T_{d,y} = 154 \cdot 1{,}3 = 200 \text{ kN}$$

$$\text{zug. } R_{t,k} = (3166 + 1080) \cdot \tan 32/1{,}1 = 2412 \text{ kN}$$

Wie zu erwarten, ist der Nachweis der Gleitsicherheit ohne Schwierigkeit zu erbringen.

4.11.3.2 Stark exzentrische Belastung

Beträgt die Lastexzentrizität bei Rechteckfundamenten 1/3 der Seitenlänge bzw. bei Kreisfundamenten 0,6 des Radius, so sind besondere Vorkehrungen zu treffen (▶ DIN EN 1997-1: 2009-09 6.5.4 (1)P). Nach DIN 1054:2010-12 6.5.4 A (3) werden die Lastexzentrizitäten nicht überschritten, wenn die Sicherheit gegen Gleichgewichtsverlust durch Kippen (Grenzzustand EQU) nach DIN EN 1997-1:2009-09 2.4.7.2 und eine Begrenzung der klaffenden Fuge im

Grenzzustand der Gebrauchstauglichkeit nach DIN 1054:2010-12 A 6.6.5 nachgewiesen werden.

Kippen

Im Grenzzustand EQU sind die folgenden Teilsicherheitsbeiwerte anzuwenden (▶ DIN 1054:2010-12 A 2.4.7.6) (siehe auch Tabelle 4-6):

Bauzustand BS-T: $\gamma_G = 1{,}05/0{,}9$ $\gamma_Q = 1{,}25/0$ (günstig/ungünstig)

Endzustand BS-P: $\gamma_G = 1{,}1/0{,}9$ $\gamma_Q = 1{,}5/0$ (günstig/ungünstig)

Der Kippnachweis darf um die fiktive Fundamentkante nach DIN EN 1997-1:2009-09 2.4.7.2 geführt werden:

$$E_{dst,d} \leq E_{stb,d} + T_d \tag{4-47}$$

mit

$E_{dst,d}$ Bemessungswert der destabilisierenden Einwirkungen

$E_{stb,d}$ Bemessungswert der stabilisierenden Einwirkungen

T_d Bemessungswert des Scherwiderstandes

Nachweis für den Endzustand (BS-P)

Leiteinwirkung Wind in Brückenquerrichtung:

$$M_{dst,d} = [248 \cdot (17{,}6 + 1{,}2) + 29{,}6 \cdot (17{,}6/2 + 1{,}2)] \cdot 1{,}5 = 7437{,}6 \text{ kNm}$$

$$M_{stb,d} = [(9576 + 1902 + 3166 + 1080) \cdot 0{,}9 - (1217 + 234{,}4 \cdot 1{,}5^{*)}) \cdot 1{,}1] \cdot 8/2 = 49\,704 \text{ kNm}$$

*) mögliche Setzung = 1,5-fache wahrscheinliche Setzung

Leiteinwirkung Wind in Brückenlängsrichtung:

$$M_{dst,d} = 154 \cdot (8{,}15 + 1{,}2) \cdot 1{,}5 + 168{,}2 \cdot (17{,}6 + 1{,}2) \cdot 1{,}1 = 5638 \text{ kNm}$$

$$M_{stb,d} = [(9576 + 300{,}6 + 263{,}7 + 132{,}7 + 1902 + 3166 + 1080) \cdot 0{,}9 - (1217 + 234{,}4 \cdot 1{,}5^{*)}) \cdot 1{,}1] \cdot 4{,}5/2 = 29\,370 \text{ kNm}$$

*) mögliche Setzung = 1,5-fache wahrscheinliche Setzung

Leiteinwirkung Verkehr:

$$E_{dst,d} = (9022{,}4 + 1248{,}5) \cdot 1{,}5 + 248{,}4 \cdot 1{,}5 \cdot 0{,}6 \cdot (17{,}6 + 1{,}2) + 29{,}6 \cdot 1{,}5 \cdot 0{,}6 \cdot (17{,}6/2 + 1{,}2) + 593{,}8 \cdot 1{,}5 \cdot 0{,}6 = 20\,410{,}1 \text{ kNm}$$

$$E_{stb,d} = [(9576 + 1902 + 3166 + 1080) \cdot 0{,}9 - (1217 + 234{,}4 \cdot 1{,}5^{*)}) \cdot 1{,}1 + 1{,}5 \cdot 527{,}3 + 1{,}5 \cdot 1715{,}7] \cdot 8/2 = 63\,162 \text{ kNm}$$

*) mögliche Setzung = 1,5-fache wahrscheinliche Setzung

Nachweise für den Bauzustand (BS-T)

$$E_{dst,d} = 154 \cdot (8{,}15 + 1{,}2) \cdot 1{,}05 = 1512 \text{ kNm}$$

$$E_{stb,d} = (3166 + 1080) \cdot 0{,}9 \cdot 4{,}5/2 = 8598 \text{ kNm}$$

In Abschnitt 4.11.3.4 wird gezeigt, dass die Sohldruckresultierende innerhalb der 1. Kernweite liegt und damit keine klaffende Fuge unter den ständigen und veränderlichen charakteristischen Einwirkungen auftritt. Unzulässig große Lastexzentrizitäten sind somit ausgeschlossen.

4.11.3.3 Nachweis der Sicherheit gegen Grundbruch

Da im Rahmen des Bodengutachtens der aufnehmbare Sohldruck in Anlehnung an (▶ DIN 1054:2010-12 A 6.10) bereits definiert ist, wird der aufnehmbare Sohldruck dem Bemessungswert des einwirkenden Sohldrucks gegenübergestellt. In diesem Fall darf damit der Nachweis der Grundbruchsicherheit (GZ 1B) durch einen Spannungsnachweis in der Fundamentsohle ersetzt werden (▶ DIN 1054:2010-12 A 6.10.1). Dabei ist die folgende Bedingung einzuhalten:

$$\sigma_{E,d} \leq \sigma_{R,d} \tag{4-48}$$

mit

$\sigma_{E,d}$ Bemessungswert der Sohldruckspannung – ergibt sich aus den ständigen und veränderlichen charakteristischen Vertikalbeanspruchungen, multipliziert mit den Teilsicherheitsbeiwerten γ_G und γ_Q für die Grenzzustände GEO-2 (▶ DIN 1054:2010-12 A 6.10.1 A (3))

$\sigma_{R,d}$ Bemessungswert des Sohlwiderstandes – gemäß Vorgabe Baugrundgutachten $\sigma_{R,d} = 900 \text{ kN/m}^2$ (▶ DIN 1054:2010-12 A 6.10.1 A (4))

Bei exzentrischer Belastung ist zur Ermittlung der Sohlspannung nur die wirksame Sohlfläche anzusetzen. Die Größe der Fläche ergibt sich, indem die Lage der charakteristischen Sohldruckresultierenden in ihrem Schwerpunkt liegt. Für Rechteckfundamente lässt sich die wirksame Sohlfläche wie folgt bestimmen (▶ DIN 1054:2010-12 A 6.10.1 A (3)):

$$A' = b'_L \cdot b'_B = (b_L - 2 \cdot e_L) \cdot (b_B - 2 \cdot e_B) \tag{4-49}$$

Leiteinwirkung Wind in Brückenquerrichtung:

$$\max M_{x,d} = [248 \cdot (17{,}6 + 1{,}2) + 29{,}6 \cdot (17{,}6/2 + 1{,}2)] \cdot 1{,}5 = 7437{,}6 \text{ kNm}$$

$$\text{zug. } M_{y,d} = 168{,}2 \cdot (17{,}6 + 1{,}2) = 3162{,}2 \text{ kNm}$$

$$\text{zug. } N_d = (9576 + 1902 + 3166 + 1080) \cdot 1{,}35 - 1217 + 300{,}6 + 263{,}7 + 132{,}7 + 234{,}4 \cdot 1{,}5^{*)} \cdot 1{,}35 = 21\,182 \text{ kN}$$

*) mögliche Setzung = 1,5-fache wahrscheinliche Setzung

$$e_y = 7437{,}6 \text{ kNm}/21\,182 \text{ kN} = 0{,}35 \text{ m}$$

$$e_x = 3162{,}2 \text{ kNm}/21\,182 \text{ kN} = 0{,}15 \text{ m}$$

$A' = (8{,}0 - 2 \cdot 0{,}35) \cdot (4{,}5 - 2 \cdot 0{,}15) = 30{,}66\ m^2$

$\sigma_{vorh} = 21\,182\ kN/30{,}66\ m^2 = 691\ kN/m^2$

Leiteinwirkung Wind in Brückenlängsrichtung:

$max\ M_{y,d} = 154 \cdot (8{,}15 + 1{,}2) \cdot 1{,}5 + 168{,}2 \cdot (17{,}6 + 1{,}2) = 5322\ kNm$

$$zug.\ N_d = (9576 + 1902 + 3166 + 1080) \cdot 1{,}35 - 1217 + 300{,}6 + 263{,}7 + 132{,}7 + 234{,}4 \cdot 1{,}5^{*)} \cdot 1{,}35 = 21\,182\ kN$$

*) mögliche Setzung = 1,5-fache wahrscheinliche Setzung

$e_y = 5322\ kNm/21\,182\ kN = 0{,}25\ m$

$A' = (8{,}0 - 2 \cdot 0{,}25) \cdot 4{,}5 = 33{,}75\ m^2$

$\sigma_{vorh} = 21\,182\ kN/33{,}75\ m^2 = 628\ kN/m^2$

Leiteinwirkung Verkehr (max M):

$$max\ M_{x,d} = 168{,}2 \cdot (17{,}6 + 1{,}2) + (9022{,}4 + 1248{,}5) \cdot 1{,}5 + 248{,}4 \cdot 1{,}5 \cdot 0{,}6 \cdot (17{,}6 + 1{,}2) + 29{,}6 \cdot 1{,}5 \cdot 0{,}6 \cdot (17{,}6/2 + 1{,}2) + 593{,}8 \cdot 1{,}5 \cdot 0{,}6 = 23\,572{,}3\ kNm$$

$$zug.\ N_d = (9576 + 1902 + 3166 + 1080) \cdot 1{,}35 - 1217 + 300{,}6 + 263{,}7 + 132{,}7 + 234{,}4 \cdot 1{,}5^{*)} \cdot 1{,}35 + 1{,}5 \cdot 527{,}3 + 1{,}5 \cdot 1715{,}7 = 24\,547\ kN$$

*) mögliche Setzung = 1,5-fache wahrscheinliche Setzung

$e_y = 23\,572{,}3/24\,547 = 0{,}96\ m$

$A' = (8{,}0 - 2 \cdot 0{,}96) \cdot 4{,}5 = 27{,}36\ m^2$

$\sigma_{vorh} = 24\,547/27{,}36 = 897\ kN/m^2$

Leiteinwirkung Verkehr (min N):

$$max\ N_d = (9576 + 1902 + 3166 + 1080) \cdot 1{,}35 - 1217 + 300{,}6 + 263{,}7 + 132{,}7 + 234{,}4 \cdot 1{,}5^{*)} \cdot 1{,}35 + 1{,}5 \cdot 1010{,}9 + 1{,}5 \cdot 3223{,}6 = 27\,534\ kN$$

*) mögliche Setzung = 1,5-fache wahrscheinliche Setzung

$$M_{x,d} = (1248{,}9 + 2344{,}4) \cdot 1{,}5 + 248{,}4 \cdot 1{,}5 \cdot 0{,}6 \cdot (17{,}6 + 1{,}2) + 29{,}6 \cdot 1{,}5 \cdot 0{,}6 \cdot (17{,}6/2 + 1{,}2) + 593{,}8 \cdot 1{,}5 \cdot 0{,}6 = 10\,393{,}7\ kNm$$

$M_{y,d} = 168{,}2 \cdot (17{,}6 + 1{,}2) = 3162{,}2\ kNm$

$e_y = 10\,393{,}7/27\,534 = 0{,}38\ m$

$e_x = 3162{,}2/24\,534 = 0{,}12\ m$

$A' = (8{,}0 - 2 \cdot 0{,}38) \cdot (4{,}5 - 2 \cdot 0{,}12) = 30{,}84\ m^2$

$\sigma_{vorh} = 27\,534\ kN/30{,}84 = 893\ kN/m^2$

Nachweise für den Bauzustand (BS-T)

Leiteinwirkung Wind in Brückenlängsrichtung:

$$\max M_{y,d} = 154 \cdot (8{,}15 + 1{,}2) \cdot 1{,}3 = 1872 \text{ kNm}$$

$$\text{zug. } N_d = (3166 + 1080) \cdot 1{,}2 = 5095 \text{ kN}$$

$$e_x = 1872/5095 = 0{,}37 \text{ m}$$

$$A' = 8{,}0 \cdot (4{,}5 - 2 \cdot 0{,}25) = 32 \text{ m}^2$$

$$\sigma_{vorh} = 5095/32 = 159 \text{ kN/m}^2$$

Die zulässigen Spannungen betragen laut Baugrundgutachten für die stark bis teilweise angewitterte Phyllitschicht $\sigma_{R,d} = 900 \text{ kN/m}^2$ bei einer Einbindetiefe von 1,2 m.

4.11.3.4 Nachweis der Gebrauchstauglichkeit

Begrenzung der klaffenden Fuge

Die Lage der Sohldruckresultierenden ergibt sich aus der ungünstigsten Kombination der charakteristischen ständigen und veränderlichen Einwirkungen für die Bemessungssituationen BS-P und gegebenenfalls BS-T (▶ DIN 1054:2010-12 A 6.6.5 A (1)). Dabei muss unter ständigen charakteristischen Einwirkungen die Sohldruckresultierende innerhalb der 1. Kernweite liegen (keine klaffende Fuge) (▶ DIN 1054:2010-12 A 6.6.5 A (2)). Bei charakteristischen ständigen und veränderlichen Einwirkungen muss die Sohldruckresultierende innerhalb der 2. Kernweite liegen (Fundamentsohle mindestens bis zum Schwerpunkt überdrückt) (▶ DIN 1054:2010-12 A 6.6.5 A (3)).

Nachweis für den Endzustand (BS-P)

Leiteinwirkung Wind in Brückenquerrichtung:

$$M_x = 248 \cdot (17{,}6 + 1{,}2) + 29{,}6 \cdot (17{,}6/2 + 1{,}2) = 4958{,}4 \text{ kNm}$$

$$\text{zug. } N = (9576 - 1217 + 1902 + 3166 + 1080 - 234{,}4) = 14\,272{,}6 \text{ kN}$$

$$e_y = 4958{,}4/14\,272{,}6 = 0{,}35 \text{ m} < 8/6 = 1{,}33 \text{ m (1. Kernweite)}$$

Leiteinwirkung Wind in Brückenlängsrichtung:

$$M_y = 154 \cdot (8{,}15 + 1{,}2) + 168{,}2 \cdot (17{,}6 + 1{,}2) = 4602 \text{ kNm}$$

$$\text{zug. } N = (9576 - 1217 + 300{,}6 + 263{,}7 + 132{,}7 + 1902 + 3166 + 1080 - 234{,}4) = 14\,969{,}6 \text{ kNm}$$

$$e_x = 4602/14\,969{,}6 = 0{,}31 \text{ m} < 4{,}5/6 = 0{,}75 \text{ m (1. Kernweite)}$$

Leiteinwirkung Verkehr:

$$M_y = 9022{,}4 + 1248{,}5 + 248{,}4 \cdot 0{,}6 \cdot (17{,}6 + 1{,}2) + 29{,}6 \cdot 0{,}6 \cdot (17{,}6/2 + 1{,}2) + 593{,}8 \cdot 0{,}6 = 13\,607 \text{ kNm}$$

$$\text{zug. N} = (9576 - 1217 + 1902 + 3166 + 1080 - 234{,}4 + 527{,}3 + 1715{,}7)$$
$$= 16\,515{,}6 \text{ kNm}$$

$$e_x = 13\,607/16\,515{,}6 = 0{,}82 \text{ m} < 4{,}5/3 = 1{,}5 \text{ m (2. Kernweite)}$$

Nachweise für den Bauzustand (BS-T)

$$M_y = 154 \cdot (8{,}15 + 1{,}2) = 1440 \text{ kNm}$$

$$\text{zug. N} = (3166 + 1080) = 4246 \text{ kNm}$$

$$e_x = 1440/4246 = 0{,}34 \text{ m} < 4{,}5/6 = 0{,}75 \text{ m (1. Kernweite)}$$

Die Sohldruckresultierende liegt für alle ständigen und veränderlichen charakteristischen Einwirkungskombinationen innerhalb der 2. Kernweite. Dabei liegt lediglich die Lastkombination mit Verkehr als Leiteinwirkung außerhalb der 1. Kernweite, so dass davon ausgegangen werden kann, dass die Sohldruckresultierende unter ständigen charakteristischen Lasten innerhalb der 1. Kernweite liegt.

Fundamentverdrehung

Da die Sohldruckresultierende für alle ständigen und veränderlichen charakteristischen Lasten innerhalb der 2. Kernweite liegt, darf angenommen werden, dass bei Einzelfundamenten auf mindestens mitteldicht gelagertem nichtbindigem Boden bzw. mindestens steifem bindigem Boden keine unzulässig großen Verdrehungen des Bauwerks zu erwarten sind (▶ DIN 1054:2010-12 A 6.6.5 A (4)).

Verschiebungen in der Sohlfläche

Der Nachweis gegen unzuträgliche Verschiebungen des Fundamentes ist ebenfalls bereits erbracht, da beim Nachweis der Gleitsicherheit im Grenzzustand der Tragfähigkeit keine Bodenreaktion auf der Widerstandsseite berücksichtigt wurde (▶ DIN 1054:2010-12 A 6.6.6 A (1)).

Setzung

Die Setzungen werden gemäß Bodengutachten als vernachlässigbar gering angegeben.

4.11.4 Nachweis der inneren Standsicherheit

Aufgrund ihrer gedrungenen Abmessungen kann die Fundamentplatte nicht mehr anhand der klassischen Biegetheorie behandelt werden. Es handelt sich vielmehr um ein Scheibenproblem mit einer nichtlinearen Dehnungsverteilung über die Querschnittshöhe, weshalb das Ebenbleiben der Querschnitte nicht mehr gilt. Gemäß DIN-HB Bb, NCI zu 1.5.2 NA 1.5.2.23 liegt ein scheibenartiges Bauteil vor, wenn seine Stützweite kleiner als das 3-fache seiner Querschnittshöhe beträgt. Bezogen auf die hier vorliegende Auskragung bedeutet dies sinngemäß $L/H \leq 1{,}5$:

$$L/H = [(8 - 6{,}28)/2]/1{,}2 = 0{,}86/1{,}2 = 0{,}72 \leq 1{,}5$$

$$L/H = [(4{,}5 - 1{,}4)/2]/1{,}2 = 1{,}55/1{,}2 = 1{,}29 \leq 1{,}5$$

Solche sogenannten Diskontinuitätsbereiche können anschaulich und zweckmäßigerweise anhand von Stabwerkmodellen modelliert und bemessen werden (▶ DIN-HB Bb, 6.5.1 (1)P). Die Vorgehensweise wurde bereits in Abschnitt 4.8 für die Bemessung der Pfahlkopfplatte angewandt und kann sinngemäß auf die Bemessung der Fundamentplatte in Achse 50 übertragen werden. Anstatt der Beanspruchung aus den Pfählen ist die resultierende Bodenpressung an der Plattenunterseite anzusetzen. Für die weitere Vorgehensweise wird entsprechend auf Abschnitt 4.8 verwiesen und auf eine weitere Darstellung der Bemessung verzichtet, um Wiederholungen zu vermeiden. Die Bemessung der Mindestbewehrung zur Beschränkung der Rissbreite kann ebenfalls analog zur Pfahlkopfplatte gemäß Abschnitt 4.8 erfolgen.

5 Widerlager

Im Folgenden werden die beiden Widerlager bemessen. Das Widerlager in Achse 10 besitzt gegenüber dem Widerlager in Achse 60 keinen Wartungsgang und ist auf Ortbetonbohrpfählen gegründet, während das Widerlager in Achse 60 flach gegründet ist. Da sich die Vorgehensweise für die Zusammenstellung der Einwirkungen, der Ermittlung der Schnittgrößen und die Bemessung nicht wesentlich voneinander unterscheiden, wird lediglich die Systemmodellierung getrennt für beide Widerlager beschrieben. Einwirkung, Schnittgrößenermittlung und die Bemessung werden dann nur explizit für das Widerlager Achse 10 dargestellt.

5.1 Baustoffe

5.1.1 Beton

Expositionsklasse (▶ DIN-HB Bb, NDP zu 4.2 (106) sowie NCI zu 4.2, Tabelle 4.1):

Widerlager/Pfahlkopfplatte	XC4, XD2, XF2, XA1
Pfähle	XC2

Materialkennwerte Widerlager C30/37

Druckfestigkeit:	f_{ck}	=	30 N/mm²	(▶ DIN-HB Bb Tab. 3.1)
Zugfestigkeit:	f_{ctm}	=	2,9 N/mm²	
	$f_{ctk;0,05}$	=	2,0 N/mm²	
	$f_{ctk;0,95}$	=	3,8 N/mm²	
E-Modul:	E_{cm}	=	33 000 N/mm²	(▶ DIN-HB Bb Tab. 3.1)
Wärmedehnzahl:	α_t	=	$1 \cdot 10^{-05}$ 1/K	(▶ DIN-HB Bb 3.1.3 (5))
				(▶ DIN EN 1991-1-5 Tabelle C.1)

Materialkennwerte Pfahlkopfplatte, Pfähle C25/30

Druckfestigkeit:	f_{ck}	=	25 N/mm²	(▶ DIN-HB Bb Tab. 3.1)
Zugfestigkeit:	f_{ctm}	=	2,6 N/mm²	
	$f_{ctk;0,05}$	=	1,8 N/mm²	
	$f_{ctk;0,95}$	=	3,3 N/mm²	
E-Modul:	E_{cm}	=	31 000 N/mm²	(▶ DIN-HB Bb Tab. 3.1)
Wärmedehnzahl	α_t	=	$1 \cdot 10^{-05}$ 1/K	(▶ DIN-HB Bb 3.1.3 (5))
				(▶ DIN EN 1991-1-5 Tabelle C.1)

Berechnung und Bemessung von Betonbrücken. 1. Auflage.
Nguyen Viet Tue, Michael Reichel, Michael Fischer.

Teilsicherheitsbeiwerte (► DIN-HB Bb NDP 2.4.2.4 (1) Tab. 2.1DE)

ständige und vorübergehende Bemessungssituation: $\gamma_c = 1{,}50$

außergewöhnliche Bemessungssituation: $\gamma_c = 1{,}30$

5.1.2 Betonstahl BSt 500 S (B) – hochduktil

Für Brücken ist ausschließlich hochduktiler Stahl (B) mit der Streckgrenze $f_{yk} = 500$ MN/m^2 nach DIN 488 oder nach Zulassung zu verwenden (► DIN-HB Bb, NDP 3.2.2 (3)P).

Materialkennwerte

Streckgrenze:	f_{yk} =	500 N/mm^2	(► DIN 488-1, Tab. 1)
Zugfestigkeit:	f_{tk} =	550 N/mm^2	(► DIN 488-1, Tab. 1)
E-Modul:	E_s =	200 000 N/mm^2	(► DIN-HB Bb, 3.2.7 (4))

Teilsicherheitsbeiwerte (► DIN-HB Bb NDP 2.4.2.4 (1) Tab. 2.1DE)

Im Grenzzustand der Tragfähigkeit gelten folgende Teilsicherheitsbeiwerte:

ständige und vorübergehende Bemessungssituation: $\gamma_s = 1{,}15$

außergewöhnliche Bemessungssituation: $\gamma_s = 1{,}00$

Für den Fall, dass die Herstellung der Bohrpfähle nicht nach DIN EN 1536 erfolgt, sind die Teilsicherheitsbeiwerte für den Beton als auch den Betonstahl um den Faktor $k_f = 1{,}1$ zu erhöhen (► DIN-HB Bb 2.4.2.5 (2) sowie NCI zu 2.4.2.5 (2)).

5.1.3 Betondeckung und Stababstände

Nennmaß der Betondeckung nach DIN-HB Bb, Tabelle 4.3.1DE und NDP zu 4.4.1.2 (5)

Unterbauten nicht erdberührte Flächen: Nennmaß nom c = 45 mm

Unterbauten erdberührte Flächen: Nennmaß nom c = 55 mm

Lichter Abstand zwischen parallelen Stäben (► DIN-HB Bb, NDP zu 8.2 (2)):

$\geq \phi s$

$\geq d_g + 5$ mm (für $d_g > 16$ mm)

≥ 20 mm

Mindestmaß der Betondeckung bei unverrohrten Ortbetonpfählen in weichem Baugrund ≥ 75 mm nach DIN EN 1536:1999, 7.6.4

Lichter Abstand zwischen Längsstäben der Ortbetonbohrpfähle (▶ DIN EN 1536:1999, 7.6.2):

Bedingungen	Lichter Abstand [mm]
Maximaler lichter Abstand	400
Minimaler lichter Abstand	100
Minimaler lichter Abstand bei einer Korngröße d ≤ 20 mm	80

5.2 Geometrie und Modellbildung

5.2.1 Geometrie

Der Übergang zwischen Straßendamm und Brückenüberbau wird durch zwei kastenförmige Widerlager realisiert. Das Widerlager in Achse 10 ist mit Großbohrpfählen d = 1,20 m tief gegründet. Das Widerlager in Achse 60 weist eine Flachgründung auf.

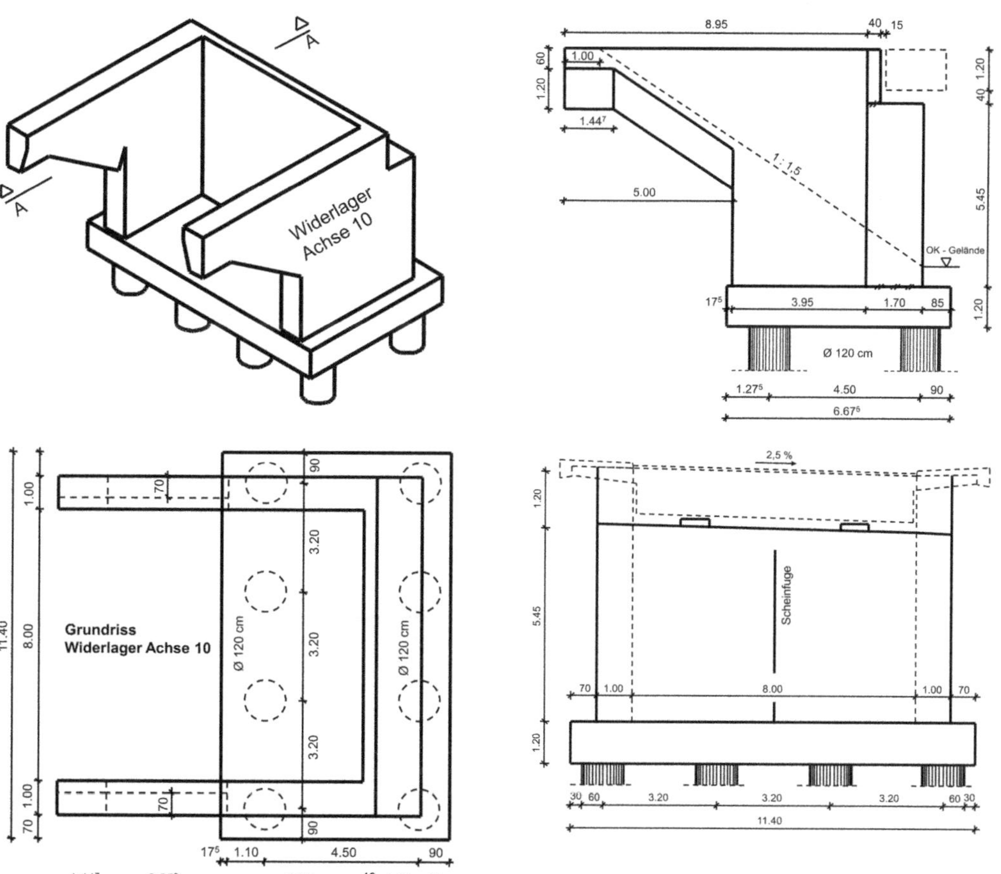

Bild 5-1 Widerlagergeometrie Achse 10

Für das Widerlager in Achse 10 beträgt die Breite der Widerlagerwand 10,0 m, die Wanddicke 1,7 m. Die Flügel weisen eine Dicke von 1,0 m auf und verjüngen sich im Bereich der Unterschneidung auf 0,7 m. Die Dicke der Fundamentplatte variiert von 1,10 m an den Außenkanten bis 1,20 m am Anschnitt zu den aufgehenden Wänden. Die Dicke der Kammerwand beträgt 0,4 m.

Gegenüber dem Widerlager in Achse 10 besitzt das Widerlager in Achse 60 eine geräuscharme Lamellen-Dehnfuge und weist somit einen Kontrollgang auf. Die konstruktiven Abmessungen beider Widerlager sind in den Bildern 5-1 und 5-2 dargestellt.

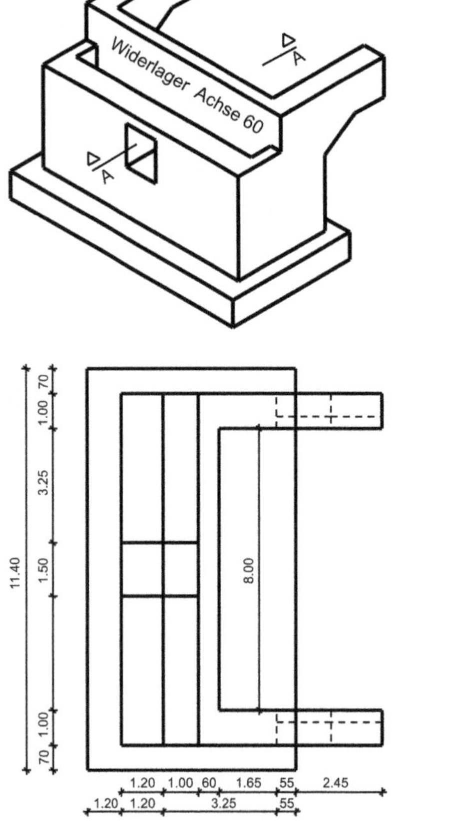

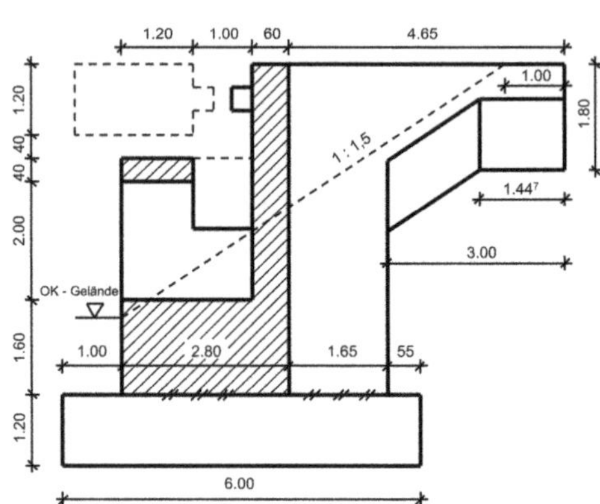

Bild 5-2 Widerlagergeometrie Achse 60

5.2.2 Statisches System

Aufgrund der Unterschiede werden die beiden Widerlager in zwei separaten FE-Modellen abgebildet.

Die Schnittgrößen werden auf Grundlage der Elastizitätstheorie berechnet. Die Modellierung der Widerlager erfolgt als räumliches System mit Schalenelementen (4 Knoten je Element, 6

Freiheitsgrade je Knoten) mit Hilfe der Finite-Elemente-Methode. Die Fundamentplatte des Widerlagers in Achse 60 ist elastisch gebettet. Die Bohrpfähle des Widerlagers in Achse 10 werden als räumliches Stabwerk (Stabelemente, 2 Knoten je Stab, 6 Freiheitsgrade pro Knoten) modelliert. Die Querneigung der Brücke wird nicht berücksichtigt.

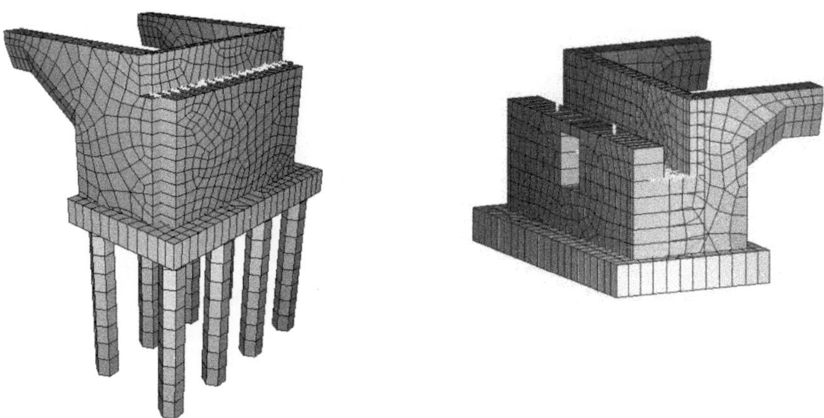

Bild 5-3 Visualisierung des statischen Systems, Achse 10 links, Achse 60 rechts

Die Modellierung erfolgt mit Hilfe des Rechenprogramms SOFiSTiK. Die Bauteile der Widerlager setzen sich aus den flächigen Einzelbauteilen mit den folgenden Hauptabmessungen zusammen:

- Kammerwände: Die Kammerwand in Achse 10 weist eine Wandhöhe von 1,6 m und eine Wanddicke von 0,4 m auf. Die Wand in Achse 60 ist 2,8 m hoch und 0,6 m dick. Die Systemachsen der FE-Elemente sind mit Schwerachsen der Wandquerschnitte identisch.
- Widerlagerwände: Die Widerlagerwand in Achse 10 hat eine Wandhöhe bis Schwerachse der Fundamentplatte von 6,05 m und eine Querschnittsdicke von 1,7 m. Die Systemachse ist in der Wandmitte angeordnet. Die Widerlagerwand in Achse 60 besteht aus einem massiven Teil unterhalb des Kontrollgangs und der Auflagerbank. Die Systemlinien beider Teile sind wiederum zentrisch angeordnet. Die Verbindung dieser Bauteile erfolgt über Koppelelemente (siehe Bild 5-4). Die Lagerkräfte aus dem Überbau werden auf Exzenter, welche mit der Oberkante der Auflagerbank verbunden sind, aufgebracht, um die Exzentrizität der Lagerkräfte in allen Richtungen in einfacher Weise zu erfassen.
- Flügelwände: Die Flügelwände werden in den Berechnungsmodellen mit einer Dicke von 1,0 m angesetzt. Die Auskragungen der Flügel werden in Berechnungsmodellen nicht modelliert. Das Eigengewicht der Kragarme und die auf den Auskragungen stehenden Lasten werden neben den vertikalen Kraftanteilen durch entsprechende Kopfmomente um die Wandachsen berücksichtigt.
- Fundamentplatten: Die Fundamentplatte in Achse 60 wird als elastisch gebettete Schale erfasst. Es wird eine konstante Fundamentdicke von 1,2 m für die beiden Fundamente angenommen.

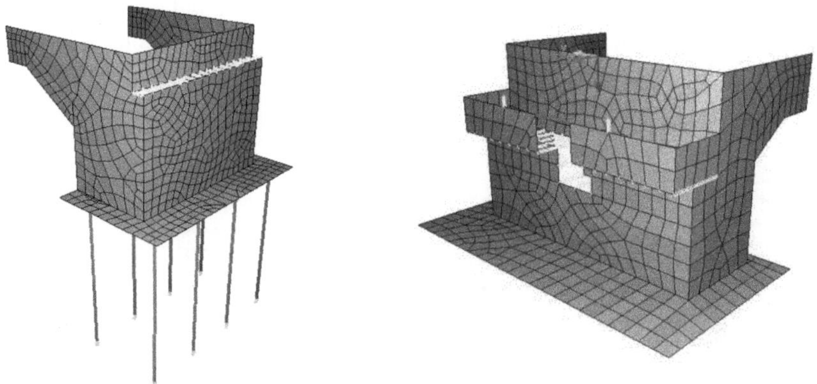

Bild 5-4 Rechenmodell: FE-Diskretisierung ohne Volumendarstellung der Elemente

Die Bohrpfähle (D = 1,2 m) werden als 3-D-Stäbe erfasst. Die Pfahllänge bis zur Mitte der Fundamentplatte beträgt 8,5 m.

Die lokalen Koordinatensysteme aller Flächenelemente sind wie folgt definiert:

- Fundamente: Obere Seite ist oben; lokale x-Richtung entspricht der globalen y-Richtung (Richtung der Hauptbewehrung ist global-y)
- Widerlagerwände: Luftseite ist oben; lokale x-Richtung entspricht der globalen y-Richtung (Richtung der Hauptbewehrung ist global-y)
- Flügelwände: Luftseite ist oben; lokale x-Richtung entspricht der globalen x-Richtung (Richtung der Hauptbewehrung ist global-x)

Die Richtung der lokalen Koordinatensysteme und die Lage der Oberseite der Flächen sind in den Bildern 5-5 und 5-6 dargestellt.

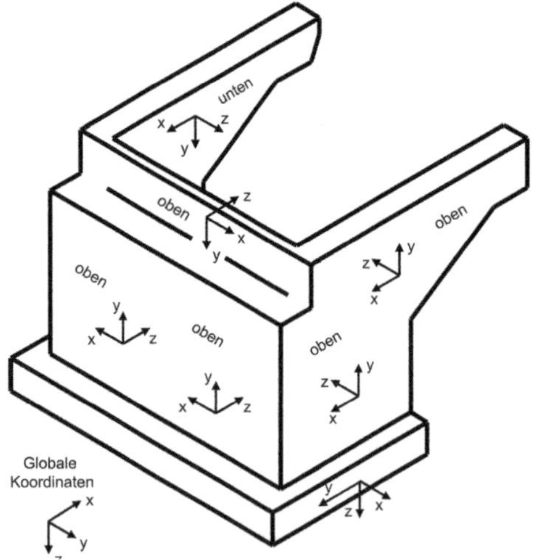

Bild 5-5 Definition der lokalen Achsen sowie Lage Ober-/Unterseiten – Widerlager Achse 10

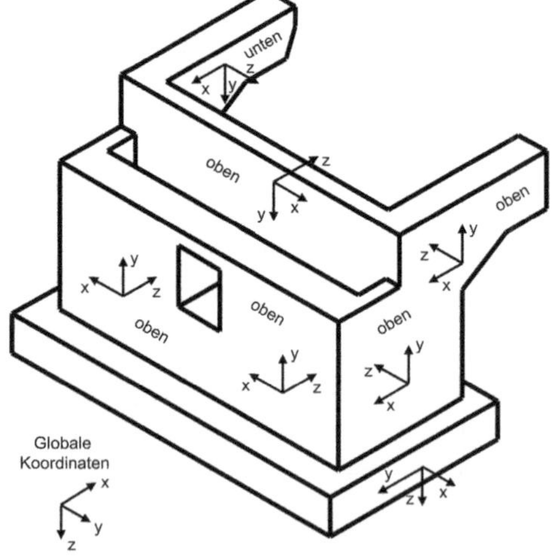

Bild 5-6 Definition der lokalen Achsen sowie Lage Ober-/Unterseiten – Widerlager Achse 60

5.2.3 Steifigkeit der horizontalen Pfahlbettung

In Bild 5-7 ist das Bohrprofil für das Widerlager in Achse 10 gemäß Bodengutachten wiedergegeben. Die Tiefgründung besteht aus 8 Bohrpfählen $D_S = 1{,}2$ m mit einer Länge von 8,5 m. Der Abstand zwischen den Pfählen in Brückenquerrichtung beträgt 3,2 m, in Längsrichtung 4,5 m. Der Bettungsmodul k_s lässt sich näherungsweise aus dem Steifemodul wie folgt bestimmen:

$$k_{s,k} = E_{s,k}/D_S = E_{s,k}/1{,}2 \text{ m} \tag{5-1}$$

Die Anwendung der Gl. (5-1) ist durch eine rechnerische maximale Horizontalverschiebung von 2,0 cm oder $0{,}03 \cdot D_S$ begrenzt, wobei der kleinere Wert maßgebend ist (▶ DIN 1054:2010-12, zu 7.7.3 A (3)).

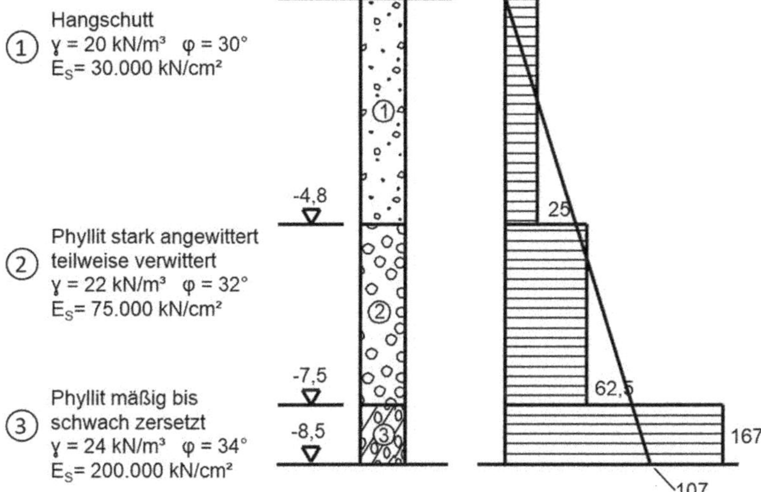

Bild 5-7 Bodenkenngrößen und Verteilung der Bettung

Für die Bestimmung der elastischen Länge des Einzelpfahls wird analog zum Abschnitt 4.2.2 der vorhandene Verlauf der Bettung in einen wie im Bild 5-7 dargestellten linearen Verlauf überführt. Bei linear mit der Tiefe zunehmendem Bettungsmodul lässt sich die elastische Länge wie folgt bestimmen:

$$L_{ch} = \left(\frac{E \cdot I}{k_{hE,k}}\right)^{0,2} = \left(\frac{3155{,}4}{15{,}1}\right)^{0,2} = 2{,}91 \text{ m} \tag{5-2}$$

mit

$$E \cdot I = E \cdot \frac{\pi \cdot D_S^4}{64} = 31\,000 \cdot \frac{\pi \cdot 1{,}2^4}{64} = 3155{,}4 \text{ MNm}^2$$ Biegesteifigkeit des Pfahls

$$k_{hE,k} = D_S/L \cdot 107 = 1{,}2/8{,}5 \cdot 107 = 15{,}1 \text{ kN/m}^3$$ Bettungsmodul des Pfahls in der Tiefe $z = D_S$

Mit dem Verhältnis L/L_{el} kann die Bettung für den Pfahl i in der Pfahlgruppe wie folgt ermittelt werden (▶ EA-Pfähle, 8.2.3 (3)):

$$k_{hi,k} = k_{sE,k} \cdot \left[\alpha_i - \frac{1}{2} \cdot \left(\alpha_i - \alpha_i^{1,67}\right) \cdot \left(\frac{L}{L_{ch}} - 2\right)\right] \quad (5\text{-}3)$$

Die Abminderungsfaktoren α_{Li}, α_{Qi} und α_i werden analog zum Abschnitt 4.2.2 entsprechend EA-Pfähle, Bild 8.12 und 8.13 sowie 8.2.3 (2) bestimmt (siehe Bild 5-8). Die Belastung aus der Hinterfüllung ist die maßgebende horizontale Einwirkung. Die Abminderungsfaktoren α_i und die Verhältnisse $k_{hi,k}/k_{sE,k}$ nach Gl. (5-3) für Einwirkungen in Brückenlängsrichtung sind in Tabelle 5-1 zusammengestellt. In Bild 5-9 sind die angesetzten Bettungen für die Pfähle im Rechenmodell dargestellt.

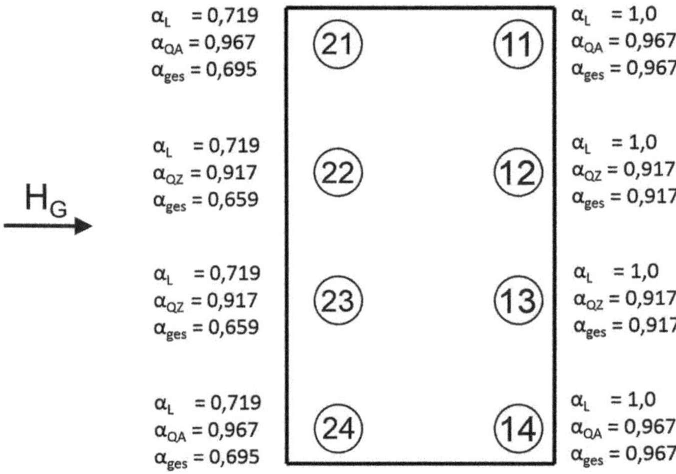

Bild 5-8 Abschirmfaktoren für Einwirkung in Brückenlängsrichtung

Tabelle 5-1 Abminderungsfaktoren für die horizontale Bettung infolge Gruppenwirkung

Pfahl-Nr.	α_{QA}	α_{QZ}	α_L	α_i	$f = K_{hi,K}/K_{hs,k}$
11, 14	0,967		1,000	0,967	0,957
12, 13		0,917	1,000	0,917	0,893
21, 24	0,967		0,719	0,695	0,626
22, 23		0,917	0,719	0,659	0,585

5.2.4 Steifigkeiten der Pfahlfußfeder

Zunächst erfolgt die Bestimmung der charakteristischen Widerstands-Setzungs-Linie für einen Bohrpfahl nach EA-Pfähle, 5.6.4.1 anhand der aus dem Bodengutachten entnommenen Werte für Pfahlmantelreibung $q_{s,k,i}$ und Pfahlspitzenwiderstand $q_{b,k}$.

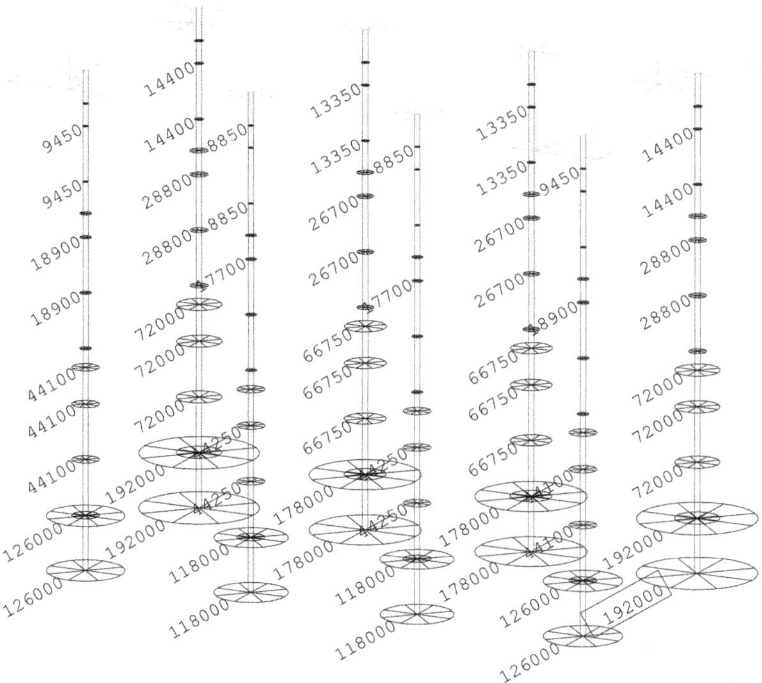

Bild 5-9 Horizontale Pfahlbettung

Pfahlmantelwiderstand (▶ EA-Pfähle, 5.6.4.1 (6))

Pfahlmantelwiderstand je Bodenschicht mit der Länge Δz:

$$R_{s,k,i} = q_{s,k,i} \cdot A_{s,i} \tag{5-4}$$

mit

$q_{s,k,i}$ charakteristischer Wert der Pfahlmantelreibung je Schicht

$A_{s,i}$ Pfahlmantelfläche je Bodenschicht mit der Länge Δz

$A_{s,i} = \pi \cdot D_S \cdot \Delta z_i$

Pfahlmantelwiderstand $R_{s,k} = \Sigma\, R_{s,k,i}$

Tabelle 5-2 Ermittlung der Pfahlmantelwiderstände

Schicht	Mantelreibung Höhe [m]	$q_{s,k,i}$ [MN/m²]	$R_{s,k,i}$ [MN]
1	4,8	0,04	0,72
2	2,7	0,08	0,81
3	1,0	0,12	0,45
		$R_{s,k}$ =	1,99

Pfahlfußwiderstand (▶ EA-Pfähle, 5.6.4.1 (6))

Der auf die Pfahlsetzung bezogene Pfahlfußwiderstand ergibt sich in allgemeiner Form:

$$R_{b,k}(s) = \pi \cdot D_S^2/4 \cdot q_{b,k} = \pi \cdot 1{,}2^2/4 \cdot q_{b,k} \tag{5-5}$$

mit

$q_{b,k}$ auf die Pfahlsetzung bezogener charakteristischer Wert des Pfahlspitzenwiderstandes

Tabelle 5-3 Ermittlung der Pfahlfußwiderstände

Bezogene Setzung s/d	$q_{b,k}$ [MN/m²]	$R_{b,k}(s)$ [MN]
0,02	1,75	1,98
0,03	2,25	2,54
0,10	4,00	4,52

Charakteristische Widerstands-Setzungs-Linie (▶ EA-Pfähle, 5.6.4.1 (1))

Aus dem Pfahlmantelwiderstand lässt sich die zur Mantelreibung zugehörige Setzung s_{sg} bestimmen (▶ EA-Pfähle, 5.6.4.1 (5)):

$$\begin{aligned} s_{sg} &= 0{,}50 \cdot R_{s,k}(sg)\ [\text{MN}] + 0{,}50 \leq 3{,}00\ \text{cm} \\ s_{sg} &= 0{,}50 \cdot 1{,}99 + 0{,}5 = 1{,}50\ \text{cm} \end{aligned} \tag{5-6}$$

Der charakteristische axiale Pfahlwiderstand ergibt sich zu (▶ EA-Pfähle, 5.6.4.1 (6)):

$$R_k(s) = R_{b,k}(s) + R_{s,k}(s) \tag{5-7}$$

Tabelle 5-4 Ermittlung der Pfahlmantelwiderstände

	Widerstands-Setzungs-Linie				
	s [m]	$q_{b,k}$ [MN/m²]	$R_{b,k}(s)$ [MN]	$R_{s,k}(s)$ [MN]	$R_k(s)$ [MN]
s_{sg}	0,0150	–	1,23	1,99	3,22
0,02 D_s	0,0240	1,75	1,98	1,99	3,97
0,03 D_s	0,0360	2,25	2,54	1,99	4,54
s_g = 0,1 D_s	0,1200	4,00	4,52	1,99	6,51

Die Steifigkeiten der Pfahlfußfeder ergeben sich entsprechend der ermittelten Pfahlsetzungslinie. Je nach Belastungsniveau und zugehöriger Setzung variiert die Größe der Pfahlfußfeder:

$$c = R_k(s)/s$$

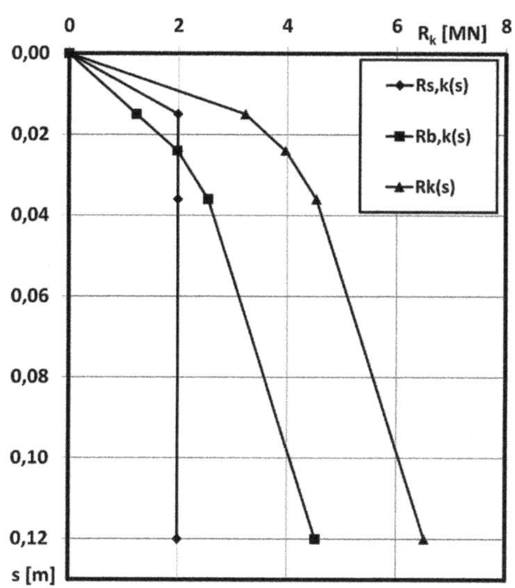

Bild 5-10 Widerstands-Setzungs-Linie

Bild 5-11 Steifigkeit der Pfahlfußfeder [kN/m]

Tabelle 5-5 Ermittlung der Pfahlfußfedern

	s [m]	$R_k(s)$ [MN]	c [MN/m]
s_{sg}	0,0150	3,22	215,589
0,02 D_s	0,0240	3,97	165,405
0,03 D_s	0,0360	4,54	125,978
s_g = 0,1 D_s	0,1200	6,51	54,287

Gemäß Abschnitt 5.5 beträgt die maximale Reaktionskraft im ULS in der Pfahlfußfeder $N_{Ed} = 4130$ kN und unter charakteristischen Einwirkungen $N_{Ek} = 3017$ kN. Für die Ermittlung der vertikalen Reaktionskräfte in der Pfahlfußfeder basiert die weitere Berechnung auf der sicheren Seite liegend auf einer Pfahlfußfedersteifigkeit von 216 MN/m. Für die Berechnung der horizontalen Bettungsreaktionen und für die innere Bemessung der Pfähle wird auf der sicheren Seite liegend eine Pfahlfußfedersteifigkeit von 165 MN/m verwendet, da mit abnehmender Pfahlfußsteifigkeit die Biegemomente in den Pfählen aufgrund der größeren Verformungen zunehmen.

5.2.5 Bettungsmodul des gebetteten Fundaments in Achse 60

Entsprechend dem geotechnischen Bericht zum vorliegenden Bauvorhaben ergeben sich folgende Werte für die zu erwartenden Baugrundbewegungen:

$\Delta s_w = 10$ mm wahrscheinliche Baugrundbewegung

$\Delta s_m = 15$ mm mögliche Baugrundbewegung

Durch eine Vorberechnung (Setzungsberechnung) ergibt sich eine mittlere charakteristische Bodenspannung von 250 kN/m^2. Unter Gebrauchslasten kann somit bei einer wahrscheinlichen Setzung von 10 mm der Bettungsmodul ermittelt werden:

$$k_s = \frac{\sigma}{s} = \frac{250}{0{,}01} = 25\,000 \text{ kN/m}^3 \tag{5-8}$$

Die horizontale Bettung wird zu 50 % der Vertikalbettung gewählt.

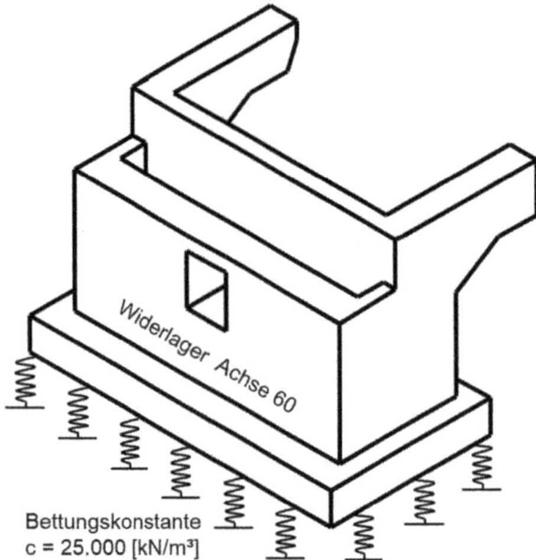

Bild 5-12 Bettungsmodul für das Fundament in Achse 60

5.3 Lastannahmen

5.3.1 Belastung aus dem Überbau

Die charakteristischen Lasten aus dem Überbau auf das Widerlager in Achse 10 für den Endzustand werden der Zusammenstellung in Abschnitt 2.3.6 entnommen und sind folgend nochmals in Tabelle 5-6 angeführt. Eine Zusammenfassung der Lagerspreizung wie beim Pfeiler braucht wegen der räumlichen Modellierung an dieser Stelle nicht vorgenommen zu werden. In den nachfolgenden Abschnitten sind diese Lasten den entsprechenden Einwirkungen zugeordnet.

Tabelle 5-6 Auflagerkräfte aus dem Überbau im Endzustand – charakteristische Werte der Einzellastfälle für Widerlager Achse 10

Achse 10								
LF-Nr.	Bezeichnung	Leitein-wirkung	Knoten 701			Knoten 901		
			$P_{k,x}$ kN]	$P_{k,y}$ kN]	$P_{k,z}$ kN]	$P_{k,x}$ [kN]	$P_{k,y}$ [kN]	$P_{k,z}$ [kN]
1051	Eigengewicht BA1 $G_{k,1}$		0	0	−1092,3	0	0	−1092,3
1052	Vorspannung BA1 P_k		0	0	0	0	0	0
1055	Eigengewicht BA2 $G_{k,1}$		0	0	−63,9	0	0	−63,9
1057	Vorspannung BA2 P_k		0	0	−167	0	0	−167
1060	Eigengewicht BA3 $G_{k,1}$		0	0	23,5	0	0	23,5
1062	Vorspannung BA3 P_k		0	0	61,7	0	0	61,7
1064	Eigengewicht BA4 $G_{k,1}$		0	0	−2,2	0	0	−2,2
1065	Vorspannung BA4 P_k		0	0	−8,4	0	0	−8,4
1053	K + S + R BA1		0	0	0	0	0	0
1058	K + S + R BA2		0	0	−47,4	0	0	−47,4
1063	K + S + R BA3		0	0	3,1	0	0	3,1
1066	K + S + R BA4		0	0	−14,2	0	0	−14,2
1067	K + S + R ab Ausbau in 2 Stufen		0	0	−39,7	0	0	−39,7
1068			0	0	−16,7	0	0	−16,7
10	Ausbaulast $G_{k,2}$		0	0	−259,6	0	0	−259,6
257	Verkehr $Q_{k,TS}$	max P_x	0	−1,3	−338,4	0	0	−250,9
258		min P_x	0	−1,4	−293,8	0	0	57,4
259		max P_y	0	2,0	11,8	0	0	−210,2
260		min P_y	0	−2,0	−139,8	0	0	−530,6
261		max P_z	0	0,9	60,7	0	0	60,7
		zug. P_z	–	–	–	–	–	–
262		min P_z	0	−0,2	−736,5	0	0	−736,5
		zug. P_z	–	–	–	–	–	–

Tabelle 5-6 (Fortsetzung)

Achse 10								
LF-Nr.	Bezeichnung	Leitein-wirkung	Knoten 701			Knoten 901		
			$P_{k,x}$ kN]	$P_{k,y}$ kN]	$P_{k,z}$ kN]	$P_{k,x}$ [kN]	$P_{k,y}$ [kN]	$P_{k,z}$ [kN]
207	Verkehr $Q_{k,UDL}$	max P_x	0	2,0	−155,0	0	0	−127,0
208		min P_x	0	0,2	−2,8	0	0	−471,9
209		max P_y	0	3,4	163,3	0	0	57,8
210		min P_y	0	−6,0	−983,5	0	0	−534,6
211		max P_z	0	3,3	223,6	0	0	581,3
		zug. P_z	–	–	–	–	–	–
212		min P_z	0	−5,7	−1140,3	0	0	−758,9
		zug. P_z	–	–	–	–	–	–
361	Stützensenkung $G_{k,set}$	max P_z	0	0	40,6	0	0	40,6
362		min P_z	0	0	−40,6	0	0	−40,6
411	Temperatur $\Delta T_{M,k}$	max P_z	0	0	63,4	0	0	63,4
412		min P_z	0	0	−97,5	0	0	−97,5
3951	Wind mit Verkehrsband $F_{w,k}$	min P_y	0	−78,9	−27,2	0	0	27,2
3952		max P_y	0	78,9	27,2	0	0	−27,2

5.3.2 Eigengewicht

Die Eigengewichtslasten werden für die stehenden Wände entsprechend den vorliegenden Geometrien mit einem spezifischen Gewicht von $\gamma = 25$ kN/m^3 angesetzt (▶ DIN EN 1991-1-1 Tabelle A.1).

Unter Berücksichtigung der Einbindung der stehenden Wände in die Fundamentplatten wird für die Fundamente ein umgerechnetes spezifisches Gewicht von $\gamma = 21$ kN/m^3 erfasst. Die Ergebnisse der durch das FE-Programm generierten Eigengewichtslasten sind in Bild 5-13 dargestellt (LF 1). Das Gewicht des Überbaus ist der Tabelle 5-6 oder dem Kapitel 3 zu entnehmen und wird einem getrennten Lastfall zugeordnet (LF 2):

$$P_{g1,k,z} = 1135 \text{ kN Widerlager Achse 10}$$

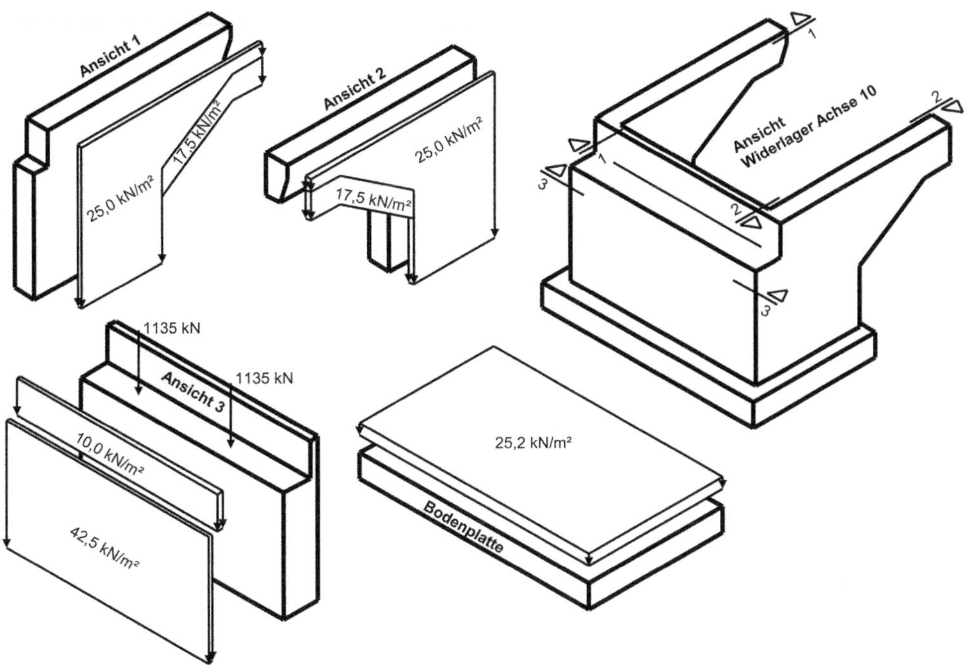

Bild 5-13 Eigengewicht

5.3.3 Vorspannung

Die Vorspannung im Überbau ergibt nur vertikale Auflagerkräfte in den Widerlagern. Die Lagerkräfte sind der Tabelle 5-6 oder Kapitel 3 entnommen und werden dem Lastfall (LF 3) zugeordnet:

$P_{P,k,z} = 113{,}7$ kN Widerlager Achse 10

5.3.4 Erddruck infolge der Eigenlasten der Hinterfüllung

Das Merkblatt für die Hinterfüllung von Bauwerken [MerkblHinterfBauw] unterscheidet beim Ansatz des Erddruckes zwischen dem Nachweis der inneren Standsicherheit (Nachweis A) und der äußeren Standsicherheit (Nachweis B), wonach je nach Nachweis A oder B auch unterschiedliche Größenordnungen des Erddruckes angesetzt werden dürfen. Dem liegt die Überlegung zugrunde, den inneren Widerstand der Bauteile so zu dimensionieren, dass auch im ungünstigen Fall, wie Auftreten von Erdruhedruck, kein Versagen bzw. eine Schädigung der Bauteile zu erwarten ist. Dahingegen ist eine große Verformung in der Bodenfuge zum Abbau des Erdruhedrucks unter bestimmten Umständen akzeptabel. Für den Nachweis der äußeren Standsicherheit wird deshalb ein kleinerer Erddruck als für den Nachweis der inneren Standsicherheit angesetzt.

Die Bestimmung des Erddruckes ist allgemein in DIN 4085:2011-5 geregelt. Bei den hier betrachteten Widerlagern handelt es sich um Kastenwiderlager mit biegesteif angeschlossenen Parallel-Flügelwänden. Diese können als eine weitgehend unnachgiebige Konstruktion angesehen werden (▶ DIN 4085:2011-5, Tab. A.2, Zeile 4). Dementsprechend ist der erhöhte aktive Erddruck gemäß Gl. (5-9) und in Ausnahmefällen der Erdruhedruck anzusetzen.

$$E'_{agh} = 0{,}25 \cdot E_{agh} + 0{,}75 \cdot E_{0gh} \tag{5-9}$$

Entsprechend den vorangegangenen Überlegungen wird für die Nachweise der inneren Standsicherheit auf der sicheren Seite liegend der Erdruhedruck angesetzt. Für die Bemessung der äußeren Standsicherheit wird der erhöhte aktive Erddruck verwendet.

Erdruhedruck für die Bemessung des Widerlagers (innere Standsicherheit)

Bodenparameter: Wichte Hinterfüllung: $\gamma = 20$ kN/m³

innerer Reibungswinkel: $\varphi = 30°$

Der Neigungswinkel des Erddrucks ergibt sich zu $\delta_0 = 0°$ (▶ DIN 4085:2011-5, Tab. B.4 und DIN 4085:2011-5, 6.2).

Für den Sonderfall des ebenen Geländes ($\beta = 0°$) und senkrechter Wand ($\alpha = 0°$) ergibt sich damit für die Horizontalkomponente des Erdruhedruckes in guter Näherung folgender Erdruhedruckbeiwert (▶ DIN 4085:2011-5, 6.4.1):

$$K_{0gh} = 1 - \sin\varphi = 1 - \sin 30° = 0{,}5 \tag{5-10}$$

Der Erdruhedruck ergibt sich dann in der jeweiligen Tiefe z entsprechend Gl. (5-11) (▶ DIN 4085:2011-5, 6.4.1).

$$e_{0gh} = z \cdot \gamma \cdot K_{0gh} \tag{5-11}$$

Der Erdruhedruck wird im Rechenmodell als ständige Einwirkung angesetzt (LF 4). In Tabelle 5-7 wird der Erdruhedruck für unterschiedliche Tiefen von Wandoberkante ausgehend aufgelistet und in Bild 5-14 dargestellt.

Tabelle 5-7 Erdruhedruck bei unterschiedlicher Tiefen

Betrachteter Anschnitt	Tiefe [m]	Erdruhedruck [kN/m²]
Auflagerbank	1,6	16,0
Fundament-OK in Achse 10	7,05	70,5
Fundamentachse in Achse 10	7,65	76,5

Der Erddruck auf der hinteren Kante der Fundamentplatte wird als Linienlast angesetzt:

$$E_{0gh} = e_{0gh} \cdot 1{,}2\text{ m} = 76{,}5 \cdot 1{,}2\text{ m} = 91{,}8\text{ kN/m}$$

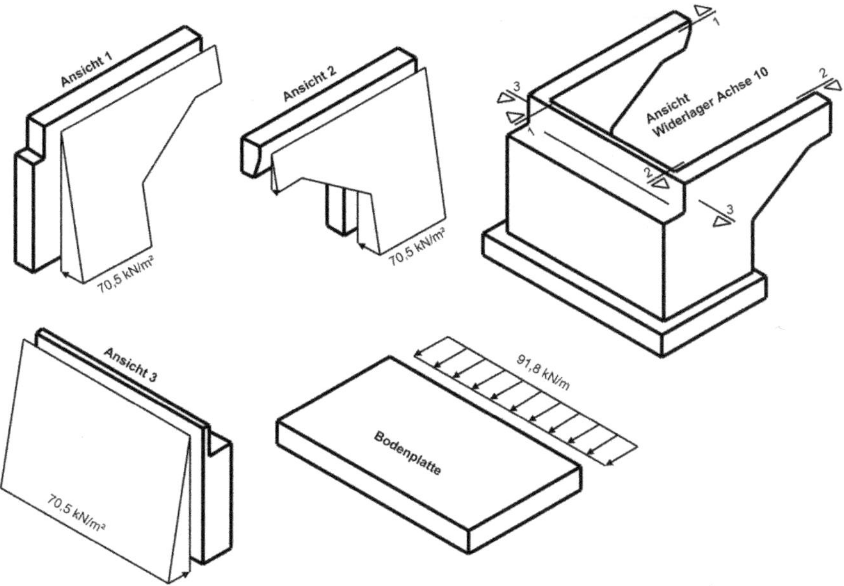

Bild 5-14 Erdruhedruck

Erhöhter aktiver Erddruck für Nachweise der äußeren Standsicherheit

Der erhöhte aktive Erddruck wird gemäß Gl. (5-9) angesetzt (▶ DIN 4085:2011-5, Tab. A.2).

Der Beiwert für die Horizontalkomponente des aktiven Erddrucks berechnet sich nach DIN 4085:2011-5, 6.3.1.2 im Sonderfall $\alpha = \beta = 0°$ aus:

$$K_{agh} = \left(\frac{\cos \varphi}{1 + \sqrt{\frac{\sin(\varphi + \delta_a) \cdot \sin \varphi}{\cos \delta_a}}} \right)^2 \tag{5-12}$$

Die Beschaffenheit der Wandfläche aus Stahlbeton wird als rau berücksichtigt; der Neigungswinkel des Erddrucks im aktiven Zustand wird somit mit $\delta_a = 2/3 \cdot \varphi'_{agh} = 20°$ angesetzt (▶ DIN 4085:2011-5, Tab. A.1).

$$K_{agh} = \left(\frac{\cos 30}{1 + \sqrt{\frac{\sin(30 + 20) \cdot \sin 30}{\cos 20}}} \right)^2 = 0{,}28$$

Der Erddruckbeiwert für die Horizontalkomponente des erhöhten aktiven Erddrucks berechnet sich analog Gl. (5-9) aus:

$$K'_{agh} = 0{,}75 \cdot K_{agh} + 0{,}25 \cdot K_{0gh} = 0{,}75 \cdot 0{,}28 + 0{,}25 \cdot 0{,}5 = 0{,}335 \tag{5-13}$$

Für die Nachweise der äußeren Standsicherheit wird der angesetzte Erddruck bei der Überlagerung der Lagerkräfte mit einem Umrechnungsfaktor von $K'_{agh}/K_{0gh} = 0{,}335/0{,}5 = 0{,}67$ multipliziert und analog Bild 5-14 auf das System aufgebracht.

Verdichtungserddruck (▶ DIN 4085:2011-5, 6.6.1)

Bei lagenweisem Einbau des Bodens mit intensiver Verdichtung muss der Verdichtungserddruck als Anwachsen des Erddrucks über den Erddruck aus Eigenlast des Bodens hinaus nach Bild 5-15 berücksichtigt werden (▶ DIN 4085:2011-5, 6.6.1).

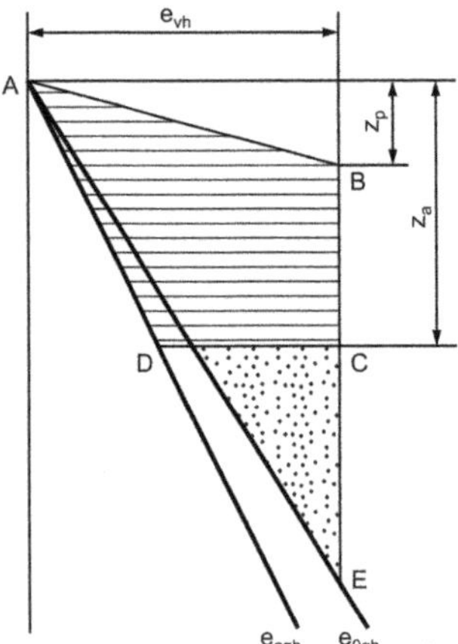

Bild 5-15 Ansatz des Verdichtungserddrucks

Mit einer Breite des zu verfüllenden Raums zwischen den Flügelwänden von 8,0 m > 2,5 m und der Annahme von unnachgiebigen Wänden ist ein Verdichtungserddruck von $e_{vh} = 25$ kN/m^2 anzusetzen (▶ DIN 4085:2011-5, Tabelle 3).

Die Wirkungstiefe z_p gemäß Bild 5-15 berechnet sich nach Gl. (5-14) zu:

$$z_p = \frac{e_{vh}}{\gamma \cdot K_{pgh}(\delta_p = 0)} = \frac{25 \text{ kN/m}^2}{20 \text{ kN/m}^3 \cdot 3{,}0} = 0{,}42 \text{ m} \tag{5-14}$$

Dabei ist der Erddruckbeiwert K_{pgh} nach DIN 4085:2011-5, Bild B.7 bzw. Anhang C zu ermitteln (▶ DIN 4085:2011-5, 6.5.1). Abgelesen aus DIN 4085:2011-5, Bild B.7 bzw. Bild 5-16, ergibt sich $K_{pgh} = 3{,}0$ für $\delta_p = 0$.

Der Verdichtungserddruck sollte mit den Erddruckanteilen infolge Oberflächenlast verglichen werden und bleibt dann nur in dem Umfang wirksam, wie er den Erddruck infolge Oberflächenlast übersteigt. Der Verdichtungserddruck wird im Rechenmodell als veränderliche Einwirkung angesetzt (LF 10) und wird für das Widerlager in Achse 10 in Bild 5-17 dargestellt.

Der Ansatz erfolgt für den Ruhezustand für die Fläche ABE gemäß Bild 5-15 (▶ DIN 4085:2011-5, 6.5.1). Damit wird der Verdichtungserddruck als veränderliche Last bis in eine Tiefe z_0 aufgebracht:

$$z_0 = \frac{e_{vh}}{\gamma \cdot K_{0gh}} = \frac{25 \text{ kN/m}^2}{20 \text{ kN/m}^3 \cdot 0{,}5} = 2{,}5 \text{ m} \tag{5-15}$$

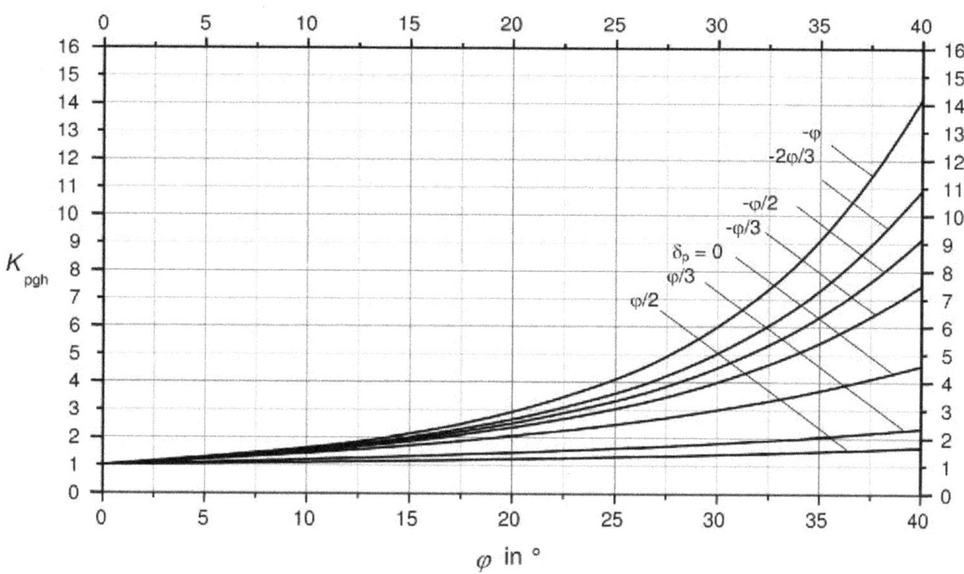

Bild 5-16 Erddruckbeiwert K_{pgh} für gekrümmte Gleitflächen aus DIN 4085:2011-5, Bild B.7

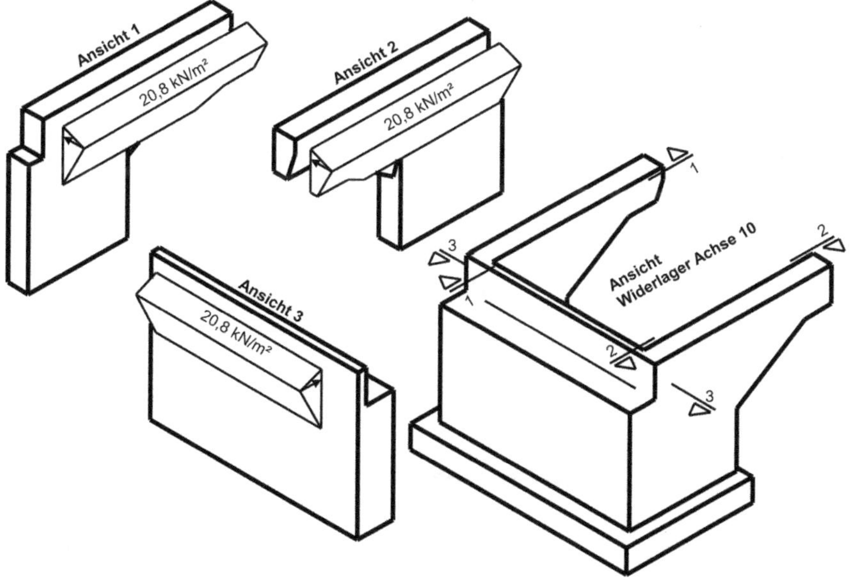

Bild 5-17 Verdichtungserddruck

5.3.5 Ausbaulasten

Das Eigengewicht des Fahrbahnbelags inkl. Mehreinbau auf Widerlager wird analog Abschnitt 2.2.1.2 mit einer verteilten Last von 2,5 kN/m^2 angesetzt. Die vertikale Auflast aus der Hinterfüllung wird mit $p = 7{,}05 \cdot 20 = 141$ kN/m^2 für das Widerlager Achse 10 in demselben Lastfall berücksichtigt. Die Lagerkräfte aus dem Überbau sind der Tabelle 5-6 oder Kapitel 3 zu entnehmen:

$P_{P,k,z} = 259{,}6$ kN Widerlager Achse 10

Die Eigengewichtslasten der Kappen sowie der im Rechenmodell nicht erfassten Kragarme werden gemäß den vorliegenden Geometrien nach RIZ-ING Kap 1 [BMVBW 2013 RIZ] mit einem spezifischen Gewicht von $\gamma = 25$ kN/m^3 analog zu Abschnitt 2.2 erfasst. Die gesamten Ausbaulasten werden dem Lastfall (LF 6) zugeordnet.

Tabelle 5-8 Kräfte auf der Oberkante der Flügelwände

Bauteile	Exzentrizität [m]	Linienlast [kN/m]	Linienmoment [kNm/m]
Kragarme	0,85	5,25	4,46
Kappen	0,25	11,50	2,88
Geländer	1,30	1,00	1,30
Schutzplanke	0,28	1,00	0,28
	$\Sigma\ g_{2,k} =$	18,75	8,92

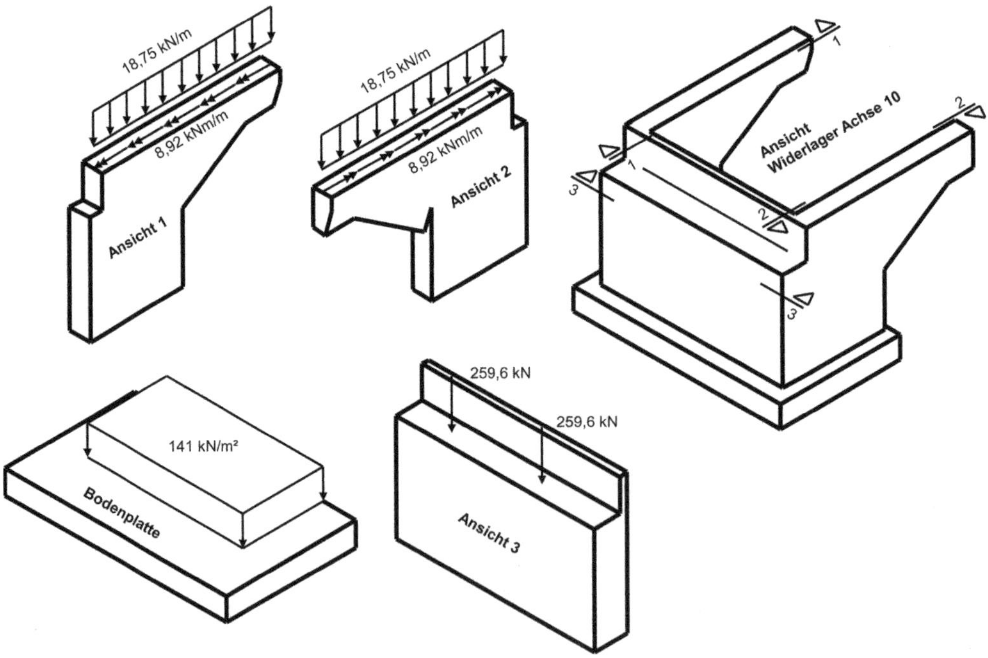

Bild 5-18 Ausbaulasten

5.3.6 Kriechen, Schwinden und Relaxation

Die Auswirkungen infolge Kriechen, Schwinden und Relaxation ergeben nur Auflagerkräfte in den Widerlagern. Die entsprechenden Auflagerkräfte aus Bau- und Endzuständen sind der Tabelle 5-6 oder Kapitel 3 entnommen und werden im Lastfall (LF 7) erfasst. Die Auflagerkräfte für das Widerlager in Achse 10 sind in Tabelle 5-9 zusammengestellt.

Tabelle 5-9 Auflagerkräfte infolge K + S + R

Bauabschnitt	$P_{k,x}$ [kN]	$P_{k,z}$ [kN]
K + S + R BA 2	0	0
K + S + R BA 2	0	47,4
K + S + R BA 3	0	–3,1
K + S + R BA 4	0	14,2
K + S + R ab Ausbau – 1. Kriechstufe	–123,6/2	39,7
K + S + R ab Ausbau – 2. Kriechstufe		16,7
Summe	–61,8	114,9

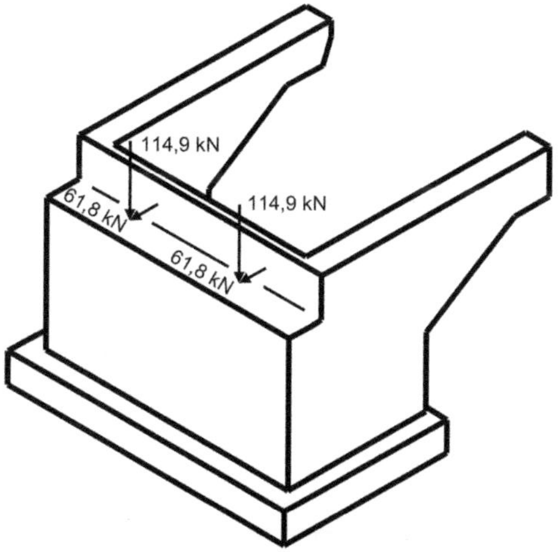

Bild 5-19 Auflagekräfte infolge Kriechen, Schwinden und Relaxation

5.3.7 Stützensenkung

Die Baugrundbewegungen ergeben vertikale Auflagerkräfte in den Widerlagern. Die Auflagerkräfte aus Stützensenkung sind der Tabelle 5-6 oder Kapitel 3 zu entnehmen und werden positiv und negativ berücksichtigt (LF 8, 9). In Tabelle 5-10 sind die Auflagerkräfte aus Stützensenkung für das Widerlager in Achse 10 zusammengestellt.

Tabelle 5-10 Auflagerkräfte infolge Stützensenkung

Bezeichnung	Lastfall	Lagerreihe 1 [kN]	Lagerreihe 2 [kN]
Stützensenkung max P_z	8	40,6	40,6
Stützensenkung min P_z	9	–40,6	–40,6

5.3.8 Einwirkungen aus Straßenverkehr

Lastmodell 1 – Doppelachsfahrzeug auf Überbau (▶ DIN EN 1991-2, 4.3.2)

Die Auswirkungen des Lastmodells 1 auf den Überbau ergeben nur vertikale Auflagerkräfte in den Widerlagern. Die Auflagerkräfte aus den unterschiedlichen Laststellungen des Lastmodells 1 sind dem Abschnitt 2.3.5 entnommen und nachfolgend in der Tabelle 5-11 für das Widerlager in Achse 10 mit den entsprechenden Lastfällen zusammengestellt.

Tabelle 5-11 Auflagerkräfte infolge Verkehr auf Überbau

Bezeichnung	Lastfall	Lagerreihe 1 [kN]	Lagerreihe 2 [kN]
max P_z TS Lagerreihe 1	11	60,7	60,5
min P_z TS Lagerreihe 1	12	–736,5	–193,4
max P_z TS Lagerreihe 2	13	60,5	60,7
min P_z TS Lagerreihe 2	14	–193,4	–736,5
max P_z UDL Lagerreihe 1	15	581,3	–357,7
min P_z UDL Lagerreihe 1	16	–1140,0	134,3
max P_z UDL Lagerreihe 2	17	–357,7	581,3
min P_z UDL Lagerreihe 2	18	134,3	–1140,0

Vertikallasten TS auf Hinterfüllung (▶ DIN EN 1991-2, 4.9.1)

Für die Belastung der Hinterfüllung von Widerlagern wird die Verwendung des Lastmodells 1 empfohlen (▶ DIN EN 1991-2, 4.9.1). Zur Vereinfachung darf die Last aus der Tandemachse in eine rechteckige Ersatzflächenlast q_{eq} mit einer Breite von 3 m und einer Länge von 5 m überführt werden (▶ DIN EN 1991-2, 4.9.1 und DIN EN 1991-2/NA, NCI zu 4.9.1 (1) Anmerkung 2). Die Ersatzflächenlasten für die Tandemachsen berechnen sich für die Fahrstreifen 1 und 2 nach Gl. (5-16):

$$q_{eq1} = 2 \cdot \alpha_{Q1} \cdot Q_{1k}/(3{,}0 \cdot 5{,}0) = 40{,}0 \text{ kN/m}^2$$
$$q_{eq2} = 2 \cdot \alpha_{Q2} \cdot Q_{2k}/(3{,}0 \cdot 5{,}0) = 26{,}7 \text{ kN/m}^2 \qquad (5\text{-}16)$$

In Längsrichtung lässt sich der Erddruckzuwachs im Erdruhezustand infolge der Ersatzflächenlast der Tandemachse auf die Widerlagerwände nach Gl. (5-17) ermitteln (▶ DIN 4085:2011-05, 6.4.2). Dabei ist für den Fall $\alpha = \beta = 0$ der Erddruckbeiwert infolge der vertikalen Oberflächenlast K_{0ph} gleich dem Erddruckbeiwert für die Horizontalkomponente des Erdruhedrucks K_{0gh}.

$$e_{0ph,1,o} = q_{eq1} \cdot K_{0ph} = 40{,}0 \cdot 0{,}5 = 20{,}00 \text{ kN/m}^2$$
$$e_{0ph,2,o} = q_{eq2} \cdot K_{0ph} = 26{,}7 \cdot 0{,}5 = 13{,}35 \text{ kN/m}^2 \qquad (5\text{-}17)$$

An den Widerlagerwänden darf eine Lastausbreitung unter einem Winkel von 30° zur Vertikalen angenommen werden (▶ DIN EN 1991-2, 4.9.1). Die Vorgehensweise zur Ermittlung der Erddruckverteilung aus Verkehr erfolgt in Anlehnung an [Eibl 1988] und ist in Bild 5-21 verdeutlicht. Da sich im vorliegenden Fall bei einer Ausbreitung von 30° eine größere Breite der unteren Ersatzfläche ergibt als die lichte Weite zwischen den Flügelwänden, wird vereinfachend und auf der sicheren Seite liegend eine lineare Ausbreitung nach unten bis zur Innenseite der Flügelwand angenommen.

Für den Verkehr TS auf Widerlagerwand werden 5 Laststellungen untersucht (Bild 5-20):

- LF 21; Fahrspur 1 rechter Fahrbahnrand bzw. am rechten Flügel,
- LF 22; Fahrspur 1 linker Fahrbahnrand bzw. am linken Flügel,
- LF 23; Fahrspur 1 mittig allein,
- LF 24; Fahrspur 1 rechter Fahrbahnrand am Flügelende, [1)]
- LF 25; Fahrspur 1 linker Fahrbahnrand am Flügelende. [1)]

[1)] Bei Annahme einer Lastausbreitung nach unten von 30° ist nur die Fahrspur 1 für die Belastung der Flügelwand relevant.

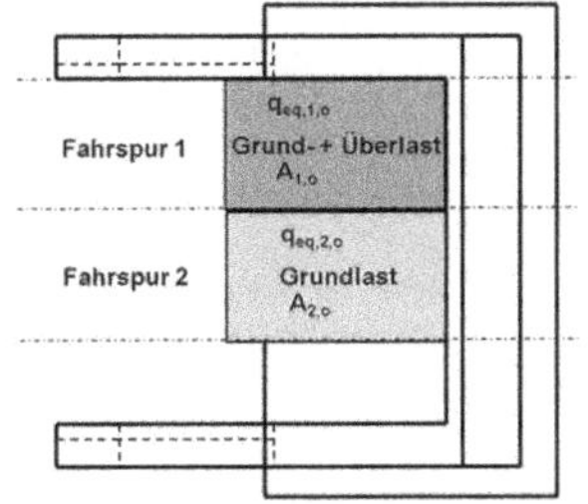

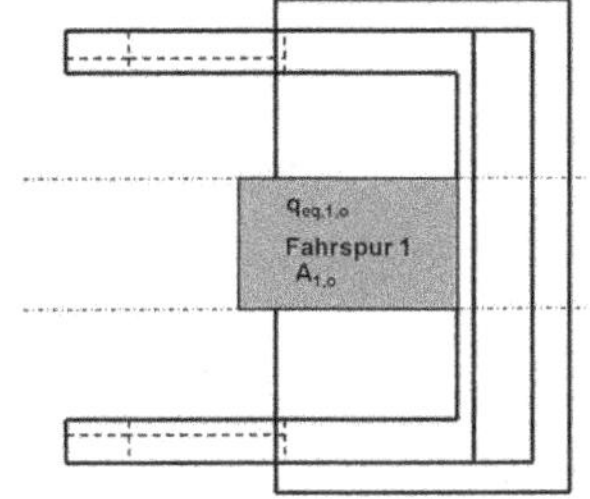

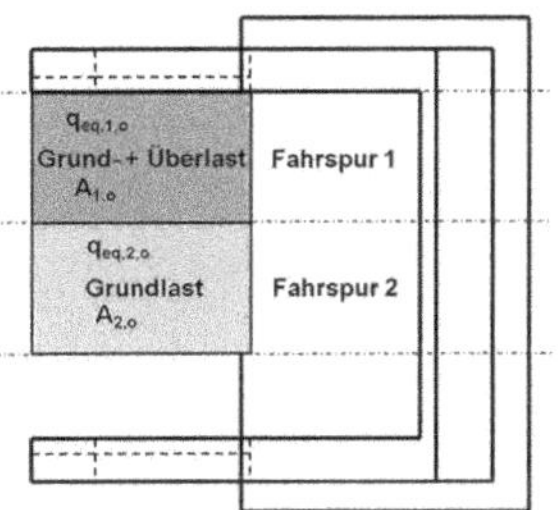

Bild 5-20 Laststellungen der TS-Ersatzlasten auf der Hinterfüllung

Damit ergeben sich die unteren Lastausbreitungsflächen in Höhe der Fundamentoberkante (Tiefe 7,05 m) gemäß Bild 5-21 wie folgt:

LF 21, 22:

Grundlast: $A_{2,u} = (5{,}0 + 4{,}07) \cdot 8 = 72{,}56 \text{ m}^2$

Überlast: $A_{1,u} = (5{,}0 + 4{,}07) \cdot (3{,}0 + 4{,}07) = 64{,}12 \text{ m}^2$

LF 23:

1. Fahrspur: $A_{1,u} = (5{,}0 + 4{,}07) \cdot 8 = 72{,}56 \text{ m}^2$

LF 24, 25:

Grundlast: $A_{2,u} = (5{,}0 + 4{,}07 + 3{,}55) \cdot (6{,}0 + 4{,}07) = 127{,}08 \text{ m}^2$

Überlast: $A_{1,u} = (5{,}0 + 4{,}07 + 3{,}55) \cdot (3{,}0 + 4{,}07) = 89{,}22 \text{ m}^2$

mit $\Delta b = 7{,}05 \cdot \tan 30 = 4{,}07 \text{ m}$

Die sich ergebenden Erddruckordinaten für die einzelnen Laststellungen werden in Höhe der Fundamentoberkante in Tabelle 5-12 zusammengestellt.

Anmerkung: Bei den meisten FEM-Programmen können die Belastungen unabhängig von der Struktur aufgebracht werden. Ob die Lasten tatsächlich auf das System wirken, hängt davon ab, ob in der Projektionsrichtung die Lasten auf Elemente treffen oder nicht. Zum Beispiel wird für die in Bild 5-21 dargestellte Belastung auf die Flügelwand programmintern nur der Anteil berücksichtigt, der in seiner Projektionsrichtung auf die Elemente trifft; der Rest bleibt unberücksichtigt. In Bild 5-22 ist die in das FEM-Programm eingegebene Belastung beispielhaft für den Lastfall 24 dargestellt.

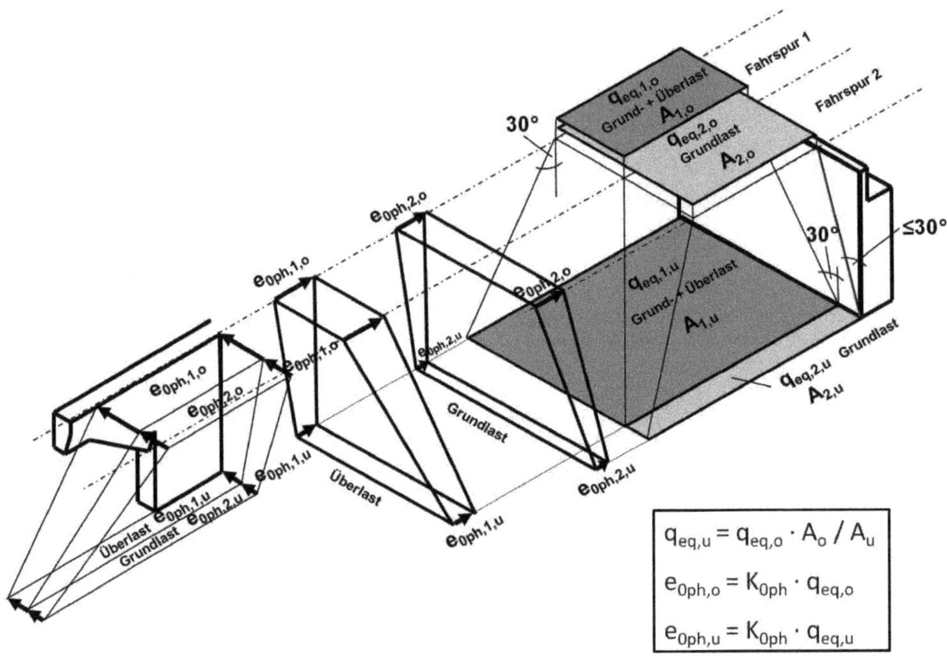

Bild 5-21 Verkehr auf Hinterfüllung – TS 1. Laststellung

Tabelle 5-12 Verteilung der Erddruckkräfte infolge des Verkehrs TS auf Hinterfüllung an Widerlager- und Flügelwand

Bezeichnung	Lastfall Nr.	Verhältnis A_o/A_u [1)]	Erddruck unten $e_{0ph,u}$ [kN/m²] [2)]	Belastetes Bauteil
Überlast ($e_{0ph,1,o}$ = 20 – 13,35 = 6,65 kN/m²)	21, 22	0,234	1,56	Wand + Flügel
Grundlast ($e_{0ph,2,o}$ = 13,35 kN/m²)	21, 22	0,413	5,51	Wand + Flügel

Tabelle 5-12 (Fortsetzung)

Bezeichnung	Lastfall Nr.	Verhältnis A_o/A_u [1)]	Erddruck unten $e_{0ph,u}$ [kN/m²] [2)]	Belastetes Bauteil
Fahrstreifen 1 ($e_{0ph,1,o} = 20{,}00$ kN/m²)	23	0,207	4,14	Wand
Überlast ($e_{0ph,1,o} = 20 - 13{,}35 = 6{,}65$ kN/m²)	24, 25	0,168	1,12	Flügel
Grundlast ($e_{0ph,2,o} = 13{,}35$ kN/m²)	24, 25	0,236	3,15	Flügel

1) $A_0 = 3 \cdot 5 = 15$ m²
2) $e_{0ph,u} = e_{0ph,o} \cdot A_o/A_u$

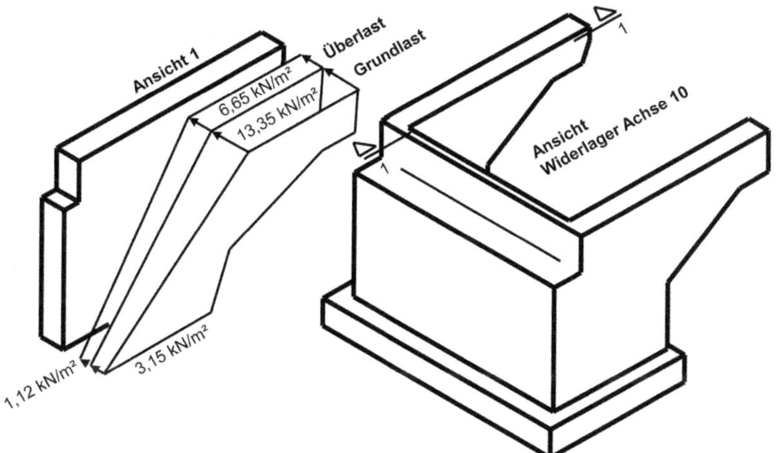

Bild 5-22 Verkehr auf Hinterfüllung – TS auf Flügelende rechts LF 24

Vertikallasten UDL auf Hinterfüllung (▶ DIN EN 1991-2, 4.3.2)

Die gleichmäßig verteilte Belastung (UDL) auf der Hinterfüllung wird mit einer unbegrenzten gleichmäßig verteilten Grundlast von 3,0 kN/m² und zwei Streifenüberlasten; für den 1. und 2. Fahrstreifen von 6,0 – 3,0 = 3,0 kN/m² und für den 1. Fahrstreifen von 12,0 – 3,0 – 3,0 = 6,0 kN/m² angesetzt. Infolge der Grundlast wird ein verteilter Erddruck an allen Wänden angesetzt.

$$e_{0ph,G} = q_{eq,G} \cdot K_{0ph} = 3{,}0 \cdot 0{,}5 = 1{,}5 \text{ kN/m}^2$$

Für die Überlast werden 3 Laststellungen untersucht (Bild 5-23):

- LF 26; Fahrspur 1 rechter Fahrbahnrand bzw. am rechten Flügel,
- LF 27; Fahrspur 1 linker Fahrbahnrand bzw. am linken Flügel,
- LF 28; Fahrspur 1 mittig allein.

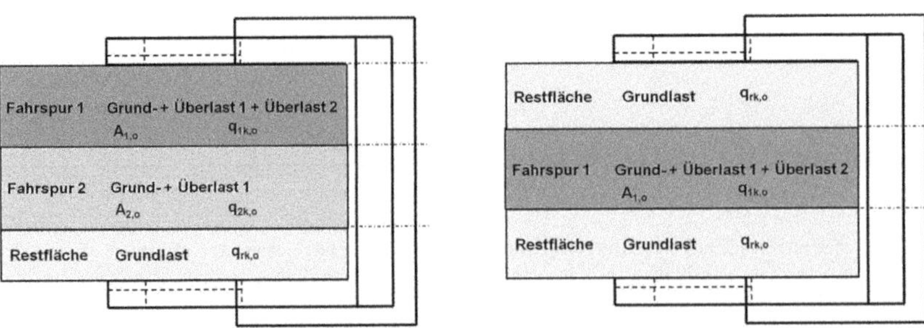

Bild 5-23 Laststellungen der UDL-Lasten auf der Hinterfüllung

Aufgrund der unendlichen Länge der UDL-Belastungsfläche in Brückenlängsrichtung erfolgt die Ausbreitung lediglich in Brückenquerrichtung. Aus diesem Grund werden die Erddruckwerte in Höhe der Fundamentoberkante (Tiefe 7,05 m) über das Verhältnis der Lastbreiten wie folgt ermittelt:

LF 26, 27:

Überlast 1: $B_{1,u} = 6 + 4{,}07 = 10{,}07 \text{ m} > 8{,}0 \text{ m} \rightarrow 8{,}0 \text{ m}$

Überlast 2: $B_{2,u} = 3{,}0 + 4{,}07 = 7{,}07 \text{ m} < 8{,}0 \text{ m}$

LF 28:

Überlast 2: $B_{1,u} = 3{,}0 + 2 \cdot 4{,}07 = 11{,}14 \text{ m} > 8{,}0 \text{ m} \rightarrow 8{,}0 \text{ m}$

mit $\Delta b = 7{,}05 \cdot \tan 30 = 4{,}07 \text{ m}$

Die sich ergebenden Erddruckordinaten für die einzelnen Laststellungen werden in Höhe der Fundamentoberkante in Tabelle 5-13 zusammengestellt.

Tabelle 5-13 Verteilung der Erddruckkräfte infolge des Verkehrs TS auf Hinterfüllung an Widerlager- und Flügelwand

Bezeichnung	Lastfall Nr.	Verhältnis B_o/B_u	Erddruck unten $e_{0ph,u}$ [kN/m²] [1)]	Belastetes Bauteil
Überlast 2 ($e_{0ph,2,o} = 6 \cdot 0{,}5 = 3{,}0$ kN/m²)	26, 27	0,424	1,27	Wand + Flügel
Überlast 1 ($e_{0ph,1,o} = 3 \cdot 0{,}5 = 1{,}5$ kN/m²)	26, 27	0,75	1,13	Wand + Flügel
Grundlast ($e_{0ph,G,o} = 3 \cdot 0{,}5 = 1{,}5$ kN/m²)	26, 27	1,0	1,50	Wand + Flügel
Überlast 2 ($e_{0ph,2,o} = 6 \cdot 0{,}5 = 3{,}0$ kN/m²)	28	0,375	1,13	Wand
Grundlast ($e_{0ph,G,o} = 3 \cdot 0{,}5 = 1{,}5$ kN/m²)	28	1,0	1,50	Wand

1) $e_{0ph,u} = e_{0ph,o} \cdot B_o/B_u$

In Bild 5-24 ist die Ermittlung der Lastausbreitungsflächen und der daraus resultierenden Erddrücke der Überlasten (ohne Grundlast) für den Lastfall 26 beispielhaft dargestellt.

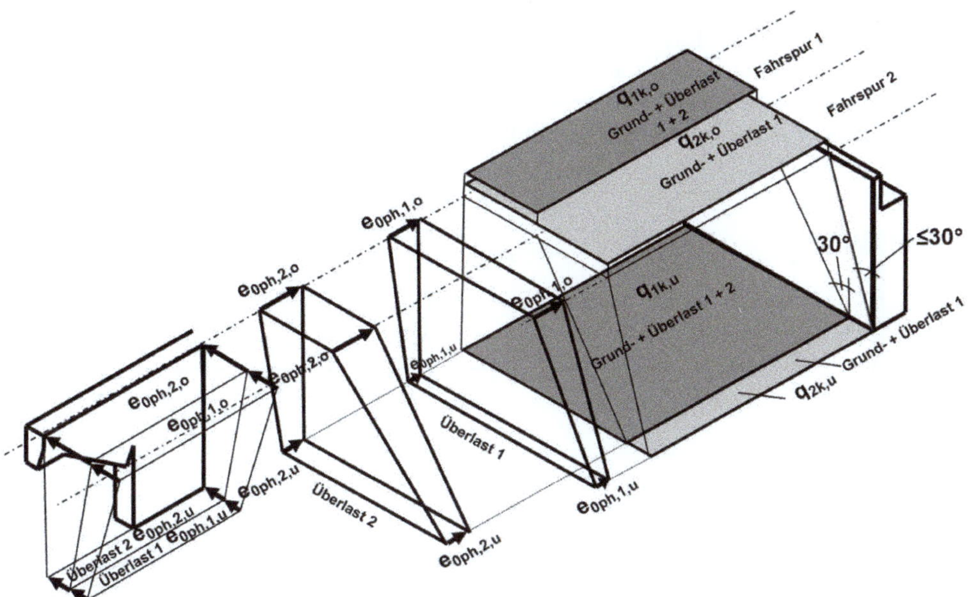

Bild 5-24 Verkehr auf Hinterfüllung – UDL Fahrspur 1 rechts LF 26

Lasten aus Bremsen und Anfahren (▶ DIN EN 1991-2, 4.9.2)

Die Belastung aus dem Überbau infolge Bremsen und Anfahren wird dem Abschnitt 3.4 entnommen. Der Ansatz erfolgt je Lager in Achse 10 in positiver und negativer Brückenlängsrichtung mit 41,2 kN (LF 31, 32). Die Exzentrizität zwischen Unterkante Überbau und Oberkante Auflagerbank wird durch die Anordnung von Exzentern im Rechenmodell berücksichtigt.

Für die Bemessung der Kammerwand ist eine charakteristische Horizontallast von $0{,}6\ \alpha_{Q1} \cdot Q_{1k}$ für Bremsen entsprechend Bild 5-25 zu berücksichtigen (LF 33). Sie wirkt gleichzeitig mit der Achslast $\alpha_{Q1} \cdot Q_{1k}$ des Lastmodells 1 und dem Erddruck aus der Hinterfüllung. Die Fahrbahn hinter der Kammerwand ist nicht gleichzeitig zu belasten DIN EN 1991-2, 4.9.2 (2).

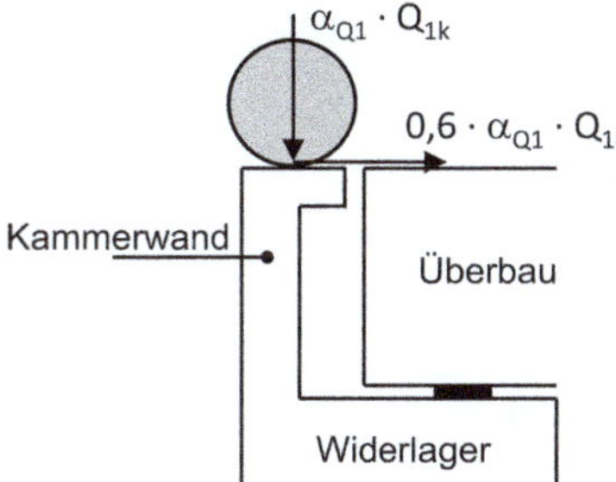

Bild 5-25 Lasten für Kammerwände

Vertikalanteil: $\alpha_{Q1} \cdot Q_{1k} = 1{,}0 \cdot 300 = 300$ kN

Horizontalanteil: $0{,}6 \cdot \alpha_{Q1} \cdot Q_{1k} = 0{,}6 \cdot 300 = 180$ kN

Außer den oben erwähnten Lasten sollte keine Horizontallast in Höhe der Oberkante Fahrbahn im Bereich der Hinterfüllung angenommen werden (▶ DIN EN 1991-2, 4.9.2 (1)).

Schrammbordstoß – außergewöhnliche Einwirkung (▶ DIN EN 1991, 4.7.3.2)

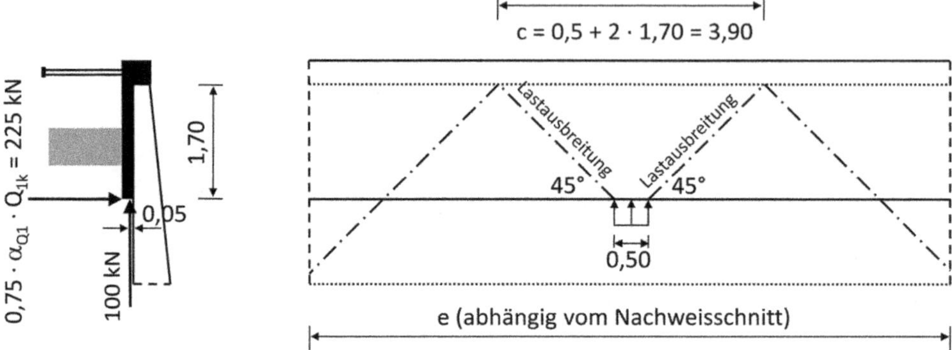

Bild 5-26 Anpralllast an Schrammbord und Lastausbreitung

Für einen Fahrzeuganprall an den Schrammbord ist eine horizontale Ersatzlast von 100 kN in Brückenquerrichtung 5 cm unter Oberkante Schrammbord auf 0,5 m Länge nach Bild 5-26 anzusetzen (LF 71, 72). Für die Lastausbreitung kann ein Winkel von 45° angenommen werden. Da die gleichzeitig anzusetzende vertikale Einzellast in diesem Fall günstig wirkt, wird diese für die Flügelwände nicht berücksichtigt.

Anprall an Schutzeinrichtungen – außergewöhnliche Einwirkung
(▶ DIN EN 1991-2, 4.7.3.3)

Die Lastkonfiguration aus dem Anprall von Fahrzeugen an Schutzeinrichtungen wird für das vorliegende Beispiel nach Abschnitt 2.2.2 in Bild 5-27 dargestellt, wobei vertikale und horizontale Lasten gleichzeitig berücksichtigt werden sollten.

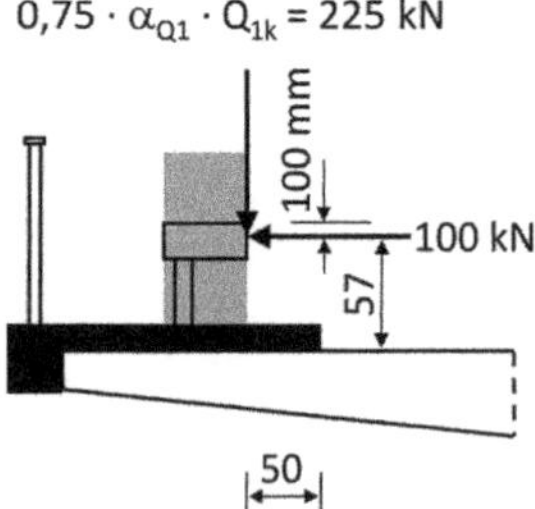

Bild 5-27 Anpralllast an die Schutzeinrichtung

5.3.9 Einwirkungen aus Fußgänger- und Radverkehr

Verkehrslast auf Kappen (▶ DIN EN 1991-2, 5.3.2.1)

Analog zum Abschnitt 2.2.2.2 wird eine gleichmäßig verteilte Flächenlast von 3,0 kN/m² auf den Kappen angesetzt (▶ DIN EN 1991-2, Tab. 4.4a und DIN EN 1991-2/NA, NDP zu 4.5.1). An der Oberkante der Flügelwände werden eine Linienlast von 3,0 kN/m² · 1,70 m = 5,1 kN/m und ein Linienmoment von 5,1 kN/m · (½ · 1,70 m – 0,5 m) = 1,79 kNm/m angesetzt. Die Verkehrslast kann auf beiden Kappen gleichzeitig oder einzeln auftreten (LF 61, 62).

Einwirkungen auf Geländer (▶ DIN EN 1991-2, 4.8)

Auf der Oberkante des Geländers ist eine veränderliche nach außen und innen wirkende horizontale und vertikale Einwirkung von 0,8 kN/m für Dienstwege zu berücksichtigen (▶ DIN EN 1991-2, 4.8 (1)). Das Geländer ist in diesem Fall durch eine Schutzeinrichtung geschützt, so dass weitere außergewöhnliche Einwirkungen auf das Geländer nicht erforderlich sind (▶ DIN EN 1991-2, 4.8 (2)).

5.3.10 Anheben zum Auswechseln von Lagern

(▶ DIN EN 1991-2/NA, NCI zu 4.5.1 (1))

Das Auswechseln der Lager in der Lastgruppe 6 ist für globale Standsicherheit der Widerlager nicht maßgebend. Für die Widerlagerwände wird nur die lokale Lasteinleitung unter den Pressenansatzpunkten berücksichtigt.

5.3.11 Windeinwirkungen (▶ DIN EN 1991-1-4)

Die Windlasten auf den Überbau ergeben vertikale als auch horizontale Auflagerkräfte in den Widerlagern. Die Auflagerkräfte aus Windeinwirkungen sind dem Kapitel 3 oder Tabelle 5-6 zu entnehmen und werden für das querfeste Lager positiv und negativ angesetzt (LF 51, 52). Nachfolgend sind in Tabelle 5-14 die Auflagerkräfte aus Windeinwirkungen für das Widerlager in Achse 10 zusammengestellt.

Tabelle 5-14 Auflagerkräfte infolge Windeinwirkungen

Bezeichnung	Lastfall	Lagerreihe 1		Lagerreihe 2	
		P_y [kN]	P_z [kN]	P_y [kN]	P_z [kN]
Wind mit Verkehr max P_y	51	78,9	27,2	0	–27,2
Wind mit Verkehr min P_y	52	–78,9	–27,2	0	27,2

5.3.12 Temperatureinwirkungen (▶ DIN EN 1991-1-5, 6.1.2)

Die Temperatureinwirkungen ergeben vertikale und horizontale Auflagerkräfte in den Widerlagern. Die Auflagerkräfte aus Temperatureinwirkungen sind dem Kapitel 3 (konstanter Temperaturanteil) bzw. Tabelle 5-6 zu entnehmen und werden positiv als auch negativ angesetzt (LF 41, 42, 43, 44). In Tabelle 5-15 sind die Auflagerkräfte aus Temperatureinwirkungen für das Widerlager in Achse 10 zusammengestellt.

Tabelle 5-15 Auflagerkräfte infolge Temperatureinwirkungen

Bezeichnung	Lastfall	Lagerreihe 1		Lagerreihe 2	
		P_x [kN]	P_z [kN]	P_x [kN]	P_z [kN]
Temperatur $\Delta T_{M.k}$ max P_z	41	0	63,4	0	63,4
Temperatur $\Delta T_{M.k}$ min P_z	42	0	–97,5	0	–97,5
Temperatur $\Delta T_{N.k}$ max P_x	43	44,7	0	44,7	0
Temperatur $\Delta T_{N.k}$ min P_x	44	–49,8	0	–49,8	0

Ungünstig wird vorausgesetzt, dass der konstante Temperaturanteil und der lineare Temperaturunterschied gleichzeitig wirken. Dabei gilt analog Abschnitt 2.2.2.7 die Kombination (▶ DIN EN 1991-1-5, 6.1.5 (1));

$$\max/\min E_d \text{ infolge } (\Delta T_M;\ \Delta T_N;\ \omega_M \cdot \Delta T_M + \Delta T_N;\ \omega_N \cdot \Delta T_N + \Delta T_M)$$

5.4 Lastfallüberlagerung

Die Zusammenstellung für die zu betrachtenden Lastgruppen sowie die anzuwendenden Teilsicherheits- und Kombinationsbeiwerte nach DIN EN 1990 und DIN EN 1991-2 sind allgemein im Abschnitt 2.2.3 und 2.2.4 zusammengestellt. Für den Nachweis der Widerlager sind die Lastgruppen gr 1 und gr 2 maßgebend (siehe Abschnitt 2.2.3.1). Die Lastgruppe gr 6 ist nur für die lokalen Nachweise der Lasteinleitung der Pressenansatzpunkte in die Widerlagerwand relevant. Im Folgenden sind die für den Nachweis des Widerlagers spezifischen Kombinationen nochmals wiedergegeben.

5.4.1 Kombination im Grenzzustand der Tragfähigkeit

Ständig und vorübergehende Bemessungssituation

$$\sum_{j\geq 1} \gamma_{Gj} \cdot G_{kj} + \gamma_P \cdot P_k + \gamma_{Q1} \cdot Q_{k1} + \sum_{i>1} \gamma_{Qi} \cdot \psi_{0i} \cdot Q_{ki} \qquad (5\text{-}18)$$

Mit den in Abschnitt 2.2.4.1 dargestellten Regelungen und unter Berücksichtigung der Größenordnungen unterschiedlicher Einwirkungen sind die möglichen Kombinationen für die Widerlager in Tabelle 5-16 zusammengestellt.

Tabelle 5-16 Kombinationsbeiwerte und zu untersuchende Kombinationen für die Bemessung im ULS

	Leit-EW bzw. Komb.	Verkehr			Wind	Temp	Anmerkungen
		Q_{TS}	Q_{UDL}	Q_{lk}	F_{Wk}	T_k	
gr 1	LM 1 (T_k)	1,0	1,0	–	–	0,8	LM 1 führend mit Temp.
	LM 1 (F_{Wk})	1,0	1,0	–	0,6	–	LM 1 führend mit Wind
gr 2	$\alpha_{Q1} \cdot Q_{1k}$	–	–	1,0	–	0,8[1]	Bremsen auf Kammerwand
	Q_{lk}	0,75	0,4	1,0	–	0,8[1]	Bremsen auf Überbau

[1] (▶ ARS 22/2012, Anlage 2, B) (2))

Außergewöhnliche Bemessungssituation

$$\sum_{j \geq 1} \gamma_{GAj} \cdot G_{kj} + \gamma_{PA} \cdot P_k + A_d + \psi_{11} \cdot Q_{k1} + \sum_{i > 1} \psi_{2i} \cdot Q_{ki} \tag{5-19}$$

Mit den im Abschnitt 2.2.4.1 gegebenen Festlegungen sind die möglichen Kombinationen nach der Kombinationsvorschrift Gl. (5-19) in Tabelle 5-17 zusammengestellt (▶ DIN-FB 101, C.2.1.2, (4)):

Tabelle 5-17 Kombinationsbeiwerte und zu untersuchende Kombination für die außergewöhnliche Bemessungssituation

	Leit-EW bzw. Komb.	Verkehr			Wind	Temp	Anmerkungen
		Q_{TS}	Q_{UDL}	Q_{lk}	F_{Wk}	T_k	
	A	–	–	–	–	0,6	Seitenstoß führend mit Temp.

In der Regel hat diese Beanspruchung nur lokale Auswirkungen auf die obere horizontale Auskragung des Gehweges am Flügel. Für die globalen Beanspruchungen des Flügels sind diese Einwirkungen im Regelfall nicht maßgebend.

5.4.2 Kombination im Grenzzustand der Gebrauchstauglichkeit

Nachfolgend sind die zu betrachtenden Kombinationen und entsprechenden Kombinationsvorschriften (Gln. (5-20) bis (5-22)) für Nachweise der Widerlager im Grenzzustand der Gebrauchstauglichkeit zusammengestellt. Die Kombinationsbeiwerte für unterschiedliche Einwirkungen sind Tabelle 5-18 zu entnehmen.

Charakteristische (seltene) Kombination

$$\sum_{j \geq 1} G_{kj} + P_k + Q_{k1} + \sum_{i > 1} \psi_{0i} \cdot Q_{ki} \tag{5-20}$$

Häufige Kombination

$$\sum_{j \geq 1} G_{kj} + P_k + \psi_{11} \cdot Q_{k1} + \sum_{i > 1} \psi_{2i} \cdot Q_{ki} \tag{5-21}$$

Quasi-ständige Kombination

$$\sum_{j \geq 1} G_{kj} + P_k + \sum_{i \geq 1} \psi_{2i} \cdot Q_{ki} \tag{5-22}$$

Tabelle 5-18 Kombinationsbeiwerte und zu untersuchende Kombinationen in den Grenzzuständen der Gebrauchstauglichkeit

EW-Komb.	Leit-EW	Verkehr			Wind	Temp	Anmerkungen
		Q_{TS}	Q_{UDL}	Q_{lk}	F_{Wk}	T_k	
charak-teristisch	LM 1 (T_k)	1,0	1,0	–	–	0,8	LM 1 führend mit Temp.
	LM 1 (F_{Wk})	1,0	1,0	–	0,5	–	LM 1 führend mit Wind
häufig	LM 1 (T_k)	0,75	0,4	–	0	0,5	LM 1 führend mit T.
quasi-ständig	–	0,2	0,2	–	0	0,5	

5.5 Schnitt- und Stützgrößen

5.5.1 Schnittgrößen in den Grenzzuständen der Tragfähigkeit

Die Ermittlung der Schnittgrößen erfolgt linear elastisch mit Hilfe des Rechenprogramms SOFiSTiK. In Tabelle 5-19 und den folgenden Bildern sind die überlagerten Schnittgrößen für den Grenzzustand der Tragfähigkeit auszugsweise dargestellt.

Bei den Bohrpfählen ergeben sich die extremalen Biegemomente am Anschnitt zur Pfahlkopfplatte um die lokale y-Richtung und die maximalen Querkräfte in die lokale z-Richtung. Im Folgenden werden diese mit den entsprechenden zugehörigen Größen angegeben (siehe Tabelle 5-19).

Tabelle 5-19 Maßgebende Biegemomente und Querkräfte in Bohrpfählen am Anschnitt zur Pfahlkopfplatte im Grenzzustand der Tragfähigkeit ULS – ständige und vorübergehende Einwirkungskombination

Pfahl-Nr.	LF	N [kN]	V_Y [kN]	V_Z [kN]	M_Y [kN]	M_Z [kN]
11	min M_y	–3567,9	103,1	996,3	–1903,3	102,7
	max V_z	–4130,1	124,2	1037,0	–1763,3	127,5
12	min M_y	–2904,3	79,3	825,8	–1523,5	–38,3
	max V_z	–3855,0	81,0	872,7	–1339,7	–56,0

Tabelle 5-19 (Fortsetzung)

Pfahl-Nr.	LF	N [kN]	V_Y [kN]	V_Z [kN]	M_Y [kN]	M_Z [kN]
13	min M_y	–2903,1	–79,4	825,6	–1523,0	35,9
	max V_z	–3853,8	–81,0	872,6	–1339,3	53,9
14	min M_y	–3564,5	–103,1	995,9	–1902,1	–104,9
	max V_z	–4126,8	–124,2	1036,7	–1762,2	–129,7
21	min M_y	–1724,7	127,3	582,5	–1280,9	296,9
	max V_z	–1526,1	153,5	681,3	–1227,5	373,6
22	min M_y	–1496,4	171,1	565,5	–1042,8	506,5
	max V_z	–1422,6	172,0	588,1	–995,1	506,0
23	min M_y	–1495,1	–172,1	566,1	–1046,6	–514,0
	max V_z	–1432,3	–173,4	588,6	–1007,8	–521,3
24	min M_y	–1721,1	–127,2	583,2	–1284,9	–297,8
	max V_z	–1522,7	–153,4	681,9	–1231,5	–375,2

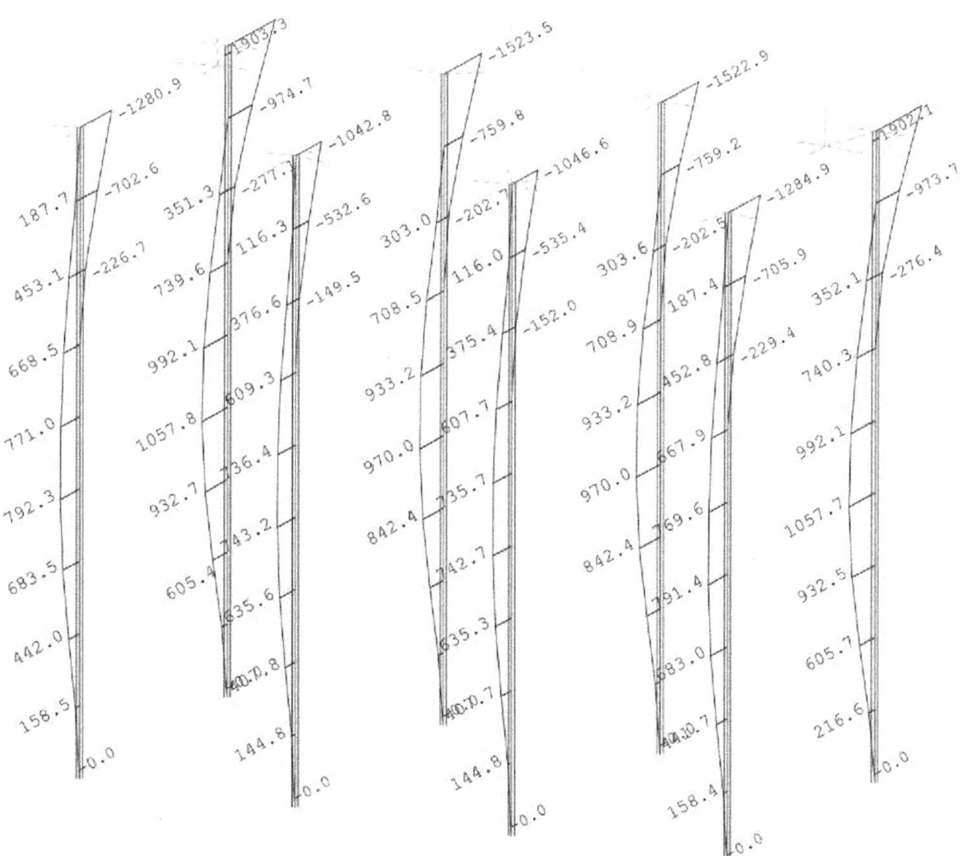

Bild 5-28 min/max $M_{y,Ed}$ der Bohrpfähle im ULS [kNm]

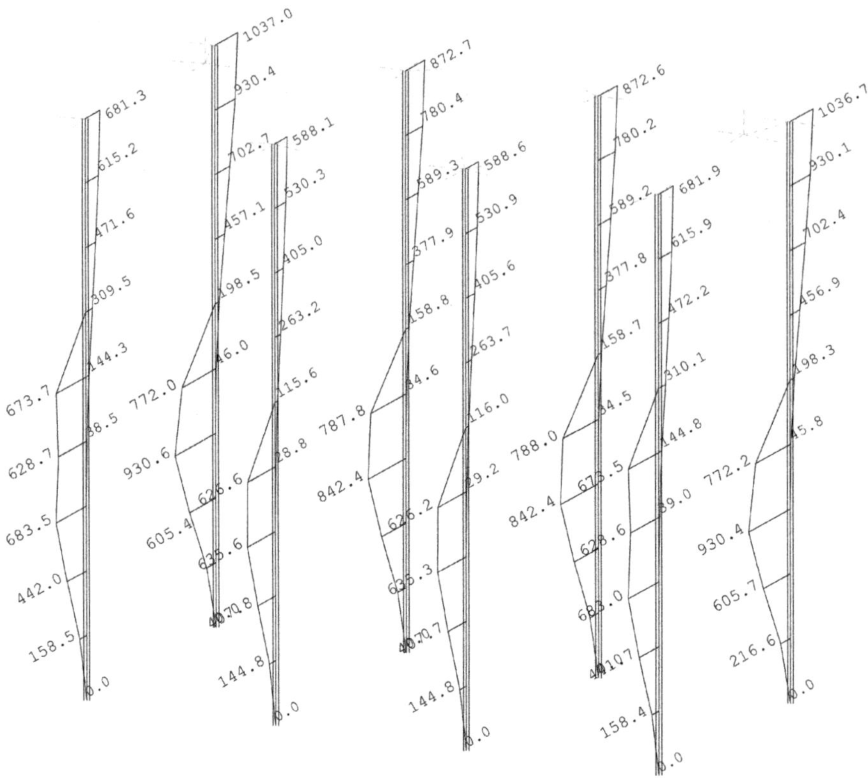

Bild 5-29 min/max $V_{z,Ed}$ der Bohrpfähle im ULS [kN]

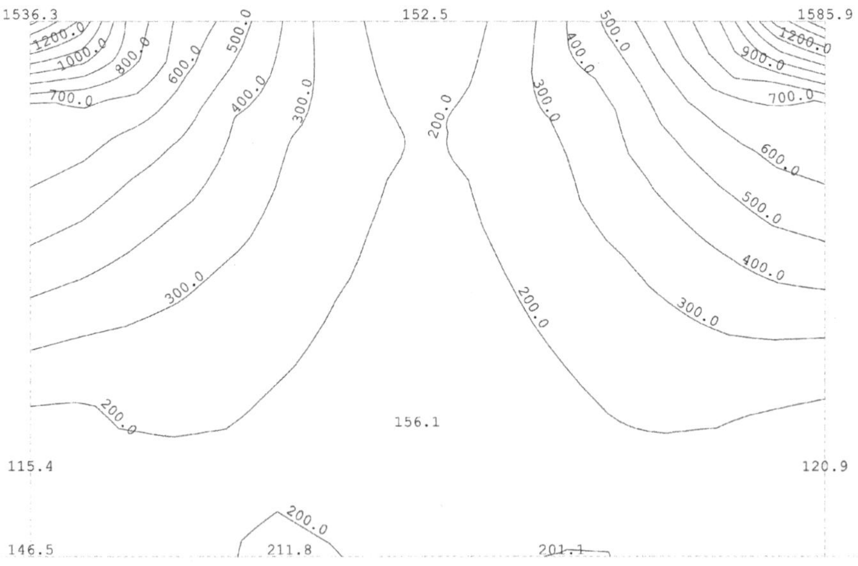

Bild 5-30 max $m_{xx,Ed}$ der Widerlagerwand im ULS [kNm/m]

Die extremalen Schnittgrößen im ULS für die Widerlager-, Kammer-, und Flügelwand sowie die Bodenplatte sind auszugsweise in den Bildern 5-30 bis 5-39 wiedergegeben.

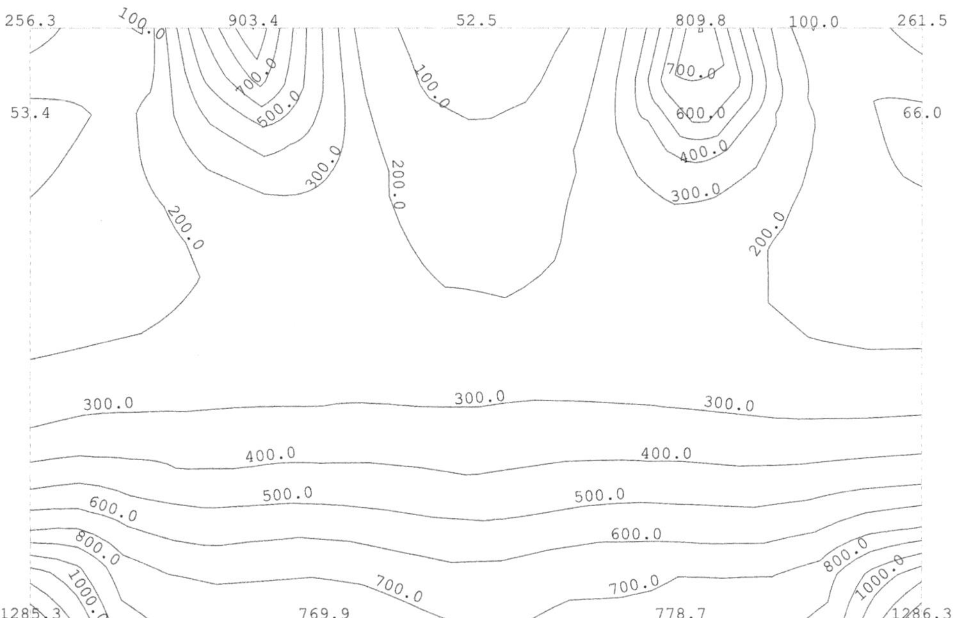

Bild 5-31 max $m_{yy,Ed}$ der Widerlagerwand im ULS [kNm/m]

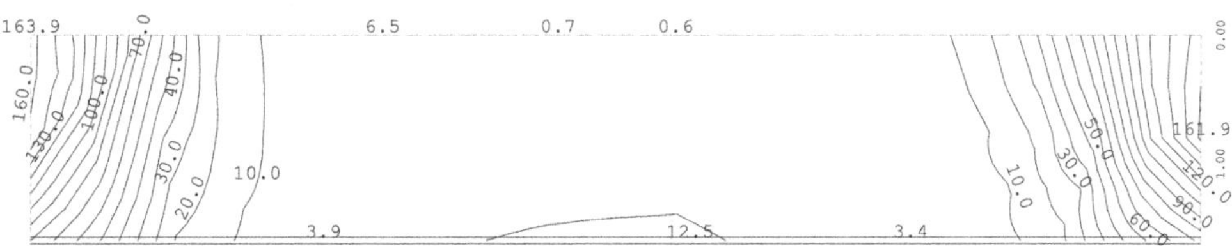

Bild 5-32 max $m_{xx,Ed}$ der Kammerwand im ULS [kNm/m]

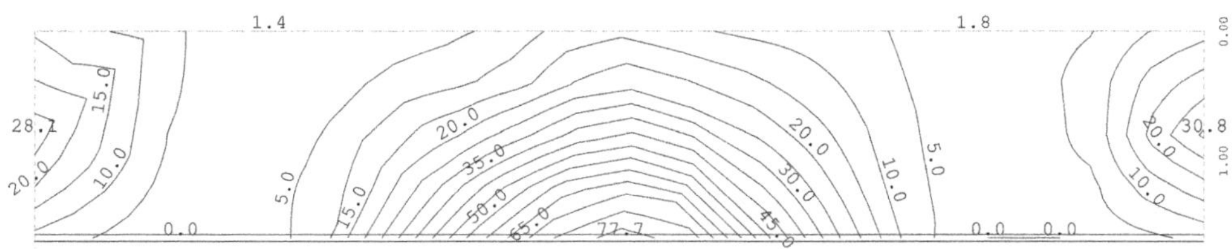

Bild 5-33 max $m_{yy,Ed}$ der Kammerwand im ULS [kNm/m]

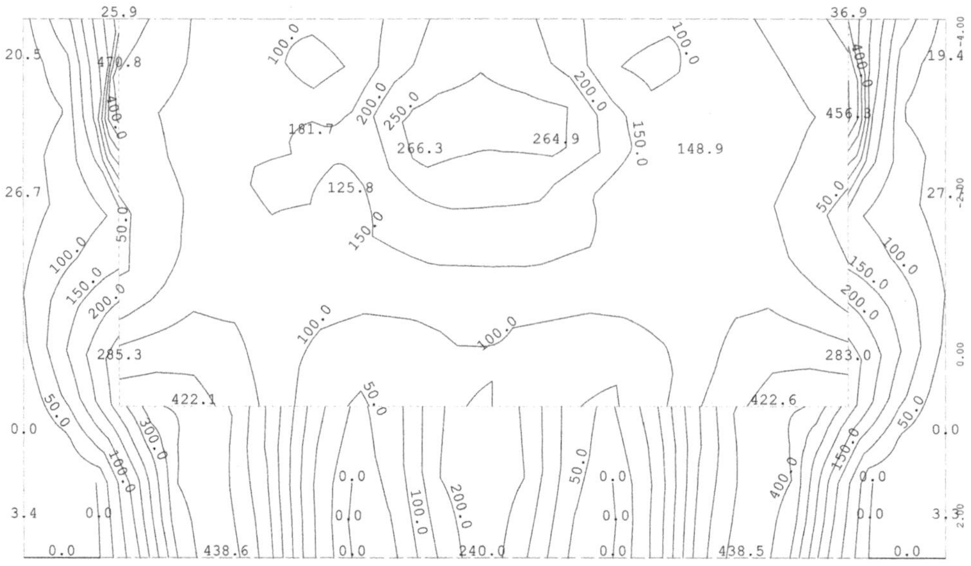

Bild 5-34 max $m_{xx,Ed}$ der Bodenplatte im ULS [kNm/m]

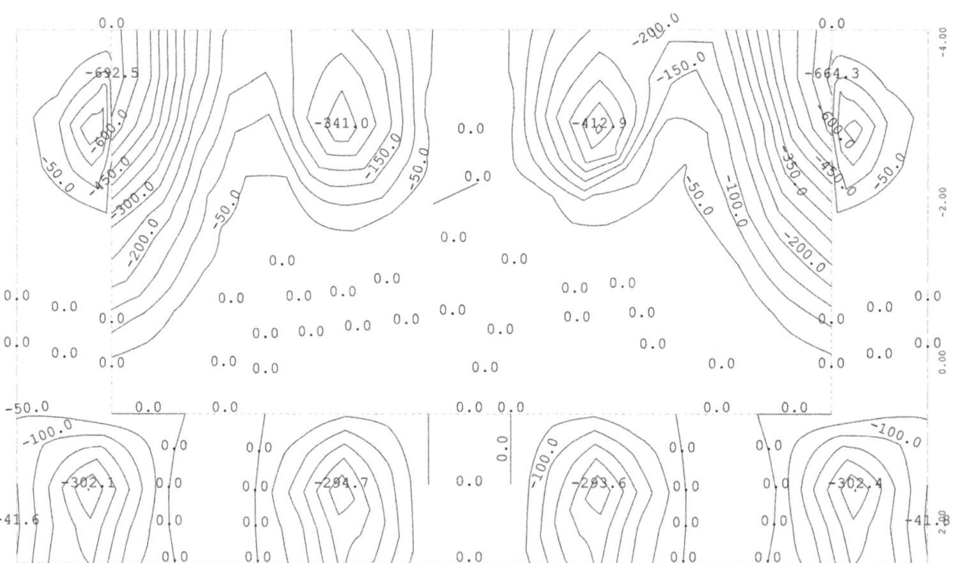

Bild 5-35 min $m_{xx,Ed}$ der Bodenplatte im ULS [kNm/m]

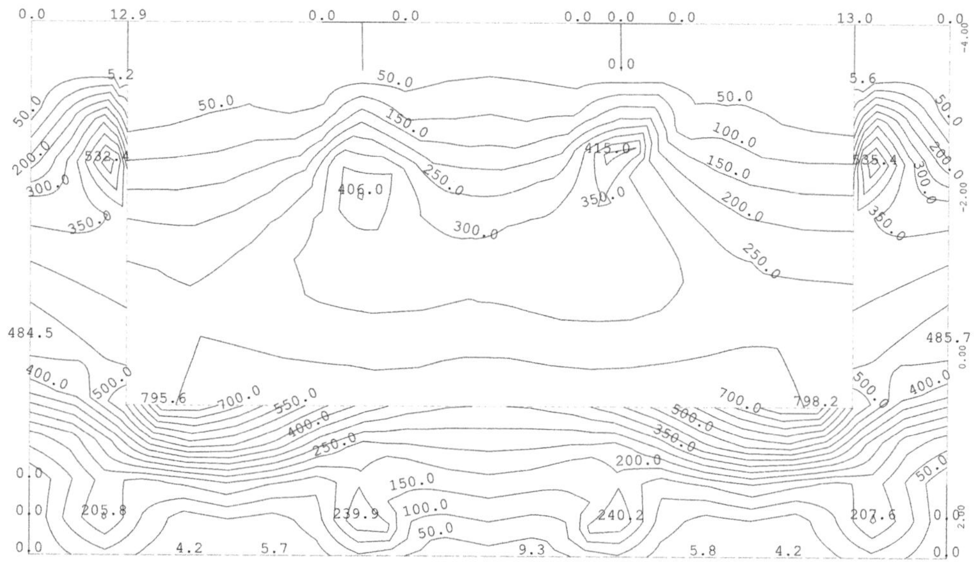

Bild 5-36 max $m_{yy,Ed}$ der Bodenplatte im ULS [kNm/m]

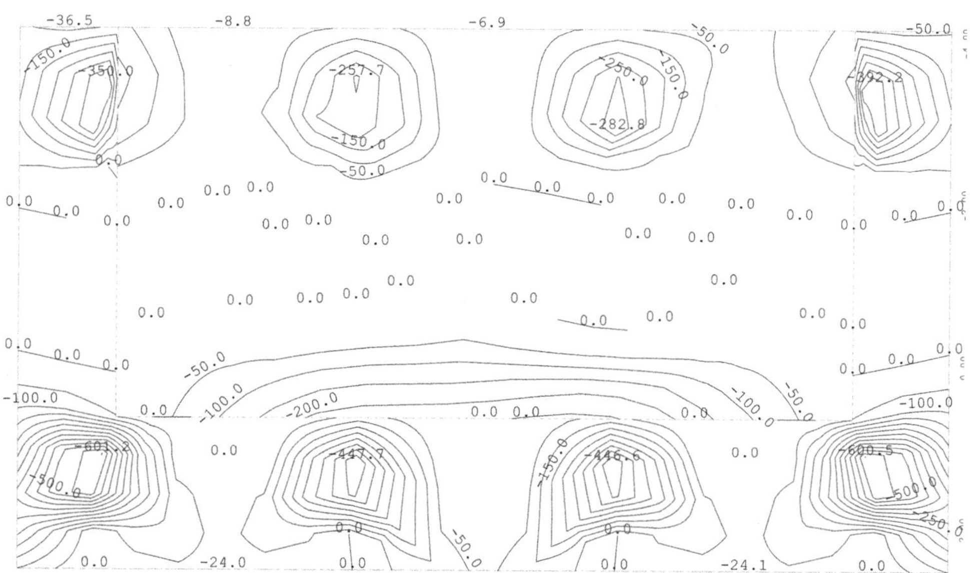

Bild 5-37 min $m_{yy,Ed}$ der Bodenplatte im ULS [kNm/m]

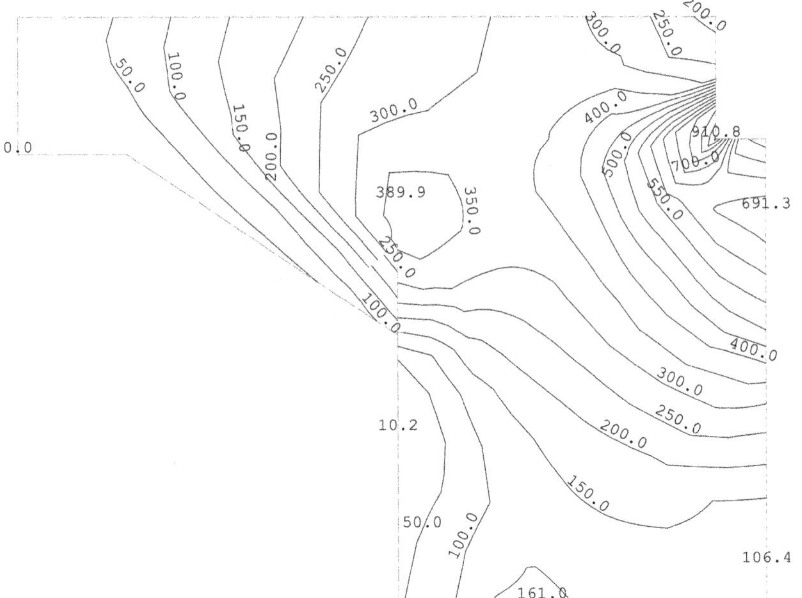

Bild 5-38 max $m_{xx,Ed}$ der Flügelwand im ULS [kNm/m]

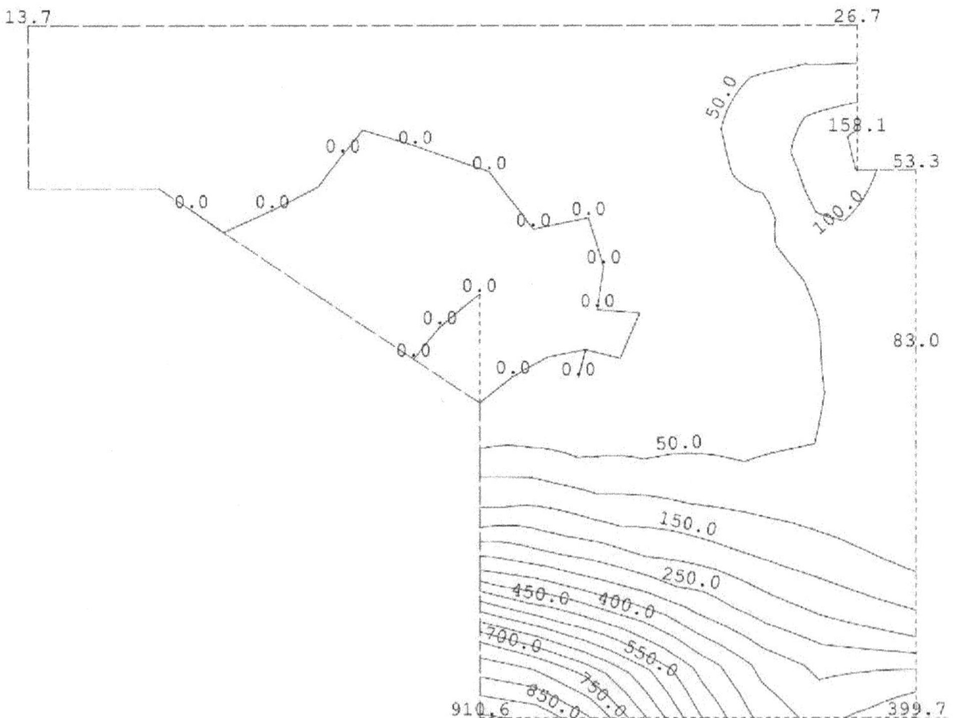

Bild 5-39 max $m_{yy,Ed}$ der Flügelwand im ULS [kNm/m]

Für die außergewöhnliche Kombination sind in den Bildern 5-40 und 5-41 die maßgebenden Biegemomente für die Flügelwände zusammengestellt.

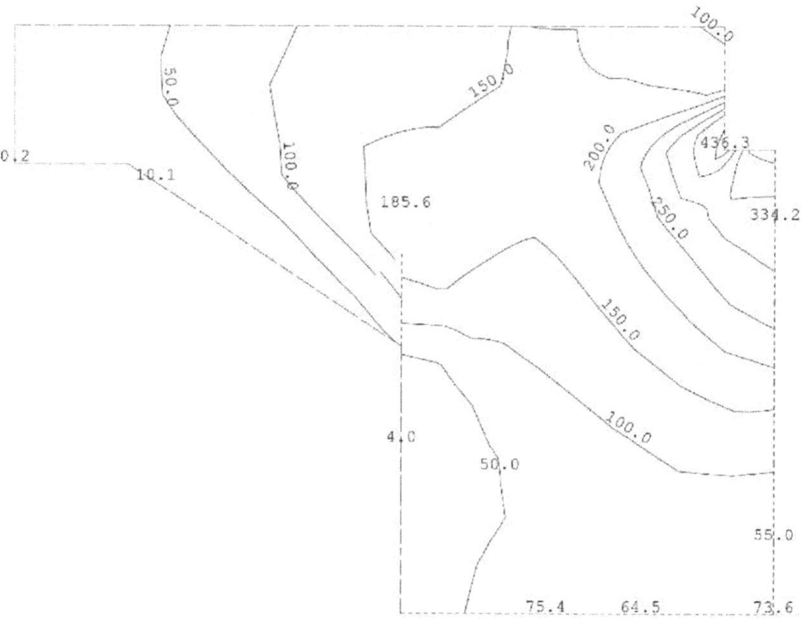

Bild 5-40 max $m_{xx,Ad}$ der Flügelwand außergewöhnliche Beanspruchung [kNm/m]

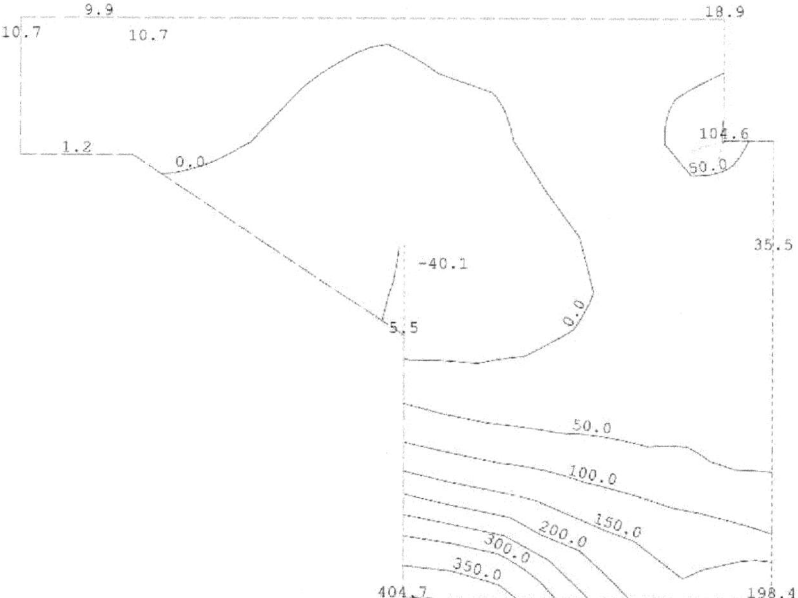

Bild 5-41 max $m_{yy,Ad}$ der Flügelwand außergewöhnliche Beanspruchung [kNm/m]

5.5.2 Schnittgrößen in den Grenzzuständen der Gebrauchstauglichkeit

Im Folgenden werden ausgewählte Schnittgrößen für die häufige Einwirkungskombination dargestellt, da diese maßgebend für den Nachweis der Rissbreite sind. Auf die Darstellung der für den Nachweis der Beton- und Bewehrungsspannungen erforderlichen Einwirkungskombinationen (charakteristisch und quasi-ständig) wird an dieser Stelle verzichtet.

Wie bereits im ULS ergeben sich bei den Bohrpfählen die extremalen Biegemomente am Anschnitt zur Pfahlkopfplatte um die lokale y-Richtung. In Tabelle 5-20 sind die minimalen Biegemomente um y-Achse mit den zugehörigen Schnittgrößen angeführt. Die maximalen und minimalen Biegemomente M_y sowie M_z für die häufige EK sind in den Bildern 5-42 und 5-43 dargestellt.

Tabelle 5-20 Maßgebende Biegemomente und zugehörige Schnittgrößen in den Bohrpfählen am Anschnitt zur Pfahlkopfplatte im Grenzzustand der Gebrauchstauglichkeit SLS – häufige Einwirkungskombination

Pfahl-Nr.	LF	N [kN]	V_Y [kN]	V_Z [kN]	M_Y [kNm]	M_Z [kNm]
12	min M_y	–2465,6	40,4	582,6	–1005,2	6,8
13	min M_y	–2465,2	–40,4	582,5	–1004,9	–7,5
14	min M_y	–2559,7	–63,7	670,7	–1217,7	–113,5
21	min M_y	–1512,3	58,1	398,4	–750,1	121,4
22	min M_y	–1378,4	80,8	387,1	–613,5	227,2
23	min M_y	–1378,0	–81,2	387,5	–615,6	–230,1
24	min M_y	–1511,2	–58,0	398,9	–752,7	–121,2

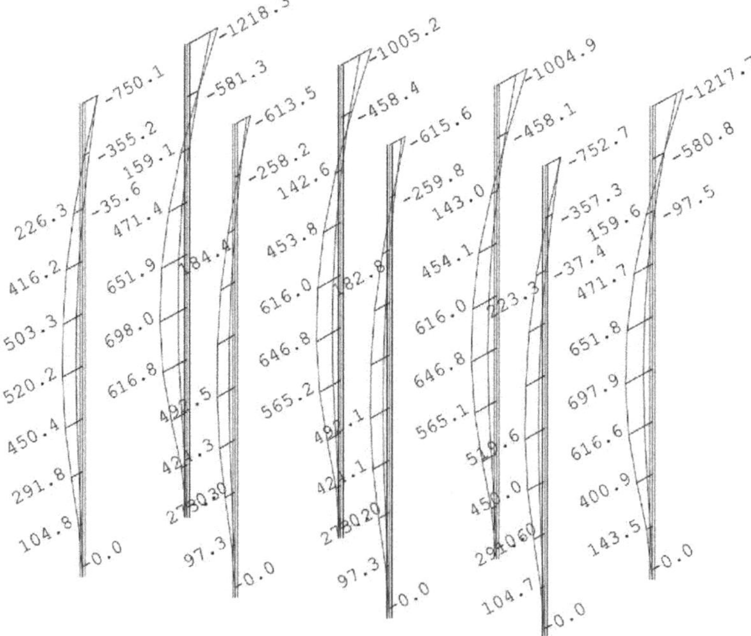

Bild 5-42 min/max $M_{y,Ed}$ der Bohrpfähle im SLS – häufig [kNm]

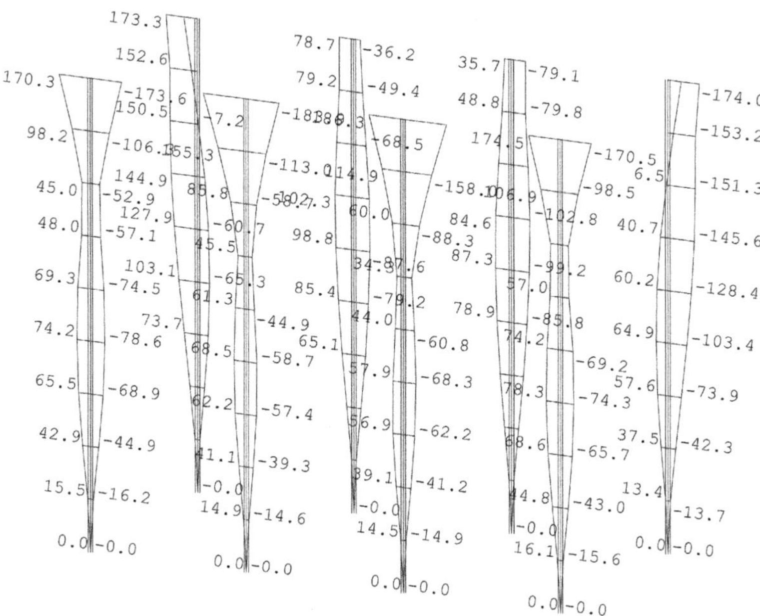

Bild 5-43 min/max $M_{z,Ed}$ der Bohrpfähle im SLS – häufig [kNm]

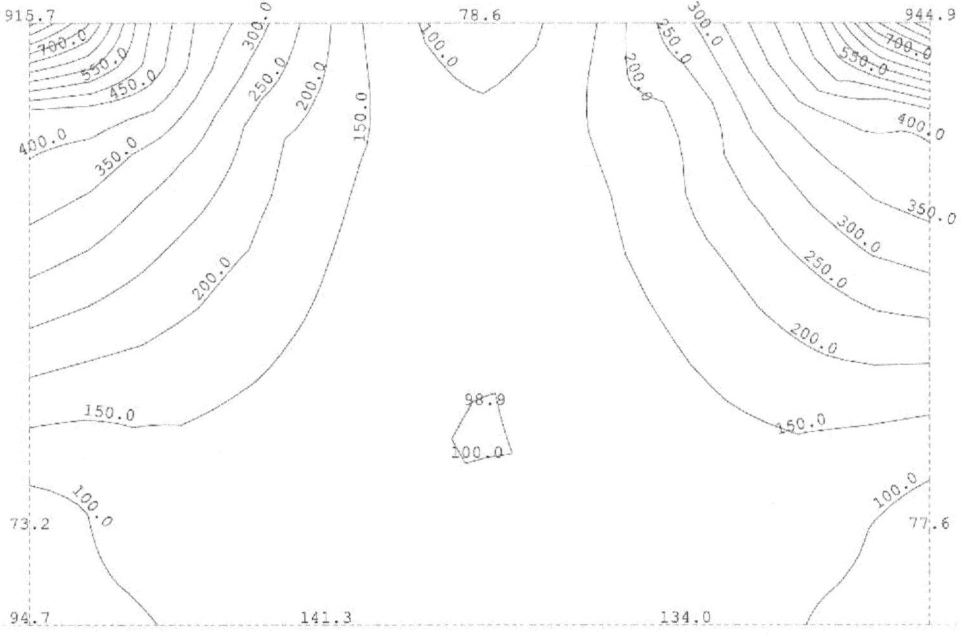

Bild 5-44 max $m_{xx,Ed}$ der Widerlagerwand im SLS – häufig [kNm/m]

Die Schnittgrößen im SLS unter der häufigen Einwirkungskombination für die Widerlager-, Kammer-, und Flügelwand sowie die Bodenplatte sind in den Bildern 5-44 bis 5-51 auszugsweise wiedergegeben.

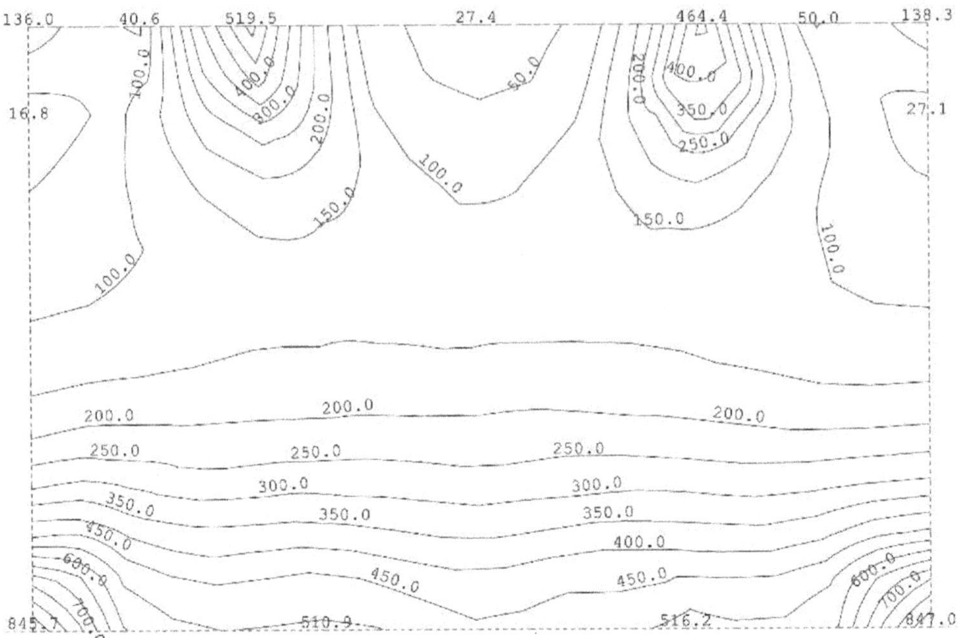

Bild 5-45 max $m_{yy,Ed}$ der Widerlagerwand im SLS – häufig [kNm/m]

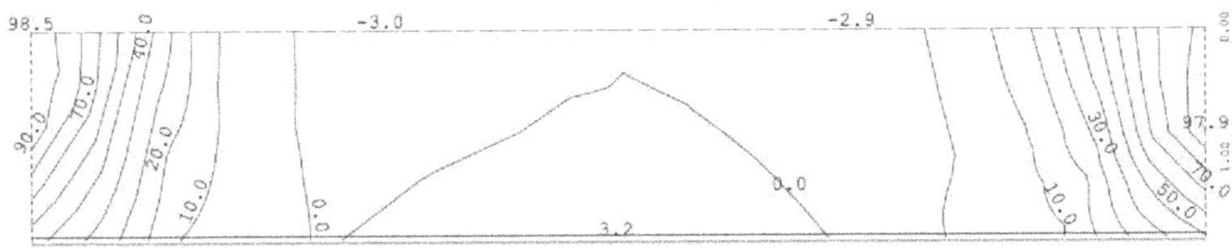

Bild 5-46 max $m_{xx,Ed}$ der Kammerwand im SLS – häufig [kNm/m]

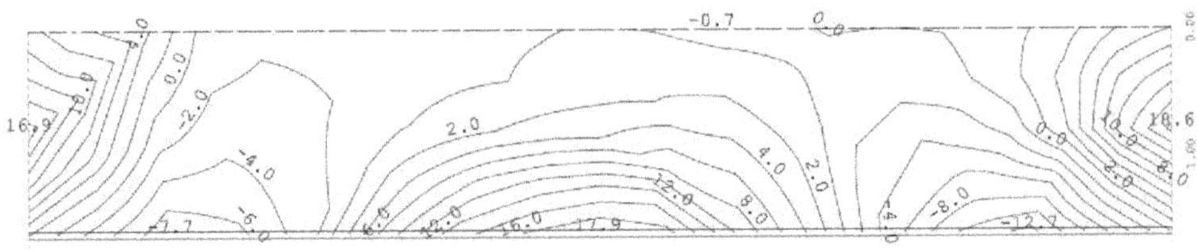

Bild 5-47 max $m_{yy,Ed}$ der Kammerwand im SLS – häufig [kNm/m]

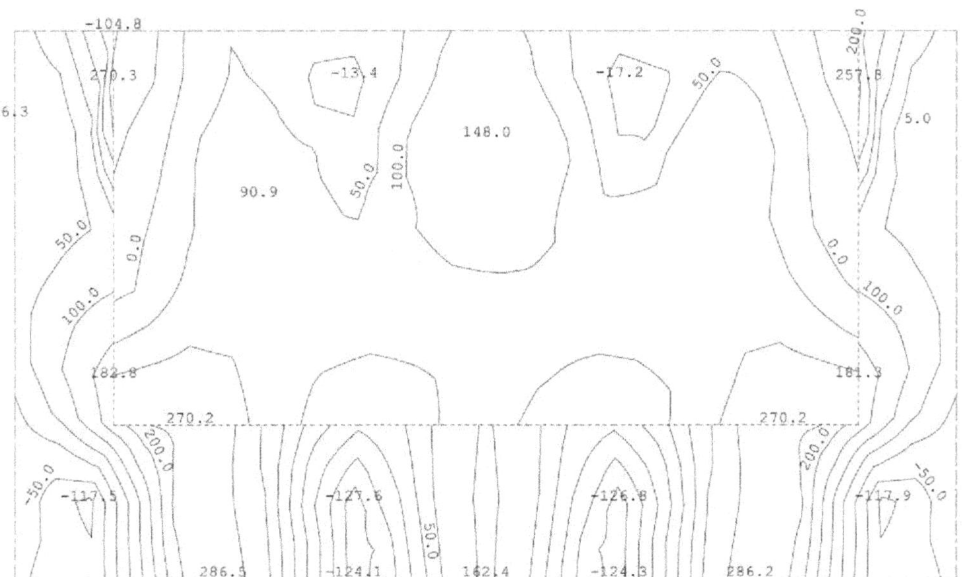

Bild 5-48 max $m_{xx,Ed}$ der Bodenplatte im SLS – häufig [kNm/m]

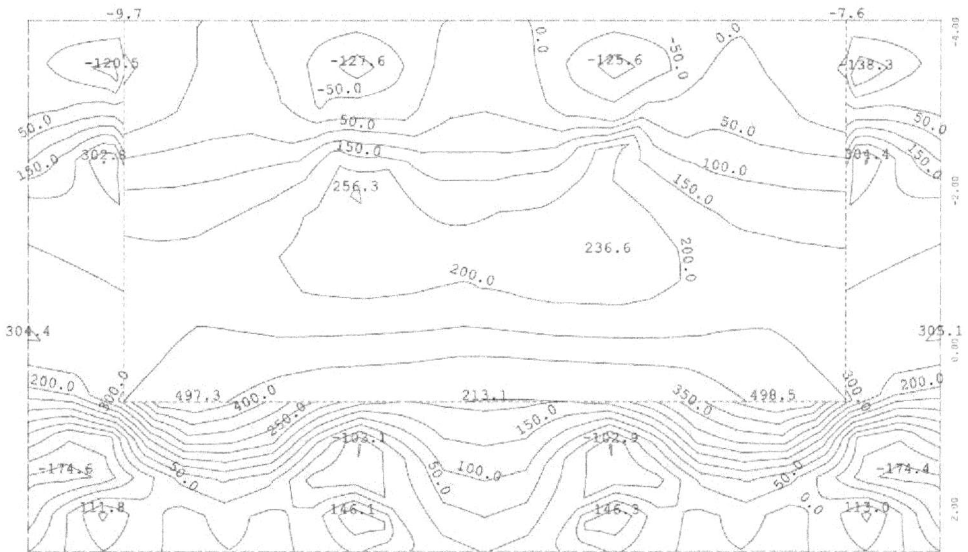

Bild 5-49 max $m_{yy,Ed}$ der Bodenplatte im SLS – häufig [kNm/m]

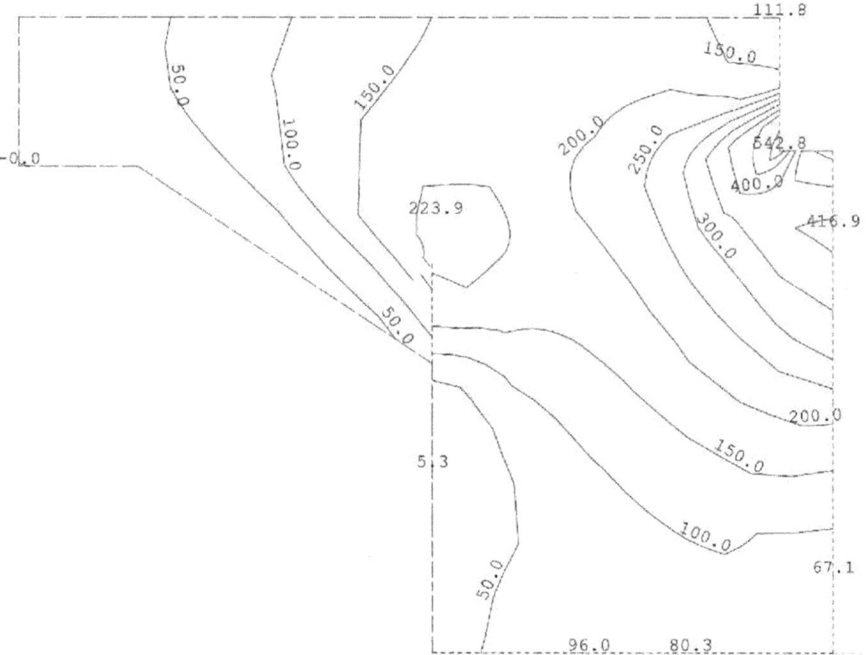

Bild 5-50 max $m_{xx,Ed}$ der Flügelwand im SLS – häufig [kNm/m]

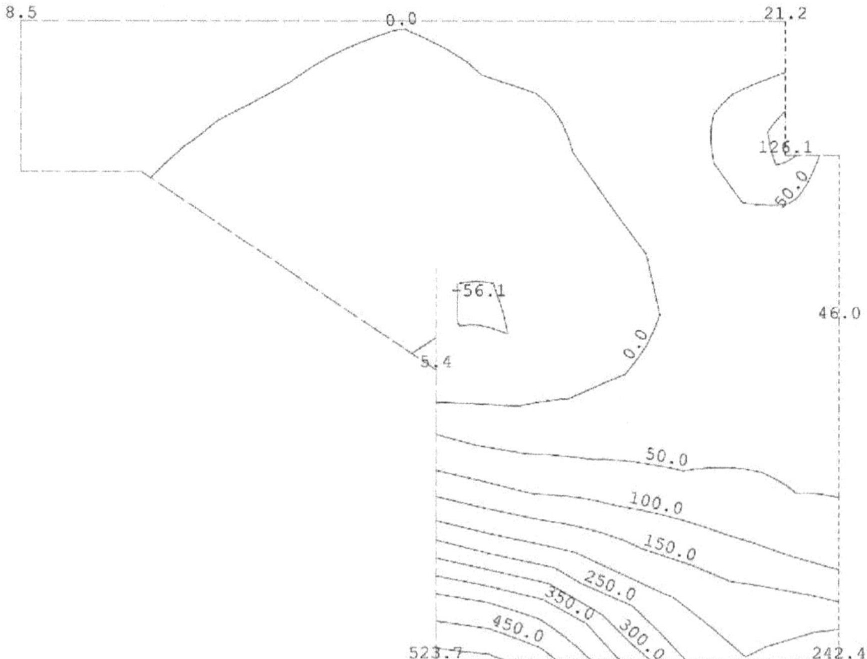

Bild 5-51 max $m_{yy,Ed}$ der Flügelwand im SLS – häufig [kNm/m]

5.5.3 Ermittlung der Stützgrößen und Weggrößen

Die Überlagerung der nachfolgend dargestellten Stütz- und Weggrößen erfolgt analog zur Vorgehensweise in Abschnitt 4.6.2. Da diese Größen dem Nachweis der äußeren Standsicherheit dienen, werden diese unter Berücksichtigung des erhöhten aktiven Erddrucks zusammengestellt (siehe auch Abschnitt 5.3.4). Die Einwirkungen infolge Eigenlasten aus der Hinterfüllung und Verkehrslasten auf Hinterfüllung wurden bisher im Erdruhezustand angesetzt, so dass diese in die folgenden Kombinationen mit einem Umrechnungsfaktor von 0,67 (siehe Abschnitt 5.3.4) eingehen.

Stützgrößen der Pfahlfußfedern

Für den Nachweis der axialen Pfahltragfähigkeit werden die Pfahlfußkräfte infolge der charakteristischen Einwirkungskombination und die Pfahlfußkräfte im Grenzzustand der Tragfähigkeit benötigt. Diese sind in der Tabelle 5-21 zusammengestellt.

Tabelle 5-21 Pfahlfußkräfte im Grenzzustand der Tragfähigkeit sowie unter der charakteristischen Einwirkungskombination

Pfahl-Nr.	min P_{ed} [kN]	min P_k [kN]
11	-4097,0	-3016,6
12	-3901,9	-2890,0
13	-3901,1	-2889,4
14	-4094,5	-3015,0
21	-3086,6	-2239,7
22	-2887,2	-2108,6
23	-2886,0	-2107,8
24	-3083,8	-2237,8

Stützgrößen der Pfahlbettungsreaktion

Für die Nachweise der ausreichenden horizontalen Bettungstragfähigkeit werden die Bettungsreaktionen im Grenzzustand der Tragfähigkeit sowie unter der charakteristischen Einwirkungskombination benötigt. Diese sind in den Bildern 5-52 bis 5-54 dargestellt.

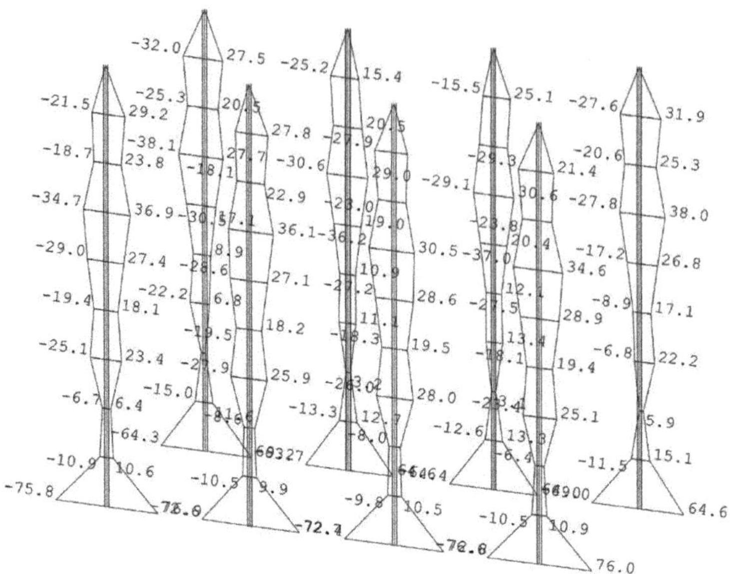

Bild 5-52 Maximale und minimale Bettungsreaktion im ULS in lokal y [kN/m]

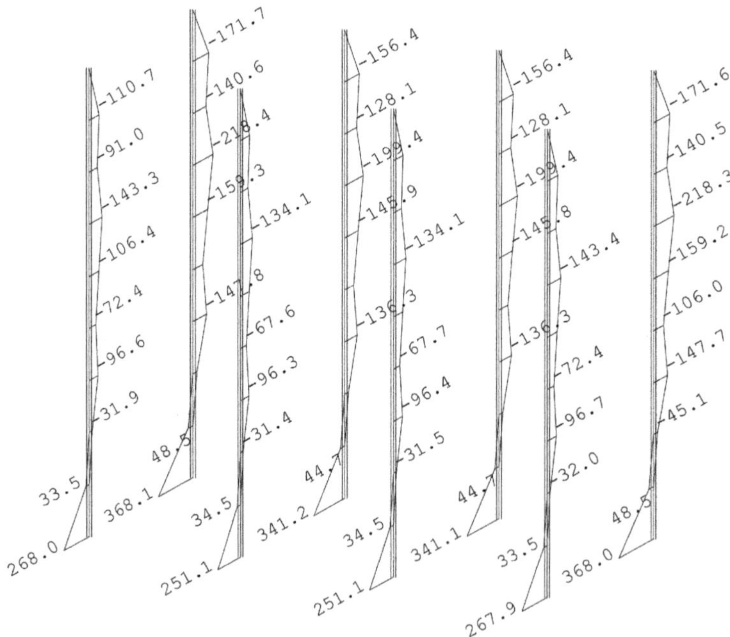

Bild 5-53 Maximale und minimale Bettungsreaktion im ULS in lokal z [kN/m]

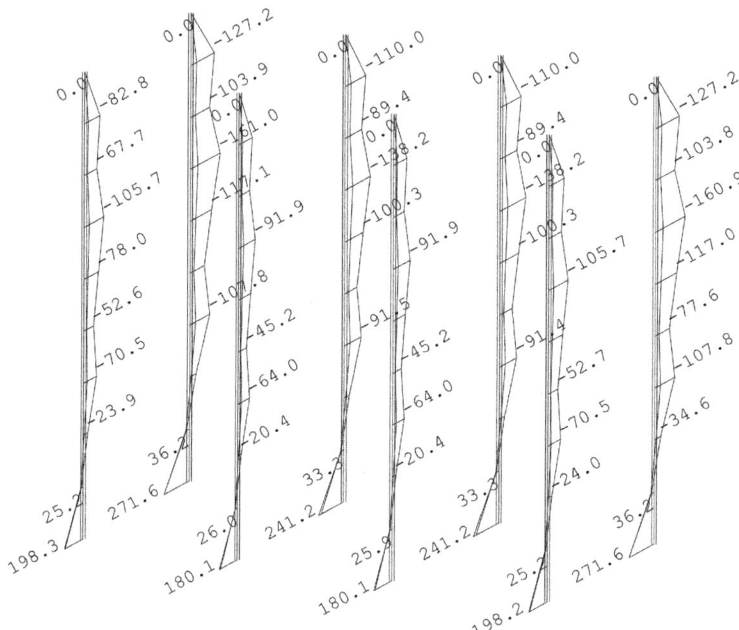

Bild 5-54 Maximale und minimale charakteristische Bettungsreaktion in lokal z [kN/m]

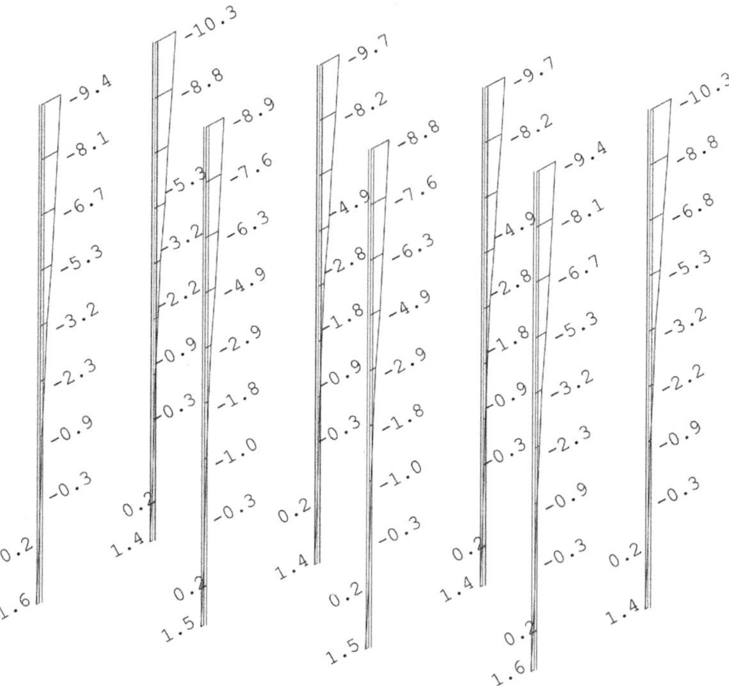

Bild 5-55 Charakteristische Pfahlverschiebungen in lokal z [mm]

Als Anwendungsvoraussetzung für die Gültigkeit der Gl. (4-2) in Abschnitt 4.2.2 und Gl. (5-1) in Abschnitt 5.2.3 dürfen die charakteristischen Pfahlkopfverformungen einen bestimmten Grenzwert nicht überschreiten. Bild 5-55 zeigt die charakteristischen Pfahlverschiebungen. Hiernach kann die Gültigkeit als gegeben angesehen werden.

5.6 Nachweise der äußeren Standsicherheit

Die Nachweise für die äußere Standsicherheit einer Pfahlgründung wurden bereits im Kapitel Pfeiler, Abschnitt 4.6 vorgeführt. Da die Vorgehensweise zum Nachweis der Pfahlgründung des Widerlagers in Achse 10 identisch ist, wird auf eine nochmalige Darstellung verzichtet.

5.7 Nachweise der inneren Standsicherheit

Die Verwendung von entsprechenden EDV-Tools im Rahmen der Ausführungsplanung ist in der heutigen Bemessungspraxis nicht mehr wegzudenken. Jedoch setzt eine Anwendung dieser Werkzeuge vom Ingenieur die Beherrschung der grundlegenden mechanischen Zusammenhänge einer händisch-analytischen Nachweisführung voraus, um entsprechende Plausibilitätskontrollen durchführen zu können und nicht blindem Vertrauen zu erliegen. Je besser die mechanischen Grundlagen der jeweiligen Nachweismodelle vom Anwender beherrscht werden, umso einfacher ist es ihm möglich, die entsprechende Arbeitsweise der Bemessungssoftware im Hintergrund zu verstehen, mögliche Anwendungsgrenzen zu erkennen und darauf basierende Fehler zu vermeiden.

Die Bauteilnachweise im Grenzzustand der Tragfähigkeit und der Gebrauchstauglichkeit wurden in den vorangegangenen Abschnitten mehrfach in Form einer Handrechnung vorgeführt, so dass auf eine erneute Darstellung in diesem Abschnitt verzichtet werden soll. Stattdessen werden in diesem Abschnitt die Bauteilnachweise und die Bemessung bewusst mit Hilfe der bereits zur Ermittlung der Schnittgrößen verwendeten EDV-Software SOFiSTiK geführt. Die Ergebnisse dieser nachlaufenden Bemessung werden im Folgenden dargestellt. Wichtige Aspekte, die bei der Eingabe einer automatisierten Bemessung und bei der Ergebnisinterpretation zu beachten sind, werden an den jeweiligen Stellen angemerkt.

5.7.1 Allgemeine Aspekte zur EDV-gestützten Bemessung

Verwendete Stoffgesetze und Sicherheiten

Die bei der Bemessung vom Programm verwendeten Materialgesetze sowie die verwendeten zugehörigen Teilsicherheitsbeiwerte auf der Materialseite sollten grundsätzlich überprüft und in der EDV-Ausgabe dargestellt werden. Der Anwender sollte Kenntnis darüber haben, mit welchen Spannungs-Dehnungs-Beziehungen das von ihm eingesetzte Programm bei der jeweiligen Bemessungsaufgabe arbeitet.

Bemessung von Stabquerschnitten für Biegung und Längskraft

Bei der Biegebemessung von Stabquerschnitten mit verschiedenen Bewehrungslagen stellt die Ermittlung der erforderlichen Biegebewehrung ein Optimierungsproblem mit meist mehreren Lösungen dar. Um vernünftige Bemessungsergebnisse zu erhalten, ist aus diesem Grund im Vorfeld eine möglichst sinnvolle und genaue Vorgabe der Bewehrungsverteilung notwendig. Dies umfasst auch die Vorgabe, welche Bewehrungsbereiche erhöht und welche konstant gehalten werden sollen. In den meisten Programmen erfolgt dies über sogenannte Bewehrungsränge, für die ein Minimal- und Maximalwert angegeben werden kann. Bei der Vorgabe der Bewehrung bzw. Aufteilung dieser in einzelne Ränge sollten in Abhängigkeit des verwendeten Programms folgende Aspekte beachtet werden:

- Liegt der Schwerpunkt eines Ranges in der Zugzone, so wird dieser als Zugbewehrung betrachtet, liegt dieser in der Druckzone, so wird dieser als Druckbewehrung angesehen.
- Je weiter der Schwerpunkt eines Ranges von der Nulllinie entfernt ist, umso stärker wird dieser berücksichtigt.
- Bewehrungsränge, deren Bewehrung im Zuge der Bemessung nicht erhöht werden soll, sind zu definieren, z. B. durch Vorgabe eines Minimal- und/oder Maximalwertes.

Des Weiteren sind eventuell Vorgaben zur Unterscheidung zwischen Druck- und Biegebauteil zu machen. Sind Querschnittsteile von gegliederten Querschnitten annähernd zentrischem Druck ausgesetzt ($e_d/h \leq 0{,}1$), so ist deren mittlere Stauchung auf ε_{c2} zu begrenzen (▶ DIN-HB Bb, 6.1 (5)). Dies kann z. B. durch eine entsprechende Vorgabe zur Begrenzung der Druckstauchung gelöst werden.

Bemessung für Biegung und Längskraft von Schalentragwerken

Bei der Bemessung von Scheiben ist zu bedenken, dass die automatische Ermittlung der Bewehrung vom EDV-Programm elementweise auf Grundlage einer elastischen Spannungsverteilung über die Scheibenhöhe erfolgt, was unter Umständen zu einer unzutreffenden Bewehrungsverteilung und hohen Bewehrungsmenge führen kann, da eine elastische Berechnung den Beanspruchungszustand im gerissenen Zustand nicht widerspiegeln kann. Die Bemessungsergebnisse liegen allerdings in der Regel auf der sicheren Seite. Sind die Längskräfte aus Scheibenbiegung vorherrschend – z. B. im Fall eines wandartigen Trägers, ist in jedem Fall abzuwägen, ob nicht etwa Nachbetrachtungen mit Hilfe geeigneter Stabwerkmodelle realistischere Bemessungsergebnisse liefern. Im Fall des wandartigen Trägers ist auch die Verteilung der vertikalen Bewehrung (Schubbewehrung) in Scheibenlängsrichtung im Allgemeinen unzutreffend, da diese im Gegensatz zu einer auf der Balkentheorie basierenden Ermittlung zu den Auflagern hin abnimmt. Jedoch liegt auch hier das Bemessungsergebnis auf der sicheren Seite.

Platten weisen zweiachsige Biegung und in der Regel an den jeweils betrachteten Bemessungsstellen unterschiedliche Hauptmomentenrichtungen auf. Grundlegend gilt, dass die Bewehrungsrichtung der Hauptmomentenrichtung entsprechen sollte. Jedoch lässt sich aufgrund der geraden Bewehrungsstäbe das Bewehrungsnetz nicht an jeder Stelle dem Verlauf der Hauptmomentenrichtung bzw. der Richtung der zugehörigen Membrankräfte anpassen. Somit gilt es, einen Kompromiss zwischen baupraktisch einfach verlegbarer Bewehrung und dem Streben nach optimaler Ausnutzung der Bewehrung zu finden. Oftmals stellen orthogonale Bewehrungsnetze die bestmögliche Lösung dar und sind damit ausreichend. Um sehr große Rissbreiten zu vermeiden, kann auch eine dritte Bewehrungsrichtung erforderlich werden. Aus diesen Gründen ergibt sich für den Anwender das Erfordernis, eine optimale Wahl der Bewehrungsrichtungen als Eingabeparameter für das Bemessungsprogramm im Vorfeld zu treffen und festzulegen. Die eingehende Betrachtung der Hauptmomentenrichtung kann in diesem Zusammenhang einen großen Dienst leisten. Bei der Ermittlung der erforderlichen Biegebewehrung reicht es nicht einfach aus, die Hauptmomente in die Richtungen der Bewehrung zu transformieren, da Versuche gezeigt haben, dass die Biegerisse nicht immer senkrecht zur Hauptmomentenrichtung und auch der vorhandenen Bewehrungsrichtung verlaufen. Zur Lösung dieses komplexen inneren Kräftezustandes unter Berücksichtigung der Kompatibilitätsbedingungen stehen verschiedene Ansätze in der Literatur, wie z. B. das Baumannverfahren [Baumann 1972] zur Verfügung, welches in vielen gängigen EDV-Programmen implementiert ist.

Bemessung für Querkraft und Torsion

Der Bemessung für Querkraft und Torsion liegt bei vielen EDV-Programmen ein Schubwandmodell auf Basis einer resultierenden Schubkraft zugrunde. Über folgende wichtige Punkte und Fragen sollte sich der Anwender im Vorfeld im Klaren sein bzw. sich Kenntnis verschaffen:

- Ansatz des Neigungswinkels der Betondruckstreben. In der Regel suchen die meisten Programme ein Optimum zwischen minimaler Druckstrebenneigung und Einhaltung der zulässigen Spannung in der Betondruckstrebe. Der zulässige untere Wert der Betondruckstrebenneigung ist vom Anwender vorzugeben bzw. zu prüfen.
- Prüfen bzw. Angabe der Neigung der Schubbewehrung.
- Bei gegliederten Querschnitten oder dickwandigen Querschnitten mit veränderlicher Breite des Querschnitts oder seiner Teile ist die Vorgabe von Schnitten im Querschnitt, in welchem die Schubbemessung durchgeführt werden soll, notwendig.
- Kann, und wenn ja wie, eine Querschnittsschwächung durch unverpresste als auch verpresste Hüllrohre direkt vom Programm berücksichtigt werden – z. B. durch Angabe der Breite des vorgegebenen Schnittes für die Schubbemessung?
- Wie geht das verwendete Programm mit dem aus den schrägen Betondruckstreben resultierenden Versatzmaß bzw. dieser zusätzlichen Zugkraft um? Bei einigen Programmen kann das Versatzmaß auch direkt vorgegeben werden.
- Werden auflagernahe Einzellasten, direkte/indirekte Lagerungen sowie geneigte Druck- und Zuggurte vom Programm berücksichtigt, und wenn ja wie?
- Wie erfolgt die Überlagerung der Schubkräfte aus den Anteilen Querkraft und Torsion sowie Torsion und Längskraft?
- Nach welchem Ansatz erfolgt die Schubbemessung bei Kreisquerschnitten?

5.7.2 Grenzzustand der Tragfähigkeit – Pfähle

Im Folgenden werden die Bemessungsergebnisse aus der nachlaufenden EDV-Bemessung im Grenzzustand der Tragfähigkeit ausgegeben. Die Ergebnisse resultieren aus folgenden Bemessungskombinationen:

- Leiteinwirkung LM 1 + Temperatur,
- Leiteinwirkung LM 1 + Wind.

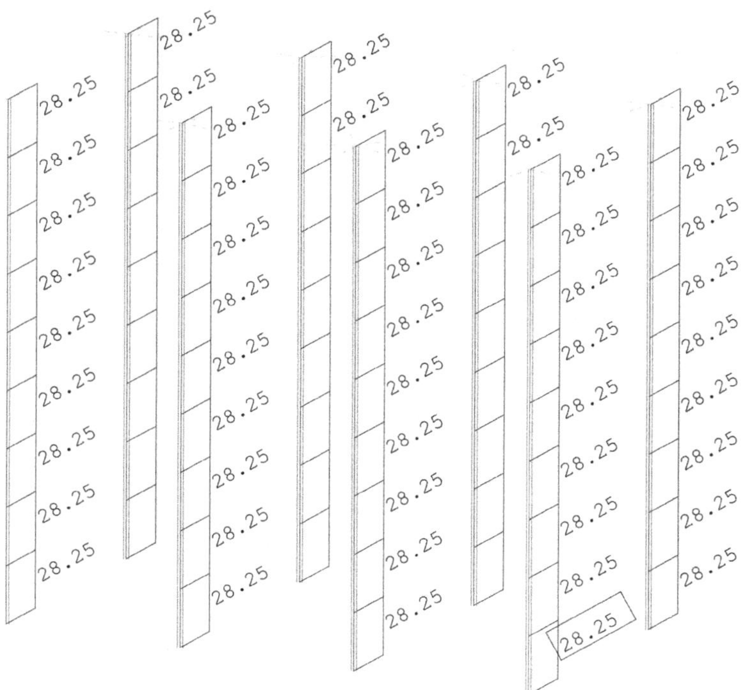

Bild 5-56 Ergebnisse Pfahllängsbewehrung [cm^2]

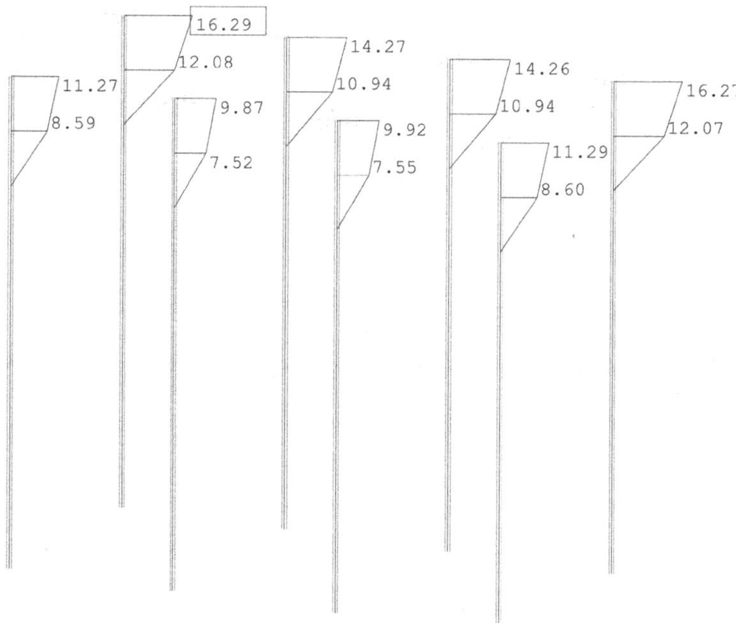

Bild 5-57 Ergebnisse Pfahlschubbewehrung [cm^2/m]

Dabei ist bei dem LM 1 zwischen der Tandemachse auf dem Überbau und der Tandemachse auf der Hinterfüllung zu unterscheiden. Die maßgebende Einwirkung für die Temperatur ist der konstante Temperaturanteil.

Aus der Bemessung für Biegung und Längskraft ergibt sich keine Erhöhung der erforderlichen Pfahlmindestbewehrung. Zur Ermittlung der Pfahllängsbewehrung nach DIN EN 1536:1999 7.6.2.2, siehe Kapitel 4 Pfeiler. Bild 5-57 zeigt die Ergebnisse der Schubbemessung der Pfähle. Die erforderliche Mindestschubbewehrung für die Pfähle ergibt sich zu (▶ DIN-HB Bb, NDP zu 9.2.2 (4) und (5)):

$$\rho_w = A_{sw}/s_w \cdot b_w \cdot \sin\alpha \qquad (5\text{-}23)$$

mit

$$\rho_w = 0{,}16 \cdot f_{ctm}/f_{yk} = 0{,}16 \cdot 2{,}56/500 = 8{,}19 \cdot 10^{-4}$$

$$A_{sw}/s_w = 8{,}19 \cdot 10^{-4}/(0{,}9 \cdot 1{,}2) \cdot 10^{-4} = 7{,}59\ \text{cm}^2/\text{m}$$

Die Stegbreite wurde mit 0,9 D abgeschätzt.

Der größte Längsabstand der Bügelbewehrung wird gemäß DIN-HB Bb, NDP zu 9.2.2 (6) für den Fall $V_{Ed} \leq 0{,}3 \cdot V_{Rd,max}$ auf den kleineren Wert von 0,7 h bzw. 300 mm begrenzt.

Somit ergibt sich:

$$s_{l,max} = 300\ \text{mm}$$

mit

$$V_{Rd,max} = 1{,}5 \cdot 0{,}83 \cdot 0{,}75 \cdot 14{,}17/(1{,}2 + 1/1{,}2) = 6{,}51\ \text{MN}$$

$$V_{Ed}/V_{Rd,max} = 1{,}037/6{,}51 = 0{,}16 < 0{,}3$$

($V_{Rd,max}$ siehe Abschnitt 2.4.2)

Weitere Regelungen zur Schubbewehrung aus (▶ DIN EN 1536: 1999 7.6.3) (siehe auch Kapitel 4 Pfeiler, Achse 30):

$$d_{sw,min} \geq (6\ \text{mm bzw.}\ ¼ \cdot d_{sl})$$

Der lichte Abstand der Querbewehrung ergibt sich analog zu den Regelungen für die Längsbewehrung.

Damit ergibt sich folgende Bewehrungswahl für die Pfähle:

Längsbewehrung: 15 ∅ 16 → 30,16 cm²

Wendelbewehrung: ∅ 12 – 10 cm im oberen Bereich über 2 m Länge

∅ 10 – 17,5 cm im restlichen unteren Bereich

5.7.3 Grenzzustand der Tragfähigkeit – aufgehendes Widerlager

Bei nicht monolithisch mit dem Überbau verbundenen Unterbauten kann der Nachweis für Ermüdung bei Straßenbrücken in der Regel entfallen (▶ DIN-HB Bb, NDP zu 6.8.1 (102)). Dies trifft auch für die betrachteten Widerlager zu, so dass ein Ermüdungsnachweis nicht geführt wird. Es erfolgen nur die Nachweise für Biegung mit Längskraft und für die Querkraft.

Für die nachfolgende automatische Bemessung müssen sowohl die Lage der Bewehrungsstäbe als auch die Ausrichtung des Bewehrungsnetzes vorgegeben werden. Bild 5-58 zeigt die definierten Bewehrungsparameter. Es wird ein orthogonales Bewehrungsnetz vorgegeben, wobei die horizontalen Bewehrungsstäbe der aufgehenden Bauteile in der 1. Lage, die vertikalen Bewehrungsstäbe in der 2. Lage liegen. Im Widerlagerfundament befindet sich die in Brückenquerrichtung verlaufende Bewehrung in der 1. Lage. Der Schwerpunktabstand vom Bauteilrand wurde für die 1. Lage mit 65 mm vorgegeben, was einem Durchmesser von 20 mm entspricht, wenn die erforderliche Betondeckung $c_{nom} = 55$ mm eingehalten werden soll. Der Achsabstand zwischen 1. und 2. Bewehrungslage wurde mit 20 mm definiert.

Die Ergebnisse der Bemessung für Biegung mit Längskraft sind in den Bildern 5-59 bis 5-74 dargestellt. Die Singularitäten im Bereich der Pfahleinbindung, der einspringenden Ecken am Flügel, der Lasteinleitungen aus Einzellasten im Bereich der Auflagerbank und der Oberkante Kammerwand sowie am Dickensprung Widerlagerwand/Kammerwand sind aus den Ergebnissen gut zu erkennen. Generell zeigt sich in der weiteren Bemessung, dass in den meisten Fällen die Mindestbewehrung zur Rissbreitenbeschränkung aufgrund der dickwandigen Bauteile maßgebend wird.

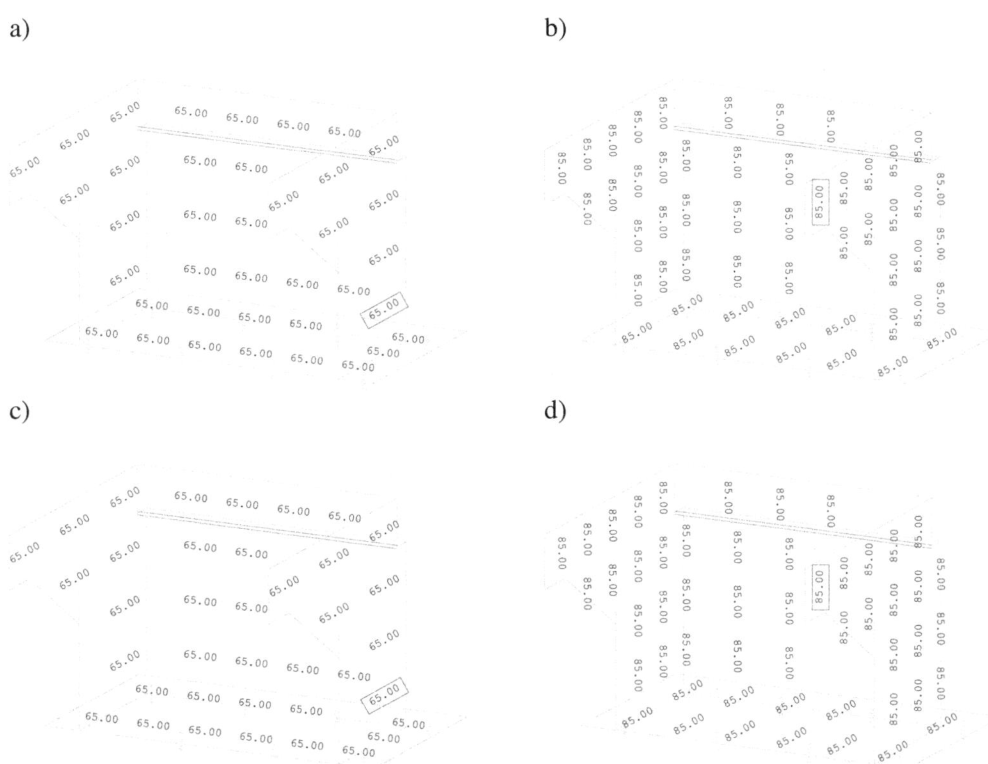

Bild 5-58 Vorgegebene Eingangsparameter Bewehrung – Schwerpunktabstand der Bewehrung vom Bauteilrand [mm]. a) obere bzw. luftseitige Hauptbewehrung, b) obere bzw. luftseitige Querbewehrung (2. Lage), c) untere bzw. erdseitige Hauptbewehrung, d) untere bzw. erdseitige Querbewehrung (2. Lage)

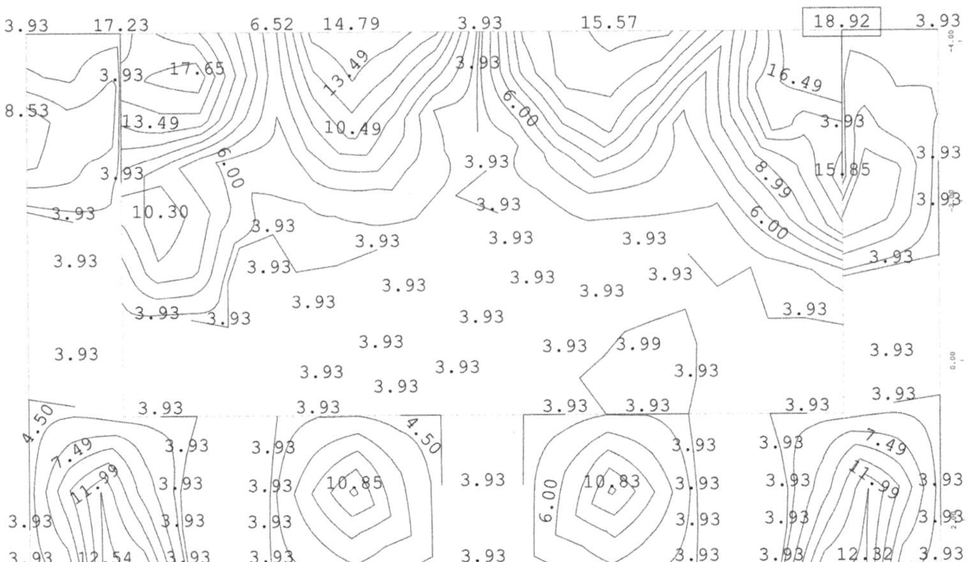

Bild 5-59 Biegebewehrung Fundament Hauptbewehrung 1. Lage oben [cm²/m]

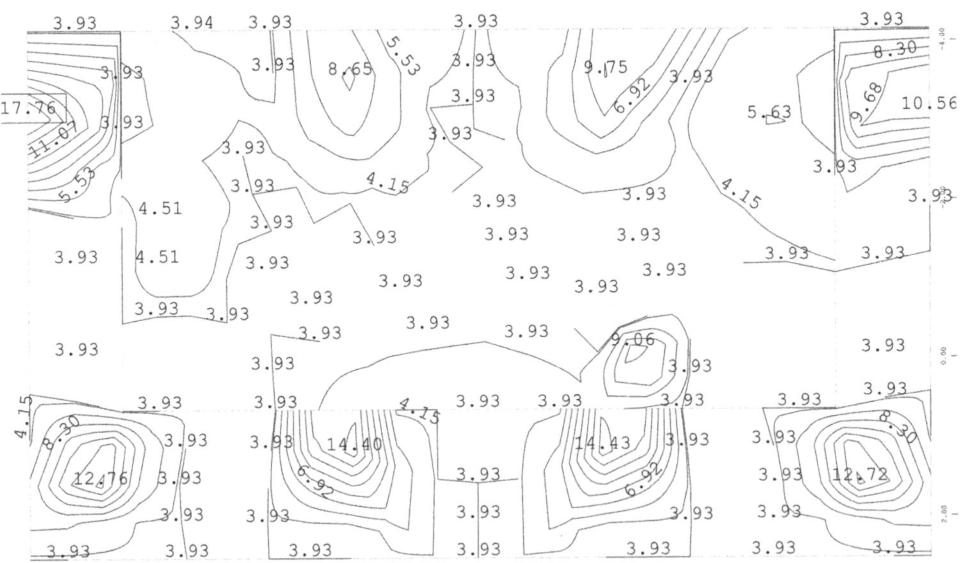

Bild 5-60 Biegebewehrung Fundament Querbewehrung 2. Lage oben [cm²/m]

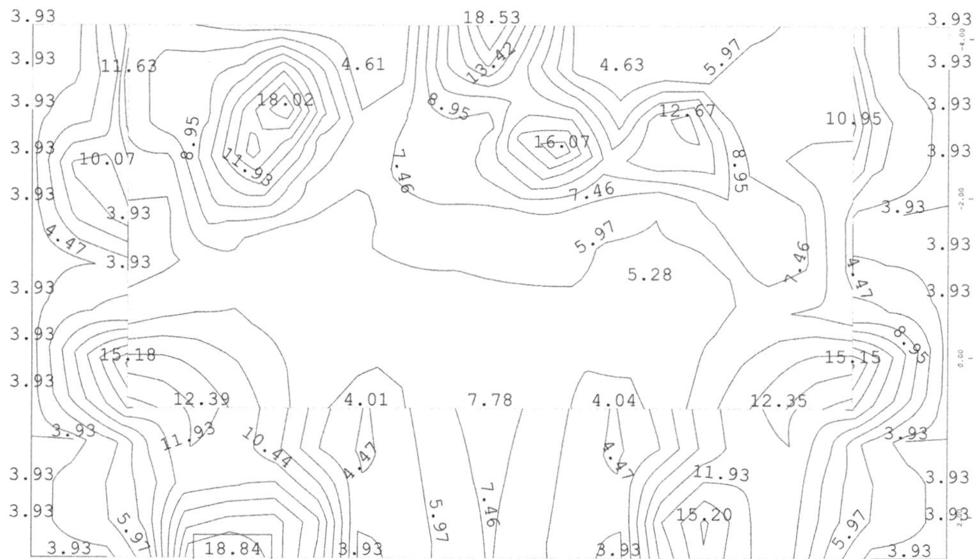

Bild 5-61 Biegebewehrung Fundament Hauptbewehrung 1. Lage unten [cm²/m]

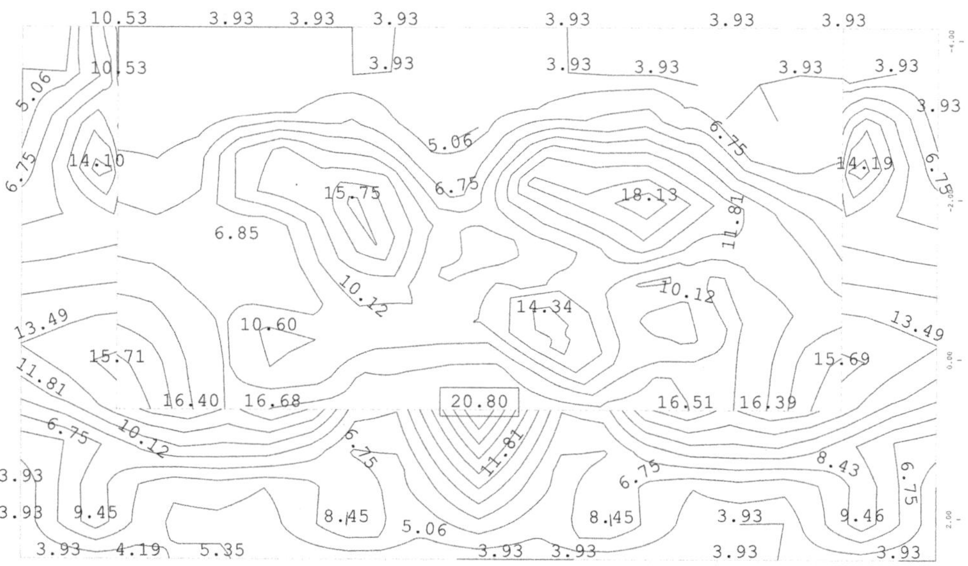

Bild 5-62 Biegebewehrung Fundament Querbewehrung 2. Lage unten [cm²/m]

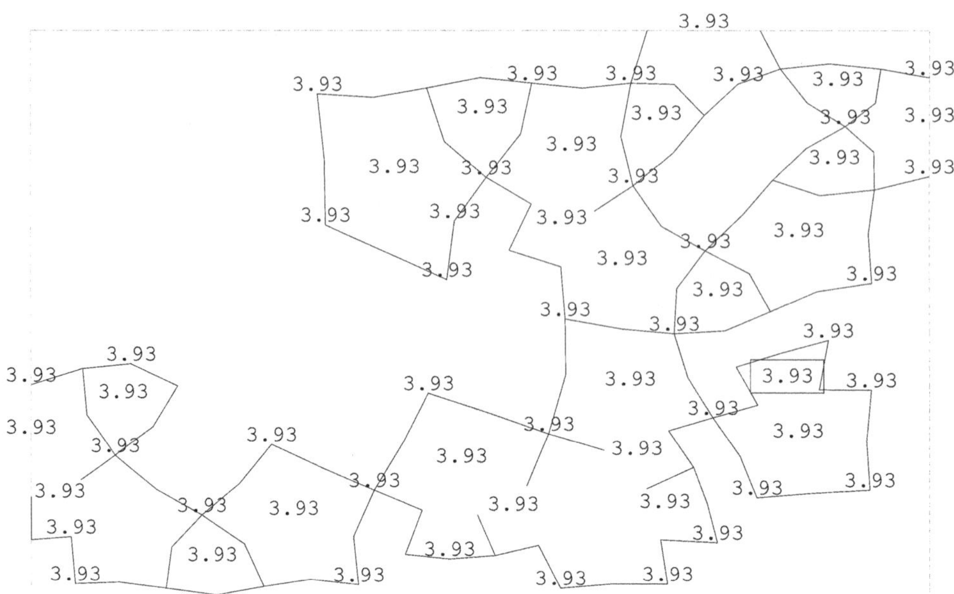

Bild 5-63 Biegebewehrung Widerlagerwand Hauptbewehrung 1. Lage luftseitig – horizontal [cm²/m]

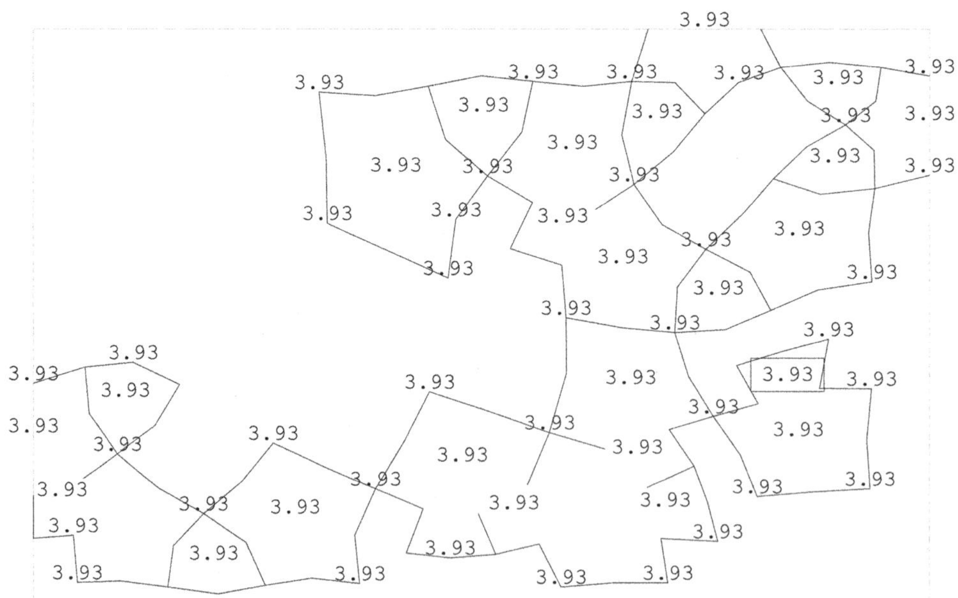

Bild 5-64 Biegebewehrung Widerlagerwand Querbewehrung 2. Lage luftseitig – vertikal [cm²/m]

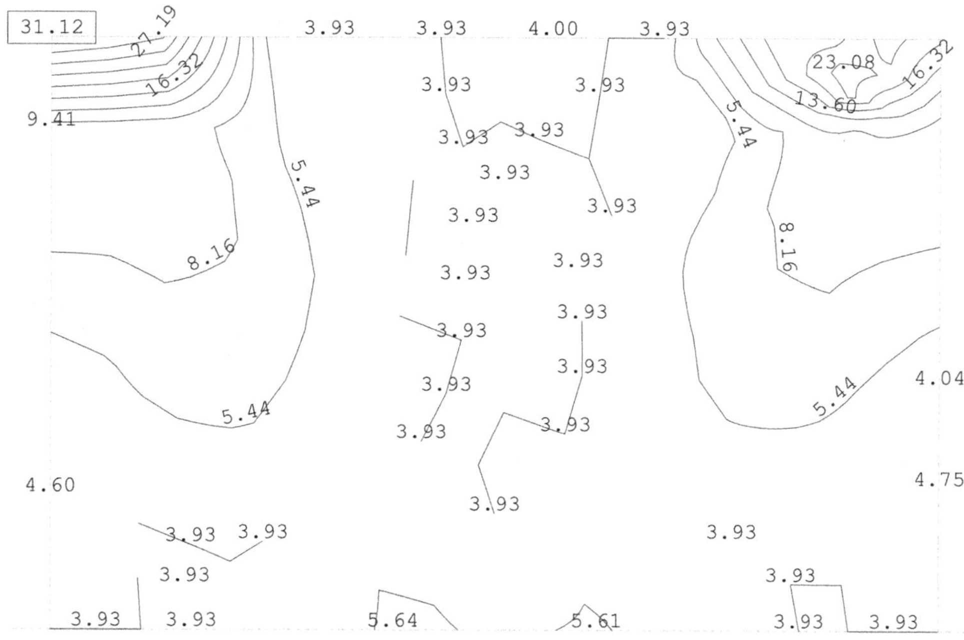

Bild 5-65 Biegebewehrung Widerlagerwand Hauptbewehrung 1. Lage erdseitig – horizontal [cm²/m]

Bild 5-66 Biegebewehrung Widerlagerwand Querbewehrung 2. Lage unten – erdseitig vertikal [cm²/m]

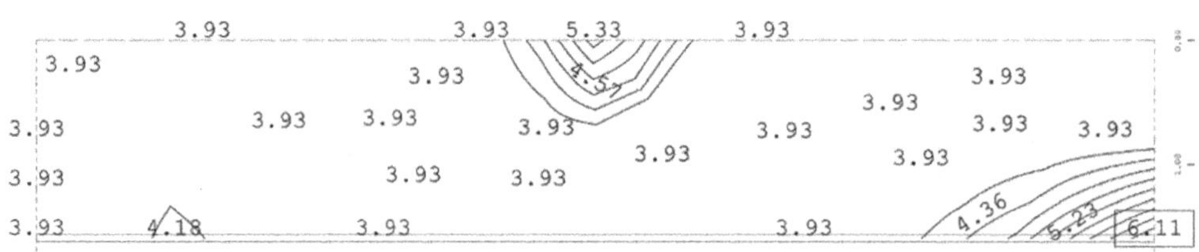

Bild 5-67 Biegebewehrung Kammerwand Hauptbewehrung 1. Lage luftseitig – horizontal [cm²/m]

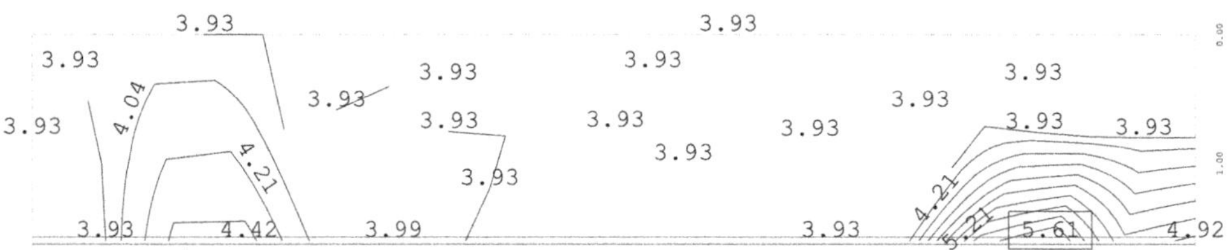

Bild 5-68 Biegebewehrung Kammerwand Querbewehrung 2. Lage luftseitig – vertikal [cm²/m]

Bild 5-69 Biegebewehrung Kammerwand Hauptbewehrung 1. Lage erdseitig – horizontal [cm²/m]

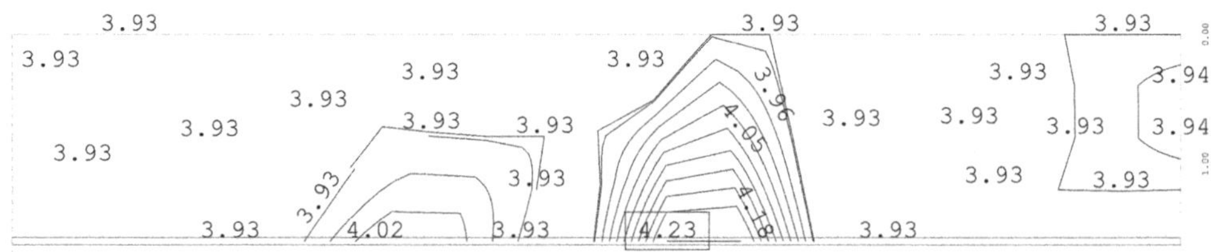

Bild 5-70 Biegebewehrung Kammerwand Querbewehrung 2. Lage erdseitig – vertikal [cm²/m]

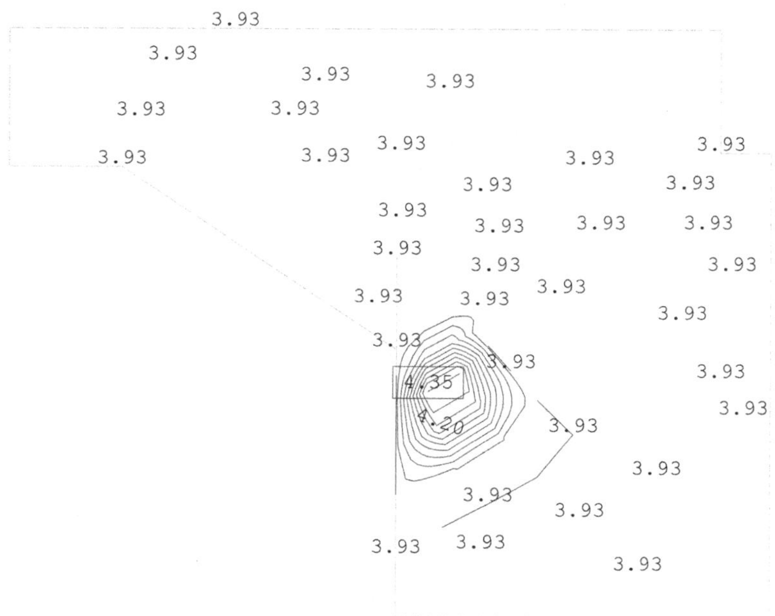

Bild 5-71 Biegebewehrung Flügelwand Hauptbewehrung 1. Lage luftseitig – horizontal [cm²/m]

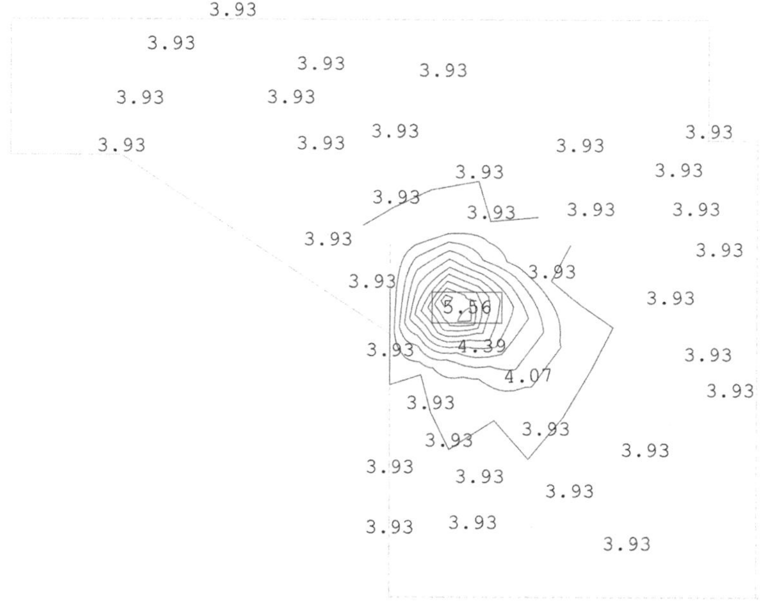

Bild 5-72 Biegebewehrung Flügelwand Querbewehrung 2. Lage luftseitig – vertikal [cm²/m]

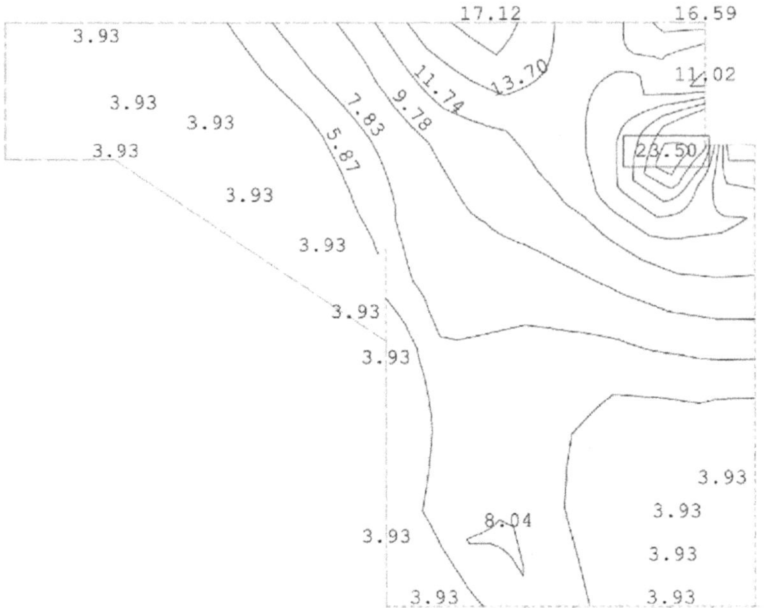

Bild 5-73 Biegebewehrung Flügelwand Hauptbewehrung 1. Lage erdseitig – horizontal [cm²/m]

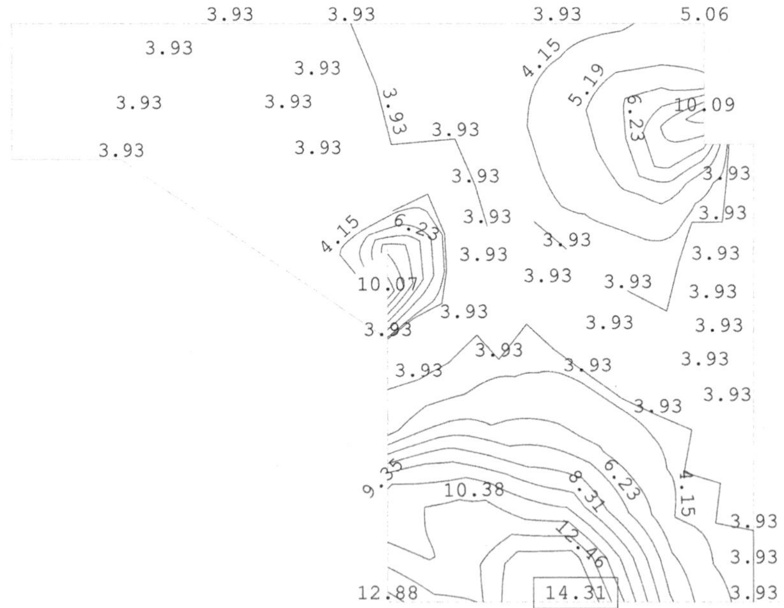

Bild 5-74 Biegebewehrung Flügelwand Querbewehrung 2. Lage erdseitig – vertikal [cm²/m]

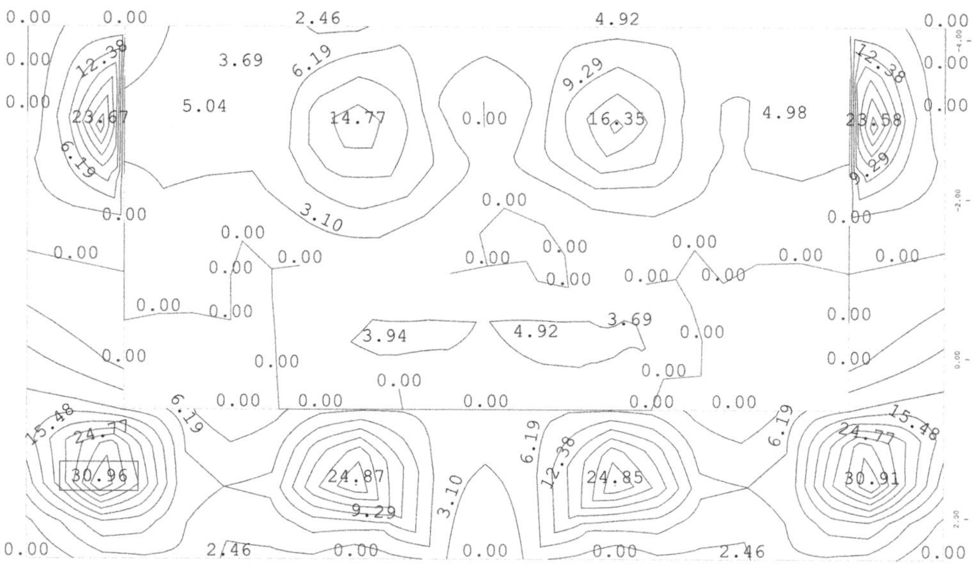

Bild 5-75 Schubbewehrung Fundament [cm²/m²]

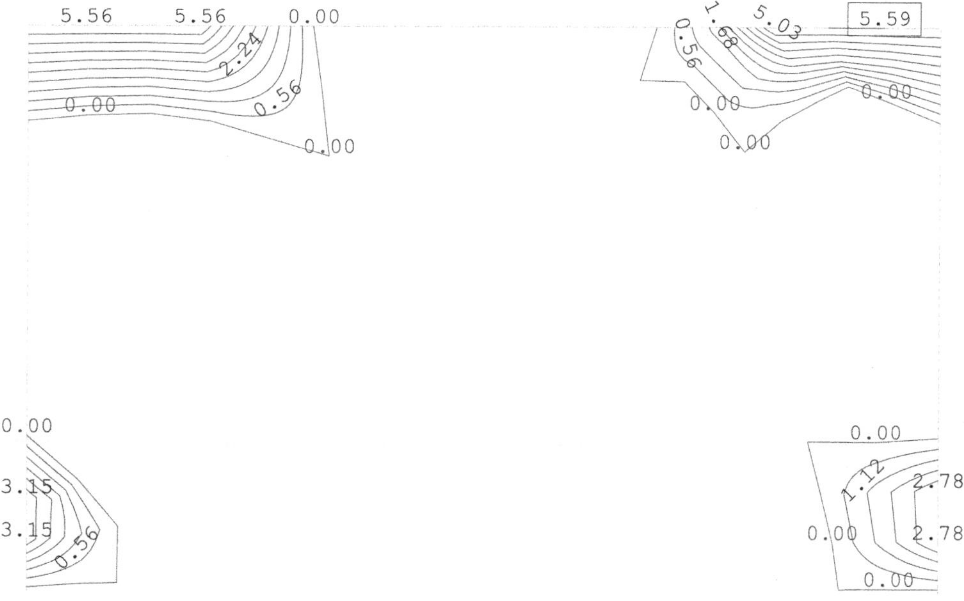

Bild 5-76 Schubbewehrung Widerlagerwand [cm²/m²]

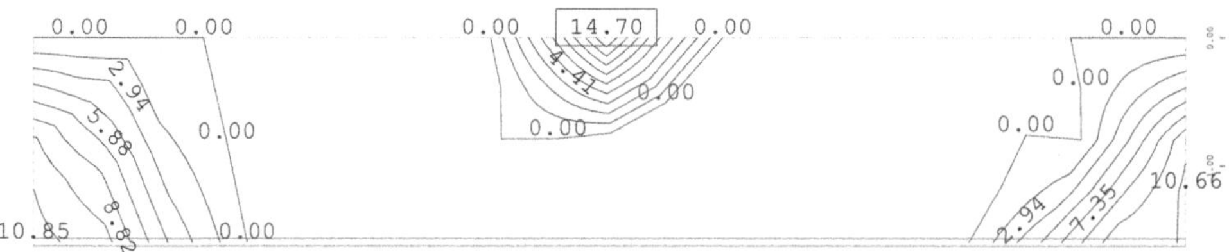

Bild 5-77 Schubbewehrung Kammerwand [cm²/m²]

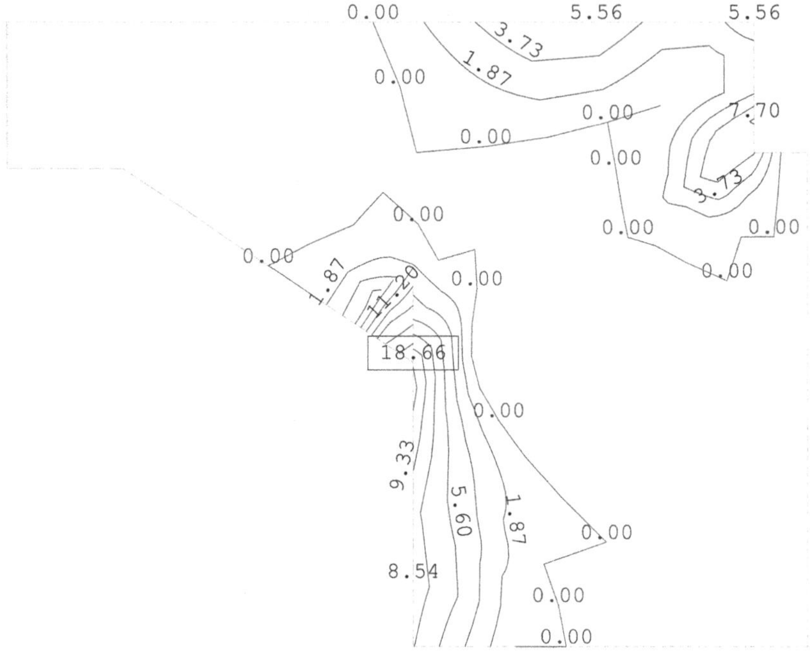

Bild 5-78 Schubbewehrung Flügelwand [cm²/m²]

Für die Schubbemessung wurde ein Druckstrebenneigungswinkel von $\cot\theta = 7/4$ vorgegeben. Für den Fall, dass die Schubtragfähigkeit ohne Schubbewehrung nicht ausreichend ist, wird zunächst vom EDV-Programm versucht, den Längsbewehrungsgrad zu erhöhen, um weiterhin ohne Schubbewehrung auszukommen. Die maximal zulässige Erhöhung des Längsbewehrungsgrades wurde für diesen Fall mit 0,2 % begrenzt. Die Bemessungsergebnisse zur Schubbewehrung zeigen die Bilder 5-75 bis 5-78. Zur Auslegung der Schubbewehrung werden sowohl im Bereich der Pfahleinbindung als auch an den Ecken die Werte am tatsächlichen Bauteilanschnitt herangezogen. Die hohen Werte direkt über den Pfählen bleiben unberücksichtigt. Den Ausnutzungsgrad der Betondruckstrebe zeigen die Bilder 5-79 bis 5-82. Wird der Bereich über den Pfählen nicht berücksichtigt, bleibt in allen Bauteilen die maximale Ausnutzung $V_{Ed}/V_{Rd,max}$ unter 30 %. Ist $V_{Ed}/V_{Rd,max}$ unter 33 %, kann die Schubbewehrung vollständig aus Querkraftzulagen bestehen (▶ DIN-HB Bb, 9.3.2 (3)). Der zulässige Bügelabstand ergibt sich bei $V_{Ed} \leq 0{,}3\ V_{Rd,max}$ zu $s_{max} = 0{,}7\ h$.

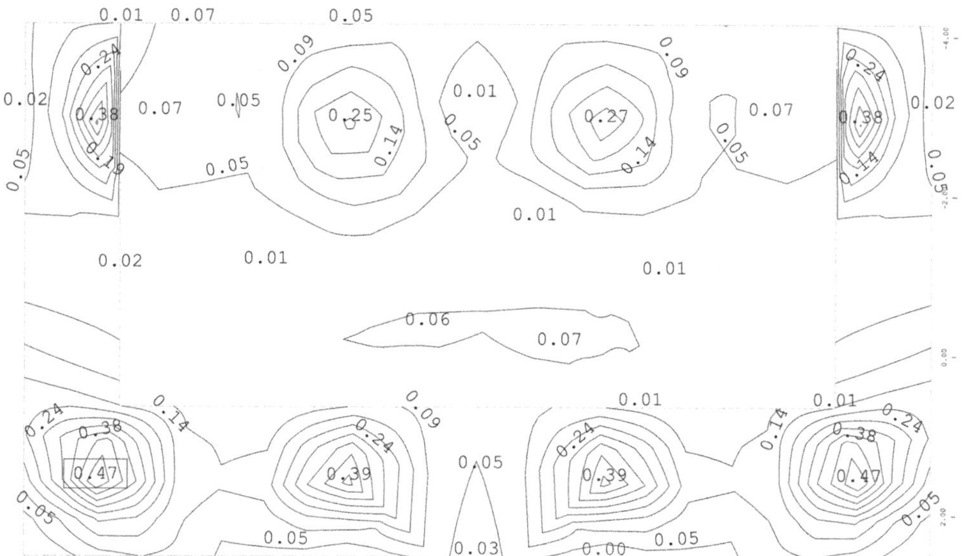

Bild 5-79 max $V_{Ed}/V_{Rd,max}$ Fundament

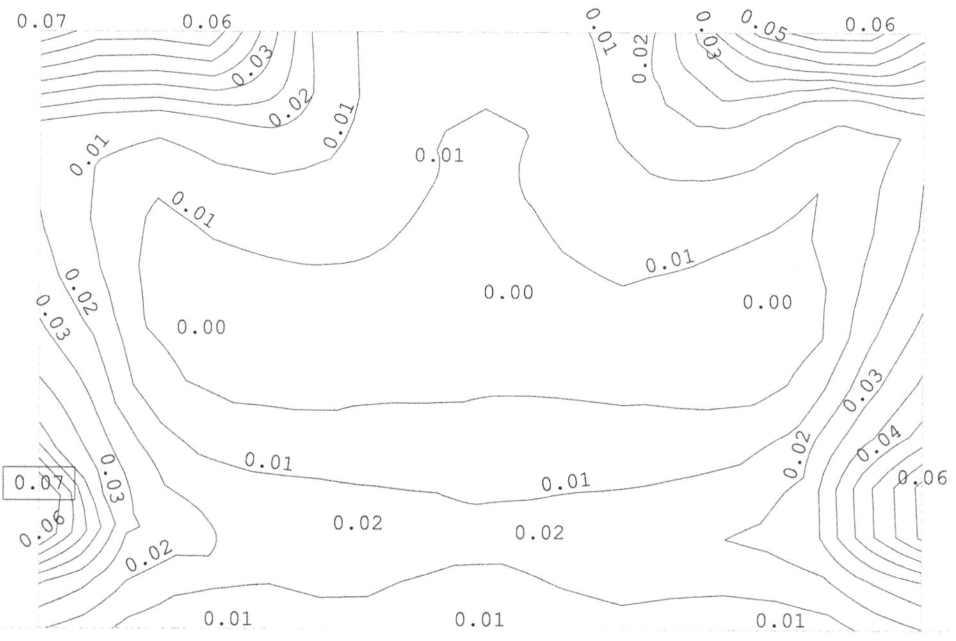

Bild 5-80 max $V_{Ed}/V_{Rd,max}$ Widerlagerwand

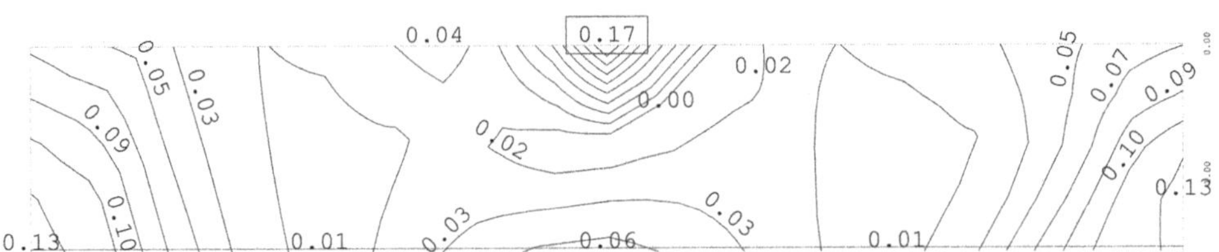

Bild 5-81 max $V_{Ed}/V_{Rd,max}$ Kammerwand

Bild 5-82 max $V_{Ed}/V_{Rd,max}$ Flügelwand

5.7.4 Grenzzustand der Gebrauchstauglichkeit – Pfähle

Beschränkung der Rissbreite

Die Beschränkung der Rissbreite erfolgt für die Pfähle unter der häufigen Lastkombination für eine Rissbreite von $w_k \leq 0{,}2$ mm (▶ DIN-HB Bb, NDP zu 7.3.1 (105) Tabelle 7.101DE). Die vorhandene Pfahlbewehrung wurde zu 15 ⌀ 16 gewählt. Die folgenden EDV-Ergebnisse zeigen für diese vorgegebene Bewehrung den Ausnutzungsgrad der Rissbreite $w_{k,cal}/0{,}2$ mm sowie die Spannungen in der Bewehrung für die häufige Lastkombination. Damit ergibt sich die maximale Rissbreite zu $0{,}93 \cdot 0{,}2 = 0{,}186$ mm.

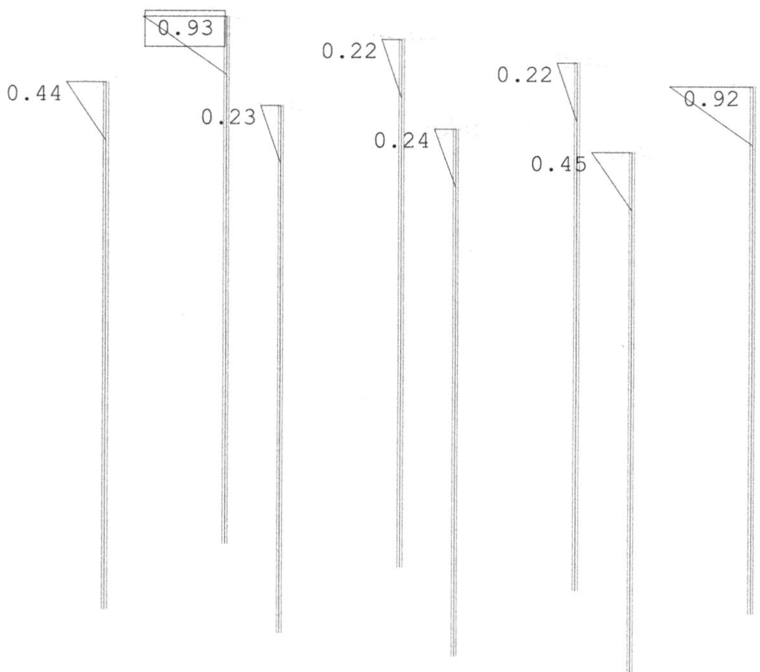

Bild 5-83 Ausnutzungsgrade der Rissweiten $w_{k,cal}$/0,2 mm

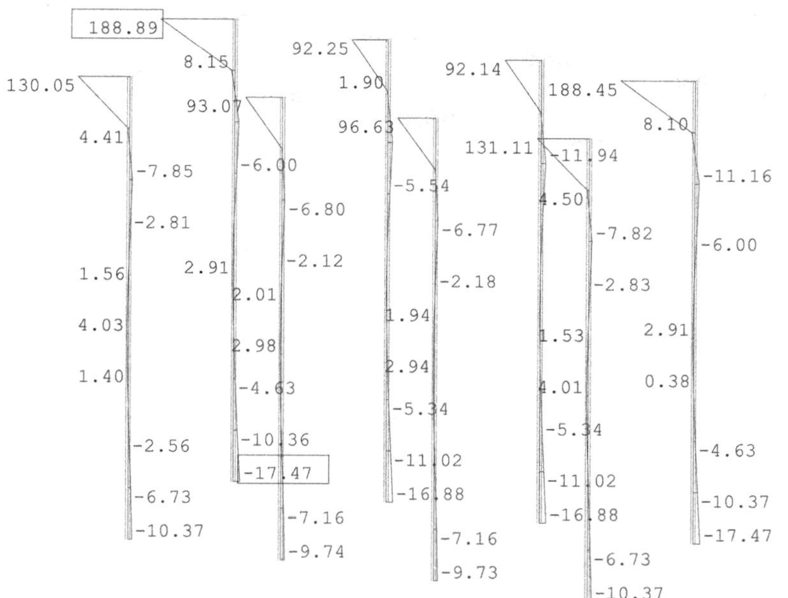

Bild 5-84 Stahlspannung in der Längsbewehrung [MN/m²]

Der Ermittlung der Spannungen im Gebrauchszustand liegt die in Bild 5-85 dargestellte Spannungs-Dehnungs-Beziehung sig-m für den Beton zugrunde.

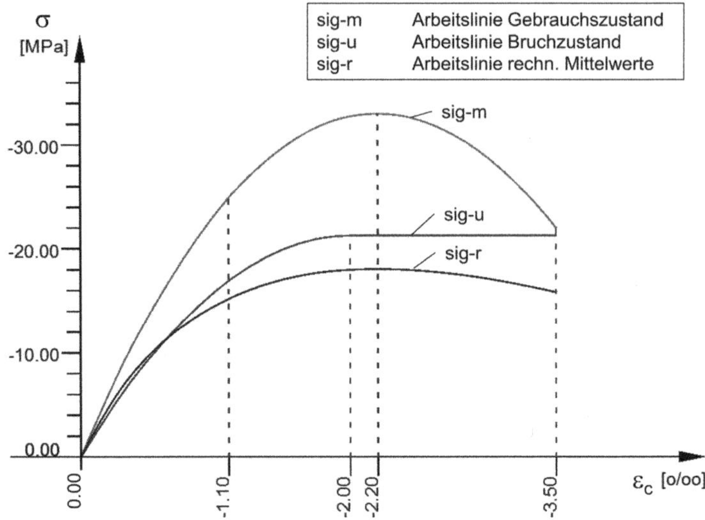

Bild 5-85 In der EDV-Bemessung verwendete Stoffgesetze für den Beton

Die maximale Spannung in der Bewehrung beträgt 188,9 MN/m^2. Per Handrechnung wird folgend die errechnete Rissbreite nach dem Verfahren ohne direkte Berechnung anhand der Tabelle 7.2DE überprüft (▶ DIN-HB Bb, 7.3.3 (2) sowie NCI zu 7.3.3 (2)).

Der modifizierte Grenzdurchmesser d_s^* ergibt sich bei einem vorhandenen Bewehrungsdurchmesser von 16 mm zu (▶ DIN-HB Bb, NCI zu 7.3.2 (NA.106)):

$$\varnothing_s^* = f_{ct,0}/f_{ct,eff} \cdot \varnothing_s = 2{,}9/2{,}56 \cdot 16 = 18{,}13 \text{ mm}$$

Die zulässige Stahlspannung nach Tabelle 7.2DE ergibt sich wie folgt:

$$\text{zul } \sigma_s = (3{,}48 \cdot 10^6 \cdot w_k/\varnothing_s^*)^{1/2}$$

Damit ergibt sich die Rissbreite zu:

$$w_k = 188{,}9^2 \cdot 18{,}13/(3{,}48 \cdot 10^6) = 0{,}186 \text{ mm}$$

Damit sind die Ergebnisse der EDV Berechnung bestätigt.

Nachweis der Betonstahlspannungen

Die Betonstahlspannungen sind unter der charakteristischen Lastkombination auf 0,8 f_{yk} zu begrenzen (▶ DIN-HB Bb, 7.2 (4)P und (5) sowie NDP zu 7.2 (5)). Bild 5-86 zeigt, dass die maximale Bewehrungsspannung 243 MN/m^2 beträgt und damit unter der Grenze von 0,8 f_{yk} = 400 MN/m^2 liegt. Somit kann ein Fließen der Bewehrung unter Gebrauchslasten ausgeschlossen werden.

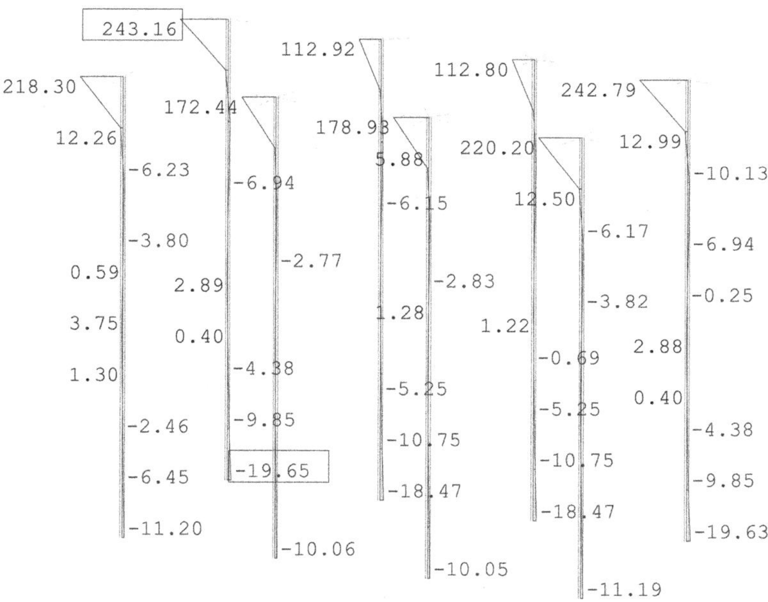

Bild 5-86 Betonstahlspannung unter der charakteristischen Lastkombination [MN/m²]

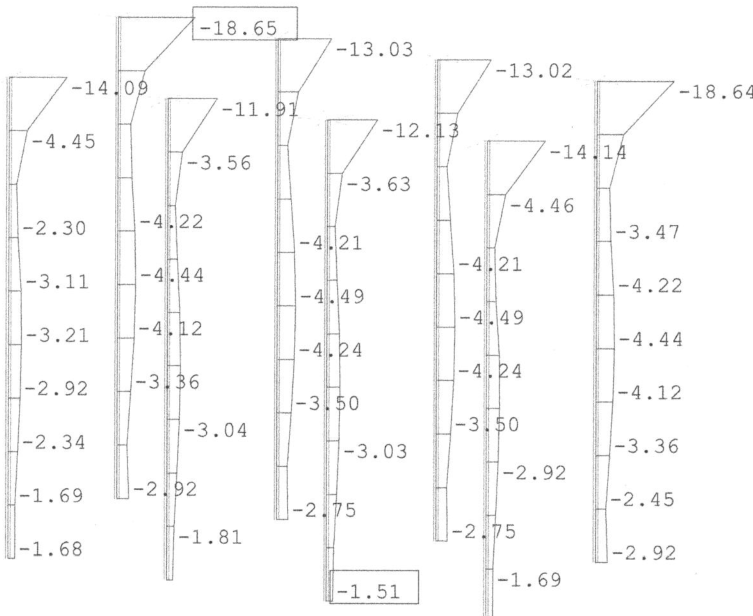

Bild 5-87 Betondruckspannungen unter der charakteristischen Lastkombination [MN/m²]

Nachweis der Betondruckspannungen

Um eine Längsrissbildung zu vermeiden, sind die Betondruckspannungen unter der charakteristischen Lastkombination auf 0,6 f_{ck} zu begrenzen (▶ DIN-HB Bb, 7.2 (1)P und DIN-HB Bb, 7.2 (102) und NDP zu 7.2 (102)). Aus Bild 5-87 ist ersichtlich, dass die maximale Betondruckspannung mit 18,65 MN/m² den zulässigen Wert von $0{,}6 \cdot 25 = 15$ MN/m² deutlich überschreitet. Die Berechnung der Spannungen erfolgte mit ideellen Querschnittswerten und einer nichtlinearen Spannungs-Dehnungs-Beziehung, so dass keine Reserven durch eine genauere Berechnung aktivierbar sind.

Allerdings darf bei ausreichender Umschnürung und einer entsprechenden Überwachung der Betondruckfestigkeitsentwicklung die Grenze der Betondruckfestigkeit von 0,6 f_{ck} auf 0,7 f_{ck} angehoben werden (▶ DIN-HB Bb, 7.2 (102) und NDP zu 7.2 (102)). Um eine ausreichende Umschnürung sicherzustellen, ist nach [DAfStb 2012] eine Bügelbewehrung mit ⌀ 10 mm und einem Mindestabstand von weniger als 200 mm sicherzustellen, was mit einer Ganghöhe von 10 cm der vorhandenen Wendelbewehrung im oberen Pfahlbereich eingehalten ist. Zusätzlich stellt die Wendel einen besseren Umschnürungseffekt dar. Allerdings lässt sich die Grenze von 0,7 f_{ck} = 17,5 MN/m² noch immer nicht einhalten. Mit einem Anheben der Betonfestigkeitsklasse auf die höchste nach DIN EN 1536:1999 6.3.1.2 zulässige Klasse eines C30/37 kann der Nachweis erbracht werden:

$$18{,}65 \text{ MN/m}^2 < 0{,}7 \cdot 30 = 21 \text{ MN/m}^2$$

Alternativ lässt sich die Betonspannung durch Erhöhen der Pfahlbewehrung verringern. Die Zulage von 15 ⌀ 16 über 2 m Länge im oberen Pfahlbereich, so dass sich insgesamt 30 ⌀ 16

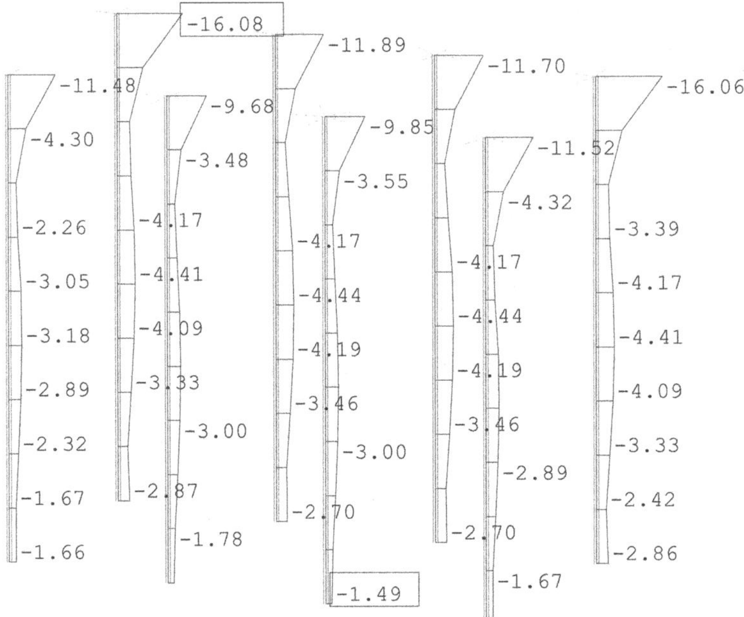

Bild 5-88 Betonspannung unter der charakteristischen Lastkombination mit Erhöhung der Längsbewehrung im oberen Pfahlbereich [MN/m²]

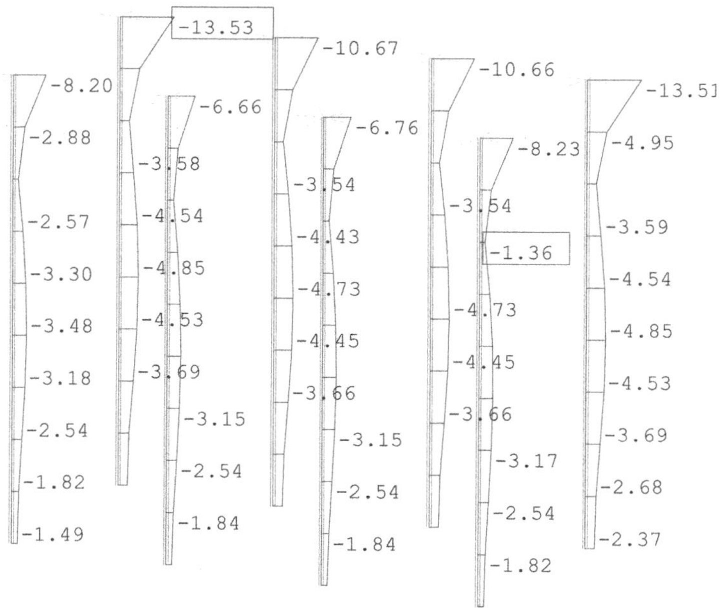

Bild 5-89 Betonspannung unter der quasi-ständigen Lastkombination [MN/m^2]

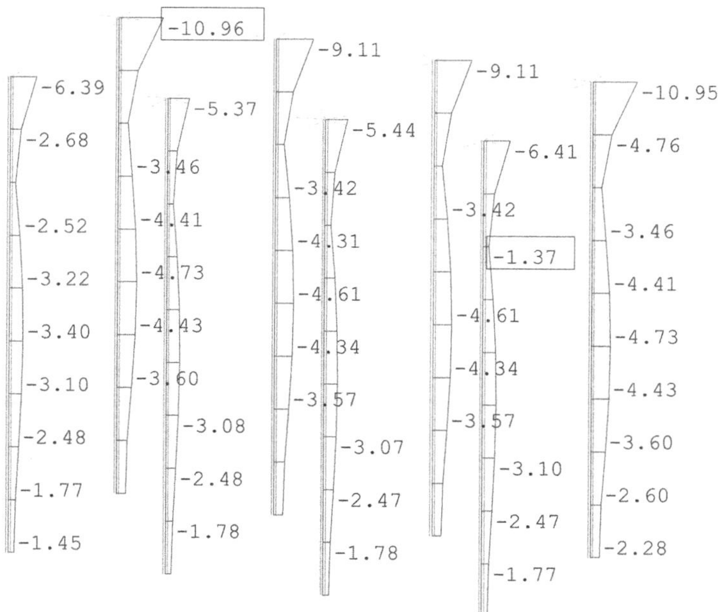

Bild 5-90 Betonspannung unter der quasi-ständigen Lastkombination mit Erhöhung der Längsbewehrung im oberen Pfahlbereich [MN/m^2]

ergeben, liefert die in Bild 5-88 dargestellte maximale Betondruckspannung von 16,08 MN/m², so dass auch ohne Erhöhung der Betonfestigkeit der Nachweis erbracht werden kann:

$$16{,}08\ \text{MN/m}^2 < 0{,}7 \cdot 25 = 17{,}5\ \text{MN/m}^2$$

Zur Verhinderung eines nichtlinearen Kriechens sind unter der quasi-ständigen Lastkombination die Betondruckspannungen auf 0,45 f_{ck} zu begrenzen (▶ DIN-HB Bb, 7.2 (3) und NDP zu 7.2 (3)). Aus Bild 5-89 zeigt sich, dass auch hier die Betondruckspannungen mit 13,53 MN/m² > 0,45 · 25 = 11,25 MN/m² überschritten sind. Der Nachweis lässt sich entweder mit einer Erhöhung der Betonfestigkeitsklasse auf C30/37 (0,45 · 30 = 13,5 MN/m²) oder wie bereits zuvor durch eine Erhöhung der Bewehrung auf 30 ∅ 20 im oberen Pfahlbereich erbringen (siehe Bild 5-90).

5.7.5 Grenzzustand der Gebrauchstauglichkeit – aufgehendes Widerlager

Mindestbewehrung zur Beschränkung der Rissbreite

Bei dicken Bauteilen sind die Rissbreiten aus frühem Zwang infolge abfließender Hydratationswärme auf $w_k \leq 0{,}2$ mm zu begrenzen. Die erforderliche Bewehrung zur Abdeckung dieser Zwangkraft ergibt sich nach DIN-HB Bb, NCI zu 7.3.2 (NA.106) wie folgt (Vorgehensweise siehe auch Abschnitt 2.3.2.3 und Pfeiler Achse 30, Abschnitt 4.8):

– Widerlagerwand (d = 1,7 m):

Bestimmung von $A_{c,eff}$:

$$h/d_1 = 170/7 \approx 24{,}3$$

abgelesen: $h_{eff}/d_1 = 2{,}5 \cdot (24{,}3 - 5)/25 + 2{,}5 = 4{,}43 \rightarrow h_{eff} = 31$ cm

$$\varnothing_s^* = f_{ct,0} / f_{ct,eff} \cdot \varnothing_s = 2{,}9/1{,}45 \cdot 20 = 40\ \text{mm}$$

Die zulässige Betonstahlspannung beträgt:

$$\sigma_s = (3{,}48 \cdot 10^6 \cdot 0{,}2/40)^{1/2} = 131{,}9\ \text{MN/m}^2$$

Damit ergibt sich die Mindestbewehrung zur Rissbreitenbegrenzung zu:

$$a_s = 1 \cdot 10^4 \cdot 1{,}45 \cdot 0{,}31/131{,}9 = 34{,}1\ \text{cm}^2\text{/m}$$

Kontrolle Bewehrungsfließen:

$$a_s = 1 \cdot 10^4 \cdot 0{,}5 \cdot 1{,}45 \cdot 1{,}7/2/500 = 12{,}3\ \text{cm}^2\text{/m} < 34{,}1\ \text{cm}^2\text{/m}$$

gewählt: ∅ 20-10 → 31,4 cm²/m horizontal verlaufend je Seite

Biegezwang – vertikale Bewehrung (▶ DIN-HB Bb, 7.3.2 (102))

$$k_c = 0{,}4; \quad k = 0{,}5; \quad \varnothing_s = 16\ \text{mm}$$

$$\sigma_s = (20/16)^{1/2} \cdot 131{,}9 = 147{,}5\ \text{MN/m}^2$$

$$a_s = 1 \cdot 10^4 \cdot 0{,}5 \cdot 0{,}4 \cdot 1{,}45 \cdot 1{,}7/2/147{,}5 = 16{,}71\ \text{cm}^2\text{/m}$$

gewählt: ∅ 16-10 → 20,1 cm²/m vertikal

– Flügelwand ($d = 1{,}0$ m; $\varnothing_s = 20$ mm):

Bestimmung von $A_{c,eff}$:

$h/d_1 = 100/7 \approx 14{,}29$

abgelesen: $h_{eff}/d_1 = 2{,}5 \cdot (14{,}29 - 5)/25 + 2{,}5 = 3{,}43 \rightarrow h_{eff} = 24$ cm

Damit ergibt sich die Mindestbewehrung zur Rissbreitenbegrenzung zu:

$a_s = 1 \cdot 10^4 \cdot 1{,}45 \cdot 0{,}24/131{,}9 = 26{,}4$ cm²/m

gewählt: ∅ 20-20 + → 16-20 → 25,8 cm²/m horizontal verlaufend je Seite

Biegezwang – vertikale Bewehrung (▶ DIN-HB Bb, 7.3.2 (102))

$k_c = 0{,}4$; $k = 0{,}5$; $\varnothing_s = 16$ mm

$\sigma_s = (20/16)^{1/2} \cdot 131{,}9 = 147{,}5$ MN/m²

$a_s = 1 \cdot 10^4 \cdot 0{,}5 \cdot 0{,}4 \cdot 1{,}45 \cdot 1{,}0/2/147{,}5 = 9{,}83$ cm²/m

gewählt: ∅ 16-15 → 13,4 cm²/m vertikal

– Kammerwand ($d = 0{,}4$ m):

$A_{c,eff} \approx 0{,}2$ m²

$k = 0{,}74$; $\varnothing_s = 16$ mm

$\sigma_s = (20/16)^{1/2} \cdot 131{,}9 = 147{,}5$ MN/m²

$a_s = 1 \cdot 10^4 \cdot 1{,}0 \cdot 0{,}74 \cdot 1{,}45 \cdot 0{,}2/147{,}5 = 14{,}5$ cm²/m

gewählt: ∅ 16-12,5 → 16,08 cm²/m horizontal verlaufend je Seite

Biegezwang – vertikale Bewehrung (▶ DIN-HB Bb, 7.3.2 (102))

$k_c = 0{,}4$; $k = 0{,}74$; $\varnothing_s = 12$ mm

$\sigma_s = (20/12)^{1/2} \cdot 131{,}9 = 170{,}3$ MN/m²

$a_s = 1 \cdot 10^4 \cdot 0{,}74 \cdot 0{,}4 \cdot 1{,}45 \cdot 0{,}4/2/170{,}3 = 5{,}04$ cm²/m

gewählt: ∅ 12-15 → 7,54 cm²/m vertikal

– Pfahlkopfplatte ($d = 1{,}2$ m):

$h/d_1 = 120/7 \approx 17{,}14$

abgelesen: $h_{eff}/d_1 = 2{,}5 \cdot (17{,}14 - 5)/25 + 2{,}5 = 3{,}71 \rightarrow h_{eff} = 26$ cm

$d_s^* = f_{ct,0}/f_{ct,eff} \cdot d_s = 2{,}9/1{,}28 \cdot 20 = 45{,}3$ mm

$\sigma_s = (3{,}48 \cdot 10^6 \cdot 0{,}2/45{,}3)^{1/2} = 123{,}95$ MN/m²

$a_s = 1 \cdot 10^4 \cdot 1{,}28 \cdot 0{,}26/123{,}95 = 26{,}85$ cm²/m

gewählt: ∅ 20-10 → 31,4 cm²/m horizontal oben + unten + Seiten

Anmerkung zum Beiwert k_c: Der Beiwert k_c beschreibt die Spannungsverteilung im Querschnitt vor der Rissbildung und die Änderung des inneren Hebelarms bei Übergang von

Zustand I in Zustand II. Seine Ermittlung wird am Beispiel eines biegebeanspruchten Rechteckquerschnitts gezeigt:

$$M^{I}_{cr} = M^{II}$$

$$f_{ct,eff} \cdot b \cdot h^2/6 = \sigma_s \cdot A_s \cdot z$$

mit

$$z = 0{,}8\ h \text{ im Gebrauchszustand}$$

$$A_{ct} = b \cdot h/2$$

ergibt sich:

$$A_s = (f_{ct,eff} \cdot b \cdot h^2/6)/(\sigma_s \cdot 0{,}8\ h) \approx 0{,}4 \cdot f_{ct,eff} \cdot A_{ct}/\sigma_s$$

Analog zum biegebeanspruchten Rechteckquerschnitt kann alternativ der Nachweis für Biegezwang der Widerlagerwand wie folgt geführt werden:

$$M_{cr} = W_c \cdot f_{ct,eff} \cdot k = 1{,}7^2/6 \cdot 1{,}45 \cdot 0{,}5 = 0{,}349\ \text{MNm/m}$$

mit

$$z = 0{,}8\ h \text{ im Gebrauchszustand}$$

ergibt sich:

$$A_s = 0{,}349 \cdot 10^4/(1{,}7 \cdot 0{,}8 \cdot 147{,}5) = 17{,}4\ \text{cm}^2/\text{m}$$

Die geringe Abweichung gegenüber 16,71 cm^2/m begründet sich in der groben Rundung des k_c-Wertes auf 0,4.

Nachweis der Rissbreitenbeschränkung aus Last

Der Nachweis der Rissbreitenbeschränkung aus Last erfolgt mit Hilfe der EDV. Für den Nachweis werden die zulässigen Stahlspannungen für die einzelnen Bewehrungslagen vorgegeben. Das EDV-Programm ermittelt dann für die entsprechende Lastkombination die erforderliche Bewehrung, um die vorgegebenen Betonstahlspannungen einzuhalten. In der Tabelle 5-22 sind die Grenzen der Betonstahlspannungen für die entsprechenden Bauteile und Bewehrungslagen zusammengestellt.

Tabelle 5-22 Grenzwerte der Betonstahlspannungen je Bauteil zur Begrenzung der Rissbreiten

	horizontal luftseitig/oben MN/m^2	vertikal luftseitig/oben MN/m^2	horizontal erdseitig/unten MN/m^2	vertikal erdseitig/unten MN/m^2
Widerlagerwand	186,55	208,57	186,55	186,55
Fundament	175,26	175,26	175,26	175,26
Flügelwand	186,55	208,57	186,55	208,57
Kammerwand	208,57	240,83	208,57	222,97

Die sich daraus ergebende Bewehrung ist in den Bildern 5-91 bis 5-106 dargestellt.

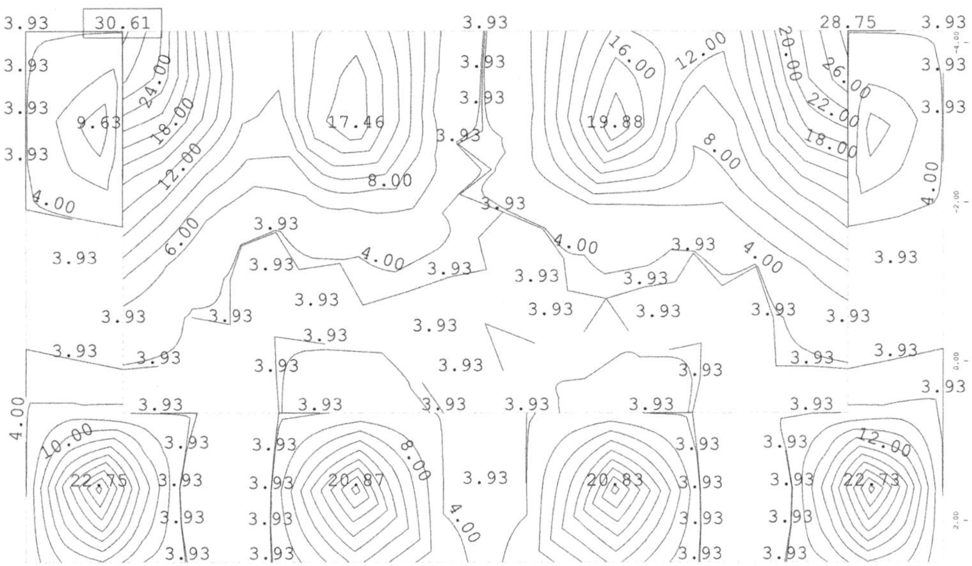

Bild 5-91 Bewehrung zur Beschränkung der Rissbreite aus Last – Fundament Hauptbewehrung 1. Lage oben [cm²/m]

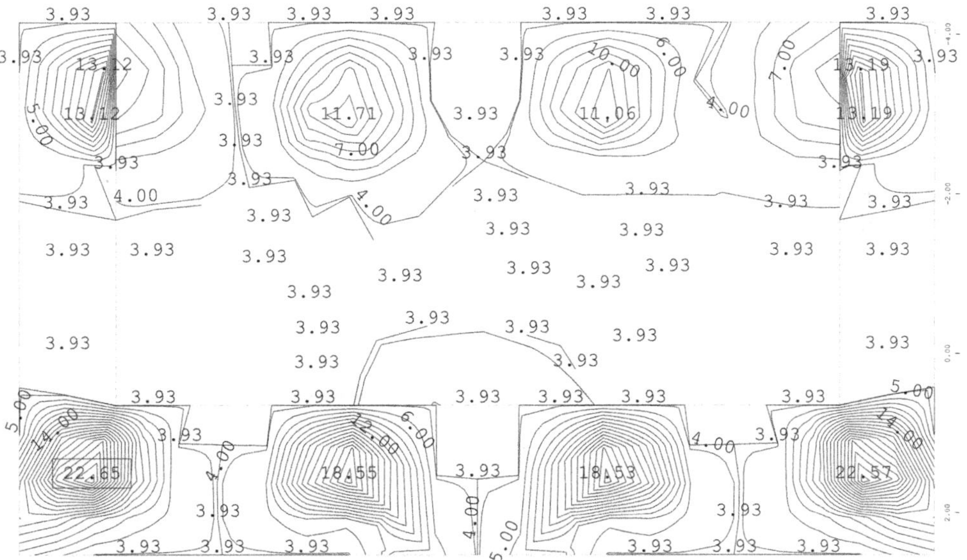

Bild 5-92 Bewehrung zur Beschränkung der Rissbreite aus Last – Fundament Querbewehrung 2. Lage oben [cm²/m]

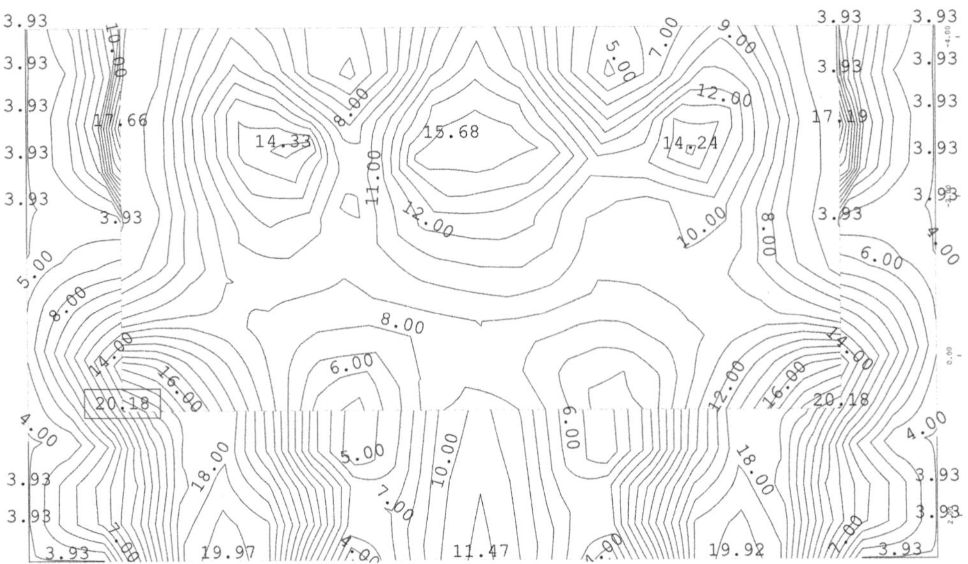

Bild 5-93 Bewehrung zur Beschränkung der Rissbreite aus Last – Fundament Hauptbewehrung 1. Lage unten [cm^2/m]

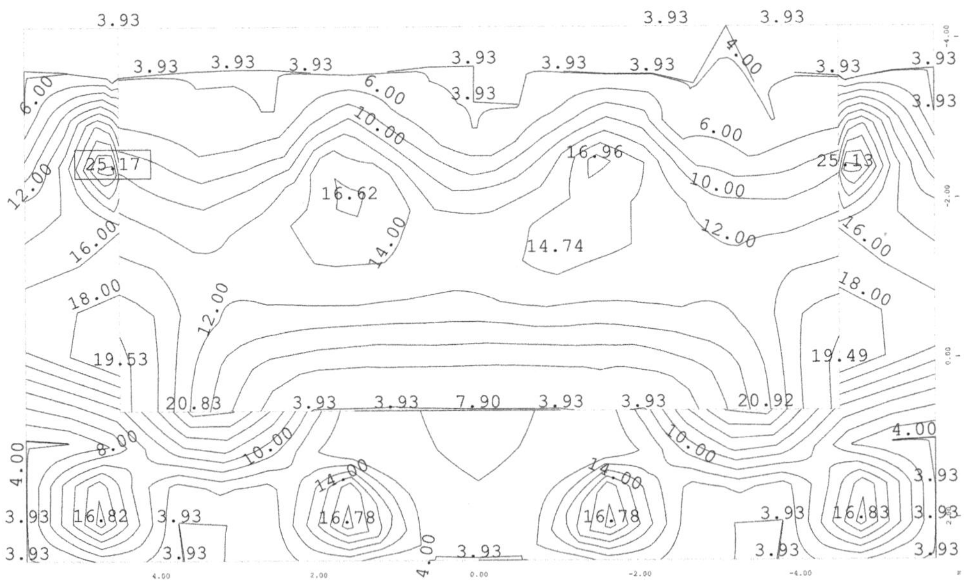

Bild 5-94 Bewehrung zur Beschränkung der Rissbreite aus Last – Fundament Querbewehrung 2. Lage unten [cm^2/m]

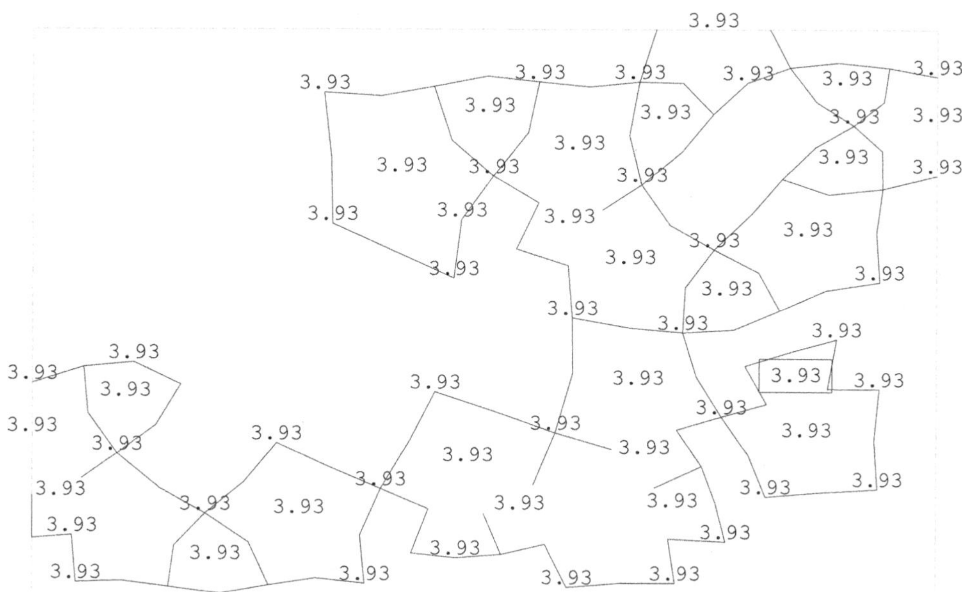

Bild 5-95 Bewehrung zur Beschränkung der Rissbreite aus Last – Widerlagerwand Hauptbewehrung 1. Lage luftseitig – horizontal [cm^2/m]

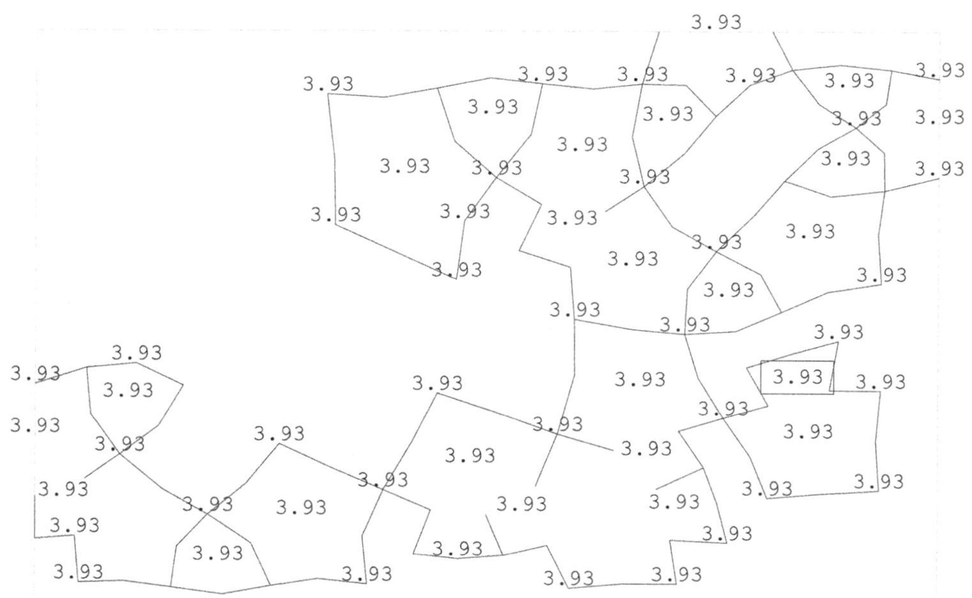

Bild 5-96 Bewehrung zur Beschränkung der Rissbreite aus Last – Widerlagerwand Querbewehrung 2. Lage luftseitig – vertikal [cm^2/m]

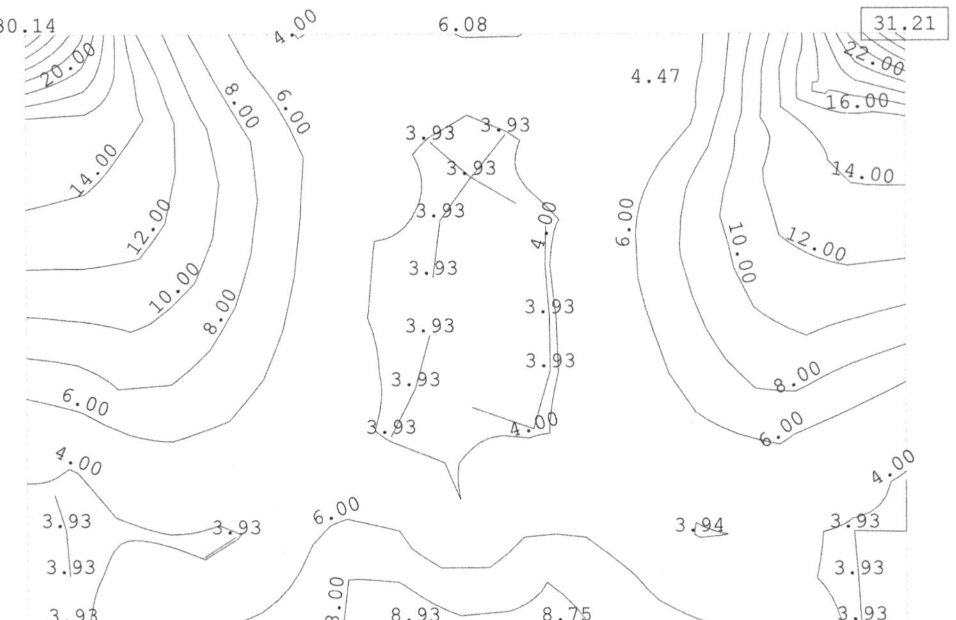

Bild 5-97 Bewehrung zur Beschränkung der Rissbreite aus Last – Widerlagerwand Hauptbewehrung 1. Lage erdseitig – horizontal [cm²/m]

Bild 5-98 Bewehrung zur Beschränkung der Rissbreite aus Last – Widerlagerwand Querbewehrung 2. Lage unten – erdseitig vertikal [cm²/m]

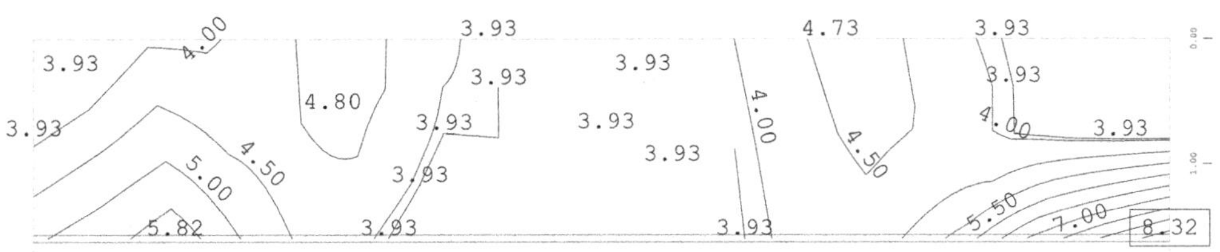

Bild 5-99 Bewehrung zur Beschränkung der Rissbreite aus Last – Kammerwand Hauptbewehrung 1. Lage luftseitig – horizontal [cm²/m]

Bild 5-100 Bewehrung zur Beschränkung der Rissbreite aus Last – Kammerwand Querbewehrung 2. Lage luftseitig – vertikal [cm²/m]

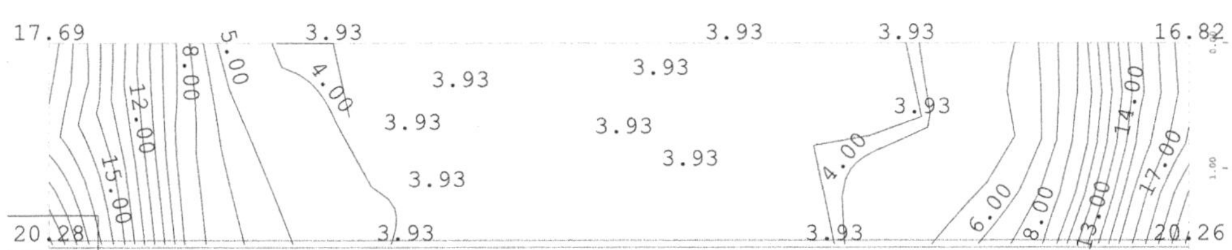

Bild 5-101 Bewehrung zur Beschränkung der Rissbreite aus Last – Kammerwand Hauptbewehrung 1. Lage erdseitig – horizontal [cm²/m]

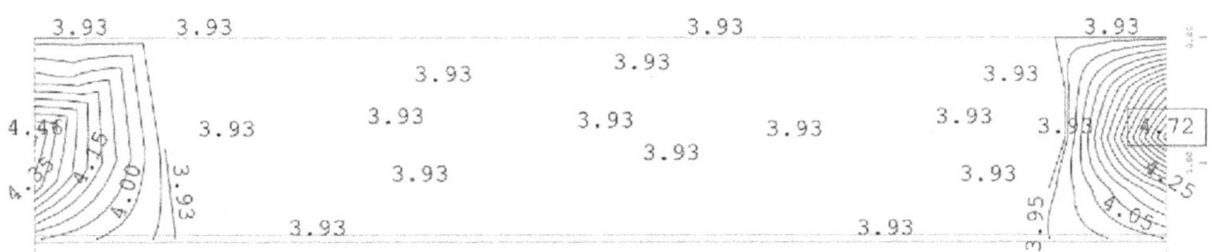

Bild 5-102 Bewehrung zur Beschränkung der Rissbreite aus Last – Kammerwand Querbewehrung 2. Lage erdseitig – vertikal [cm²/m]

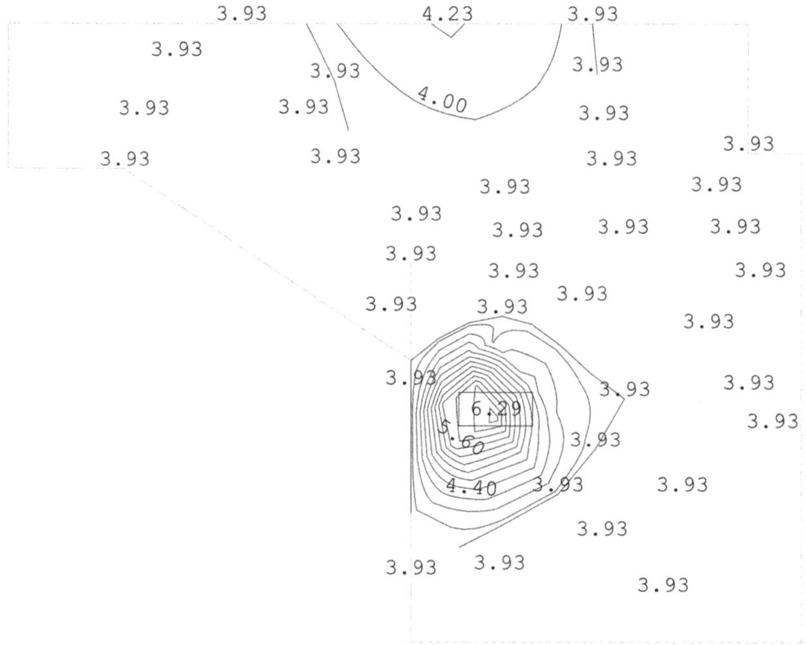

Bild 5-103 Bewehrung zur Beschränkung der Rissbreite aus Last – Flügelwand Hauptbewehrung 1. Lage luftseitig – horizontal [cm²/m]

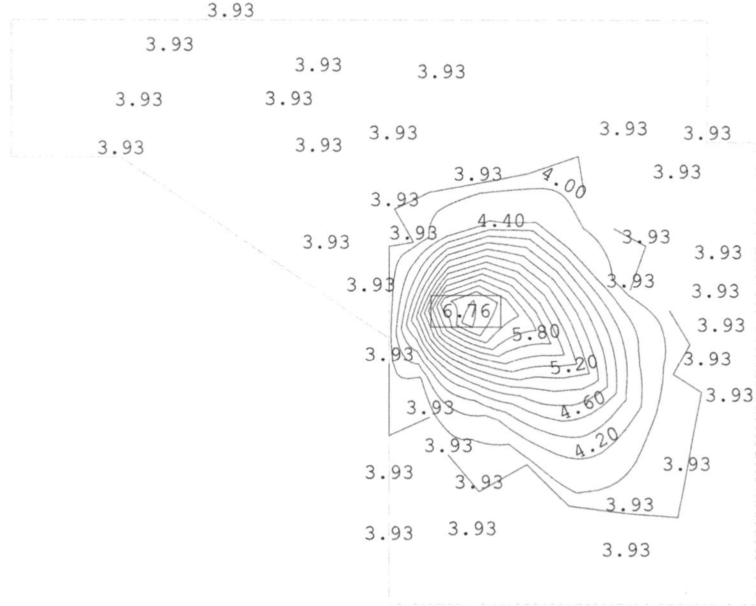

Bild 5-104 Bewehrung zur Beschränkung der Rissbreite aus Last – Flügelwand Querbewehrung 2. Lage luftseitig – vertikal [cm²/m]

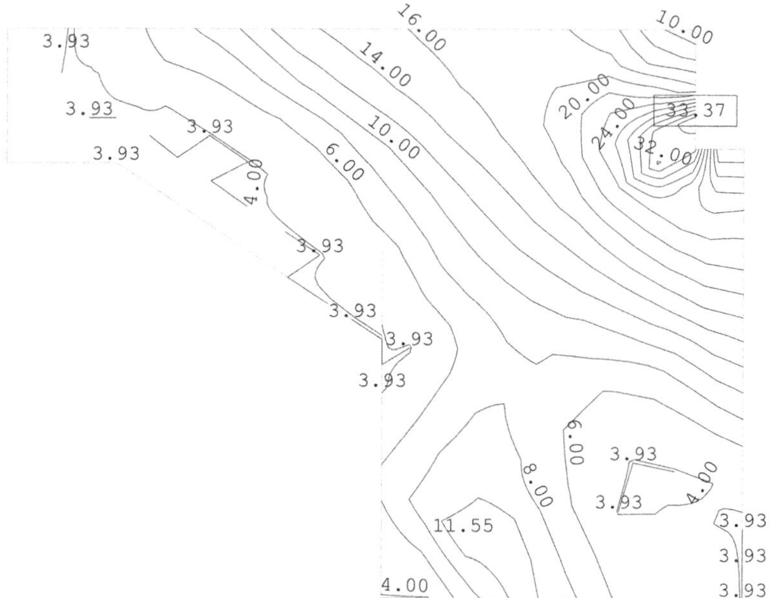

Bild 5-105 Bewehrung zur Beschränkung der Rissbreite aus Last – Flügelwand Hauptbewehrung 1. Lage erdseitig – horizontal [cm²/m]

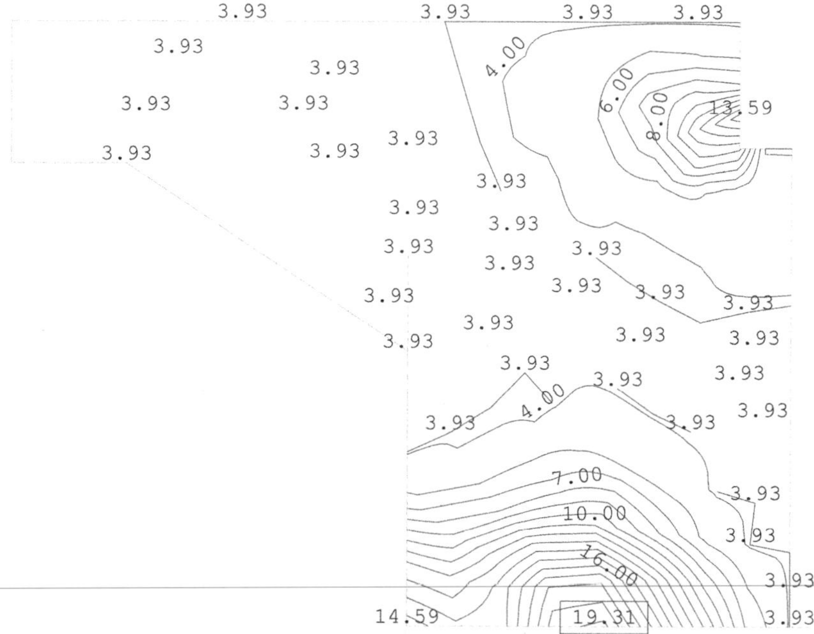

Bild 5-106 Bewehrung zur Beschränkung der Rissbreite aus Last – Flügelwand Querbewehrung 2. Lage erdseitig – vertikal [cm²/m]

Nachweis der Betonstahl- und Betondruckspannungen

Im Folgenden werden die Betonstahl- und Betondruckspannungen nachgewiesen. Die Beschränkung erfolgt unter der charakteristischen Lastkombination auf 0,8 f_{yk} sowie 0,6 f_{ck}. Die

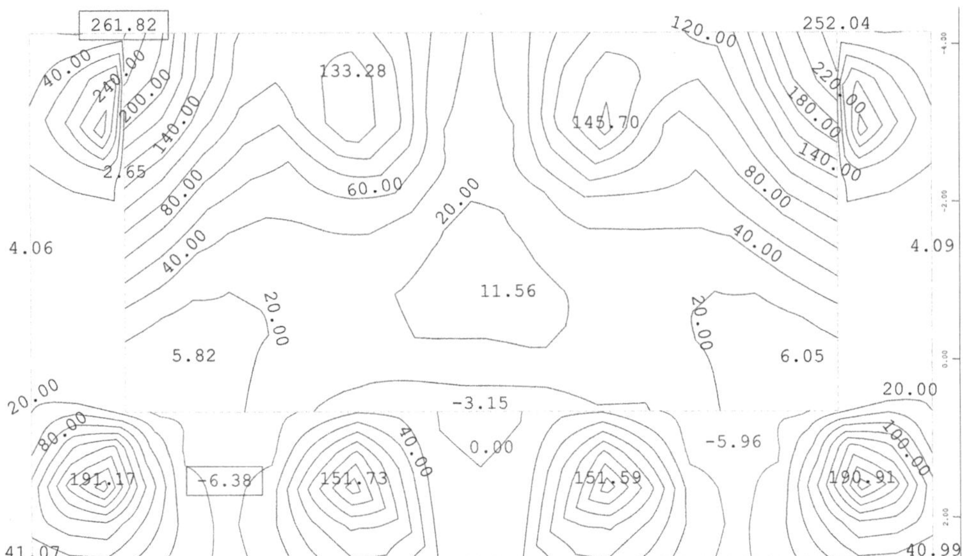

Bild 5-107 Bewehrungsspannung unter der charakteristischen Lastkombination – Fundament oben [MN/m²]

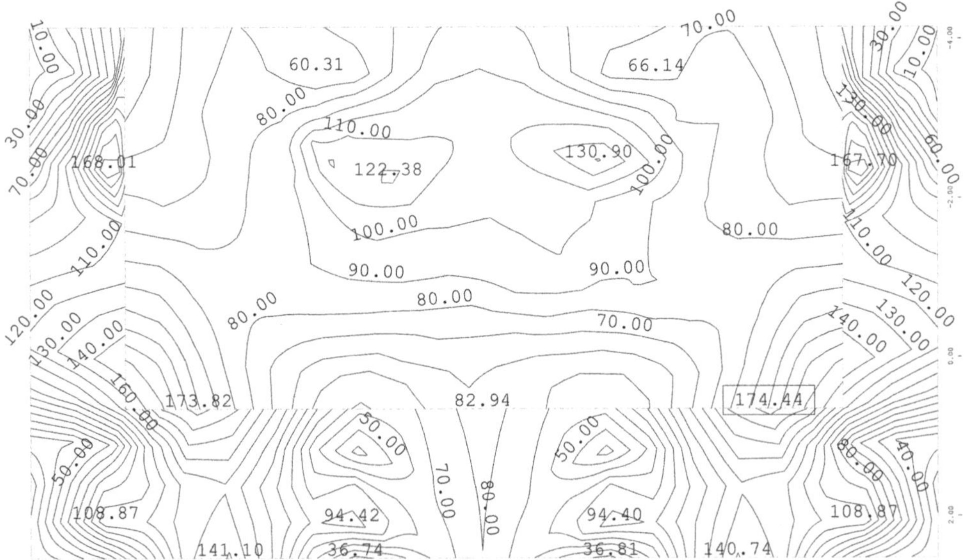

Bild 5-108 Bewehrungsspannung unter der charakteristischen Lastkombination – Fundament unten [MN/m²]

Ergebnisse in den Bildern 5-107 bis 5-122 zeigen, dass alle Spannungen eingehalten sind. Da die Betondruckspannungen generell unter 0,45 f_{ck} liegen, entfällt der Nachweis der Betonspannungen für die quasi-ständige Lastkombination.

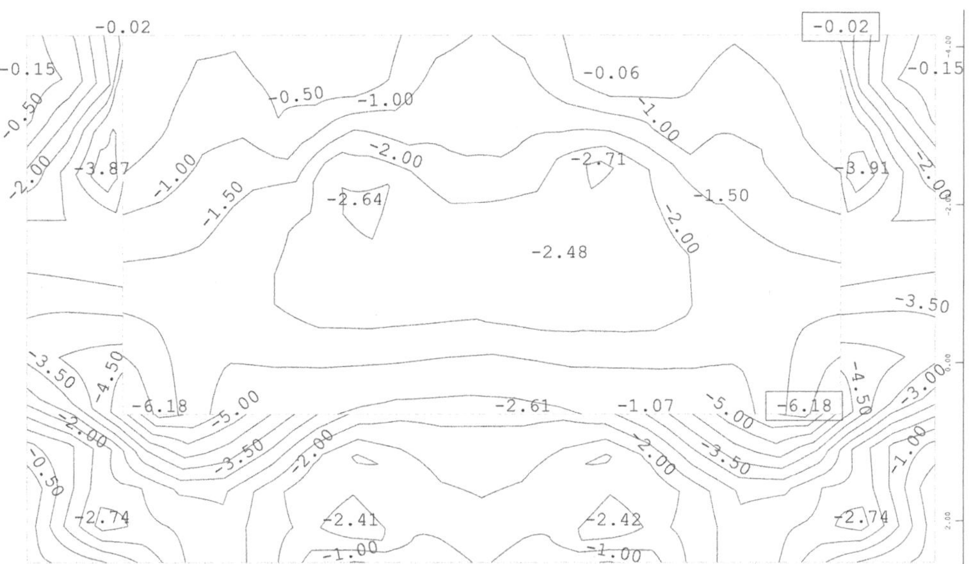

Bild 5-109 Betondruckspannung unter der charakteristischen Lastkombination – Fundament oben [MN/m²]

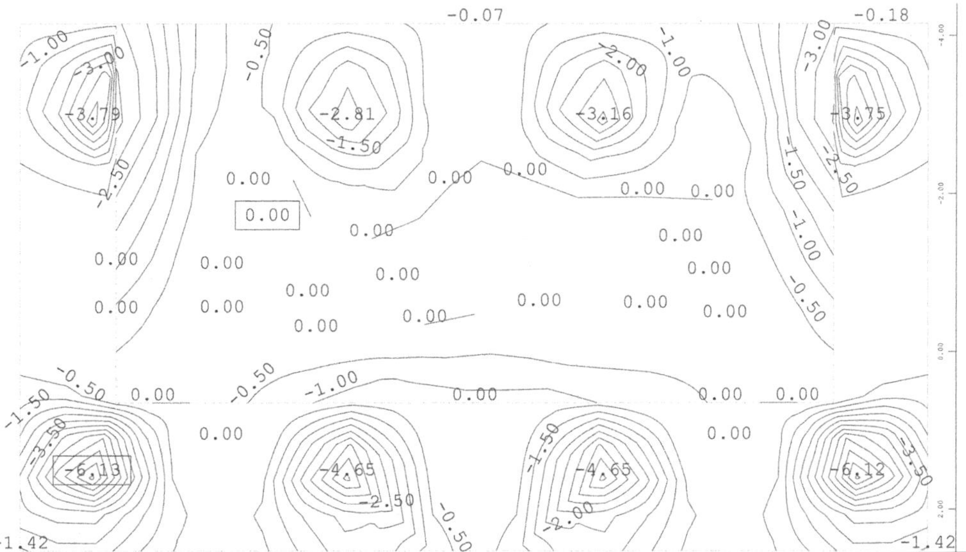

Bild 5-110 Betondruckspannung unter der charakteristischen Lastkombination – Fundament unten [MN/m²]

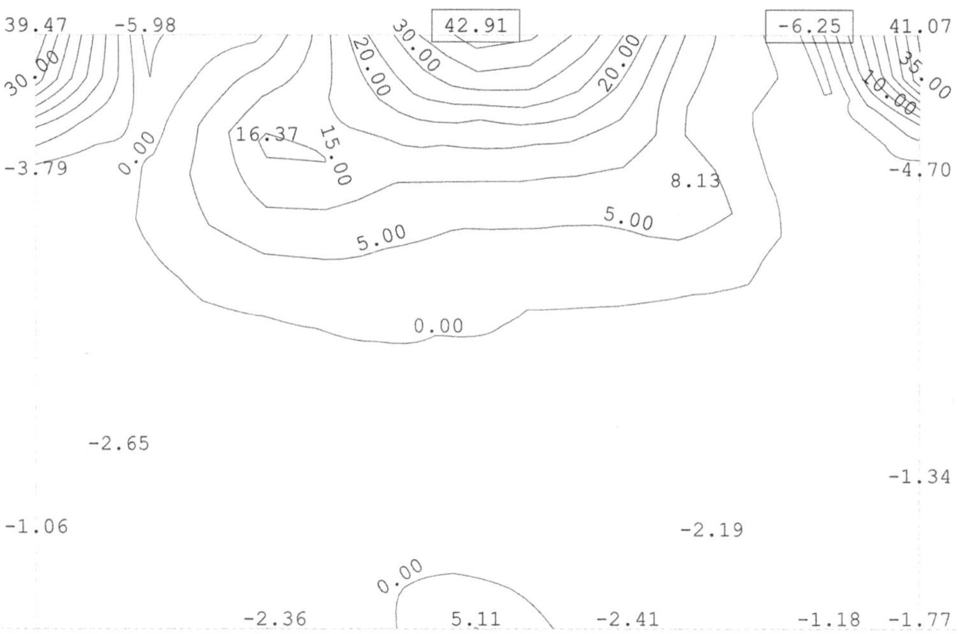

Bild 5-111 Bewehrungsspannung unter der charakteristischen Lastkombination – Widerlagerwand luftseitig [MN/m²]

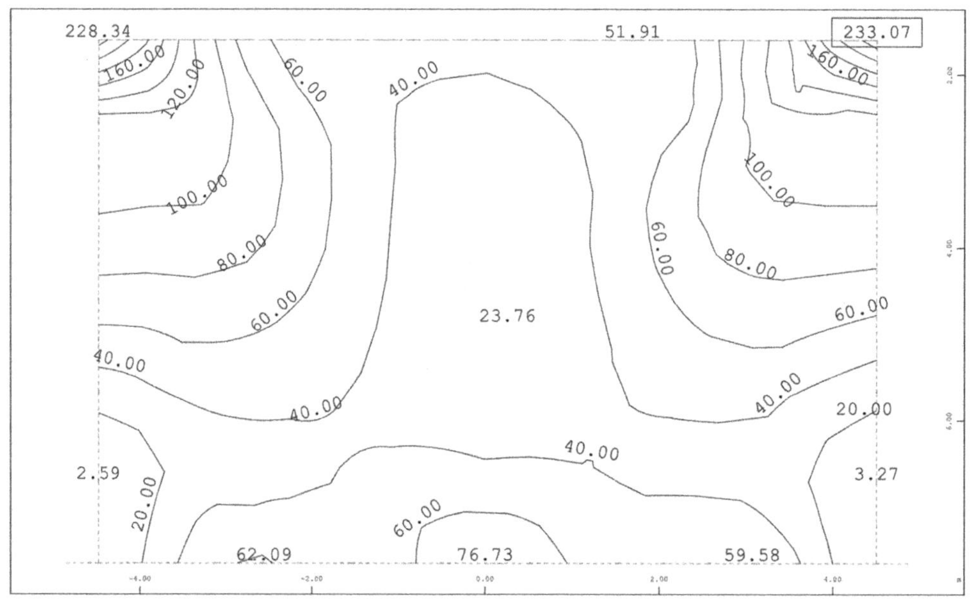

Bild 5-112 Bewehrungsspannung unter der charakteristischen Lastkombination – Widerlagerwand erdseitig [MN/m²]

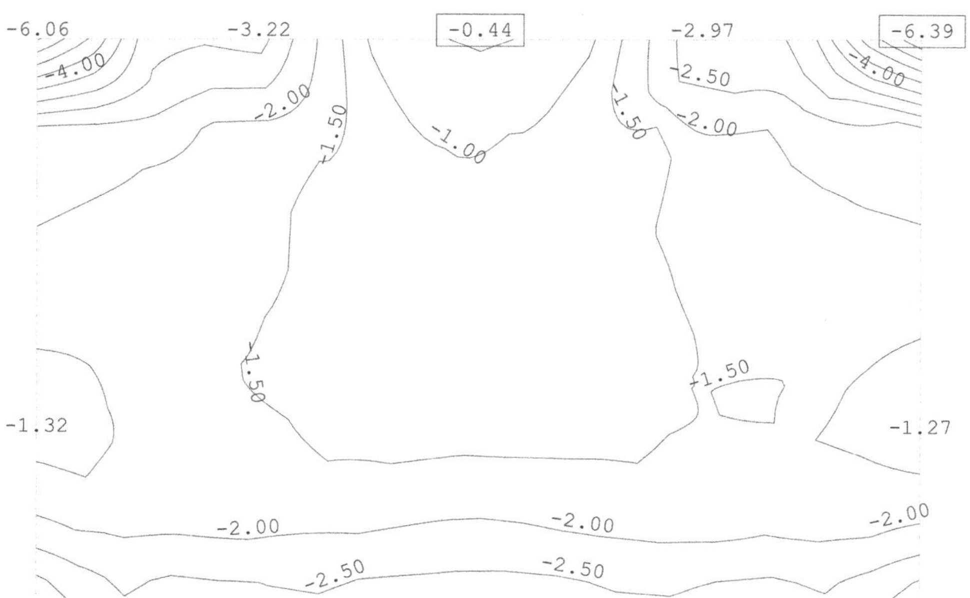

Bild 5-113 Betondruckspannung unter der charakteristischen Lastkombination – Widerlagerwand luftseitig [MN/m²]

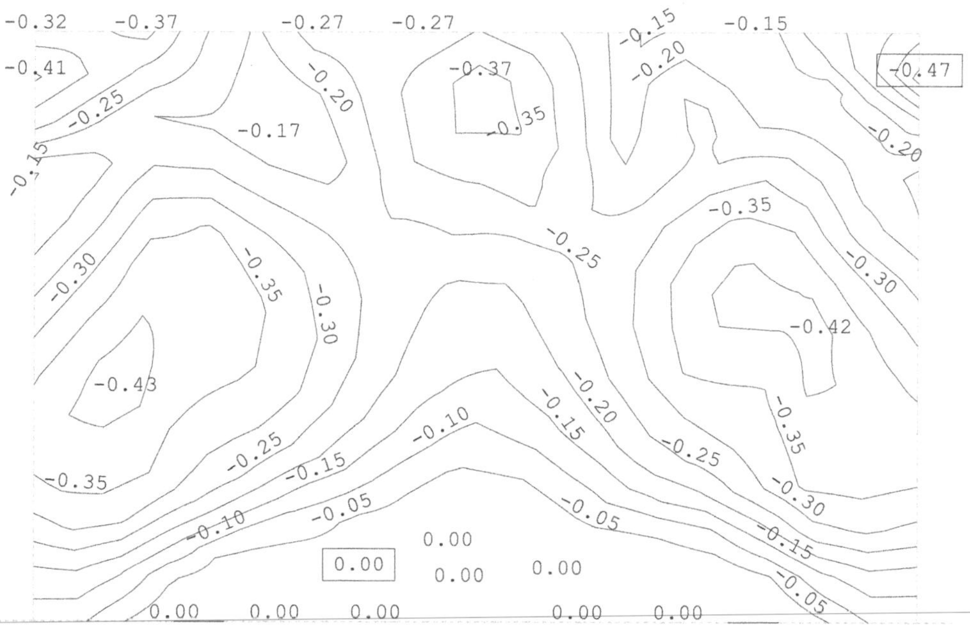

Bild 5-114 Betondruckspannung unter der charakteristischen Lastkombination – Widerlagerwand erdseitig [MN/m²]

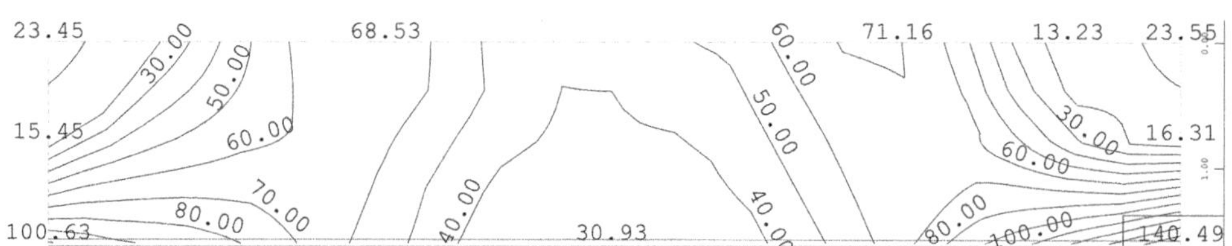

Bild 5-115 Bewehrungsspannung unter der charakteristischen Lastkombination – Kammerwand luftseitig [MN/m²]

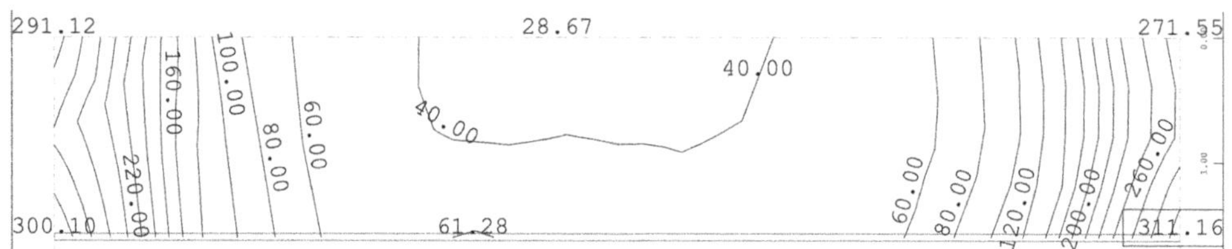

Bild 5-116 Bewehrungsspannung unter der charakteristischen Lastkombination – Kammerwand erdseitig [MN/m²]

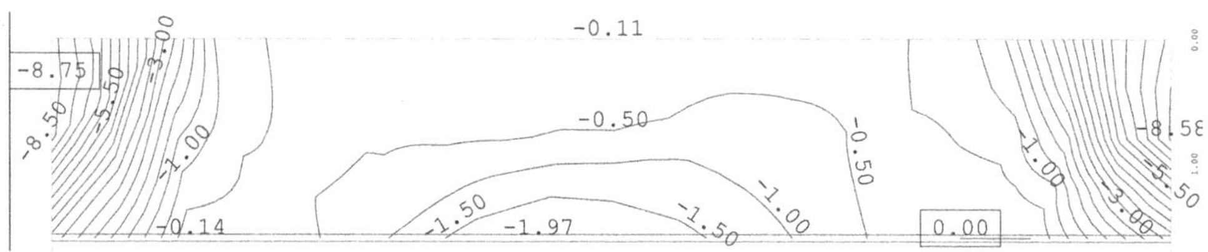

Bild 5-117 Betondruckspannung unter der charakteristischen Lastkombination – Kammerwand luftseitig [MN/m²]

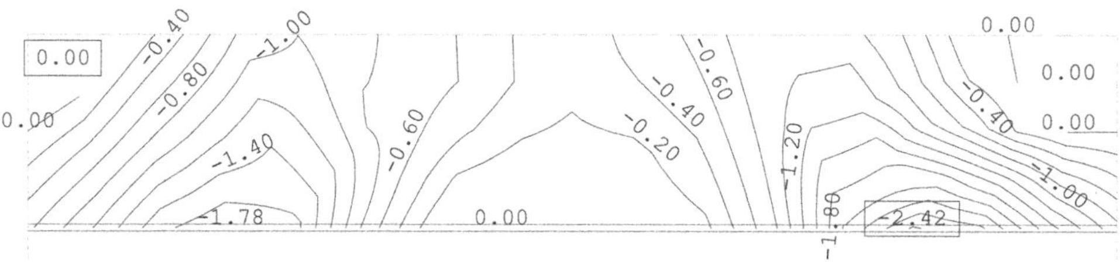

Bild 5-118 Betondruckspannung unter der charakteristischen Lastkombination – Kammerwand erdseitig [MN/m²]

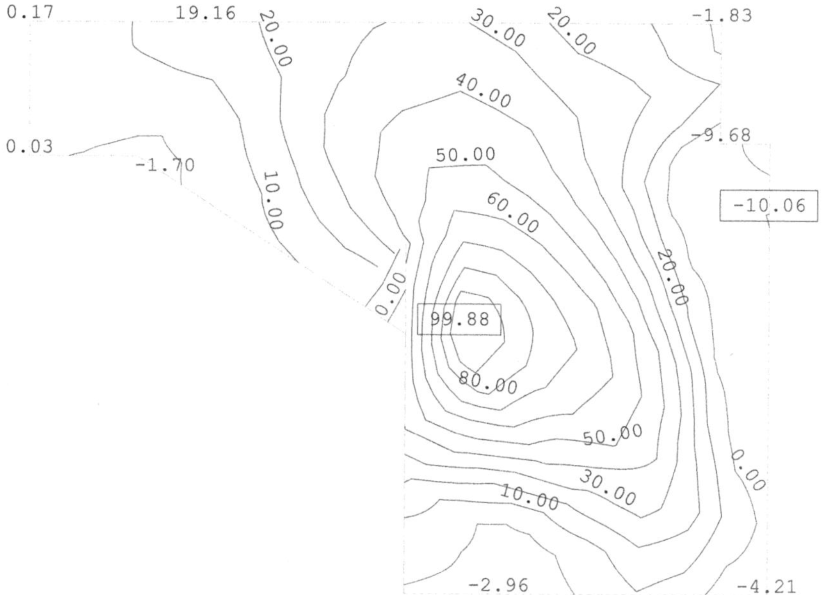

Bild 5-119 Bewehrungsspannung unter der charakteristischen Lastkombination – Flügelwand luftseitig [MN/m²]

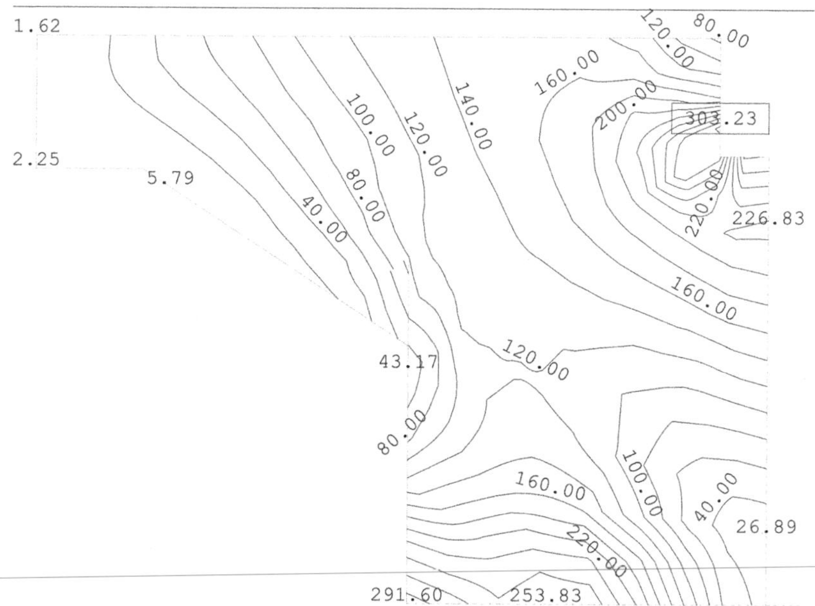

Bild 5-120 Bewehrungsspannung unter der charakteristischen Lastkombination – Flügelwand erdseitig [MN/m²]

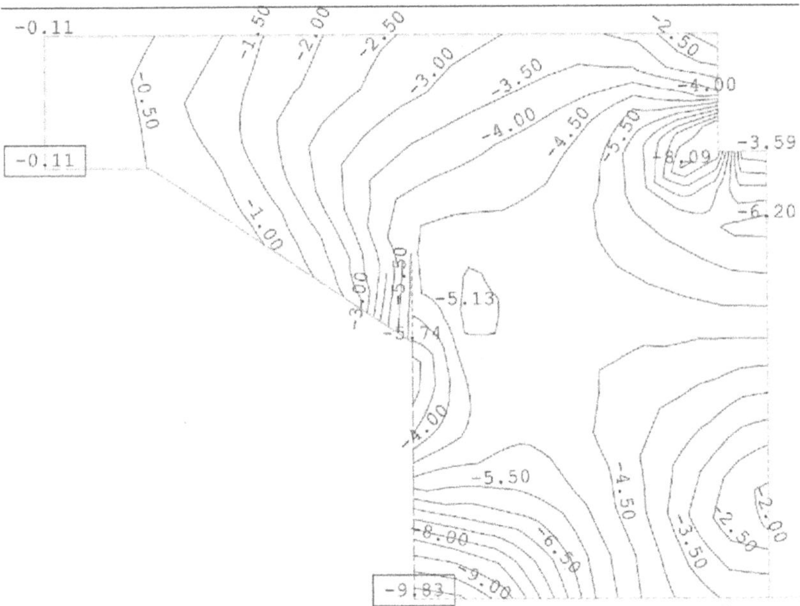

Bild 5-121 Betondruckspannung unter der charakteristischen Lastkombination – Flügelwand luftseitig [MN/m^2]

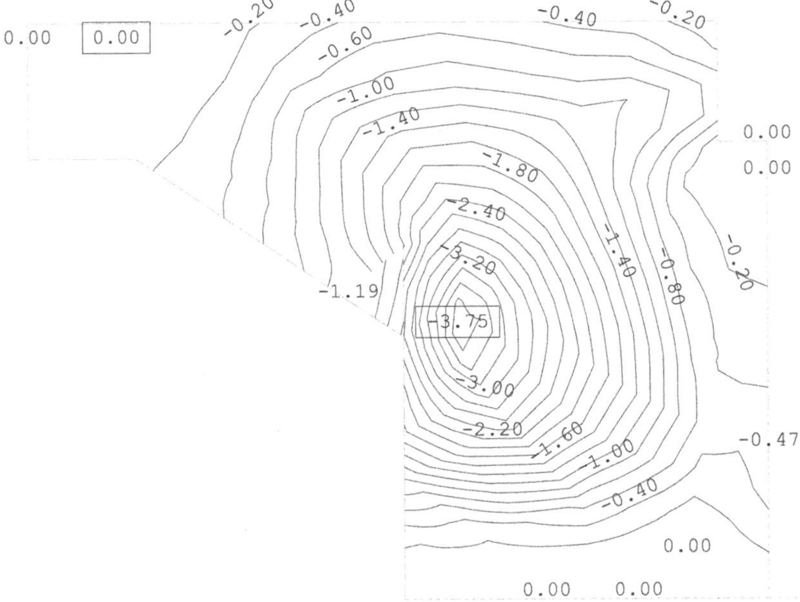

Bild 5-122 Betondruckspannung unter der charakteristischen Lastkombination – Flügelwand erdseitig [MN/m^2]

5.7.6 Konstruktive Mindestbewehrung

Nach DIN-HB Bb, NCI zu 9.1 (NA.104) gilt als Mindestwert für die Oberflächenbewehrung:

$\varnothing \geq 10$ mm und $s \leq 200$ mm $\rightarrow 3{,}93\ \text{cm}^2/\text{m}$

oder 0,06 % des Betonquerschnitts

Widerlagerwand:	$a_{s,min} = 170 \cdot 0{,}06 = 10{,}2\ \text{cm}^2/\text{m}$
Flügelwand:	$a_{s,min} = 100 \cdot 0{,}06 = 6{,}0\ \text{cm}^2/\text{m}$
Kammerwand:	$a_{s,min} = 40 \cdot 0{,}06 = 2{,}4\ \text{cm}^2/\text{m}$
Fundament:	$a_{s,min} = 120 \cdot 0{,}06 = 7{,}2\ \text{cm}^2/\text{m}$

Für die Oberflächenbewehrung von Wänden gilt nach DIN-HB Bb, 9.6:

Vertikale Bewehrung: $a_{s,min} = 0{,}15 \cdot N_{ED}/f_{yd} \geq 0{,}0015 \cdot A_c$

Bei üblichen Widerlagergeometrien ist aufgrund der geringen Normalkraft nur der letztere Ausdruck $0{,}0015 \cdot A_c$ maßgebend:

Widerlagerwand:	$a_{sv,min} = ½ \cdot 170 \cdot 100 \cdot 0{,}0015 = 12{,}75\ \text{cm}^2/\text{m}$
Flügelwand:	$a_{sv,min} = ½ \cdot 100 \cdot 100 \cdot 0{,}0015 = 7{,}5\ \text{cm}^2/\text{m}$
Kammerwand:	$a_{sv,min} = ½ \cdot 40 \cdot 100 \cdot 0{,}0015 = 3\ \text{cm}^2/\text{m}$
Horizontale Bewehrung:	$a_{sv,min} = 0{,}20 \cdot a_{sv,min}$
	$\varnothing_{sh} \geq ¼ \cdot \varnothing_{sv}$; $s \leq 200$ mm

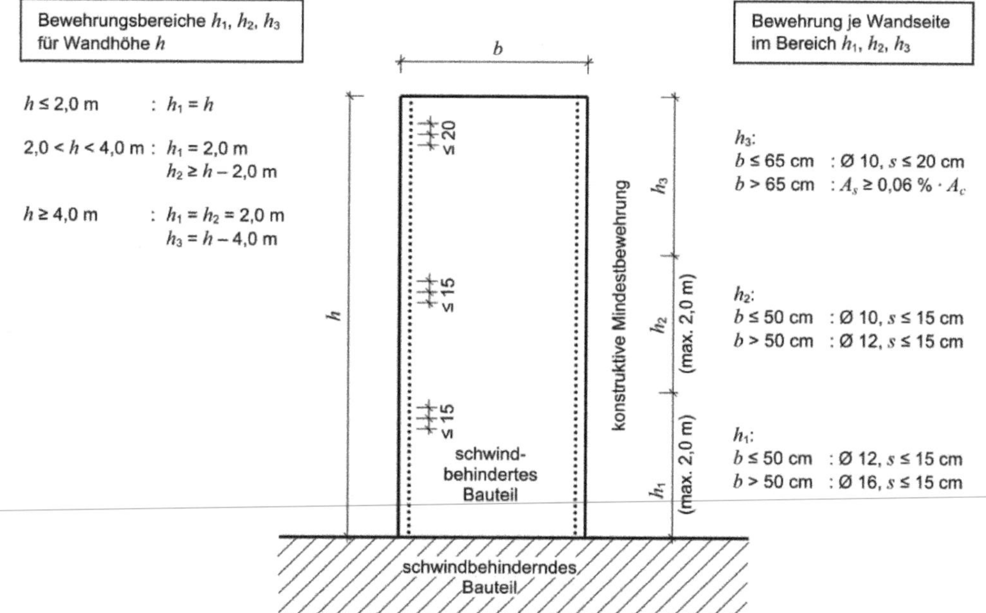

Bild 5-123 Mindestbewehrung bei schwindbehinderten Bauteilen (► DIN-HB Bb, Bild NA.9.110.1DE)

Weiter gilt für schwindbehinderte Bauteile je Wandseite die Mindestbewehrung gemäß Bild 5-123.

5.7.7 Lasteinleitung Lager- und Pressenansatzpunkte

Die lokale Lasteinleitung im Bereich der Auflagerbank aus den Lagern sowie den Pressenstellpunkten ist nachzuweisen und gegebenenfalls die erforderliche Spaltzugbewehrung zu ermitteln. Die Berechnung und Bemessung wurde bereits in Kapitel 2 vorgeführt, so dass auf eine Wiederholung verzichtet wird.

5.7.8 Lasteinleitung im Bereich der Pfahleinbindung

Die Bewehrung der Pfahlkopfplatte für das Widerlager in Achse 10 wurde im Gegensatz zur Pfahlkopfplatte des Pfeilers in Achse 30 – Kapitel 4 – zunächst anhand der Biegetheorie mit Hilfe einer linear-elastischen FE-Analyse ermittelt. Da der Kraftfluss in der Pfahlkopfplatte aufgrund ihrer gedrungenen Abmessungen nicht für alle maßgebenden Stellen bemessen werden kann, sind zusätzliche Untersuchungen und eine Überprüfung der Bewehrung im Bereich der Pfahleinbindungen anhand von Stabwerksmodellen erforderlich. Die Bemessung erfolgt grundsätzlich analog zur Vorgehensweise für die Pfahlkopfplatte in Achse 30. Die wesentlichen Beanspruchungen für die Bemessung der Pfahlkopfplatte ergeben sich auch hier zum einen aus der maximalen Druckbelastung Eckpfahl und zum anderen aus der maximalen Druckbelastung des Mittelpfahls. Da die Nachweisführung grundsätzlich analog ist, wird an dieser Stelle auf eine Wiederholung verzichtet und auf die Nachweise in Kapitel 4 verwiesen.

6 Bewehrungsskizzen

Im Folgenden sind für einige zuvor behandelte Bemessungsschnitte und Bauteile die Bewehrungsskizzen wiedergegeben.

6.1 Überbau

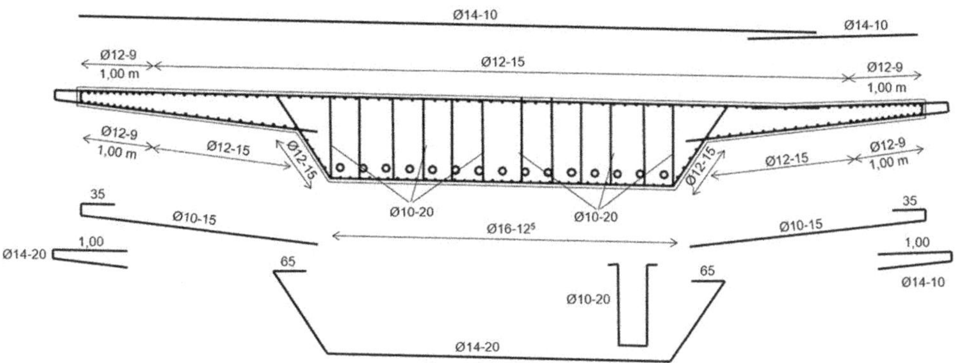

Bild 6-1 Bewehrungsskizze Überbau Feld Achse 50/60, x = 165,2 m

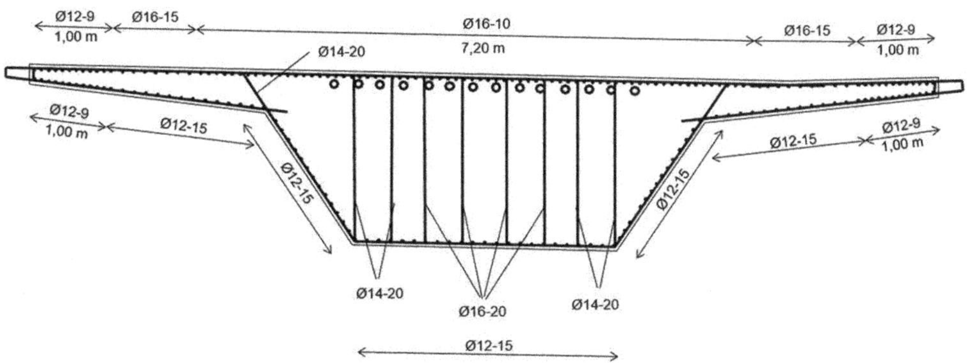

Bild 6-2 Bewehrungsskizze Überbau Stütze Achse 50

Berechnung und Bemessung von Betonbrücken. 1. Auflage.
Nguyen Viet Tue, Michael Reichel, Michael Fischer.

6.2 Unterbauten

6.2.1 Pfeiler

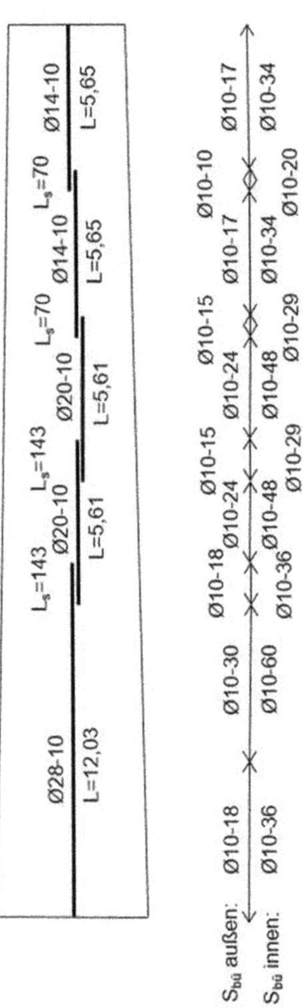

Bild 6-3 Bewehrungsskizze Pfeiler Achse 30 – Verteilung der Längs- und Querbewehrung

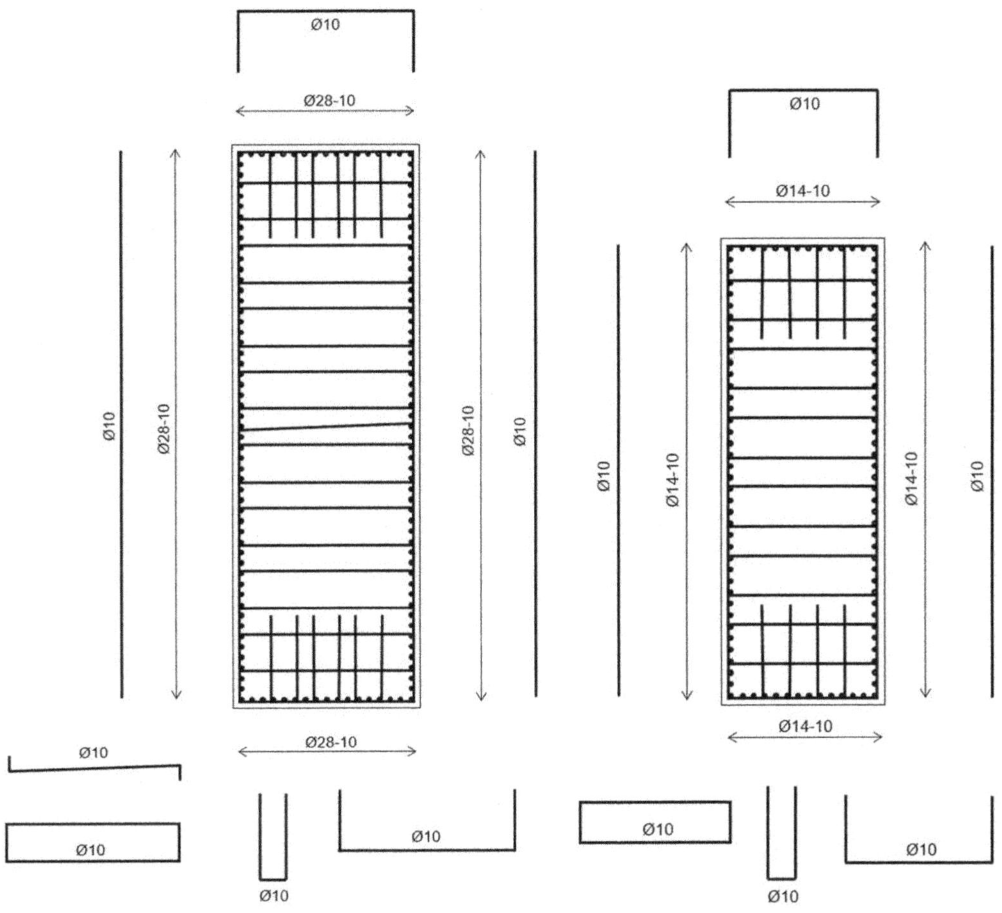

Bild 6-4 Bewehrungsskizze Pfeiler Achse 30 – Schnitt Pfeilerfuß

Bild 6-5 Bewehrungsskizze Pfeiler Achse 30 – Schnitt Pfeilerkopf

6.2.2 Pfahlkopfplatte

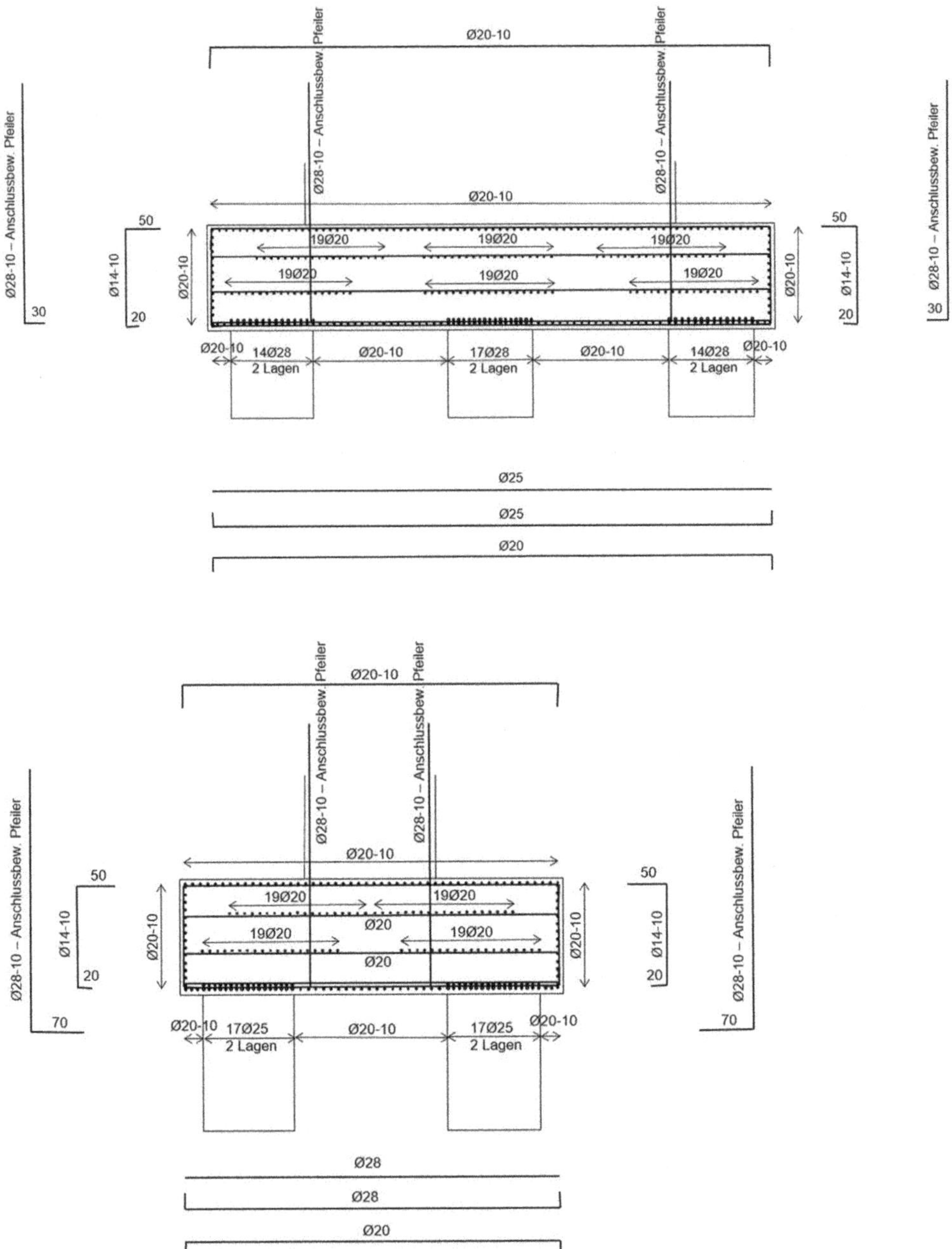

Bild 6-6 Bewehrungsskizze Pfahlkopfplatte Achse 30

6.2.3 Ortbetonpfähle Achse 30

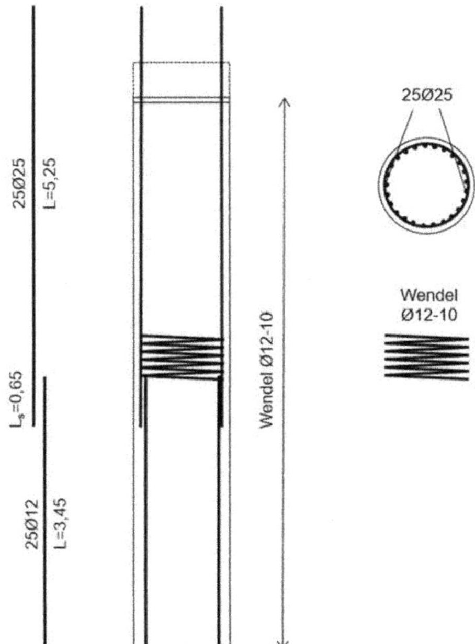

Bild 6-7 Bewehrungsskizze Ortbetonpfähle Achse 30

6.2.4 Widerlager Achse 10

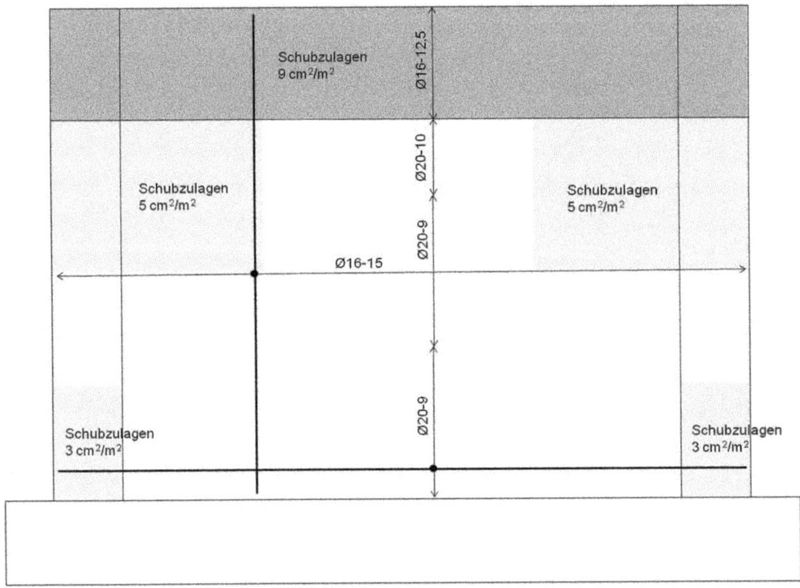

Bild 6-8 Bewehrungsskizze Widerlager Achse 10 – Ansicht Widerlager- und Kammerwand

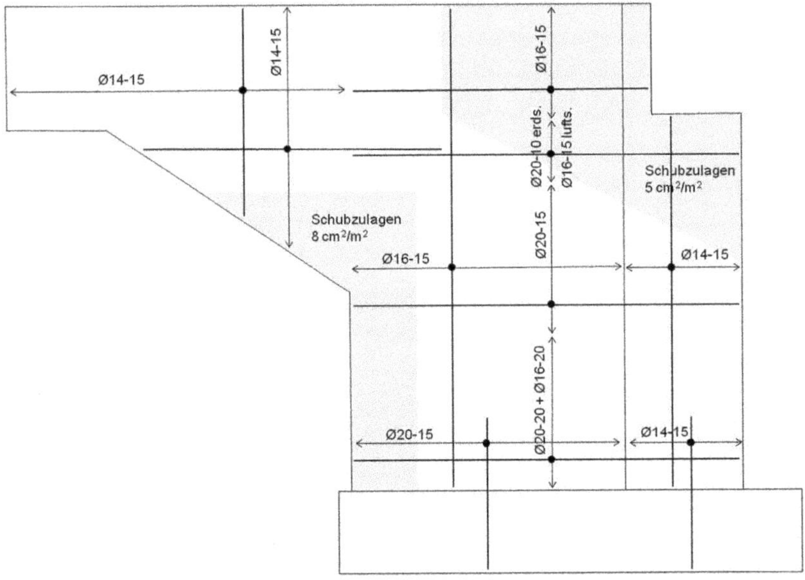

Bild 6-9 Bewehrungsskizze Widerlager Achse 10 – Ansicht Flügelwand

Referenzen

Literatur

[Baumann 1972] Baumann, T.: Zur Frage der Netzbewehrung von Flächentragwerken. Der Bauingenieur 47, Heft 10, 1972.

[BMVBW 2009 102] Bundesministerium für Verkehr, Bau- und Wohnungswesen (BMVBW): ARS 6/2009: Hinweise zur Anwendung des DIN-Fachberichtes 102 „Betonbrücken" Ausgabe 2009. Verkehrsblatt Nr. 13 vom 15.07.2009. Verkehrsblatt Verlag, Dortmund, 2009.

[BMVBW 2009 RIZ] Bundesministerium für Verkehr, Bau- und Wohnungswesen (BMVBW): RiZ-ING: Richtzeichnungen für Ingenieurbauwerke. Verkehrsblatt-Sammlung Nr. S 1053. Verkehrsblatt Verlag, Dortmund, 2009.

[BMVBW 2013 RIZ] Bundesministerium für Verkehr, Bau- und Wohnungswesen (BMVBW): RiZ-ING: Richtzeichnungen für Ingenieurbauwerke. Verkehrsblatt-Sammlung Nr. S 1053. Verkehrsblatt Verlag, Dortmund, 2013.

[DAfStb 1991] Deutscher Ausschuss für Stahlbeton (DAfStb): Hilfsmittel zur Berechnung der Schnittgrößen und Formänderungen von Stahlbetontragwerken nach DIN 1045. Heft 240, Beuth Verlag, 3. überarbeitete Auflage, Berlin 1991.

[DAfStb 2003] Deutscher Ausschuss für Stahlbeton (DAfStb): Erläuterungen zu DIN 1045-1. Heft 525, Beuth Verlag, Berlin 2003.

[DAfStb 2012] Deutscher Ausschuss für Stahlbeton (DAfStb): Erläuterungen zu DIN EN 1992-1-1 und DIN EN 1992-1-1/NA (Eurocode 2). Heft 600, Beuth Verlag, Berlin 2012.

[DIN-FB 101] DIN-Fachbericht 101: Einwirkungen auf Brücken. Deutsches Institut für Normung e. V., Berlin, März 2009.

[DIN-FB 102] DIN-Fachbericht 102: Betonbrücken. Deutsches Institut für Normung e. V., Berlin, März 2009.

[Eibl 1988] Eibl, J.; Ivanyi, G.; Schambeck, H.: Berechnung kastenförmiger Widerlager. 3. Auflage, Werner-Verlag, Düsseldorf 1988.

[Eibl 1992] Eibl., J.: Nichtlineare Traglastermittlung/Bemessung. Beton- und Stahlbetonbau 87 (1992), Heft 6.

[Freytag 2005] Freytag, B.; Ebner, M.: Ermittlung von Gebrauchsspannungen bei Stahlbetonquerschnitten im gerissenen Zustand. Festschrift zum 60. Geburtstag von Lutz Sparowitz. Technische Universität Graz, 2000.

Berechnung und Bemessung von Betonbrücken. 1. Auflage.
Nguyen Viet Tue, Michael Reichel, Michael Fischer.

[Grasser 1996] Grasser, E.; Kupfer, H.; Pratsch, G.; Feix, J.: Bemessung von Stahlbeton- und Spannbetonbauteilen nach EC2 für Biegung, Längskraft, Querkraft und Torsion. Beton-Kalender 1996. Ernst & Sohn, Berlin, 1996.

[Großmann 2010] Großmann, F.; Timm, G.; Benning H-H.: Einwirkungen auf Brücken. Beton-Kalender 2010. Ernst & Sohn, Berlin, 2010.

[Illich 2015] Illich, G.: Ein Beitrag zur allgemeinen Beschreibung des Tragverhaltens von schlanken Betondruckgliedern. Dissertation, TU Graz, 2015.

[ISB 2011] Institut für Stahlbetonbewehrung e.V.: Bewehren von Stahlbetontragwerken nach DIN EN 1992-1-1:2011-01 in Verbindung mit DIN EN 1992-1-1/NA:2011-01 – Arbeitsblätter. Institut für Stahlbetonbewehrung (www.isb-ev.de).

[Iyengar 1960] Iyengar, K. T. S. R.: Der Spannungszustand in einem elastischen Halbstreifen und seine technischen Anwendungen. Dissertation. Technische Hochschule Hannover, 1960.

[Klüber 1988] Klüber, E.: Tragverhalten von Pfahlgruppen unter Horizontalbelastung. Mitteilungen des Instituts für Grundbau, Boden- und Felsmechanik der Technischen Hochschule Darmstadt. Heft 28, 1988.

[König 1996a] König, G.; Tue, N. V.; Pommerening, D.: Kurze Erläuterung zur Neufassung der DIN 4227 Teil 1. Bauingenieur 71 (1996).

[König 1996b] König, G.; Tue, N. V.: Grundlagen und Bemessungshilfen für die Rissbreitenbeschränkung im Stahlbeton und Spannbeton sowie Kommentare, Hintergrundinformation und Anwendungsbeispiele zu den Regelungen nach DIN 1045, EC2 und Model Code 90. Heft 466, Beuth Verlag, Berlin 1996.

[König 2000] König, G.; Ahner, C.: Sicherheits- und Nachweiskonzept der nichtlinearen Berechnungen im Stahl- und Spannbetonbau. In: Sicherheit und Risiko im Bauwesen – Grundlagen und praktische Anwendung. TU Darmstadt, September 2000.

[König 2008] König, G.; Tue, N. V.; Schenk, G.: Grundlagen des Stahlbetonbaus. Vieweg + Teubner Verlag, Wiesbaden 2008.

[Leonhardt 1986] Leonhardt, F; Mönnig, E.: Vorlesungen über Massivbau: Teil 2 – Sonderfälle der Bemessung im Stahlbetonbau. Springer Verlag, Berlin, 1986.

[Mark 2008] Mark, P.: Sonderaspekte zur Schubbemessung nach DIN 1045-1 und EC2. Beton-Kalender 2008. Ernst & Sohn, Berlin, 2008.

[Maurer 2011] Maurer, R.; Arnold, A.; Müller, M.: Auswirkungen aus dem neuen Verkehrslastmodell nach DIN EN 1991-2/NA bei Betonbrücken. Beton- und Stahlbetonbau 106 (2011), Heft 11.

[MerkblHinterfBauw] Bundesministerium für Verkehr: Merkblatt über den Einfluss der Hinterfüllung auf Bauwerke. FGSV 526, Bonn 1994.

[Müller 1978] Müller, F. P.: Baudynamik. Beton-Kalender 1978. Ernst & Sohn, Berlin, 1978.

[NABau 2011] Normenausschuss Bauwesen NABau – Stand der Auslegungen 01.04.2011.

[Rehm 1968] Rehm, G.; Martin, H.: Zur Frage der Rissbegrenzung im Stahlbetonbau. Beton- und Stahlbetonbau 63 (1968) Heft 8.

[Rombach 2000] Rombach, G.: Anwendung der Finite-Elemente-Methode im Betonbau – Fehlerquellen und ihre Vermeidung. Ernst & Sohn, Berlin, 2000.

[Schlaich 2001] Schlaich, J.; Schäfer, K.: Konstruieren im Stahlbetonbau. Beton-Kalender 2001. Ernst & Sohn, Berlin, 2001.

[Schlicke 2014] Schlicke, D.: Mindestbewehrung zwangbeanspruchter Betonbauteile unter Berücksichtigung der erhärtungsbedingten Spannungsgeschichte und der Bauteilgeometrie. Dissertation, TU Graz, 2014.

[Schmitz 2004] Schmitz, U. P.; Goris, A.: Bemessungstafeln nach DIN 1045-1. Ergänzte Auflage 2004, Werner Verlag, Düsseldorf 2004.

[Schneider 2004] Schneider, K.-J.: Bautabellen für Ingenieure. Werner Verlag, 16. Auflage, Düsseldorf, 2004.

[Trost 1967] Trost, H.: Auswirkungen des Superpositionsprinzips auf Kriech- und Relaxationsprobleme bei Beton und Spannbeton. Beton- und Stahlbetonbau, 62 (1967), S. 230–238 und 261–269. Ernst & Sohn, 1967.

[Tue 1999] Tue, N. V.; König, G.; Pommerening, D.: Erläuterungen zur Anwendung der DIN 4227-1/A1. Bautechnik 76 (1999), Heft 2.

Normen, Richtlinien und Zulassungen

Normen

DIN 488-1:2009-08: Betonstahl – Teil 1: Stahlsorten, Eigenschaften, Kennzeichnung.

DIN 1054:2010-12: Baugrund – Sicherheitsnachweise im Erd- und Grundbau – Ergänzende Regelungen zu DIN EN 1997-1.

DIN 4085:2011-05: Baugrund – Berechnung des Erddrucks.

DIN EN 1337-3:2005-07: Lager im Bauwesen – Teil 3: Elastomerlager; Deutsche Fassung EN 1337-3:2005.

DIN EN 1536:1999-06: Ausführung von besonderen geotechnischen Arbeiten (Spezialtiefbau) Bohrpfähle. Deutsche Fassung EN 1536:1999.

DIN EN 1990:2010-12: Eurocode: Grundlagen der Tragwerksplanung; Deutsche Fassung EN 1990:2002 + A1:2005 + A1:2005/AC:2010.

DIN EN 1990/NA:2010-12: Nationaler Anhang – National festgelegte Parameter – Eurocode: Grundlagen der Tragwerksplanung.

DIN EN 1990/NA/A1:2011-06: Entwurf: Nationaler Anhang – National festgelegte Parameter – Eurocode: Grundlagen der Tragwerksplanung; Änderung A1.

DIN EN 1991-1-1:2010-12: Eurocode 1: Einwirkungen auf Tragwerke – Teil 1-1: Allgemeine Einwirkungen auf Tragwerke – Wichten, Eigengewicht und Nutzlasten im Hochbau; Deutsche Fassung EN 1991-1-1:2002 + AC:2009.

DIN EN 1991-1-1/NA:2010-12: Nationaler Anhang – National festgelegte Parameter – Eurocode 1: Einwirkungen auf Tragwerke – Teil 1-1: Allgemeine Einwirkungen auf Tragwerke – Wichten, Eigengewicht und Nutzlasten im Hochbau.

DIN EN 1991-1-4:2010-09: Eurocode 1: Einwirkungen auf Tragwerke – Teil 1-4: Allgemeine Einwirkungen – Windlasten; Deutsche Fassung EN 1991-1-4:2005 + A1:2010 + AC:2010.

DIN EN 1991-1-4/NA:2010:12: Nationaler Anhang – National festgelegte Parameter – Eurocode 1: Einwirkungen auf Tragwerke – Teil 1-4: Allgemeine Einwirkungen – Windlasten.

DIN EN 1991-1-5:2010-09: Eurocode 1: Einwirkungen auf Tragwerke – Teil 1-5: Allgemeine Einwirkungen – Temperatureinwirkungen; Deutsche Fassung EN 1991-1-5:2003 + AC:2009.

DIN EN 1991-1-5/NA:2010-12: Nationaler Anhang – National festgelegte Parameter – Eurocode 1: Einwirkungen auf Tragwerke – Teil 1-5: Allgemeine Einwirkungen – Temperatureinwirkungen.

DIN-EN 1991-1-6:2010-12: Eurocode 1: Einwirkungen auf Tragwerke – Teil 1-6: Allgemeine Einwirkungen, Einwirkungen während der Bauausführung; Deutsche Fassung EN 1991-1-6:2005 + AC:2008.

DIN EN 1991-1-6/NA:2010-12: Nationaler Anhang – National festgelegte Parameter – Eurocode 1: Einwirkungen auf Tragwerke – Teil 1-6: Allgemeine Einwirkungen, Einwirkungen während der Bauausführung.

DIN EN 1991-2:2010-12: Eurocode 1: Einwirkungen auf Tragwerke – Teil 2: Verkehrslasten auf Brücken; Deutsche Fassung EN 1991-2:2003 + AC:2010 DIN EN 1991-2, 4.2.3.

DIN EN 1991-2/NA:2011-06: Entwurf: Nationaler Anhang – National festgelegte Parameter – Eurocode 1: Einwirkungen auf Tragwerke – Teil 2: Verkehrslasten auf Brücken.

DIN EN 1992-1-1:2011-01: Eurocode 2: Bemessung und Konstruktion von Stahlbeton- und Spannbetontragwerken – Teil 1-1: Allgemeine Bemessungsregeln und Regeln für den Hochbau; Deutsche Fassung EN 1992-1-1:2004 + AC:2010.

DIN EN 1992-1-1/NA:2011-01: Nationaler Anhang – National festgelegte Parameter – Eurocode 2: Bemessung und Konstruktion von Stahlbeton- und Spannbetontragwerken – Teil 1-1: Allgemeine Bemessungsregeln und Regeln für den Hochbau.

DIN EN 1992-2:2010-12: Eurocode 2: Bemessung und Konstruktion von Stahlbeton- und Spannbetontragwerken – Teil 2: Betonbrücken – Bemessungs- und Konstruktionsregeln; Deutsche Fassung EN 1992-2:2005 + AC:2008.

DIN EN 1992-2/NA:2013-04: Nationaler Anhang – National festgelegte Parameter – Eurocode 2: Bemessung und Konstruktion von Stahlbeton- und Spannbetontragwerken – Teil 2: Betonbrücken – Bemessungs- und Konstruktionsregeln.

DIN EN 1997-1:2009-09: Eurocode 7: Entwurf, Berechnung und Bemessung in der Geotechnik – Teil 1: Allgemeine Regeln; Deutsche Fassung EN 1997-1:2004 + AC:2009.

DIN EN 1997-1/NA:2010-12: Nationaler Anhang – National festgelegte Parameter – Eurocode 7: Entwurf, Berechnung und Bemessung in der Geotechnik – Teil 1: Allgemeine Regeln.

DIN-Handbuch Betonbrücken: Eurocode 2: Bemessung und Konstruktion von Stahlbeton- und Spannbetontragwerken – Teil 2: Betonbrücken – Bemessungs- und Konstruktionsregeln. Konsolidierte Fassung mit Nationalem Anhang (NA).

Richtlinien

ARS 6/2009: Bundesministerium für Verkehr, Bau- und Wohnungswesen (BMVBW): ARS 6/2009: Hinweise zur Anwendung des DIN-Fachberichtes 102 „Betonbrücken" Ausgabe 2009. Verkehrsblatt Nr. 13 vom 15.07.2009. Verkehrsblatt Verlag, Dortmund, 2009.

ARS 22/2012: Bundesministerium für Verkehr, Bau- und Wohnungswesen (BMVBW): ARS 22/2012: Einführung der Eurocodes für Brücken. Verkehrsblatt Nr. 24 vom 31.12.2012. Verkehrsblatt Verlag, Dortmund, 2012.

Bundesministerium für Verkehr: Merkblatt über den Einfluss der Hinterfüllung auf Bauwerke. FGSV 526, Bonn 1994.

EA-Pfähle 2012: Deutsche Gesellschaft für Geotechnik e.V.: Empfehlungen des Arbeitskreises „Pfähle" EA-Pfähle. Ernst & Sohn, Berlin 2012.

ETAG 013: European Organisation for Technical Approvals (EOTA): ETAG 013 – Guideline for European Technical Approval of Post-Tensioning Kits for Prestressing Structures (Post-Tensioning Systems), Edition June 2002.

MC 1990: Comité Euro-International du Béton (CEB): CEB-FIP Model Code 1990, Bulletin d'Information, No 213–214, Thomas Telford Services, London, 1993.

RiZ-ING: Bundesministerium für Verkehr, Bau- und Wohnungswesen (BMVBW): RiZ-ING: Richtzeichnungen für Ingenieurbauwerke. Verkehrsblatt-Sammlung Nr. S 1053. Verkehrsblatt Verlag, Dortmund, 2013.

ZTV-ING 2012: Bundesanstalt für Straßenwesen: Zusätzliche Technische Vertragsbedingungen und Richtlinien für Ingenieurbauten, ZTV-ING. Verkehrsblatt-Sammlung Nr. S 1056. Verkehrsblatt Verlag, Dortmund, 2012.

Zulassungen

Zulassung Z 13.1-129: SUSPA – Litzenspannverfahren 150 mm^2 mit nachträglichem Verbund nach DIN 1045-1, DIN EN 1992-1-1 und DIN-Fachbericht 102. Dywidag-Systems International GmbH, München, 17.09.2013.

EDV-Programme

SOFiSTiK Statikprogramme Version 23.0, 2006. Sofistik AG, Bruckmannring 38, 85764 Oberschleißheim.

INCA 2: Programm zur interaktiven Berechnung von Massivbau-Querschnitten. Version 2.80, 10.03.2009. Technische Universität Hamburg-Harburg, Institut für Massivbau, Denickestraße 17, 21073 Hamburg.